KDS 41 12 00 : 2022

풍하중 실무 가이드

하영철 저

A Practical Guides to the Use of Wind Load Provisions

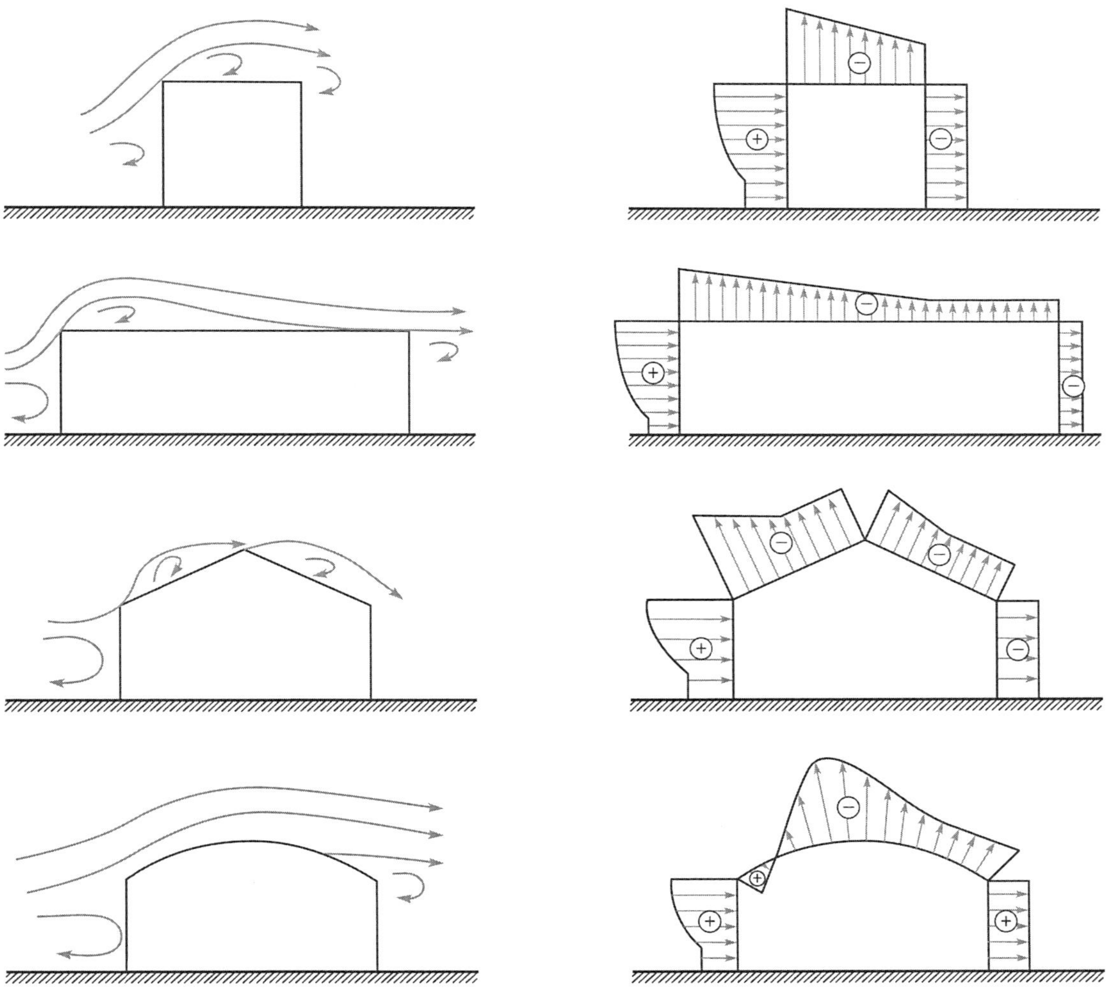

도서출판 구미서관

머 리 말

최근 이상기상 현상으로 인해 풍속의 강도가 세지고 재해 발생의 규모도 커지고 있다. 2017년 국토교통부는 강풍으로 인한 건축물의 구조안전성을 확보하기 위하여 최근의 강풍자료를 반영하고 풍하중 산정법도 강도설계로 정비하기를 희망하였다. 이에 「KDS 41 10 15 : 2016 건축구조기준 설계하중」의 5.풍하중 분야의 개정을 위해 (사)대한건축학회 내에 풍하중기준위원회가 2017년 구성되었다. 위원회는 최근의 강풍 자료를 포함하고, 기술자, 관계 기관, 관련 전문가들로부터 수정 및 개정 필요 의견을 종합적으로 수렴하여 그것들이 반영되도록 2017년 1월부터 2019년 12월까지 3년 동안 개정안을 마련하였다. 이 개정안이 국토교통부 중앙건설심의위원회의 심의 및 승인을 받아 2022년 10월 11일 「KDS 41 12 00 : 2022 건축물 설계하중」으로 고시(국토교통부령)되었다. 「KDS 41 12 00 : 2022 설계하중」은 12장으로 구성되어 있고, 그 가운데 5장이 풍하중이다.

건축구조기준(KDS: Korean Design Standard)은 법적 구속력을 갖는 기준으로 본문 만 규정되어 있다. 실제 내풍설계를 할 경우 본문에 정량적으로 명확하게 규정되어 있을 경우에는 제시된 방법에 따르면 된다. 그러나 정성적 또는 선언적으로 규정되어 있을 경우에는 엔지니어에 따라 적용 방식이 달라질 수 있다, 특히, 풍공학은 확률·통계학, 기상학, 유체역학, 구조동역학 및 불규칙동역학과 같은 여러 학문 분야를 포함하기 때문에 평소 정적하중이나 규칙적인 동적하중이 작용하는 건축물에 대한 해석에만 익숙한 경우에는 풍하중기준을 이해하여 적용하기는 쉽지 않다.

필자는 2000년 「건설교통부 제정 건축물하중기준 및 해설」부터 KBC 2005, KBC 2009, KBC 2016 및 KDS 2016, KDS 2022에 이르기까지 풍하중 위원 및 대표위원을 역임하면서 풍하중을 제정하고 그에 대한 해설도 집필하였다. 이러한 경험에 기반하여 이 책은 풍공학에 대한 기초적인 지식을 가지지 못한 구조엔지니어들도 풍하중기준의 항목들을 이해할 수 있도록 「KDS 2022」의 풍하중 본문을 기술하고, 각 항목마다 그것이 만들어지게 된 이론적, 실험적 배경 및 풍하중 산정식의 유도과정을 설명하고, 간단한 예제를 제공하는 형식으로 내용을 구성하였다. 또한, 본문이 정성적으로만 기술되어 있는 경우에는 그것을 정량적인 방법으로 나타낸 관련 해외 규정이나 참고문헌 등에서의 방법을 제시하여 구조엔지니어의 판단에 참고가 되도록 하였다.

Preface

「KDS 2022」의 풍하중에 대한 주요내용을 가장 빨리 이해할 수 있는 방법은 첫째로 실제건축물을 대상으로 풍하중을 산정해 보고, 둘째로 신구 조문을 비교 숙지하여 개정한 이유와 근거를 파악하는 것이다. 이를 위하여 「부록 A」에는 건축물을 대상으로 풍하중, 변위, 가속도를 산정하여 구조안전성과 건축물의 기능성 및 거주자의 사용성을 검토하는 예를 수록하였고, 「부록 B」에는 「KDS 2016」과 「KDS 2022」 풍하중기준의 주요 차이점 및 개정으로 얻어지는 기대효과 그리고 「KDS 2016」과 「KDS 2022」의 신구조문의 비교 표 전문을 수록하여 개정된 내용을 쉽게 파악할 수 있도록 하였다.

이 책의 「부록 A」를 작성할 때 건축내풍연구실의 대학원생들과 신동현 박사, 류혜진 박사의 도움이 컸음을 밝힌다. 책의 출판을 위해 노력해 주신 구미서관에 감사드리고, 책을 집필하는데 묵묵히 응원해 준 집사람, 딸, 아들과 함께 출판의 기쁨을 나누고 싶다.

2023. 4.

구미 양호동 금오공과대학교 캠퍼스에서

송암 하영철

ycha@kumoh.ac.kr

일러두기

1. 이 책의 내용은 저자의 의견이고, 건축구조기준(KDS 41 00 00)의 건축물 설계하중(KDS 41 12 00 : 2022)의 공식적인 해석은 아니다. 저자는 이 책을 사용함으로서 발생할 수 있는 문제에 대한 법적 책임은 없고, 그에 대한 책임은 사용자에게 있다.

2. KDS 2022 풍하중기준 본문은 박스(□)로 표시하고 그 안에 기술하였다.

3. KDS 2022 풍하중기준 본문의 장, 절, 항의 표기는 5.1, 5.1.1, (1), ①, 가, (가)의 순으로 되어있다. 이 책의 목차도 KDS 2022의 본문의 번호체계와 동일하도록 5.1, 5.1.1, (1), ①, 가, (가)의 순으로 표기하였다.

4. 박스(□) 안에 기술된 KDS 2022의 풍하중기준 본문의 문장, 식, 표, 그림을 해설편에서 인용할 때는 *사체* 로 표시하여 구분하였다.

목 차

5 풍하중

5. 풍하중

건축구조물을 대상으로 한 내풍설계는 그것의 사용기간 중에 한번 발생할지도 모를 드문 빈도의 강풍에 대해서는 적절한 구조 안전성을 확보하고, 빈도가 높은 강풍에 대해서는 적정한 기능성(functionality) 및 사용성(serviceability)·거주성(habitability)을 확보할 수 있도록 구조골조와 외장재를 설계하는 것을 목표로 하고 있다. 이것은 건축구조물을 구성하는 구조골조와 외장재가 사용기간 중에 한 번 있을까 말까 하는 드문 빈도의 강풍에 대해서는 거주자의 생명과 재산을 지키도록 하고, 발생빈도가 높은 강풍에 대해서는 일상적인 기능성 및 사용성·거주성이 손상되지 않도록 구조골조나 외장재를 결정한다는 것을 의미한다. 이러한 목표를 원활하게 달성하기 위해 내풍설계 시 지켜야할 최소한의 사항을 규정한 것이 KDS(Korean Design Standard)의 풍하중이다.

KDS 2022에서의 풍하중은 등가정적하중(等價靜的荷重:equivalent static load)의 개념에 근간을 둔 하중으로서 구조물의 탄성적 거동을 전제로 확률·통계적 방법에 의해 정량화한 것이다.

건축구조물에는 평균풍속에 의한 평균풍력과 풍속의 변동 및 그 외 여러 종류의 요인에 의해 발생하는 변동풍력이 작용한다. 변동풍력이 건축구조물에 미치는 영향은 일반적으로 변동풍력의 특성만으로 정할 수 없고, 건축구조물의 규모 및 구조특성, 특히 그것의 진동형상이 관계한다. KDS 2022에서는 변동풍력이 건축구조물에 미치는 영향을 확률·통계적 방법인 스펙트럼모드해석(modal spectral analysis)에 의해 평가하여 그것과 동등한 효과를 주는 정적인 하중을 정하고, 그것에 평균풍력을 합함으로써 설계풍하중이 되도록 하는 개념으로 풍하중을 규정하였다.

풍하중의 산정방법에 대해서는 이용자가 쉽게 알 수 있도록, 설계대상의 규모·형상, 진동특성에 따라 구분하였다. 풍하중의 산정법은 일반건축구조물인 경우에는 그림 5.1 (a)처럼 주골조설계용 수평풍하중, 주골조설계용 지붕풍하중, 외장재설계용 풍하중의 3종류로 구분하였고, 건축구조물 부속물 및 기타구조물인 경우에는 그림 5.1 (b)처럼 밀폐형독립벽체 및 밀폐형독립간판, 옥상건축구조물 및 옥상설치물, 부착간판, 파라펫, 래티스형탑상구조, 기타건축구조물의 6종류로 구분하였으며, 소규모건축구조물인 경우에는 그림 5.1 (c) 처럼 주골조설계용 풍하중, 주골조설계용 지붕풍하중, 외장재설계용 풍하중의 3종류로 구분하였다.

풍하중의 산정방법은 간편법을 제외하면 설계속도압에 가스트영향계수, 풍압계수 또는 풍력계수, 수압면적을 곱하도록 하고 있다. 설계속도압 및 설계풍속은 각각 건축구조물의 지붕면평균높이에서의 속도압과 풍속으로 대표된다.

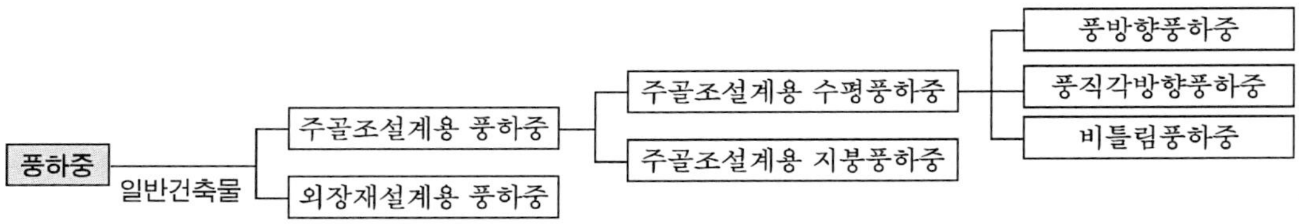

(a) 일반건축구조물의 풍하중

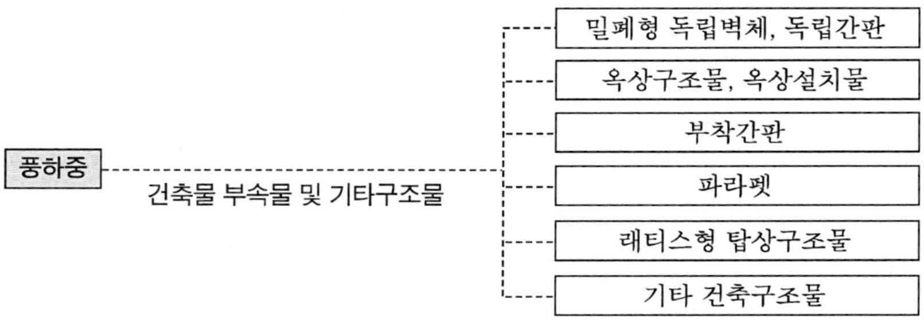

(b) 건축구조물 부속물 및 기타 구조물의 풍하중

(c) 소규모 건축구조물의 풍하중

그림 5.1 풍하중 산정방법의 구분

용어정의

- **가스트영향계수** : 바람의 난류로 인해 발생되는 구조물의 동적 거동 성분을 나타내는 것으로 평균변위에 대한 최대변위의 비를 통계적인 값으로 나타낸 계수
- **강체건축구조물** : 바람과 구조물의 동적 상호작용에 의해 발생하는 부가적인 하중효과를 무시할 수 있는 안정된 건축구조물(공진효과를 고려하지 않은 가스트영향계수를 사용하며 건축구조물의 형상비에 따라 구분)
- **개방형 건축구조물** : 정압을 받는 벽에 위치한 개구부 면적의 합이 그 벽면적의 80% 이상되는 건축구조물 또는 각 벽체가 80% 이상 개방되어 있는 건축구조물
- **거주성** : 강풍으로 발생하는 진동에 의하여 거주자가 느끼는 불안, 불쾌감 등 삶의 질과 관련된 사항을 말함
- **골바람효과** : 산과 산 사이의 골짜기를 따라 평행하게 바람이 불어가면서 유선이 수평방향으로 수렴하여 풍속이 급격하게 증가하는 현상
- **공기력불안정진동** : 건축구조물 자신의 진동에 의해 발생하는 부가적인 공기력이 건축구조물의 감쇠력을 감소시키도록 작용함으로써 진동이 증대되거나 발산하는 현상
- **공진계수** : 건축구조물 변동 변위의 고유진동수 부근의 진동수 성분의 분산을 나타내는 계수
- **규모계수** : 건물의 크기에 따라 발생하는 난류영향의 저하를 나타내는 계수
- **기본풍속** : 지표면조도구분 C인 지역의 지표면으로부터 10m 높이에서 측정한 10분간 평균풍속에 대한 재현기간 500년 기대풍속
- **기준경도풍 높이** : 지표면의 거칠기에 의해 발생하는 마찰력의 영향을 받지 않아 풍속이 거의 일정하게 되는 지상으로부터의 높이
- **난류강도** : 바람의 흐트러짐을 정량적으로 나타내기 위한 무차원량으로 변동풍속의 표준편차를 평균풍속으로 나눈 비율
- **내압가스트영향계수** : 건축구조물 개구부의 크기에 따라 내부에서 발생하는 내압의 변동 정도를 나타내는 척도로서 평균실내압에 대한 최대실내압의 비
- **내압계수** : 건축구조물 외벽의 틈새나 개구부를 통하여 공기가 건축구조물 내부로 유입되어 발생하는 내부압력의 정도를 나타내는 계수

- **대기경계층** : 지표면의 영향을 받아 마찰력이 작용함으로써 지상의 높이에 따라 풍속이 변하는 영역
- **대기경계층시작높이** : 지표면의 영향을 받아 연직방향의 풍속이 변화하는 대기층의 시작이 되는 높이(대기경계층 시작 높이 이하에서는 지표면조도구분에 따라 일정풍속으로 한다)
- **독립편지붕** : 벽면이 없이 기둥 부재에 편지붕만 있는 지붕구조물
- **레벨크로싱수** : 구조물이 진동하는 경우 단위시간에 주어진 임의 레벨을 정의구배로 교차할 횟수로 단위는 Hz임.
- **밀폐형 건축구조물** : 탁월한 개구부가 없고 바람의 유통이 없도록 창호가 밀폐되어 있으며, 출입문도 강풍이 불 때에는 폐쇄장치가 있는 건축구조물로서 개구부 및 틈새의 면적이 전벽면적의 0.1% 이하인 경우
- **버펫팅** : 시시각각 변하는 바람의 난류성분이 물체에 닫아 물체를 풍방향으로 불규칙하게 진동시키는 현상
- **변장비** : 건축구조물의 깊이 D를 폭 B로 나눈 비율. 즉 D/B, 폭 B를 깊이 D로 나눈 비율. 즉 B/D
- **부골조** : 창호와 외벽패널 등에 가해지는 풍하중을 주골조에 전달하기 위하여 설치된 2차구조부재(파스너, 퍼린, 거트, 스터드 등)
- **부분개방형 건축구조물** : 탁월한 개구부가 없는 경우와 있는 경우로 구분되고, 전자는 개구부가 벽면적의 1% 이하로 개구부가 벽체에 균등하게 분포되어 있지 않는 경우이며, 후자는 환기구 및 개방형 문이 있는 공장건축구조물, 한쪽이 트인 임시건축구조물 등으로 한쪽 벽의 개구면적이 나머지 모든 벽의 개구부 및 틈새면적의 2배가 넘는 경우
- **부하면적** : 연직하중전달 구조부재가 분담하는 하중의 크기를 바닥면적으로 나타낸 것
- **비공진계수** : 건축구조물 변동변위의 고유진동수 부근 이외의 진동수 성분의 분산을 나타내는 계수
- **비틀림진동** : 난류의 비정상적 운동 및 박리로 인해 건축구조물에 불안정하게 비틀림이 유발되는 진동형태
- **설계속도압** : 건축구조물설계용 풍하중을 결정하기 위한 평균풍속의 등가정적 속도압
- **설계풍속** : 기본풍속에 대하여 건설지점의 지표면상태에 따른 풍속의 고도분포와 지형

조건에 따른 풍속의 할증 및 건축구조물의 중요도에 따른 설계재현기간을 고려한 풍속으로 설계속도압 산정의 기본이 되는 풍속

- **순압력계수** : 지붕이나 막 등의 경우 상부와 하부에 동시에 작용하는 풍압력의 차를 기준높이에서의 속도압으로 무차원화한 것.
- **와류방출** : 물체의 양측에서 박리한 흐름이 후류에 말려들어가 물체의 후면에서 교대로 서로 반대방향으로 회전하는 정형적인 2열의 와가되어 후류로 방출되는 현상. 원주의 경우에는 레이놀즈수가 30~5,000 범위, 각주의 경우에는 1,000 전후의 범위에서 발생하며, 이 와류방출로 인하여 물체는 풍직각방향으로 진동함.
- **와류진동** : 건축구조물 배후면에서 좌우 상호 규칙적으로 발생하는 와류의 영향에 의해 발생하는 건축구조물의 진동
- **외압가스트영향계수** : 외압의 변동 정도를 나타내는 척도로서 평균외압에 대한 최대외압의 비
- **외압계수** : 건축구조물 외피의 임의 수압면에 가해지는 평균풍압과 기준 높이에서 속도압의 비
- **외장재설계용 풍하중** : 창호, 외벽패널 등 풍하중을 직접 받는 건축구조물의 외장재와 이를 지지하는 파스너, 퍼린, 거트, 스터드 등 풍하중을 직접 또는 외장재를 통하여 받아 하중을 주골조로 전달하는 2차구조부재 및 그 접합부를 설계하기 위한 풍하중
- **유연건축구조물** : 바람과 구조물의 동적 상호작용에 의하여 부가적인 하중이 발생하는 바람에 민감한 건축구조물(동적 효과가 고려된 가스트영향계수를 사용해야 하며, 건축구조물의 형상비에 따라 구분된다.)
- **유효수압면적** : 풍하중을 산정하는데 기본이 되는 유효면적으로 풍방향 직각에 대한 투영면적. 다만, 외장재의 경우에는 외장재 하중분담 표면적
- **인접효과** : 건축구조물의 일정거리 풍상측에 장애물이 있는 경우 건축구조물은 장애물의 영향을 받아 진동이 증가하고 이로 인하여 건축구조물 전체에 가해지는 풍응답이 증가하며, 외장재에 작용하는 국부풍압도 크게 증가하는 현상
- **재현기간** : 일정 규모의 바람이 다시 내습할 때까지의 통계적 기간년수
- **주골조** : 풍하중에 저항하여 전체구조물을 지지하거나 안정시키기 위하여 배치된 구조골조 또는 구조부재들의 집합으로서 구조물 전체에 작용하는 풍하중을 지반에 전달하

는 역할을 함. 기둥, 보, 지붕보, 도리 등을 말함. 또한, 구조부재인 브레이스, 전단벽, 지붕트러스, 지붕막 등이 전체하중을 전달하기 위하여 사용되었다면 주골조로 봄

- **주골조설계용 풍하중** : 구조물 전체에 가해지는 풍하중에 저항하는 구조부재들을 설계하기 위하여 사용하는 풍하중
- **중요도계수** : 건축구조물의 중요도에 따라 설계풍속을 증감하는 계수표 5.5.6
- **지붕골조설계용 풍하중** : 건축구조물의 지붕골조설계에 사용되는 풍하중
- **지표면조도구분** : 지표면의 거칠기 상태로 일정지역의 지표면 거칠기에 해당하는 장애물이 바람에 노출된 정도의 구분
- **지형계수** : 언덕 및 산 경사지의 정점 부근에서 풍속이 증가하므로 이에 따른 정점 부근의 풍속을 증가시키는 계수
- **탁월개구부** : 환기구 및 개방형 문이 있는 공장건축구조물, 한쪽이 트인 임시건축구조물 등과 같이 한쪽 벽의 개구부 면적이 나머지 모든 벽의 개구부 및 틈새 면적의 2배가 넘는 경우
- **특별풍하중** : 바람의 직접적인 작용 또는 간접적인 작용을 받는 대상건축구조물 및 공작물에서 발생하는 현상이 매우 불규칙하고 복잡하여 풍하중을 평가시키는 방법이 확립되어 있지 않기 때문에 풍동실험을 통하여 풍하중을 평가해야만 하는 경우
- **풍력계수** : 구조체와 지붕골조 또는 기타 구조물 등의 설계풍압을 산정하기 위한 계수로서 기타 구조물이나 독립편지붕 등의 경우에는 풍력계수 C_D 를 직접 사용하고, 주골조용의 풍력계수는 풍상측 외압계수 C_{pe1} 와 풍하측 외압계수 C_{pe2} 를 함께 고려한 $C_D = C_{pe1} - C_{pe2}$ 로 산정하며, 지붕골조용 풍력계수는 외압계수 C_{pe} 와 내압계수 C_{pi} 를 함께 고려한 $C_D = C_{pe} - C_{pi}$ 로 산정함
- **풍력스펙트럼계수** : 건축구조물 풍방향의 1차고유진동수에 있어서 풍속변동의 파워를 나타내는 계수
- **풍방향진동가속도** : 바람의 난동작용으로 건축구조물이 바람이 부는 방향으로 진동하여 발생하는 가속도
- **풍상측** : 바람이 불어와서 맞닿는 쪽
- **풍속고도분포계수** : 지표면의 고도에 따라 기준경도풍 높이까지의 풍속의 증가분포를 지수법칙에 의해 표현했을 때의 수직방향 분포계수

- **풍속변동계수** : 가스트영향계수를 평가할 때 지표면의 상태에 따라 변하는 난류강도의 영향을 반영하기 위한 계수
- **풍압계수** : 주골조의 설계풍압을 산정할 때는 외압계수 C_{pe}와 내압계수 C_{pi}로 구성되며, 외장재의 설계풍압을 산정할 때에는 피크외압계수 $\hat{C}_{pe}$와 피크내압계수 $\hat{C}_{pi}$로 구성
- **풍직각방향진동** : 난류의 비정상적인 운동 및 건축구조물 배후면의 양측에서 규칙적으로 발생하는 와류에 의해 바람부는 직각방향으로 유발되는 건축구조물의 진동형태
- **풍직각방향진동가속도** : 건축구조물 양쪽 모서리부에서 배후면의 좌우쪽으로 상호 규칙적으로 발생되는 와류에 의하여 건축구조물이 바람부는 직각방향으로 진동하여 발생하는 가속도
- **풍하측** : 바람이 불어와 맞닿는 측의 반대쪽으로 바람이 빠져나가는 측
- **피크내압계수** : 외장재 설계용 풍하중 산정에 필요한 가스트영향계수와 내압계수를 함께 고려한 순간 최대에 상응하는 값
- **피크외압계수** : 외장재 설계용 풍하중 산정에 필요한 가스트영향계수와 외압계수를 함께 고려한 순간 최대에 상응하는 값
- **하중조합** : 동시에 작용하는 각각의 설계하중에 하중계수를 곱하여 합한 것
- **형상비** : 건축구조물 높이 H를 바닥면의 평균길이 $\sqrt{BD}$로 나눈 비율($H/\sqrt{BD}$을 말하는 것으로 B는 건물폭, D는 건물 깊이)
- **후류버펫팅** : 풍상측에 놓인 물체에 의해 생성된 변동기류가 풍하측 물체에 작용하여 발생하는 불규칙한 진동

기호의 정의

A : 유효수압면적, 독립벽체 또는 독립간판의 총면적, 옥상 구조물과 설치물의 풍향에 대한 수직 수압면적, m^2

a : 건축구조물의 벽면 및 지붕면 모서리 국부풍압력을 받는 곳으로 건축구조물 최소폭의 0.1배 또는 $0.4H$ 중 작은 값, m

A_C : 외장재 등의 유효수압면적, m^2

A_F : 지표면으로부터 높이 z 에서 래티스형탑상구조물의 1구면 투영면적, m^2

A_f : 건축구조물의 기준층바닥면적, m^2

A_H : 옥상구조물과 설치물의 풍향에 대한 수평수압면적, m^2

A_P : 풍향에 수직인 파라펫의 수압면적, m^2

A_R : 지붕보가 부담하는 부분의 유효수압면적, m^2

B : 건축구조물의 대표 폭, 벽체·간판의 수평길이, 건축구조물의 풍직각방향 치수 또는 독립편지붕에서 풍직각방향 지붕치수, m

b : 래티스형탑상구조물의 폭, 각종 단일부재의 폭, m

B_0 : 래티스형탑상구조물 밑면에서의 타워폭, m

B_1 : 아치지붕 건축구조물의 경간방향 길이, m

B_2 : 아치지붕 건축구조물의 경간직각방향 길이, m

B_D : 5에서는 비공진계수

B_f : 주골조설계용 비공진계수(건축구조물 변동변위의 고유진동수 이외의 진동수 성분을 나타내는 계수)

B_H : 래티스형탑상구조물의 기준높이에서의 타워폭, m

C_D : 주골조설계용 풍력계수, 경화된 콘크리트 등 시공 고정하중

C_e : 건설지 주변의 지표면상황에 따라 정하는 환경계수

$\hat{C}_f$: 피크풍력계수

C_f : 간편법의 주골조설계용 풍력계수

$C_{M,L}'$: 풍직각방향 변동 전도모멘트계수

C_N : 독립지붕의 순압력계수

$\hat{C}_N$: 독립지붕의 피크순압력계수

$C_{N,W}$: 독립편지붕의 풍상측 반쪽의 순압력계수

$C_{N,L}$: 독립편지붕의 풍하측 반쪽의 순압력계수

C_{pe} : 외압계수

C_{pe1} : 풍상측의 외압계수

C_{pe2} : 풍하측의 외압계수

$\hat{C}_{pe}$: 외장재설계용 피크외압계수

C_{pi} : 밀폐형 건축구조물의 내압계수

$\hat{C}_{pi}$: 외장재설계용 피크내압계수

$C_T{}'$: 변동비틀림모멘트계수

D : 건축구조물의 깊이, m

d : 원형단면의 지름 또는 사각, 육각 혹은 팔각형 단면의 최소치수, 돔지붕 건축구조물의 지름, 독립편지붕 풍방향 수평길이, m

d' : 리브 및 스포일러와 같은 내민 요소의 깊이, m

F : 풍력스펙트럼계수(건축구조물 풍방향의 1차 고유진동수에 있어서 풍속변동의 파워를 나타내는 계수)

F_D : 풍방향풍력스펙트럼계수

F_L : 풍직각방향진동의 풍력스펙트럼계수

f : 아치지붕 및 돔지붕의 아치높이, m

F_T : 비틀림진동의 스펙트럼계수

G_D : 풍방향가스트영향계수

g_D : 풍방향피크팩터

g_L : 풍직각방향피크팩터

G_f : 주골조설계용 풍방향 가스트영향계수

g_f : 피크팩터

G_i : 내압 가스트영향계수

G_{pe} : 지붕의 외압 가스트영향계수

g_{pe} : 지붕골조피크팩터

G_{pi} : 내압가스트영향계수

g_T : 비틀림모멘트 피크팩터

GC_{pn} : 파라펫의 순압력계수

GC_r : 옥상구조물과 설치물의 피크외압계수

H : 건축구조물의 기준높이, 언덕·산·경사지의 높이, 펜스의 정상부 높이, m

h : 지표면에서 아치지붕 및 돔지붕 처마까지의 높이, 벽체·간판의 높이, 굴뚝, 탱크 등 유사구조물의 높이, 기타 구조물 수압면적 중심까지의 높이, m

h_o : 지붕면에서 장애물까지 높이, m

I^* : 일반화관성모멘트, kg·m^2

I_H : 기준높이 H에서의 난류강도

I_w : 풍하중에서의 중요도계수

I_z : 높이 z 에서의 난류강도

k_z : 높이방향압력분포계수

K_{zr} : 풍속고도분포계수

K_{zt} : 지형계수

k_1 : H/d의 영향계수

k_2 : 표면거칠기영향계수

k_3 : 단부효과계수

L : B, D 중 큰 값, m

l : 지붕의 경간, 아치지붕 건축구조물에서 $4H$, B_1, B_2 중 작은 값, 각종 단일 부재의 길이, m

L_H : 기준높이 H에서의 난류적분스케일, m

L_u : 언덕, 산, 경사지의 정점중앙으로부터 아래로 $H/2$인 지점에서 풍상측 경사지지점까지의 수평거리, m

L_z : 높이 z 에서의 난류적분스케일, m

M^* : 풍방향1차진동일반화질량, kg

M_L^* : 풍직각방향1차진동일반화질량, kg

n_0 : 건축구조물의 풍방향, 풍직각방향 혹은 비틀림방향의 1차고유진동수 또는 지붕

의 1차고유진동수, Hz

n_D : 건축구조물의 풍방향1차고유진동수, Hz

n_L : 건축구조물의 풍직각방향1차고유진동수, Hz

n_{R0} : 지붕의 1차고유진동수, Hz

n_T : 건축구조물의 비틀림진동1차고유진동수, Hz

n_1 : n_L과 n_T 가운데 작은 값, Hz

p_C : 외장재설계용 설계풍압, $\mathrm{N/m^2}$

p_F : 주골조설계용 설계풍압, $\mathrm{N/m^2}$

p_R : 지붕의 설계풍압, $\mathrm{N/m^2}$

q_H : 기준높이 H에 대한 설계속도압, $\mathrm{N/m^2}$

q_P : 파라펫 상부에서의 설계속도압, $\mathrm{N/m^2}$

q_h : 기타 구조물 수압면적 중심까지의 높이 h에서 설계속도압, $\mathrm{N/m^2}$

q_z : 임의 높이 z에서의 설계속도압, $\mathrm{N/m^2}$

R_D : 주골조설계용 공진계수

R_f : 주골조설계용 공진계수(건축구조물 변동변위의 고유진동수 성분을 나타내는 계수)

R_L : 풍직각방향 변동전도모멘트의 공진계수

R_{pe} : 지붕설계용 공진계수

R_T : 비틀림진동의 공진계수

R_1 : 풍상측 지붕 끝단에서 풍하측으로 $0.5B$ 거리까지의 지붕

R_2 : 거리 $0.5B$에서 $1.5B$ 거리까지의 지붕

R_3 : 거리 $1.5B$부터 풍하측 끝단까지의 지붕

s : 구조물 사이의 인접거리, m

s : 지형에서의 위치계수, 벽체·간판의 수직길이, m

S_D : 규모계수

V_H : 기준높이 H에 대한 설계풍속, m/s

V_{1H} : 재현기간1년풍속, m/s

V_o : 기본풍속, m/s

V_z : 지표면으로부터 임의 높이 Z에 따른 설계풍속, m/s

W_C : 외장재설계용 풍하중, N

W_D : 주골조설계용 풍하중, N

W_H : 옥상구조물 및 설치물의 수평풍하중, N

W_L : 풍직각방향풍하중, N

W_{LC} : 풍직각방향조합하중, N

W_R : 주골조설계용 지붕풍하중, N

W_{SC} : 간편법에 의한 외장재설계용 풍하중, N

W_{SF} : 간편법에 의한 주골조설계용 풍하중, N

W_{SFR} : 간편법에 의한 주골조설계용 지붕풍하중, N

W_T : 비틀림풍하중, N

W_r : 지붕골조설계용 풍하중, N/m^2

X_c : 독립편지붕에 있어서 풍상측 처마 끝점으로부터 풍압력의 중심점까지 거리, m

$X_{D,\max}$: 풍방향최대수평변위, m

$Y_{L,\max}$: 풍직각방향최대수평변위, m

z : 지표면에서의 임의 높이, m

z_b : 대기경계층시작높이, m

Z_g : 기준경도풍 높이, m

α : 풍속고도분포지수

$a_{D,\max}$: 풍방향최대응답가속도, m/s^2

$a_{L,\max}$: 풍직각방향최대응답가속도, m/s^2

$a_{T,\max}$: 비틀림최대응답각가속도, rad/s^2

β : 진동모드형에 관한 지수

γ_D : 풍속변동계수

ζ_D : 건축구조물의 풍방향1차감쇠비

ζ_f : 건축구조물의 풍방향, 풍직각방향 혹은 비틀림방향의 1차감쇄정수

ζ_L : 건축구조물의 풍직각방향1차감쇠비

ζ_T : 비틀림진동의 1차감쇠비

ζ_R : 지붕의 1차 감쇠비

θ	: 지붕경사각, °
θ_{max}	: 비틀림최대각변위, rad
κ	: 카르만정수(≒ 0.4)
ν_D	: 풍방향레벨크로싱수, H_z
ε	: 전면적과 밀폐형 간판 면적의 비율
ρ	: 공기밀도, kg/m^3
ϕ	: 개방형 판구조물의 충실률(유효수압면적/판외곽선 총면적)
ϕ	: 풍상측 가장 불리한 조건의 경사($\phi = H/2L_u$)
ϕ_d	: 언덕, 산, 경사지의 정점으로부터 풍하측 빗변으로 $5H$ 되는 거리까지의 평균경사

5.1 일반

5.1.1 적용범위

(1) 이 장은 강풍이 작용하였을 때 설계대상 골조 또는 외장재가 탄성적으로 거동하는 것을 전제로 한 최소풍하중을 산정하는 경우에 적용한다.
(2) 주골조설계용 풍하중은 건축구조물의 주골조를 설계하는 경우에 적용하고, 외장재설계용 풍하중은 외장재와 이를 지지하는 부골조(이하 외장재 등이라 한다)의 설계에 적용한다.본문 내용

(1) 대상 강풍 및 강풍에 의한 주구조체의 거동

바람에 의한 건축구조물의 피해는 대부분 강풍(기상청에서는 10분간 평균풍속 17m/s 이상을 태풍이라고 정의함)이 불 때 발생한다. 여기서 규정하는 풍하중은 강풍에 대하여 안전하게 건축구조물을 설계하고자 하는 경우에 적용된다.

우리나라에 발생하는 강풍의 종류는 태풍, 저기압 · 전선풍, 계절풍과 국지적 용오름을 들 수 있다.[1] 전자의 3종류는 평면적으로 수백 km 내외의 범위를 가지는 대규모적인 현상이고, 용오름은 수백 m 정도의 매우 소규모적인 현상이다. 용오름에 의한 현상은 매우 강렬하여 건축구조물 등의 파괴를 유발하지만, 발생수가 작고 영향범위도 좁기 때문에 육상의 한 점을 내습할 확률은 태풍, 저기압·전선풍, 계절풍에 비하여 극히 작다. 이 기준에서의 강풍은 태풍, 저기압·전선풍, 계절풍을 대상으로 하였고, 한국 전국에 배치된 기상관측소의 과거의 기록에 근거하여 균질화처리, 극치통계분석을 실시하여 기본풍속을 설정하였다.

여기서 규정한 기본풍속은 구조골조 설계를 위한 강풍의 레벨을 일반 건축구조물의 사용기간 중에 발생할 가능성이 있는 최대풍속으로 예상되는 재현기간 500년 풍속에 해당하도록 한 것이고, 그 레벨의 풍속을 받았을 때 부재의 일부가 극한응력에 도달하는 것으로 가정한 경우에 해당한다. 기본풍속에 대한 풍하중은 한계상태설계법(limit state design)에 상응한다.

지진이 발생하여 그것이 지속되는 시간은 수분 정도이며 길어도 10분 정도이다. 따라서 내진설계에서는 지진이 계속되는 동안 일부 구조부재가 소성화 하더라도 건축구조물 전체가 손상 또는 붕괴되지 않도록 설계하면 된다. 그러나 풍외력의 계속작용시간은 길고 때로는 수 시간 동안 분다. 이 때문에 소성화를 허용하면 예측할 수 없는 현상이 발생할 가능성이 있고, 피로파괴의 위험성도 증가할 것으로 예상된다. 그리하여 내풍설계에서는 설계하중에 대해 건축구조물의 주구조체는 탄성범위 내에 머물게 설계하도록 하였다.

(2) 주골조 설계용 및 외장재 설계용 풍하중의 구분

주골조란 풍하중에 저항하여 전체 건축구조물을 지지, 안정시키기 위한 구조골조 및 구조부재들의 집합으로서 기둥, 보, 지붕보, 도리 등을 말하고, 부골조란 창호와 외벽패널 등에 가해지는 풍하중을 주골조에 전달하기 위해 설치된 2차 구조부재로 파스너, 퍼린, 거트, 스터드 등을 말한다. 외장재는 건축구조물의 외피를 둘러싸는 알루미늄복합판넬, 유리 등을 말한다.

구조골조 및 구조부재의 내풍설계를 할 때는 구조골조 및 구조부재의 크기가 크기 고유진동수가 비교적 낮기 때문에 풍외력의 계속시간(600초) 중에 발생하는 동적응답을 포함하는 최대하중효과에 대응하는 등가정적풍하중(equivalent static wind load)에 대하여 안전하도록 하여야 한다.

외장재의 내풍설계를 할 때는 외장재의 규모가 작고 고유진동수가 높아 순간적으로 파괴될 가능성이 크기 때문에 피크풍하중에 대하여 안전하도록 하여야한다. 강풍에 의한 피해는 구조골조보다는 외장재에서 많이 발생한다. 특히, 외장재가 파손되면 건축구조물의 내부공간에 피해가 발생한다. 외장재는 내부공간의 강풍에 의한 파손을 방지하는 중요한 역할을 담당한다. 따라서 외장재의 내풍설계는 구조골조설계의 경우와 동일하게 중요하다는 인식을 가져야한다.

5.1.2 기본방침

(1) 풍하중은 주골조설계용 수평풍하중・지붕풍하중과 외장재설계용 풍하중으로 구분한다.

(2) 주골조설계용 수평풍하중은 풍방향풍하중, 풍직각방향풍하중, 비틀림풍하중으로

구분하여 산정한다.

(3) 설계풍속은 5.5.2(기본풍속)에 5.5.3(풍향계수), 5.5.4(풍속고도분포계수), 5.5.5(지형계수) 및 건축구조물의 중요도 분류에 따라 정한 5.5.6(중요도계수)를 곱하여 산정한다.

(4) 기준높이는 통상적인 건축구조물에서는 지붕의 평균높이로 하며, 이 기준높이에서의 속도압을 기준으로 풍하중을 산정한다.

(5) 풍하중을 산정할 때에는 각 건축구조물 표면의 양면에 작용하는 풍압의 벡터합으로 한다.

(6) 주골조설계용 풍하중은 5.5(속도압), 5.6(가스트영향계수), 5.7(주골조설계용 풍압계수, 풍력계수)에 풍하중의 산정 목적에 따라 적절하게 정한 수압면적을 곱하여 산정한다. 단, 5.7.2(내압계수)의 영향도 고려한다.

(7) 외장재설계용 풍하중은 5.5(속도압)과 5.8(외장재설계용 피크풍압계수)에 풍하중의 산정 목적에 따라 적절하게 정한 수압면적을 곱하여 산정한다. 단, 5.8.2(피크내압계수)의 영향도 고려한다.

(8) 5.1.4(특별풍하중)에 해당하는 경우에는 바람으로 인하여 건축구조물에 발생하는 특수한 영향들을 고려하여 풍하중을 산정하여야 한다. 단, 평면형상이 사각형이고 높이방향으로 일정한 건축구조물이면서 인접건물이 없는 경우에는 5.9(주골조설계용 풍직각방향풍하중) 및 5.10(주골조설계용 비틀림풍하중)에 따라 풍하중을 산정한다. 평면형상이 원형인 경우에는 5.11(와류진동 풍하중)에 따라 풍하중을 산정한다.

(9) 풍진동으로 발생하는 수평변위 및 응답가속도에 대한 사용성은 5.14(사용성 검토)에 따른다. 이 때 수평변위는 5.14.3(1)①의 재현기간 50년 설계풍속을 적용하여 산정하고, 응답가속도는 5.14.3(2)①의 재현기간 1년 설계풍속을 적용하여 산정한다.

(10) 작은 규모의 건축구조물인 경우에는 5.15(간편법에 따른 풍하중)에 따라 풍하중을 산정할 수 있다.

(11) 빌딩풍 등의 영향이 우려되는 건축구조물을 건설하는 경우에는 5.16(빌딩풍에 대한 풍환경의 검토)에 따라 풍환경 평가를 실시하고 그 영향을 검토한다.

(12) 피로파괴 등의 누적되는 하중효과는 5.18(바람의 작용시간)을 고려하여 검토한다.

(13) 풍동실험을 수행하여 강풍으로 발생하는 건축구조물의 진동 및 변위에 대한 사용성과 풍하중에 대한 구조안전성에 대해 다양한 목표성능수준을 만족하도록 건축구조물을 설계하고자 할 때는 5.19(성능기반 내풍설계)을 적용할 수 있다.

(1) 풍하중의 구분

건축구조물에는 평균풍속에 의한 평균풍력과 그 외 다양한 요인에 의해 발생하는 변동풍력이 작용한다. 변동풍력이 건축구조물 또는 그 부분에 미치는 영향은 변동풍력의 특성 뿐 아니라 그것을 받는 건축구조물 또는 그 부분의 규모나 진동 특성에 관계한다. 그러므로 설계풍하중을 설정할 때는 설계 대상 부분에 작용하는 변동풍력의 특성과 그것에 대한 응답특성을 정확하게 평가해야한다.

건축구조물에 작용하는 변동풍력을 발생 시키는 요인은 다음의 3종류를 생각할 수 있다.

① 풍속의 시간적·공간적 변동에 기인한 바람의 난동(가스트: gust)에 의한 풍방향변동풍력의 발생 (그림 5.1.2.1 참조)

② 후류(wake)의 와류방출(vortex shedding)에 의한 풍직각방향변동풍력의 발생(그림 5.1.2.2 참조)

③ 건축구조물 자신의 진동과 주변 기류의 상호작용에 의한 변동풍력의 발생

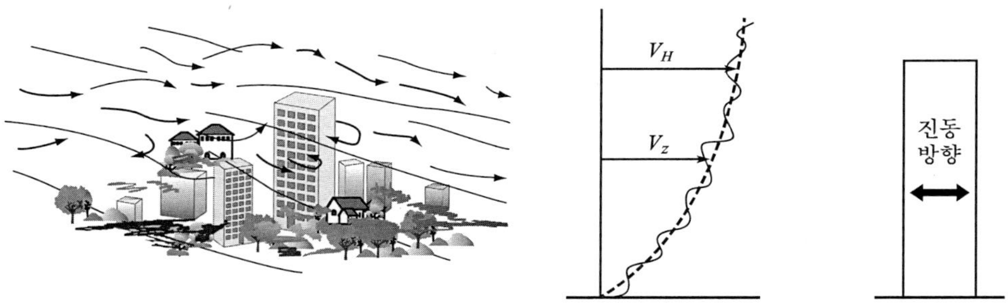

(a) 바람의 난동(가스트) (b) 풍속분포 (c) 풍방향진동

그림 5.1.2.1 바람의 난동에 기인한 풍방향의 변동풍력

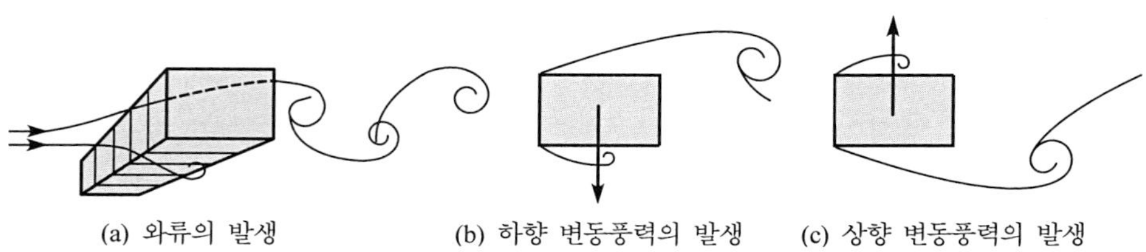

(a) 와류의 발생 (b) 하향 변동풍력의 발생 (c) 상향 변동풍력의 발생

그림 5.1.2.2 기류흐름의 박리로 발생한 와류방출에 기인한 풍직각방향의 변동풍력[1)]

이러한 요인에 의해 건축구조물의 표면에 변동풍압이 발생하고, 변동풍압은 시간적으로 변동하고 그 변동의 모양은 건축구조물의 각 부분에 따라 달라진다. 따라서 변동풍력이 건

축구조물에 미치는 영향을 생각할 때는 구조골조의 설계처럼 건축구조물의 전체 거동을 대상으로 할 경우와 외장재 설계처럼 건축구조물의 일부 거동을 대상으로 할 경우로 구별하는 것이 합리적이다.

(2) 주골조설계용 수평풍하중의 종류

주골조설계용 수평풍하중에는 그림 5.1.2.3에 나타낸 것처럼 풍방향풍하중 W_D, 풍직각방향풍하중 W_L, 비틀림풍하중 W_T의 3종류가 있다.

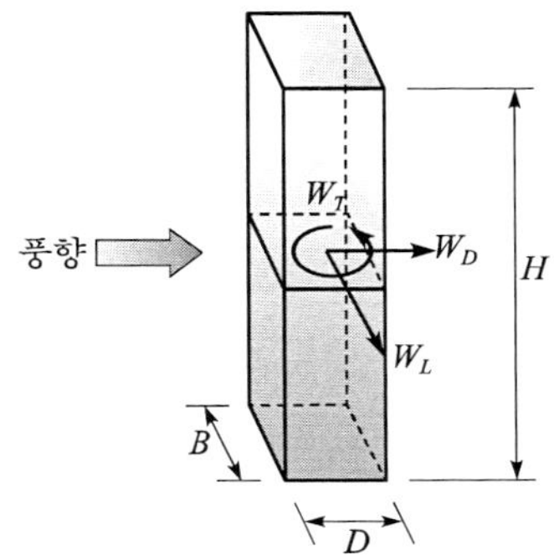

그림 5.1.2.3 풍하중의 방향과 종류

대부분의 건축구조물의 경우에는 그림 5.1.2.1처럼 시간적으로 변하는 바람의 난동에 기인한 변동풍력의 영향이 지배적이기 때문에 풍방향풍하중 W_D가 중요하다. 그러나 형상비 $H/\sqrt{BD}$가 크고 유연한 건축구조물인 경우에는 그림 5.1.2.2에서 보는 것처럼 건축구조물의 전면 모서리에서 건축구조물의 후면 방향으로 와류가 규칙적으로 방출되고, 이 와류가 풍직각방향의 변동풍력을 생성하고 이것이 건축구조물에 작용하여 발생하는 풍직각방향풍하중 W_L, 그리고 풍상벽 양쪽 모서리에서 박리하여 측벽에 부착된 와류의 크기가 달라짐으로써 비대칭적인 변동풍력이 건축구조물에 작용하여 발생하는 비틀림풍하중 W_T의 영향을 무시할 수 없다. 따라서 수평풍하중으로서 풍방향풍하중 뿐 아니라 풍직각방향풍하중 및 비틀림풍하중을 고려해야한다.

(3) 풍하중의 기본값

바람에 의한 동적인 영향을 취급하기 위해서는 풍속을 기본값으로 하는 것이 이해하기 쉽다. KDS 2022에서 건축구조물의 주구조체에 대한 내풍설계는 한계상태설계법을 사용하고 있다. 따라서 풍하중을 산정하기 위한 기본풍속은 건축구조물의 사용기간 중에 발생할 가능성이 있는 레벨의 풍속으로서 극한풍하중에 해당하는 재현기간 500년 기대풍속을 사용하고 있다.

(4) 설계풍속 및 중요도계수

기본풍속의 재현기간이 500년과 다른 재현기간의 설계풍속을 사용할 경우, 기본풍속에 곱하여 설계풍속으로 전환하는 계수를 중요도계수(재현기간환산계수라고도 함)라 한다. 실

지붕에 작용하는 풍력의 특성은 처마 끝에서 박리하는 흐름의 거동에 지배되는 외압특성과 건축구조물의 밀폐정도에 의존하는 내압특성에 영향을 받는다. 따라서 구조골조설계용 지붕풍하중은 풍방향의 구조골조용수평풍하중과는 매우 다르기 때문에 동일한 가스트영향계수를 사용할 수 없다. 기준에서는 바람에 의해 지붕보는 탄성적으로 거동한다고 가정하여 1차진동모드가 탁월한 경우엔 대한 가스트영향계수를 제시하고 있다.

(8) 외장재설계용 풍하중

외장재의 고유진동수는 일반적으로 10 Hz 보다 높은 고진동수영역에 속하기 때문에 공진효과를 무시할 수 있다. 그리하여 수압면적에 따른 규모효과만 고려하여 피크외압계수를 사용한다. 구조골조용 풍하중은 건축구조물의 각 벽면에 수직인 풍향에 대하여 외압계수를 규정하고 있지만, 외장재용 풍하중은 건축구조물에 대한 모든 풍향으로부터 부는 바람을 가정하여 외장재 각 부위에 마다 정압의 최대값, 부압 최대값을 규정하였다. 만약, 풍향에 따라 외장재 설계용 풍하중을 산정하고자 하는 경우에는 기준을 사용할 수 없고 풍동실험에 의해 풍향에 따른 피크외압계수를 구하여야 한다.

(9) 특별풍하중

바람의 직접적 작용을 받는 건축구조물이나 건축구조물이 나란하게 배치되어 있어 인접 건축구조물의 영향을 받아 발생하는 현상이 매우 복잡하여 풍진동 및 풍하중을 평가하는 해석적인 방법이 현재까지도 명확하게 정립되어 있지 않기 때문에 풍동실험을 통하여 얻은 시각력자료를 통하여 풍진동으로 인한 풍응답과 풍하중을 평가해야만 하는 경우, 강성이 매우 낮아 공기력불안정진동을 발생할 우려가 있는 경우, 골바람효과로 인하여 풍속이 급격하게 증가할 우려가 있는 지역에 건축구조물을 건설할 경우 및 비정형인 건축구조물이어서 풍압 및 풍력 및 풍진동응답이 복잡하게 변하여 예측할 수 없는 경우 등일 때에는 풍동실험을 통하여 풍하중을 평가해야만 한다. 이와 같이 기준에 규정된 방법에 으로는 풍하중을 평가할 수 없는 경우가 특별풍하중에 해당한다.

(10) 풍진동으로 인한 사용성 검토

풍진동으로 인한 사용성의 검토 항목은 수평변위 및 진동가속도이다. 강풍으로 인하여 발생한 수평변위에 의해 벽 및 외장재에 균열 발생, 엘리베티터의 가동 불능, 창문 및 문의 개방 불능 등으로 인한 문제점이 발생하여 사용에 어려움이 발생할 수 있다. 이에 대하여는 사용기간 중에 적어도 한번 이상 올 것으로 예상되는 재현기간 100년 기대풍속을 대상으로 검토하도록하고 있다.

일상풍이 불었을 때 건축구조물이 진동하여 그 안에 거주하는 사람들이 불쾌감이나 멀미 등을 호소할 수 있다. 이러한 거주성을 검토할 때는 일상풍에 해당하는 재현기간 1년 기대풍속이 불었을 때의 최대응답가속도를 대상으로 검토하도록 하고 있다.

(11) 간편법

저층으로 규모가 작고 강성이 높은 건축구조물인 경우에는 공진효과를 무시할 수 있기 때문에 풍동실험을 통하여 제시된 간단한 풍압계수 등에 기초한 약산식에 따라 풍하중을 평가한다.

(12) 피로 검토를 위한 바람의 작용시간

풍하중이 반복적으로 누적되어 발생하는 피로파괴에서 풍하중효과를 고려할 경우에는 바람의 작용시간에 대한 정보가 꼭 필요하다. 설계풍속에서 대상으로 하는 년최대풍속과 같은 극값 뿐만 아니라 월대풍속과 일최대풍속과 같은 중약풍의 발생빈도 등에 관한 통계값도 필요하다. 또한 설계대상으로 하는 건축구조물이나 부위에 따라서는 설계풍속보다도 낮은 레벨의 풍속에서 와류진동이 발생하여 아주 짧은 시간 내에 피로파괴에 도달한 예도 있다. 이와 같이 반복적으로 누적되어 발생하는 영향을 고려하기 위해서는 평가대상 부재의 사용기간 및 유지보수 사이클도 고려할 필요가 있다.

(13) 성능기반 내풍설계

기준에서는 형상이 정형적이고 주변의 영향을 받지 않는 경우에 국한하여 풍하중 산법방법을 규정하고 있으며, 그 외의 경우에는 풍동실험을 수행하여 그 결과에 근거하여 풍하중을 평가하도록 하고 있다.

풍동실험에 의하여 풍하중을 평가하는 경우 극한적인 상황만을 대상으로 한다면 과대평가되고 경제적이지 못할 것이다. 합리적인 풍하중을 평가하기 위해서는 강풍으로 발생하는 건축구조물의 진동 및 변위에 대한 사용성과 풍하중에 대한 구조안전성을 대상으로 다양한 목표성능수준을 설정하고, 먼저 그것들이 만족할 수 있는 조건의 풍동실험 들을 을 수행한 후, 다음으로 측정한 자료를 사용하여 설정한 목표성능수준을 만족시키기 위해 필요한 측정자료를 선별하고, 최종적으로 측정자료에 대해 적절한 해석기법을 적용하여 기 제시된 목표성능수준을 만족시키는 결과를 얻도록 하는 것이 최상의 방법이라 할 수 있다. 이러한 해석기법이 성능기반 내풍설계이다.

성능기반내풍설계에서는 목표성능수준을 만족시키기 위해 수행해야할 풍동실험방법과 해석기법을 선정하는 것이 매우 중요하다.

5.1.3 설계하중조합 시의 풍하중계수

> (1) 강도설계
>
> 풍하중은 10분간 평균풍속의 재현기간 500년에 대한 값을 기본으로 산정한다. 이 값은 강도설계의 극한값에 해당한다. 따라서 강도설계의 하중조합에서 풍하중계수는 1.0이다.
>
> (2) 허용응력설계
>
> 허용응력설계(재현기간50년)의 풍하중은 강도설계로 산정한 값에 풍하중계수 0.65를 곱한다.

(1) 강도설계

KDS 2022에서의 구조골조설계용 풍하중은 극한하중으로 정의하고 있다. 따라서 건축구조물의 주골조를 구성하는 콘크리트구조 및 강구조의 한계상태설계법에서는 풍하중계수를 1.0으로 하여야 한다. 풍하중계수 1.0은 재현기간 500년 풍속이 분 경우로서 구조부재 일부가 소성화되어 극한응력에 도달한 상태에 해당한다.

(2) 허용응력설계

외장재는 통상적으로 허용응력설계법을 따르고 있다. 허용응력설계법은 구조부재가 탄성적으로 거동하고 허용응력에 도달하는 것을 상정한 것으로 일반적으로 풍하중의 경우에는 재현기간 50년 기대풍속을 사용하여 평가한다.[1] 재현기간 500년 풍속으로 발생하는 풍하중을 1.0으로 하였을 때 재현기간 50년 풍속으로 인하여 발생하는 풍하중은 0.65이다. 이것이 허용응력설계 시 사용하는 풍하중계수이다. 외장재의 풍하중을 산정할 때 기본풍속으로 재현기간 500년의 값을 사용한 경우에는 풍하중계수 0.65를 적용할 수 있다.

5.1.4 특별풍하중

(1) 다음의 ①~⑥ 중 하나의 조건에 해당하는 경우에는 바람으로 인하여 건축구조물에 발생하는 특수한 영향들을 고려하기 위해 5.17(풍동실험)에 따라 주골조설계용 풍하중 및 외장재설계용 풍하중을 산정하여야 한다. 기본적으로 주골조설계용 풍하중은 풍력실험, 외장재설계용 풍하중은 풍압실험 결과를 이용하여 산정한다. 단, 신축건축구조물과 형상, 규모 및 주변 환경이 유사하고 풍하중효과에 대한 검증된 문헌이 있을 때에는 그것을 사용하여 풍하중을 산정할 수 있다.

① 풍진동의 영향을 고려해야할 건축구조물

형상비 $H/\sqrt{BD}$ 가 크고 유연한 건축구조물일 경우에는 풍직각방향진동, 비틀림진동, 와류진동, 공기력불안정진동 등과 같은 특이한 진동이 발생하므로 다음의 각 조건을 검토해야한다.

가. 풍직각방향진동, 비틀림진동

가. 식(5.1-1)의 조건에 해당하는 건축구조물에 대해서는 5.9(풍직각방향풍하중) 및 5.10(비틀림풍하중)의 규정에 따라 각각의 풍하중을 산정할 수 있다.

$$\frac{H}{\sqrt{BD}} \geq 3 \quad \text{또는} \quad \frac{H}{\sqrt{A_f}} \geq 3 \tag{5.1-1}$$

여기서, H : 건축구조물의 기준높이(m), (5.1.2(6))에 따른다)

B : 건축구조물의 대표폭(m)

D : 건축구조물의 깊이(m)

A_f : 건축구조물의 기준층 바닥면적(m^2)

나. 와류진동, 공기력불안정진동

아래의 조건에 해당하는 건축구조물은 5.17(풍동실험) 중 풍력실험 실시하여 와류진동 및 공기력불안정진동을 검토하고, 이들에 의해 발생하는 동적영향을 고려한 풍하중을 산정하여야 한다. 단, 건축구조물의 평면형상이 원형인 경우에는 5.11(와류진동 풍하중)의 규정에 따라 풍하중을 산정할 수 있다.

(가) 사각형평면인 건축구조물

$$\frac{H}{\sqrt{BD}} \geq 4.0 \text{ 또는 } \frac{H}{\sqrt{A_f}} \geq 4.0 \text{ 및}$$

가. 풍직각방향진동, 비틀림진동

풍직각방향진동은 건축구조물의 후면에 방출되는 와류에 기인한다. 저층건축구조물인 경우에는 풍직각방향의 진동이 그다지 크지 않지만, 고층이 되어 세장하고 형상비 $H/\sqrt{BD}$ 가 커지면, 그림 5.1.4.1에 나타낸 것처럼 높이방향으로 일정한 주기성이 강한 와류가 방출되기 쉬워져 풍직각방향 및 비틀림변동력이 커지게 된다. 또한, 고층화되어 낮아진 고유진동수 n_0 가 와발생진동수 n_v 에 가까워지면 공진성분이 증가하여 응답이 커진다. 이 때 와류의 발생진동수 n_v 는 다음 식과 같이 설계풍속 V_H 에 비례하여 증가한다.

$$n_v = S_t \frac{V_H}{B} \tag{5.1.4.1}$$

여기서, S_t는 변동풍력의 파워스펙트럼밀도가 피크를 나타낼 때의 해당 무차원진동수($= n_0 B / V_H$) 로서 스트로할수(Strouhal number)라 한다. S_t는 원평평면일 때 약 0.2, 사각형평면일 때는 변장비 D/B에 따라 변하지만 약 0.1 전후의 값을 나타낸다.[1)~3)] 식(1.1)식에서 설계풍속 V_H 가 증가하면 와의 발생진동수 n_v가 건축구조물의 고유진동수 n_0에 가까워져 공진한다. 이것이 와류진동이다. 일반적인 고층건축구조물인 경우에는 공진풍속 V_r 은 설계풍속보다 매우 높은 값이기 때문에 이러한 공진은 거의 발생하지 않는다. 그러나, 설계풍속이 높아지면 공진풍속에 가까워지기 때문에 풍직각방향의 응답이 커지고, 풍방향에 비하여 풍속에 의한 응답의 증가폭이 매우 커진다.

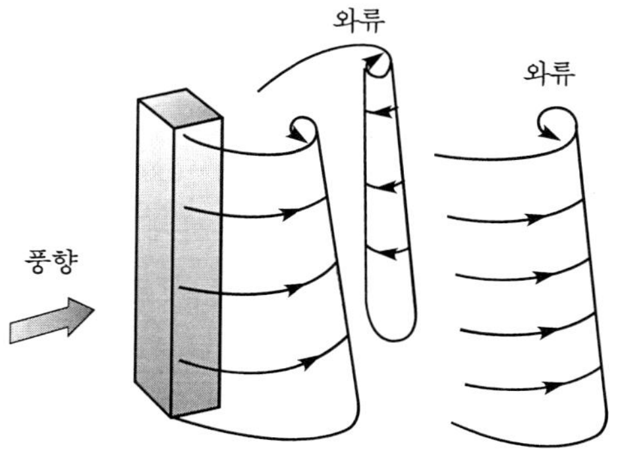

그림 5.1.4.1 3차원 각주의 와류형성[4)]

일반적으로, 저풍속에서는 풍방향응답이 크고, 고풍속에서는 풍직각방향의 응답이 커진다. 이 풍방향응답과 풍직각방향의 응답의 크기가 역전되는 풍속은 건축구조물의 높이, 형상 및 진동 특성에 따라 달라진다. 본문의 *식(5.1-1)*의 조건은 형상비 및 변장비가 변하는 여러 종류의 고층건축구물에 대한 축척모형 풍동실험을 실시하고, 스펙트럼모드해석에 의해 풍방향응답과 풍직각방향응답을 평가한 후 풍직각방향응답이 풍방향응답을 초과하기 시작하는 형상비의 값이다. 검토는 일반적인 건축구조물로서 밀도 $180\,\mathrm{kg/m^3}$, 1차고유진동수 $n_1 = 46/H\,(\mathrm{Hz})$, 감쇠비 2%, 지표면조도구분 B, 기본풍속 $V_0 = 35\,\mathrm{m/s}$, 변장비 $D/B = 1.0$, 1, 형상비 $H/\sqrt{BD}$ = 2, 3, 4, 5, 6, 변장비 D/B=0.5, 1.0. 2.0인 조건하에서 이루어 졌다. 검토결과를 나타낸 것이 그림 5.1.4.2이다.[5),6)] 그림 (a)에 나타낸 것처럼 형상비가 $H/\sqrt{BD} \geq 3$이면 풍직각방향풍응답이 풍방향풍응답 보다 커지기 시작하여 형상비가 커질수록 그 값의 차이는 현저하게 증가하고[5)], 그림 (b) 처럼 풍하중 비율의 증가폭은 변장비가 1일 때 가장 크다.[6)] 그리하여 형상비 $H/\sqrt{BD} \geq 3$을 풍직각방향풍하중을 검토할 조건으로 삼았다. 그러나 질량 및 감쇠비가 작은 건축구조물인 경우에는 $H/\sqrt{BD} < 3$인 조건의 경우라도 풍직각방향풍하중 및 비틀림풍하중을 검토하는 것이 바람직하다.

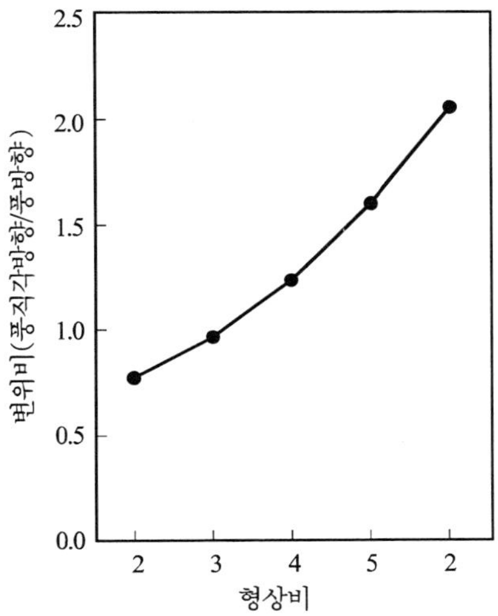

(a) 형상비에 따른 변화($D/B = 1$인 경우)[5)]

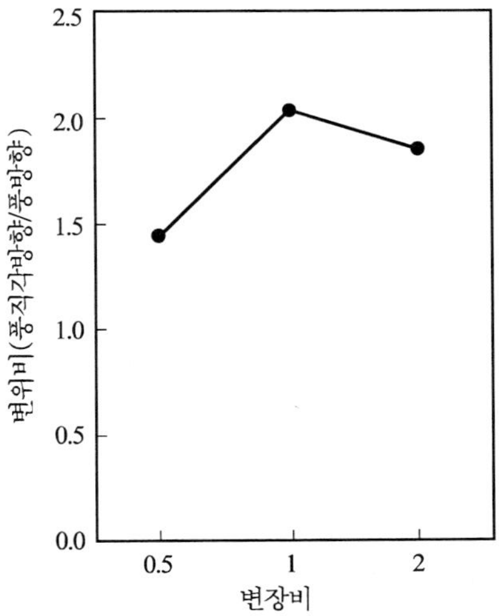

(b) 변장비에 따른 변화($H/\sqrt{BD} = 6$인 경우)[6)]

그림 5.1.4.2 풍직각방향 최대변위에 대한 풍방향 최대변위의 비

비틀림진동은 고층일수록 그 영향이 커지고, 풍직각방향진동과 같이 와류에 의하여 발생한다. 또한 변동비틀림 파워스펙트럼밀도의 특성은 풍직각방향변동풍력 파워스펙트럼밀도의 특성과 유사하다.[7),8)] 그리하여 비틀림진동의 검토조건은 풍직각방향진동과 동일하게 하였다.

본문에 제시한 판별조건식은 사각형평면을 기준으로 하고 있다. 그러나 사각형과 약간 다른 평면을 가진 건축구조물에 대해서도 B, D 를 개략적인 대표폭과 대표깊이로 하여 본문의 *식(5.1-1)*을 적용할 수 있다. 또한 높이방향으로 B, D 가 변하는 경우에는 상부에서의 풍력이 응답에 영향을 크게 미치기 때문에 상부에서의 대표적인 값을 사용하는 것이 바람직하다. 보통 건축구조물높이의 $2H/3$ 에서의 값을 사용하는 경우가 많다. 만약, 건축구조물의 형상이 복잡하여 $\sqrt{BD}$ 를 결정하기 어려울 때는 기준층 바닥면적 A_f 를 사용하여 $\sqrt{A_f}$ 로 할 수 있다.

풍직각방향, 비틀림방향의 풍응답과 풍하중의 평가는 사각형평면에 대해서만 풍동실험결과에 기초하여 경험식이 제안되어 있다.[9)] 사각형평면 이외의 경우에는 풍직각방향, 비틀림방향의 진동을 이론적으로 평가하는 방법이 정립되어 있지 않다. 그러므로 풍동실험을 통하여 얻은 풍직각방향 및 비틀림의 변동풍력의 자료를 이용하여 스펙트럼모드해석에 의하여 풍응답을 평가할 수 밖에 없는 실정이다.

나. 와류진동, 공기력불안정진동

고층건축구조물이나 탑상건축구조물 또는 구조부재와 같이 형상비가 큰 경우에는 바람의 영향으로서 바람의 난동에 의한 풍방향진동보다 건축구조물 후면에서의 와류방출에 기인하는 와류진동이 지배적으로 되는 경우가 있다. 또한 가볍고 감쇠가 낮은 경우에는 공기력불안정진동가 발생할 우려도 있다.

와류진동을 일으키는 또 다른 원인으로는 풍상측 건축구조물로부터 방출되는 와류에 의해 생성된 변동풍속에 의한 진동이 있다. 이 진동은 풍상측 건축구조물의 후류(wake)에 의한 진동으로 후류진동(wake induced vibration)이라 하고, 와류발생의 주기성이 강한 경우에는 후류변동의 강도 및 주기성이 강해져 때로는 대상건축구조물이 공진을 일으킬 경우도 있다. 이러한 풍상측 건축구조물의 후류의 영향은 와류방출의 주기성이 강한 경우에는 대상건축구조물 폭의 10배 정도의 풍하측까지 미친다. 따라서 구조골조용 수평풍하중을 평가할 때 이러한 특별한 진동에 유의해야한다.

와류진동은 설계풍속 이하에서 발생할 가능성이 있기 때문에 와류진동이 발생하더라도 건축구조물에는 중요한 손상이 발생하지 않도록 해야 한다. 공기력불안정진동은 발산진동이다. 따라서 한번 발생하면 건축구조물에 큰 손상을 가져올 수 있기 때문에 설계풍속 범위 내에서 발생하지 않도록 해야 한다. 이러한 와류진동과, 공기력불안정진동이 발생할 가능성이 있는 건축구조물로는 경량이고 저감쇠비이며, 세장하고 유연한 건축구조물인 초고층건축구조물, 굴뚝, 기념비, 관광타워, 기계식주차장 등과 구조부재로서 스페이스프레임의 부재 등을 들 수 있다.

공기력불안정진동과 와류진동에 대한 검토조건은 두 가지이다. 첫째는 건축구조물의 형상비 $H/\sqrt{BD}$ 이고, 둘째는 무차원풍속 $V_H/(n_L\sqrt{BD})$ 이다. 와류진동으로 인한 건축구조물의 응답은 건축구조물이 진동하지 않을 때에는 광대역응답을 나타내지만, 건축구조물이 진동하여 변동풍력이 작용할 때는 협대역응답을 나타낸다. 기준에서는 와류진동 및 공기력불안정진동의 검토가 필요한 형상비를 사각형평면일 때는 4.0 이상, 원형평면일 때는 7 이상으로 규정하였다. 그 이유는 그림 5.1.4.3에 나타낸 것처럼 형상비가 이 값을 초과하면 풍직각방향 및 비틀림 변동풍력파워스펙트럼밀도의 형상이 뾰족한 협대역을 나타내고, 카르만와가 형성되는 것을 명확하게 확인 할 수 있기 때문이다.[1)~8)]

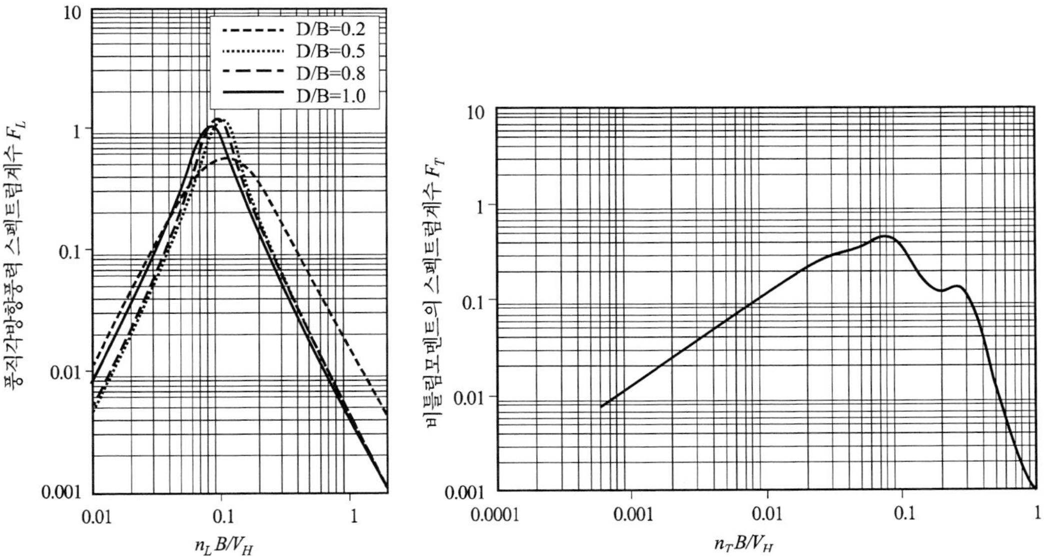

(a) 풍직각방향
($H/\sqrt{BD}>4.0,\ D/B<1.0$)

(b) 비틀림방향
($H/\sqrt{BD}>4.0,\ D/B=1.0$)

그림 5.1.4.3 변동풍력의 파워스펙트럼밀도의 예

설계풍속 V_H가 공진풍속 V_r 에 가까워지면 건축구조물은 공진상태가 되어 극히 큰 진폭으로 진동한다. 공진풍속이 매우 높아 설계풍속 범위를 초과하면 공진이 발생하지 않고, 반대로 공진풍속이 매우 낮으면 공기력진동풍력이 매우 낮기 때문에 문제가 발생하지 않는다. 그러나 공진풍속이 10~40m/s의 범위가 되면 심각한 진동이 발생할 수 있다. 그러므로 내풍설계에서는 공진풍속이 설계풍속에 비해 충분하게 큰 값을 가지도록 해야 한다.

일반적으로 풍직각방향 건축구조물의 폭이 동일한 조건이라면 사각형평면에 비해 원형평면의 와류방출 비율이 높기 때문에 공진풍속은 매우 낮다.

(가) 사각형평면인 건축구조물

원형평면이 아닌 세장한 건축구조물의 경우에는 저풍속에서 발생하는 진동이나 와류진동 이외에 갤로핑(galloping)과 긴 단면인 경우에는 저풍속에서 비틀림플러터 또는 고풍속에서 휨비틀림연성플러터 등 발생메카니즘이 다른 여러 종류의 공기력불안정진동 현상이 일어날 가능성이 있다.

이들 현상의 발생메카니즘에 대해서는 아직 명확하게 밝혀지지 않았다. 그러나, 형상비가 큰 세장한 건축구조물일수록 발생하기 쉽고, 설계풍속 V_H가 발진풍속 V_{cr} 을 초과할 때 발생하기 쉽다. 공기력불안정진동의 무차원발진풍속 $V^*_{Lcr} = V_{Lcr}/(n_L\sqrt{BD})$ 은 평면의 변장비 및 건축구조물의 질량과 감쇠비에 의해 정해지는 질량감쇠변수인 스크러턴수(Scruton number) S_c 에 민감하게 의존한다. 풍직각방향인 경우, 스크러턴수 S_c 는 $S_C = 4\pi\zeta_L M/(\rho BDH)$ 로 정의되고, 감쇠비 ζ_L와 공기질량 ρ에 대한 건축구조물의 질량 비율인 $M/(BDH)$의 곱에 비례하는 질량감쇠무차원정수로 공기력진동의 발생 정도를 나타낼 때 주로 사용한다. 그리하여 본문의 *표 5.1-1* 및 *표 5.1-2*에는 변장비 D/B와 스크러턴수 S_C에 따라 무차원발진풍속 V^*_{Lcr} 의 값이 주어져 있다.[11)~12)] 스크러턴수 S_C는 풍직각방향의 경우에는 $S_C = \delta_L$이고, 비틀림의 경우에는 $S_C = \delta_T$이다.

공기력불안정진동 현상은 KDS 2022에서 풍속의 평균화시간으로 사용되는 10분 보다 짧은 시간 내에 발달할 위험성이 있다. 설계풍속 V_H 가 발진풍속 V_{cr} 에 가까워지면 와류진동이 곧 공기력불안정진동이 되고, 이 현상이 지속되면 건축구조물이 붕괴할 수도 있다. 그리하여 KDS 2022에서는 무차원풍속 $V_H/(n_L\sqrt{BD})$가 무차원발진풍속 V^*_{Lcr} 보다 커지면 공기력불안정진동을 검토하도록 하고 있다.

건축구조물의 평면형상이 사각형평면과 약간 다른 경우에도 본문의 *식 (5.1-2)식*을 적용할 수 있다. 이 때 B, D는 비교적 상부에서의 대표적인 값을 사용하는 것이 바람직하다. 단, 근소한 평면형상의 차이에 따라 공기력불안정진동의 특성이 변하는 경우가 있으므로 주의해야한다.

(나) 원형평면인 건축구조믈

원형평면의 강제굴뚝처럼 가볍고, 감쇠가 작고 세장한 구조물인 경우에는 설계풍속의 범위 내에 공진풍속이 들어가기 때문에 전형적인 와류진동이 발생하여 풍직각방향의 진동이 크게 되고, 이 때문에 발생한 변동공기력으로 인해 자발진동 및 공기력불안정진동으로 발전할 가능성이 높다. 따라서 와류진동에 대해 특히 주의하여 검토해야한다.

원형평면의 스트로할수 S_t는 약 0.2이다. (5.1.4.1)식으로부터 공진풍속 $V_r = n_L D_m / S_t = n_L D_m / 0.2 = 5 n_o D_m$ 로 산정되고, 이것이 설계풍속 V_H 이하가 되면 와류진동에 대한 검토가 필요하다. 본문의 *식 (5.1-3)*이 그 판별조건식이다.

원형평면의 경우 건축구조물에 따라 상부로 갈수록 테이퍼형으로 단면지름이 줄어 들거나 단계적으로 형태가 달라지는 경우도 있다. 이 때는 건축구조물의 상부에서의 와발생 및 풍직각방향변동풍력이 와류진동 현상에 크게 영향을 미치기 때문에 상부에서의 대표적인 지름 값을 사용하는 것이 바람직하다. 본문에서는 건축구조물높이의 $2H/3$ 에서의 지름 D_m 값을 사용하고 있다.

② 특수한 지붕골조

현수, 사장, 막 지붕 등은 매우 가볍고 면외강성이 낮기 때문에 지붕의 상하면이 함께 바람에 펄럭거리면서 공기력불안정진동을 나타낼 우려가 있다. 따라서 풍동실험을 실시하여 주골조 및 외장재 설계용 풍하중을 평가하여야 한다.

막구조에 대한 검토를 할 경우 막 면을 보강하는 케이블, 막 면을 지지하는 하부구조체의 부재는 주골조설계용 풍하중을 사용하여 안전하도록 한다. 막 면을 구성하는 막 재료 및 그것을 정착하는 긴결물은 주골조설계용 및 외장재설계용 두 가지 모두의 풍하중에 대해 안전하도록 검토한다. 특히 막 재료의 지점간 거리가 길고 넓은 막 면 영역을 가지는 경우에는 주골조설계용 풍하중을 사용하여 검토하는 것이 바람직하다. 왜냐하면, 외장재용 피크풍압계수의 분포 상태는 전 풍향 가운데 정 및 부의 피크값에 근거하여 구하기 때문에 비대칭성을 가지는 경우가 많고, 피크풍압계수를 사용한 검토만으로는 풍력의 불균형한 작용으로 발생하는 막 장력을 충분히 견딜 수 없다. 그리하여 풍향마다 구한 비대칭분포를 가진 구조골조용 풍(압)력계수로 검토해야 한다. 외장재용 피크풍압계수는 전풍향 가운데 피크값의 최대· 최소값이기 때문에 넓은 막 영역에 대해서는 실제의 풍향에 대한 풍압계수보다도 큰 값이 된다.

③ 골바람효과가 발생하는 건설지점

지형적 조건에 의하여 건설지점의 인근에 절벽, 계곡, 해협 등이 위치하고 있을 때에는 골바람효과로 인하여 풍속이 증가할 우려가 있다. 특히 건설지점이 산과 산 사이의 계곡에 위치하는 경우에는 바람이 계곡을 통과하면 풍속이 증가한다. 이 현상을 골바람효과(funneling effect)라고 부르는데, 이 현상에 의한 풍속의 증가 정도는 계곡 양쪽에 위치한 산의 높이 및 길이, 산의 형상, 산의 경사각, 산과 산 사이의 이격거리 등에 따라 달라지기 때문에 그 영향 정도를 일반화 하기는 곤란하다. 여기서는 단순한 조건 하에서 실시한 풍동실험에 근거하여 평가한 골바람효과의 영향 정도를 소개한다.

축적스케일 1/2,000로 만든 그림 5.1.4.4(a)에 나타낸 3차원산지가 양쪽에 위치할 때 높이 H인 산의 경사도 Φ를 0.4, 0.5, 0.6, 0.8의 4종류를 대상으로 지표면조도 구분은 C인 조건 하에서 풍동실험을 실시하여 산과 산 사이의 이격거리가 $H/10$, $H/4$, $H/2$, H, $2H$, $4H$, $5H$로 변하는 경우 골바람효과에 의한 영향 정도를 통하여 평가하여 나타낸 것이 그림 5.1.4.5다.[13),14)] 골바람효과의 정도는 평탄지에서의 풍속과 골바람을 받는 계곡 중간에서의 풍속의 비율로 하였다. 양쪽 산 사이의 이격거리가 $4H$이하가 될 때 골바람효과가 발생하며, 이격거리가 $4H$ 이상이 될 경우에는 골바람효과가 발생하지 않는다. 골바람효과에 의한 풍속할증의 최대값은 1.45 정도이고, 동일 이격거리일 경우 경사각이 클수록 골바람효과가 크게 발생하는 경향을 보인다. 그림 5.1.4.5를 종합하면 3차원 산지의 계곡에서 발생하는 골바람효과에 의한 풍속할증계수 K_{3D}는 다음 식과 같은 근사식으로 주어진다.[15)]

$$K_{3D} = -0.024 \times 0.62^{\frac{0.57}{\Phi}} \left(\frac{D}{H}\right)^3 + 0.178 \times 0.63^{\frac{0.57}{\Phi}} \left(\frac{D}{H}\right)^2 \quad (5.1.4.2)$$

$$-0.432 \times 0.67^{\frac{0.57}{\Phi}} \left(\frac{D}{H}\right) + 1.48 \times 0.91^{\frac{0.57}{\Phi}}$$

여기서, Φ : 산의 경사각

D : 산과 산 사이의 이격거리(그림 5.1.4.4(c)처럼 산이 평지에서 경사각을 가지기 시작하는 밑면에서 측정한 산과 산 사이의 간격)

축적스케일 1/2,000로 만든 그림 5.1.4.4(b)에 나타낸 2차원산지가 양쪽에 위치할 때 산지 폭 방향 높이를 변화시킨 경사도($\Phi_b = H/L_b$) 0.3, 0.4, 0.5, 0.6 및 산지 폭 방향 경사도(Φ_b)의 1/2이 되도록 산지 길이 방향 경사도($\Phi_l = H/L_l$) 0.15, 0.2, 0.25, 0.3인 4종류를 대상으로 풍동실험을 수행하여, 각 경사도별로 이격거리 $H/5$, $H/2$, H, $2H$, $3H$, $4H$, $5H$에 따라 골바람효과를 평가하여 나타낸 것이 그림 5.1.4.6이다.[16] 2차원 산지의 경우 골바람효과 의한 풍속할증의 최대값은 1.15 정도로 3차원 산지에 비하여 작지만, 이격거리가 $4H$ 이상이 되어도 골바람효과는 발생하는 경향을 보인다. 그림 5.1.4.6을 종합하면 2차원 산지의 계곡에서 발생하는 골바람효과에 의한 풍속할증계수 K_{2D}는 다음 식과 같은 근사식으로 주어진다.[16]

$$K_{2D} = 0.05\Phi^2 + (0.033 - 0.042D)\Phi + 1.10 \quad (5.1.4.3)$$

여기서, Φ : 산의 경사각

D : 산과 산 사이의 이격거리

골바람효과가 발생할 지점에 계획건축구조물이 위치할 경우의 설계용풍속은 KDS 2022에서 제시한 설계풍속에 식(1.1), 식(1.2)의 골바람효과 할증계수를 곱하여 설정할 수 있다. 그러나 이 근사식들은 계곡의 양쪽에 동일한 크기의 3차원 및 2차원 산지를 대상으로 하였기 때문에 산지형이 복잡하게 연속되어 있거나 평면적으로 산지형에 굴곡이 있는 경우에는 골바람효과가 달라진다는 사실을 유념해야한다.

(a) 3차원산지

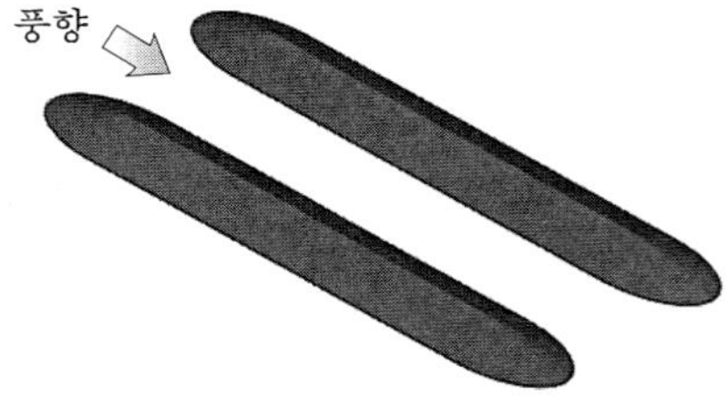

(b) 2차원산지

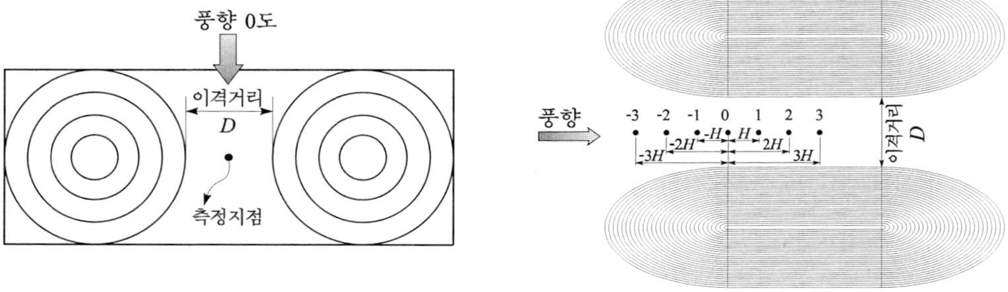

(c) 이격거리의 정의

그림 5.1.4.4 산지형의 정의

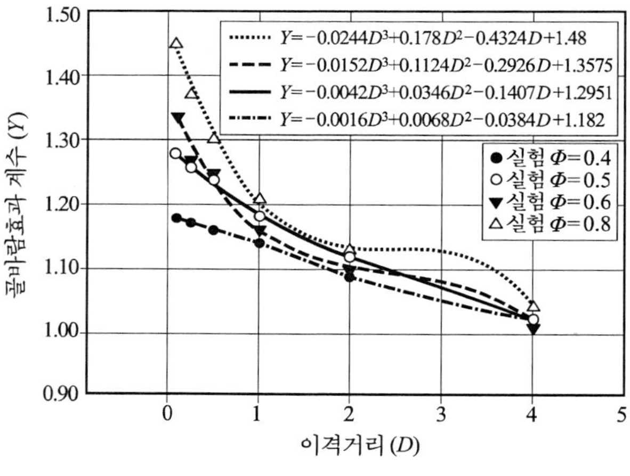

그림 5.1.4.5 3차원 산의 경사도 Φ에 따른 이격거리별 풍속할증계수[14)]

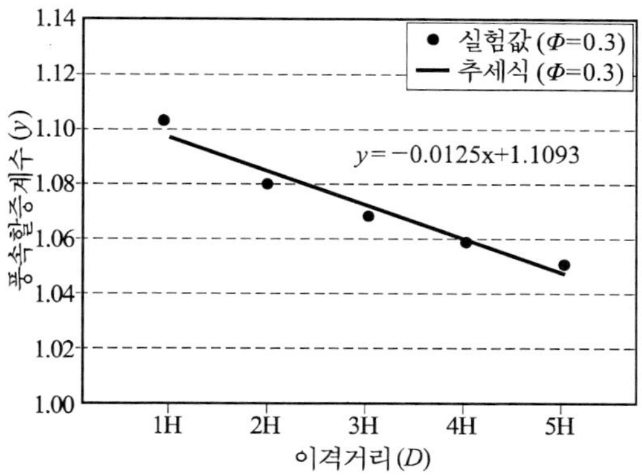

(a) 경사각 : $\Phi = 0.3$

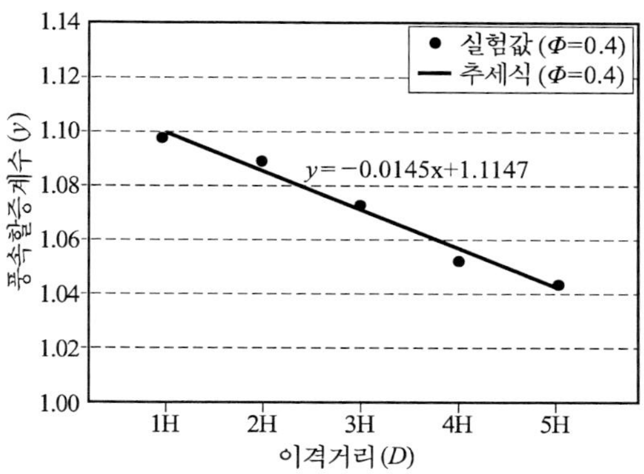

(b) 경사각 : $\Phi = 0.4$

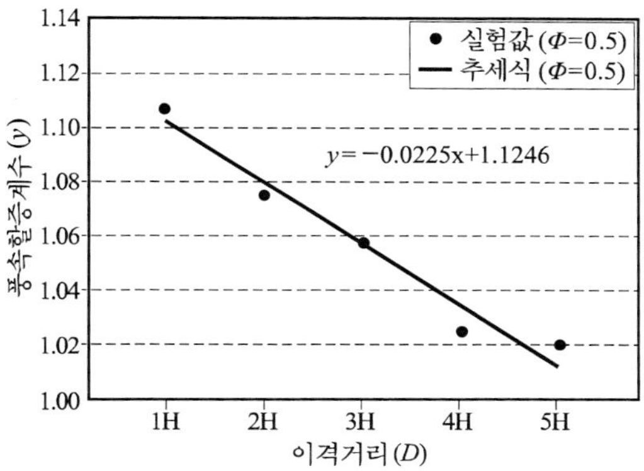

(c) 경사각 : $\Phi = 0.5$

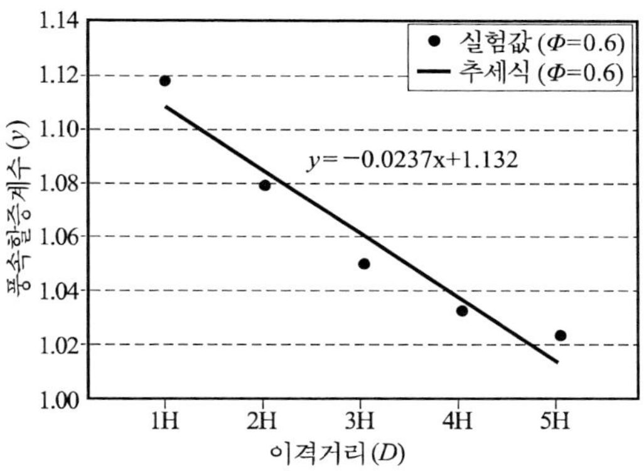

(d) 경사각 : $\Phi = 0.6$

그림 5.1.4.6 2차원 산의 경사도 Φ에 따른 이격거리별 풍속할증계수[16)]

④ 인접효과가 우려되는 건축구조물

건축구조물에 작용하는 풍하중은 그 건축구조물에 접근하는 바람의 특성에 크게 영향을 받는다. 기준에는 지표면조도 및 지형에 대한 영향은 설계풍속을 결정할 때 반영되지만, 대상건축구조물이 단독으로 건설되는 경우를 기본으로 하고 있다.

아파트 단지처럼 고층건축구조물이 집단적으로 인접하여 건설되면 건축구조물이 단독적로 건설될 때와는 바람의 작용이 달라진다. 특히 풍하측에 위치한 건축구조물의 경우에는 풍상측에 건설된 건축구조물의 영향으로 인해 건축구조물 전체의 진동이나 외장재에 작용하는 풍력이 건축구조물이 단독으로 건설되었을 때보다 증가하는 경우가 종종 있다.[17),18)] 이러한 현상을 인접효과(interference effect)라 부르며, 그 원인에 의해 발생하는 진동을 후류진동이라 한다. 후류진동은 풍상측 건축구조물로부터 방출되는 와류에 의해 생성된 변동풍속에 의한 진동이며, 만약 와류방출의 주기성이 강한 경우에는 후류변동의 강도 및 주기성이 강한 변동풍력이 풍하측 건축구조물에 작용하여 공진을 일으킬 경우도 있다. 와류방출의 주기성이 강한 경우에는 후류진동으로 인한 변동풍력의 영향이 계획건축구조물 폭의 10배 정도의 풍상측 거리로부터 미친다. 이러한 상황에서 발생하는 풍하중을 설계에 반영하기 위해서는 인접건축구조물을 포함하는 주변건축구조물을 재현하여 풍동실험을 실시한 후 인접효과가 반영된 풍하중을 평가하는 것이 바람직하다. 이러한 검토를 하지 않고 KDS 2022에 따라 풍하중을 산정하는 경우에는 인접효과에 의해 계획건축구조물에 작용하는 풍하중이 증가하는 것을 고려하여 설계풍하중을 증가시켜야 한다. 그러나 인접효과의 영향 정도를 일반화하는 것은 매우 어렵다. 인접효과는 건축구조물의 규모, 풍상측과 풍하측 건축구조물과의 이격거리 및 지표면조도 등의 영향을 받기 때문이다. 여기서는 제한된 조건 내에서 실시한 풍동실험결과로 평가된 인접효과의 영향정도를 기술한다.

그림 5.1.4.7은 단독 건축구조물에 대한 풍하측 건축구조물의 풍방향 및 풍직각방향 최대응답의 비율을 등고선으로 나타낸 것이다.[19),20)] 대상으로 한 풍하측 건축구조물은 변장비 $D/B=1$, 형상비 $H/\sqrt{BD}=4$인 고층건축구조물이고, 지표면조도 구분 B 인 조건에서 풍동실험한 후 설계풍속 40~60m/s에서의 응답비율을 나타낸 것이다. 그림의 가로축과 세로축의 눈금은 건축구조물의 대표폭 $\sqrt{BD}$로 무차원화시킨 2동 사이의 거리이고, 등고선의 값은 그 지점에 인접건축구조물(□)이 위치하고 있을 때, 단독건축구조물에 대한 풍하측 대상건축구조물(■)의 응답비율을 나타낸 것이다. 인접효과에 의한 영향은 풍방향응답보다 풍직각방향응답에서 강하게 나타난다. 풍직각방향응답은 단독 건축구조물인 경우의 1.3~1.4배 정도 증가까지도 증가하며, 이 때 두 건축구조물의 간격은 대략 풍하측건축구조물(대상건축구조물) 대표폭 $\sqrt{BD}$의 3~5배 정도에 달하고, 그 이상의 간격이 되면 풍상측 건축구조물의 영향은 작아진다. 따라서 계획건축구조물 대표폭의 3~5배의 영역 안에 계획건축구조물과 동일한 규모의 인접건축구조물이 있는 경우에는 KDS 2022에 따라 단독건축구조물도 산정한 설계용풍하중에 1.3~1.4의 계수를 곱하여 설계풍하중으로 삼는 것이 바람직하다. 단, 이 풍동실험은 2동의 사각형 평면을 가진 건축구조물 사이에서의 상호간섭에 의한 인접효과를 대상으로 한 것이기 때문에, 다양한 종류의 변장비 D/B 및 형상비 $H/\sqrt{BD}$를 가진 건축구조물인 경우, 또는 3동 이상인 여러 동

의 건축구조물 간의 인접효과를 대상으로 하는 경우 등과 같이 실제 도심지에서 볼 수 있는 상황에서의 나타나는 인접효과에 대해서는 적용할 수 없다. 특히, 고층건축구조물 들이 2동 이상 집단적으로 배치될 경우에는 2동 간의 인접효과 뿐 아니라 2동 이상의 인접효과가 풍하측 건축구조물에 영향을 미쳐 풍하중이 더 증가할 수도 있기 때문에 주의가 필요하다.

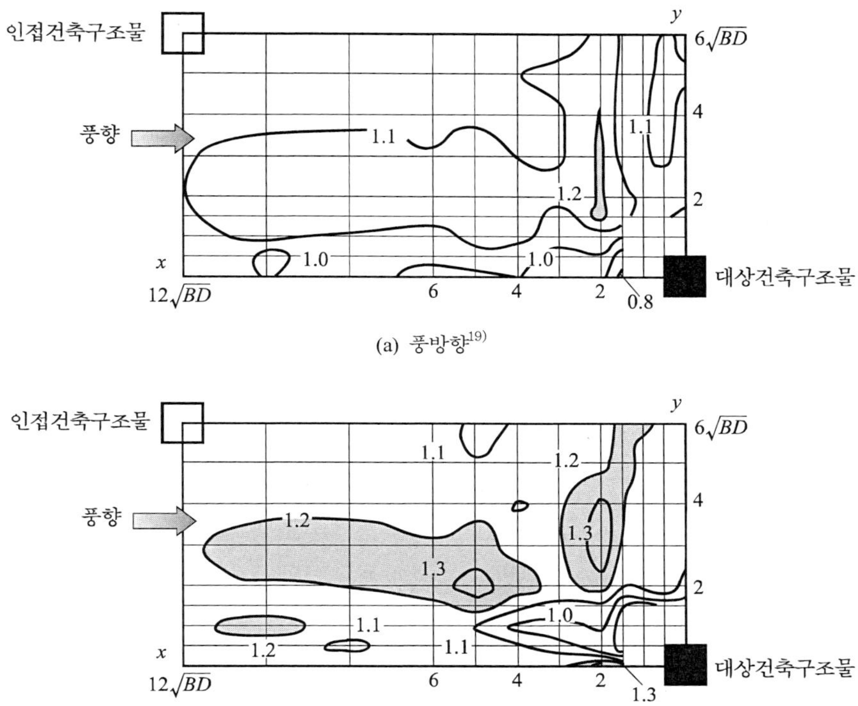

(a) 풍방향[19)]

(b) 풍직각방향[20)]

그림 5.1.4.7 인접효과에 의한 풍하측 건축구조물의 응답 변화율

인접효과는 외장재설계용 풍하중에도 영향을 미친다. KDS 2022에 규정한 피크외압계수는 단독으로 설치한 축적스케일 1/200~1/500 정도의 풍압모형을 사용한 풍동실험결과를 정리한 것이다. 실제 도심지 등에 계획되는 건축구조물의 주변에는 기존 건축구조물이 많이 존재하지만 이로 인하여 발생하는 차폐효과(shielding effect) 및 풍속증가 등의 영향은 포함되지 않았다. 그림 5.1.4.8은은 동일한 규모의 고층건축구조물 2동이 인접한 경우에 피크외압계수에 미치는 영향을 고찰한 것이다. 풍동실험은 축척스케일 1/500, 지표면조도구분 B인 조건에서 계획건축구조물을

중심으로 풍상측 x방향으로 계획건축구조물 대표폭 B의 $1.5B \sim 3B$, y방향으로 $1.5B \sim 5B$의 지점에 인접건축구조물을 배치한 실험결과이다. 그림의 가로축과 세로축의 눈금은 건축구조물의 대표폭B로 무차원화 시킨 거리이고, 그림에 나타낸 값은 풍상측의 그 지점에 인접건축구조물이 위치하였을 때 그 영향으로 인하여 계획건축구조물의 벽면 단부에서 발생한 피크외압계수의 최대값(부압)이다. 예를 들면, 계획건축구조물이 단독으로 있을 경우에는 −2.6이고, 인접건축구조물이 x, y축 공통으로 $2B$의 지점에 위치할 경우에는 −4.2가 되어 풍압계수가 증가한다. 음영 표시 부분은 그 지점에 인접건축구조물이 위치할 경우, 그 영향으로 인하여 풍하측 계획건축구조물의 벽면 단부 외압계수가 KDS 2022에 규정한 값보다 크지는 영역을 표시한 것이다. 즉, 음영 부분에 인접 건축구조물이 위치하면 풍상측 건축구조물의 모서리에서 박리한 와류가 풍하측 건축구조물과 간섭하여 벽면의 피크외압계수에 크게 영향을 미치게 된다. 따라서 설계 시 대규모의 건축구조물이 인접하여 위치하고 있는 경우에는 풍하중이 증가할 우려가 크기 때문에 풍동실험에 의한 검토가 필요하다.

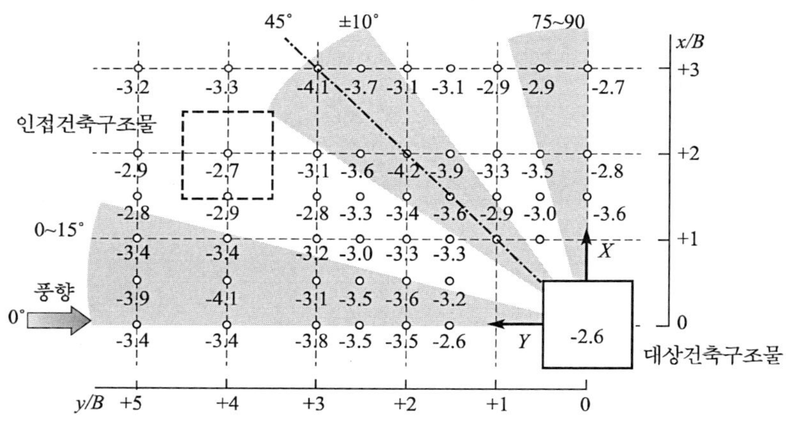

그림 5.1.4.8 피크외압계수(부압)의 최대값과 인접건축구조물의 배치 관계[21)]

⑤ 외장재 파손에 주의해야할 건축구조물

우리나라는 지정학적인 조건으로 인하여 여름철에는 태풍, 봄가을에는 저기압·전선풍, 겨울철에는 계절풍을 성인으로 하는 강풍이 불어온다. 이처럼 강풍은 사철에 걸쳐 불어오며. 지표면에 의한 마찰의 영향을 받지 않는 해안지역에서 그 강도가 커서 외장재의 파손이 빈번하게 발생한다. 특히 우리나라는 태풍상습지역에 속하고 평균적으로 1년에 3개정도 태풍이 상륙하고[22], 그림 5.1.4.9에 나타낸 것처럼 우리나라에 영향을 미친 다수의 태풍진로로부터 평균진로(일점쇄선) 진행방향의 좌측에 대해서는 반경100km, 우측은 전 지역을 태풍영향권역으로 설정할 수 있으며 중부이남지역이 태풍영향권역에 속한다.[23] 그리하여, 해안가에 위치한 공장이나 농어업용 창고, 체육시설, 주거용 및 위락 건축구조물 등의 경우에 매년 외장재의 파손으로 큰 피해를 입고 있다. 이런 점을 고려하여 외장재의 파손으로 인명 피해가 발생하거나 그로 인하여 2차적인 피해가 발생할 우려가 있는 건축구조물로서 KDS 2022를 적용할 수 없는 경우에는 풍동실험 결과에 의해 외장재의 풍하중을 산정하여 피해를 방지할 수 있도록 하고 있다.

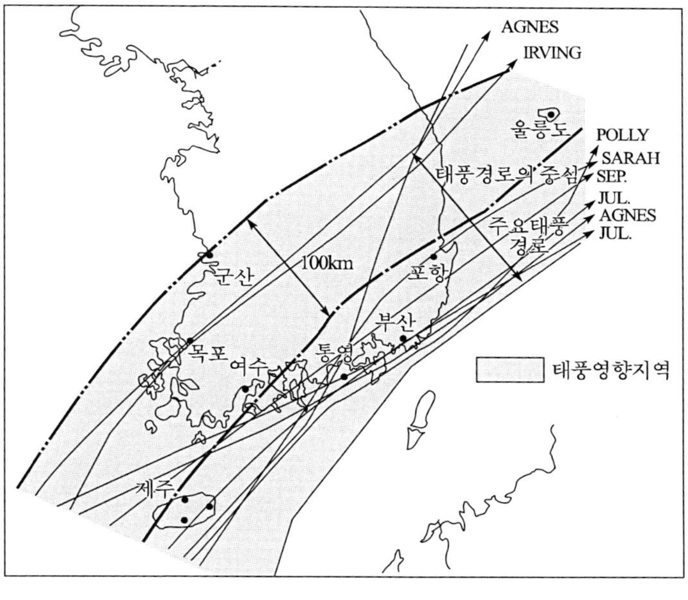

그림 5.1.4.9 태풍영향권역[23]

⑥ 특수한 형상의 건축구조물

KDS 2022에서 규정하는 특수한 형상을 가진 건축구조물이란 평면 형상 사각형과 원형이 아닌 경우에 해당하고, 평면 형상이 사각형과 원형이라 하더라도 높이에 따라 단면이 변하거나 셋백(set back)되는 경우에는 특수한 형상에 해당하며, 그 외 공간적으로 볼 때 확연하게 평범하지 않은 기하학적인 형상을 가진 건축구조물을 말한다.

평면이 비정형인 경우에는 풍향에 따라 풍압과 풍력의 변동이 심하고, 높이에 따라 형상이 변하거나 셋백되는 경우에는 층질량이 변하기 때문에 진동모드가 복잡하고 풍진동으로 인한 응답 특성이 일정하지 않다. 또한 풍압력계수 및 가스트영향계수를 알 수 없다. 따라서 풍동실험에 따라 풍하중을 평가할 수밖에 없다.

평면적으로 건물폭과 건물깊이가 일정하지 않은 특수한 형상의 건축구조물이어서 대표폭 B를 결정하기 어려울 때에는 B를 다음 식에 의해 산정할 수 있다.

$$B = \sqrt{A_f} \tag{5.1.4.4}$$

여기서, A_f : 건축구조물의 기준층 바닥면적(m^2)

일반적으로 풍공학에서 기준층 바닥면적A_f 이란 저층부에서는 넓은 면적을 가지지만 일정높이부터는 동일한 형태의 바닥면적이 연속적으로 계속되는 고층건축구조물인 경우에 사용하며, 바닥면적은 바람이 건축구조물에 작용하여 실제 변동풍력 및 진동을 일으켜 풍하중이 되도록 관여하는 실제적인 면적으로 외장재 끝단까지의 치수를 고려한다.

높이에 따라 건물폭이 변하여 유효폭을 결정하기 어려울 때에는 건축구조물의 풍상측 유효폭 L_{eff}은 다음 식에 따라 산정할 수 있다.[24)]

$$L_{eff} = \frac{\sum_{i=1}^{n} h_i L_i}{\sum_{i=1}^{n} h_i} \tag{5.1.4.5}$$

여기서, h_i : i층의 건축구조물 높이(m)

L_i : i층에서 건축구조물의 풍직각방향폭(m)

$\sum$: 건축구조물의 높이에 대해 실시한다.

단, 최소 유효폭은 모든 풍향을 고려하였을 때 가장 작은 값을 가지는 것이다.

KDS 2022에서는 위에서 기술한 ① ~ ⑥)에 해당할 경우에는 풍동실험을 실시하여 풍하중을 평가하도록 규정하고 있다. 매우 엄격한 것으로 보일 수도 있다. 그러나 이것은 엔지니어가 구조안전과 관련된 풍하중을 평가할 때 직관적인 판단에 의존하지 않고, 정량적이고 객관적인 방법에 의해 평가하도록 하기 위해 마련한 최소한 사항이라는 사실을 알아야한다.

참고로, 해외의 주요기준에서 풍동실험을 실시하여 풍하중을 평가하도록 하고 있는 조건을 아래에 소개한다. KDS 2022에 비하여 훨씬 엄격하다는 사실을 알 수 있다.

1) ASCE 7-10[25)]

① 불규칙한 기하학적 형상을 가진 커튼월의 풍압설계 자료를 얻고자 할 때

② 풍직각방향 및 비틀림방향 하중에 대한 설계 자료를 얻고자 할 때

③ 와류방출에 의해 발생한 주기하중에 대한 설계 자료를 얻고자 할 때

④ 플러터(flutter), 갤로핑(galloping)과 같은 공기력불안정진동에 의한 하중에 대한 설계 자료를 얻고자 할 때

⑤ 고유진동수가 1 Hz 이하인 유연건축구조물 일 때

2) ISO 4354 : 2009(E)[26)]

① 유연건축구조물, 세장한 건축구조물, 고층 또는 가벼운 건축구조물, 주변이 매우 복잡한 건축구조물

② 비정형적인 기하학적 형상을 가진 건축구조물

3) NBC 2010[27)]

① 높이가 유효폭의 4배 이상, 60m 이상, 고유진동수가 0.25Hz 이하인 건축구조물

② 최소고유진동수가 1Hz 이하인 기타 구조물

5.1.1

1) 하영철, 이석종, 한진성 (1997), 강풍의 발생성인별 설계기본풍속의 추정에 관한 연구, 대한건축학회논문집, 13(7), 163-173

5.1.2

1) A. G. Davenport (1985), The Representation of the Dynamic Effecr of Turbulent Wind by Equivalent Static Loads, AISC/CISC Intl. Symposium on Structural Steel, Chicago, Illinois, May 22-24, 3.1-3.13
2) A. G. Davenport (1967), Gust Loading Factors, Journal of Structural Division, ASCE, 93, 11-34

5.1.3

1) 日本國土交通省住宅局 (2000), 建設省告示 第1454號

5.1.4

1) 최심국, 길용식, 김동우, 하영철 (2005), 노풍도에 따른 고층건축물의 풍직각방향 변동풍력의 특성, 한국풍공학회논문집, 9(1), 79-85
2) 하영철, 길용식, 김동우 (2005), 초고층건축구조물의 풍직각방향 풍하중 평가를 위한 변동풍력계수 및 풍력파워스펙트럼밀도계수의 제안, 대한건축학회논문집-구조계, 21(10), 37-46
3) 하영철, 길용식, 김동우 (2006), 고층건축물의 풍직각방향 변동풍력 평가를 위한 경험식 제안, 대한건축학회논문집-구조계, 22(2), 83-90
4) 大熊武司, 神田順, 田村幸雄 (1996), 建築物の耐風設計, 鹿島出版會, p.71
5) 배진석, 김동우, 하영철 (2008), 풍하중을 받는 정방형 건축물의 형상비 변화에 따른 풍방향 및 풍직각방향 응답특성의 비교, 대한건축학회논문집-구조계, 24(10), 29-36
6) 배진석, 황성권, 하영철 (2009), 풍하중을 받는 고층건축물의 변장비 변화에 따른 구조축방향의 동적 응답 특성, 한국풍공학회논문집, 13(1), 3-10
7) 길용식, 김동우, 하영철 (2006), 고층건축물의 비틀림방향 풍력 특성에 관한 풍동실험연구, 한국풍공학회논문집, 10(2), 233-240
8) 길용식, 김동우, 하영철 (2007), 초고층축물의 비틀림방향 풍하중 평가를 위한 변동풍력계수 및 파워스펙트럼밀도계수의 제안, 한국풍공학회논문집, 11(2), 187-194
9) 하영철, 길용식, 황성권, 김동우 (2007), 고층건축구조물의 풍직각방향 풍응답 평가식 제안, 대한건축학회논문집-구조계, 23(6), 9-18
10) 日本建築學會 (1993, 2004, 2015), 建築物荷重指針同解說, 丸善

11) International Organization for Standardization (2009), Wind actions on structures, ISO 4354 : 2009(E)
12) Tamura. Y, Kawai. H, Uematsu. Y, Marukawa. H, Fujii. K and Taniike. Y (1996), Wind load and wind-induced response estimations in the Recommendations for Loads on Buildings, AIJ 1993, Engineering Structures, 18(6), 399-411
13) 최원녕, 하영철 (2012), 두 산지 사이의 골바람효과에 의한 풍속할증 현상의 검토, 한국풍공학회논문집, 16(1), 13-22
14) 이봉희 (2015), 지형 골바람현상에 의한 건축물 설계용 풍속할증계수, 금오공과대학교 공학박사학위논문
15) 하성민, 이봉희, 하영철 (2013), 2차원산지 사이의 골바람 효과에 의한 풍속할증 평가, 한국풍공학회문집, 17(2), 59-66
16) 류혜진, 하영철 (2021), 산지 사이의 골바람효과에 따른 풍속할증계수의 추세식, 대한건축학회논문집-구조계, 10(37), 235-242
17) 조강표, 홍성일 (2005), 고층건물의 풍하중에 대한 인접건물의 영향에 관한 연구, 대한건축학회논문집-구조계, 21(1), 59-66
18) 조강표, 홍성일, 정명채 (2005), 인접 건물에 의한 고층건물의 풍하중 변동에 관한 연구, 대한건축학회논문집-구조계, 21(3), pp.37-44
19) 高森浩治, 西村宏昭, 谷池義人, 岡崎琦隆, 谷口徹郎 (2000), 2棟の高層建築物の空力相互作用-その１-, 日本建築學會大會學術講演梗概集, 構造1, 249-250
20) 高森浩治, 西村宏昭, 谷池義人, 岡崎充隆 (2001), 2棟高層建築物の空力相互作用-その2-, 日本建築學會大會學術講演梗概集, 構造1, 247-252
21) 寺崎 浩, 中村良平 (2010), 風上の建物が高層建物の外壓係數·風振動に與える影響, 大成建設技術センター報, No. 43, 41-1~41-4
22) 기상청 : 기상년보, 1951년~1994년
23) 하영철, 이석종 (1995), 태풍영향권역에 있어서 설계기본풍속의 합리적 평가에 관한 연구, 한국풍공학회학술발표회논문집, 43-48
24) National Research Council Canada (2005), National Building Code of Canada 2005 Vol.1, Div. B, 4-18
25) American Society of Civil Engineers (2010), Minimum Design Loads for Buildings and Other Structures, ASCE/SEI 7-10
26) International Organization for Standardization (2009), Wind actions on structures, ISO 4354 : 2009(E)
27) National Research Council Canada (2010), National Building Code of Canada, Vol.1, Div. B, 4-6

5.2 주골조설계용 수평풍하중

(1) 이 절은 건축구조물의 주골조를 설계하는 경우의 수평풍하중에 대한 산정방법을 정한다. 여기서 수평풍하중은 바람의 난류에 의한 건축구조물의 풍방향의 동적하중효과 만을 고려하여 결정한 것으로 풍방향풍하중을 산정할 때 적용하며, 다음의 모든 조건을 만족해야 한다.

① 건축구조물의 형상은 정형적이어야 한다.

② 건축구조물은 와류방출, 공기력불안정진동 등을 유발하는 응답특성을 나타내지 않아야 한다.

③ 건축구조물은 풍상측의 장애물에 의해 발생하는 골바람효과 나 후류버펫팅을 받는 곳에 위치하지 않아야 한다.

(2) 주골조설계용 풍방향풍하중 W_D 는 건축구조물의 밀폐와 개방 정도에 따라 다음과 같이 산정한다.

(1) 주골조설계용 수평풍하중은 건축구조물의 주요구조부에 작용하는 풍하중을 결정하는 것이다. 주요구조부재란 건축구조물 등에 작용하는 연직력 및 수평력에 저항하고, 소요의 공간을 형성하기 위한 골조를 구성하는 구조부재를 말한다. 예를 들면, 강성골조구조인 경우에는 기둥 및 보, 트러스구조인 경우에는 트러스를 구성하는 부재, 판구조인 경우에는 판을 구성하는 면재 또는 선재 등에 해당한다.

① 정형적인 건축구조물

정형적인 건축구조물은 불규칙한 기하학적 형상을 가지지 않은 건축구조물로서 평면형상이 사각형, 원형 등이고 높이에 따라 변하지 않는 경우를 말한다.

② 공기역학적 풍진동 현상

건축구조물의 종류 및 형상에 따라 고려해야만할 공기역학적인 현상이 달라진다.

중저층 건축구조물인 경우에는 불규칙한 바람의 변동 현상(가스트)가 지배적이기 때문에 와류진동이나 공기력불안정진동의 영향을 고려할 필요가 없다. 세장한 고층건축구조물, 굴뚝, 밀폐형 탑상건축구조물, 현수지붕 등인 경우에는 바람의 변동 외에 와류진동 및 공기력불안정진동 현상을 고려해야만 한다. 라티스부재로 구성되는 개방형 래티스탑상건축구조물인 경우에는 바람이 라티스 부재 사이를 불어 빠져 나가기 때문에 와류진동 및 공기력불안정진동 현상은 발생하지 않는다.

③ 장애물에 의한 수속 효과

기류의 풍상측에 장애물이 있는 경우에는 장애물로부터 발생하는 난류에 의한 버펫팅 효과(buffeting effect)와 후류가 수속하여 발생하는 골바람효과 등이 발생하여 대상 건축구조물의 주골조에 변동풍력을 작용시켜 변동 하중이 커지기도 하고, 풍상측에서 박리하여 수속한 기류가 후방 건축구조물의 국부 표면에 작용하여 큰 풍압력을 발생시켜 건축구조물에 피해를 입히기도 한다. 이러한 현상에 의한 풍하중의 증가 또는 감소는 그 특성이 복잡하기 때문에 이 기준에서 대상이 아니다.

(2) 주골조설계용 풍하중 산정식의 구성

이 절에서 대상으로 하는 주골조설계용 수평풍하중은 불규칙한 바람의 변동으로 발생하는 풍방향풍하중에 국한한다. 풍방향풍하중은 일반적으로 평균풍속에 의한 평균성분, 저진동수의 변동에 의한 준정적성분 및 고유진동수 부근의 변동에 의한 공진성분으로 구성된다. 대부분 건축구조물의 경우에는 공진성분으로는 1차고유진동수 성분만을 고려하면 된다. 이 절에서의 풍하중 산정법은 시간에 따라 변하는 건축구조물의 응답(응력, 변위 등의 하중효과)의 최대값을 발생시키는 등가정적풍하중을 가스트영향계수를 사용하여 평가한 것이다. 즉 정적풍하중에 가스트영향계수를 곱하여 최대하중효과가 발생하였을 때와 동등한 최대풍하중인 등가정적풍하중을 평가하는 방법이다.

구조골조용 수평풍하중은 풍방향성분 이외에 풍진동에 의한 동적효과가 크게 되는 세장하고 유연한 건축구조물일 경우에는 풍직각방향성분 및 비틀림성분도 평가 대상이 된다. 그리하여 구조골조용 수평풍하중의 산정식은 이들 3종류의 성분에 대하여 각각 풍하중의 최대값으로 주어지고, 3종류의 성분에 대한 풍하중의 산정식은 서로 다르다. 풍방향성분의 수평풍하중(풍방향풍하중) W_D는 평균풍속에 의해 발생하는 평균풍력(평균풍하중)에 건축구조물의 진동에 의한 동적응답을 고려하기 위한 가스트영향계수 G_D를 곱하여 다음 식으로 주어진다. (풍직각방향풍하중은 「*5.9*」, 비틀림풍하중은 「*5.10*」에서 기술한다.)

$$W_D = G_D \overline{W}_D \tag{5.2.1}$$

단, $$\overline{W}_D = C_D q_H A \tag{5.2.2}$$

$$G_D = \frac{\hat{x}}{\overline{x}} = 1 + g_D \frac{\sigma_x}{\overline{x}} \tag{5.2.3}$$

여기서, G_D : 풍방향변위의 가스트영향계수

$\overline{W}_D$: 풍방향평균풍하중 (N)

C_D : 풍방향평균풍력계수

q_H : 건축구조물의 기준높이 H에서의 속도압 (N/m^2)

A : 수압면적 (m^2)

$\hat{x}$: 풍방향최대변위 (m)

$\overline{x}$: 풍방향평균변위 (m)

g_D : 풍방향변위의 피크팩터

σ_x : 풍방향변동변위의 표준편차 (m)

KDS 2022의 주골조설계용 풍향풍하중 W_D는 건축구조물에 작용하는 풍력의 최대값으로 주어지는 것이 아니고, 건축구조물의 진동응답에 의한 동적응답을 고려한 풍하중이다. KDS 2022에서는 건축구조물이 탄성적으로 거동하는 것을 전제로 하고 있으며, 스펙트럼 모드해석에 의하여 평가한 최대응답변위에 대응하는 최대풍하중의 기대값을 확률・통계적 방법으로 구하고 있다.

KDS 2022의 주골조설계용 풍방향풍하중에 대한 본문의 *식(5.2-1)*은 위에 기술한 (5.2.1)식에 해당하고, 건축구조물의 풍방향진동으로 발생하는 동적하중효과인 가스트영향계수 G_D를 평균풍하중 $\overline{W}$에 곱하여 평가한 등가정적풍하중 W_D이다. 그림 5.2.2는 등가정적풍하중 $W_D(z)$의 높이에 따른 분포를 나타낸 것이다. 평균풍하중 $\overline{W}(z)$의 연직분포와 비슷하다.

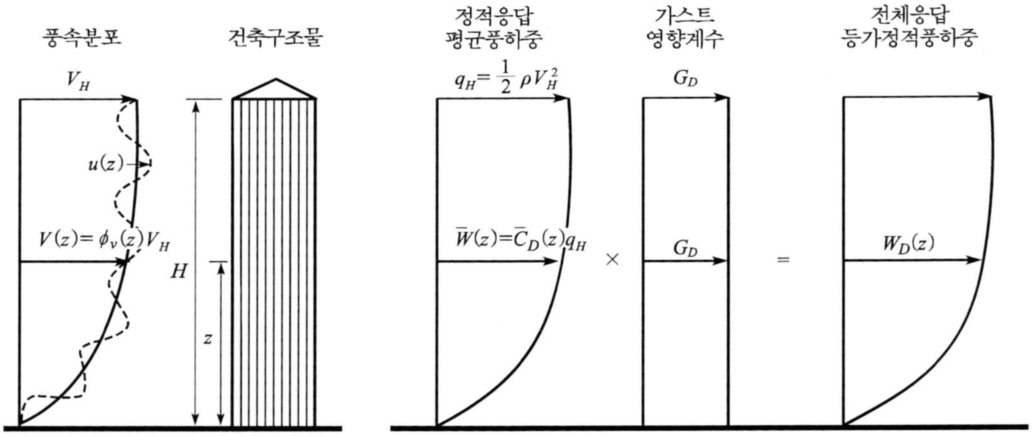

그림 5.2.2 등가정적풍하중 산정법(가스트영향계수법)

주골조설계용 풍방향풍하중 산정의 흐름을 요약하여 나타내면 그림 5.2.3과 같다. 주골조설계용 수평풍하중의 산정 대상은 밀폐형 건축구조물, 부분개방형 건축구조물 그리고 개방형건축구조물의 3종류가 있다. 밀폐형 건축구조물의 경우에는 건축구조물 전체에 가해지는 풍하중을 평가하고, 부분개방형 건축구조물의 경우에는 개부부의 위치(풍상벽, 측벽, 풍하벽)에 따라 가장 불리한 벽에 가해지는 풍하중을 평가하며, 개방형 건축구조물의 경우에는 독립벽에 가해지는 풍하중을 평가한다.

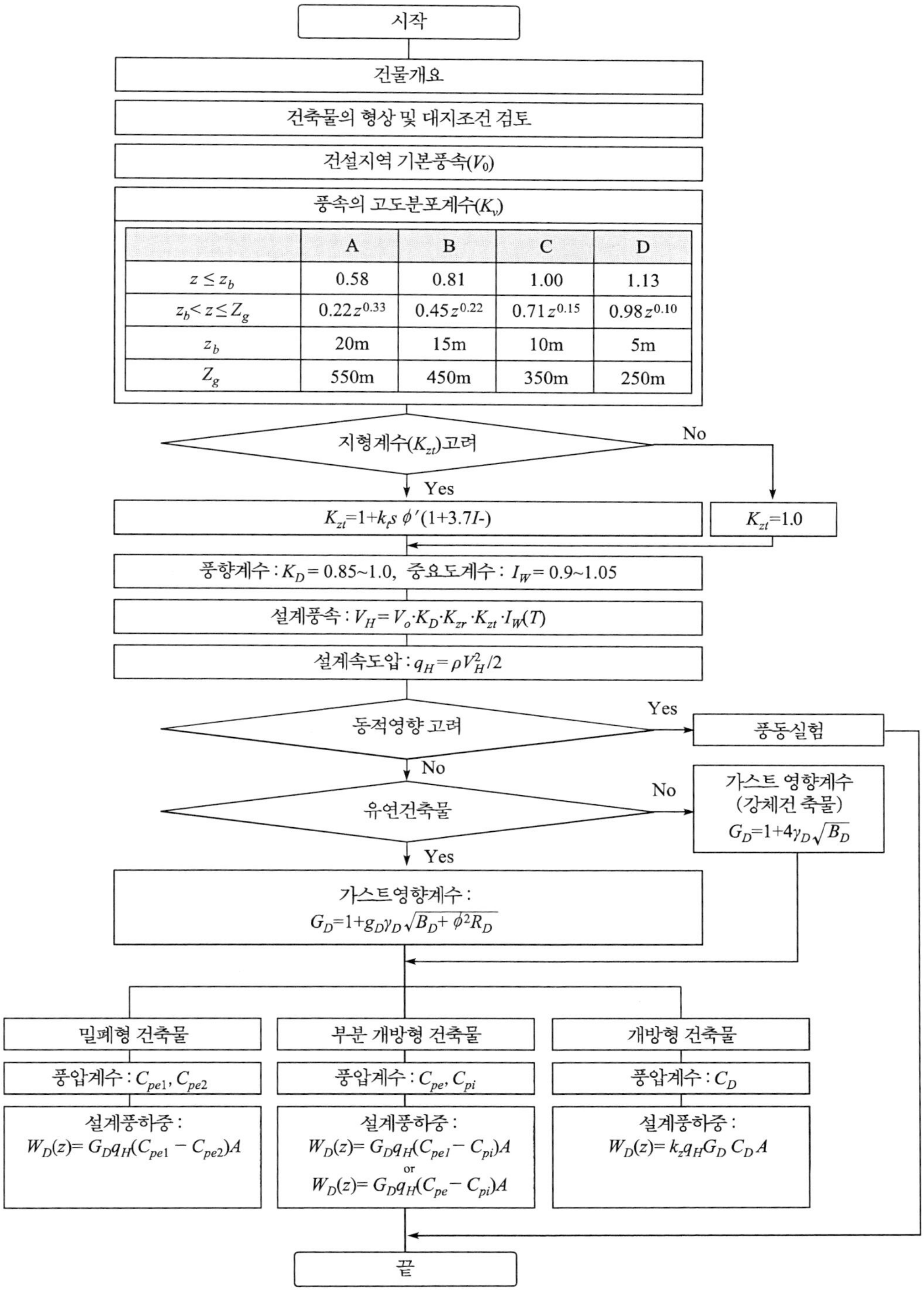

그림 5.2.3 주골조설계용 풍방향풍하중 산정의 흐름

5.2.1 밀폐형 건축구조물 및 부분개방형 건축구조물

(1) 풍상벽, 풍하벽 또는 측벽의 지상높이 z 에서 주골조설계용 풍방향풍하중 $W_D(z)$ 는 식(5.2-1)에 따라 산정한다.

$$W_D(z) = G_D\, q_H (C_{pe} - C_{pi}) A \quad (\mathrm{N}) \tag{5.2-1}$$

단, 주골조설계용 풍방향풍하중 $W_D(z)$와 5.3.1(주골조설계용 지붕풍하중) $W_R(z)$를 산정할 경우 모든 벽면과 지붕면에 동일한 내압계수 C_{pi}를 동시에 적용하여야 한다.

밀폐형 건축구조물 전체에 작용하는 주골조설계용 풍방향풍하중은 $W_D(z)$는 식(5.2-2)에 따라 산정한다.

$$W_D(z) = G_D\, q_H (C_{pe1} - C_{pe2}) A \quad (\mathrm{N}) \tag{5.2-2}$$

단, 원형평면을 가진 건축구조물의 경우에는 $C_{pe1} - C_{pe2}$ 대신에 C_D 를 적용한다.

여기서, q_H : 기준높이 H 에 대한 설계속도압 ($\mathrm{N/m^2}$) (5.5에 따른다)

G_D : 풍방향가스트영향계수 (5.6에 따른다)

C_{pe} : 풍상벽, 풍하벽 또는 측벽의 외압계수 (5.7.1에 따른다)

C_{pi} : 풍상벽, 풍하벽 또는 측벽의 내압계수 (5.7.2에 따른다)

C_{pe1} : 풍상벽의 외압계수 (5.7.1에 따른다)

C_{pe2} : 풍하벽의 외압계수 (5.7.1에 따른다)

C_D : 풍력계수력계수 (5.7.3 (1)에 따른다)

A : 지상높이 z 에서 풍향에 수직한 면에 투영된 건축구조물의 유효수압면적 ($\mathrm{m^2}$)

(1) 밀폐형 건축구조물

밀폐형 건축구조물은 탁월한 개구부가 없고, 창호가 밀폐되어 있으며 출입문도 강풍이 불 때에는 폐쇄장치가 있는 건축구조물이다. 일반적으로 개구부 및 틈새의 면적이 전벽면적의 0.1% 이하인 경우를 말한다. 밀폐형 건축구조물의 경우에는 건축구조물 내부로 공기의 유출입이 없고 내압이 발생하지 않는다고 가정하기 때문에 풍하중은 건축구조물 전체에 가해지는 외압의 벡터 합으로 평가한다.

풍압은 풍속 $V(z)$인 공기흐름이 건축구조물의 표면의 어떤 점에 부닥쳤을 때 그 지점에 발생하는 압력이다. 건축구조물의 외부 표면에서 발생하는 풍압을 외압(external pressure)라 하고, 건축구조물의 내부에서 발생하는 풍압을 내압(internal pressure)이라 한다. 그림 5.2.1.1은 풍속 $V(z)$인 바람을 받는 사각형평면 건축구조물의 주변에 발생하는 공기흐름 현상을 개념적으로 나타낸 것이다. 공기흐름은 풍상벽의 표면에서 정체되어 정압(positive pressure)로 작용하고, 전면모서리에서 박리하면서 후류(wake)를 발생시켜 이것이 측벽, 지붕 및 풍하벽 표면 근처의 공기흐름을 역류시키기 때문에 측벽, 지붕 및 풍하벽에는 부압(negative pressure)가 발생한다. 그림 5.2.1.2는 공기흐름이 물체 표면의 어떤 점에서 박리된 이후 물체 표면 가까이의 경계층 내에서 역류(inverse flow)하는 현상을 개념적으로 나타낸 것이다.

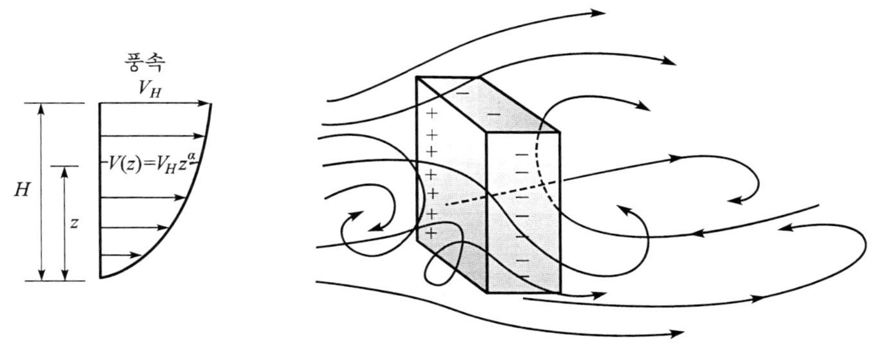

그림 5.2.1.1 건축구조물 주위의 공기흐름[1)]

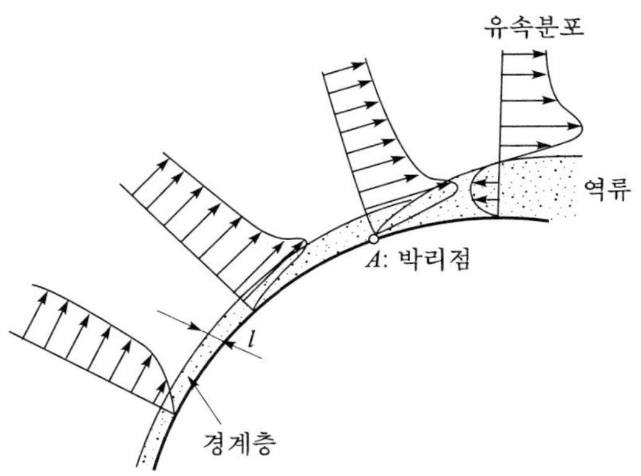

그림 5.2.1.2 박리점 부근 경계층 내의 공기흐름[2)]

그림 5.2.1.3은 사각형 건축구조물의 평면 및 입면의 외부표면에 작용하는 풍압의 분포를 나타낸 것이다. 평면형상에 따른 압력분포의 특성을 보면, 풍상벽의 경우에는 중앙부에서 정압이 크고 모서리로 갈수록 그 값이 작아지며, 측벽 및 지붕면의 경우에는 전면 모서리 부위에서 부압이 크지만 풍하벽으로 갈수록 그 값이 작아지고, 풍하벽의 경우에는 풍하벽 양쪽 모서리에서 부압이 크고 중앙부로 올수록 그 값이 작아지는 경향을 나타낸다. 높이에 따른 압력분포의 변화특성을 보면, 풍상벽에 작용하는 평균풍속 $V(z)$는 높이 z에 따라 지수적으로 증가하므로 풍압은 풍속의 2승에 비례하여 2승지수적으로 증가하지만, 측벽, 지붕 및 풍하벽의 경우에는 높이에 따라 풍속의 변화가 크지 않기 때문에 높이에 따른 풍압의 변화는 거의 없고 일정한 값을 나타낸다.

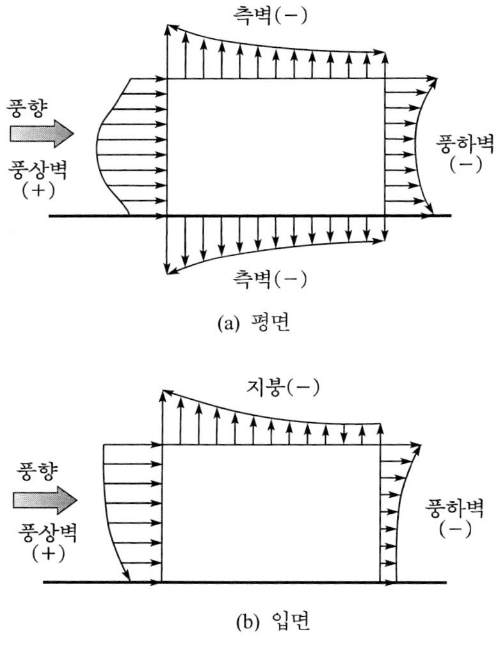

그림 5.2.1.3 사각형 건축구조물에 작용하는 풍압분포

풍압계수는 풍압 p를 기준높이 H에서의 속도압 q_H로 무차원화 시킨 것이다. 건축구조물의 외부 표면에 작용하면 외압계수 C_{pe}, 내부 표면에 작용하면 내압계수 C_{pi}라고 한다. 외압계수 C_{pe}는 건축구조물의 형상, 표면의 위치, 지상높이에 따라 그 값이 달라지기 때문에 일반화시키기 어렵다. 그리하여 건축구조기준에서는 단독으로 설치된 정형적인 건축구조물의 축소모형 만을 대상으로 풍동실험을 수행하고 그로부터 얻어진 값을 정량화하여 사용

하고 있다. 외압계수에 대해서는 「*5.7.1 외압계수*」에서 자세하게 설명한다. 내압계수C_{pi}는 건축축구조물의 벽면 개방 정도에 따라 그 값이 달라진다. 내압계수에 대해서는 「*5.7.2 내압계수*」에서 상세하게 설명한다.

평균풍압 $\overline{p}(z)$은 평균풍속 $\overline{V}(z)$이 건축구조물에 부닥쳐 발생한다. 밀도가 ρ인 공기흐름 $\overline{V}(z)$는 동적에너지로서 속도압 $q(z) = 0.5\rho\overline{V}(z)^2$을 가지며, 수압면적 A이고 외압계수 C_{pe}인 건축구조물의 벽면에 부닥치면 평균풍압 $\overline{p}(z) = C_{pe}\,q(z)A$가 되어 벽면에 작용한다.

수평하중으로서의 평균풍력 $\overline{W}$는 평균풍속 $\overline{V}(z)$인 공기흐름이 건축구조물에 부닥쳐 풍상벽, 측벽, 풍하벽으로 흘러 지나갈 때 건축구조물 전체에 작용하는 힘이다. 공기흐름은 건축구조물의 풍상벽에 정압으로 작용하고, 양쪽 측벽에는 부압으로 작용하며, 풍하벽에는 부압으로 작용하여 수평방향으로 흘러간다. 밀폐형 건축구조물의 경우에는 틈새바람의 영향으로 건축구조물의 내부에는 일정한 부압인 내압이 작용한다. 따라서 풍상벽과 풍하벽에 작용하는 내압은 서로 상쇄되고, 또한 양측벽에 작용하는 부압도 서로 대칭으로 상쇄되기 때문에 수압면적 A를 가진 건축구조물에는 결국 그림 5.2.1.4에 나타낸 것처럼 풍상벽 풍압력 $C_{pe1}\,q_H A$와 풍하벽의 풍압력 $C_{pe2}\,q_H A$의 대수합이 풍방향 평균풍력 $\overline{W}$로 작용하며, $\overline{W} = q_H(C_{pe1} - C_{pe2})A$가 된다. 여기서, 풍상벽과 풍하벽의 외압계수의 대수합 $C_D = C_{pe1} - C_{pe2}$를 풍력계수라고 하며, 건축구조물구조물 전체에 가해지는 수평풍력을 산정할 때 사용한다.

밀폐형 건축구조물인 경우에는 풍력계수를 풍상벽과 풍하벽의 외압계수에 의해 구할 수 있다. 그러나 원형평면의 건축구조물, 독립지붕, 독립벽체 및 간판, 래티스형탑상구조물, 굴뚝, 탱크, 구조부재 등의 경우에는 풍상벽과 풍하벽의 외압계수를 구분하기 어렵다. 그리하여 단독으로 설치된 건축구조물의 축소모형을 대상으로 풍동실험으로부터 구한 값을 일반화시켜 사용하고 있다. 풍력계수 C_D에 대해서는 「*5.7.3 풍력계수*」에서 자세하게 설명한다.

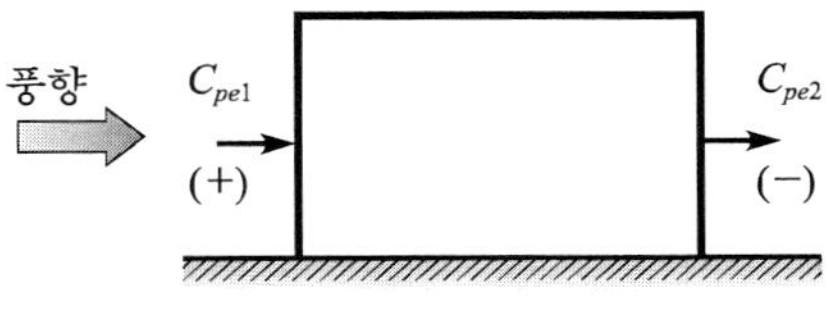

그림 5.2.1.4 밀폐형건축구조물에 작용하는 풍압력

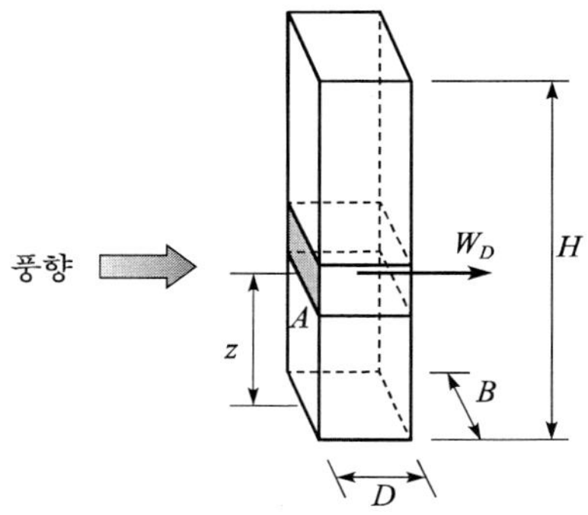

그림 5.2.1.5 유효수압면적 A

지상으로부터 임의 높이 z에 위치한 지점에 작용하는 풍압 또는 풍력을 구하고자 할 때는 대상으로하는 유효수압면적 A가 중요하다. 이 때의 유효수압면적 A는 풍하중(풍압 또는 풍력)을 산정하고자하는 해당부분의 풍향에 수직한 투영면적(projected area)이며, 그림 5.2.1.5에서 제시한 A에 해당한다. 만약, 단위높이에 따른 풍하중을 산정할 때에는 유효폭 B(m)가 된다. 일반적으로 지상높이 z 에서의 유효폭은 대상 내력벽 또는 기둥의 좌측 경간 1/2과 우측 경간 1/2 사이의 중심거리로 하고, 유효춤은 z가 속하는 대상 슬래브의 위층높이 1/2과 아래층 높이 1/2 사이의 중심거리로 한다.

(2) 부분개방형 건축구조물

부분개방형 건축구조물이란 벽에 영구적이거나 일시적인 개구부가 존재하여 그곳을 통하여 바람이 유입되거나 유출되는 경우이다. 개구부가 벽면적의 1% 이하로서 바람의 유출입양이 비교적 작아 내압이 작게 발생할 때를 탁월한 개구부가 없는 경우라 하고, 한쪽 벽의 개구부 면적이 나머지 모든 벽의 개구부 및 틈새 면적의 2배를 초과하여 바람의 유출입양이 많아 내압이 크게 발생할 때를 탁월한 개구부가 있는 경우라고 한다.

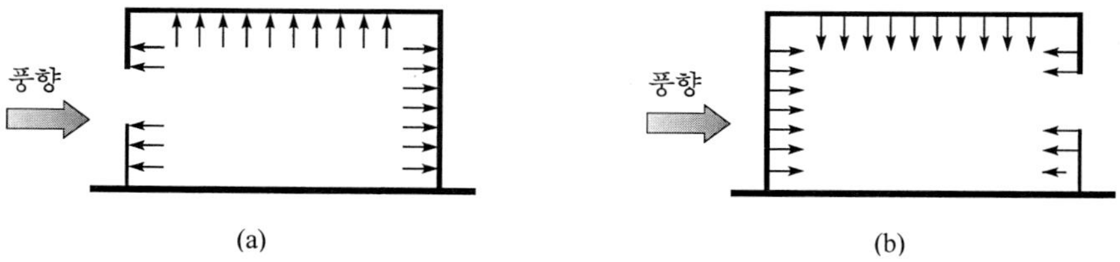

그림 5.2.1.6 개구부 위치에 따른 건축구조물의 평균내압 분포

부분개방형 건축구조물의 경우에는 개구부가 커지면 내부로 공기의 유출입량이 많아지기 때문에 내압이 커지고, 개구부의 위치가 그림 5.2.1.6(a)와 같이 외압이 정압인 벽에 있으면 내압도 정압으로 작용하며, 그림 5.2.1.6(b)와 같이 외압이 부압인 벽에 개구부가 위치하면 내압도 부압이 된다. 따라서 개구부의 위치에 따라 가장 불리한 벽을 대상으로 풍하중을 평가할 필요가 있다. 부분개방형 건축구조물의 주골조는 벽이며, 그곳에 작용하는 풍하중은 외압과 내압의 벡터 합으로 평가하면 된다. 내압에 대해서는 「*5.7.2 내압계수*」에서 자세하게 기술한다.

그림 5.2.1.7~그림 5.2.1.9는 개구부가 풍상벽, 측벽, 풍하벽에 각각 위치하는 경우 벽이 받는 풍압의 크기를 나타낸 것이다. 편의를 위하여 외압과 내압의 대표 값은 실제에 가깝도록 풍상벽 외압계수 $C_{pe1}=0.8$, 측벽 외압계수$C_{ps}=-0.7$, 풍하벽 외압계수 $C_{pe2}=-0.5$, 내압계수 $C_{pi}=\pm 0.55$로 가정하였다. 개구부가 풍상벽에 위치하는 그림 5.2.1.7의 경우에는 측벽이 받는 풍압이 가장 크고 풍압계수는 -.1.25이고, 개구부가 측벽에 위치하는 그림 5.2.1.8의 경우에는 풍상벽의 풍압계수가 +1.35로 가장 크고, 개구부가 풍하벽에 위치하는 그림 5.2.1.9의 경우에는 풍상벽의 풍압계수가 +1.35로 가장 크다.

벽은 풍향에 따라 풍상벽, 측벽, 풍하벽으로 변할 수 있다. 따라서 설계 시에는 이점을 고려하여 하여 가장 불리한 조건을 선택하면 된다. 예를 들어 A벽에 대한 풍하중을 산정하고자 할 때, 정압(positive pressure : 벽을 미는 풍압력)에 대해서는 풍압계수 $C_{pe1}-C_{\pi}=0.8-(-0.55)=1.35$, 부압(negative pressure : 벽을 당기는 풍압력)에 대해서는 풍압계수 $C_{pe1}-C_{pi}=-0.5-(0.55)=-1.05$로 하여 본문 *식(5.2-1)*을 적용하면 된다. 특히, 탁월개구부가 있는 공장 등과 같은 부분개방형 건축구조물의 주골조설계용 풍하중을 산정할 때에는 내압이 큰 영향을 미치기 때문에 각별한 주의가 필요하다.

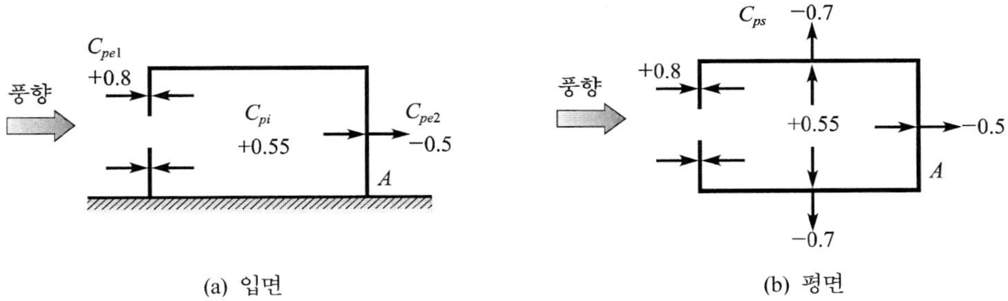

그림 5.2.1.7 풍상벽에 개구부 있는 경우의 벽면 풍압분포

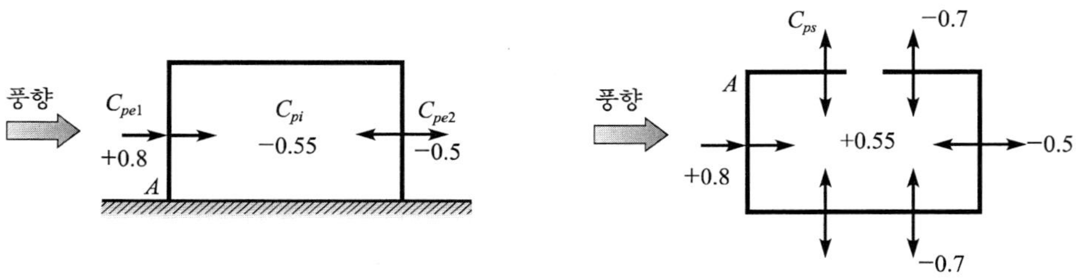

(a) 입면　　　　(b) 평면

그림 5.2.1.8 측벽에 개구부 있는 경우의 벽면 풍압분포

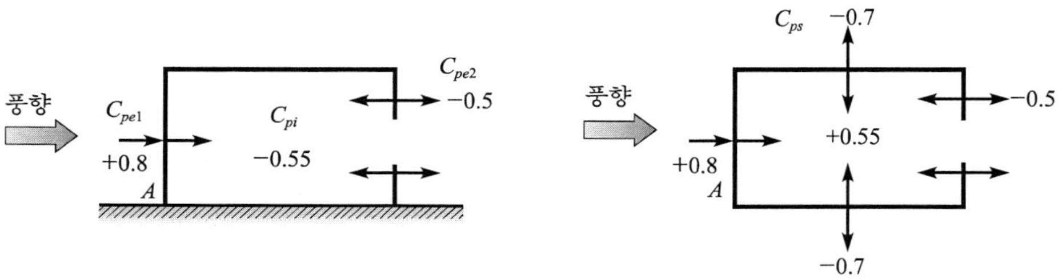

(a) 입면　　　　(b) 평면

그림 5.2.1.9 풍하벽에 개구부 있는 경우의 벽면 풍압분포

5.2.2 개방형 건축구조물

(1) 지상높이 z 에서의 주골조설계용 풍방향풍하중 $W_D(z)$는 식(5.2-3)에 따라 산정한다.

$$W_D(z) = k_z \, q_H \, G_D \, C_D \, A \quad (\mathrm{N}) \tag{5.2-3}$$

여기서, k_z : 높이방향압력분포계수(표 5.7-1의 ①에 따른다)

q_H : 기준높이 H 에 대한 속도압(N/m^2)(5.5에 따른다)

G_D : 풍방향가스트영향계수(5.6에 따른다)

C_D : 풍력계수(5.7.3에 따른다)

A : 지상높이 z 에서 풍향에 수직한 면에 투영된 건축구조물의 유효수압면적(m^2).

개방형 건축구조물이란 각 벽체가 80% 이상 개방되어 있어 바람의 유출입이 자유롭기 때문에 내압이 발생하지 않는 경우를 말한다. 주골조설계용 풍하중은 그림 5.2.2.1처럼 골조 또는 벽체의 앞면(풍상벽)에 작용하는 정압과 뒷면(풍하벽)에 작용하는 부압에 대한 외압계수의 차를 풍력계수 $C_D = C_{pe1} - C_{pe2}$로 하였고, KDS 2022에서는 대상 표면의 전면적에 대해 평균한 값으로 주어져있다. 개방형 건축구조물의 풍력계수는 「*5.7.3 풍력계수*」에서 자세하게 기술한다.

설계풍압은 기준높이 H에서의 값이다. 지상높이 z에서의 풍압을 구하고자 할 때는 설계풍압을 높이 z에 따라 변하도록 해야 한다. 설계풍압에 곱하여 높이 z에서의 풍압을 구할 때 사용하는 것이 압력분포계수 k_z이고, 다음 식과 같이 높이에 대한 2승지수함수로 주어진다.

$$k_z = \frac{p_z}{p_H} = \frac{q_z}{q_H} = \left[\frac{V(z)}{V_H}\right]^2 = \left(\frac{z}{H}\right)^{2\alpha} \quad (5.2.3.1)$$

여기서, p_z, p_H : 임의높이 z 및 기준높이 H에 대한 설계풍압(N/m^2)

q_z, q_H : 임의높이 z 및 기준높이 H에 대한 설계속도압(N/m^2)

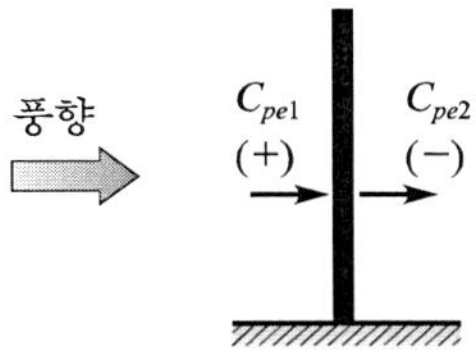

그림 5.2.2.1 개방형 건축구조물에 작용하는 풍압력

참고문헌

5.2.1

1) 大熊武司, 神田順, 田村辛雄 (1996), 建築物の耐風設計, 鹿島出版會, 71
2) 하영철 (2023), 제2판 건축물 내풍설계, 구미서관, 288-291

5.3 주골조설계용 지붕풍하중

(1) 이 절은 건축구조물의 주골조를 설계하는 경우의 지붕풍하중을 산정할 때 적용하며, 다음의 모든 조건을 만족하여야 한다.

① 건축구조물의 형상은 정형적이어야 한다.

② 건축구조물은 와류방출, 공기력불안정진동 등을 유발하는 응답특성을 나타내지 않아야 한다.

③ 건축구조물은 풍상측의 장애물에 의해 발생하는 골바람효과나 후류버펫팅을 받는 곳에 위치하지 않아야 한다.

(2) 지붕풍하중 W_R 은 건축구조물의 형상에 따라 다음과 같이 산정한다.

지붕면은 바람 부는 방향과 평행하기 때문에 지붕보에 작용하는 풍하중은 벽면에 수직으로 작용하는 풍방향을 대상으로 한 구조골조용 수평풍하중과는 특성이 달라진다. 지붕의 풍하중은 바람의 난류작용뿐 아니라 건축구조물의 풍상측 처마로부터 박리한 흐름의 거동에 지배되기 때문에 지붕면에 작용하는 풍압의 변동특성은 지붕면의 형상과 높이에 따라 크게 달라진다. 그러므로 풍방향의 구조골조용 수평풍하중의 산정식을 그대로 사용할 수 없다.

KDS 2022에서의 지붕풍하중 산정식은 그림 5.3.1(a)와 같이 직사각형평면을 가진 단순지지형의 평지붕을 대상으로한 풍동실험결과에 근거하여 풍압의 모델화 및 응답해석을 수행하여 산정식을 유도한 것이다. 응답해석 시 평지붕 지붕보의 풍진동은 탄성적으로 거동하고 진동모드는 그림 5.3.1(b)와 같이 $\mu(x) = \sin \pi x / L$인 1차진동모드가 탁월하기 때문에 변동풍하중은 1차진동모드에 비례하는 것으로 하고 있다. 지붕골조의 응답해석에 대한 상세한 사항은 「*5.6.4 지붕의 외압가스트영향계수*」에서 기술한다.

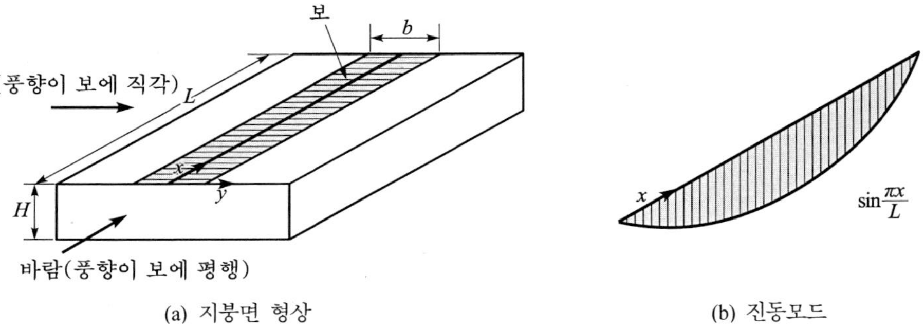

그림 5.3.1 대상 지붕면 형상과 진동모드

연직방향성분이 주가 되는 지붕풍하중 W_R은 지붕구조골조인 지붕보를 대상으로 하며, 평균풍속에 의해 발생하는 평균풍력(평균풍하중)에 변동풍압의 작용으로 인해 지붕보에 발생하는 진동에 의한 동적응답을 고려하기 위한 지붕 외압가스트영향계수를 곱하여 다음 식으로 주어진다.

$$W_R = G_{pe}\overline{W}_R \tag{5.3.1}$$

$$\text{단,}\quad \overline{W}_R = C_R q_H A_R \tag{5.3.2}$$

여기서, G_{pe} : 지붕의 외압가스트영향계수

$\overline{W}_R$: 지붕평균풍하중 (N)

C_R : 지붕평균풍력계수 ($\approx C_{pe} - C_{pi}$)

C_{pe} : 지붕면 외압계수

C_{pi} : 내압계수

q_H : 건축구조물의 기준높이 H에서의 속도압 (N/m^2)

A_R : 지붕구조골조(지붕보)의 하중부담면적 (m^2)

주골조설계용 지붕풍하중의 산정 대상은 밀폐형 건축구조물 및 부분개방형 건축구조물 그리고 개방형인 독립지붕의 2종류가 있다. 밀폐형 및 부분개방형 건축구조물의 경우에는 외부표면과 내부표면으로 구성된 지붕보로서 외압과 내압을 동시에 고려하여 풍하중을 평가하고, 독립지붕인 경우에는 순압력이 가해진 풍하중을 평가한다.

5.3.1 밀폐형건축구조물 및 부분개방형건축구조물

(1) 주골조설계용 지붕풍하중 W_R은 식(5.3-1)에 따라 산정한다.

$$W_R = G_{pe}\, q_H\, (C_{pe} - C_{pi})\, A_R \ \text{(N)} \qquad (5.3\text{-}1)$$

여기서, q_H : 기준높이 H에 대한 속도압(N/m^2) (5.5에 따른다)

G_{pe} : 지붕의 외압가스트영향계수(5.6.4에 따른다)

C_{pe} : 외압계수(5.7.1에 따른다)

C_{pi} : 내압계수(5.7.2에 따른다)

A_R : 지붕보가 부담하는 부분의 유효수압면적(m^2)

지붕에 가해지는 풍하중을 산정할 때에는 건축구조물 지붕의 외부에 작용하는 외압과 지붕의 내부에 작용하는 내압을 동시에 고려해야 한다. 지붕에 대한 설계풍하중의 산정 방법은 2장에 기술한 부분개방형건축구조물의 주골조설계용 풍하중 산정방법과 동일하다. 따라서 그림 5.3.1.1과 같이 지붕골조에 가해지는 외압과 내압의 벡터 합으로 풍하중을 산정하면 된다.

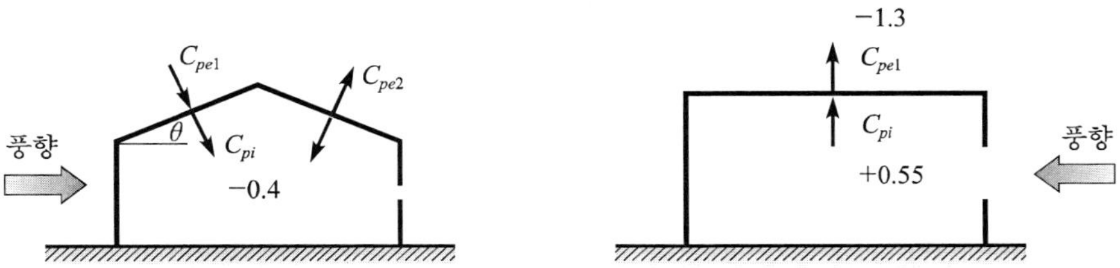

그림 5.3.1.1 밀폐형 지붕에 작용하는 풍압력

5.3.2 독립지붕

(1) 주골조설계용 지붕풍하중 W_R은 식(5.3-2)에 따라 산정한다.

$$W_R = q_H\, G_{pe}\, C_N\, A_R \ \text{(N)} \qquad (5.3\text{-}2)$$

여기서, q_H : 기준높이 H에 대한 속도압(N/m^2)(5.5에 따른다),

G_{pe} : 지붕의 외압가스트영향계수(5.6.4에 따른다)

C_N : 독립지붕의 순압력계수(5.7.3에 따른다)

A_R : 지붕보가 부담하는 부분의 유효수압면적(m^2)

독립지붕에는 편지붕 및 경사지붕이 있다. 벽체 없이 개방되어 있고 기둥에 의해 지붕이 지지된 독립지붕의 골조에 가해지는 풍하중은 건축구조물 지붕의 상부와 하부에 동시에 작용하는 외압의 벡터 합인 풍압차(순압력 : net pressure)이다. 따라서 풍력계수 C_D 대신 그림 5.3.2.1과 같이 순압력계수 C_N을 적용한다.

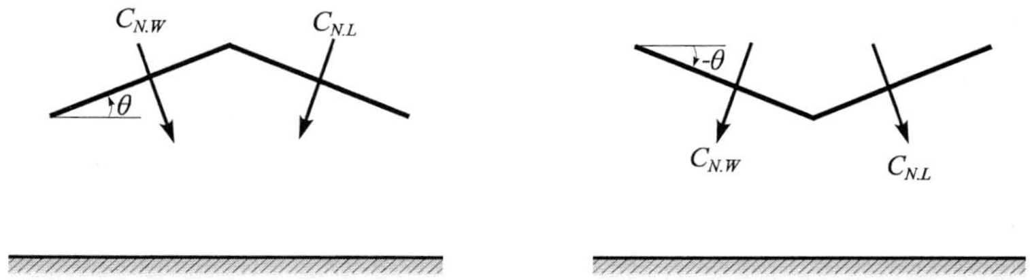

그림 5.3.2.1 독립지붕에 작용하는 풍압력

5.4 외장설계용 풍하중

(1) 이 절은 건축구조물의 외장재 등을 설계하는 경우의 풍하중을 산정할 때 적용하며, 다음의 모든 조건을 만족하여야 한다.

① 건축구조물의 형상은 정형적이어야 한다.

② 건축구조물은 와류방출, 공기력불안정진동 등을 유발하는 응답특성을 나타내지 않아야 한다.

③ 건축구조물은 풍상측의 장애물에 의해 발생하는 골바람효과나 후류버펫팅을 받는 곳에 위치하지 않아야 한다.

(2) 외장재설계용 풍하중 W_C는 기준높이 H에 따라 다음과 같이 산정한다. 단, 외장재설계용 풍압에 해당하는 W_C/A_C는 675N/m^2보다 작지 않아야 한다.

외장재는 주골조에 비하여 고유진동수가 매우 크기 때문에 동적인 응답 또한 고진동수영역에서 발생한다. 이러한 순간적인 응답특성을 반영하기 위하여 풍압을 산정할 때의 외압계수는 평가시간이 긴 평균풍압에 근거하지 않고 평가시간이 매우 짧은 순간풍압에 근거하여 평가된 피크외압계수를 사용한다. 즉, 외장재의 진동에 의한 효과는 고려하지 않고 풍압변동에 의한 동적하중효과는 피크외압계수 또는 피크순압력계수에 반영되어 있다.

(1) 적용범위

외장재용 풍하중의 적용범위는 건축구조물의 외기에 면하는 외장마감재는 물론이고, 구조골조에 하중을 전달하기위한 지지부재, 긴결 부재 등이 대상이 된다. 또한 건축구조물에 부속되는 베란다 돌출부, 간판, 옥상에 설치되는 태양광 집열판 등도 그 대상이 된다.

(2) 외장재설계용 풍하중 산정식의 구성

외장재설계용 풍하중 W_C는 (5.4.1)식과 같이 피크풍력계수를 직접 사용하여 풍하중의 피크값을 준다. 그 이유는 건축구조물의 외장재는 일반적으로 고유진동수가 높기 때문에 풍하중을 산정할 때 공진효과를 무시할 수 있다는 점과 구조골조용 풍하중처럼 평균풍하중에 가스트영향계수를 곱하여 등가정적풍하중을 풍하중을 산정하는 가스트영향계수법을 적용할 수 없기 때문이다.

$$W_C = \hat{C}_C \, q_H A_C \tag{5.4.1}$$

여기서, $\hat{C}_C$: 피크풍력계수

q_H : 건축구조물의 기준높이 H에서의 속도압 ($\mathrm{N/m^2}$)

A_C : 외장재의 하중부담면적 ($\mathrm{m^2}$)

외장재는 고유진동수가 매우 커서 동적응답이 고진동수영역에서 발생하기 때문에 공진성분이 거의 없다. 따라서 순간적인 응답특성을 반영하기 위하여 외장재설계용 풍하중을 산정할 때의 외압계수는 평가시간이 매우 짧은 순간풍압에 근거하여 설정된 피크외압계수 $\hat{C}_{pe}$를 사용하며, 모든 풍향가운데 정 및 부의 최대의 피크값으로 주어진다.

외장재에 작용하는 풍하중은 풍상벽에는 주로 정압(건축구조물의 내부를 향하여 미는 방향), 측벽, 풍하벽 및 지붕면에는 주로 부압(건축구조물의 바깥쪽을 향하여 잡아당기는 방향)이 된다. 외장재용 피크풍력계수 $\hat{C}_C$는 피크외압계수 $\hat{C}_{pe}$와 피크내압계수 $\hat{C}_{pi}$의 차로서 $\hat{C}_C = \hat{C}_{pe} - \hat{C}_{pi}$로 주어진다.

외장재용 풍하중을 산정할 때는 그 부재가 부담하는 면적 A_C을 적절하게 설정하는 것이 중요하다. 금속제의 지붕마감재나 판형부재 등과 같이 면외 방향에 대한 강성이 비교적 낮고 하나의 외장마감재의 면적이 큰 경우에는 그 외장마감재 전체의 면적으로 평균화한 풍하중을 사용하면 부분적으로 풍하중을 과소평가하는 결과를 낳는다. 따라서 힘의 흐름을 이해하여 외장재 고정부의 간격을 고려한 부담면적을 설정해야한다. 또한 외장마감재의 지지부재나 긴결부재에 대해서는 등간격으로 배치된 경우라도 단부와 중앙부에서 부담면적이 달라진다. 그림 5.4.1에 나타낸 것처럼 외장마감재의 고정부의 간격이 같더라도 중앙의 고정부(b부)의 부담면적은 단부(a부)의 2배가 된다. 일반적으로 단위면적당 외장재설계용 풍하중은 단부보다 중앙부 쪽이 작지만, 외장마감재의 지지부재나 긴결부재의 부담면적은 중앙부 쪽이 큰 경우가 많기 때문에 이들에 대한 설계용 풍하중을 산정할 때에는 부담면적을 적절하게 설정하는 것이 매우 중요하다.

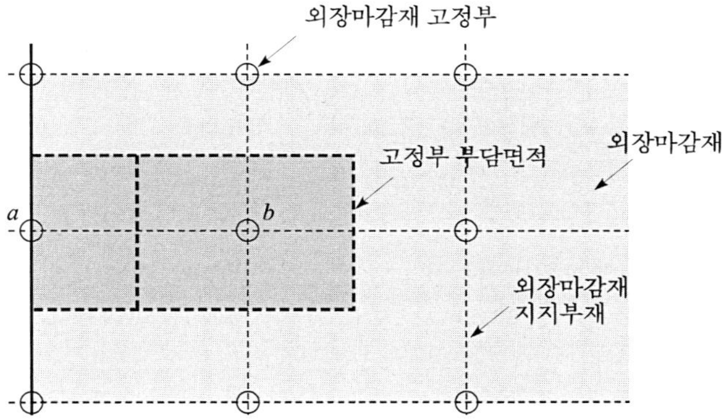

그림 5.4.1 외장마감재 고정부의 부담면적

한편, 외장재에 작용하는 피크외압은 평가하는 2점간의 거리가 멀어지면 공간상관이 저하되기 때문에 부담면적이 증가할수록 그 영역에서 면 평균한 피크외압은 저감하는 경향을 나타낸다. 특히 큰 국부풍압이 발생할 위치에서는 부담면적이 증가할수록 피크외압이 감소하는 경향이 강해진다.

외장재설계용 풍하중 산정의 흐름은 그림 5.4.2와 같다.

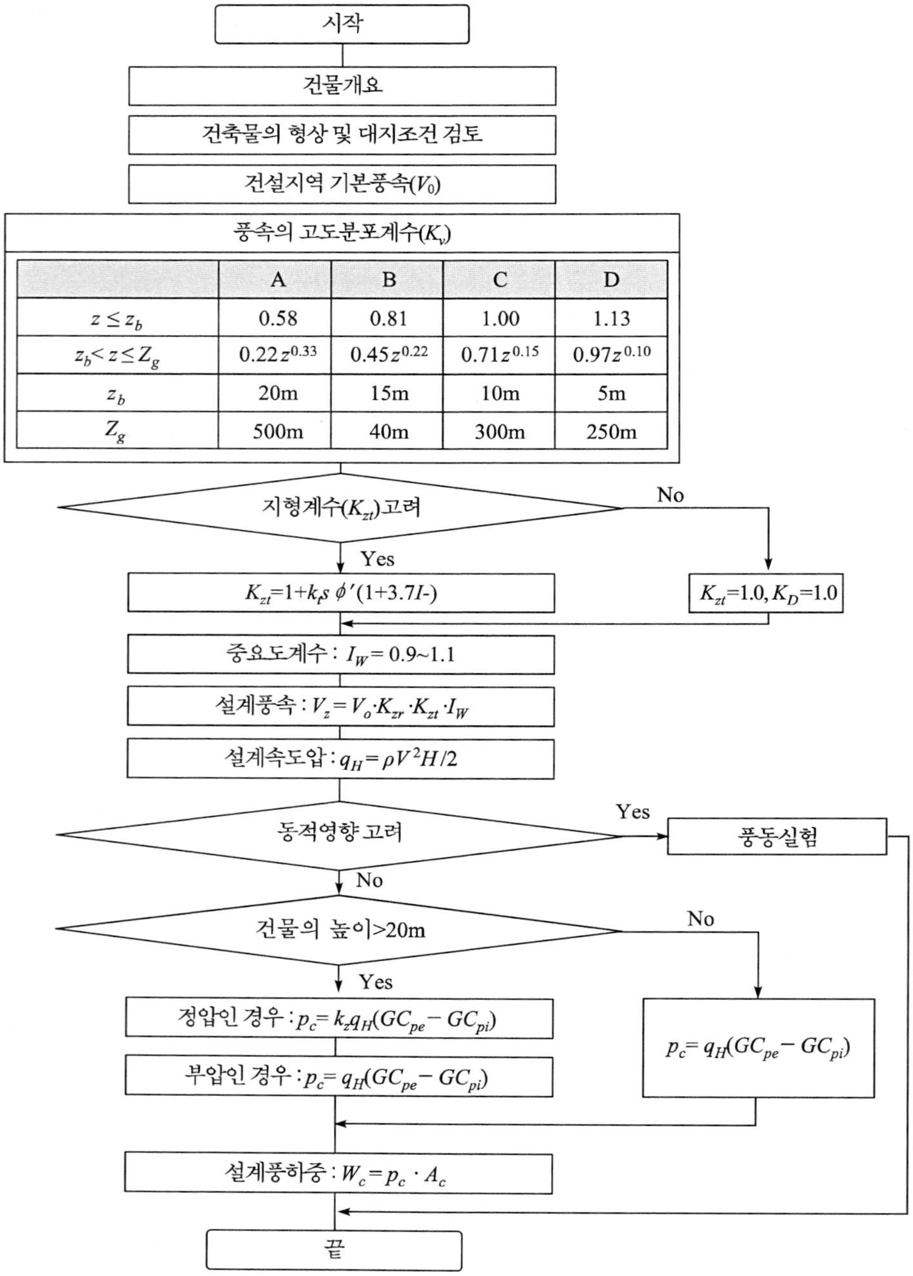

그림 5.4.2 외장재설계용 풍하중 산정 흐름도

5.4.1 기준높이 20m 이상 건축구조물

(1) 외장재설계용 풍하중 W_C는 아래 두 종류로 구분하여 산정한다.

① 정압인 외벽

지상높이 z에서의 외장재설계용 풍하중 $W_C(z)$는 식(5.4−1)에 따라 산정한다.

$$W_C(z) = q_H\,(k_z\,\hat{C}_{pe} - \hat{C}_{pi})\,A_C \text{ (N)} \tag{5.4-1}$$

② 부압인 외벽 및 지붕면

외장재설계용 풍하중 W_C는 식(5.4−2)에 따라 산정한다.

$$W_C = q_H\,(\hat{C}_{pe} - \hat{C}_{pi})\,A_C \tag{5.4-2}$$

여기서, k_z : 높이방향압력분포계수(표 5.7−1의 ①에 따른다)

q_H : 기준높이 H에 대한 속도압(N/m^2)(5.5에 따른다)

$\hat{C}_{pe}$: 외장재설계용 피크외압계수(5.8.1에 따른다)

$\hat{C}_{pi}$: 외장재설계용 피크내압계수(5.8.2에 따른다)

A_C : 외장재 등의 유효수압면적(m^2)

외장재설계용 풍하중을 산정함에 있어 풍상측의 정압을 받는 외벽은 설계속도압이 높이에 따라 증가하고, 풍하측의 부압을 받는 외벽은 설계속도압이 높이에 따라 변화가 없이 일정한 것으로 한다.

외장재의 풍하중을 구할 때는 벽체의 개방 정도에 따라 건축구조물의 내부에 발생하는 내압을 고려한 것이 중요하다. 밀폐형 건축구조물인 경우 정압인 외벽에 대한 외장재의 풍하중을 구할 때는 그림 5.4.1.1(a)와 같이 벽체에 가장 불리한 조건으로 외압과 내압이 작용하였을 때를 고려하여 내압계수 $\hat{C}_{pi} = -0.8$를 적용하고, 부압인 외벽에 대해서는 그림 5.4.1.1(b)와 같이 내압계수 0을 적용한다.

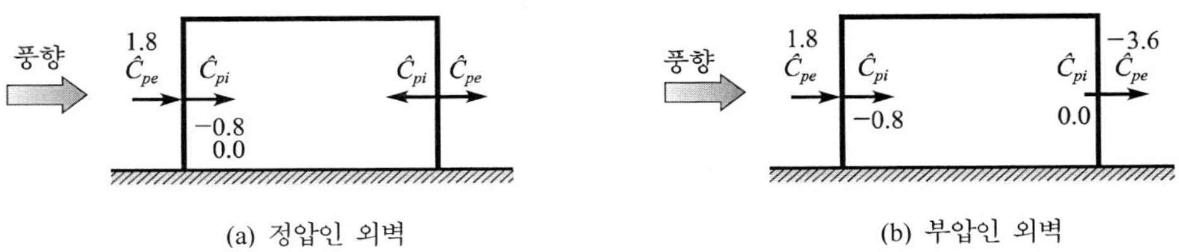

그림 5.4.1.1 외장재에 작용하는 풍압력

5.4.2 기준높이 20m 미만 건축구조물

(1) 외장재설계용 풍하중 W_C는 벽, 지붕을 구분하지 않고 식(5.4-3)에 따라 산정한다. 단, 여기서 건설지점의 지표면조도구분이 A, B, C에 해당하는 경우에는 지표면조도구분 C에서의 속도압 q_H를 적용하고, 건설지점이 지표면조도구분 D인 경우에는 해당 지표면조도구분의 속도압 q_H를 적용한다.

$$W_C = q_H(\hat{C}_{pe} - \hat{C}_{pi})A_C \quad (\mathrm{N}) \tag{5.4-3}$$

여기서, q_H : 기준높이 H에 대한 속도압(N/m^2)(5.5에 따른다)

$\hat{C}_{pe}$: 외장재설계용 피크외압계수(5.8.1에 따른다)

$\hat{C}_{pi}$: 외장재설계용 피크내압계수(5.8.2에 따른다)

A_C : 외장재 등의 유효수압면적(m^2)

기준높이가 20m 미만인 건축구조물의 경우에는 지표면 마찰의 영향을 많이 받아 풍속이 감소되지만, 풍속변동의 폭도 크다. 그리하여 지표면조도구분에 따라 풍속을 구분하여 적용할 경우에는 과소평가될 우려가 있다. 이런 점을 고려하여 KDS 2022에서는 건축구조물이 지표면조도구분 C보다 거친 지역에 위치할 경우라 하더라도 풍하중을 산정할 때는 구조안전을 확보하기 위하여 지표면조도구분 C를 사용하도록 하고 있다. 만약 대상 건축구조물이 지표면조도구분 C 보다 불리한 D 지역에 위치할 경우에는 당연히 지표면조도구분 D에 따라 풍하중을 산정해야한다.

5.4.3 독립지붕

(1) 외장재설계용 풍하중 W_C는 식(5.4-4)에 따라 산정한다.

$$W_C = q_H \hat{C}_N A_C \tag{5.4-4}$$

여기서, q_H : 기준높이 H에 대한 속도압(N/m^2)(5.5에 따른다)

$\hat{C}_N$: 독립지붕의 피크순압력계수(5.8.3에 따른다)

A_C : 외장재 등의 유효수압면적(m^2)

벽체 없이 개방되어 있고, 기둥에 의해 지붕이 지지된 독립지붕의 외장재를 설계하기 위한 풍압은 건축구조물 지붕의 상부와 하부에 동시에 작용하는 순간풍압의 벡터 합인 피크풍압차(피크순압력 : peak net pressure)이다. 따라서 피크순압력계수 $\hat{C}_N$을 적용한다.

5.5 속도압

(1) 기준높이 H 에서의 속도압 q_H 는 식(5.5-1)에 따라 산정한다.

$$q_H = \frac{1}{2}\rho V_H^2 \quad (\mathrm{N/m^2}) \tag{5.5-1}$$

여기서, ρ : 공기밀도로써 균일하게 1.225 kg/m^{3}로 한다.

V_H : 설계풍속(m/s) (5.5.1에 따른다)

속도압 q는 건축구조물에 작용하는 풍압력을 산정하는 경우 기본이 되는 양으로써 바람이 지닌 단위체적당 운동에너지이다. 이것은 건축구조물의 풍상면 표면에서 유속이 0이 되는 정체점(stagnation point)에서 대기의 정압(static pressure)을 기준으로 측정한 압력에 해당하고, 공기밀도를 ρ 풍속을 V라고 하면 $q=\rho V^2/2$ 로 나타낸다.

설계속도압 q_H는 건축축구조물의 기준높이 H 에서의 설계풍속 $V(H)$ 에 대한 속도압이고, KDS 2022의 본문의 *식(5.5-1)*에 따라 산정한다.

공기밀도 ρ 는 기온, 기압, 습도에 따라 변하는 양이다. 일반적으로 습도의 영향은 무시할 수 있어 다음식과 같이 주어진다.

$$\rho = \frac{1.295}{1+0.00367t}\frac{h}{760} \ (\mathrm{kg/m^3}) \tag{5.5.1}$$

여기서, t 는 기온 ($^\circ$C), h 는 기압을 온도 0°C 인 수은주의 높이로 나타낸 값(mmHg)이다. (5.5.1)식에 따르면 기온이 낮을수록 공기밀도는 큰 값을 갖는다. 예를 들면, i) 기온 25 ℃, 기압 730 mmHg (937 hPa)인 경우에는 $\rho = 1.139$ kg/m^3, ii) 기온 15 ℃, 기압 760 mmHg (1,013 hPa)인 경우에는 $\rho = 1.225$ kg/m^3, iii) 기온 5 ℃, 기압 750 mmHg (1,000 hPa)인 경우에는 $\rho = 1.255$ kg/m^{3}이다.

우리나라의 경우 설계의 대상이 되는 강풍으로는 여름에 불어오는 태풍, 봄과 가을에 주로 발생하는 저기압 · 전선풍 및 동절기에 불어오는 계절풍을 들 수 있다. 태풍의 경우 공기밀도는 위의 i)값에 가깝고, 저기압·전선풍의 경우에는 ii)의 값, 계절풍의 경우에는 iii)의 값에 가깝다. 이처럼 공기밀도는 대상으로 하는 강풍이 불어오는 시기 및 지역에 따라 차이가 있으나, 이 기준에서의 공기밀도는 상온 15 ℃, 표준대기압 1,013 hPa일 때의 값인 $\rho=1.225\ \mathrm{kg/m^3}$을 채택하고 있다. 그 이유는 우리나라에 가장 심각한 피해를 가져오는 태풍에 대해서는 충분히 안전적인 값이 되고, 또한 우리나라에 강풍을 유발시키는 발생성인 중 가장 높은 빈도를 차지하는 것이 저기압·전선풍이기 때문이다.[1])

설계속도압 q_H는 그림 5.1.2.4에 나타낸 기준높이 H에 대하여 산정하여야 한다.

5.5.1 설계풍속

(1) 설계풍속 V_H는 식(5.5-2)에 따라 산정한다.

$$V_H = V_0 K_D K_{zr} K_{zt} I_w(T)\ \mathrm{(m/s)} \tag{5.5-2}$$

여기서, V_0 : 기본풍속(m/s) (5.5.2에 따른다)

K_D : 풍향계수(5.5.3에 따른다.)

K_{zr} : 풍속고도분포계수로 기준높이 H에서의 값(5.5.4에 따른다)

K_{zt} : 지형계수(5.5.5에 따른다)

$I_W(T)$: 중요도계수(5.5.6에 따른다)

건설지점에서의 풍속은 건설지의 지리적인 위치 및 대규모적인 지형의 영향을 받을 뿐만 아니라 건설지 주변의 지표면조도 및 지표면으로부터의 높이의 영향을 받는다. 따라서 이처럼 풍속에 영향을 미치는 인자들이 설계풍속 내에 반영되도록 해야 한다. 자연적인 요소로서 건설지의 지리적인 위치 및 대규모적인 지형의 영향은 기본풍속 V_0 및 풍향계수 K_D에 반영되고, 지표면조도 및 지표면으로부터의 높이의 영향은 평균풍속의 고도분포계수 K_{zr}에 반영되며, 건설지 주변의 소규모적인 지형의 영향은 지형계수 K_{zt}에 반영되어 있다. 또한, 인위적인 요소로서 풍하중의 기본값은 재현기간 500년의 값으로 하고, 이 때의 중요도계수를 $I_W(T)=1$로 하여 결정한 설계풍속에 따라 풍하중을 구한다. 만약, 건축구조물의 중요성에 따라 다른 설계풍속을 산정하는 경우에는 재현기간에 따라 정해진 중요도계수 $I_W(T)$를 기본풍속 V_0에 곱하여 설계풍속 V_H로 사용한다. 풍속은 현재 우리나라의 기상대에서 취급하는 10분간 평균풍속을 기본으로 하고 있다.

5.5.2 기본풍속

(1) 풍하중을 산정할 때의 기본풍속 V_0 는 지표면조도가 5.5.4에서 정한 지표면조도구분 C 인 경우, 지상 10m 높이에서 10분간 평균풍속의 재현기간 500년에 대한 기대풍속 $V(500)$ 값으로 하고, 건설대상지의 지리적 위치에 따라 그림 5.5-1에 따라 정한다. 바람은 항상 수평방향에서 불어오는 것으로 가정한다.

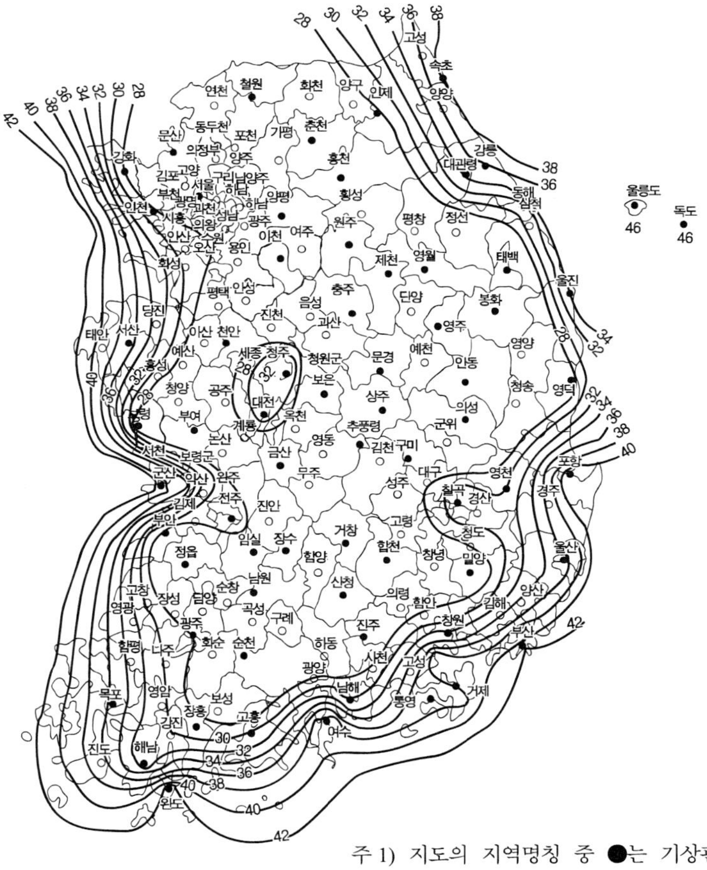

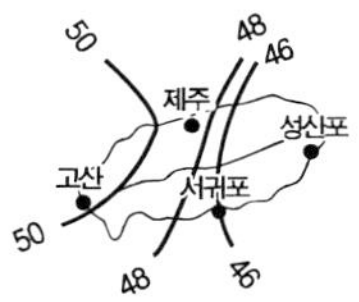

주 1) 지도의 지역명칭 중 ●는 기상관청이 설치된 지역으로 기상관청이 위치한 곳을 나타내고, ○는 기상관청이 없는 지역으로 시청 및 군청 소재지가 위치한 곳이다.

2) 건설지점이 등풍속선 사이에 위치할 때는 인근 등풍속선 중 큰 값을 사용한다.

그림 5.5-1 기본풍속 V_0 (재현기간 500년 풍속) (m/s)

(2) 건설지점 부근의 유효한 풍관측자료가 있는 경우에는 그 값에 따라 기본풍속 V_0를 설정할 수 있다. 이 경우 풍속자료를 처리할 때에는 공인된 극치통계해석법을 사용하고, 자료의 길이, 측정오차, 평가시간, 풍속계높이, 풍속계 주변의 지표면 상태 등을 고려해야하며, 풍속자료는 지표면조도구분 C인 지상 10m에서 10분간 평균풍속 값으로 균질화해야 한다.

기본풍속 V_0는 KDS 2022 본문의 *식(5.5-2)*에 따라 설계풍속 V_H를 구할 때 기본이 되는 지역별 풍속이다. 건설지의 풍속의 크기는 위도 및 경도, 경도, 산맥 및 해안으로부터의 거리, 해발높이 등 대규모적인 지형적 영향에 좌우된다. KDS 2022에서의 기본풍속은 대규모적인 지형적 영향만을 고려한 것이다. 기본풍속의 값은 지표면의 상황이 KDS 2022의 *표 5.5-1*에 규정한 지표면조도구분 C인 경우의 지상높이 10m에서 10분간 평균풍속의 재현기간 500년에 대한 값이다.

풍하중을 산정할 때 사용하는 기본풍속의 평균화시간은 나라마다 다르다. 한국, 일본, EUROCODE, ISO는 풍속의 평균화시간을 10분, 미국과 호주는 3초, 캐나다는 1시간을 기준으로 삼고 있다. 풍속의 평균화시간에 따라 풍속의 크기가 달라지기 때문에 평균화시간이 서로 다른 경우에는 풍속의 크기를 비교할 때 주의해야 한다. 그림 5.5.2.1은 평균화시간 1시간을 기준으로 할 때 풍속의 평가시간에 따른 변화 양상을 나타낸 것이다. 그림에서 종축은 1시간을 평가시간으로 하는 가스트계수 G(돌풍률이라고도 부르며, 평균풍속에 대

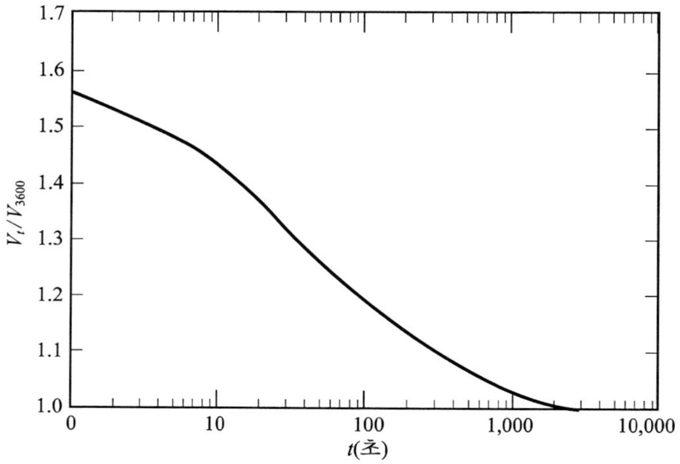

그림 5.5.2.1 평균화시간의 변화에 따른 최대풍속값의 변화[1)]

한 최대풍속의 비로 정의된다. 평균변위에 대한 최대변위의 비인 가스트영향계수 G_D와는 의미가 다르다.)에 해당한다. 그림 5.5.2.1은 풍속의 평가시간이 서로 다른 경우의 풍속을 환산하고자 할 때 활용할 수 있다.

풍속의 평가시간에 따른 풍속의 다른 환산방법으로 ISO[2]에서는 다음과 같이 간단한 식으로 주어진다.

$$V_{T=600s} = 1.05\,V_{T=3600s} \tag{5.5.2.1}$$

$$V_{T=3s} = 1.46\,V_{T=600s} \tag{5.5.2.2}$$

$$V_{T=3s} = 1.53\,V_{T=3600s} \tag{5.5.2.3}$$

여기서, $V_{T=3s}$, $V_{T=600s}$, $V_{T=366s}$는 각각 풍속의 평가시간이 3초, 10분, 1시간이고, (5.5.2.1)식~(5.5.2.3)식은 지상높이 z=10이고 지표면상태가 평탄한 개활지인 조도장 z_0 =0.03m일 때를 기준한 것이다. 만약 지표면상태가 평탄한 개활지가 아닌 조건에서 측정한 풍속인 경우에는 정밀한 환산방법이 필요하다.[3)]

지표면조도가 KDS 2022의 지표면조도구분 B, C, D에 해당하는 기상관측자료를 사용하여 가스트계수 G의 변화 특성을 추정한 근사식이 (5.5.2.4)식, (5.5.2.5)식이고, 지표면조도구분 B, C, D에 따른 가스트계수 G의 변화 특성을 나타낸 것이 그림 5.5.2.2이다. 지표면이 평탄하면 거친 경우보다 가스트계수가 작아진다.[4)]

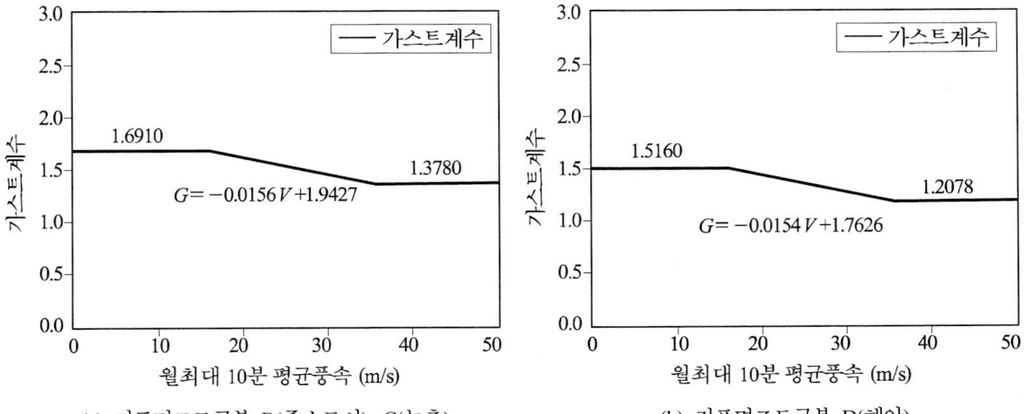

(a) 지표면조도구분 B(중소도시), C(농촌)　　(b) 지표면조도구분 D(해안)

그림 5.5.2.2 지표면조도구분에 따른 가스트계수[4)]

$$\text{지표면조도구분 B, C : } G = -0.0156\overline{V} + 1.943 \tag{5.5.2.4}$$

$$\text{지표면조도구분 D : } G = -0.0154\overline{U} + 1.763 \tag{5.5.2.5}$$

여기서, $\overline{V}$ 는 10분간평균풍속(m/s)이다. (5.5.2.4)식과 (5.5.2.5)식은 10분평균풍속을 3초가스트풍속으로 환산할 때 또는 3초가스트풍속을 10분평균풍속으로 환산할 때 활용할 수 있다.

예제 **풍속의 평균화시간이 다를 때의 풍속의 환산**

10분 평균풍속이 $V_{T=600s}$ =30m/s인 값을 3초가스트풍속 $V_{T=3s}$로 환산하라.

▸ 풀이

1) Durst방법에 따르면 그림 5.5.2.1에서 평균화시간 3초인 경우에는 종축의 값이 1.51, 평균화시간 10분인 경우에는 종축값이 1.05이다. 3초가스트풍속 $V_{T=3s}$과 10분평균풍속 $V_{T=600s}$ 사이의 평가시간에 따른 가스트계수 G=1.51/1.05=1.45이다. 따라서 3초가스트풍속 $V_{T=3s}$는

$$V_{T=3s} = G\,V_{T=600s} = 1.45 \times 30 = 43.5\ \text{m/s}$$

2) ISO을 따르면 (5.5.2.2)식에 의해 3초가스트풍속 $V_{T=3s}$는

$$V_{T=3s} = G\,V_{T=600s} = 1.46 \times 30 = 43.8\,\text{m/s}$$

위의 값은 10분평균풍속을 순간풍속으로 환산한 것에 해당한다.

기본풍속은 건설지점에서 관측된 자료에 근거하여 정하는 것이 이상적이다. 그러나 현실적으로 그러한 자료가 있는 지점은 기상관측소가 설치된 지점에 국한된다. KDS 2022에서는 우리나라 전 지역에 위치한 기상관측소의 과거 년최대풍속 자료를 사용하여 확률통계방법에 의해 기본풍속을 산정하고, 그 값에 근거하여 전국의 기본풍속도를 작성하였다.

KBC 2009 기본풍속도는 57개 기상관측소의 1951년~1995년의 년최대풍속 자료를 사용하여 작성되었다.[5)] 기상관측에서 획득한 자료에 불확정적인 요인들이 포함되었을 가능성을 고려하여 기본풍속도에서 등풍속선은 최저값을 25m/s로 하고 간격은 5m/s로 하고 있다.

KDS 2016의 기본풍속도는 산업성장으로 도시화가 본격적으로 시작된 1970년대 이후 및 대형태풍이 내습한 2000년 이후의 풍관측자료가 포함된 1973년~2012년의 69개 기상관측소의 자료를 사용하여 작성하였다.[6)] 등풍속선은 최저값을 24m/s로 하고 간격은 2m/s로 하고 있다.

KDS 2022의 기본풍속지도인 *그림 5.5-1*은 재현기간 100년 기대풍속을 평가한 연구결과[6]에 확률통계 및 신뢰성해석과 경험적 방법에 의해 우리나라에 적합한 풍하중계수값이 1.35인 것을 확정하고, 그것에 상응하는 재현기간 500년의 한계상태설계용 기대풍속을 지역별로 산정한 후, 전국의 등풍속선지도를 작성하여 제시한 연구결과[7]를 인용하였다. 이 한계상태설계용 기본풍속지도에서는 등풍속선의 최저값을 28m/s로 설정하였고 등풍속선의 간격은 2m/s로 하고 있다.

아래에 KDS 2016 및 KDS 2016에서 기상대의 풍관측자료에 근거하여 재현기간 100년, 500년에 상응하는 기대풍속을 추정하여 기본풍속도를 작성한 과정을 기술한다.

(1) 풍관측자료에 기초한 기본풍속

1) 풍관측자료

우리나라의 기상관측은 1904년 부산, 인천, 목포에 기상관측소가 세워져 개시된 이래, 1972년에는 109개소에 이르렀으나 1980년대에 대대적인 정비가 행하여져 2013년 말 현재 서울기상관측소를 비롯하여 전국 81개소의 종관기상관측장비와 무인으로 운영되는 471개소의 자동기상관측장비를 이용하여 기상관측업무를 수행하고 있다. 종관기상관측장비는 지방청, 기상관측소, 관측소에 설치되어 기상상태를 관측하고 관측업무를 수행하고 있으며, 부산, 광주, 강원(강릉), 대전, 제주 5개의 지방기상청과 45개의 기상관측소와 항공기상청(4개 기상관측소, 8개 기상실)으로 이루어져 있다.[6]

여기서는 기상관측소의 통계년수가 20년 미만인 곳을 제외한 65개소의 종간기상관측소와 4개의 자동기상관측소를 포함한 총 68개소의 풍관측자료를 대상으로 하였다, 풍속은 각 기상관측소의 10분간 평균풍속의 일최대값을 수집하여 년최대풍속을 추출하였다. 조사대상기간은 1973년~2012년으로 하였다. 그 이유는 이 시기에 우리나라는 급격한 산업성장으로 도시화가 본격적으로 이루어졌기 때문에 도시화로 인한 지표면상태변화의 양상이 풍관측자료에 잘 반영되어 있을 것이기 때문이다.

2) 풍속의 균질화

대기경계층 내의 풍속은 기상관측소 주변의 지형조건이나 지표면조도에 따라 크게 영향을 받는다. 각 지역의 기상관측소는 풍속계가 설치된 지상높이와 기상관측소의 주변상태가 일정하지 않기 때문에 조사대상 68개 지역에 대한 풍관측자료가 동일한 조건을 가지도록 균질화하여야 한다. 즉, 동일한 높이와 동일한 지표면조도구분을 가지도록 균질화해야 한다. 여기서는 풍속을 변화시키는 요인인 기상관측소의 위치 및 이전이력, 풍속계높이의 변화를 파악하여 풍속을 보정하고, 조사대상 68개 기상관측소 주변지역의 지표면조도에 의해 KBC-2009에 따라 지표면조도구분을 결정한 후, 지표면조도구분 C, 지상높이 10m에서의 풍속 $V_{C,10}$으로 균질화하였다.

① 유효높이의 보정

기상관측소가 이전하였거나 풍속계높이가 변경된 경우에는 보정을 하였고, 기상관측소가 산중턱이나 산위에 위치하는 지점의 경우에는 유효높이를 고려하여 다음 식에 의해 높이에 의한 풍속의 보정을 하였다.[9]

$$Z = Z_G - \left(\overline{H} - \frac{Z_0}{k}\right) = \left(H_a - \overline{H_a}\right) - \left(\overline{H} - \frac{Z_0}{k}\right) \quad (5.5.2.6)$$

여기서, Z는 그림 5.5.2.3에 나타낸 것처럼 지표면으로부터의 유효높이(m), Z_G는 지표면으로부터 기상관측지점의 높이(m), $\overline{H}$는 건축구조물의 평균높이(m), Z_0는 주변지역의 지표면 상황에 따른 조도장(m)으로, 바다이면 0.1×10^{-4}~0.02, 초원 및 농지는 0.1×10^{-2}~0.2, 산림 및 교외는 1~1.5, 대도시는 1~4 정도이고, k는 카르만정수(≒0.4), H_a는 기상관측지점의 해발높이(m), $\overline{H_a}$는 지표면의 평균해발높이(m)이다.

표 5.5.2.1은 KDS 2022의 기본풍속도를 작성하기 위해 사용된 기상관측소명, 연도별 풍속계의 높이 변화, 해발높이를 나타낸 것이다.[6]

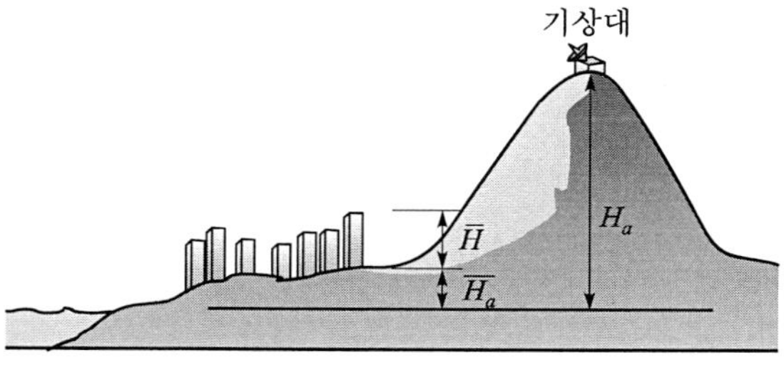

그림 5.5.2.3 유효높이의 보정

표 5.5.2.1 기상관측소 풍속계 설치높이 변경 개요

위치	지점명	풍속계 높이(m)	해발높이(m)
강원	속초	15.1(70), 14.4(84), 8.9(89), 11.9(98), 11.8(05), 10(12)	18.1
	철원	15.0(98), 12.9(05), 12.6(12)	153.7
	대관령	10.0(12)	722.6
	춘천	10.0(94), 11.0(95), 13.0(98), 9.8(05), 10.0(12)	77.7
	강릉	9.8(96), 14.5(98), 13.8(05), 17.9(12)	26.0
	원주	10.0(12)	148.6
	인제	6.0(91), 10.0(98), 9.7(05), 10.0(12)	200.2
	홍천	6.0(91), 10.0(98), 12.5(05), 13.0(12)	140.9
	태백	13.0(98), 16.0(03), 13.0(05), 16.0(12)	712.8
경기 (서울 인천)	서울	11.5(78), 10.6(98), 10.0(12)	85.8
	인천	14.0(84), 11.0(98), 14.0(03), 11.0(05), 10.0(12)	68.2
	수원	9.8(86), 10.6(96), 14.7(98), 20.0(05), 18.7(12)	34.1
	강화	9.7(05), 10.0(07), 12.0(12)	47.0
	양평	6.0(91), 10.3(05). 10.0(12)	48.0
	이천	6.0(91), 10.1(94), 10.0(12)	78.0
경남 (부산 울산)	울산	10.8(96), 16.4(98), 12.4(05), 12.2(07), 12.0(12)	34.6
	창원	19.5(96), 19.0(98), 17.6(03), 10.4(04), 10.0(12)	37.2
	부산	17.8(12)	69.6
	통영	14.9(80), 11.5(94), 15.2(12)	32.7
	진주	6.0(80), 10.0(12)	30.2
	거창	6.0(90), 10.0(12)	226.0
	합천	6.0(91), 10.5(98), 10.0(12)	33.1
	밀양	6.0(91), 10.0(12)	11.2
	산청	6.0(91), 10.0(98), 16.5(05), 10.0(12)	138.1
	거제	6.0(91), 12.3(94), 10.0(12)	46.3
	남해	6.0(91), 10.0(12)	54.0
경북 (대구)	울릉도	7.7(80), 10.3(98), 10.0(12)	222.8
	울진	10.0(77), 13.6(98), 13.0(12)	50.0
	안동	15.5(98), 10.0(03), 15.5(05), 10.0(12)	140.1
	포항	5.2(57), 10.8(86), 15.5(92), 13.2(98), 15.2(03), 13.2(05), 15.4(12)	2.3
	대구	22.0(57), 22.1(86), 23.6(96), 18.2(98), 10.0(03), 18.2(05), 10.0(12)	64.1
	봉화	13.0(03), 10.0(12)	319.8
	영주	6.0(91), 10.0(12)	210.8

	문경	10.0(12)	170.6
	영덕	6.0(91), 10.0(12)	42.1
	의성	6.0(91), 10.0(12)	81.8
	구미	6.0(91), 9.6(95), 10.0(12)	48.9
	영천	6.0(91), 10.0(03), 6.0(05), 10.0(12)	93.6
전남 (광주)	광주	15.4(91), 17.5(12)	72.4
	목포	15.8(96), 15.5(12)	38.0
	여수	10.5(96), 20.8(12)	64.6
	완도	15.4(12)	35.2
	순천	10.0(98), 14.0(03), 10.0(05), 12.0(07), 14.0(10), 10.3(12)	165.0
	장흥	6.0(91), 10.0(98), 14.3(07), 10.2(08)	45.0
	해남	6.0(91), 10.0(12)	13.0
	고흥	6.0(91), 10.0(12)	53.1
전북	군산	14.5(98), 18.0(02), 15.3(03), 18.0(07), 15.3(12)	23.2
	전주	8.9(96), 18.4(12)	53.4
	부안	6.0(91), 10.1(05), 10.0(12)	12.0
	임실	6.0(91), 11.0(98), 10.0(12)	247.9
	정읍	6.0(91), 10.4(98), 18.4(03), 10.4(05), 10.0(12)	44.6
	남원	6.0(91), 10.0(12)	90.3
	장수	10.0(12)	406.5
충청남도	서산	6.5(70), 12.5(80), 11.8(96), 14.0(98), 20.2(12)	28.9
	대전	8.0(80), 10.0(84), 10.4(95), 17.9(98), 22.8(03), 18.0(04), 22.8(07), 19.8(12)	68.9
	천안	10.0(98), 22.0(05), 10.0(07), 9.5(12)	21.3
	보령	10.5(98), 21.0(99), 22.0(05), 9.8(12)	15.5
	부여	6.0(91), 10.0(05), 9.5(12)	11.3
	금산	10.0(05), 10.1(12)	170.4
충청북도	충주	6.0(91), 10.0(12)	115.1
	청주	11.0(95), 18.7(98), 19.0(02), 10.0(12)	57.2
	추풍령	13.8(86), 16.3(98), 20.1(01), 10.0(03), 20.7(05), 9.5(07), 10.0(12)	244.7
	제천	6.0(91), 10.0(98), 13.3(12)	263.6
	보은	6.0(91), 10.0(12)	175.0
제주도	제주	10.5(84), 11.5(86), 12.3(96), 14.4(98), 15.0(03), 12.3(12)	20.4
	성산포	6.0(91), 10.2(05), 10.0(12)	17.8
	서귀포	8.9(80), 9.2(84), 10.0(96), 10.3(98), 10.0(12)	49.0

주] : 풍속계의 높이 란의 ( )는 풍속계높이의 해당년도까지임

② 지표면조도구분의 결정

풍속은 지표면조도에 따라 달라진다. 따라서 풍관측자료를 획득한 기상관측소 주변의 지표면조도를 고려하여 지표면조도구분을 결정하여야한다. KDS 2022에서는 주변지역의 지표면조도에 따라 지표면조도구분을 표 5.2.2.2와 같이 정의하고 있다. 여기서의 지표면조도구분은 표 5.2.2.2에 따랐고, 연도에 따라 2시기로 구분하였다. 판단기준은 1973년~1999년까지의 지표면조도구분은 KBC 2009의 1995년 구분에 따랐고, 2000년~2012년까지는 2012년 말 기상대를 중심으로 반경 1km의 평균적인 지표면조도를 위성지도자료에 의하여 판단하였다.

표 5.5.2.2 지표면조도구분

지표면조도구분	주변지역의 지표면 상태
D	• 장애물이 거의 없는 평탄지 • 해안, 초원, 비행장
C	• 전원, 초원처럼 농작물 정도의 장애물이 있는 지역 • 수목, 저층건물이 산재해 있는 지역
B	• 수목, 저층 건물이 밀집해 있는 지역 • 중고층 건물이 산재해 있는 지역 • 밀집한 산림지, 밀집한 공장지대
A	• 중고층 건물이 밀집해 있는 지역 • 대도시 중심부

3) 년최대풍속의 균질화

지표면부근의 바람은 지표면과의 마찰 때문에 풍속이 달라진다. 풍속은 지표면 가까이에서 감소하고 상공으로 올라가면 증가한다. 이러한 풍속의 연직분포는 지수법칙에 잘 부응하여 KDS 2022에서는 다음 식으로 주어지는 지수법칙을 채택하고 있다.

$$V(z) = V(H)\left(\frac{z}{H}\right)^{\alpha} = V(Z_g)\left(\frac{z}{Z_g}\right)^{\alpha} \tag{5.5.2.7}$$

여기서, $V(z)$는 임의높이 z에서의 풍속(m/s), $V(H)$는 기준높이 H에서의 풍속(m/s), $V(Z_g)$는 기준경도풍 높이 Z_g에서의 풍속(m/s), α는 풍속고도분포지수이다.

지수법칙에 의하면 지표면조도구분이 다르더라도 기준경도풍높이 Z_g에서의 풍속 $V(Z_g)$는 동일하다. KDS 2022에서는 높이에 따른 풍속의 변화특성을 풍속고도분포계수 K_{zr}이라 부르고 지표면조도구분에 따라 표 5.2.2.3과 같이 주고 있다. 이 풍속고도분포계수 K_{zr}는 임의 지표면조도구분을 가진 지역의 임의높이 z에서의 풍속 $V(z)$을 지표면조도구분 C인 평탄지형의 지상높이 10m에서의 풍속 $V_{C,10}$(이하 기준풍속 $V_{C,10}$로 약칭함)으로 다음 식과 같이 기준화시킨 것이다.

$$K_{zr} = \frac{V(z)}{V_{C,10}} = \frac{\left[V(Z_g)\left(\frac{z}{Z_g}\right)\right]^{\alpha}}{\left[V(Z_g)\left(\frac{10}{Z_{g,C}}\right)\right]^{\alpha_C}} = 1.67\left(\frac{z}{Z_g}\right)^{\alpha} \tag{5.5.2.8}$$

표 5.5.2.3 풍속고도분포계수 K_{zr}

지상높이	지표면조도구분			
	D	C	B	A
$z \leqq Z_b$(m)	1.13	1.0	0.81	0.58
$z_b < z \leqq Z_g$(m)	$0.97z^{\alpha}$	$0.71z^{\alpha}$	$0.45z^{\alpha}$	$0.22z^{\alpha}$
z_b(m)	5	10	15	20
Z_g(m)	250	350	450	550
α	0.1	0.15	0.22	0.33

주] z: 지표면으로부터의 높이(m), z_b: 대기경계층시작높이(m)
Z_g: 기준경도풍높이(m), α: 풍속고도분포지수

따라서 임의 지표면조도구분을 가진 지역의 임의높이 z에서의 풍속 $V(z)$는 기준풍속 $V_{C,10}$으로 다음 식에 의해 균질화 시킬 수 있다.

$$V_{C,10} = \frac{V(z)}{K_{zr}} = \frac{V(z)}{1.67}\left(\frac{Z_g}{z}\right)^{\alpha} \tag{5.5.2.9}$$

KDS 2022에서는 각 기상관측소의 풍관측자료에서 획득한 풍속 $V(z)$를 (5.5.2.9)식에 의하여 기준풍속 $V_{C,10}$으로 균질화하여 사용하고 있다.

(2) 극치통계에 의한 재현기대풍속의 추정

년최대풍속의 관측자료에 의거하여 임의의 재현기간에 대한 풍속을 산정하는 방법에는 여러 가지가 있다. 우리나라의 경우 년최대풍속의 누적분포함수로는 Gumbel이라 불리는 2중지수분포가 가장 잘 맞는 것으로 알려져 있다.[5)~7)]

년최대풍속값 V_i의 누적분포함수 $F(V_i)$는 다음 식으로 주어지는 Gumbel분포로 한다.

$$F(V_i) = \exp(-e^{-y}) \tag{5.5.2.10}$$

$$y = a(V_i - b) \tag{5.5.2.11}$$

여기서, a, b는 분포형의 특성값으로 Gumbel적률법을 따르면 년최대풍속값 V_i들의 평균을 μ, 표준편차를 σ라 하면 다음 식으로 주어진다.

$$a = \frac{\pi}{\sqrt{6}\,\sigma} = \frac{1}{0.78\sigma} \tag{5.5.2.12}$$

$$b = \mu - \frac{0.5772}{a} = \mu - 0.45\sigma \tag{5.5.2.13}$$

년최대풍속값 V_i의 분포가 Gumbel분포에 따른다면, 임의의 재현기간 T년과 (5.5.2.10)식으로 주어지는 누적분포함수 $F(V_i)$의 사이에는 다음 식의 관계가 성립한다.

$$F(V_i) = 1 - \frac{1}{T} \tag{5.5.2.14}$$

따라서 (5.5.2.14)식에 (5.5.2.10)식, (5.5.2.11)식을 대입하여 풍속 V_i에 대하여 정리하면 재현기간 T년에 발생 가능한 기대풍속 $V_i(T)$는 다음 식과 같이 구해진다.

$$V_i(T) = -\frac{1}{a} ln[\ln(\frac{T}{T-1})] + b \tag{5.2.2.15}$$

한편, 각 기상관측소에서 수집한 년최대풍속 풍관측값 v_i를 Gumbel확률지에 도시할 때 경험적비초과확률 $F(v_i)$은 다음 식으로 주어지는 Hazen방법에 의하였다.

$$F(v_i) = 1 - \frac{2i-1}{2N} \tag{5.2.2.16}$$

여기서, N은 풍관측값 v_i의 개수, i는 풍관측값 v_i을 내림차순으로 나열한 경우의 순위를 나타낸다.

68개 기상관측소에서 입수한 년최대풍속 풍관측값 v_i를 (5.5.2.16)식의 Hazen방법에 의하여 Gumbel확률지에 도시하고, Gumbel분포에 의한 누적분포함수 $F(V_i)$에 대응하는 기대풍속값 V_i를 (5.5.2.15)식에 의해 구한다. 이와 같이 산출한 풍관측값 v_i와 기대풍속값 V_i에 대한 적합성은 다음 식으로 주어지는 오차 E가 10%이하일 때 적합한 것으로 판단한다.[10)]

$$E = \frac{\sqrt{\frac{1}{N}\sum_{i=1}^{N}(V_i - v_i)^2}}{\left[\frac{1}{N}\sum_{i=1}^{N} v_i\right]} \tag{5.5.2.17}$$

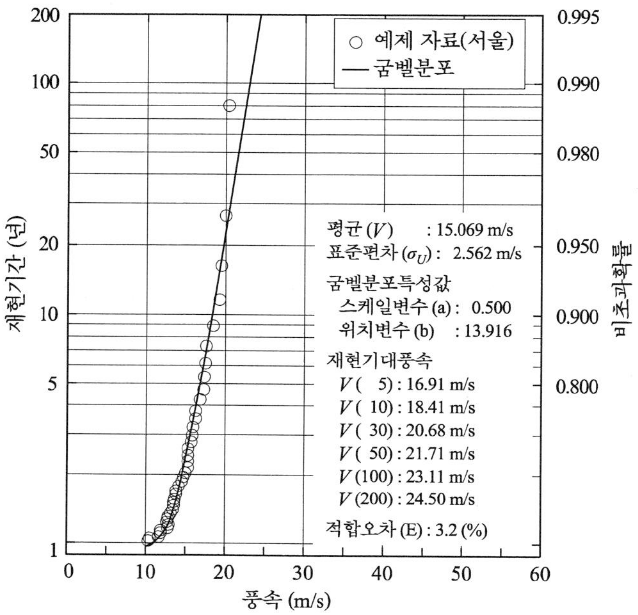

그림 5.5.2.4 Hazen plotting의 Gumbel분포에의 적합성 검토(서울기상대)[6)]

그림 5.5.2.4은 해석대상 68개 지역 가운데 서울에 대한 Hazen방법에 따른 풍관측값 v_i와 Gumbel적률법에 따른 풍속값 V_i를 Gumbel확률지에 나타낸 것이다. 그림으로부터 육안으로 쉽게 ○으로 나타낸 Hazen방법의 풍관측값 v_i가 실선으로 나타낸 Gumbel적률법에 의한 풍속값 V_i에 잘 근접하고 있고, 적합오차 E는 3.2%를 나타내고 있다. 따라서 서울의 경우 Gumbel적률법에 의해 추정하는 기대풍속은 적절한 것임을 알 수 있다. 표 5.5.2.4에 해석대상 68개 모든 지역에 대한 적합오차 E를 나타냈다. 모든 지역의 적합오차는 10% 이하로 우리나라 년최대풍속의 누적분포로는 Gumbel분포가 적합함을 알 수 있다.

기상관측소에서 수집한 풍관측값을 기준풍속 $V_{C,10}$으로 균질화한 후 (5.5.2.15)식에 의해 추정한 재현기간 T=100년 풍속 $V_{C,10}(100)$(이하 기본풍속 $V_{C,10}(100)$이라고 약칭함)을 각 기상관측소별로 표 5.5.2.4에 나타냈다. 표 5.5.2.4에 나타낸 기호와 부가적인 설명은 다음과 같다. 이 표를 작성할 때의 기상관측소의 해발높이와 풍속계높이는 2012년을 기준으로 하였고, 2012년 이전에 기상관측소가 이전하였거나 풍속계높이가 변경된 곳에 대하여서는 각각 그 시점을 표 5.5.2.1로부터 파악하여 보정하였다. 표 5.5.2.4의 지표면조도구분란에 나타낸 '99의 의미는 1973년~1999년까지, '12는 2000년~2012년까지의 풍관측자료에 적용한 지표면조도구분을 뜻하는 것이다. μ와 σ는 각각 기상관측소에서 획득한 풍관측값을 (5.5.2.9)식에 의해 균질화한 기본풍속 $V_{C,10}$의 평균 및 표준편차이고, a, b는 각각 (5.5.2.12)식과 (5.5.2.13)식에 의하여 구한 Gumbel분포의 특성값이며, E는 (5.5.2.17)식에 의하여 구한 적합오차이고, $V_{C,10}(100)$은 (5.5.2.15)식에 의해 구한 재현주기 100년의 풍속(기본풍속)이고, 풍하중으로 인해 초고층건축구조물이 한계상태에 도달한다고 가정한 경우에 해당하는 재현기간 500년 풍속 $V_{C,10}(500)$을 산출하여 나타냈다.

표 5.5.2.4를 보면 제주와 고산의 경우 기본풍속 $V_{C,10}(100)$이 40m/s 이상의 큰 값을 나타낸다. 이것은 필리핀 동부에서 태풍이 발생하여 진행하는 경우 제주와 고산이 그 첫 길목에 위치하기 때문에 태풍의 직접적인 영향을 받기 때문인 것으로 보인다. 반면 이천, 금산, 봉화의 경우 기본풍속 $V_{C,10}(100)$이 15m/s 이하의 값을 나타냈다. 이들 지역이 지형적으로 내륙에 위치하기 때문에 태풍 등 강풍이 불어올 때 대지형에 의한 장애물로 인하여 바람이 산란되어 감소한 것으로 보인다.

표 5.5.2.4 우리나라 각지 기상관측소의 재현기간에 따른 기대풍속

지명	해발높이 (m)	풍속계높이 (m)	지표면 조도구분		최대풍속 (m/s)	최대풍속 발생년도	통계년수	μ (m/s)	σ (m/s)	a	b	E (%)	$V_{C,10}$ (100) (m/s)	$V_{C,10}$ (500) (m/s)
			'99	'12										
속초	18.1	10	C	C	30.50 (30.50)	'06	40	17.87	4.49	0.29	15.85	2.82	31.96	37.61
철원	24.3	12.6	C	C	15.34 (16.30)	'95	25	11.36	2.11	0.61	10.41	5.19	17.97	20.64
대관령	772.6	10	C	C	28.30 (28.30)	'90	40	18.66	3.7	0.35	17	3.38	30.27	34.93
춘천	77.7	10	C	C	22.80 (22.80)	'76	40	11.56	3.11	0.41	10.16	7.96	21.31	25.23
강릉	26	17.9	B	B	31.60 (23.30)	'74	40	20.04	3.63	0.35	18.4	3.65	31.43	36.00
동해	39.9	10	C	C	26.70 (26.70)	'97	20	16	3.31	0.39	14.5	5.7	26.4	30.55
서울	85.8	10	B	B	20.58 (17.70)	'80	40	15.07	2.56	0.5	13.92	3.16	23.11	26.33

표 5.5.2.4 우리나라 각지 기상관측소의 재현기간에 따른 기대풍속 (계속)

지명	해발높이 (m)	풍속계높이 (m)	지표면 조도구분		최대풍속 (m/s)	최대풍속 발생년도	통계년수	μ (m/s)	σ (m/s)	a	b	E (%)	$V_{C,10}$ (100) (m/s)	$V_{C,10}$ (500) (m/s)
			'99	'12										
인천	68.2	10	B	B	23.74 (25.70)	'80	40	15.66	2.73	0.47	14.44	1.73	24.22	27.66
원주	148.6	10	B	B	17.98 (13.30)	'95	40	12.90	2.3	0.56	11.87	3.75	20.12	23.01
울릉도	222.8	10	C	C	36.09 (34.70)	'80	40	22.38	5.11	0.25	20.08	3.59	38.4	44.85
수원	34.1	18.7	B	B	21.35 (16.00)	'96	40	14.98	2.9	0.44	13.68	4.24	24.09	27.73
충주	115.1	10	C	C	15.11 (14.40)	'76	40	10.44	2.13	0.6	9.49	3.99	17.12	19.80
서산	28.9	20.2	B	B	31.61 (27.30)	'10	40	18.87	3.66	0.35	17.22	2.88	30.35	34.96
울진	50	13	C	C	27.71 (35.00)	'83	40	15.94	4.13	0.31	14.09	3.08	28.9	34.10
청주	57.2	10	B	B	24.22 (18.30)	'89	40	15.82	4.19	0.31	13.93	6.74	28.97	34.24
대전	68.9	19.8	B	B	21.99 (19.50)	'00	40	16.44	3.37	0.38	14.92	7.6	27.03	31.26
추풍령	244.7	10	C	C	22.58 (22.58)	'78	40	14.3	2.66	0.48	13.1	2.66	22.65	25.99
안동	140.1	10	C	C	17.32 (18.50)	'86	30	11.41	2.47	0.52	10.3	3.51	19.18	22.27
포항	2.3	15.4	B	B	30.97 (23.30)	'76	40	19.04	5.04	0.25	16.78	4.5	34.86	41.20
군산	23.2	15.3	C	C	29.98 (31.70)	'80	40	19.93	4.14	0.31	18.07	5	32.93	38.13
대구	64.1	10	B	B	23.10 (20.30)	'03	40	16.56	3.26	0.39	15.09	4.54	26.79	30.89
전주	53.4	18.4	B	B	25.40 (18.30)	'81	40	14.11	3.2	0.4	12.67	3.7	24.15	28.18
울산	34.6	12	B	B	27.51 (20.70)	'76	40	17.41	3.88	0.33	15.66	3.48	29.59	34.47
창원	37.2	10	C	C	22.90 (25.30)	'87	27	13.74	4.17	0.31	11.86	6.8	26.82	32.07
광주	72.4	17.5	B	B	25.90 (23.80)	'99	40	15.3	2.68	0.48	14.1	3.67	23.72	27.08
부산	69.6	17.8	B	B	31.10 (26.10)	'03	40	23.22	4.14	0.31	21.36	4.42	36.2	41.40
통영	32.7	15.2	C	C	29.86 (31.80)	'03	40	18.98	4.11	0.31	17.13	3.25	31.89	37.05
목포	38	15.5	B	B	29.91 (29.10)	'02	40	20.22	3.14	0.41	18.8	1.95	30.07	34.03
여수	64.6	20.8	B	B	33.20 (35.90)	'03	40	20.9	4.21	0.3	19.01	2.7	34.12	39.41
완도	35.2	15.4	C	C	34.00 (36.30)	'12	35	18.71	5.47	0.23	16.24	5.3	35.87	42.76
순천	165	10.3	C	C	17.12 (17.20)	'12	40	9.97	1.93	0.66	9.10	4.24	16.03	18.46

표 5.5.2.4 우리나라 각지 기상관측소의 재현기간에 따른 기대풍속 (계속)

지명	해발 높이 (m)	풍속계 높이 (m)	지표면 조도구분		최대풍속 (m/s)	최대 풍속 발생 년도	통계 년수	μ (m/s)	σ (m/s)	a	b	E (%)	$V_{C,10}$ (100) (m/s)	$V_{C,10}$ (500) (m/s)
			'99	'12										
제주	20.4	12.3	B	B	48.84 (38.80)	'03	40	24.82	5.58	0.23	22.31	6.7	42.34	49.35
고산	74.3	10	D	D	42.30 (51.10)	'03	25	24.55	5.82	0.22	21.93	6.2	42.79	50.17
성산포	17.8	10	C	C	26.50 (25.90)	'85	40	16.16	4.01	0.32	14.35	5.4	28.74	33.79
서귀포	49	10	B	B	35.41 (26.20)	'87	40	22.71	5.29	0.24	20.33	3.6	39.33	45.97
진주	30.2	10	C	C	18.90 (18.90)	'03	40	12.48	2.63	0.49	11.30	3.73	20.75	24.04
강화	47	12	B	B	21.90 (15.50)	'80	40	13.62	2.47	0.52	12.51	2.4	21.37	24.48
양평	48	10	B	B	19.74 (14.70)	'00	40	14.17	3.17	0.40	12.74	6.78	24.12	28.11
이천	78	10	C	C	15.40 (15.40)	'99	37	8.69	1.85	0.69	7.86	4.45	14.5	16.83
인제	200.2	10	B	B	21.93 (14.50)	'83	40	15.44	2.67	0.48	14.24	3.29	23.82	27.18
홍천	140.9	13	B	B	15.12 (11.30)	'90	40	11.48	1.66	0.77	10.73	2.66	16.68	18.77
태백	712.8	16	C	C	16.03 (17.20)	'00	40	10.85	2.15	0.60	9.88	3.41	17.61	20.31
제천	263.6	13.3	C	C	15.11 (14.00)	'83	40	10.21	1.82	0.71	9.39	2.77	15.91	18.20
보은	175	10	C	C	16.20 (16.20)	'99	40	10.33	1.62	0.79	9.6	3.9	15.4	17.43
천안	21.3	9.5	B	B	19.46 (15.80)	'99	40	13.76	2.18	0.59	12.78	3.29	20.58	23.32
보령	15.5	9.8	C	C	20.26 (20.20)	'10	40	15.39	1.67	0.77	14.64	6.11	20.61	22.71
부여	11.3	9.5	C	C	19.60 (19.60)	'99	40	11.04	2.49	0.52	9.93	3.54	18.84	21.97
금산	170.4	10.1	C	C	15.10 (15.10)	'99	40	9.22	1.69	0.76	8.46	2.72	14.52	16.64
부안	12	10	C	C	17.27 (17.27)	'99	40	11.95	1.88	0.68	11.11	2.07	17.85	20.21
임실	247.9	10	C	B	19.30 (19.30)	'99	40	10.85	3.03	0.42	9.48	3.51	20.37	24.19
정읍	44.6	10	C	B	18.99 (20.70)	'99	40	9.74	2.59	0.50	8.57	4.86	17.85	21.11
남원	90.3	10	C	B	23.70 (23.70)	'99	38	12.37	3.50	0.37	10.79	4.3	23.33	27.73
장수	406.5	10	C	C	15.90 (15.90)	'99	25	10.62	1.77	0.73	9.83	4.95	16.18	18.40
장흥	45	10.2	C	C	22.65 (23.90)	'99	36	13.69	3.27	0.39	12.22	3.31	23.94	28.05

표 5.5.2.4 우리나라 각지 기상관측소의 재현기간에 따른 기대풍속 (계속)

지명	해발 높이 (m)	풍속계 높이 (m)	지표면 조도구분		최대풍속 (m/s)	최대 풍속 발생 년도	통계 년수	μ (m/s)	σ (m/s)	a	b	E (%)	$V_{C,10}$ (100) (m/s)	$V_{C,10}$ (500) (m/s)
			'99	'12										
해남	13	10	C	C	22.70 (22.70)	'99	37	14.33	3.18	0.40	12.90	2.75	24.31	28.31
고흥	53.1	10	C	C	27.53 (25.50)	'77	37	11.69	4.2	0.30	9.75	12.85	25.15	30.55
봉화	319.8	10	C	C	11.50 (11.50)	'12	25	8.90	1.21	1.06	8.36	2.71	12.71	14.23
영주	210.8	10	C	C	21.70 (21.70)	'98	40	15.01	2.46	0.52	13.91	2.18	22.72	25.81
문경	170.6	10	C	C	20.00 (20.00)	'78	40	11.08	2.32	0.55	10.03	4.27	18.35	21.27
영덕	42.1	10	C	C	20.51 (19.00)	'75	40	14.33	2.63	0.49	13.15	3.1	22.57	25.88
의성	82.8	10	C	C	14.58 (13.50)	'91	40	10.92	1.66	0.77	10.17	3.85	16.14	18.23
구미	48.9	10	C	B	19.74 (17.00)	'00	40	13.82	2.94	0.44	12.50	6.15	23.03	26.73
영천	93.6	10	B	B	24.87 (18.40)	'00	40	15.96	3.11	0.41	14.56	2.92	25.72	29.64
거창	226	10	C	C	15.70 (15.70)	'12	40	10.82	2.16	0.59	9.85	3.52	17.59	20.30
합천	33.1	10	C	C	20.20 (20.20)	'03	40	10.39	2.63	0.49	9.20	4.63	18.65	21.97
밀양	11.2	10	C	C	21.20 (21.20)	'00	40	12.11	2.86	0.45	10.83	3.46	21.1	24.70
산청	138.1	10	C	C	16.19 (15.00)	'81	40	11.50	2.10	0.61	10.55	3.92	18.1	20.75
거제	46.3	10	B	B	28.74 (19.00)	'87	40	16.86	4.14	0.31	15.00	2.37	29.86	35.07
남해	45	10	C	C	19.97 (18.50)	'91	40	13.15	3.67	0.35	11.50	6.9	24.65	29.27

주] • 최대풍속은 1973년~2012년 사이에 발생한 풍속 중 가장 큰 값으로 지표면조도구분 C, 지상높이 10m 값으로 균질화한 풍속 $V_{C,10}$이고, ( ) 안의 값은 기상관측소의 원풍속이다.
• 지역명에 ____친 곳은 유효높이를 보정한 곳이다.

(3) 기본풍속도

우리나라 도시지역에서의 풍속의 경년변화 특성을 보면 3종류로 대별할 수 있다. 첫째, 그림 5.5.2.5(a) 포항의 경우처럼 년최대풍속이 매년 서서히 줄어드는 경향을 보인다. 이는 포항지역의 급격한 도시화에 기인한 것으로 판단된다. 둘째, 그림 5.5.2.5(b) 광주의 경우처럼 년최대풍속의 변화가 거의 없는 지역이다. 셋째, 그림 5.5.2.5(c) 완도의 경우처럼 매

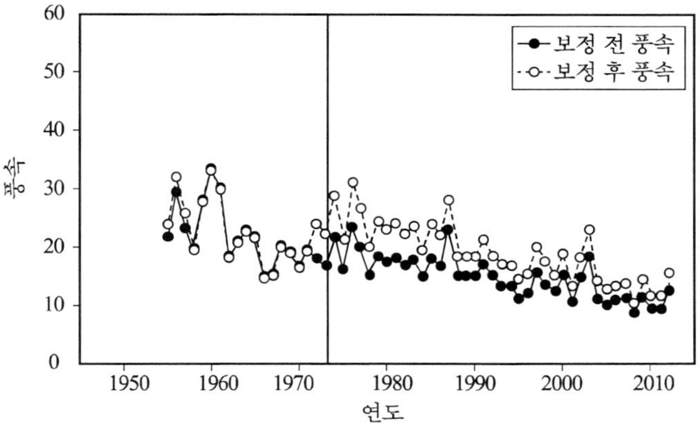

(a) 포항

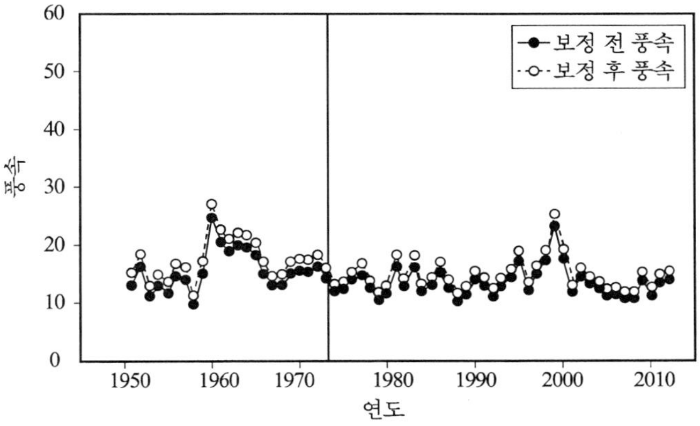

(b) 광주

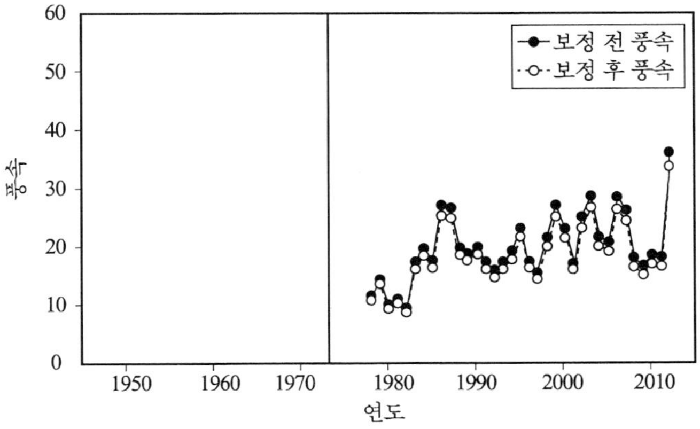

(c) 완도

그림 5.5.2.5 주요지역에서의 풍속의 경년변화[11)]

년 서서히 년최대풍속이 증가하는 경향을 보이는 지역이다.[11] 이와 같이 년최대풍속은 기상관청 주변의 지표면상황의 변화와 기상이변현상 등에 영향을 받아 변동하는 것으로 나타났다. 따라서 이러한 요소들을 반영할 수 있도록 10년 정도의 주기로 기본풍속을 정비해야 할 필요가 있다.

KDS 2016에서의 풍하중 평가방법은 재현기간 100년의 기대풍속에 해당하는 풍하중이 건축구조물에 작용하였을 경우 주구조체는 탄성적으로 거동하여 허용응력도에 도달하며, 이 값에 풍하중계수 1.3을 곱하여 얻은 극한풍하중을 설계용으로 사용하고 있다.

풍하중계수는 풍하중을 구성하는 요소들인 가스트영향계수, 풍압력계수, 속도압(풍속, 풍속고도분포, 지형계수, 중요도계수) 등을 불확실변수로 보고 이들을 대해 확률통계방법으로 신뢰성해석을 수행함으로써 얻을 수 있다. 이들 불확실변수 가운데 가스영향계수는 주로 건축구조물의 동적 특성 값에 따라 변하고, 풍압력계수는 건축구조물의 형상 및 풍동실험 조건에 따라 변하며, 속도압은 지표면의 상태 및 지역에 따라 변하기 때문에 확률통계 처리를 통하여 구한 평균과 표준편차에 의하여 그 특성을 정량적으로 평가할 수밖에 없다. 불확실변수 가운데 가스트영향계수, 풍압력계수는 풍동실험과 해석적 방법으로 구할 수 있기 때문에 비교적 안정된 일정한 통계적 특성 값을 얻을 수 있다. 또한, 속도압을 구성하는 인자들 중에서 고도분포계수, 지형계수, 중요도계수도 크게 변동하지 않는 통계적 특성 값을 얻을 수 있다. 그러나 풍속은 지역에 따라 변하는 폭이 심하기 때문에 많은 지역을 대상으로 각 지역에 대한 풍속자료를 확률통계 처리하여 평균과 표준편차를 산정한 후, 그 물리량에 근거하여 대상지역의 특성을 종합적으로 판단할 수밖에 없다.

ASCE(2006), NBC(2010), AIJ(2004) 등 각국의 규준에서는 자국의 지역별 여건에 맞도록 풍하중을 구성하는 요소들 가운데 중요한 인자만을 선택하여 불확실변수로 결정하고, 그것에 대해 확률통계에 의한 신뢰성해석을 수행하여 풍하중계수를 평가하여 사용하고 있다. 각국에서 채택하고 있는 풍하중계수는 1.3 ~ 1.6 정도이며 나라마다 그 값이 다르다.

KDS 2016 하중조합 편에서의 풍하중계수 1.3은 우리나라의 상황을 고려하여 풍하중을 구성하는 불확실변수들을 확정하고 그것에 대한 자료를 수집한 후 확률통계에 의한 신뢰성해석을 수행하여 정한 값이 아니고 각국의 값을 참고로 정한 것이다. 따라서 우리나라의 상황을 고려하여 풍하중을 구성하는 최소한의 불확실변수들을 추출한 후, 그것들을 대상으로 확률통계에 의한 신뢰성해석을 수행하여 풍하중계수를 결정해야한다.

KDS 2022에서는 우리나라의 상황을 고려하여 풍하중을 구성하는 불확실변수 가운데 지역별로 변동이 가장 심한 인자인 풍속만을 확률통계 및 신뢰성해석을 통하여 평가하고, 그 외의 변수는 기존의 풍동실험결과 및 연구결과를 활용하여 우리나라에 적합한 풍하중계수

값은 1.35인 것을 밝히고, 풍하중계수 1.35에 해당하는 재현기간인 500년 기대풍속을 산정한 후, 그것에 근거하여 극한강도설계용 기본풍속도를 작성하여 제시한 연구결과[7]를 인용하였다.

문헌 7)에서는 우리나라의 강도설계용 풍하중계수, 재현기간, 기본풍속을 아래와 같은 과정으로 추정하여 제시하고 있다.

1) 우리나라는 산이 많고 지형이 매우 복잡하다. 풍하중을 구성하는 불확실변수 가운데 지역별로 변동이 가장 심한 인자는 풍속이다. 따라서 풍속만을 대상으로 하여 확률통계 및 신뢰성해석을 통하여 평가하고, 그 외의 변수는 기존의 풍동실험결과 및 연구결과를 채용하여 풍하중계수를 평가하였다.
2) 풍하중은 풍속은 2승에 비례한다. 이 관계를 이용하여 신뢰성해석으로부터 구한 풍하중계수에 상응하는 강도설계용 재현기간을 추정하고, 이 재현기간에 해당하는 각 지역의 강도설계용 풍속을 구하였다. 극한강도설계용 기대풍속과 공칭풍속(KDS 2016)의 기본풍속) 비의 2승 값이 경험적 풍하중계수이므로 각 지역에 대한 경험적 풍하중계수를 산정하였다.
3) 신뢰성해석에서 구한 풍하중계수와 풍속자료로부터 구한 경험적 풍하중계수의 차이를 분석하여 신뢰성지표 $\beta = 2.5$를 목표성능으로 할 경우(중력하중과 풍하중이 작용하는 부재에 대해서는 신뢰성지표 $\beta = 2.5$ 가 적절하다는 Elingwood[12], Galambos[13]의 연구결과를 채용함), 우리나라에 적합한 한국형 풍하중계수는 1.35이고, 그것에 상응하는 극한강도설계용 재현기간은 500년이었다. 그리하여 강도설계용 기본풍속으로 각 지역별로 재현기간 500년 기대풍속 $V_{C,10}(500)$을 표 5와 같이 평가한 후, 그것에 근거하여 극한강도설계용 기본풍속지도를 KDS 2022 본문의 *그림 5.5-1*과 같이 작성하여 제시하였다. 본문의 *그림 5.5-1* 에 주어진 극한강도설계용 기본풍속 값은 풍하중계수가 1.0에 해당하므로 하중조합을 할 때 별도의 풍하중계수를 고려할 필요가 없다.

   만약, 설계자가 KDS 2022에서 제시한 기본풍속을 사용하지 않고, 건설지점 부근에서 획득한 관측자료에 근거하여 기본풍속을 정하고자 할 경우에는 다음 사항을 만족하여야 한다.

   ① 관측 자료는 건설지점 인근에 위치한 기상관측소로부터 획득한 것으로서 기상관측소로부터 건설지점까지 급격한 국지적인 지형의 변화가 없어야 한다.
   ② 최근 40년 이상의 년최대풍속 자료가 있어야 한다.
   ③ 지표면조도의 영향을 고려해야 한다.

④ 확률분포는 Gumbel분포를 사용하고, 관측값을 Hazen방법으로 도시한 결과와의 오차는 10% 이내여야 한다.

5.5.3 풍향계수

(1) 주골조설계용에 대해서는 건설지점 부근의 유효한 풍관측자료가 있는 경우에는 그것에 의하여 8풍향(N, NE, E, SE, S, SW, W, NW)에 대해 평가한 K_D를 사용할 수 있다. 이 경우의 K_D는 건축구조물의 주된 면에 직각인 4풍향을 고려하여 결정하고, K_D의 최소값은 0.85 이상으로 한다.

(2) 풍향계수의 적용방법

1) 건축구조물의 주된 면에 직각인 풍향을 중심으로 22.5°의 부채꼴 범위에 8풍향 중 하나가 속하는 경우에는 그 풍향에 해당하는 K_D를 사용한다.

2) 건축구조물의 주된 면에 직각인 풍향을 중심으로 22.5°의 부채꼴 범위에 8풍향 중 하나가 속하지 않는 경우에는 좌우 인접한 풍향의 K_D가운데 큰 값을 그 풍향의 K_D로 사용한다.

(3) 풍향계수적용의 제한

1) 기상관측소의 자료에 근거하여 산정한 풍향계수 K_D는 건설지점이 기상관측소 인근에 있을 때에만 적용할 수 있고, 건설지점이 기상관측소로부터 멀고 주변 대규모지형의 영향 등에 의하여 풍향특성이 달라질 가능성이 있는 경우에는 풍향계수를 사용할 수 없다. 이 때에는 풍향계수를 고려하지 않고 $K_D = 1.0$으로 한다.

2) 외장재설계용 풍하중을 평가하는 경우에는 $K_D = 1.0$으로 한다.

(1) 풍향계수의 정의

풍향계수 K_D는 건설지점의 지리적 위치 및 대규모 지형의 영향 등에 의한 풍향별 강풍특성을 반영한 계수로 16풍향별 재현기대풍속을 전풍향의 재현기대풍속으로 나눈 비율이다.

풍향계수 K_D 값은 1.0 이하이고, 건축구조물의 배치에 따라 이 값을 적용하여 구한 풍하중은 풍향을 고려하지 않은($K_D = 1$ 로 함) 풍하중 값보다 작다. 설계자가 이 풍향계수를 적용하면 보다 정밀한 값을 얻을 수는 있다. 그러나 풍향을 고려하지 않을 때보다 안전성은 낮아진다는 점에 주의하여야한다.

외장재설계용 풍하중은 *5.8 피크풍압계수*에 근거하여 산정한다. 피크풍압계수는 전풍향 가운데 최대값 만을 추출한 것이므로 $K_D = 1$ 이다. 즉 풍향계수를 고려하지 않는다.

(2) 풍향계수 적용방법

풍향계수 K_D 는 8풍향(N, NE, E, SE, S, SW, W, NW)에 대해 적용한다. 이 경우의 K_D 는 건축구조물의 주된 면에 직각인 4풍향을 고려하여 결정한다. 적용방법은 그림 5.5.3.1(a)]처럼 건축구조물의 주된 면에 직각인 풍향을 중심으로 22.5°의 부채꼴 범위에 8풍향 중 하나가 속하는 경우에는 그 풍향에 해당하는 K_D를 사용한다. 그 이외 22.5°의 부채꼴 범위에 8풍향 중 하나가 속하지 않는 경우에는 그림 5.5.3.1(b)처럼 좌우 인접한 풍향의 K_D 가운데 큰 값을 그 풍향의 K_D로 사용한다.

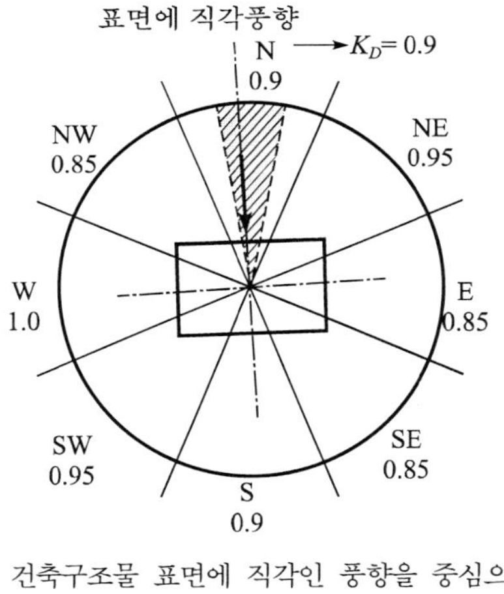

(a) 건축구조물 표면에 직각인 풍향을 중심으로 22.5°의 영역에 8풍향이 속하는 경우

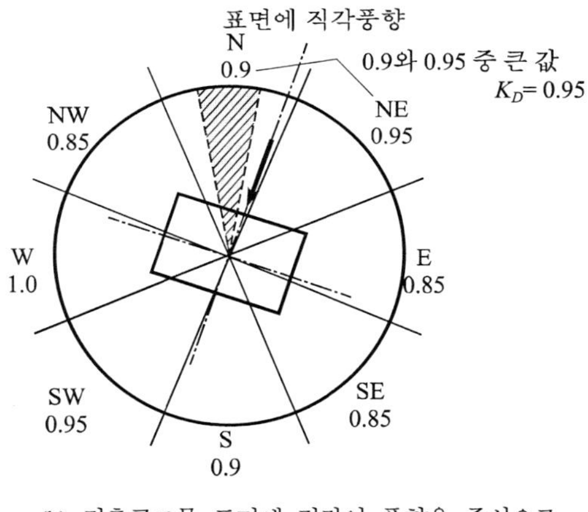

(b) 건축구조물 표면에 직각인 풍향을 중심으로 22.5°의 영역에 8풍향이 속하지 않는 경우

그림 5.5.3.1 풍향계수의 선정 방법

기상관측소의 자료를 이용하여 풍향계수를 추정하고자 하는 경우에 사용할 극치확률분포 및 자료의 처리방법은 본문의 *5.5.2 기본풍속*을 평가할 때와 동일하여야한다. 기상자료를 이용하여 풍향계수를 평가한 예를 들면 다음과 같다.

서울, 인천, 울릉도, 대전, 대구, 울산, 광주, 부산, 제주, 서귀포 총 10개소를 대상으로 16풍향에 대한 정확한 년최대풍속을 수집하기 위해 분단위의 10분간 평균풍속에 대해 2000년부터 2017년까지 18개년의 자료를 수집하였다. Gumbel분포에 의해 풍향별 년최대풍속을 산출하고 이 값을 근거로 풍향별 100년 재현기대풍속에 대한 풍향계수를 추정한 것이 표 5.5.3.1이다. [1] 지역마다 바람이 우세한 풍향이 다르고, 같은 지역이더라도 풍향마다 풍속이 달라진다는 사실을 알 수 있다. 또한 풍향계수의 평균값은 지역에 따라 다르며 0.66~0.92의 값을 가진다. 풍향계수는 풍자료 측정지점 주변환경에 큰 영향을 받는다. 주변환경은 대규모의 재개발, 집합주거단지의 건설 등으로 인하여 변할 가능성이 크다. 따라서 풍향계수를 실무에 적용하고자 할 때는 적어도 이 평균값을 하한 값으로 선택하여 그 이상의 값을 사용하는 것이 안전할 것이다.

표 5.5.3.1 풍향계수[1]

	서울	인천	울릉도	대전	대구	울산	광주	부산	제주	서귀포
N	0.69	0.89	0.89	0.92	0.89	0.91	0.75	0.85	0.91	1.01
NNE	0.60	0.76	0.89	0.69	0.52	0.88	0.92	0.64	1.01	0.93
NE	0.69	0.63	0.98	0.64	0.59	0.92	1.01	0.58	0.98	0.87
ENE	0.70	0.74	0.94	0.67	0.76	0.94	0.88	0.69	0.53	0.93
E	0.65	0.76	0.88	0.77	0.79	0.89	0.78	0.68	0.46	0.89
ESE	0.76	0.74	0.73	0.80	0.73	0.88	0.74	0.74	0.50	0.90
SE	0.73	0.90	0.67	0.89	0.58	0.89	0.73	0.96	0.51	1.01
SSE	0.77	1.01	0.67	0.90	0.58	0.81	0.90	0.96	0.54	0.91
S	0.82	0.98	0.79	0.86	0.55	0.83	0.90	0.96	0.98	0.84
SSW	0.95	0.99	0.70	0.79	0.52	0.91	0.94	0.85	0.57	0.77
SW	0.98	0.86	0.65	0.66	0.59	0.92	0.89	0.82	0.55	0.73
WSW	1.01	0.81	0.66	0.61	0.68	0.95	0.80	0.77	0.46	0.76
W	0.83	0.94	0.68	0.56	0.79	1.03	0.80	0.70	0.54	0.80
WNW	0.79	0.97	0.73	0.73	0.78	1.04	0.56	0.63	0.50	0.81
NW	1.09	0.88	0.74	0.91	0.68	0.94	0.50	0.84	0.91	0.84
NNW	0.97	0.84	0.81	0.91	0.59	0.96	0.54	0.81	0.97	1.01
평균	0.82	0.86	0.78	0.77	0.66	0.92	0.79	0.78	0.68	0.88

5.5.4 풍속고도분포계수

(1) 풍속고도분포계수 K_{zr} 은 ①에서 정한 건설지의 지표면조도구분에 상응하여 ②에 따라 정한다.

① 지표면조도구분을 판단하기 위한 주변지역의 범위는 건설지점으로부터 건축구조물의 기준높이 H의 40배와 3km 가운데 작은 값으로 하고, 지표면조도구분은 건설지점의 풍상측 45도의 범위 내에 있는 지표면 상태를 다음과 같이 세 종류로 구분하여 표 5.5-1에 따라 정한다.

가. 풍상측 지표면에 급격한 상태의 변화가 없는 경우에는 45°범위 내의 평균적인 상태를 그 풍향에 대한 지표면조도로 한다.

나. 풍상측 지표면이 평탄한 상태에서 거친 상태로 급변하는 경우에는 급변하는 지점보다 풍상측에 위치한 평탄한 상태를 지표면조도로 한다.

다. 풍상측 지표면이 거친 상태에서 평탄한 상태로 변하는 경우에는 변화 후의 평탄한 상태를 지표면조도로 한다.

표 5.5-1 지표면조도구분

지표면조도구분	주변지역의 지표면 상태
A	대도시 중심부에서 고층건축구조물(10층 이상)이 밀집해 있는 지역
B	수목·높이 3.5 m 정도의 주택과 같은 건축구조물이 밀집해 있는 지역 중층건물(4~9층)이 산재해 있는 지역
C	높이 1.5~10 m 정도의 장애물이 산재해 있는 지역 수목·저층건축구조물이 산재해 있는 지역
D	장애물이 거의 없고, 주변 장애물의 평균높이가 1.5 m 이하인 지역 해안, 초원, 비행장

② 평탄한 지역에 대한 풍속고도분포계수K_{zr}는 위 ①에서 정한 건설지점의 지표면조도구분에 근거하여 표 5.5-2 및 표 5.5-3에 따라 정한다.

표 5.5-2 평탄한 지역에 대한 풍속고도분포계수 K_{zr}

지표면으로부터의 높이 Z(m)	지표면조도구분			
	A	B	C	D
$z \leq z_b$	0.58	0.81	1.0	1.13
$z_b < z \leq Z_g$	$0.22z^{\alpha}$	$0.45z^{\alpha}$	$0.71z^{\alpha}$	$0.98z^{\alpha}$

주] 1) z : 지표면에서의 높이 (m)
2) z_b : 대기경계층시작높이 (m)
3) Z_g : 기준경도풍높이 (m)
4) α : 풍속고도분포지수

표 5.5-3 z_b, Z_g, α

지표면조도구분	A	B	C	D
z_b (m)	20 m	15 m	10 m	5.0 m
Z_g (m)	550 m	450 m	350 m	250 m
α	0.33	0.22	0.15	0.10

(1) 지표면조도구분

1) 건설지점 주변지적의 지표면조도의 분포 정도에 의한 육안 판정

건설지점에 대한 지표면조도를 선정하기 위하여 건설지점 주변의 상황을 조사하여 보면, 둘 이상의 지표면조도가 혼합되어 있는 경우가 많다. 이러한 경우에는 풍상측에 대하여 그림 5.5.4.1에 나타낸 것처럼 45°의 영역 중 건축구조물의 기준높이 H의 40배와 3 km 가운데 작은 값 이내의 범위에 속하는 지표면상황을 대상으로 다음에 기술하는 3가지로 나누어 지표면조도를 판단한다.

① 검토대상 범위 내의 풍상측에 급격한 지표면조도의 변화가 없는 경우에는 45° 범위 내의 평균적인 지표면 상태를 그 풍향에 대한 지표면조도로 한다.
② 검토 대상 범위 내의 풍상측이 평탄한 상태에서 거친 상태로 급변하는 경우에는 급변하는 지점보다 풍상측에 위치한 평탄한 상태를 지표면조도로 선택한다.
③ 검토 대상 범위 내의 풍상측이 거친 상태에서 평탄한 상태로 변하는 경우에는 변화 후의 평탄한 상태를 지표면조도로 선택한다.

따라서 동일한 건설지점일지라도 대상건축구조물의 높이에 따라 지표면조도를 판단하는 영역이 달라지기 때문에 지표면조도구분의 판단이 달라질 수 있고, 건축구조물이 높아질수록 평탄한 지표면조도를 선택하는 경우가 많아진다. 일반적으로는 평탄한 지표면조도를 선정하는 것이 풍하중이 커져 안전해진다.

그림 5.5.4.2는 지표면조도구분에 대한 대표적인 지역 예를 나타낸 것이다.

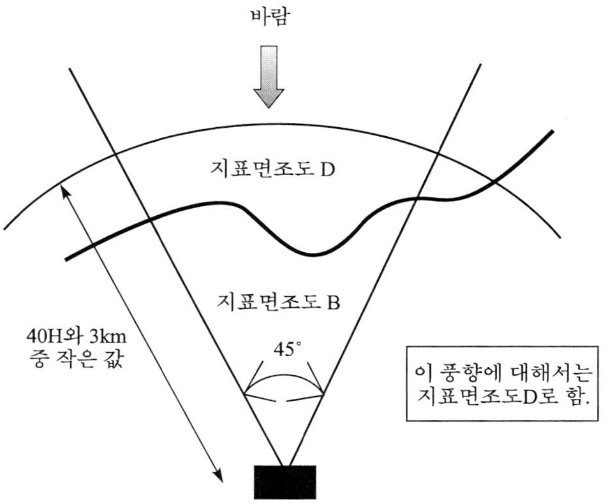

그림 5.5.4.1 지표면조도구분의 선정 예

지표면조도구분 A

지표면조도구분 B

지표면조도구분 C

지표면조도구분 D

그림 5.5.4.2 지표면조도구분의 예

이상에서 기술한 지표면조도의 분포 정도에 따라 육안으로 판정하는 방법은 간편하다는 장점이 있지만 개인에 따라 판단의 편차가 커질 수 있다. 다음에 소개하는 지표면조도에 따라 발달하는 풍하측 내부경계층의 높이 및 지면상태의 수평평균길이 등을 적용하면 보다 정량적으로 지표면조도를 구분할 수 있다.

2) 내부경계층 발달 높이에 따른 지표면조도구분 방법

지표면조도가 특정지점부터 전이될 경우 풍속고도분포는 지표면 부근부터 변화하기 시작하여 전이지점에서 일정거리(fetch)를 경과한 이후에는 전이된 지표면조도의 풍속고도분포를 나타낸다. 이 거리의 평가방법은 ISO 4354: 2009(E)에 다음과 같이 제시되어 있다.[1] 6) fetch x_i는 대상건물의 지상높이 h_i에 의해 표 5.5.4.1에 따르거나, 대상높이 z가 10m 이상일 때는 다음 식에 따라 산정한다.

$$x_i = z_{0,\max}\left(\frac{z}{0.3\,z_{0,\max}}\right)^{1.25} \text{ (m)} \tag{5.5.4.1}$$

단, x_i : 새로운 지표면조도의 시작점으로부터 내부경계층이 형성된 지상높이가 $h = z$ 되는 지점까지의 풍하측 거리(m), (그림 5.5.4.1, 참조)

$z_{0,\max}$: 지표면조도의 경계에서 거친 지표면의 조도장(m), (표 5.5.4.2, 참조)

표 5.5.4.1 구조물 높이에 따른 평균거리 x_i[1]

구조물 높이(m)	구조물의 풍상측 거리(m)
$h < 50$	1,000
$50 \le h < 100$	2,000
$100 \le h < 200$	3,000

(5.5.4.1)식과 표 5.5.4.2 값을 이용하여 높이 h_i에 따라 지표면조도가 변하는 전이점으로부터의 풍하측 거리 x_i를 구하면 표 5.5.4.3과 같다.

표 5.5.4.2 지표면조도구분에 따른 조도장 z_0 [1)]

지표면조도구분	조도장(m)
1(해안)	0.003
2(농촌)	0.03
3(도시)	0.3
4(도시중심부)	3

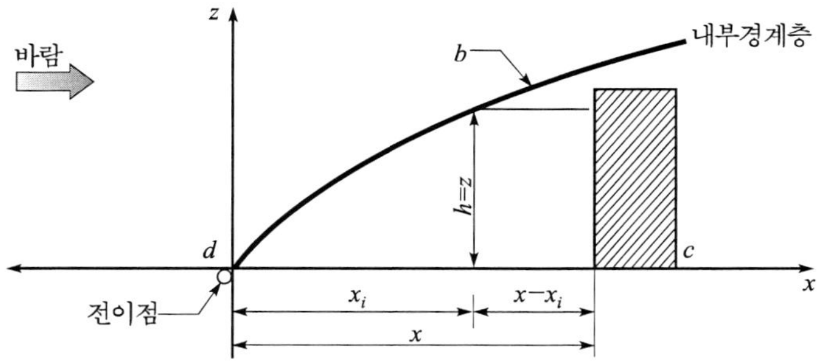

표 5.5.4.3 높이 h_i에 따른 전이점에서 풍하측 거리 x_i

높이 h_i (m)	전이점에서 풍하측 거리 x_i (m)			
	지표면조도 D ($z_0=0.003$)	지표면조도 C ($z_0=0.03$)	지표면조도 B ($z_0=0.3$)	지표면조도 A ($z_0=3$)
5	144	81	46	26
10	342	193	108	61
15	568	320	180	101
20	814	458	258	145
30	1,351	760	428	240
50	2,559	1,439	809	455
100	6,086	3,422	1,925	1,082
200	14,475	8,140	4,577	2,574
300	24,208	13,512	7,598	4,273
500	45,502	25,588	14,389	8,092

지표면조도가 변화하는 경우에 대한 정량적인 취급 방법을 요약하면, 내부경계층의 상부에서는 조도가 변하기 이전의 풍속고도분포를 적용하고, 내부경계층의 하부에서는 새로운 조도에 상응하는 풍속고도분포를 적용하는 것이다.

내부경계층계층의 발달 높이에 근거하여 혼합된 지표면에 대한 지표면조도를 구분하는 예를 들어 보면 다음과 같이 3가지로 대별할 수 있다.

① 평탄 지표면에서 거친 지표면으로 변화하는 경우

그림 5.5.4.3처럼 지표면조도가 평탄한 곳에서 거친 곳으로 변하는 경우, 지표면조도에 따른 풍속분포는 다음과 같이 결정한다.

a) 높이 h_x 이하 부분

풍속은 인접한 거친 지표면조도 A에 따라 결정한다.

b) 높이 h_x 이상 부분

풍속은 떨어져 있는 평탄한 지표면에 따라 결정한다.

만약, 건축구조물을 A지점에 건설하고자 할 때, 설계풍속의 연직분포는 그림 5.5.4.3의 실선에 해당한다.

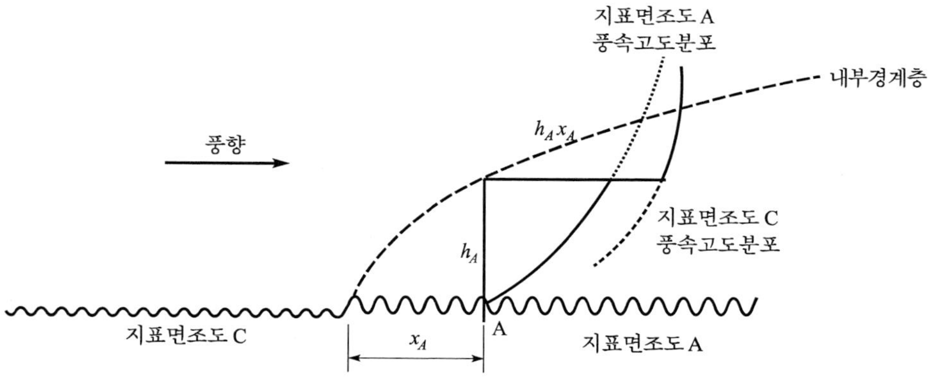

그림 5.5.4.3 지표면조도 변화에 따른 풍속고도분포 판정 (평탄 지표면 C → 거친 지표면 A)

② 거친 지표면에서 평탄 지표면으로 변화하는 경우

지표면조도가 그림 5.5.4.4처럼 거친 곳에서 평탄한 곳으로 변하는 경우, 풍속분포는 다음과 같이 결정한다.

a) 높이 h_x 이상 부분

풍속은 떨어져 있는 거친 지표면에 따라 결정한다.

b) 높이 h_x 이하 부분

풍속은 다음 중 작은 값으로 선택한다.

i) 인접한 평탄한 지표면에 따라 결정한다.

ii) 떨어져 있는 거친 지표면에 따라 결정한 높이 h_x 에서의 풍속으로 한다.

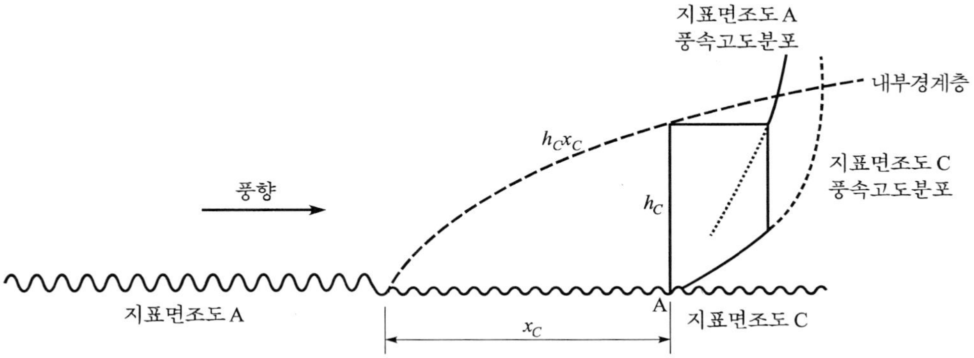

그림 5.5.4.4 지표면조도 변화에 따른 풍속고도분포 판정 (거친 지표면 A → 평탄 지표면 C)

만약, 건축구조물을 A지점에 건설 하고자 할 때, 설계풍속의 연직분포는 그림 5.5.4.4의 실선에 해당한다.

③ 두 가지 이상의 지표면이 혼합된 경우

두 가지 지표면조도 이상으로 변하는 경우에는 위의 ①, ②에서 기술한 방법과 유사하게 산정한다.

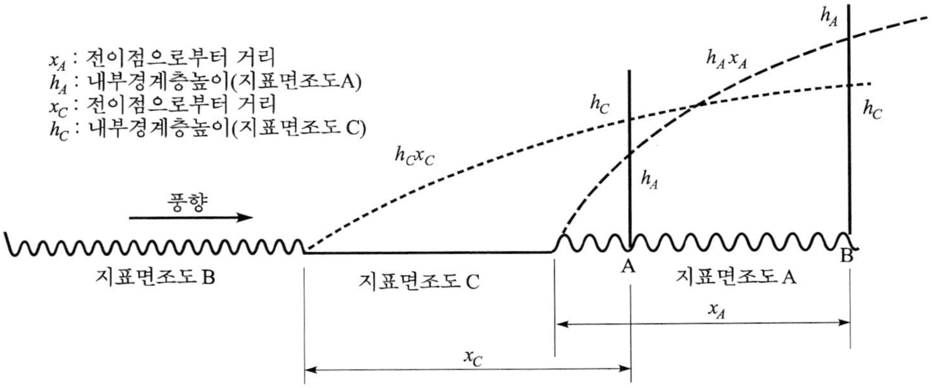

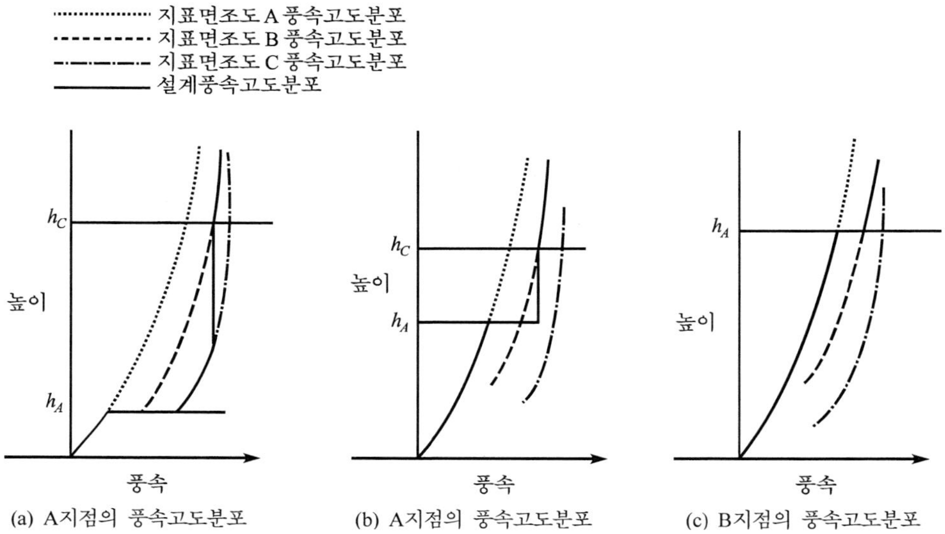

그림 5.5.4.5 지표면조도 변화에 따른 풍속고도분포 판정 (2종류 이상의 지표면 혼합)

a) 건축구조물을 A지점에 건설하고자 할 때는 2 가지로 나누어 판단한다.

i) 그림 5.5.4.5(a)처럼 A지점이 전이점으로부터 가까이 위치하는 경우

내부경계층높이 h_A 이하 높이에 대해서는 인접한 거친 지표면조도 A, 내부경계층높이 $h_A \sim h_C$인 중간부에서는 약간 떨어진 평탄한 지표면조도 C에 상응하는 풍속고도분포를 적용하되 풍속은 지표면조도 C에서 결정한 높이 h_C까지로 하며, 내부경계층높이 h_C의 상부에서는 멀리 떨어진 약간 거친 지표면조도 B에 해당하는 풍속고도분포를 적용한다.

ii) 그림 (b)처럼 A지점이 전이점으로부터 떨어져 위치하는 경우

내부경계층높이 h_A 이하 높이에 대해서는 인접한 거친 지표면조도 A, 내부경계층 높이 $h_A \sim h_C$인 중간부에서는 평탄한 지표면조도 C의 내부경계층높이 h_C에서의 일정한 풍속을 적용하고, 높이 h_C이상인 상부에서는 멀리 떨어진 약간 거친 지표면조도 B에 해당하는 풍속고도분포를 적용한다. 단, 약간 떨어져 위치한 지표면조도 C는 적용하지 않는다는 점에 유의해야한다.

b) 건축구조물을 B지점에 건설하고자 할 때(그림 5.5.4.5(c)처럼 인접한 거친 지표면조도 A의 내부경계층높이 h_A가 약간 떨어진 평탄한 지표면조도 C의 내부경계층높이 h_C보다 클 경우)

인접한 거친 지표면조도 A에 의한 내부경계층높이 h_A와 같아지는 높이를 경계

로 하여, 그 하부에서는 거친 지표면조도 A, 상부에서 멀리 떨어진 약간 거친 지표면조도 B에 해당하는 풍속고도분포를 적용한다. 단, 약간 떨어져 위치한 지표면조도 C는 적용하지 않는다.

예제 | 내부경계층높이의 산정

지표면조도가 평탄한 면에서 갑자기 거친 면으로 변화되는 지역이 있다. 지표면이 변하는 전이점으로부터 수평거리 1,000m 떨어진 장소에 건물을 세우려고 한다. 지표면의 전이점으로부터 1,000m 떨어진 지점에서의 내부경계층 높이를 구하라. 단, 바람은 항상 평탄한 면에서 거친 면으로 분다고 가정하고, 평탄한 지표면의 조도장 z_0=0.03m(지표면조도 C), 거친 지표면에서의 조도장 z_0= 3m(지표면조도 A)로 한다.

► 풀이

(5.5.4.1)식을 이용하면 내부경계층의 높이 z_i는 다음 식으로 구해진다.

$$z_i = 0.3\, z_{\mathrm{or}} \left(\frac{x}{z_{\mathrm{or}}}\right)^{0.8} = (0.3)\times(3)\times\left(\frac{1{,}000}{3}\right)^{0.8}$$

$$= 93.87(\mathrm{m})$$

만약 위 조건을 가진 위치에 높이 100m의 건축구조물을 세운다면, 높이 94m 이하 부분에는 거친 지표면(지표면조도 A)에 상응하는 풍속고도분포를 적용하고, 높이 94m 이상 부분에는 평탄한 지표면(지표면조도 C)에 해당하는 풍속의 연직분포를 적용하면 된다.

3) 지표면조도의 수평평균길이에 의한 지표면조도구분 방법

① EUROCODE

EN 1991-2-4: 2005(E)에서는 지표면조도를 표 5.5.4.4와 같이 분류하고 있다.[2)]

표 5.5.4.4 지표면조도구분[2)]

지표면조도구분	지표면 상태	z_0(m)
0	바다, 개방 바다에 인접한 해안	0.003
I	호수 또는 무시해도 될 정도의 초목 및 장애물이 없는 지역	0.01
II	잔디와 같은 낮은 초목, 나무나 건물과 같은 장애물이 장애물높이의 20배 정도의 거리로 떨어져 드문드문 있는 지역	0.05
III	일정한 초목 또는 건물이 있는 지역, 또는 도시, 외곽지역, 영구산림 등과 같은 장애물 높이의 20배 정도 이내의 거리로 장애물이 위치하는 경우	0.3

지표면조도의 평가영역 내에 거친 지표면과 평탄 지표면이 혼재되어 있을 때, EN 1991-2-4: 2005(E)에서는 지표면 상태가 분포하는 수평평균길이에 따라 판별하는 방법을 사용하고 있다. 신축하고자하는 건축구조물이 지표면조도가 변하는 전이점 가까이 있고, 다음과 같은 조건을 가진 거리 내에 위치한 경우에는 풍상측의 평탄한 지표면조도를 적용한다.

a) 지표면조도 0(해안)으로부터 2km 이내

b) 지표면조도 Ⅰ(호수, 비행장, 초원), Ⅱ(농촌), Ⅲ(도시)로부터 1km 이내

단, 지표면조도의 범주를 벗어나는 지역이 작은 경우(대상면적의 10% 이하)에는 무시한다.

예제 **지표면조도구분의 영향거리**

대상부지의 풍상측이 지표면조도구분 D인 해안이면 그 영향범위는 전이점에서 2km까지이고, 풍상측이 지표면조도구분 B, C인 경우에는 전이점에서 1km까지 영향을 미친다.

② ASCE 7-16

ASCE 7-1에서는 대상 풍향의 양쪽으로 45° 각도의 부채꼴 범위 내에 있는 풍상측 지역을 대상으로 지표면조도구분을 표 5.5.4.5와 같이 분류한다.[3)]

표 5.5.4.5 지표면조도구분[3)]

지표면조도구분	지표면 상태
D	평탄한 장애물 없는 지역과 수면 평탄한 진흙지, 염전, 빙하지역
C	높이 9.1m 정도의 장애물이 산재해 있는 개방된 지역. 평탄한 개방 농촌, 초원
B	도시와 교외, 산림지, 단독 주택 정도 크기의 장애물이 밀집해 있는 지역
A	–

건축구조물의 인접 풍상측에 직접 면하는 한 종류의 지표면조도 또는 혼합된 두 종류 지표면조도의 수평평균길이에 따라 아래와 같은 방법으로 지표면조도구분을 한다.

a) 지표면조도구분 B

그림 5.5.4.6에 나타낸 것처럼 건축구조물의 지붕면평균높이 h가 9.1m 이하인 경우에는 풍상측으로 수평길이 d_1이 457m 이상으로 지표면조도가 B가 분포

되어 있을 때, 지붕면평균높이 h가 9.1m 이상인 경우에는 풍상측으로 수평길 d_1이 792m 이상 또는 대상 건축구조물높이 h의 20배 이상으로 지표면조도 B가 분포되어 있을 때(둘 중 큰 값) 적용한다.

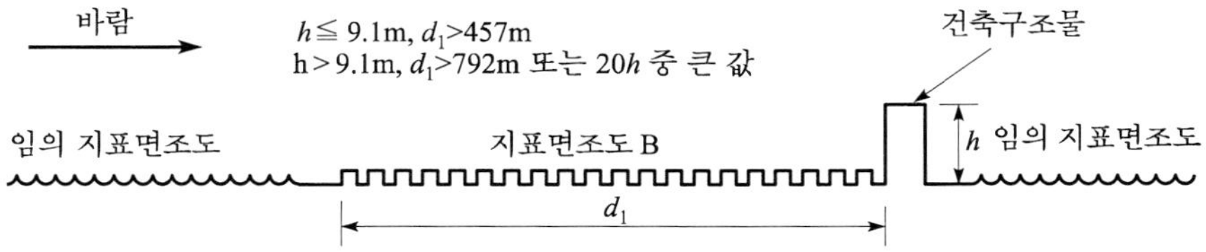

그림 5.5.4.6 지표면조도구분 B가 되기 위한 풍상측 지표면조도의 조건[3)]

b) 지표면조도구분 C

B, D를 적용할 수 없을 때 적용한다.

c) 지표면조도구분 D

i) 그림 5.5.4.7(a)처럼 지표면조도구분 D인 지표면조도가 d_1=1,524m 이상 또는 대상 건축구조물높이 h의 20배 이상(둘 중 큰 값)의 거리로 인접 풍상측으로 탁월하게 분포할 때 적용한다.

ii) 그림 5.5.4.7(b)처럼 부지 인접 풍상측으로 지표면조도가 지표면조도구분 B 또는 C이고, 부지는 지표면조도구분 D로부터 d_2=183m 또는 건물높이 h의 20배(둘 중 큰 값) 내에 있을 때 적용한다.

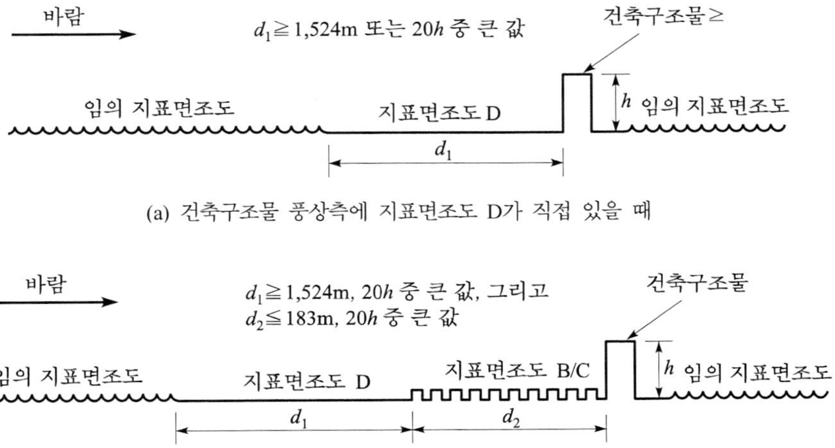

(a) 건축구조물 풍상측에 지표면조도 D가 직접 있을 때

(b) 건축구조물의 풍상측에 지표면조도 B, C가 직접 있을 때

그림 5.5.4.7 지표면조도구분 D가 되기 위한 풍상측 지표면조도의 조건[3)]

대상 부지가 2종류의 지표면조도 사이의 전이점에 위치하는 경우에는 큰 풍하중을 유발하는 지표면조도를 사용한다. 즉 두 지표면 가운데 평탄한 지표면을 선택하여 사용한다.

단, 공인된 합리적인 해석 방법으로 평가한 경우에는, 전이점 지역에 대해 규정된 지표면조도의 중간 지표면조도구분을 사용할 수 있다. 즉, 앞의 '2. 내부경계층의 발달 높이를 사용하는 방법'에 따라 정량적으로 평가할 수 있다.

4) 혼합 지표면에 대한 지표면조도구분 판단 예

□ 대상부지 : 서울시 서초구 잠원동 60-3번지 일원 (그림 5.5.4.8 참조)
□ 건축구조물높이 : 100m

① 대상부지 주변 지표면면 상황 분석

a) 그림 5.5.4.8에 나타낸 것처럼 건설지를 중심으로 시계방향 30도 ~ 270도까지의 지역은 지표면조도가 한 종류로 동일하다. 따라서 KDS 2022에 따라 판단하면 지표면조도구분 B에 해당한다.

주1 건설지점 위치 : 서울특별시 서초구 잠원동 60-3번지 일대

그림 5.5.4.8 건설지점 주위의 지표면 상태 및 지표면조도구분

b) 건설지를 중심으로 시계방향 270도 ~ 30도까지의 지역은 지표면조도가 혼재되어 있다. 적절한 방법을 이용하여 판단해야한다.

② 혼합된 지표면에 대한 정량적 방법의 적용

건설대상지 주변의 풍상측 지표면조도는 2가지 이상 혼재되어 있다. 앞에서 기술한 4가지 방법 가운데 정확한 정량적 해석 방법은 내부경계층에 의한 방법이다.

a) 내부경계층에 의한 방법

그림 5.5.4.8로부터 지표면 상황을 분석해 보면, 대상부지로부터 풍상측인 북서(NW)쪽으로 한강이 가장 근접해 있는 수평거리 1km까지는 지표면조도 B이고, 풍상측 1km ~ 2km 범위는 한강이며, 풍상측 2km 이상되는 지역은 지표면조도 B로 이루어져있다.

만약 풍향이 한강과 가장 가까운 NW로부터 분다고 가정하면, 이 상황과 유사한 조건을 가진 그림 5.5.4.5를 적용하면 된다. 대상부지에 인접한 풍상측 지표면조도의 전이점에서 대상건축구조물까지의 수평거리 x_i에서의 내부경계층높이 h_i를 구하면, 건축구조물높이 h_i의 상부와 하부의 지표면조도를 판단할 수 있다.

(5.5.4.1)식으로부터 대상부지에 인접한 지표면조도 B(조도장 $z_0 = 0.3\,\mathrm{m}$)의 전이점으로부터 풍하측으로 수평거리 $x_i = 1{,}000\,\mathrm{m}$ 떨어진 곳인 건축구조물 위치에서 지표면조도 B에 해당하는 내부경계층높이 $z_i = h_i$를 구하면 다음과 같다.

$$z_i = 0.3\,z_{\mathrm{or}}\left(\frac{x_i}{z_{\mathrm{or}}}\right)^{0.8} = 0.3\times 0.3\left(\frac{1{,}000}{0.3}\right)^{0.8} = 59.3\,\mathrm{m} \tag{5.5.4.2}$$

또한, 대상부지에서 인접한 지표면조도 B보다 풍상측으로 더 떨어진 지표면인 한강(지표면조도 C와 D의 중간, 조도장 $z_0 = 0.01\,\mathrm{m}$)의 전이점으로부터 풍하측으로 수평거리 $x_i = 2{,}000\,\mathrm{m}$ 떨어진 건축구조물 위치에서 한강 지표면에 해당하는 내부경계층높이 $z_i = h_i$를 구하면 다음과 같다.

$$z_i = 0.3\,z_{\mathrm{or}}\left(\frac{x_i}{z_{\mathrm{or}}}\right)^{0.8} = 0.3\times 0.01\left(\frac{2{,}000}{0.01}\right)^{0.8} = 52.2\,\mathrm{m} \tag{5.5.4.3}$$

그림 5.5.4.8에 주어진 대상부지에서 풍상측으로 인접한 지표면조도 B에 해당하는 내부경계층높이 $z_{i,B}$ =59.3m가 풍상측으로 보다 멀리 떨어진 한강에 해당하는 내부경계층높이 $z_{i,C}$=52.2m 보다 높다. 그러므로 건축구조물의 경우, 내부경계층높이 보다 낮은 하부는 지표면조도는 B에 의해 지배를 받고, 내부경계

층높이 보다 높은 상부는 한강보다 풍상측으로 멀리 위치한 지표면조도 B에 의해 지배를 받는다. 이것은 그림 5.5.4.5(c)의 조건에 해당한다. 그러므로 대상부지의 건축구조물은 모든 높이에 대해 지표면조도 B에 해당하는 풍속의 연직분포를 적용한다.

b) KDS에 의한 방법

풍상측으로 한강이 주방향이 되는 방향(약 45도)에서 바람이 불어올 때는 3가지 지표면조도를 거친다. B → 한강(C와 D의 중간) → B이다. KDS 2022에서는 혼합 지표면 가운데 가장 불리한 지표면조도를 선택하도록 하고 있기 때문에 이 풍향에서는 지표면조도 C를 적용한다.

c) ASCE 7-16에 의한 방법

지표면조도구분 D가 될 조건은 그림 5.5.4.7(a), (b)에 주어진 조건(지표면조도 D가 1,524m 이상 분포하거나, 그로부터 대상부지까지의 사이 지역에는 지표면조도 B/C가 위치하고 그 수평거리는 183m 보다 작을 것)을 만족하는 곳에 대상부지가 위치하는 경우에만 해당한다. 그림 9에 주어진 대상부지는 이 조건에 해당하지 않기 때문에 지표면조도 D에 해당하지 않는다.

대상부지는 지표면조도 B + 한강(C와 D의 중간) + 지표면조도 B인 상태가 혼합되어 있기 때문에 이 가운데 가장 불리한 지표면조도 C로 판단한다.

d) Eurocode 1: EN 1991-1-4: 2005(E)에 의한 방법

i) 건설대상지로부터 해안이 2km 이내의 범위에 위치하는 경우에는 지표면조도구분을 해안으로 한다. (단, 해안은 폭이 1,524m 이사이어야 한다)

ii) 건설대상지로부터 호수가 1km 이내의 범위에 위치하는 경우에는 있는 경우에는 지표면조도구분은 호수로 한다. (호수는 폭이 1,524m 이상이어야 한다)

그림 5.5.4.8에 주어진 대상부지의 경우, 1km정도의 거리에 인접한 한강(폭 1km 정도)은 위 i)의 해안, ii)의 호수에 해당하지 않는다. 해안이나 호수는 그 넓이나 폭이 몇 km ~ 몇 십 km정도여서 그쪽에서 바람이 불면 해안 또는 호수의 특성을 가진 바람의 성질을 나타낸다. 강의 경우에는 폭이 좁기 때문에 강을 따라 바람이 계속하여 일정하게 부는 경우를 제외하면 강과 그 주변 지표면조도가 혼재된 바람의 성질을 나타낸다. 그러므로, 그림 5.5.4.8에 주어진 대상부지의 시계방향 270도 ~ 30도의 지역은 위에 기술한 조건 i), ii)의 지표면조도에는 해당하지 않는다. 시계방향 270도 ~30도의 범위는 지표면조도 B + 한강(C 와 D의 중간) + 지표면조도 B인 상태가 혼합

되어 있으므로 지표면조도구분은 C로 판단한다.

KDS 2022, Eurocode 2005, ASCE 7-16 등의 기준에서는 복잡한 지표면이 혼합되어 있는 경우에 대해 지표면조도구분을 판단하는 방법으로 구조안전을 고려하여 풍상측의 지표면조도 가운데 불리한 조건을 선택하여 보수적인 값을 사용하도록 하고 있다. 그러므로 여러 가지의 지표면조도가 혼합되어 있어 기준에 제시한 방법만으로는 판단하기가 곤란할 경우에는 위에서 기술한 내부경계층의 발달 높이를 사용하는 방법에 따르면 지표면조도를 정량적으로 명확하게 판단할 수 있다.

(2) 풍속고도분포

지표면 부근의 바람은 지표면과의 마찰 때문에 수직방향으로 풍속이 변한다. 풍속은 지표면 가까이에서는 감소하고 상공으로 올라갈수록 증가한다. 이러한 풍속고도분포는 다음의 지수법칙에 잘 근사한다.

$$V(z) = V(H)\left(\frac{z}{H}\right)^{\alpha} = V(Z_g)\left(\frac{z}{Z_g}\right)^{\alpha} \tag{5.5.4.4}$$

여기서, $V(z)$는 임의높이 z에서의 풍속(m/s), $V(H)$는 기준높이 H에서의 풍속(m/s), $V(Z_g)$는 기준경도풍높이 Z_g에서의 풍속(m/s), α는 풍속의 고도분포지수이다.

KDS 2022에서는 높이에 따른 풍속분포로를 지수법칙에 따랐고, 풍속고도분포계수 K_{zr}은 임의 지표면조도구분 임의높이 z에서의 풍속 V_z을 지표면조도구분 C인 평탄지형의 지상높이 10m 풍속 $V_{C,10}$으로 기준화시킨 것이다.

$$K_{zr} = \frac{V(z)}{V_{C,10}} = \left(\frac{Z_g}{10}\right)^{\alpha}\left(\frac{z}{Z_g'}\right)^{\alpha'} = 1.7\left(\frac{z}{Z_g'}\right)^{\alpha'} \tag{5.5.4.5}$$

여기서, Z_g는 지표면조도구분 C인 지역의 기준경도풍높이(350m), Z_g'는 임의 지표면조도구분 지역의 기준경도풍높이(m), α는 지표면조도구분 C인 지역의 고도분포지수(0.15), α'는 임의 지표면조도구분 지역의 고도분포지수이다.

(5.5.4.5)식에 대상지역의 지표면조도구분에 따라 표 5.5.2.3에 주어진 α', Z_g'값을 대입하면 본문의 *표 5.5-2*의 풍속고도분포계수 K_{zr}이 구해진다. (5.5.4.5)식으로 주어지는 풍속고도분포계수 K_{zr}을 지표면에 따라 나타내면 그림 5.5.4.9와 같다.

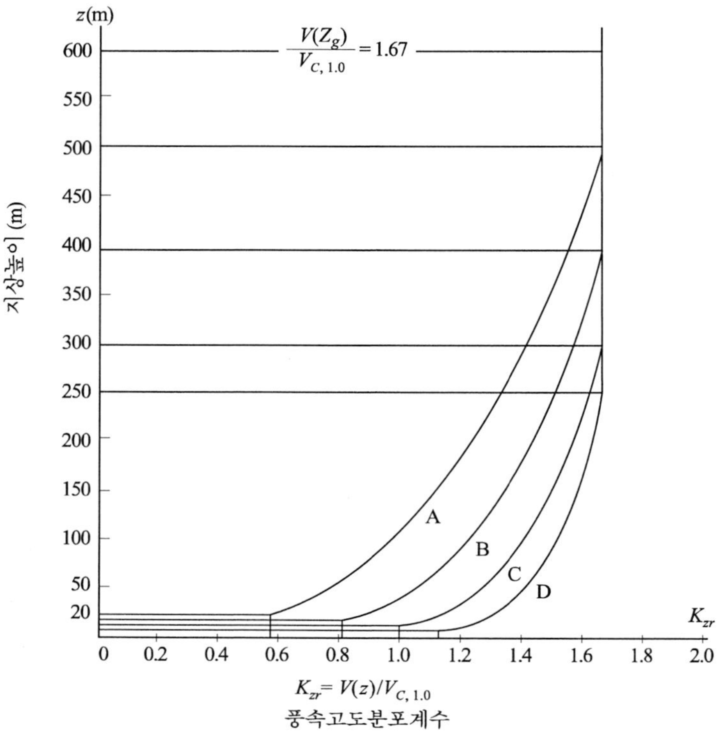

그림 5.5.4.9 지표면조도에 따른 풍속고도분포계수(평균풍속의 연직분포)

5.5.5 지형계수

(1) 산, 언덕 및 경사지의 영향을 받지 않는 평탄한 지역에 대한 지형계수 K_{zt}는 1.0이다.

(2) 산, 언덕 및 경사지 정상 부근 등 풍속할증이 필요한 부분에 대한 적용범위는 표 5.5-4와 같고, 지형계수 K_{zt}는 식(5.5-3)에 따라 산정한다.

표 5.5-4 지형계수 K_{zt}의 적용범위, m

지형구분	풍속할증 적용 범위	적용 범위	
		풍상측	풍하측
언덕, 산	수평거리 (정점에서)	$1.5L_u$와 $1.6H$ 중 큰 값	
경사지	수평거리 (정점에서)	$1.5L_u$와 $1.6H$ 중 큰 값	$3.5L_u$와 $4H$ 중 큰 값

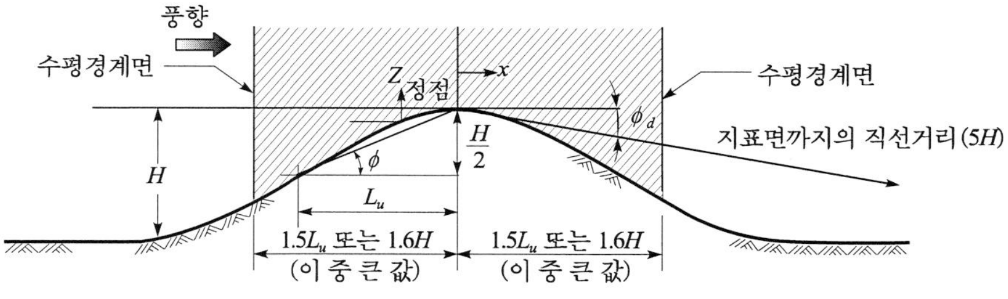

(a) 언덕, 산

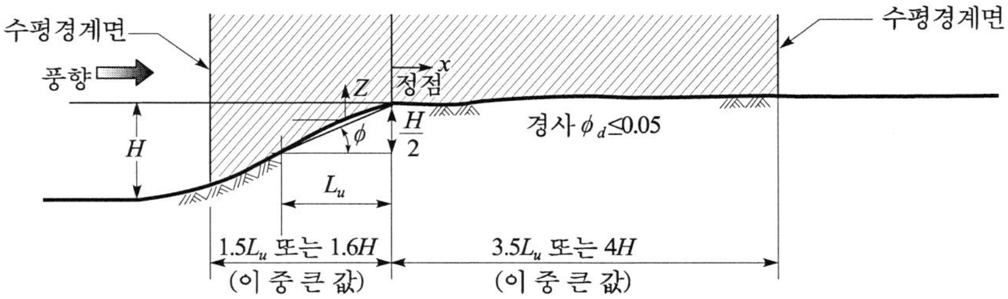

(b) 경사지

$$K_{zt} = 1 + \frac{k_t s \phi'}{1 + 3.7 I_z} \tag{5.5-3}$$

단, $k_t = \begin{cases} 1.4 & : \text{경사지} \\ 1.4 + 3.6(\phi_d - 0.05) \leq 3.2 & : \text{언덕,산} \end{cases}$

$$s = \begin{cases} \left(1 - \dfrac{|x|}{1.5L^*}\right)\left(1 - \dfrac{z}{L_u}\right) & : \phi \leq 0.3 \\ \left(1 - \dfrac{|x|}{1.5L^*}\right)\left(1 - \dfrac{0.6z}{H}\right) & : \phi > 0.3 \end{cases}$$

풍상측인 경우

$L^* = L_u$

$L^* = 1.7H$; $\phi > 0.3$일 때

풍하측인 경우

$L^* = L_u$와 $1.7H$ 중 큰 값 : 언덕·산

$L^* = 2L_u$와 $3.33H$ 중 큰 값 : 경사지

$$I_z = \begin{cases} 0.1\left(\dfrac{z}{Z_g}\right)^{-\alpha-0.05}, & z_b < z \le Z_g \\ 0.1\left(\dfrac{z_b}{Z_g}\right)^{-\alpha-0.05}, & z < z_b \end{cases} \tag{5.5-3.a}$$

여기서, k_t : 형상계수

ϕ_d : 언덕·산·경사지의 정점으로부터 풍하측 빗변으로 $5H$ 되는 거리까지의 평균경사

s : 위치계수

x : 정점으로부터의 수평거리(m)

z : 국지 지표면으로부터의 임의높이(m)

H : 언덕, 산, 경사지의 정점높이(m)

L_u : 언덕, 산, 경사지의 정점 중앙으로부터 아래로 $H/2$인 지점에서 풍상측 경사지 지점까지의 수평거리(m)

ϕ' : ϕ 또는 0.3 중 작은 값

ϕ : 풍상측경사 $\left(= \dfrac{H}{2L_u}\right)$

I_z : 높이 z에서의 난류강도

Z_g : 기준경도풍높이(m)

지형계수란 산, 언덕 또는 경사지 등 지형의 영향을 받은 풍속과 평탄지에서의 풍속 비율이다. 산의 능선이나 산의 정상, 언덕, 경사지, 절벽 등에서는 국지적인 지형의 영향으로 인하여 풍속이 증가(수속효과에 기인함)한다. 이러한 현상은 실측 및 실험에 의하여 확인된 것으로 산, 언덕 및 경사지의 정상에서는 평탄지에 비하여 풍속이 1.5~2.0배 정도 증가하는 것으로 알려져 있다.[1)~3)]

본문의 *식(5.5-3)*의 지형계수는 지형의 형상 k_t, 경사각 ϕ, 건설지점이 산·언덕·경사지의 정점으로부터 수평으로 떨어진 거리 x, 지표면으로부터의 높이 z 및 난류강도 I_z에 의하여 그 값이 달라진다.

그림 5.5.5.1은 산의 정상부에서 수직높이에 따라 지형계수가 어떻게 변하는지를 지표면 조도에 따라 나타낸 것이다. 그림 (a)는 언덕 및 산의 경우이고, 그림 (b)는 경사지의 경우로, 풍상측의 경사각 $\phi = 0.3$이고, $x = 0$일 때, 즉 정상부에서 지표면으로부터의 수직높이

에 따라 풍속이 평탄지에 비하여 얼마나 증가하는지를 본문의 *식(5.5-3)*을 적용하여 지표면조도별로 구하여 나타낸 것이다. 지형에 의한 풍속의 할증률은 상공보다 지표면에 가까워질수록 증가하며, 지표면이 평탄해질수록 증가하는 경향을 나타낸다. 이는 풍상측의 산정상 부근에서 박리한 바람이 지표면 가까이의 일정높이에서 풍하측으로 빠르게 수속하고, 지표면이 평탄해질수록 바람의 흐트러짐이 작아져서 변동 성분이 줄어들고 따라서 난류강도가 작아지기 때문이다.

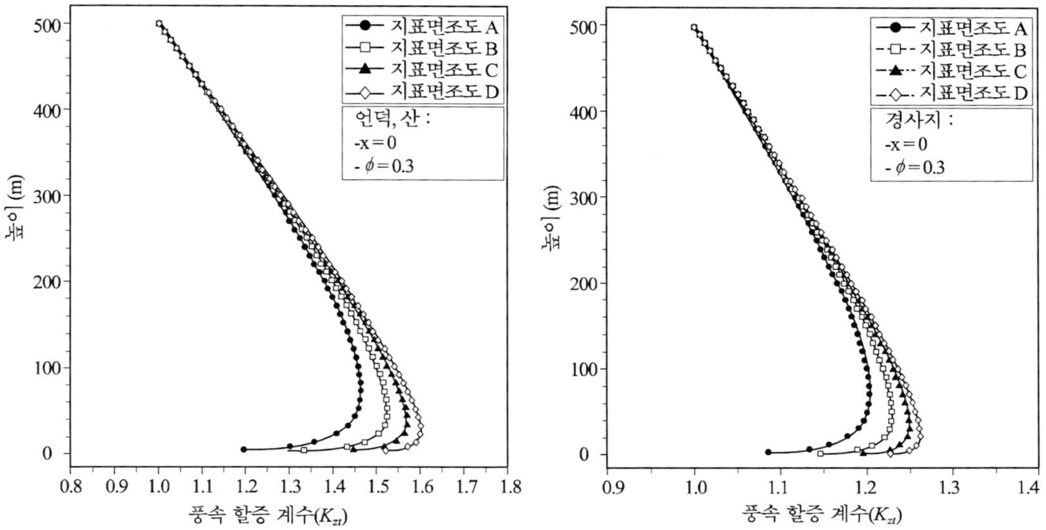

(a) 언덕, 산 (b) 경사지

그림 5.5.5.1 높이, 지표면조도 상황에 따른 지형계수의 변화양상

KDS 2022에서 제시한 본본의 *식(5.5-3)*의 평가 식은 언덕·산·경사지가 단독으로 있는 경우를 대상으로 한 것이다. 따라서 건설하고자 하는 건축구조물이 국지적으로 복잡한 지형의 영향을 받는 곳에 위치한다면(특히 산과 산 사이의 계곡에 위치하여 골바람효과로 풍속할증이 우려되는 경우) 주변지형을 모델화한 후 풍동실험을 실시하여 풍속할증효과를 검토하여야한다.

5.5.6 중요도계수

(1) 중요도계수 $I_W(T)$ 는 KDS 41 10 05에서 정의한 건축구조물의 중요도 분류에 따라 표 5.5-5에 따라 정한다.

표 5.5-5 중요도계수 $I_W(T)$

중요도 분류	초고층 건축구조물	특	1	2	3
중요도계수 $I_W(T)$	1.05	1.00		0.95	0.90

주] 초고층건축구조물은 50층 이상인 건축구조물 또는 200m 이상인 건축구조물

(1) 설계용 재현기간

재현기간 T란 일정규모 이상의 강풍이 다시 불 때까지의 통계적인 기간이다. 년최대풍속값이 각기 독립하여 발생한다면, 년최대풍속이 1년에 풍속 V를 초과할 확률은 $P(V)=1/T$이고, 1년 중에 풍속 V와 같던지 V를 초과하지 않을 확률은 $F(V)=1-P(V)=1-(1/T)$이다. 그러므로 n년 동안 풍속이 V와 같던지 V를 초과하지 않을 확률 Q는 다음 식과 같다.

$$Q= F(V)^n = [1-P(V)]^n = \left(1-\frac{1}{T}\right)^n \qquad (5.5.6.1)$$

여기서, V를 구조물의 설계풍속, n을 구조물의 사용년수라고 하면, Q는 구조물 사용년수 n년 동안 일어날 임의의 풍속이 설계풍속 V을 초과하지 않을 확률이다. 만약 구조물의 사용년수 $n=100$년, 설계풍속은 재현기간 $T=100$년이라 하면 (5.5.6.1)식에 따라 비초과확률 Q는 다음 값을 갖는다.

$$Q=\left(1-\frac{1}{T}\right)^n=\left(1-\frac{1}{100}\right)^{100}=0.37$$

또한, (5.5.6.1)식에서 $T=n$이라 하고 T값으로 100 이상의 큰 값을 취하면 $Q \fallingdotseq 0.37$에 수렴한다. 그러므로 비초과확률 $Q=0.37$은 일반건축구조물에 대한 안전의 기준척도가 되는 값이라 생각할 수 있다. 이는 구조물의 사용년수 n를 100년이라 할 경우 설계풍속은 재현기간 $T=100$년 풍속을 사용하는 것이다. 이 값은 표준의 참고 값이 될 수 있다. 표 5.5.6.1은 건축구조물의 사용년수 n 과 안전율 Q 에 따른 재현기간 T를 나타낸 것이다.

표 5.5.6.1 건축구조물의 사용년수 n 과 안전율 Q 에 따른 재현기간 T(단위 : 년)

Q \ n	50	60	70	80	90	100	110	120	130	140	150
0.10	21.8	26.6	30.9	35.2	39.6	43.9	48.3	52.6	57.0	61.3	65.6
0.20	31.6	37.8	44.0	50.2	56.4	62.6	68.8	75.1	81.3	87.5	93.7
0.30	42.0	50.3	58.6	66.9	75.3	83.6	91.9	100.2	108.5	116.8	125.1
0.40	55.1	66.6	76.9	87.8	98.7	109.6	120.6	131.5	142.4	153.3	164.2
0.50	72.6	87.1	101.5	115.9	130.3	144.8	159.2	173.6	148.8	202.5	216.9
0.60	98.4	118.0	137.5	157.1	176.7	196.3	215.8	235.4	255.0	274.6	294.1
0.70	140.7	168.7	196.8	224.8	252.8	280.9	308.9	336.6	365.0	393.1	422.8
0.80	221.6	269.3	314.3	359.1	403.7	448.6	493.2	531.6	583.1	628.1	677.5
0.90	475.1	570.1	664.9	759.7	854.7	952.4	1,045	1139	1235	1330	1425
0.95	975.6	1,171	1,366	1,560	1,754	1,949	2,146	2,342	2,538	2,732	2,924
0.99	4,975	5,989	6,944	7,936	8,929	10,000	10,989	11,905	12,987	13,889	14,925

일본건축학회 건축구조물하중지침의 해설에서는 설계자의 판단을 돕기 위하여 허용응력도 설계용 풍하중의 재현기간을 표 5.5.6.2와 같이 제시하고 있다.[1] 또한, 높이가 60m를 넘는 건축구조물에 대해서는 일본건축센터에서 구조계산방법의 타당성을 확인한다. 특히 고층건축구조물의 내풍설계법에 대처하기 위해 「고층건축구조물의 구조평정용 풍하중에 관하여」[2]를 마련하고 있다. 그 주요 골자는 표 5.5.6.3과 같고, 기본적인 개념은 다음과 같다.

표 5.5.6.2 풍하중 설계용 재현기간 참고값[1]

건축구조물 등의 용도	설계용 재현기간
(1) 극히 중요한 건축구조물 또는 그 부분	300년 이상
(2) 일반건축구조물 또는 그 부분	100년 이상
(3) 소규모이고 경미한 주택, 점포 등	50년 이상
(4) 가설건축구조물	10년 이상

1) 건축구조물의 사용기간 중에 한 번 이상 올 것으로 예상되는 큰 풍속인 재현기간 100년 이상의 풍속(레벨 1)이 작용하였을 경우에 부재응력은 허용응력 이하이고, 주요 구조체의 변형은 사용성·기능성을 만족하는 허용변형(층간변형각이 1/200 정도) 이하로 한다.
2) 건축구조물의 사용기간 중에 조우할 가능성이 있는 최대풍속인 재현기간 500년 이상의 풍속(레벨 2)이 작용하였을 경우에 부재의 일부가 소성화 하는 것은 허용한다. 그러나

주요 구조체는 거의 탄성적으로 거동하는 범위 내로 한다.

표 5.5.6.3 내풍설계의 표준[2)]

기준풍속		구조체의 상태
레벨 1	재현기간 100년 이상의 풍속	허용내력 이하 층간 변형각 1/200 이하
레벨 2	1.15×레벨 1 풍속 (재현기간 약 500년 이상의 풍속)	거의 탄성적 거동
1.2(1.5*)×레벨1 풍속 ≤ 공기력불안정진동의 발진풍속(재현기간 약 1,000년 이상의 풍속)		

주] * : 풍동실험이나 실측 등의 정보에 의하지 않을 경우

이처럼 일본건축센터에서는 재현기간 500년 풍속을 60m 이상인 건축구조물에 대한 강도한계상태설계를 위한 기준으로 삼고 있다.[2)] ASCE 7-10[3)] 및 AS/NZS1170:2010[4)]에서는 강도도한계상태설계용 극한풍속의 재현기간을 500년으로 하고 있다. 따라서 이 값들은 고층건축구조물의 강도한계상태설계용 재현기간을 결정하는 지표가 될 수 있다. 여기서 주의해야할 점은 재현기간 500년은 구조설계된 건축구조물이 재료의 저항계수 또는 모든 하중능력을 명확하게 해석할 수 없고, 설계방법 등과 같은 요인들도 때문에 실제 파괴할 것으로 예상되는 실제풍속은 아니라는 사실이다.

(2) 강도한계상태설계용 재현기간 T_{SD}

강도한계상태설계용 풍하중 W_{SD} 은 다음 식과 같이 정의할 수 있다.[3)]

$$W_{SD} = C_f V(T)^2 = C_f \gamma_W V(100)^2 \tag{5.5.6.2}$$

여기서, C_f 는 풍력계수, $V(T)$ 는 재현기간 T 년의 풍속, γ_W는 풍하중계수, $V(100)$ 은 재현기간 100년 기준풍속이다.

풍하중계수 γ_W 는 강도한계상태설계용 풍하중 W_{SD} 을 허용응력설계용 풍하중 W_{ASD} 으로 나눈 것으로 중요도계수 $I_W(T)$ 와의 관계는 다음 식과 같이 나타낼 수 있다.

$$\gamma_W = \frac{W_{SD}}{W_{ASD}} = \left[\frac{V(T)}{V(100)}\right]^2 = I_W(T)^2 \tag{5.5.6.3}$$

우리나라의 경우 재현기간 T 년의 풍속 $V(T)$ 는 Gumbel분포가 적합하고 다음 식으로 주어진다.[5)~7)]

$$V(T) = -\frac{1}{a} ln\left[\ln\left(\frac{T}{T-1}\right)\right] + b \quad (5.5.6.4)$$

Gumbel본포 특성값 ab를 전국 기상관측소의 평균인 5.41 사용하면[7], 재현기간 100년을 기본값으로 하였을 때의 중요도계수 $I_W(T)$는 다음 식과 같이 주어진다.

$$I_W(T) = \frac{V(T)}{V(100)} = 0.54 + 0.1\ln(T) \quad (5.5.6.5)$$

(5.5.6.2)식~ (5.5.6.5)식의 관계로부터 재현기간 100년을 기본값으로 하였을 때의 한계상태설계용 재현기간 $T \cong T_{SD}$ 년을 구하면 다음 식과 같이 주어진다.

$$T_{SD} = 0.00452\exp(10\sqrt{\gamma_W})(\text{년}) \quad (5.5.6.6)$$

전국 68개 기상관측소의 최근 40년(1973년~2012년)간 년최대풍속자료에 대해 확률·통계 및 신뢰성해석을 수행한 결과에 따르면, 일반 건축구조물의 한계상태설계용 풍하중계수 γ_W는 목표신뢰성지표 β가 2.5일 때 $\gamma_W = 1.35$ 이고, β가 3.0일 때 $\gamma_W = 1.46$ 이다.[7] 이 값들을 (5.5.6.6)식에 대입하고, 일반 건축구조물에 대해 고정하중 + 활하중 + 풍하중이 작용할 때 적합한 것으로 알려진 목표신뢰성지표 $\beta = 2.5$ 를 적용하면, 강도한계상태설계용 재현기간 T_{SD} 는 500년이 된다. 만약 $\beta = 3.0$ 으로 설정하면 800년이 된다.[7]

만약, 대상 건축구조물의 설계용 재현기간이 기준풍속으로 삼고 있는 100년 이외의 값을 가질 경우라면, 재현기간 100년 기준풍속 $V(100)$에 기초하고 있는 유효한계상태설계용 재현기간 T_{ESD}는 (5.5.6,5)식 및 (5.5.6.6)의 관계를 사용하면 다음 식으로 주어진다.

$$T_{ESD} = 0.00452\exp\left[\frac{10V(T)}{V(100)}\sqrt{\gamma_W}\right](\text{년}) \quad (5.5.6.7)$$

(5.5.6.7)식에 강도한계상태설계용 하중계수 $\gamma_W = 1.35$ 를 적용하고, KDS 2016에서 허용응력설계용 재현기간에 해당하는 $T = 25$년, $T = 50$년 풍속 시의 중요도계수 $I_W(25) = V(25)/V(100) = 0.88$, $I_W(50) = V(50)/V(100) = 0.95$ 를 대입하면, 허용응력설계용 재현기간 25년, 50년에 대응하는 유효한계상태설계용 재현기간 T_{ESD}는 각각 125년, 280년이 된다. 또한, KDS 2016에서 중요도계수 1.05에 해당하는 초고층건축구조물의 유효한계설계용 재현간은 895년이 된다.

이와 같은 점들을 모두 고려하여 건축구조물의 중요도 분류에 따라 강도한계상태설계용 재현기간 T_{SD}을 구하면 표 5.5.6.4와 같이 주어진다.

표 5.5.6.4 한계상태설계용 재현기간 T_{SD}

중요도 분류	초고층 건축구조물	특	1	2	3
중요도계수 $I_W(T)$	1.05	1.00	1.0	0.95	0.90
한계상태설계용 재현기간 (년)	900	500		280	125

주] 초고층건축구조물은 50층 이상인 건축구조물 또는 200m 이상인 건축구조물

(3) 중요도계수

KDS 2022에서의 풍하중은 극한하중(한계상태)를 기본으로 하고 있다. 강도한계상태설계용 기본풍속 V_0 의 재현기간은 500년이다. 강도한계상태설계용 중요도계수 $I_W(T_{SD})$ 는 재현기간 500년 풍속 $V(500)$ 에 대한 임의의 강도한계상태설계용 재현기간 T_{SD} 년 풍속 $V(T_{SD})$ 의 비율로 다음 식과 같이 정의할 수 있다.

$$I_W(T_{SD}) = \frac{V(T_{SD})}{V(500)} \tag{5.5.6.8}$$

재현기간 500년을 기본값으로 하였을 때, 우리나라에 적합한 강도한계상태설계용 중요도계수 $I_W(T_{SD})$ 는 Gumbel분포의 특성값을 $ab = 5.41$ 로 하면[7], 다음 식과 같이 주어진다.

$$I_W(T_{SD}) = 0.465 + 0.086\ln(T_{SD}) \tag{5.5.6.9}$$

(5.5.6.9)식으로부터 재현기간 500년을 기본값으로 하였을 때, 중요도계수 $I_W(T)$에 따른 강도한계상태설계용 재현기간 T_{SD} 년은 다음 식과 같이 주어진다.

$$T_{SD} = 0.00449\exp[11.627\, I_W(T)]\ (\text{년}) \tag{5.5.6.10}$$

따라서, (5.5.6.10)식에 의해 일반건축구조물의 강도한계상태설계용 재현기간 T_{SD} 를 산정하면 일반건축구조물은 중요도계수가 $I_W(T) = 1$ 이므로 T_{SD} 는 500년이 되고, 초고층건축구조물은 중요도계수가 $I_W(T) = 1.05$ 이므로 $T_{SD} = 900$ 이 된다. 이처럼 (5.5.6.10)식에 따라 평가한 강도한계상태설계용 재현기간은 기준풍속 $V(100)$을 기준값으로 하여 (5.5.6.7)식에 따라 평가한 강도한계상태설계용 재현기간의 값과 동일해진다.

본문의 *표 5.5-5*에 주어진 중요도계수 $I_W(T)$ 는 표 5.5.6.4에 주어진 설계용 재현기간 T_{SD} 를 (5.5.6.9)식에 적용하여 구하였다. 강도한계상태설계용이기 때문에 허용응력설계용의 개념과 유사한 KDS 2016비하여 설계용 재현기간은 증가하였으나 중요도계수의 값은

KDS 2016과 동일하다.

강도한계상태설계용 기본풍속 $V(T)$ 는 본문의 *그림 5.5-1*에 주어진 재현기간 500년 기본풍속 $V_0 = V(500)$ 에 건축구조물의 용도에 따라 다음 식으로 정의되는 중요도계수 $I_W(T)$ 를 곱하여 구한다.

$$V(T) = I_W(T)\, V(500) \tag{5.5.6.11}$$

표 5.5.6.4 주어진 값은 주골조에 대한 강도한계상태설계용 재현기간이다. 외장재의 경우에는 허용응력설계를 수행하는 것이 일반적이고, 허용응력설계용 재현기간은 50년을 기본적으로 사용하고 있다.[1)] 따라서 외장재 설계용 중요도계수는 (5.5.6.7)식으로부터 $I_W(T_{SD} = 50) = 0.801$ 로 주어진다. 만약, 극한하중에 풍하중계수 γ_W를 적용하여 외장재 설계용 풍하중을 산정하고자 할 때에는 극한하중에 $\gamma_W = I_W^2 = 0.65$를 곱하여 허용하중을 구하면 된다.

5.5

1) 하영철, 이석종, 한진성 (1997), 강풍의 발생성인별 설계기본풍속의 추정에 관한 연구, 대한건축학회논문집, 13(7), 163-173

5.5.2

1) C. S. Durst (1960), Wind speeds over short periods of time , Meteor. Mag., 89, pp. 181~187
2) International Organization for Standardization (2009), Wind actions on structures, ISO 4354 : 2009(E), 9-10
3) International Organization for Standardization (2009), Wind actions on structures, ISO 4354 : 2009(E), 11-15
4) 김병조, 하영철 (2015), 최근 기상자료에 의한 지표면조도구분별 돌풍률 평가, 한국풍공학회논문집, 19(2), 51~57
5) 하영철, 김종락, 김규석 (1998), 건축물 설계용 기본풍속분포도, 대한건축학회논문집, 14(8), 75-83
6) 정선하, 김병조, 하영철 (2014), 건축구조기준(KBC-2009) 기본풍속도의 개선, 대한건축학회논문집-구조계, 30(5), 37-47
7) 하영철 (2018), 강도설계용 풍하중 평가를 위한 재현기간과 기본풍속지도의 제안, 대한건축학회논문집-구조계, 43(2), 29-40
8) 기상청, 기상연보, 1951-2012
9) P. S. Jackson (1981), On the displacement height in the logarithmic velocity profile, J. Fluid Mech. Ⅲ, 15~25
10) 神田 順 (1986), 月別最大風速の再現期待値の評價, 日本風工學會誌, 21~37
11) 정선하, 김병조, 하영철 (2014), KDS2022(KBC-2009) 기본풍속도의 개선, 대한건축학회논문집-구조계, 30(5), 37-47
12) B. Ellingwood, J. M. MacGregor, T. V. Galmambos & A. C. Cornell (1982), Probability Based Load Criteria: Load Factors and Load Combinations, *Journal of Structural Division, ASCE*, 108(5), 978-997
13) T. V. Galmambos, B. Ellingwood, J. G. MacGregor & A. C. Cornell (1982), Probability Based Load Criteria: Assesment of Current Design Practice, Load and Resistance Factor Design for Steel, *Journal of Structural Division, ASCE*, 108(5), 959-977

5.5.3

1) 권성난, 신동현, 최심국, 하영철 (2019), 건축물의 주골조 설계용 풍향계수의 추정, 한국풍공학회논문집, 23(1), 9-16

5.5.4

1) ISO 4354: 2009(E) (2009), Wind actions on structures, 17-19
2) EN 1991-1-4: 2005(E) (2005), Eurocode 1: Actions on structures - Part 1-4: General actions- Wind actions, 141-142
3) ASCA/SEI 7-16 (2017), Minimum Design Loads and Associated Criteria for Buildings and Other Structures, Commentary, 741-744

5.5.5

1) 이성우, 김동우, 이석종, 하영철 (2000), 2차원 산지형의 풍속분포 특성에 관한 실험적 연구, 한국풍공학회논문집, 4(1), 67-73
2) 김무진, 이석종, 하영철 (2000), 3차원 산지형의 풍속분포특성에 관한 풍동실험 연구', 대한건축학회논문집-구조계, 16(7), 25-32
3) 김동우, 하영철 (2000), 다양한 경사지형의 풍속분포 특성에 관한 풍동실험 연구, 대한건축학회논문집-구조계, 16(12), 49-55

5.5.6

1) 日本建築學會 (1993, 2004, 2015), 建築物荷重指針同解說, 丸善
2) 日本建築センタ- (1991), 高層建築物の構造評定用風荷重について, ビルデイングレタ-, 47-49
3) American Society of Civil Engineers (2010), Minimum Design Loads for Buildings and Other Structures, ASCE/SEI 7-10
4) Standards Australia & Standards New zealand (2002), AS/NZS 1170.2: 2002, Structural design actions Part 2: Wind actions
5) 하영철, 김종락, 김규석 (1998), 건축물 설계용 기본풍속분포도, 대한건축학회논문집, 14(8), 75-83
6) 정선하, 김병조, 하영철 (2014), KDS2022(KBC-2009) 기본풍속도의 개선, 대한건축학회논문집-구조계, 30(5), 37-47
7) 하영철 (2018), 강도설계용 풍하중 평가를 위한 재현기간과 기본풍속지도의 제안, 대한건축학회논문집-구조계, 43(2), 29-40

5.6 가스트영향계수

(1) 구조골조용수평풍하중 산정식과 가스트영향계수

KDS 2022에서의 풍방향 풍하중은 바람의 난동으로 인하여 발생하는 건축구조물의 풍방향진동(buffeting)에 의한 변동변위를 확률론적인 방법인 스펙트럼모드해석(spectral modal analysis)에 따라 구한 후, 평균변위와 최대변위의 비에 해당하는 가스트영향계수(gust effect factor)를 평균풍하중에 곱하여 최대하중효과와 동등한 값을 가지는 등가정적풍하중(equivalent static wind loads)으로 평가한 것이다.

풍방향가스트영향계수 G_D는 바람의 변동으로 인해 건축구조물에 발생하는 풍방향진동의 동적하중효과를 확률론적방법에 의하여 평가하여 정량화한 가중계수로서 다음 식과 같이 정의된다.

$$G_D = \frac{\hat{x}}{\bar{x}} = 1 + g_x \frac{\sigma_x}{\bar{x}} \tag{5.6.1}$$

여기서, $\hat{x}$: 최대변위

$\bar{x}$: 평균변위

g_x : 피크팩터(변동변위의 표준편차와 최대값의 비율)

σ_x : 변동변위의 표준편차

등가정적풍하중인 풍방향의 수평풍하중 W_D은 다음 식으로 구해진다.

$$W_D(z) = G_D \overline{W} = G_D C_D(z) q_H A(z) \tag{5.6.2}$$

여기서, $W_D(z)$: 높이 z에서의 등가정적풍하중 (N)

G_D : 풍방향가스트영향계수

$\overline{W}(z)$: 높이 z에서의 평균풍하중 (N)

$C_D(z)$: 높이 z에서의 풍력계수

q_H : 기준높이 H에서의 설계속도압 (N/m^2)

$A(z)$: 높이 z 에서의 수압면적 (m^2)

이와 같은 방법으로 풍하중을 구하는 것을 가스트영향계수법(gust effect factor method)이라 한다.[1)]

바람의 난동을 받아 풍방향으로 진동하는 대부분의 건축구조물의 경우에는 그림 5.6.1에 나타낸 것처럼 고차의 진동모드가 최대변위에 미치는 영향이 극히 약하기 때문에 1차 진동모드가 지배적이다. 따라서 최대변위의 연직분포는 1차 진동모드형과 유사하고, 그림 5.5.4.9에 나타낸 평균풍속의 연직분포의 2승에 비례하는 값인 평균변위와도 비슷한 형상을 보인다. 이러한 관계를 이용하여 가스트하중계수법은 최대풍하중이 평균풍하중분포에 비례한다고 가정하고 평균풍하중에 가중계수로 가스트영향계수 G_D를 곱함으로써 평균풍하중을 증가시키고, 이것을 KDS 2022 본문의 *식(5.2-1)*과 같이 등가정적풍하중으로 평가한 방법이다.

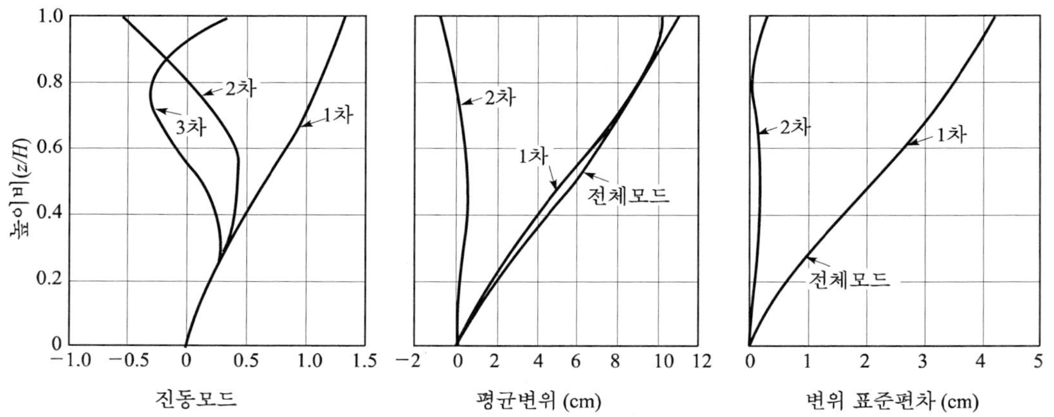

그림 5.6.1 고차진동모드의 영향(강구조, 높이 88m, 폭 42m, 지표면조도구분 C)

강풍으로 건축구조물에 가해지는 불규칙한 풍속 $v(t)$, 풍압력 $f(t)$과 그것으로 인해 건축구조물에 발생하는 불규칙한 응답 $x(t)$의 시간적 공간적 과정이 정상불규칙과정(stationary random process)에 따른다고 가정하면, 건축구조물의 진동 및 응답특성은 표준편차, 스펙트럼밀도와 같은 평균량을 사용하여 나타낼 수 있다. 특히, 스펙트럼해석법(spectral approach)을 사용하면 진동수영역에서 건축구조물의 응답특성을 확률론적방법으로 평가할 수 있다.

강풍으로 인해 건축구조물에 발생하는 불규칙응답변위 $x(t)$의 시간변동을 나타낸 것이

그림 5.6.2(a)이고, 응답변위의 확률밀도의 특성을 나타낸 것이 그림 5.6.2(b)이다. $x(t)$의 확률밀도가 정상불규칙과정에 따르므로, $x(t)$는 시간평균성분 $\bar{x}$과 변동성분 $x'(t)$으로 분리하여 다음 식과 같이 나타낼 수 있다.

$$x(t) = \bar{x} + x'(t) \tag{5.6.3}$$

변위진폭 $x(t)$의 확률밀도함수는 그림 5.2.6.1(b)와 같이 평균 $\bar{x}$, 표준편차 σ_x인 정규분포가 되기 때문에 최대순간변위 $\hat{x}$는 다음 식과 같이 주어진다.

$$\hat{x} = \bar{x} + g_x \sigma_x \tag{5.6.4}$$

여기서, g_x는 피크팩터이고 응답변위의 평가시간에 따라 통계적 얻어지는 값이다. 만약, 평가시간이 600초라면 3.5 전후의 값을 가진다.

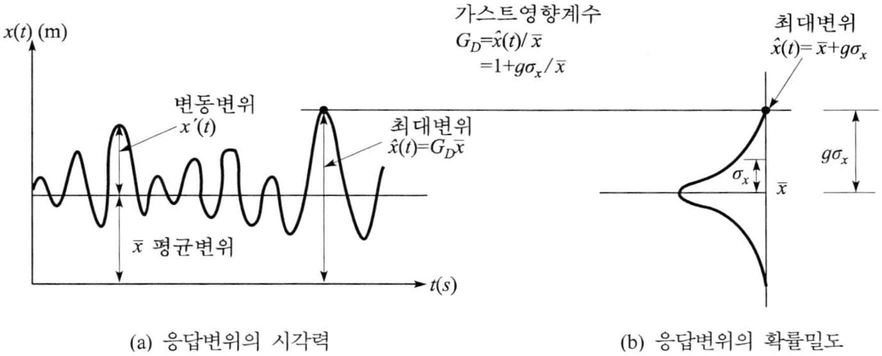

그림 5.6.2 구조물에 발생하는 응답변위의 시각력과 확률밀도함수

(5.6.4)식과 (5.6.2)식의 관계로부터 가스트영향계수 G_D는 다음 식과 같이 주어진다.

$$G_D = 1 + g_x \frac{\sigma_x}{\bar{x}} \tag{5.6.5}$$

(5.6.5)식에서 g_x와 $\bar{x}$는 평가시간이 주어지면 일정한 값을 가진다. 따라서 평가시간 동안 발생하는 변동변위의 표준편차 σ_x만 구하면 G_D를 평가할 수 있다.

KDS 2022에서 대상으로 하고 있는 강풍은 지진과는 달리 장시간 동안 지속되기 때문에 그것에 의해 유발되는 변동풍력은 위에서 언급한 것처럼 정상불규칙과정(stationary random process)으로 볼 수 있다. 따라서 스펙트럼모드해석에 기초한 확률론적 방법을 사용할 수 있다. 이 방법에서는 외력으로 일반화풍력 파워스펙트럼 $S_F(n)$을 사용하고, 진동수영역 해석에서 일반화풍력파워스펙트럼 $S_F(n)$를 진동수에 대해 적분하여 일반화변위 표준편차 σ_x를 구한다. σ_x가 구해지면 위에서 언급한 것처럼 가스트영향계수는 (5.6.5)식에 의해 손쉽게 구해진다.

스펙트럼모드해석으로부터 구한 풍응답은 수많은 시각력 응답해석 결과의 평균값에 해당하기 때문에 신뢰성이 높고, 간단한 식에 의하여 풍응답을 평가할 수 있는 장점이 있다. 그리하여 동적풍하중을 산정하는 방법으로 세계 각국의 기준에서 널리 사용하고 있다.

아래에 가스트영향계수 G_D를 산정하기 위해 알아야하는 스펙트럼모드해석에 기초한 확률론적방법의 기초이론과 그것에 의하여 평균응답, 동적응답(변동응답의 표준편차)를 평가하는 방법 및 진동모드가 선형모드가 아닌 경우의 모드보정방법에 대해 기술한다.

(2) 난류에 의한 건축구조물의 풍방향 응답의 평가

1) 풍방향 평균응답

고층건축구조물을 그림 5.6.3에 나타낸 것처럼 폭 B, 깊이 D, 높이 H인 사각형평면을 가진 선형연속체로 가정하자. 강풍이 불어 그림 5.6.3과 같이 진동하는 건축구조물의 풍방향 운동방정식은 다음 식과 같이 나타낼 수 있다.

$$m(z)\ddot{x}(z,t) + c(\dot{x}(z,t)) + k(x(z,t)) = \int_0^B f(y,z,t,x,\dot{x})dy \tag{5.6.6}$$

여기서, $x(z,t)$: 지상높이 z에서의 건축구조물의 변위 (m)

$m(z)$: 지상높이 z에서의 건축구조물의 단위길이 당 질량 (kg/m)

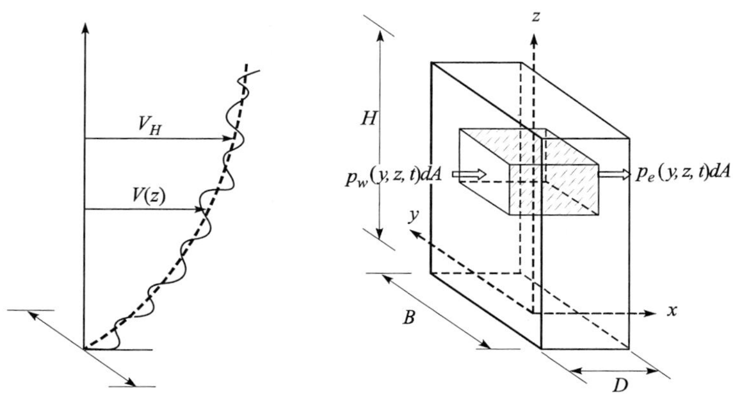

그림 5.6.3 다자유도 건축구조물의 풍방향 동적응답 평가모델

$c(\dot{x}(z,t))$: $x(\dot{z},t)$를 포함하는 선형작용요소(감쇠정수)

$k(x(z,t))$: $x(z,t)$를 포함하는 선형작용요소(스프링강성) (N/m)

B : 지상높이 z 에서의 건축구조물의 폭 (m)

$f(y,z,t,x,\dot{x})$: 지상높이 (y,z)점에 있어서 단위면적당 풍방향의 풍력 (N/m^2)

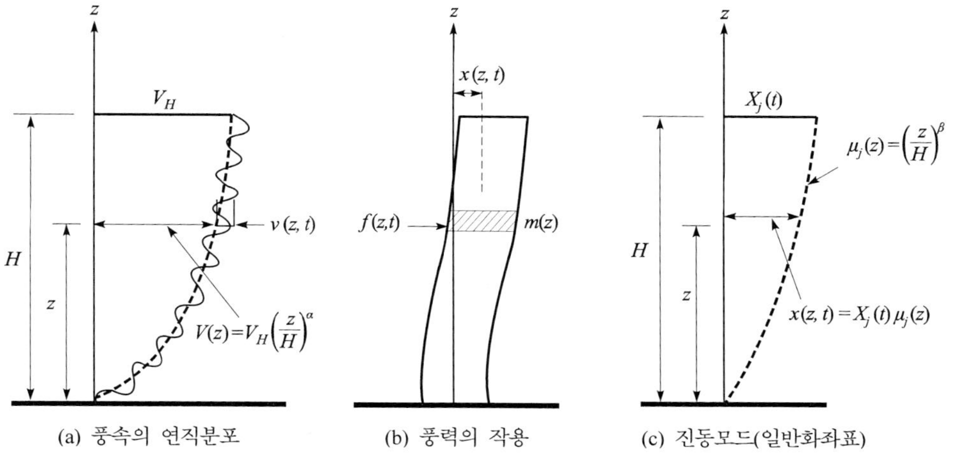

그림 5.6.4 강풍에 의해 진동하는 건축구조물

건축구조물 주변의 공기흐름은 건축구조물의 진동에 의해 영향을 받기 때문에 건축구조물에 작용하는 풍력 $f(y,z,t,x,\dot{x})$에는 건축구조물의 변위 x 및 속도 $\dot{x}$항을 포함한다.

강풍이 작용하는 계속시간은 건축구조물의 고유주기에 비하여 매우 길고, 이러한 강풍이 불 때 건축구조물의 진동은 정상상태에 있다고 가정할 수 있다. 정상상태에서는 건축구조물에 작용하는 풍속 $v(z,t)$, 풍력 $f(z,t,x,\dot{x})$ 및 건축구조물의 변위응답 $x(z,t)$는 그림 5.6.4에 개념적으로 나타낸 것처럼 각각 다음 식과 같이 평균성분과 변동성분의 합으로 나타낼 수 있다.

$$v(z,t)=\overline{v}(z)+v'(z,t) \tag{5.6.7}$$

$$f(y,z,t,x,\dot{x})=\overline{f}(y,z)+f'(y,z,t,x,\dot{x}) \tag{5.6.8}$$

$$x(z,t)=\overline{x}(z)+x'(z,t) \tag{5.6.9}$$

여기서, $\overline{v}(z)$, $v'(z,t)$: 각각 평균풍속, 변동풍속 (m/s)

$\overline{f}(y,z)$, $f'(y,z,t,x,\dot{x})$: 각각 평균풍력, 변동풍력 (N/m)

$\overline{x}(z)$, $x'(z,t)$: 각각 평균변위, 변동변위 (m)

(5.6.8)식, (5.6.9)식을 (5.6.6)식에 대입하여 양변에 시간평균을 취하면 다음식과 같이 평균변위 $\overline{x}(z)$의 산정식이 주어진다.

$$k[\overline{x}(z)] = \int_0^B \overline{f}(y,z)dy \tag{5.6.10}$$

평균변위 $\overline{x}(z)$는 평균풍하중에 의한 정적해석으로 구할 수 있다는 것을 나타낸다.

진동으로 발생하는 지상높이 z에서 건축구조물의 변위응답 $x(z,t)$는 그림 5.6.4(c)에 나타낸 것처럼 공간함수인 j차 진동모드 $\mu_j(z)$와 시간함수인 j차 진동모드에 대응하는 일반화변위 $X_j(t)$의 곱의 합으로 다음 식과 같이 가정한다.

$$x(z,t) = \sum_j X_j(t)\mu_j(z) \tag{5.6.11}$$

$$\mu_j(z) = \left(\frac{z}{H}\right)^{\beta} \tag{5.6.12}$$

평균변위의 높이방향분포 $\overline{x}(z)$는 시간에 의존하지 않으므로 (5.6.11)식의 관계를 이용하면 다음 식과 같이 나타낼 수 있고,

$$\overline{x}(z) = \sum_j \overline{X}_j \mu_j(z) \tag{5.6.13}$$

(5.6.13)식을 (5.6.10)식에 대입하면, 일반화평균변위 $\overline{X_j}$와 평균풍력 $\overline{f}(y,z)$의 사이에는 다음 관계식이 성립한다.

$$\sum_j k\left[\overline{X_j}\mu_j(z)\right] = \int_0^B \overline{f}(y,z)dy \tag{5.6.14}$$

여기서 n_j를 j차 고유진동수라고 하면, 정규모드의 성질로부터 $\omega_j = 2\pi n_j = \sqrt{k/m}$이므로

$$k[\mu_j(z)] = m(z)(2\pi n_j)^2\mu_j(z) \tag{5.6.15}$$

이 된다. (5.6.15)식을 (5.6.14)식에 대입하여 양변에 $\mu_i(z)$를 곱한 후 건축구조물의 높이 전체까지 적분하면 다음식이 주어진다.

$$\sum \overline{X_j}\int_0^H m(z)(2\pi n_j)^2\mu_j(z)\mu_i(z)dz = \int_0^H\int_0^B \overline{f}(y,z)\mu_i(z)dy\,dz \tag{5.6.16}$$

여기서 정규모드의 직교성으로부터 일반화질량 M_j는 다음 식과 같이 주어지므로,

$$M_j = \int_0^H m(z)\mu_j^2(z)dz \quad , \ i=j \tag{5.6.17}$$

j차 진동모드에 대응하는 일반화평균변위 $\overline{X}_j$ 는 (5.6.16)식과 (5.6.17)식으로부터 다음 식과 같이 주어진다.

$$\overline{X}_j = \frac{F_j}{K_j} \tag{5.6.18}$$

$$F_j = \int_0^H \int_0^B \overline{f}(y,z)\mu_j(z)dy\,dz \tag{5.6.19}$$

$$K_j = M_j \omega_j^2 = M_j(2\pi n_j)^2 \tag{5.6.20}$$

여기서, F_j : j차 진동모드의 일반화평균풍력 (N)

K_j : j차 진동모드의 일반화강성 (N/m)

장방형 건축구조물인 경우 풍방향의 풍력은 그림 5.6.3에 나타낸 것처럼 풍상면에 작용하는 풍압력과 풍하면에 작용하는 풍압력의 차로서 다음 식과 같이 주어진다.

$$f(y,z,t) = p_w(y,z,t) - p_e(y,z,t) \tag{5.6.21}$$

여기서, $p_w(y,z,t)$: 풍상면에 작용하는 풍압력 (N/m^2)

$p_l(y,z,t)$: 풍하면에 작용하는 풍압력 (N/m^2)

풍방향의 평균풍력 $\overline{f}(y,z)$는 풍압계수를 사용하여 나타내면 다음식과 같이 주어진다.

$$\overline{f}(y,z) = [C_{pw}(y,z) - C_{pl}(y,z)]\frac{1}{2}\rho\overline{v}(y,z)^2 \tag{5.6.22}$$

여기서, $C_{pw}(y,z)$: 풍상면 풍압계수

$C_{pl}(y,z)$: 풍하면 풍압계수

만약 건물폭이 일정하고 풍압계수가 높이에 따라 변하지 않는다면 $C_D = C_{pw} - C_{pl}$ 이 되고, j차 진동모드의 일반화평균변위 $\overline{X}_j$ 는 (5.6.18)식, (5.6.20)식으로부터 다음 식과 같이 주어진다.

$$\overline{X}_j = \frac{1}{K_j}\frac{1}{2}\rho C_D \int_0^H \int_0^B \overline{v}(y,z)^2 \mu_j(z)dydz \tag{5.6.23}$$

평균변위의 높이방향 분포에 해당하는 지상높이 z 에서의 평균변위 $\overline{x}(z)$ 는 (5.6.23)식의 일반화평균변위 $\overline{X}_j$ 가 주어지면 다음 식에 따라 구할 수 있다.

$$\overline{x}(z) = \overline{X}_j \mu_j(z) \tag{5.6.24}$$

예제 **고층건축구조물의 풍방향 평균변위 산정식의 일반화**

그림 5.6.3에 주어진 장방형 고층건축구조물의 높이 z에서의 평균변위 $\bar{x}(z)$의 산정식을 일반화할 수 있도록 구하라. 단, 평균풍속의 연직분포는 그림 5.6.4(a)와 같이 지수법칙 $V(z) = V(H)(z/H)^{\alpha}$에 따르고, 풍진동은 그림 5.6.3(c)와 같이 1차 진동모드가 지배적이어서 $\mu_1(z) = (z/H)$으로 가정한다.

► 풀이

(5.6.23)식을 사용하여 일반화평균변위 $\overline{X}_j$를 산정한다. 평균풍속의 연직분포는 그림 5.6.4(a)처럼 $V(z) = V(H)(z/H)^{\alpha}$인 지수법칙에 따르고, 풍진동은 그림 5.6.4(c)처럼 $\mu_1(z) = (z/H)$인 1차 진동모드로 볼 수 있으므로, 이것들을 (5.6.23)식에 대입하여 건물의 폭 B, 높이 H에 대해 적분하면 1차 진동모드에 대한 일반화평균변위 $\overline{X}_1$는 다음 식과 같이 구해진다.

$$\overline{X}_1 = \frac{1}{K_1}\frac{1}{2}\rho C_D \int_0^H \int_0^B V(H)^2 \left(\frac{z}{H}\right)^{2\alpha}\left(\frac{z}{H}\right)^{\beta} dy\,dz$$

$$= \frac{q_H C_D B H}{K_1}\frac{1}{2\alpha+\beta+1} \tag{5.6.25}$$

높이 z에서의 평균변위 $\bar{x}(z)$는 (5.6.24)식을 사용하면 다음 식과 같이 구해진다.

$$\bar{x}(z) = \frac{q_H C_D B H}{K_1}\frac{1}{2\alpha+\beta+1}\left(\frac{z}{H}\right)^{\beta} \tag{5.6.26}$$

여기서, α : 지표면의 상태에 따른 평균풍속의 연직분포지수

β : 진동모드형상으로 선형이면 1.0,

$q_H = \rho V(H)^2/2$: 건축구조물의 기준높이(최상높이) H에서의 속도압 (N/m^2)

2) 풍방향 동적응답

그림 5.6.3에 나타낸 일반적인 고층건축구조물의 풍방향 동적응답을 생각해보자. 건축구조물은 사각형평면을 가진 선형연속체이고, 건축구조물높이, 폭, 깊이가 각각 H, B, D이며, 풍향은 풍상면에 수직이고, 강풍을 받은 건축구조물은 탄성진동하며, 건축구조물의 진동변위 $x(z,t)$는 풍방향으로 (5.6.11)식에 의해 지배된다고 가정한다.

그림 5.6.3에서 사선부에 작용하는 단위면적당 변동풍력을 $f'(y,z,t)$, 풍상면에 작용하는 변동풍압을 $p'_w(y,z,t)$, 풍하면에 작용하는 변동풍압을 $p'_l(y,z,t)$라고 하면 변동풍력은 다음식과 같이 주어진다.

$$f'(y,z,t) = p'_w(y,z,t) - p'_l(y,z,t) \tag{5.6.27}$$

건축구조물 응답의 변동성분에 관한 운동방정식은 (5.6.8)식, (5.6.9)식에서 변동성분 $f'(y,z,t) = f(y,z,t) - \overline{f}(y,z)$ 와 $x'(z,t) = x(z,t) - \overline{x}(z)$ 만을 고려하면 다음 식과 같이 나타낼 수 있다.

$$m(z)\ddot{x}'(z,t) + c(\dot{x}'(z,t)) + k(x'(z,t)) = \int_0^B f'(y,z,t,x,\dot{x})dy \tag{5.6.28}$$

여기서, (5.6.11)식과 동일하게 선형연속체에서 지상높이 z에서 건축구조물의 변동변위 $x'(z,t)$는 공간함수인 j차 진동모드 $\mu_j(z)$와 시간함수인 j차 진동모드에 대응하는 일반화 변위 $X_j(t)$의 곱의 합으로 다음 식과 같이 나타낼 수 있다.

$$x'(z,t) = \sum_j X_j(t)\mu_j(z) \tag{5.6.29}$$

(5.6.29)식을 (5.6.28)식에 대입한 후 양변에 $\mu_j(z)$를 곱하여 건축구조물 전체높이에 대해 적분하면 풍력의 변동성분으로 인하여 건축구조물이 풍방향으로 진동할 때의 일반화변위 $X_j(t)$에 관한 운동방정식이 다음 식과 같이 주어진다.

$$M_j\ddot{X}_j(z,t) + C_j\dot{X}_j(z,t) + K_jX_j(z,t) = \int_0^H\int_0^B f'(y,z,t,x,\dot{x})\mu_j(z)dydz \tag{5.6.30}$$

여기서, M_j : j차모드의 일반화질량 (kg),

C_j : j차모드의 일반화감쇠 (kg/s)

K_j : j차모드의 일반화강성 (N/m)

정규모드의 직교성을 고려하면 M_i, C_i, K_i는 각각 다음 식과 같이 정의된다.

$$M_j = \int_0^H m(z)\mu_j^2(z)dz \tag{5.6.31}$$

$$C_j = \int_0^H c(z)\mu_j^2(z)dz \tag{5.6.32}$$

$$K_j = \int_0^H k((\mu_j(z))\mu_j(z)dz \tag{5.6.33}$$

한편, (5.6.30)식의 우변항인 변동풍력 $f'(y,z,t,x,\dot{x})$을 구성하는 성분 가운데 변위 x 및 속도 $\dot{x}$의 영향은 선형의 합으로 나타낼 수 있다고 가정하면, 우변 항은 다음 식과 같이 주어진다.

$$\int_0^H \int_0^B f'(y,z,t,x,\dot{x})\mu_j(z)dydz = \int_0^H \int_0^B f'(y,z,t)\mu_j(z)dydz + K_{a_j}X_j(t) + C_{a_j}\dot{X}_j(t)$$
$$= F_j(t) + K_{a_j}X_j(t) + C_{a_j}\dot{X}_j(t) \quad (5.6.34)$$

$$F_j(t) = \int_0^H \int_0^B f'(y,z,t)\mu_j(z)dydz \quad (5.6.35)$$

$$= \int_0^H \int_{-B/2}^{B/2} [p'_w(y,z,t) - p'_l(y,z,t)]\mu_j(z)dydz \quad (5.6.36)$$

여기서, K_{a_j} : 공기력강성계수 (N/m),

C_{a_j} : 공기력감쇠계수 (kg/s)

$F_j(t)$: j차 진동모드의 일반화풍력 (N)

$p'_w(y,z,t)$: 풍상면에 작용하는 변동풍압 (N/m^2)

$p'_l(y,z,t)$: 풍하면에 작용하는 변동풍압 (N/m^2)

(5.6.34)식의 우변의 2항 및 3항은 건축구조물의 진동의 영향으로 발생하는 부가공기력을 나타내고, 공기력강성(aerodynamic stiffness), 공기력감쇠(aerodynamic damping)라고 부른다. (5.6.34)식을 (5.6.30)식에 대입하고 (5.6.34)식의 2항 및 3항을 좌변으로 옮기면 강풍의 작용으로 건축구조물에 발생하는 풍방향 진동에 대한 운동방정식이 다음 식과 같이 주어진다.

$$M_j \ddot{X}_j(t) + (C_j - C_{a_j})\dot{X}_j(t) + (K_j - K_{a_j})X_j(t) = F_j(t) \quad (5.6.37)$$

(5.6.37)식에 주어진 것처럼 부가공기력은 건축구조물의 강성 및 감쇠에 영향을 미친다. 감쇠항에 부가된 공기력은 건축구조물의 진동에 큰 영향을 미치고, 공기력감쇠계수 C_{a_j}가 정(+)인 경우에는 진동계의 감쇠가 감소하여 건축구조물이 심하게 진동한다. 특히 $C_j - C_{a_j}$가 부(−)의 값을 가지면 진동계는 부감쇠가 되고 외력이 없더라도 스스로 진동진폭이 증가한다. 이러한 현상을 공기력불안정진동(aerodynamic instability vibration)이라 하며, 경우에 따라서는 진폭이 발산적으로 증가하여 발산진동(divergent vibration)에 이를 위험성도 있다. KDS 2022 본문의 '*5.1.4 특별풍하중 ① 나. 와류진동, 공기력불안정진동*'에서는 형상비 $H/\sqrt{BD}$가 4.0 이하인 사각형 평면인 건축구조물에 대해서는 풍동실험결과에 기초하여 공기력불안정진동이 발생할 우려가 있는 한계풍속을 KDS 2022의 본문 *표 5.1-1*에 제시하고 있고, 형상비 $H/\sqrt{BD}$가 4.0 이상인 경우에는 풍동실험을 실시하여 공기력불안

정진동을 검토하고 이들에 의해 발생하는 동적인 영향을 고려하여 풍하중을 산정하도록 하고 있다. 그러나 KDS 2022의 본문 *표 5.1-1*에 규정하고 있는 한계풍속(critical wind speed)보다도 낮은 풍속에서는 C_{a_j}가 부(공기력정감쇠)의 값을 가지기 때문에 공기력감쇠의 영향을 고려하지 않아도 된다. 일반적으로 공기력불안정진동이 발생할 가능성이 있는 건축구조물로는 '*5.1.4 특별풍하중*'에서 언급한 것처럼 경량이고 저감쇠비이며, 세장하고 유연한 건축구조물인 초고층건축구조물, 굴뚝, 기념비, 관광타워, 기계식주차장 등과 구조부재로서 스페이스프레임의 부재 등을 들 수 있다.

(5.6.37)식에서 공기력강성계수 K_{a_j}과 공기력감쇠계수 C_{a_j}를 무시하면, (5.6.37)식은 불규칙외력 $f'(t)$를 받는 1질점계 운동방정식과 같은 형태를 가진다. 변동풍력 $f'(t)$가 시간적 공간적으로 불규칙하게 작용하므로 변동변위 $x'(t)$도 불규칙변동이 되기 때문에 시간영역에서 응답을 구하는 것이 쉽지 않다. 푸리에변환수법을 응용하여 진동수영역에서 응답의 표준편차를 구하면 편리하다. 푸리에변환수법에 대한 자세한 설명은 생략하고 Winer-Khintchine의 공식에 의해 자기상관함수를 푸리에변환하여 파워스펙트럼밀도를 얻고, 그것을 진동수영역에서 적분하여 변동변위의 표준편차를 구하는 방법을 기술한다.

일반화풍력 $F_j(t)$, 일반화변위 $X_j(t)$가 정상불규칙과정이고 건축구조물이 탄성적으로 진동한다고 가정하면, 일반화변위 파워스펙트럼밀도 $S_{X_j}(n)$는 일반화풍력 파워스펙트럼밀도 $S_{F_j}(n)$에 기계적어드미턴스(진동수전달함수) $|H_j(n)|^2$ 를 곱하여 구하며 다음식과 같이 주어진다.

$$S_{X_j}(n) = \frac{1}{K_j^2}|H_j(n)|^2 S_{F_j}(n) \tag{5.6.38}$$

$$|H_j(n)|^2 = \frac{1}{\left[\left\{1-\left(\frac{n}{n_j}\right)^2\right\}^2 + \left\{2\zeta_j\left(\frac{n}{n_j}\right)\right\}^2\right]} \tag{5.6.39}$$

여기서, n : 외력의 진동수 (Hz)

n_j : 건축구조물의 j차 고유진동수 (Hz)

ζ_j : 건축구조물의 j차 감쇠비

K_j : 건축구조물의 j차 일반화강성 (N/m)

변동풍력의 파워스펙트럼밀도 $S_{f_j}(n)$는 Winer-Khintchine의 공식에 의해 자기상관함수 $R_{f_j}(\tau)$의 푸리에변환으로 주어진다.

$$S_{f_j}(n) = 2\int_{\infty}^{\infty} R_{f_j}(\tau)\, e^{-i2\pi n\tau} d\tau \qquad (5.6.40)$$

여기서, $R_{f_j}(\tau) = \overline{f_j{}'(t) f_j{}'(t+\tau)}$: 변동풍력의 자기상관함수

따라서 일반화풍력 파워스펙트럼밀도 $S_{F_j}(n)$ 는 (5.6.36)식을 (5.6.40)식에 대입하면 다음 식으로 나타낼 수 있다.

$$S_{F_j}(n) = \int_0^H \int_0^H \int_{-B/2}^{B/2} \int_{-B/2}^{B/2} S_{ff}(n, y_1, y_2, z_1, z_2)\mu_j(z_1)\mu_i(z_2)\, dy_1 dy_2 dz_1 dz_2 \qquad (5.6.41)$$

여기서, $S_f(n, y_1, y_2, z_1, z_2)$는 점 (y_1, z_1)에 작용하는 변동풍력 $f(t, y_1, z_1)$와 점 (y_2, z_2)에 작용하는 변동풍력 $f(t, y_2, z_2)$의 크로스스펙트럼밀도(cross spectral density)로써 다음 식과 같이 주어진다.

$$S_{ff}(n, y_1, y_2, z_1, z_2) = 2\int_{-\infty}^{\infty} \overline{f'(t, y_1, z_1) f'(t+\tau, y_2, z_2)}\, e^{-i2\pi n\tau} d\tau \qquad (5.6.42)$$

그런데 사각형단면인 건축구조물인 경우 (y, z)점에 작용하는 풍방향 풍력변동은 (5.6.27)식처럼 풍상면의 변동풍압과 풍하면 변동풍압의 차, 즉 $f'(y, z, t) = p_w'(y, z, t) - p_l'(y, z, t)$이므로 풍력변동의 파워스펙트럼밀도 $S_f(n, y, z)$ 는 다음 식과 같이 나타낼 수 있다.

$$S_f(n, y, z) = S_{pw}(n, y, z) - 2S_{pwl}(n, y, z) + S_{pl}(n, y, z) \qquad (5.6.43)$$

여기서, $S_{pw}(n, y, z)$: 풍상면 변동풍압 $p'_w(t, y, z)$의 파워스펙트럼밀도

$S_{pl}(n, y, z)$: 풍상면 변동풍압 $p'_l(t, y, z)$ 의 파워스펙트럼밀도

$S_{pwl}(n, y, z)$: 풍상면의 변동풍압 $p'_w(t, y, z)$와 풍하면의 변동풍압 $p'_l(t, y, z)$의 크로스스펙트럼밀도의 실수부(co-spectral density)

풍상면의 변동풍압 $p'_w(y, z, t)$ 및 풍하면의 변동풍압 $p'_l(y, z, t)$과 변동풍속 $v'(z, t)$ 사이에 준정상가정(quasi-steady assumption)이 성립하여 선형관계가 된다고 가정하면, 변동풍력 $f'(y, z, t)$와 변동풍력의 파워스펙트럼밀도 $S_f(n, y, z)$은 각각 다음식과 같이 나타낼 수 있다.

$$f'(y, z, t) = Cv'(z, t) = C_D \rho \bar{v}(z) v'(z, t) \qquad (5.6.44)$$

$$S_f(n, y, z) = C^2 S_v(n, z) = \left[C_D \rho \bar{v}(z)\right]^2 S_v(n, z) \qquad (5.6.45)$$

여기서, C : 상수

C_D : 풍방향 풍력계수로 $C_D = C_{pw} - C_{pl}$

$\overline{v}$: 평균풍속 (m/s)

그런데, (5.6.45)식에서 변동풍속 $v'(y,z,t)$가 주기적일 때, 즉 $v'(y,z,t) = v_0 \sin(2\pi nt)$와 같이 진동수 n인 정현파 형태로 건축구조물에 작용하더라도, 일반적으로 (5.6.22)식의 평균풍력 $\overline{f}(y,z)$는 진동수 $n=0$인 일양류 중에 있을 때와는 다른 값을 가질 것이다. 이 때 변동풍력 $f'(y,z,t)$는 다음 식과 같이 나타낼 수 있다.

$$f'(y,z,t) = 2\overline{f}(y,z)\left[\frac{C_D(n)}{C_D(0)}\right]\frac{v'(y,z,t)}{\overline{v}(y,z)} = 2\overline{f}(y,z)|\chi_p(n)|\frac{v'(y,z,t)}{\overline{v}(y,z)} \tag{5.6.46}$$

여기서, $C_D(nB/\overline{v})$: 진동수 n에 대응하는 풍력계수

$C_D(0)$: 진동수 $n=0$인 일양류에서의 풍력계수

$|\chi_p(n)|$: $|\chi_p(n)| = C_D(nB/\overline{v})/C_D(0)$ 로서 입력인 변동풍속 $v'(y,z,t)$과 출력인 변동풍력 $f'(y,z,t)$의 사이를 관련짓는 전달함수이고, $|\chi_p(n)|$의 2승을 공기력어드미턴스(aerodynamic admittance)라고 함. 풍속−풍압력어드미턴스라고도함

따라서, (5.6.45)식의 변동풍력의 파워스펙트럼밀도 $S_f(n,y,z)$를 구성하는 풍상면 변동풍압의 파워스펙트럼밀도 $S_{pw}(n,y,z)$, 풍하면의 변동풍압의 파워스펙트럼밀도 $S_{pl}(n,y,z)$, 풍상면과 풍하면 변동풍압의 크로스스펙트럼밀도 $S_{pwl}(n,y,z)$는 공기력어드미턴스 $|\chi_p(n)|$ 를 고려하여 각각 다음 식과 같이 주어진다.

$$S_{pw}(n,y,z) = \left[C_{pw}\rho\overline{v}(z)\right]^2|\chi_{pw}(n)|^2 S_v(n,y,z) \tag{5.6.47}$$

$$S_{pl}(n,y,z) = \left[C_{pl}\rho\overline{v}(z)\right]^2|\chi_{pl}(n)|^2 S_v(n,y,z) \tag{5.6.48}$$

$$S_{pwl}(n,y,z) = C_{pw}C_{pl}\rho^2\overline{v}(z)^2|\chi_{pw}(n)||\chi_{pl}(n)|R_{pwl}(n,y,z) \cdot S_v(n,y,z) \tag{5.6.49}$$

여기서, C_{pw}, C_{pl} : 풍상면, 풍하면의 평균풍압계수

ρ : 공기밀도

$\overline{v}(z)$: 높이 z에 있어서의 평균풍속

$S_v(n,y,z)$: 변동풍속의 파워스펙트럼밀도

$|\chi_{pw}(n)|^2, |\chi_{pl}(n)|^2$: 풍상면, 풍하면의 풍속−풍압어드미턴스

$R_{pwl}(n,y,z)$: 풍상면의 변동풍압과 풍하면의 변동풍압의 코코히런스

(5.6.47)식~(5.6.49)식을 (5.6.43)식에 대입하고, 풍압계수 및 풍속–풍압 어드미턴스가 높이방향으로는 일정한 것으로 가정하여 $|\chi_{pw}(n)|=|\chi_{pl}(n)|=|\chi_p(n)|$로 하면, 변동풍력 $f'(y,z,t)$의 파워스펙트럼밀도 $S_f(n,y,z)$, 점 (y_1,z_1)에 작용하는 변동풍력 $f'(y_1,z_1,t)$과 점 (y_2,z_2)에 작용하는 변동풍력 $f'(y_2,z_2,t)$의 크로스스펙트럼밀도 $S_{ff}(n,y_1,y_2,z_1,z_2)$는 각각 다음 식과 같이 나타낼 수 있다.

$$S_f(n,y,z)= \rho^2 \bar{v}(z)^2 \left[C_{pw}^2 - 2R_{pwl}(n,y,z)C_{pw}C_{pl} + C_{pl}^2 \right] |\chi_p(n)|^2 S_v(n,y,z) \quad (5.6.50)$$

$$S_{ff}(n,y_1,y_2,z_1,z_2)= \rho^2 \bar{v}(z_1)\bar{v}(z_2) \left[C_{pw}^2 - 2R_{pwl}(n,y,z)C_{pw}C_{pl} + C_{pl}^2 \right] \cdot |\chi_p(n)|^2 R_v(n,y_1,y_2,z_1,z_2) \sqrt{S_v(n,y_1,z_1)S_v(n,y_2,z_2)} \quad (5.6.51)$$

여기서, $R_v(n,y_1,y_2,z_1,z_2)$: 점 (y_1,z_1)과 점 (y_2,z_2) 면 내 변동풍속의 코코히런스

(5.6.50)식, (5.6.51)식의 우변을 구성하는 요소 가운데 풍속–풍압 어드미턴스(공기력어드미턴스) $|\chi_p(n)|^2$는 변동풍속에 의해 발생하는 변동풍력(공기력)의 준정상 가정을 일반화시킨 것으로 변동풍속이 변동풍력(공기력)으로 변환될 때 발생하는 위상차를 고려한 것이다. 이것은 해석적으로 결정하기가 어렵다. 그리하여 통상적으로 풍동실험 등에 의해 구한 경험식을 사용한다.[2)]

$$|\chi_p(n)|^2 = \frac{1}{\left[1+20\left(\frac{nB}{\overline{V}}\right)^2\right]^{2/3}} \quad (5.6.52)$$

여기서, A : 풍향에 수직인 수압면적 (m^2)

$\overline{V}$: 평균풍속 (m/s)

그림 5.6.5는 (5.6.52)식의 Kawai 제안식을 실험데이터와 함께 나타낸 것이다. 저진동수에서 $|\chi_p(n)|^2 \approx 1$, 고진동수에서 $|\chi_p(n)|^2 \ll 1$이 되는 실제 현상, 즉 장주기의 느린 풍속변동은 그대로 풍압변동으로 전달되나 단주기의 빠른 풍속변동은 풍압변동으로 전달되기 전에 없어지는 현상을 잘 나타낸다. 무차원진동수 $nB/\overline{V}$=0.1을 기점으로 그 이상이 되면 $|\chi_p(n)|^2$ 가 1 이하로 급격하게 줄어든다.

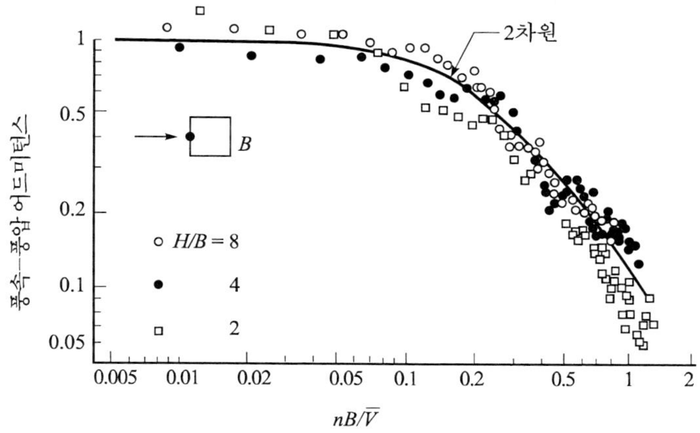

그림 5.6.5 풍속–풍압어드미턴스[2)]

(5.6.51)식의 우변을 구성하는 요소 가운데 흐름방향인 풍상면과 풍하면 사이에서 발생하는 변동풍압의 상관의 저하를 진동수영역에서 나타내는 코코히런스 $R_{pwl}(n,y,z)$은 점 (y_1,z_1)과 점 (y_2,z_2)이 동일한 풍상면 또는 풍하면인 경우에는 $R_{pwl}(n,y,z)\approx 1$로 하고, 점 (y_1,z_1)이 풍상면이고 점 (y_2,z_2)이 풍하면인 경우에는 다음 식과 같이 주어진다.[3)]

$$R_{pwl}(n,y,z)=\frac{1}{\eta}-\frac{1}{2\eta^2}\left(1-e^{-2\eta}\right) \tag{5.6.53}$$

여기서, $\eta=\dfrac{15.4\,n\Delta l}{V(2H/3)}$

Δl : 건물폭 B, 건물깊이 D, 건물높이 H 중 최소값

$V(2H/3)$; 건물높이 2/3에서의 평균풍속 (m/s)

(5.6.51)식의 우변을 구성하는 요소 가운데 상이한 2점 (y_1,z_1)과 (y_2,z_2) 사이의 풍속변동의 공간적인 상관 정도를 진동수마다 나타낸 코코히런스 $R_v(n,y_1,y_2,z_1,z_2)$는 다음 식과 같이 주어진다.[4)]

$$R_v(n,y_1,y_2,z_1,z_2)=\exp\left[-\sqrt{\left(k_y\frac{n|y_1-y_2|}{V(H)}\right)^2+\left(k_z\frac{n|z_1-z_2|}{V(H)}\right)^2}\right]$$
$$\cong\exp\left[-\epsilon k_y\frac{n|y_1-y_2|}{V(H)}\right]\cdot\exp\left[-\epsilon k_z\frac{n|z_1-z_2|}{V(H)}\right] \tag{5.6.54}$$

여기서, ϵk_y, ϵk_z : 수평방향, 수직방향 상관의 저감정도를 나타내는 계수로

$\epsilon k_y=6\sim 10$, $\epsilon k_z=4\sim 10$ 정도의 값임

$|y_1 - y_2|$, $|z_1 - z_2|$: 수평방향, 수직방향으로 떨어진 2지점간의 거리,

(5.6.53)식의 $R_v(n, y_1, y_2, z_1, z_2)$ 은 지진의 경우에는 각 질점에 작용하는 외력이 모두 지반진동에 의해 발생하기 때문에 각 질점에 작용하는 외력변동은 동일한 성질을 나타낸다. 그러나 바람의 경우 어떤 순간의 풍속은 장소에 따라 다르고 각 질점에 작용하는 풍력변동은 서로 다른 성질을 나타낸다.

따라서, 고층건축구조물에 대한 일반화풍력 파워스펙트럼밀도 $S_{F_j}(n)$ 는 (5.6.41)식을 (5.6.51)식를 사용하여 고쳐 쓰면 다음 식과 같이 주어진다.

$$S_{F_j}(n) = \rho^2 \int_0^H \int_0^H \int_{-\frac{B}{2}}^{\frac{B}{2}} \int_{-\frac{B}{2}}^{\frac{B}{2}} \bar{v}(z_1)\bar{v}(z_2) \left[C_{pw}^2 - 2R_{pwl}(n,y,z) C_{pw} C_{pl} + C_{pl}^2 \right] |\chi_p(n)|^2$$

$$\bullet\ R_v(n, y_1, y_2, z_1, z_2) \sqrt{S_v(n, y_1, z_1) S_v(n, y_2, z_2)}\, \mu_j(z_1) \mu_i(z_2)\, dy_1 dy_2 dz_1 dz_2 \tag{5.6.55}$$

(5.6.55)식에서 일반화풍력 파워스펙트럼밀도 $S_{F_j}(n)$ 에는 풍속변동의 파워스펙트럼밀도 $S_v(n)$, 풍압계수 C_p, 평균풍속의 연직분포 $V(z)$, 건축구조물의 진동모드 $\mu(z)$, 풍속–풍압어드미턴스 $|\chi_p(n)|^2$ 및 풍속변동의 코코히런스 $R_v(n, y_1, y_2, z_1, z_2)$ 가 관계한다. 그러므로 이들 값을 알면 (5.6.55)식을 사용하여 구할 수 있다.

(5.6.55)식에 의해 일반화풍력 파워스펙트럼밀도 $S_{F_j}(n)$ 가 구해지면, 이것을 식(5.6.38)식에 대입하여 일반화변위 파워스펙트럼밀도 $S_{X_j}(n)$ 을 구할 수 있고, j차 진동모드에 대응하는 일반화변위 X_j 의 분산 $\sigma_{X_j}^2$ 는 (5.6.38)식로 주어지는 일반화변위 파워스펙트럼밀도 $S_{X_j}(n)$ 를 전진동수영역에 대해 적분함으로써 다음 식과 같이 구할 수 있다.

$$\sigma_{X_j}{}^2 = \int_0^\infty S_{X_j}(n) dn = \frac{1}{K_j^2} \int_0^\infty |H_j(n)|^2 S_{F_j}(n) dn \tag{5.6.56}$$

이 해석방법은 실제에 작용하는 변동풍력 대신 변동풍속의 특성을 진동수영역에서 조사함으로써 응답을 추정하고 있다.

그림 5.6.6은 (5.6.56)식을 구성하는 $S_x(n) = S_F(n)|H(n)|^2$ 을 개념적으로 나타낸 것이다. 감쇠비 ζ_j의 값이 작을 경우에는 (5.6.56)식의 구성성분 가운데 (5.6.39)식으로 주어지는 기계적어드미턴스 $|H_j(n)|^2$ 의 값이 진동수 n의 크기에 따라 그림 5.6.5(b)에 나타낸 것처럼 $n < n_1$ 일 때 $|H_j(n)|^2 \approx 1$ 이고, $n \approx n_1$ 일 때 $|H_j(n)|^2 \gg 1$ 이며, $n > n_1$ 일 때

$|H_j(n)|^2 \approx 0$ 가 되는 특성을 나타낸다. 따라서 이 특성을 고려하면 (5.6.56)식의 적분은 그림 5.6.5(c)에 나타낸 것처럼 흐름의 저진동수성분에 의한 진동응답에의 기여를 나타내는 준정적성분인 수평변위의 비공진성분(background excitation factor)의 분산 A_B와 흐름에 포함된 건축구조물과 동일한 진동수성분에 의한 응답에의 기여 즉 공진효과에 의한 증대를 의미하는 수평변위의 공진성분(resonant factor)의 분산 A_R로 나눌 수 있고, 일반화 변위의 분산 $\sigma^2_{X_j}$는 근사적으로 다음식과 같이 주어진다.

$$
\begin{aligned}
\sigma^2_{X_j} &= \frac{1}{K_j^2}\left[A_{B_j} + A_{R_j}\right] \\
&\approx \frac{1}{K_j^2}\left[\int_0^\infty S_{F_j}(n)dn + S_{F_j}(n_1)\int_0^\infty |H_j(n)|^2 dn\right] \\
&\approx \frac{1}{K_j^2}\left[\int_0^\infty S_{F_j}(n)dn + S_{F_j}(n_1)\frac{\pi n_j}{4\zeta_j}\right]
\end{aligned}
\tag{5.6.57}
$$

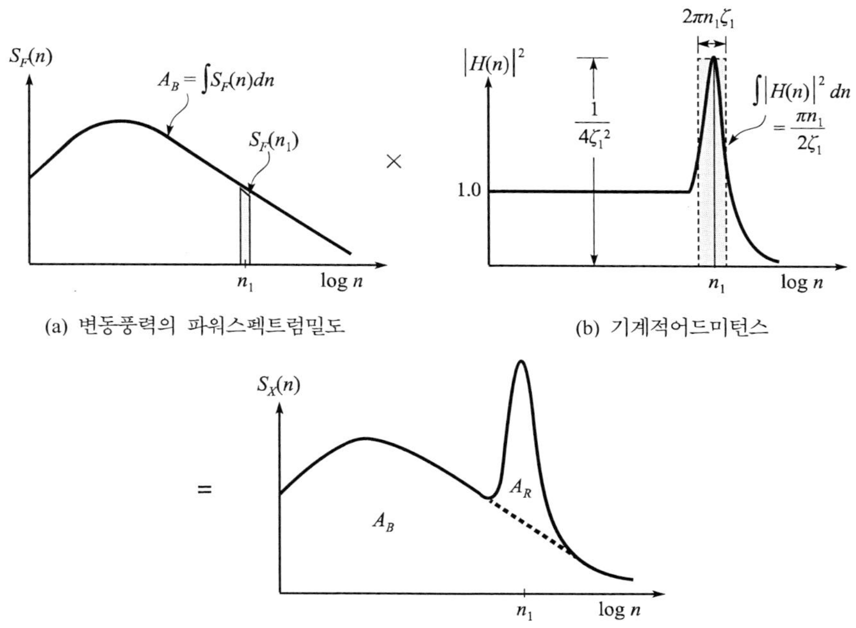

(a) 변동풍력의 파워스펙트럼밀도 (b) 기계적어드미턴스

(c) 변동변위의 파워스펙트럼밀도

그림 5.6.6 응답의 비공진성분과 공진성분[5)]

$$A_{B_j} = \int_0^{\infty} S_{F_j}(n)dn \tag{5.6.58}$$

$$A_{R_j} = S_{F_j}(n_j)\frac{\pi n_j}{4\zeta_j} \tag{5.6.59}$$

여기서, K_j : j차 진동모드에 대응한 건축구조물의 일반화강성 (N/m)

$S_{F_j}(n)$: j차 진동모드에 대응한 일반화풍력 파워스펙트럼밀도로 (5.6.55)식으로 주어짐

ζ_j : j차 진동모드의 감쇠비

n_j : j차 진동모드의 고유진동수 (Hz)

(5.6.56)식에 의해 j차 진동모드에 대응하는 일반화변위의 분산 $\sigma_{X_j}^2$가 구해지면, 변동변위의 높이방향 분포에 해당하는 높이 z 위치에서의 j차 진동모드에 대응하는 변동변위의 분산 $\sigma_{x_j}^2(z)$는 진동모드 $\mu_j(z)$를 고려하여 다음 식으로 주어진다.

$$\sigma_{x_j}^2(z) = \sigma_{X_j}^2 \mu_j^2(z) = \frac{\mu_j^2(z)}{K_j^2}\left(A_{B_j} + A_{R_j}\right) \tag{5.6.60}$$

여기서, $\mu_j(z)$: j차 진동모드

만약, 공진성분이 비공진성분에 비하여 월등하게 크고, 각 차 진동모드의 고유진동수가 충분하게 떨어져 있는 경우에는 진동모드 사이의 상관이 작다. 따라서 고차 진동모드를 고려한 변동변위의 분산 $\sigma_x^2(z)$를 구하고자 할 경우에는 각 진동모드의 기여 분을 합한 다음 식을 사용하면 된다.

$$\sigma_x^2(z) = \sum_j \sigma_{x_j}^2(z) = \sum_j \sigma_{X_j}^2 \mu_j^2(z) = \sum_j \frac{\mu_j^2(z)}{K_j^2}\left(A_{B_j} + A_{R_j}\right) \tag{5.6.61}$$

그러므로 일반화풍력 파워스펙트럼밀도 $S_{F_j}(n)$를 알면 변동변위의 분산 $\sigma_x^2(z)$를 구할 수 있다.

3) 피크팩트와 풍방향 최대응답

강풍에 의한 건축구조물의 응답은 정상불규칙과정으로 가정할 수 있기 때문에 변동응답의 표준편차에 대한 최대값의 기댓값의 비인 피크팩터 g_j는 다음 식과 같이 나타낼 수 있다.[6)]

$$g_j = \frac{\hat{x'}_j}{\sigma_{x_j}} = \sqrt{2\ln(\nu_j T)} + \frac{0.577}{\sqrt{2\ln(\nu_j T)}} \approx \sqrt{2\ln(\nu_j T) + 1.2} \tag{5.6.62}$$

$$\nu_j = \sqrt{\int_0^\infty n^2 S_{X_j}(n) dn \Big/ \int_0^\infty S_{X_j}(n)\, dn} \tag{5.6.63}$$

여기서, $\hat{x'}_j$: j차 진동모드에 대응한 최대변동변위의 기댓값 (m)

σ_{x_j} : j차 진동모드에 대응한 변동변위 표준편차 (m), 식 (6.1.49)의 값

T : 평가시간 (600초)

ν_j : 변동응답 파형이 0을 부에서 정으로 가로지르는 단위시간당 횟수 (Hz)

n : 진동수 (Hz)

$S_{X_j}(n)$: j차 진동모드에 대응한 일반화변위 X_j의 파워스펙트럼밀도

건축구조물의 지상높이 z에서 발생하는 변동변위의 최대값 $\hat{x'}(z)$은 (5.6.62)식의 피크팩터 g_i와 (5.6.61)식의 변동변위의 표준편차$\sigma_x(z)$를 사용하여 다음 식과 같이 나타낼 수 있다.

$$\hat{x'}(z) = g_j \sigma_x(z) = g_j \sqrt{\sum_j \frac{\mu_j^2(z)}{K_j^2} \left(A_{B_j} + A_{R_j}\right)} \tag{5.6.64}$$

여기서, A_{B_j} : j차 진동모드에 대응한 변동변위의 비공진성분의 분산 (m^2)

A_{R_j} : j차 진동모드에 대응한 변동변위의 공진성분의 분산 (m^2)

따라서 변위응답의 최대값 $\hat{x}(z)$은 평균변위 $\bar{x}(z)$와 변동변위의 최대값 $\hat{x'}(z)$의 합으로 다음 식과 같이 주어진다.

$$\begin{aligned} \hat{x}(z) &= \bar{x}(z) + \hat{x'}(z) \\ &= \bar{x}(z) + g_j \sigma_x(z) = \bar{x}(z) + g_j \sqrt{\sum_j \frac{\mu_j^2(z)}{K_j^2} \left(A_{B_j} + A_{R_j}\right)} \end{aligned} \tag{5.6.65}$$

대상 건축구조물이 고층이고 감쇠비가 매우 작은 경우에는 (5.6.63)의 레벨크롯싱수 ν_j 대신 고유진동수 n_1를 사용할 수 있고, 변위응답에 대한 피크팩터 g_1는 다음 식과 같이 근사할 수 있다.

$$g_1 = \sqrt{2\ln(n_1 T)} + \frac{0.577}{\sqrt{2\ln(n_1 T)}} \tag{5.6.66}$$

KDS 2022의 본문 *그림 5.6-1*은 (5.6.66)식을 이용하여 $\nu T \approx n_1 T$에 따른 피크팩터의 변화를 나타낸 것이다. 일반적으로 풍속의 평가시간이 10분~1시간 정도이면 피크팩터는 3~4 사이의 값을 가진다.

그림 5.6.1에 나타낸 것처럼 건축구조물의 고유진동수는 대개 풍속변동의 탁월진동수에 비하여 매우 크기 때문에 2차 이상의 고차진동의 영향은 극히 미약하다. 따라서 초고층건축구조물을 제외한 대부분의 건축구조물의 경우에는 2차 이상의 고차진동모드의 영향이 매우 작기 때문에 2차 이상의 고차진동모드는 생략하고 1차 진동모드만을 고려하여 하고 있다. 일반적인 건축구조물에 대한 응답변위의 최대값 $\hat{x}(z)$은 다음 식과 같이 주어진다.

$$\hat{x}(z) = \overline{x}(z) + g_1 \sigma_x(z) = \overline{x}(z) + g_1 \sqrt{\frac{\mu_1^2(z)}{K_1^2}\left(A_{B_1} + A_{R_1}\right)} \tag{5.6.67}$$

여기서, g_1 : 1차 진동모드에 의한 응답변위의 피크팩터

$\mu_1(z)$; 1차 진동모드형

A_{B1} : 1차 진동모드에 의한 응답변위의 비공진성분

A_{R1} : 1차 진동모드에 의한 응답변위의 공진성분

예제 | 건축구조물 최상층에서 발생하는 변동변위 표준편차 및 최대변위 산정식의 일반화

그림 5.6.3에 주어진 폭 B, 깊이 D, 높이 H인 장방형 고층건축구조물에 변동풍속 $v'(y,z,t)$가 작용할 때 건축구조물의 최상층에서 발생하는 변동변위의 표준편차 $\sigma_x(H)$, 최대변위 $\hat{x}(H)$의 산정식을 일반화할 수 있도록 구하라.

단, 건축구조물의 동적 응답을 구하기위해 필요한 바람의 특성 및 건축구조물의 구조적 특성 및 바람의 특성과 관련된 요소들은 아래와 같은 조건을 가지는 것으로 가정한다.

① 지상높이 z에서 건축구조물에 접근하는 바람의 평균풍속 $V(z)$및 난류적분스케일 $L(z)$는 각각 다음 식과 같이 나타낼 수 있는 것으로 한다.

$$V(z) = V_R\left(\frac{z}{z_R}\right)^\alpha \tag{5.6.68}$$

$$V_R = V_H\left(\frac{z_R}{H}\right)^\alpha \tag{5.6.69}$$

$$L(z) = 100\left(\frac{z}{30}\right)^\alpha \tag{5.6.70}$$

여기서, V_R : 대표높이 z_R(m)에서의 평균풍속 (m/s)

V_R : 건축구조물높이 H (m)에서의 평균풍속 (m/s)

α : 평균풍속의 연직분포형상을 나타내는 지수

변동풍속의 파워스펙트럼밀도 $S_v(n,y,z)$는 카르만형(Karman type)으로 다음 식과 같이 주어지고, 공간적으로 변하지 않는 것으로 한다.

$$S_v(n,y,z) = S_{vR}(n) = \frac{4\sigma_v^2\left\{\dfrac{nL(z)}{V(z)}\right\}}{n\left[1+70.8\left\{\dfrac{nL(z)}{V(z)}\right\}^2\right]^{5/6}} \tag{5.6.71}$$

또한, 변동풍속의 표준편차 $\sigma_v(y,z)$ 가 공간적으로 변하지 않고 일정하여 난류강도 ${}_vI(y,z)$ 도 공간적으로 일정한 것으로 한다.

$$I_v(y,z) = \frac{\sigma_v(y,z)}{V_R} = \frac{\sigma_{vR}}{V_R} = I_R \tag{5.6.72}$$

② 풍압변동은 풍속변동의 선형함수로 다음 식과 같이 주어지고, 풍속-풍압어드미턴스가 높이 방향으로 일정한 것으로 가정하여 $|\chi_{pw}(n)| = |\chi_{pl}(n)| = 1$로 한다. 즉, 와류의 변형에 의한 영향을 무시하여 건축구조물의 각 높이에서 평균풍속 및 변동풍속의 각 진동수성분의 에너지는 풍압의 형태로 되더라도 변하지 않는다.

$$p'(y,z,t) = C_p \rho V_H |\chi_p(n)| v'(y,z,t) \tag{5.6.73}$$

여기서, $p'(y,z,t)$: 높이 z (m), 수평방향 y (m), 시간 t에 대응한 풍압변동 (N/m^2)

C_p : 풍압계수

ρ : 공기밀도로 1.225 kg/m^{3}으로 한다

V_R : 기준높이 z_R (m)에서의 평균풍속 (m/s)

$v'(y,z,t)$: 높이 z (m), 수평방향 y (m), 시간 t에 대응한 풍속변동 (m/s)

건축구조물의 (y,z) 점에 작용하는 변동풍력 $f'(y,z,t)$ 는 풍상면과 풍하면에 작용하는 변동풍압의 차로 하고, 그 위치에서의 변동풍속 $v'(y,z,t)$ 에 비례하는 것으로 가정하여 다음 식으로 한다.

$$f'(y,z,t) = p'_w(y,z,t) - p'_l(y,z,t) = \rho C_D^* \overline{V}(H)\, v'(y,z,t) \tag{5.6.74}$$

여기서, C_D^*는 변동풍속을 변동풍력에 관련지우는 계수로써 풍상면과 풍하면에 작용하는 변동풍력이 상관이 없는 것으로 가정하여 다음 식으로 한다.[7)]

$$C_D^* = \sqrt{C_{pw}^2 - 2R_{pwl}(n,y,z)C_{pw}C_{pl} + C_{pl}^2}$$

$$\cong 0.75\, C_D\left(\frac{H}{z}\right)^{\alpha} \tag{5.6.75}$$

여기서, C_D : 평균풍력계수, $C_D = C_{pw} - C_{pl}$ 또는 $C_D = 1.2(z/H)^{2\alpha}$

C_{pw} : 풍상면 풍압계수, $C_{pw} = 0.8(z/H)^{2\alpha}$

C_{pl} : 풍하면 풍압계수, $C_{pl}=-0.4$

$R_{pwl}(n,y,z)$: 풍상면의 변동풍압과 풍하면의 변동풍압의 코코히런스이고, 풍상면과 풍하면에 작용하는 변동풍압이 상관이 없는 것으로 가정할 수 있는 경우에는 $R_{pwl}(n,y,z)\cong 0.2$에 근접한다.[8)]

변동풍압의 코코히런스는 변동풍속의 코코히런스와 같고, $(y-z)$면 내 변동풍속의 코코히런스 $R_v(n,y_1,y_2,z_1,z_2)$ 는 다음 식으로 주어진다.

$$R_v(n,y_1,y_2,z_1,z_2)=\exp\left[-\sqrt{\left(k_y\frac{n|y_1-y_2|}{V_R}\right)^2+\left(k_z\frac{n|z_1-z_2|}{V_R}\right)^2}\right]$$

$$\cong \exp\left[-\epsilon k_y\frac{n|y_1-y_2|}{V_R}\right]\cdot\exp\left[-\epsilon k_z\frac{n|z_1-z_2|}{V_R}\right] \quad (5.6.76)$$

여기서, ϵk_y, ϵk_z : 수평방향 및 수직방향 상관의 저감정도를 나타내는 계수로 디케이팩터라고 부르며 강풍 시 8로 함

$|y_1-y_2|$, $|z_1-z_2|$: 수평방향, 수직방향으로 떨어진 2지점간의 거리,

③ 변위의 평가시간은 600초로 한다.

④ 건축구조물의 진동형상은 1차 고유진동모드 $\mu_1(z)$ 가 지배적으로 진동모드형상을 나타내는 상수 $\beta=1.0$이고, 고유진동수는 n_1 이다.

$$\mu_1(z)=\left(\frac{z}{H}\right)^{\beta}=\left(\frac{z}{H}\right) \quad (5.6.77)$$

⑤ 건축구조물의 재료는 감쇠비 ζ_1 가 2% 이하로 매우 작고, 공기력감쇠비는 무시한다.

⑥ 건축구조물의 질량은 높이방향별로 일정하고 단위길이당 $m(z)$ 로 한다.

► 풀이

위에서 가정한 물리량을 사용하여 변동변위의 표준편차와 변위의 최대값 $\hat{x}(z)$ 을 평가하면 아래와 같다.

① 변동변위의 표준편차 σ_{x1}

위에서 가정한 인자들을 (5.6.55)식에 대입하여 정리하면 1차 진동모드에 대응한 일반화풍력 파워스펙트럼밀도 $S_{F_1}(n)$ 는 다음 식과 같이 주어진다.

$$S_{F_1}(n) = \int_0^H\int_0^H\int_0^B\int_0^B \rho^2 V(z_1)V(z_2)C_D^{*^2} R_v(n,y_1,y_2,z_1,z_2)\sqrt{S_v(n,y_1)S_v(n,y_2)}\ \mu_1(z_1)\mu_1(z_2)dy_1dy_2dz_1dz_2$$

$$= \rho^2 C_D^{*^2}\int_0^H\int_0^H\int_0^B\int_0^B V_H\left(\frac{z_1}{H}\right)^{\alpha} V_H\left(\frac{z_2}{H}\right)^{\alpha} R_v(n)S_v(n)\left(\frac{z_1}{H}\right)^{\beta}\left(\frac{z_2}{H}\right)^{\beta} dy_1dy_2dz_1dz_2$$

$$= 4\left[\frac{1}{2}\rho\, V_H^2\, C_D^*\, BH\right]^2 \frac{1}{(1+\alpha+\beta)^2}\left[\frac{V_R}{V_H}\right]^2 |J_y(n)|^2|J_z(n)|^2\left[\frac{S_{vR}(n)}{V_R^2}\right] \qquad (5.6.78)$$

단, $|J_y(n)|^2 = \dfrac{1}{B^2}\displaystyle\int_0^B\int_0^B \exp\left[-\frac{8n|y_1-y_2|}{V_R}\right]dy_1\,dy_2$ (5.6.79)

$$|J_z(n)|^2 = \frac{(1+\alpha+\beta)^2}{H^2}\int_0^H\int_0^H\left(\frac{z_1}{H}\right)^{\alpha+\beta}\left(\frac{z_2}{H}\right)^{\alpha+\beta}\exp\left[-\frac{8n|z_1-z_2|}{V_R}\right]dz_1\,dz_2 \qquad (5.6.80)$$

(5.6.79)식, (5.6.80)식의 적분은 주어진 식의 형태로는 계산하기가 어렵다. 그리하여 난류의 상관 저하 정도를 나타내는 ϵk_y, ϵk_z 는 강풍을 대상으로 8로 하고, $\xi_y = 8nB/V_R$, $\xi_z = 8nH/V_R$ 로 가정하여 $|J_y(n)|^2$, $|J_z(n)|^2$ 의 근사적인 적분값을 구하면 다음 식과 같이 주어진다.[9)]

$$|J_y(n)|^2 \cong \frac{1}{1+\dfrac{\xi_y}{2}} = \left[\frac{1}{1+4.0\dfrac{nB}{V_R}}\right] \qquad (5.6.81)$$

$$|J_z(n)|^2 \cong \frac{1}{1+\dfrac{\xi_z}{2+\beta}} = \left[\frac{1}{1+2.3\dfrac{nH}{V_R}}\right] \qquad (5.6.82)$$

$|J_y(n)|^2$를 변동풍력의 수평방향의 조인트억셉턴스(joint acceptance) 또는 풍압-풍력어드미턴스, $|J_z(n)|^2$를 수직방향의 조인트억셉턴스라고 부르며, 각각 대상 벽면 내의 풍속변동이 수평방향 또는 수직방향으로 일정하지 않는 이유로 인하여 발생하는 변동풍력의 저감효과를 나타낸다. 특히, $|J_y(n)|^2$와 $|J_z(n)|^2$의 곱을 공기력어드미턴스 $|\chi_a(n)|^2$ 또는 규모저감계수(size reduction factor)라고 부른다. 여기서의 공기력어드미턴스 $|\chi_a(n)|^2$ 는 변동풍속의 공간적인 변동성의 효과를 반영한 것으로 (5.6.55)식에서 변동풍속을 변동풍력으로 변환할 때 발생하는 위상차의 효과를 반영한 공기력어드미턴스 $|\chi_p(n)|^2$ 와는 그 의미가 다르다. 그러므로 궁극적으로는 시간적, 공간적으로 변동하는 풍속과 그것에 기안한 변동풍력 사이의 전달함수로는 이 두 종류의 공기력어드미턴스를 결합한 것을 새로운 공기력어드미턴스로 할 필요가 있다. 가장 간단한 방법은 2종류의 효과가 선형적으로 중첩된다고 가정하여 $|\chi(n)|^2 = |\chi_p(n)|^2|\chi_a(n)|^2$로 하는 것이다.

(5.6.78)식을 속도압 $q_H = \rho V(H)^2/2$, 난류강도 $I(z) = \sigma_v/V(z)$ 등의 알기 쉬운 물리량을 사용하여 다시 정리하면 1차 진동모드에 의한 일반화풍력 파워스펙트럼밀도 $S_{F_1}(n)$는 다음 식과 같이 주어진다.

$$S_{F_1}(n)=4\left(q_H C_D^* BH\right)^2 \frac{1}{(1+\alpha+\beta)^2}\left(\frac{z_R}{H}\right)^{2\alpha} I_R^2 \,|J_y(n)|^2\,|J_z(n)|^2 \frac{S_{vR}(n)}{{\sigma_{vR}}^2} \tag{5.6.83}$$

여기서, $q_H=\frac{1}{2}\rho V_H^2$: 건축구조물높이 H에서의 속도압 ($\mathrm{N/m^2}$)

$I_R=\frac{\sigma_{vR}}{V_R}$: 대표높이 z_R에서의 난류강도

일반화풍력 파워스펙트럼밀도 $S_{F_1}(n)$가 구해졌으므로, 이것을 (5.6.57)식에 대입하면 1차 진동모드 일반화변위 표준편차 σ_{X_1}가 다음 식과 같이 구해진다.

$$\sigma_{X_1}^2=4\left(\frac{q_H C_D^* BH}{K_1}\right)^2\left[\frac{1}{(1+\alpha+\beta)}\left(\frac{z_R}{H}\right)^{\alpha} I_R\right]^2$$

$$\times\left[\int_0^\infty |J_y(n)|^2|J_z(n)|^2\frac{S_{v_R}(n)}{{\sigma_{vR}}^2}dn+\frac{\pi}{4\zeta}|J_y(n_1)|^2|J_z(n_1)|^2\frac{n_1 S_{vR}(n_1)}{{\sigma_{vR}}^2}\right] \tag{5.6.84}$$

여기서, 일반화변위 표준편차 σ_{X_1} 산정식을 간단한 형태로 나타내기위해 비공진계수 B_D, 규모계수 S_D, 풍력스펙트럼계수 F, 공진계수 R_D를 각각 다음 식과 같이 정의하여 도입한다.

$$B_D=\int_0^\infty |J_y(n)|^2|J_z(n)|^2\frac{S_{vR}(n)}{\sigma_{vR}^2}dn \tag{5.6.85.a}$$

$$S_D=|J_y(n_1)|^2|J_z(n_1)|^2 \approx \left[\frac{1}{1+4.0\frac{n_1 B}{V_R}}\right]\left[\frac{1}{1+2.3\frac{n_1 H}{V_R}}\right] \qquad \textit{(5.6-1.k)},\ (5.6.86)$$

$$F=\frac{n_1 S_{v_R}(n_1)}{{\sigma_{v_R}}^2}=\frac{4\left\{\frac{n_1 L_R}{V_R}\right\}}{\left[1+70.8\left\{\frac{n_1 L_R}{V_R}\right\}^2\right]^{5/6}} \qquad \textit{(5.6-1.l)},\ (5.6.87)$$

$$R_D=\frac{\pi}{4\zeta_1}S_D F \qquad \textit{(5.6-1.i)},\ (5.6.88)$$

최종적으로, 1차 진동모드 일반화변위 표준편차 σ_{X_1}는 다음 식과 같이 간단한 형태로 구해진다.

$$\sigma_{X_1}=\left(\frac{2q_H C_D^* BH}{K_1}\right)\frac{1}{(1+\alpha+\beta)}\left(\frac{z_R}{H}\right)^{\alpha} I_R\sqrt{B_D+R_D} \tag{5.6.89}$$

그림 5.6.7은 표 5.6.1에 나타낸 조건에서 구한 고층건축구조물의 1차 진동 일반화변위 파워스펙트럼밀도$S_{X_1}(n)$를 $4(q_H C_D^* BH/K_1)^2/n$로 기준화한 것을 나타낸다. 그림 중의 파선은 기계적어드미턴스가 $|H(n)|^2=1$일 때의 예로서 일반화풍력의 기준화된 파워스펙트럼밀도 $nS_F(n)/4(q_H C_D^* BH/K_1)^2$에 해당한다. 그림으로부터 변동풍력의 효과는 진동수가 증가하면 급격하게 줄어드는 것을 알 수 있다. 바람의 난동에 의한 진동은 2차 이상의 고차진동의 영향을 무시할 수 있다는 사실도 이 그림으로부터 명확하게 알 수 있다.

표 5.6.1 응답의 파워스펙트럼밀도의계산 조건

건축구조물 특성	높이	$H = 160$ m
	폭, 깊이	$B = D = 36$ m
	진동모드	$\beta = 1$
	건축구조물의 밀도	$\rho_s = 313$ kg/m^3
	1차 고유진동수	$n_1 = 0.3$ Hz
	감쇠비	$\zeta_1 = 0.012$
바람 특성	기준높이	$H = 160$ m
	풍속	$V_H = 42$ m/s
	연직분포지수	$\alpha = 0.22$
	난류적분스케일	(5.6.70)식
	변동풍속의 파워스펙트럼밀도	카르만형, (5.6.71)식
	난류강도	(5.6.72)식
	수평, 수직방향 조인트업셉턴스	(5.6.81)식, (5.6.82)식

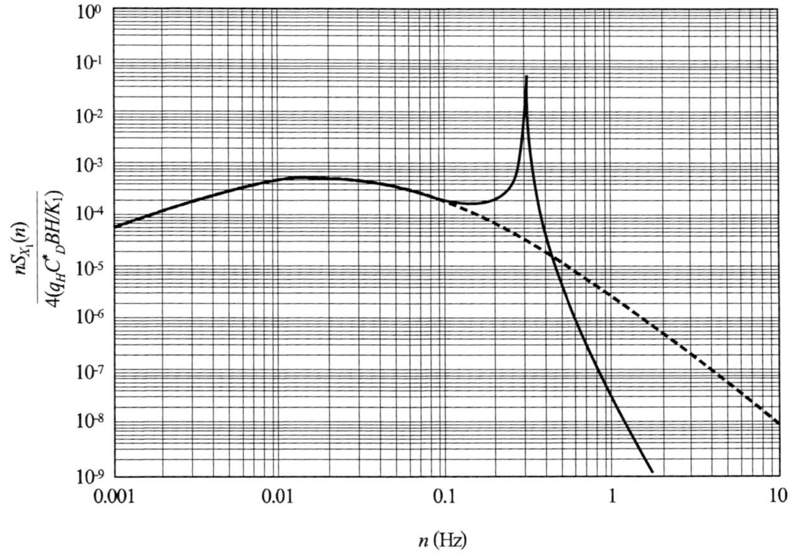

그림 5.6.7 변위응답 파워스펙트럼밀도의 예

(5.6.89)식에서 나타낸 것처럼 일반화변위 표준편차 σ_{X_1} 는 비공진성분 B_D가 적분을 포함한 것 이외에는 간단한 연산으로 구할 수 있다. (5.6.85)식의 비공진계수 B_D는 주어진 식의 형태로는 계산하기가 어려우므로 다음과 같은 근사식으로 나타낸다.

$$B_D = 1 - \left[\frac{1}{\left\{ 1 + 5.1 \left(\frac{L_H}{\sqrt{HB}} \right)^{1.3} \left(\frac{B}{H} \right)^k \right\}^{\frac{1}{3}}} \right], \quad k = \begin{cases} 0.33 & : H \geq B \\ -0.33 & : H < B \end{cases} \qquad \textit{(0305.6-1.d)}, \ (5.6.85.b)$$

또한, (5.6.85.b)식은 그림 5.6.3과 같은 고층건축구조물의 변위응답 이외에 그림 5.6.8과 같은 고가수조 또는 래티스형 구조물의 경우에도 적용할 수 있다. 그림 5.6.8(a)의 경우에는 수압면 내에서 풍속의 공간적 변동은 무시할 수 있는 것으로 가정하여 다음과 같이 적용하면 된다.

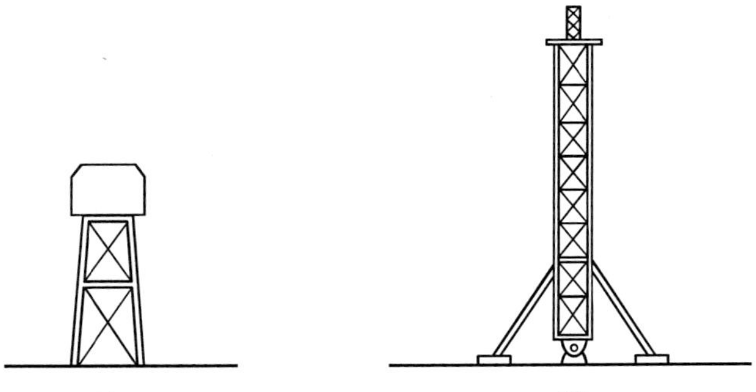

그림 5.6.8 변위응답 평가법의 응용 구조물 예

$\alpha = \beta \approx 0$

$|J_y(n)|^2 = |J_z(n)|^2 \approx 1$

$C_D^* = C_D$

$BH \approx$ C_D를 정의한 대표면적 A

$q_H \approx$ C_D를 정의한 기준속도압, $q_H = 1/2\rho \bullet V_H^2$

그림 5.6.8(b)의 경우에는 바람 받는 구조물의 대표폭 내에서는 풍속의 수평방향의 난동은 무시할 수 있다고 가정하여 다음 과 같이 적용하면 된다.

$|J_y(n)|^2 \approx 1$

건축구조물의 지상높이 z 위치에서의 변동변위의 표준편차 $\sigma_x(z)$ 는 (5.6.61)식에 의해 다음 식과 같이 구해진다.

$$\sigma_x(z) = \sigma_{X_1} \mu_1(z)$$

$$= 2\left(\frac{q_H C_D^* BH}{K_1} \right) \frac{1}{(1+\alpha+\beta)} \left(\frac{z_R}{H} \right)^{\alpha} I_R \sqrt{B_D + R_D} \left(\frac{z}{H} \right)^{\beta} \qquad (5.6.90)$$

② 변위의 최대값

건축구조물의 지상높이 z 위치에서의 변동변위의 최대값 $\hat{x}(z)$ 은 (5.6.90)식에 피크팩터 g_x를 적용하면 다음 식과 같이 구해진다.

$$\begin{aligned}\hat{x}(z) &= g_x \sigma_x(z) \\ &= 2g_x \left(\frac{q_H C_D^* BH}{K_1}\right) \frac{1}{(1+\alpha+\beta)} \left(\frac{z_R}{H}\right)^{\alpha} I_R \sqrt{B_D + R_D} \left(\frac{z}{H}\right)^{\beta}\end{aligned} \tag{5.6.91}$$

건축구조물의 최대응답변위 $\hat{x}(z)$ 는 (5.6.65)식에 따라 (5.6.26)식에 의한 평균변위 $\overline{x}(z)$ 와 (5.6.91)식에 의한 변동변위의 최대값 $\hat{x}(z)$ 의 합으로 주어진다. 여기서, 변동풍속을 변동풍력에 관련지우는 계수 C_D^* 가 (5.6.75)식처럼 평균풍력계수 C_D로 나타낼 수 있는 것을 고려하면 다음 식과 같이 구해진다.

$$\begin{aligned}\hat{x}(z) &= \overline{x}(z) + \hat{x'}(z) \\ &= \frac{q_H C_D BH}{K_1} \frac{1}{2\alpha+\beta+1} \left(\frac{z}{H}\right)^{\beta} \\ &\quad + 2g_x \left(\frac{q_H C_D^* BH}{K_1}\right) \frac{1}{(1+\alpha+\beta)} \left(\frac{z_R}{H}\right)^{\alpha} I_R \sqrt{B_D + R_D} \left(\frac{z}{H}\right)^{\beta} \\ &= \frac{C_D q_H BH}{K_1} \left(\frac{1}{2\alpha+\beta+1} + \frac{1.5 g_D I_R \sqrt{B_D + R_D}}{1+\alpha+\beta}\right) \left(\frac{z}{H}\right)^{\beta}\end{aligned} \tag{5.6.92}$$

KDS 2022에서는 지상높이 z 위치에서 풍방향의 최대변위 $\hat{x}(z)$의 산정식으로 (5.6.92)식을 채택하였으며, 진동모드를 선형 $\beta=1$ 로 하여 본문식, *(5.14-2, b)식* 으로 규정하고 있다.

이와 같이 스펙트럼모드해석에 의하여 건축구조물의 풍방향에 대한 변동풍속 $v'(t)$으로부터 일반화변위 표준편차 σ_{X_j}를 구하기 위한 일련의 과정을 간략하게 개념적으로 정리하여 도식적으로 나타내면 그림 5.6.9와 같다.

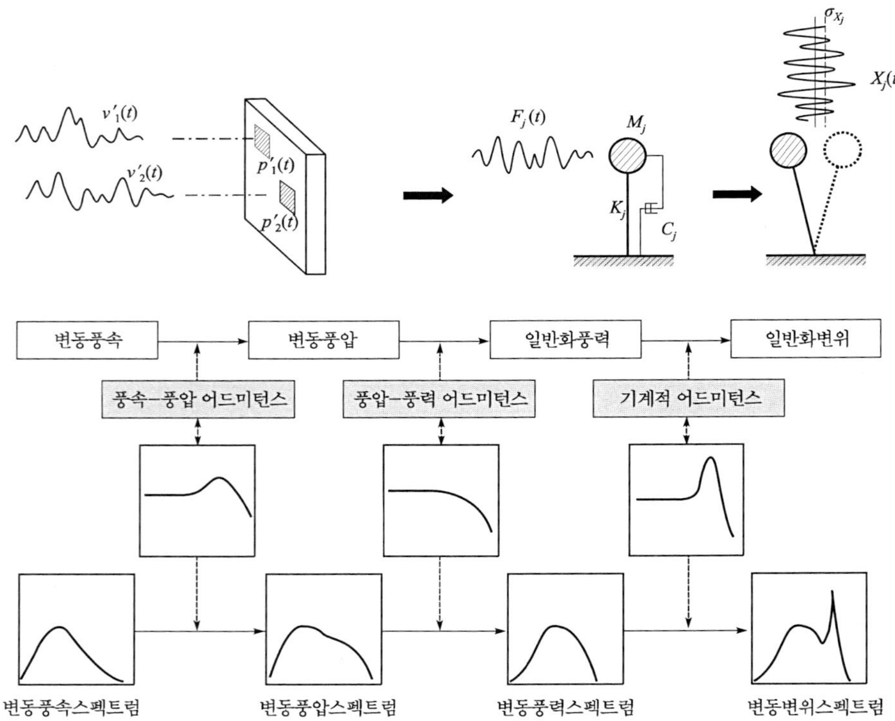

그림 5.6.9 스펙트럼모드해석에 의한 일반화변위 표준편차 평가 흐름

(3) 풍방향 진동모드에 따른 보정

1) 일반 건축구조물

위에서 기술한 풍응답은 1차진동모드가 탁월하고, 진동모드는 $\mu_1 = (z/H)^\beta$ 로서 연직분포형상지수가 $\beta = 1$ 의 선형이라는 가정 하에 유도되었다. 즉, 평면형상이 사각형이고 지상부분의 높이별 질량분포가 일정한 건축구조물을 대상으로 하였기 때문에 진동모드에 따른 보정을 하지 않아도 된다. 그러나 건축구조물을 구성하는 주골조 형식에 따라 연직분포형상지수 β 값은 달라지고, 또한 건축구조물이 받는 변동풍력과 건축구조물의 질량에 따라 풍응답도 달라지기 때문에 이 세 가지 요소를 반영하는 모드보정계수 ϕ_1 를 고려해야한다.

표 5.6.2에 주골조의 형식에 따른 진동모드의 연직분포형상지수 β의 값을 나타냈고, 그림 5.6.10은 β에 따라 진동모드가 변하는 형상을 나타낸 것이다. 유연한 구조물일수록 β 값은 커진다.

표 5.6.2 주골조형식에 따른 진동모드의 연직분포형상지수 β [10),11)]

β	주골조형식
0.5	세장한 모멘트저항 골조 구조물
1.0	중앙부에 코어가 있는 모멘트저항골조 건축구조물
1.5	세장한 캔틸레레버형 건축구조물 중앙부의 철근콘크리트구조 코어에 의해 지지되는 건축구조물
2.0	탑, 굴뚝
2.5	래티스형철탑

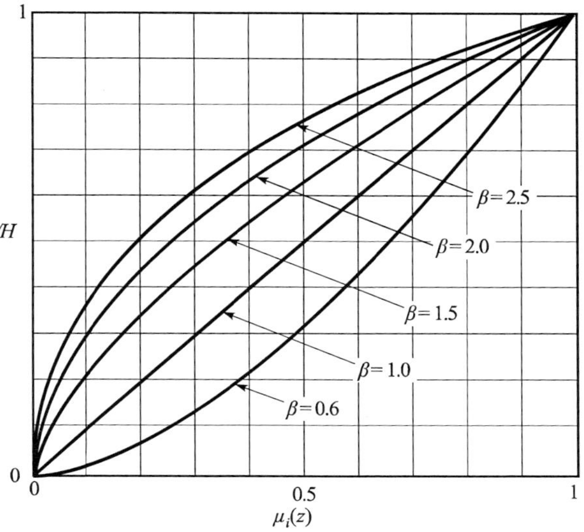

그림 5.6.10 연직분포형상지수 β에 따른 진동모드의 변화 특성

① 일반화풍력의 진동모드보정계수

건축구조물의 1차진동모드형이 직선 $\mu_1(z) = z/H$ 라고 가정할 수 있을 때, 일반화 풍력 파워스펙트럼밀도 $S_F(n)$ 는 건축구조물 밑면에서 얻어진 전도모멘트의 파워스펙트럼밀도 $S_M(n)$ 를 사용하여 선형적으로 나타낼 수 있다. 그러나 통상적인 고층 건축구조물의 1차 진동모드는 (5.6.12)식으로 주어지는 비선형 모드형이 많다.

1차진동모드 만을 대상으로 그것을 직선 $\mu_1 = z/H$ 로 가정하였을 때 얻어지는 일반화풍력스펙트럼 $S_{F_1}(n)$ 으로부터 실제의 진동모드형 $\mu_1{}' = (z/H)^\beta$ 일 때의 일반화 풍력파워스펙트럼밀도 $S_{F_1}{}'(n)$을 추정하는 방법을 생각해보자.

일반화풍력 파워스펙트럼밀도는 (5.6.55)식으로 나타낼 수 있기 때문에 $S_{F_1}(n)$ 으로부터 $S_{F_1}'(n)$를 얻기 위한 보정계수를 λ^2 라고하면 λ^2 는 다음 식과 같이 주어진다.

$$\lambda^2 = \frac{\int_0^H \int_0^H S_f(n, z_1, z_2)\, \mu_1(z_1) \mu_1(z_2)\, dz_1 dz_2}{\int_0^H \int_0^H S_f(n, z_1, z_2) \left(\frac{z_1}{H}\right)\left(\frac{z_2}{H}\right) dz_1 dz_2} \tag{5.6.93}$$

여기서, (5.6.55)식에서 $\xi = z_1 - z_2$ 로 놓고, μ_1 대신 μ_1' 를 사용하면 일반화풍력파워스펙트럼밀도 $S_{F_1}'(n)$는 다음 식과 같이 나타낼 수 있다

$$S_{F_1}'(n) = \int_0^H \int_{-z_1}^{H-z_1} \sqrt{S_f(n, z_1) S_f(n, z_1 - \xi)}\, R_v(n, \xi) \mu_1'(z_1)\, \mu_1'(z_1 - \xi) dz_1 d\xi \tag{5.6.94}$$

여기서, $R_v(n,\xi)$ 는 변동풍속의 코코히런스로 (5.6.76)식으로 주어진다.

만약, 여기서 풍력$F(z,t)$ 의 높이방향의 상관이 ξ 에 대해 급격하게 작아진다고 하면 (5.6.94)식은 다음 식과 같이 나타낼 수 있다.

$$\begin{aligned} S_{F_1}'(n) &\approx \int_0^H S_f(n, z_1) \mu_1'^2(z_1) dz_1 \int_{-\infty}^{\infty} R_u(n, \xi)\, d\xi \\ &\equiv \int_0^H S_f(n, z_1) \mu_1'^2(z_1) dz_1\, \eta(n) \end{aligned} \tag{5.6.95}$$

위 식에서 정의된 상관길이 $\eta(n)$ 은 건축구조물높이 H 에 비해 극히 작다. 따라서 이 때의 보정계수 λ_1^2 는 다음 식과 같이 주어지고,

$$\lambda_1^2 = \frac{\eta(n) \int_0^H S_f(n, z_1) \mu_1'^2(z_1) dz_1}{\eta(n) \int_0^H S_f(n, z_1) \left(\frac{z_1}{H}\right)^2 dz_1} \tag{5.6.96}$$

$S_f(n)$ 가 z 에 대해 변화하지 않는다고 가정하면 다음 식과 같이 나타낼 수 있다.

$$\lambda_1^2 \approx \frac{\int_0^H \left(\frac{z_1}{H}\right)^{2\beta} dz_1}{\int_0^H \left(\frac{z_1}{H}\right)^2 dz_1} = \frac{3}{2\beta + 1} \tag{5.6.97}$$

만약, 여기서 풍력$F(z,t)$ 가 완전한 상관이 있다면, $S_f(n, z_1, z_2)$ 가 일정하기 때문에 (5.6.93)식의 보정계수 λ_2^2 는 다음 식과 같이 주어진다.

$$\lambda_2^2 = \frac{\int_0^H \mu_1'(z_1)\,dz_1 \int_0^H \mu_1'(z_2)\,dz_2}{\int_0^H \left(\frac{z_1}{H}\right)dz_1 \int_0^H \left(\frac{z_2}{H}\right)dz_2} = \frac{\left[\int_0^H \left(\frac{z}{H}\right)^\beta\right]^2}{\left[\int_0^H \left(\frac{z}{H}\right)\right]^2} = \left(\frac{2}{\beta+1}\right)^2 \tag{5.6.98}$$

그림 5.6.11에 (5.6.97)식 및 (5.6.98)식으로 주어지는 보정계수 λ_1, λ_2를 나타냈다. 그림에서 $\beta=1$일 때는 λ_1, λ_2가 1이 되기 때문에 보정할 필요가 없는 것을 명확히 알 수 있다. 또한, $0 \le \beta \le 1$일 때는 $\lambda_1 \le \lambda_2$, $\beta \ge 1$일 때는 반대로 $\lambda_2 \le \lambda_1$가 되지만 β 값이 0~3 범위까지 변하더라도 λ_1, λ_2 값의 차이는 크지 않다. 그리하여 λ_1, λ_2의 중간 값을 가지면서 $\beta=1$에서 $\lambda_0=1$이 되는 권장값 λ_0^2가 다음 식과 같이 제안되었다.[12)]

$$\lambda_0^2 = \frac{4}{3\beta+1} \tag{5.6.100}$$

진동모드보정계수 λ_0^2의 실용적인 적용범위는 $0.5 \le \beta \le 2$이다.

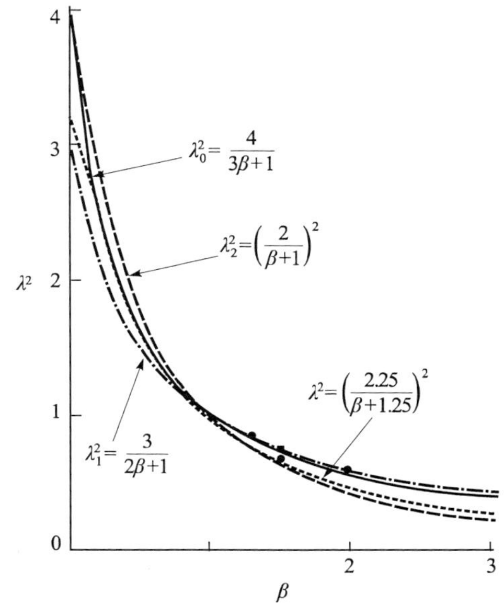

그림 5.6.11 일반화풍력의 진동모드보정계수[12)]

따라서 고층건축구조물이 1차선형모드로 거동하지 않는 경우에는 (5.6.78)식에 나타낸 일반화풍력 파워스펙트럼밀도 $S_{F_1}(n)$에 (5.6.100)식으로 주어지는 모드보정계수 λ_0^2를 곱해야 1차모드형이 (5.6.12)식으로 표현되는 고층건축구조물의 일반화풍력파워스펙트럼 $S_{F_1}'(n)$을 구할 수 있다. 또한, 응답변위를 구할 때는 (5.6.90)식에 나타낸 변동변위의 표준편차 $\sigma_x(z)$에 모드보정계수의 제곱근인 λ_0를 곱해야 1차모드형이 (5.6.12)식으로 표현되는 고층건축구조물의 지상높이 z에서의 변동변위의 표준편차 $\sigma_x'(z)$를 구할 수 있다. λ는 일반화풍력에 관한 것이므로 일반화풍력 진동모드보정계수라고 부르기로 한다.

한편, 일반화풍력의 진동모드보정계수 λ는 기본진동모드 $\beta=1$일 때의 일반화풍력의 공진성분 σ_1에 대한 진동모드의 연직분포형상지수가 β일 때의 일반화풍력의 공진성분 σ_β의 비율로도 정의할 수 있다. 사각형평면인 건축구조물에 대한 풍동실험결과 얻어진 층풍력의 시각력 자료에 대하여 진동모드형상지수 $\beta=0\sim5$ 범위에서 산정한 일반화풍력계수의 값을 검토한 결과, 풍방향, 풍직각방향 및 비틀림방향에 관하여 거의 비슷하게 일반화풍력 진동모드보정계수 λ 관한 다음의 근사식이 얻어졌다.[13)]

$$\lambda = \frac{\sigma_\beta}{\sigma_1} \approx 1 - 0.4\ln\beta \qquad \textit{(5.6-1.i)},\ (5.6.101)$$

따라서 (5.6.101)식의 일반화풍력의 진동모드보정계수 λ는 풍방향, 풍직각방향, 비틀림방향진동에 공통적으로 적용할 수 있다. (5.6.101)식은 (5.6.100)식의 값과 거의 비슷하다. KDS 2022에서는 일반화풍력의 모드보정계수 λ로 (5.6.101)식을 채택하여 본문의 *식(5.6-1.i)*로 규정하고 있다.

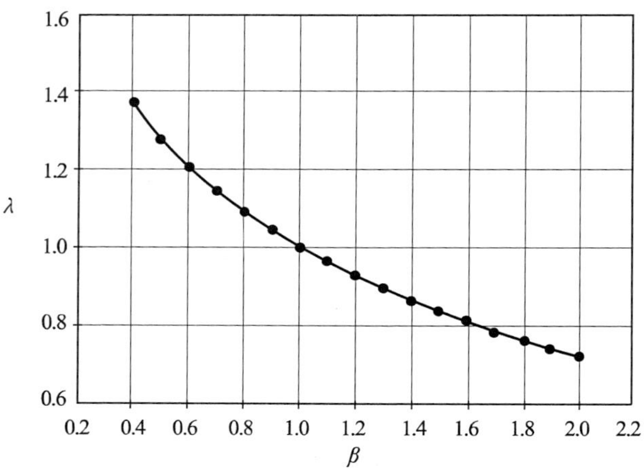

그림 5.6.12 일반화변동풍력의 모드보정계수 λ

그림 5.6.12는 진동모드의 연직분포형상지수 β에 따라 일반화풍력의 진동모드보정계수 λ값이 변하는 특성을 나타낸 것이다. β 값이 1일 때는 $\lambda=1$이므로 보정할 필요가 없고, β 값이 커지면 λ값은 작아진다.

② 일반화질량 진동모드보정계수

건축구조물의 질량에 따른 변화는 $\beta=1$ 일 때인 기본진동모드 $\mu_1(z)=(z/H)$의 일반화질량 M_1과 연직분포형상지수가 β 일 때의 일반화질량 M^*와의 비율인 M_1/M^*로 나타낼 수 있다. 이를 일반화질량 진동모드보정계수 m_1^* 라고 정의하면, 풍방향, 풍직각방향, 비틀림방향에 따라 각각 다음 식과 같이 나타낼 수 있다.

i) 풍방향

$$m_D^* = \frac{M_{D1}}{M_D^*} = \frac{3}{2+\beta}\frac{M_1}{M_D^*} = \frac{1}{2+\beta}\frac{M}{M_D^*} \tag{5.6.102}$$

ii) 풍직각방향

$$m_L^* = \frac{M_{L1}}{M_L^*} = \frac{M}{3M_L^*}\left(\frac{z}{H}\right)^{\beta-1} \tag{5.6.103}$$

iii) 비틀림방향

$$m_T^* = \frac{I_{T1}}{I_T^*} = \frac{M(B^2+D^2)}{36I_T^*}\left(\frac{z}{H}\right)^{\beta-1} \tag{5.6.104}$$

여기서, M_1 : $\beta=1$ 일 때의 기본진동모드 $\mu_1(z)=(z/H)$에 대한 일반화질량 (kg)

$M_1 = \int_0^H m(z)\mu_1^2(z)dz = \frac{mH}{3}$: m이 높이방향으로 일정할 때

M_D^* : 진동모드 $\mu(z)=(z/H)^\beta$일 때의 풍방향진동일반화질량 (kg)

$= \int_0^H m(z)\mu(z)^{2\beta}dz$

M_L^* : 진동모드 $\mu(z)=(z/H)^\beta$일 때의 풍직각방향진동일반화질량 (kg)

$= \int_0^H m(z)\mu(z)^{2\beta}dz$

$m(z)$: 지상높이 z 에서의 건축구조물의 단위높이 당 질량 (kg/m)

M : 건축구조물의 총질량(kg), 질량이 높이에 따라 일정하면 $M=mH$

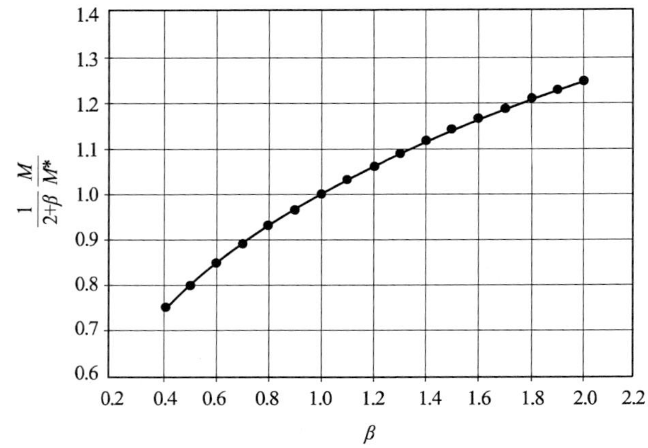

(a) 풍방향

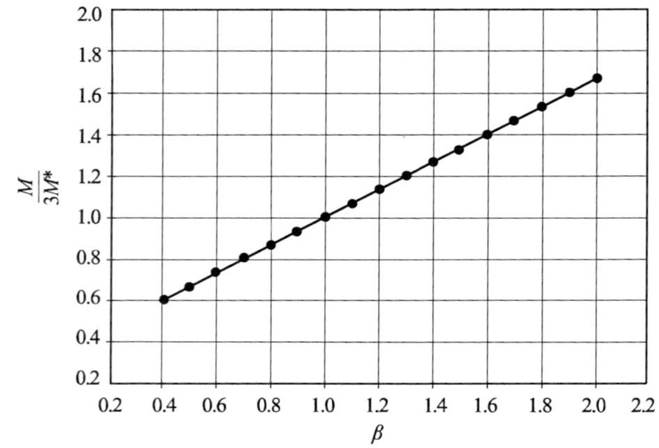

(b) 풍직각방향

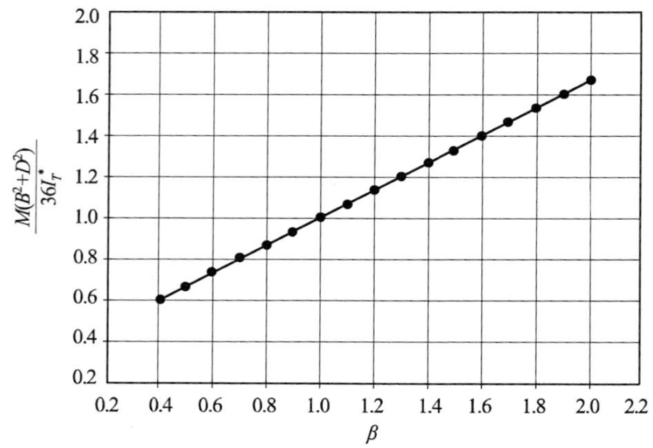

(c) 비틀림방향

그림 5.6.13 일반화질량 진동모드보정계수

I_T^* : 진동모드 $\mu(z)=(z/H)^\beta$ 일 때의 일반화관성모멘트 (kg m^2)

$$= \int_0^H i(z)\mu(z)^{2\beta} dz$$

$i(z)$: 지상높이 z 에서의 단위높이 당 관성모멘트 (kg m^2/m)

$$= \frac{m(z)(B^2+D^2)}{12}$$

B : 지상높이 z 에서의 건축구조물의 폭 (m)

D : 건축구조물의 깊이 (m)

H : 건축구조물의 높이 (m)

KDS 2022에서는 풍방향에 대한 일반화질량 진동모드보정계수로 (5.6.102)식을 채택하여 $m_D^* = M/[(2+\beta)M_D^*]$ 로 규정하고 있다.

그림 5.6.13은 진동모드의 연직분포형상지수 β에 따른 일반화질량의 모드보정계수 값의 변화를 나타낸 것이다. β 값이 커지면 풍방향, 풍직각방향, 비틀림방향 모두 모드보정계수 값이 커진다.

③ 진동모드에 따른 보정계수

진동모드에 따른 보정계수 ϕ_i 는 (5.6.100)식 또는 (5.6.101)식의 일반화변동풍력 진동모드보정계수 λ 에 (5.6.102)식~(5.6.104)식로 주어지는 일반화질량 진동모드 보정계수 m_1^* 를 곱하여 다음 식과 같이 나타낼 수 있다.[14)]

i) 풍방향

$$\phi_D = \lambda m_D^* = (1-0.4\ln\beta)\frac{1}{2+\beta}\frac{M}{M_D} \quad \textit{(5.9-1.f)}, \text{(5.6.105)}$$

ii) 풍직각방향

$$\phi_L = \lambda m_L^* = (1-0.4\ln\beta)\frac{M}{3M_L}\left(\frac{z}{H}\right)^{\beta-1} \quad \textit{(5.9-1.b)}, \text{(5.6.106)}$$

iii) 비틀림방향

$$\phi_T = \lambda m_T^* = (1-0.4\ln\beta)\frac{M(B^2+D^2)}{36I_T}\left(\frac{z}{H}\right)^{\beta-1} \quad \textit{(5.10-1.b)}, \text{(5.6.107)}$$

(5.6.105)식~(5.6.107)식으로 주어지는 진동모드보정계수 ϕ_1 의 실용적인 적용범위는 $0.5 \leq \beta \leq 2$ 이다. KDS 2022에서는 진동모드보정계수로서 풍방향, 풍직각방향, 비틀림방향에 대해 각각 (5.6.105)식, (5.6.1060식, (5.6.107)식을 채용하여 *(5.6-1.f)식, (5.9-1.b)식, (5.10-1.b)식*으로 규정하고 있다.

풍방향, 풍직각방향, 비틀림방향의 진동모드보정계수가 진동모드형의 값 β에 따라 변하는 특징을 나타낸 것이 KDS 2022의 *그림 5.6-5, 그림 5.9-1, 그림 5.10-1* 이다. 풍방향의 경우에는 β값이 증가하면 진동모드보정계수가 감소하지만, 풍직각방향과 비틀림방향의 경우에는 β값이 증가하면 진동모드보정계수가 증가한다.

풍방향풍하중의 경우, 높이방향의 분포는 평균풍하중에 포함되어있기 때문에 진동모드보정계수 ϕ_D 는 (5.6.105)식에 주어진 것처럼 높이와 무관하다. 그러나, 평균하중이 발생하지 않는 풍직각방향풍하중 및 비틀림풍하중의 경우에는 하중의 공진성분을 진동모드에 비례시키기 때문에 진동모드보정계수 ϕ_L, ϕ_T는 각각 (5.6.106)식, (5.6.107)식에 주어진 것처럼 높이의 함수로 주어진다.

진동모드가 기본진동모드($\beta = 1$)와 일치하고 지상부의 입면형상 및 질량분포가 일정하다고 볼 수 있는 경우에는 ϕ_1 이 1.0이 된다. 그러나 진동모드는 기본진동모드와 일치하지만 건축구조물의 지상부의 질량분포가 일정하지 않는 경우에는 (5.6.105)식~(5.6.107)식 가운데 일반화질량 M_1 이 진동모드에 따라 달라지는 특성을 반영하는 보정계수인 m_1^* 만 고려하여 진동모드보정계수를 산정할 수 있다.

변위응답 및 가속도응답의 경우, 변동변위의 표준편차 및 가속도응답의 표준편차에 각각 ϕ_1 을 곱하면 모드가 보정된 변동변위의 표준편차와 가속도응답의 표준편차가 구해진다. 그러나 실제 진동모드보정계수를 적용할 때는 진동모드가 비공진부분에 미치는 영향은 거의 없고, 주로 공진부분에만 영향을 미치며, 일반화질량은 이미 고려되어 있기 때문에 일반화질량의 진동모드보정계수 m_1^*는 생략하고, 일반화풍력의 진동모드보정계수λ 만을 공진부분에 곱하여 보정된 응답을 구한다.

반면, 풍하중의 경우에는 진동모드가 일반화풍력과 일반화질량에 미치는 영향도 고려하고, 진동모드가 주로 공진부분에만 영향을 미치지는 점도 고려해야하기 때문에, λ과 m_1^* 양자를 함께 고려한 진동모드보정계수 ϕ_1 의 2승을 공진계수 R_1 에 곱하여 보정된 풍하중을 구해야한다는 점에 유의해야한다.

보정된 응답변위 및 응답가속도를 구하기 위하여 공진성분부분 R_1 에 일반화풍력의 보정계수 λ를 곱하고, 보정된 풍하중을 구하기 위하여 공진성분부분 R_1에 모드 보정계수 ϕ_1를 곱하는 평가방법은 풍방향, 풍직각방향, 비틀림방향 모두 동일하게 적용해야한다.

2) 래티스형탑상건축구조물의 풍방향 진동모드에 따른 보정

래티스형탑상건축구조물의 입면형태는 그림 5.6.14와 같고, 높이 z에서의 탑체폭 $B(z)$는 다음 식으로 나타낼 수 있다.

$$B(z) = B_0\left(1 - \lambda_B \frac{z}{H}\right) \tag{5.6.108}$$

$$\lambda_B = 1 - \frac{B_H}{B_0} \tag{5.6.109}$$

여기서, H : 기준높이로 래티스형탑상구조물의 최고높이 (m)

B_0 : 래티스형 탑상건축구조물의 밑면에서의 탑체폭

B_H : 래티스형 탑상건축구조물의 기준높이에서의 탑체폭

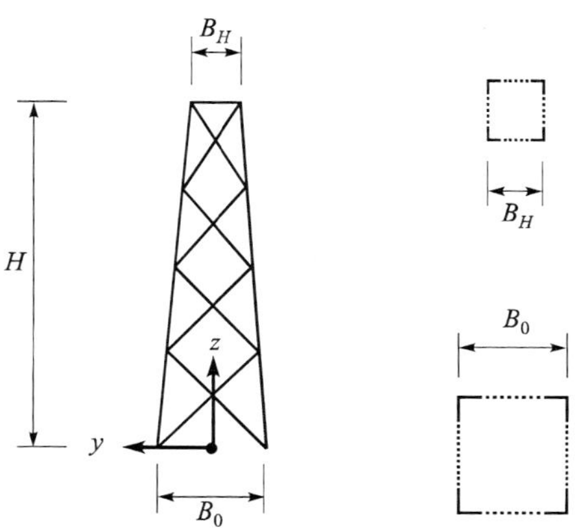

그림 5.6.14 B_0, B_H, H의 정의

래티스형탑상건축구조물 진동모드보정계수 ϕ_{Dt}를 평가할 때 충실률은 높이 방향으로 일정하고 풍력계수도 일정하며, 1차 기본진동모드 $\mu_1(z) = (z/H)^\beta$의 연직분포형상지수는 $\beta = 2$이고 2차 이상의 진동모드의 영향은 무시하는 것으로 가정한다.

진동모드가 기본진동모드 $\beta = 2$이고 지상부의 단위높이 당 질량 $m(z) = m$이 일정하다고 볼 수 있는 경우에는 일반화질량이 다음 식과 같으므로

ζ_D : 건축구조물의 풍방향1차감쇠비

S_D : 규모계수 (그림 5.6-3)

F_D : 풍방향풍력스펙트럼계수 (그림 5.6-4)

n_D : 건축구조물의 풍방향1차고유진동수(Hz)

Z_g : 기준경도풍높이(m) (표 5.5-3에 따른다)

V_H : 설계풍속(m/s) (5.5.1에 따른다)

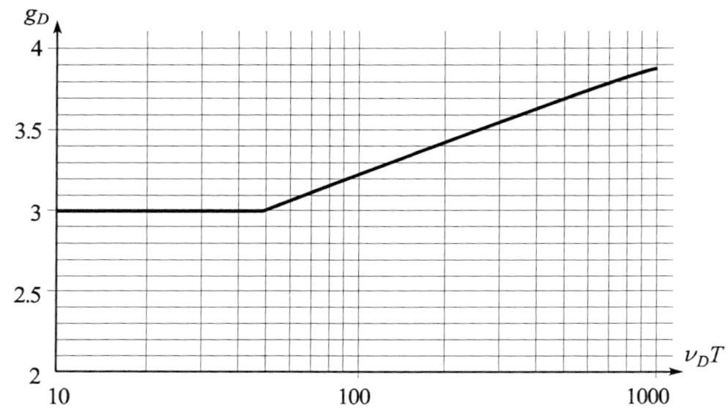

그림 5.6-1 피크팩터 g_D

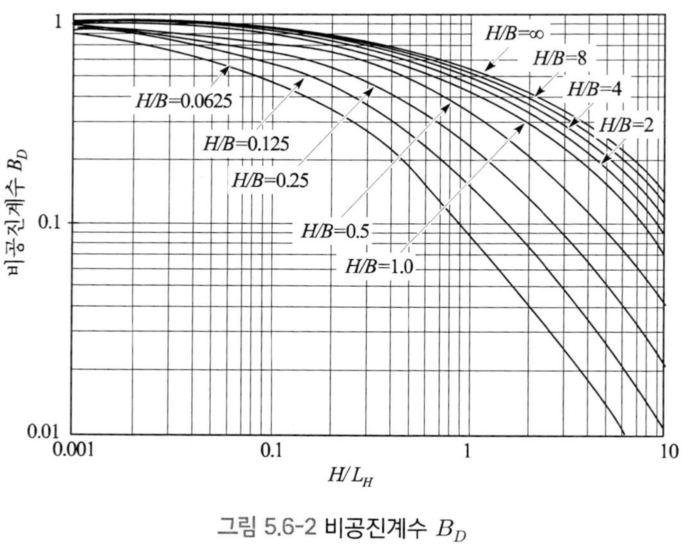

그림 5.6-2 비공진계수 B_D

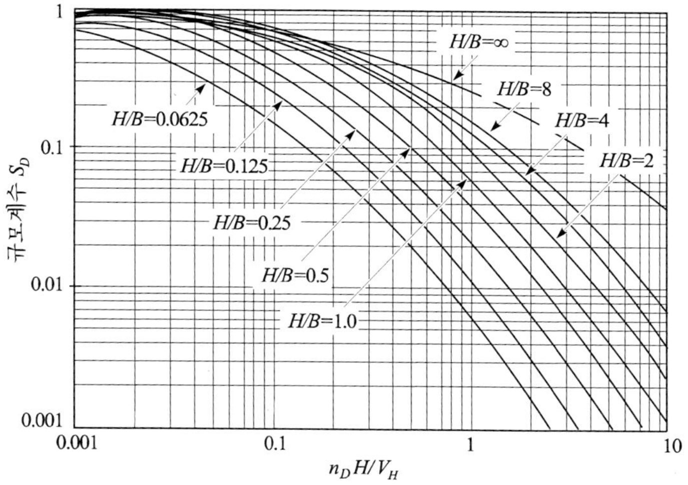

그림 5.6-3 규모계수 S_D

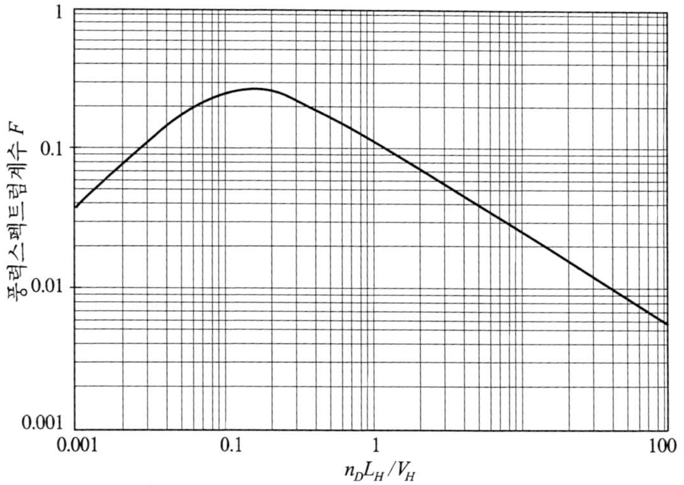

그림 5.6-4 풍력스펙트럼계수 F

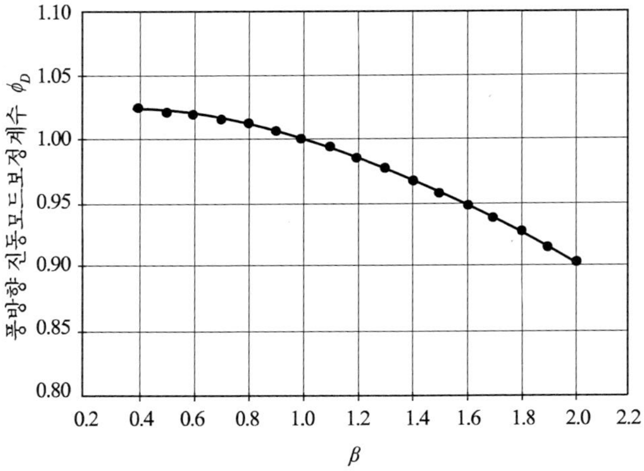

그림 5.6-5 풍방향 진동모드보정계수 ϕ_D

바람의 변동으로 인해 건축구조물에 발생하는 풍방향진동의 동적하중효과를 확률론적방법에 의하여 평가하여 정량화한 가중계수가 풍방향가스트영향계수 G_D이며, 이는 (5.6.1)식으로 정의된다. 이 식을 구성하는 변수인 σ_x, $\overline{x}$에 (5.6.26)식으로 주어지는 높이z에서의 평균변위 $\overline{x}(z)$와 (5.6.90)식으로 주어지는 변동변위의의 표준편차 $\sigma_x(z)$를 대입하면 (5.6.1)식의 가스트영향계수 G_D는 다음 식과 같이 구해진다.

$$G_D = 1 + 2g_D I_R \left[\frac{C_D^*}{C_D}\right]\left[\frac{1+2\alpha+\beta}{1+\alpha+\beta}\right]\left(\frac{z_R}{H}\right)^{\alpha}\sqrt{B_D + R_D} \tag{5.6.1.1}$$

여기서, 변동풍속을 변동풍력에 관련지우는 계수 C_D^*가 (5.6.75)식처럼 평균풍력계수 C_D로 타낼 수 있다고 하고, 진동모드형은 선형으로 $\beta = 1$ 라고 하면 풍방향가스트영향계수 G_D는 다음 식과 같이 주어진다.

$$G_D = 1 + 2g_D I_R \left(\frac{1.5+1.5\alpha}{2+\alpha}\right)\sqrt{B_D + R_D} \tag{5.6.1.2}$$

(5.6.1.2)식의 두 번째 항에서 풍속변동의 관련 성분을 $\gamma_D = (3+3\alpha)I_R/(2+\alpha)$로 정의하고, 난류의 기여성분인 B_D를 비공진계수인 (5.6.85)식과 같이, 건축구조물의 진동과 난류에 의한 진동의 기여성분인 R_D를 공진계수로 (5.6.88)식과 같이 정의한 한 것이 본의 *식(5.6-1)*이다.

가스트영향계수 (5.6.1.2)식의 구성성분 가운데 공진성분인 R_D은 건축구조물의 고유진동수에 크게 영향을 받는다. 강풍으로 인한 건축구조물의 변동응답에 대한 파워스펙트럼밀도의 특성을 보면 공진성분 R_D 는 그림 5.6.1.1(a)에 나타낸 것처럼 세장하고 고층인 유연건축구조물인 경우에는 바람과 건축구조물의 고유진동수 영역이 가깝기 때문에 공진으로 인한 응답증폭의 영향을 무시할 수 없다. 그러나 그림 5.6.1.1(b)처럼 높이가 낮은 강체건축구조물의 경우에는 바람과 건축구조물과의 고유진동수가 영역이 멀리 떨어져 있어 응답에 거의 영향을 미치지 않는다. 이러한 이유로 KDS 2022에서는 건축구조물을 유연건축구조물과 강체건축구조물로 구분하여 가스트영향계수를 산정하도록 하고 있다.

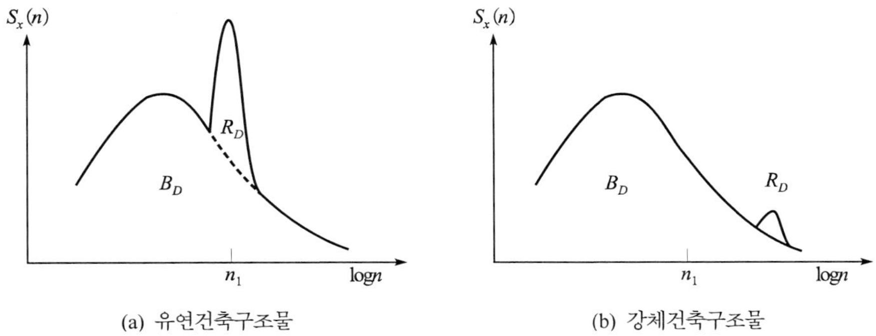

그림 5.6.1.1 변동변위의 파워스펙트럼 밀도

자연풍에 대한 풍속변동의 파워스펙트럼밀도를 보면, 에너지의 피크는 개략적으로 10^{-2}Hz 정도의 저진동수영역에서 발생하고, 고진동수영역으로 갈수록 감소하여 1Hz 정도 이상이 되면 에너지가 급격히 줄어드는 특징을 나타낸다. 따라서 진동수 1Hz를 기점으로 하여 건축구조물의 고유진동수가 1Hz 이상인 경우에는 공진효과가 작아지고, 건축구조물의 고유진동수가 1Hz 이하인 경우에는 공진효과가 있을 것으로 예상된다. 건축구조물은 다양한 재료에 의하여 이루어지고, 주요 구조체에 따라 고유진동수의 산정방법 또한 달라지기 때문에 일의적으로 고유진동수를 산정할 수는 없다. 일반적으로 정형적인 철근콘크리트구조조나 철골구조인 경우 건축구조물의 폭과 높이의 비율에 따라 약간 차이는 있으나 개략적으로 건축구조물높이 45m이상, 건축구조물의 고유진동수가 1Hz 이하인 경우에 유연구조물로 생각할 수 있다.[1)]

유연건축구조물인 경우에는 (5.6.1.2)식을 그대로 가스트영향계수 평가식으로 사용할 수 있다. KDS 2022에서는 (5.6.1.2)식을 간략한 형태로 표현하여 유연건축구조물의 가스트영향계수 G_D 를 본문의 *식(5.6-1)*과 같이 규정하였다.[2)] G_D를 구성하는 각 요소들에 대한 식은 간략화 하여 본문의 *식(5.6-1.a)* ~ *식(5.6-1.l)*으로 나타내고 있다.

본문의 *그림 5.6-1*은 본문의 *식(5.6-1.a)*으로 주어지는 피크팩터 g_D를 진동수 n_D(고층건축구조물인 경우 레벨크로싱수 ν_D는 근사적으로 고유진동수 n_D와 같음)와 시간 T의 곱에 대해 나타낸 것이다. 일반적인 건축구조물의 규모인 10층~50층 정도의 범위에서는 $n_1 T = 150 \sim 600$이므로 피크팩터는 3.35~3.75 정도의 값을 가진다.

본문의 *그림 5.6-2*는 *(5.6-1.d)*로 주어지는 비공진계수 B_D가 건축구조물의 세장비 H/B에 따라 변하는 형상을 무차원길이 H/L_H에 대하여 나타낸 것이다. 여기서 L_H는 건축구조물 지붕평균높이에서의 난류적분스케일(m)이며 개략적으로 200m 전후의 값을 가진다. 자연풍의 대표길이에 대한 구조물의 대표길이의 비에 해당하는 H/L_H가 커지면 B_D 값은 작아진다.

본문의 *그림 5.6-3*은 *(5.6-1.k)*로 주어지는 규모계수 S_D이다. 무차원진동수 $n_D L_H / V_H$가 크지면 S_D 값은 작아진다. 그 원인은 공간적으로 작은 스케일의 와로 치환되는 고진동수의 변동은 건물표면의 위치에 따라 흩어져 작용하기 때문에 공간적으로 적분하면 그 효과가 상쇄되어 감소하기 때문이다.

본문의 *그림 5.6-4*는 *식(5.6-1.l)*로 주어지는 풍력스펙트럼계수 F_D를 나타낸 것이다. 여기서의 풍력스펙트럼계수 F_D는 무차원풍속스펙트럼밀도 $n_D S_v(n_D)/\sigma_v^2$에 해당한다. 무차원진동수 $n_D L_H / V_H$의 값이 0.1 ~ 0.2되는 부근에서 최대값을 가지고 고진동수로 갈수록 감소한다. 일반적인 유연건축구조물(진동수가 개략적으로 1Hz이하)의 경우에는 평가대상 무차원진동수 $n_D B / V_H$의 범위는 0.1보다 매우 높은 고진동수 영역에 위치한다. 그러나 초고층건축구조물이 되면 진동수가 낮기 때문에 평가대상 무차원진동수 $n_D B / V_H$의 범위가 저진동수 영역으로 이동하여 파워스펙트럼밀도 F 값이 피크를 나타내는 무차원진동수 0.1 ~ 0.2 가까이에 접근할 수도 있다. 따라서 평가 대상건축구조물에 대한 파워스펙트럼밀도의 값은 매우 커지고 공진성분의 기여도 매우 커진다.

그림 5.6.1.2는 본문의 *식(5.6-1.j)*로 주어지는 공진계수 R_D가 H/B, ζ_1 및 $n_D H / V_H$에 따라 변하는 특성을 나타낸 것이다. 공진계수 R_D는 규모계수 S_D와 풍력스펙트럼계수 F에 의해 결정된다. 그림에 나타낸 공진계수 R_D는 풍력스펙트럼계수의 무차원진동수 $n_D L_H / V_H$를 나타낼 때 사용하는 대표길인 난류적분스케일 L_H(m) 대신 건축구조물의 기준높이 H(m)를 사용하여 무차원진동수를 $n_D H / V_H$로 두었을 때의 값이다. 건축구조물의 세장비 H/B가 커지면 공진계수 R_D가 커지고, 감쇠비 ζ_1이나 무차원진동수 $n_D H / V_H$가 커지면 공진계수 R_D는 작아지는 경향을 나타낸다.

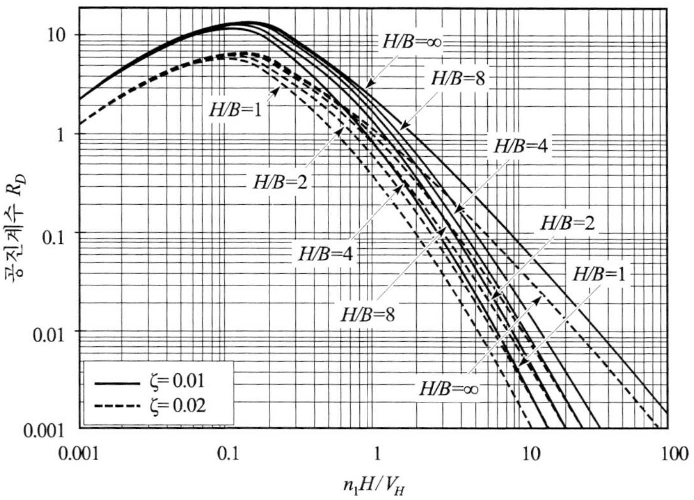

그림 5.6.1.2 공진계수 R_D

유연건축구조물에 대한 가스트영향계수 G_D를 평가할 때에는 건축구조물의 동특성인 고유진동수와 감쇠비가 필요하다. 풍공학에서 주로 사용되는 근사식들을 소개하면 아래와 같다.

(1) 고유진동수

건축구조물의 고유진동수는 건축구조물의 구조특성 값 가운데 질량과 강성이 주어지면 고유값해석(eigenvalue analysis)을 통하여 구할 수 있다. 이 해석방법은 모든 동역학 교재에 자세하게 소개 되어 있으므로 참고하면 된다.

고층건축구조물은 세장하고 유연하며 고유진동수가 작기 때문에 풍하중에 민감하게 거동한다. 고층건축구조물의 형상은 풍하중에 유리하여야 하고, 구조시스템은 풍하중에 의한 수평력에 효과적으로 저항할 수 있어야한다. 풍하중에 유리한 형상을 결정하는 단계에서는 건축구조물의 질량과 강성은 결정되지 않는 것이 일반적이다. 그렇더라도 건축구조물에 작용하는 풍하중을 알아야 한다. 왜냐하면, 형상이 결정된 건축구조물에 풍하중을 작용시켰을 때 건축구조물에서 발생하는 응답(변위, 가속도)을 평가하여 이 값들이 기준에서 규정한 안전성과 사용성을 만족하는가를 검토하고, 만족한다면 그에 상응하는 구조시스템을 확정해야하기 때문이다. 즉, 건축구조물의 질량과 강성은 알 수 없지만, 건축구조물의 외형과 주구조체의 재료(강구조, 철근콘크리트구조구조) 및 건축구조물높이 H가 결정되었다면, 이 물리량만을 이용하여 풍하중을 산정하고, 평가된 풍하중을 건축구조물에 작용시켰을 때 발생하는 응답(변위, 가속도)이 기준에서 정한 값을 만족하도록 구조시스템을 정해야한다. 이와 같이 구조시스템을 결정하는 기본설계 단계에서 건축구조물에 작용시킬 풍하중을 평가위하여 필요한 고유진동수는 건축구조물 높이 H 및 주구조체의 재료에 따라 주어지면 편리하다.

고층건축구조물의 1차고유진동수 n_1를 산정하기 위한 2종류의 근사식으로는 평면형상이 정형적인 건축구조물일 때는 Ellis[3)]의 제안식을 사용하고,

$$n_1 = \frac{46}{H} \text{ (Hz)} \tag{5.6.1.3}$$

평면형상이 비정형적인 건축구조물일 때는 Hurty[4)]의 제안식을 많이 사용한다.

$$n_1 = \frac{0.56}{H^2}\sqrt{\frac{EI}{m}} \text{ (Hz)} \tag{5.6.1.4}$$

여기서, E : 탄성계수(N/m^2)
I : 단면2차모우멘트(m^4)
m : 단위길이 당 질량(kg/m),
H : 건축구조물높이(m)

ASCE 7-10에서는 건축구조물의 주골조 저항시스템의 종류에 따라 고유진동수 n_1에 대한 근사식을 주고 있다.[5)] 주골조의 저항시스템이 강구조 모멘트저항골조 건축구조물인 경우의 1차고유진동수 n_1은 다음 식과 같고,

$$n_1 = \frac{22.2}{H^{0.8}} \text{ (Hz)} \tag{5.6.1.5}$$

콘크리트구조 모멘트저항골조 건축구조물인 경우에는 다음 식과 같으며,

$$n_1 = \frac{43.5}{H^{0.9}} \text{ (Hz)} \tag{5.6.1.6}$$

기타 수평하중저항 시스템을 가진 강구조 및 콘크리트 건축구조물인 경우에는 다음 식과 같이 주어지고,

$$n_1 = \frac{75}{H} \text{ (Hz)} \tag{5.6.1.7}$$

콘크리트 또는 조적조 전단벽 건축구조물인 경우에는 다음 식과 같이 주어진다.

$$n_1 = \frac{385(C_w)^{0.5}}{H} \quad C_w = \frac{100}{A_B}\sum_{i=1}^{n}\left(\frac{H}{H_i}\right)^2 \frac{A_i}{\left[1+0.83\left(\frac{H_i}{D_i}\right)^2\right]} \tag{5.6.1.8}$$

여기서, H : 건축구조물의 기준높이(m),

n : 대상으로 하는 풍향의 수평하중을 지탱할 수 있는 내력벽의 수

A_B : 구조물의 바닥면적(m^2),

A_i : 전단벽 i의 수평단면적(m^2)

D_i : 전단벽 i의 길이(m)

H_i : 전단벽 i의 높이(m)

일본건축학회(AIJ)에서는 여러 건축구조물에 대한 미소진동응답의 실측결과에 근거하여 설계용 1차고유진동수 n_1를 건축구조물높이 H(m)에 의존하도록 주구조체의 재료에 따라 다음 식과 같이 제안하였다.[6] 주구조체의 구조재료가 강구조인 경우의 1차고유진동수 n_1은 다음 식과 같이 주어지고,

$$n_1 = \frac{1}{0.024H}\ (\mathrm{Hz}) \text{ : 안전성 평가용} \tag{5.6.1.9}$$

$$n_1 = \frac{1}{0.020H}\ (\mathrm{Hz}) \text{ : 사용성 평가용} \tag{5.6.1.10}$$

철근콘크리트구조구조인 경우에는 다음 식과 같이 주어진다.

$$n_1 = \frac{1}{0.018H}\ (\mathrm{Hz}) \text{ : 안전성 평가용} \tag{5.6.1.11}$$

$$n_1 = \frac{1}{0.015H}\ (\mathrm{Hz}) \text{ : 사용성 평가용} \tag{5.6.1.12}$$

(2) 감쇠비

감쇠비 ζ_1는 임계감쇠에 대한 임의감쇠의 비로서 많은 경우에 구조감쇠비 ζ_D(structural damping ratio)와 동일하다고 할 수 있다. 구조감쇠는 재료감쇠, 접합부 접촉면에서의 마찰감쇠, 주골조, 2차부재 및 외장재, 지반과 구조물의 상호작용 등과 같은 여러 원인들에 의해 생긴다. 건축구조물의 주골조가 강재 또는 콘크리트로 이루어진 경우의 대표적인 구조감쇠비 ζ_D가 표 5.6.1.1의 값이다.[7]

표 5.6.1.1에 주어진 구조감쇠비 ζ_D는 건축구조물에 설계풍속정도의 강풍이 작용하였을

때의 값이며, 가해지는 강풍의 레벨이 설계풍속 정도일 때의 값에 해당되고, 구조물의 안전을 확보하기 위한 풍하중과 변위를 평가할 때 사용한다. 그러나, 재현기간 1년 정도의 레벨이 낮은 일상적인 강풍에 의해 건축구조물에 발생하는 진동의 진폭은 설계풍속 정도의 높은 레벨의 강풍으로 인해 발생하는 진폭에 비해 작고 감쇠비 또한 작다. 수평변위가 커지면 감쇠비는 증가하고, 건축구조물의 높이가 높아지면 감쇠비는 작아진다.[6] 그러므로, 재현기간 1년 정도의 낮은 레벨의 일상적인 강풍으로 발생하는 진동응답가속도에 대한 사용성을 검토할 때는 실측결과에 근거하여 작성된 표 5.6.1.1에 주어진 값의 75%를 사용하는 것이 바람직하다. 또한, 건축구조물의 높이가 증가하면 감쇠비가 낮아지는 것은 당연하다.

표 5.6.1.1 구조감쇠비의 참고값 ζ_D[7), 8)]

구조물 유형		안전성평가		거주성평가	
		S조	RC조	S조	RC조
건축구조물	H=30m	0.020	0.030	0.015	0.025
	H=40m	0.018	0.020	0.014	0.015
	H=50m	0.015	0.020	0.012	0.015
	H=60m	0.015	0.015	0.012	0.012
	H=70m	0.015	0.015	0.012	0.012
	H>80m	0.010	0.012	0.008	0.009
굴뚝	0.002[a]	0.010	–	–	
	0.005[b]				
래티스타워	0.001	–	–	–	

주 1) 안전성평가는 풍하중 및 수평변위를 산정하는 경우에사용함
2) 거주성평가는 수평진동에 대한 가속도를 평가할 때 사용함
3) 구조물의 재료가 SRC조인 경우에는 S조와 RC조의 중간값을 사용함
4) 호텔, 아파트 등 내벽이 많은 건축구조물의 구조감쇠비는 이 표의 값에 1.4배 할증하여 사용할 수 있음
a 변단면이고, 모두 용접된 경우,
b 균등단면인 경우

일본건축학회(AIJ)의 감쇠평가위원회에서는 많은 건축구조물에 대한 미소진동응답의 실측결과에 근거하여 설계용 1차감쇠비 ζ_1는 1차고유진동수 n_1(Hz), 건축구조물 최상층 수평변위 x_H(m)와 건축구조물높이 H(m)에 의존하도록 각각 주구조체의 재료에 따라 다음 식과 같이 제안하였다.[6] 주구조체가 강구조인 경우의 1차감쇠비 ζ_1은 다음 식과 같고,

$$\zeta_1 = 0.013n_1 \tag{5.6.1.13}$$

$$\zeta_1 = 0.013n_1 + 400\frac{x_H}{H} + 0.0029 \tag{5.6.1.14}$$

철근콘크리트구조인 경우에는 다음 식과 같이 주어진다.

$$\zeta_1 = 0.014n_1 \tag{5.6.1.15}$$

$$\zeta_1 = 0.014n_1 + 470\frac{x_H}{H} - 0.0018 \tag{5.6.1.16}$$

(5.6.1.15)식은 높이가 $30\text{m} < H < 200\text{m}$인 건축구조물과 $x_H/H \le 2\times10^{-5}$, (5.6.1.16)식은 높이가 $10\text{m} < H < 100\text{m}$, $x_H/H \le 2\times10^{-5}$인 작은 진폭을 가진 진동으로 발생하는 가속도에 대한 사용성을 검토할 때만 적용할 수 있다. 극한강도에 해당하는 큰 진폭의 진동이 발생할 경우에는 감쇠비가 커질 것이다. 그러나 이에 대한 실측결결과는 아직 없는 실정이다.

우리나라의 주거용 고층건축구조물을 대상으로 미소진동 시 사용성용 감쇠비를 실측한 결과에 따르면 높이 67m인 철근콘크리트구조 고층아파트의 경우에는 감쇠비가 표 5.6.1.1에 주어진 값과 비슷하고, 강구조 54층 고층건축구조물인 경우에는 0.00375, 31층 고층건축구조물인 경우에는 0.0068~0.0072로 표 5.6.1.1에 주어진 값보다 작은 것으로 나타났다.[9),10)]

표 5.6.1.1에 주어진 구조감쇠비 ζ_D값은 건축구조물의 내풍설계 시에만 사용할 수 있다. 그 이유는 풍하중 설계용 감쇠비 ζ_D의 값은 일반적으로 지진하중에 적용하는 5%에 비하여 그 값이 작다. 재현기간 2,400년 설계 레벨의 지진을 받는 건축구조물의 주구조체는 소성적으로 응답하여 건축구조물의 이력에 의한 감쇠가 더해지기 때문에 감쇠비가 커다. 그러나 재현기간 100년~500년 설계레벨의 강풍을 받는 건축구조물의 주구조체는 탄성거동을 하므로 지진에 비하여 감쇠비가 월등하게 작기 때문이다.

극한한계상태 부근에서의 감쇠비 값에 관해서는 비구조제의 손상이나 철근콘크리트구조 건축구조물의 균열 발생 등을 고려하면 감쇠비가 커질 가능성이 있다. 그러나, 근거가 될 만한 자료가 거의 없다. 또한 주골조가 소성화한 영역에서는 구조감쇠 보다는 소성화에 따른 이력감쇠나 제진장치에 의한 부가감쇠 등의 효과가 클 것이다. 따라서 이것들은 별도로 고려해야하기 때문에 구조감쇠는 탄성범위에서의 안전성평가를 위한 값을 사용하는 것이 현실적이다.

구조감쇠 외에 공기 중에서 진동하는 구조물에는 공기력감쇠 ζ_a(aerodynamic damping)

가 발생한다. 일반적으로 공기력감쇠의 기여는 구조감쇠에 비하여 매우 미약하고, 통상적인 풍속에서는 양의 값을 가지므로 무시할 수 있다. 따라서 이러한 경우에는 구조감쇠비 ζ_D를 통상적으로 감쇠비 ζ_1라고 부른다. 그러나 구조형상(매우 세장하고 유연한 건축구조물)에 따라 어떤 풍속레벨에서 공기력감쇠 ζ_a는 부의 값을 가지고 건축구조물의 감쇠력을 저하시키도록 작용하여 건축구조물에 공기력불안정진동(aerodynamic instability)을 유발할 수 있기 때문에 주의가 필요하다. 이런 경우에는 풍동실험을 실시하여 확인하여야 한다.

예제 | 지표면조도구분 및 건축구조물 높이에 따른 가스트영향계수 G_D의 변화 특성

건축구조물의 폭과 높이비 $H/B = 4.0$, 변장비 $D/B = 1.0$, 고유진동수 $n_1 = H/46\ (\mathrm{Hz})$, 진동모드 $\mu_1 = z/H$, 감쇠비 $\zeta_1 = 0.01$, 기본풍속 $V_0 = 35\,\mathrm{m/s}$라고 가정할 때, 가스트영향계수 G_D가 지표면조도구분 A, B, C, D, 건축구조물의 높이가 25m ~ 300m로 됨에 따라 어떻게 변하는지를 조사하라.

▸ 풀이

본문의 *식(5.6-1)*에 따라 지표면조도구분 A, B, C, D이고, 건축구조물의 높이가 25m에서 25m간격으로 300m 높이까지 변할 때, 가스트영향계수 G_D의 변하를 구하여 나타낸 것이 표 5.6.1.3이다. 가스트영향계수 G_D는 지표면조도구분이 평탄해질수록 또한 건축구조물의 높이 H가 높아질수록 작아지는 경향을 나타낸다.

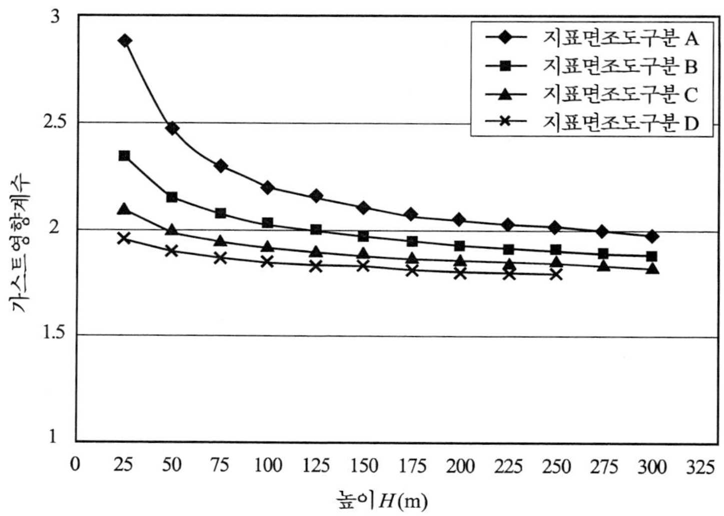

그림 5.6.1.3 지표면조도구분 및 건축구조물의 높이에 따른 가스트영향계수의 변화

(3) 풍방향의 진동모드에 따른 보정

고층건축구조물의 풍응답은 1차 진동모드가 탁월하기 때문에 일반적으로 진동모드는 $\mu_1 = (z/H)^\beta$ 로서 연직분포형상지수가 $\beta = 1$의 선형으로 생각하여 해석하면 편리하다. 평면형상이 사각형이고 지상부분의 높이별 질량분포가 일정한 건축구조물을 대상으로 할 때는 1차 진동모드가 선형모드에 근사하기 때문에 진동모드에 따른 보정을 하지 않아도 된다. 그러나 실제 건축구조물은 주골조 형식에 따라 연직분포형상지수 β 값이 달라지고, 건축구조물이 받는 변동풍력과 건축구조물의 질량에 따라 풍응답도 달라진다. 그리하여 선형모드로 진동하지 않기 때문에 이 세 가지 요소를 반영하는 진동모드보정계수 ϕ_D 를 고려해야한다.

진동모드의 연직분포형상지수 β의 경우, KDS 2022에서는 건축구조물의 주골조시스템이 개략적으로 정해지는 기본설계 단계에서의 β값은 본문에서 제시한 것처럼 주골조의 형식에 따라 편의상 0.5, 1.0, 1.5, 2.0의 4가지로 구분하여 적절하게 선택하여 적용하도록 하고 있다. 그러나, 주골조시스템이 명확하게는 확정되는 실시설계 단계에서는 건축구조물의 자유진동해석에서 구한 진동모드형상으로부터 β를 구하여 적용해야한다.

진동모드가 선형이 아닌 경우 풍방향진동에 대한 모드보정계수 ϕ_D 를 정량적으로 반영하도록 한 것이 (5.6.105)식을 채용한 KDS 2022 본문의 *식(5.6-1.f)*이다. 강풍에 의한 건축구조물의 진동으로 인한 응답은 건축구조물의 고유진동수와 가까운 공진성분에 관여하기 때문에 본문의 *식(5.6-1)*의 공진성분 R_D에만 보정계수 ϕ_D를 적용하고 있다. 보정계수 ϕ_D 의 값은 본문의 *그림 5.6-5*에서 알 수 있듯이 β가 1.0 이상의 값을 가지는 세장한 고층건축구조물이 될수록 감소한다. β가 1이상으로 증가할 경우, 그림 5.6.13(a)에 나타낸 것처럼 일반화질량 진동모드보정계수 $M/[(2+\beta)M^*]$의 증가량에 비해 그림 5.6.12에 나타낸 일반화풍력 진동모드보정계수 λ의 감소량이 더 크기 때문에 전체적으로 모드보정계수 ϕ_D 값이 감소하는 것이다.

5.6.2 강체구조물 등의 주골조설계용 가스트영향계수

(1) 건축구조물의 풍방향고유진동수 n_D가 1 Hz를 초과하는 경우 또는 바람에 의한 동적 효과를 무시할 수 있는 강체구조물 또는 기타 건축구조물인 경우의 주골조설계용 풍방향가스트영향계수 G_D는 (5.6-2)식에 따라 산정한다.

$$G_D = 1 + 4\,\gamma_D \sqrt{B_D} \tag{5.6-2}$$

여기서, γ_D : 풍속변동계수 (5.6-1.c)식에 따른다)

B_D : 비공진계수 (그림 5.6-2 또는 식(5.6-1.d)에 따른다.)

풍속변동의 파워는 그림 5.6.1.1에 나타낸 것처럼 건축구조물의 진동수가 커지면 감소한다. 그 때문에 진동수가 높은 건축구조물의 경우에는 공진계수 R_D 가 진동수가 작을 때의 변동성분인 비공진계수 B_D 에 비하여 극히 작아진다. 따라서, 건축구조물의 고유진동수가 1Hz 이상인 경우의 가스트영향계수 G_D는 (5.6.1.2)식에서 공진계수 R_D 를 무시하여 다음 식으로 나타낼 수 있다. 이것을 강체구조물이라 부른다.

$$G_D = 1 + g_D\left(\frac{3+3\alpha}{2+\alpha}\right)I_z \sqrt{B_D} \tag{5.6.2.1}$$

KDS 2022에서는 고유진동수가 1Hz미만이 되려면 건축구조물의 높이 45m 정도가 그 경계점이 되는 것으로 보고[1] 이러한 건축구조물은 대부분 대기의 하층부에 위치하게 되므로 지표면조도에 의한 난동의 영향을 크게 받기 때문에 피크팩터 g_D 를 4.0로 하여 강체건축구조물의 가스트영향계수 G_D 를 본문의 *식(5.6-2)*으로 규정하였다.[2] *식(5.6-2)*으로부터 가스트영향계수에 영향을 미치는 요인은 건축구조물의 폭과 높이, 그리고 지표면조도구분임을 알 수 있다.

강체구조물인 경우의 가스트영향계수는 바람의 흐트러짐으로 발생하는 변동풍력으로 인한 비공진성분 B_D만을 대상으로 하고 공진성분 R_D를 무시하기 때문에 진동모드에 의한 보정계수 ϕ_D는 고려할 필요가 없다.

예제 | 강체건축구조물의 가스트영향계수 G_D의 산정

건축구조물의 높이가 $H=45$로 일정하고, 폭이 $B=15\text{m}$ ~ 90m, 지표면조도도구분이 A ~ D로 변할 때 강체건축구조물로 가정하여 가스트영향계수 G_D구하라.

► 풀이

본문의 *식(5.6-2)*에 따라 강체구조물의 가스트영향계수 G_D를 산정하면 그림 5.6.2.1 같이 주어진다. 건축구조물의 폭 B가 커질수록 지표면의 상태가 평탄해질수록 가스트영향계수 G_D는 작아지는 경향을 나타낸다.

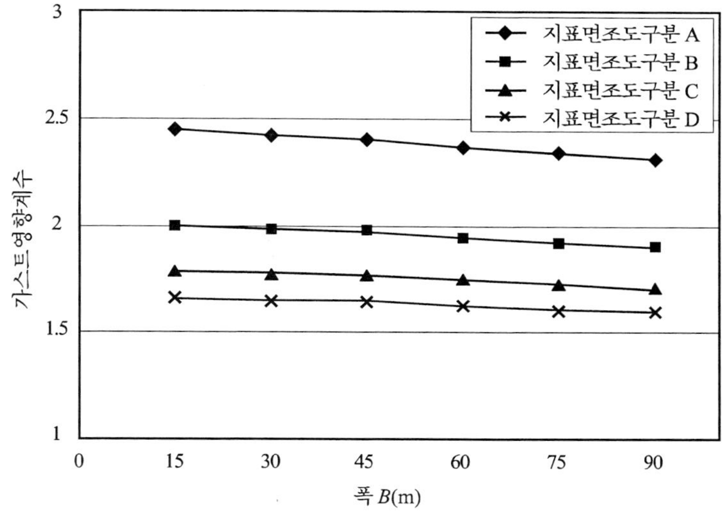

그림 5.6.2.1 지표면조도구분 및 건축구조물 폭에 따른 가스트영향계수 G_D의 변화

5.6.3 래티스형탑상구조물

(1) 래티스형탑상구조물의 풍방향가스트영향계수 G_D 는 (5.6-3)식에 따라 산정한다.

$$G_D = 1 + g_D \frac{C_g'}{C_g} \phi_{Dt} \sqrt{1 + R_D} \quad (5.6\text{-}3)$$

단, $g_D = \sqrt{2\ln(600\nu_D) + 1.2}$

$$\nu_D = n_D \sqrt{\frac{R_D}{B_D + R_D}}$$

$$C_g' = \frac{2I_H}{\alpha + 3} \sqrt{B_D} \quad (5.6\text{-}3.a)$$

$$C_g = \frac{1}{2\alpha + 3} - \frac{\lambda_B}{2\alpha + 4} \quad (5.6\text{-}3.b)$$

$$\phi_{Dt} = \frac{M}{5M^*} \lambda_L \quad (5.6\text{-}3.c)$$

$$\lambda_L = \left[\left(0.5 \frac{B_H}{B_0} - 0.3 \right)(\beta - 2) + 1.4 \right] \lambda \quad (5.6\text{-}3.d)$$

$\beta = 2.0$: 수직으로 강성이 일정한 강재 래티스타워

$\beta = 2.3$: 수직으로 강성이 감소하는 강재 래티스타워

$$R_D = \frac{\pi}{4\zeta_D} S_D F_D$$

$$B_D = \left(1 - \frac{3}{4}\lambda_B\right)^2 \frac{1}{1 + \dfrac{2\sqrt{HB}}{L_H}}$$

$$\lambda_B = 1 - \frac{B_H}{B_0}$$

$$S_D = \left(1 - \frac{3}{4}\lambda_B\right)^2 \frac{1}{\left(1 + 3.5\dfrac{n_D B}{V_H}\right)\left(1 + 2\dfrac{n_D H}{V_H}\right)}$$

$$F_D = \frac{4.0\dfrac{n_D L_H}{V_H}}{\left\{1 + 71\left(\dfrac{n_D L_H}{V_H}\right)^2\right\}^{5/6}}$$

$$B = \frac{B_H + B_0}{2}$$

여기서, g_D : 풍방향피크팩터 (그림 5.6-1)

ν_D : 풍방향레벨크로싱수(Hz)

α : 풍속고도분포지수(5.5.4에 따른다)

ϕ_{Dt} : 래티스탑상구조물의 풍방향진동모드보정계수(그림 5.6-7)

$\dfrac{M}{5M^*}$: 래티스형탑상구조물의 풍방향 진동모드 차이에 따른 일반화질량의 진동모드보정계수

M : 래티스탑상구조물의 지상부 총질량(kg)

M^* : 래티스탑상구조물의 풍방향1차진동일반화질량(kg)으로 (5.6-1.g) 식에 따라 산정한다.

B_0 : 래티스형탑상구조물 밑면에서의 타워폭(m)

B_H : 래티스형탑상구조물의 기준높이에서의 타워폭(m)

λ_L : 래티스형탑상구조물의 진동모드의 차이에 따른 일반화풍력의 진동

모드보정계수

β : 1차진동모드 $\mu_1 = \left(\frac{z}{H}\right)^{\beta}$의 연직분포형상지수, β는 건축구조물의 자유진동해석에서 구한 모드형상으로부터 산정함. 모드형상을 알 수 없는 경우에는 이 기준에서 제시한 β값을 사용할 수 있음.

λ : 풍방향진동모드의 차이에 따른 일반화풍력의 진동모드보정계수로 (5.6-1.i)식에 따라 산정한다.

I_H : 기준높이에서의 난류강도로 (5.5-3.a)식에서 z를 H로 대체하여 산정한 값

L_H : 기준높이에서의 난류적분스케일(m)로 (05.6-1.e)식에 따라 산정한다.

n_D : 래티스형탑상구조물의 풍방향1차고유진동수(Hz)

ζ_D : 래티스형탑상구조물의 풍방향1차감쇠비

H : 기준높이로 래티스형탑상구조물의 최고높이(m)

V_H : 설계풍속(m/s) (5.5.1에 따른다)

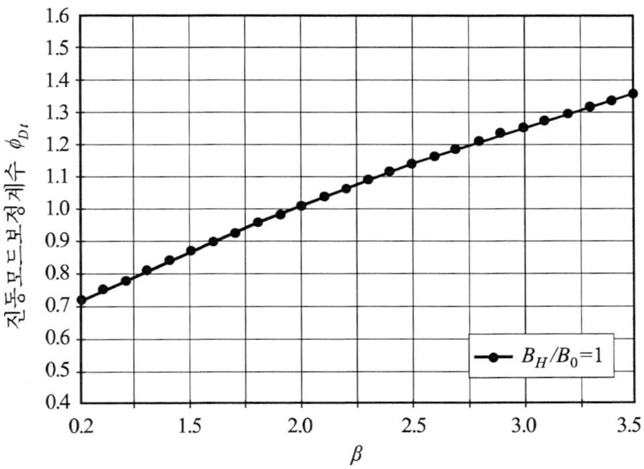

그림 5.6-7 래티스형탑상구조물의 진동모드보정계수 ϕ_{Dt}

(1) 가스트영향계수

래티스형탑상구조물의 가스트영향계수 G_D는 아래과 같은 가정에 따라 유도된 것이다.

① 충실률, 풍력계수 C_D, 질량분포는 높이방향으로 일정한 것으로 한다.

② 1차진동모드는 $\mu_1(z)=(z/H)^2$ 로 $\beta=2$로 하고, 2차 이상의 진동모드의 영향은 무시한다.

③ 래티스형탑상건축구조물의 입면형태는 그림 5.6.3.1과 같고, 높이 z에서의 탑체폭 $B(z)$는 다음 식으로 나타낸다.

$$B(z)= B_0\left(1-\lambda_B\frac{z}{H}\right) \tag{5.6.3.1}$$

$$\lambda_B=1-\frac{B_H}{B_0} \tag{5.6.3.2}$$

여기서, H : 기준높이로 래티스형탑상구조물의 최고높이 (m)

B_0 : 래티스형 탑상건축구조물의 밑면에서의 탑체폭

B_H: 래티스형 탑상건축구조물의 기준높이에서의 탑체폭

④ 평균풍속의 연직분포는 (5.6.68)식, 난류강도의 연직분포는 (5.6.72)식으로 한다..

⑤ 변동풍속 $v'(z,t)$의 파워스펙트럼밀도 $S_v(n,y,z)$는 (5.6.71)식, 코코히런스 $R_v(n,y_1,y_2,z_1,z_2)$는 (5.6.76)식으로 하고, 식 중의 수평 y 및 수직 z방향의 상관의 저감정도를 나타내는 디케이팩터(decay factor) $\epsilon k_y=\epsilon k_z=8$ 로 한다.

⑥ 각부에 작용하는 변동풍력은 그 위치에서의 변동풍속에 비례하는 것으로 가정한다. 즉 래티스형탑상구조물의 (y,z)점에 작용하는 변동풍력 $p'(y,z,t)$는 평균풍속 $V(z)$와 변동풍속 $v'(y,z,t)$로 분리하여 생각하고, 시간적으로 변동하는 풍력 $p(y,z,t)$에서 $v'(y,z,t)/V(z)\ll 1$라고 가정하여, 변동풍속의 2승항 $v'^2(y,z,t)$을 무시할 수 있는 것으로 하여[1)] 다음 식으로 나타낸다.

$$p(y,z,t)= C_D\frac{1}{2}\rho[V(z)+v'(y,z,t)]^2=\bar{p}+p'(y,z,t) \tag{5.6.3.3}$$

$$\bar{p}= C_D\frac{1}{2}\rho V(z)^2 \tag{5.6.3.4}$$

$$p'(y,z,t)\approx C_D\rho V(z)v'(y,z,t) \tag{5.6.3.5}$$

여기서, ρ : 공기밀도로서 1.225 (kg/m^3)

C_D: 풍방향풍력계수 (풍상면과 풍하면에 작용하는 변동풍력은 완전상관으로 가정)

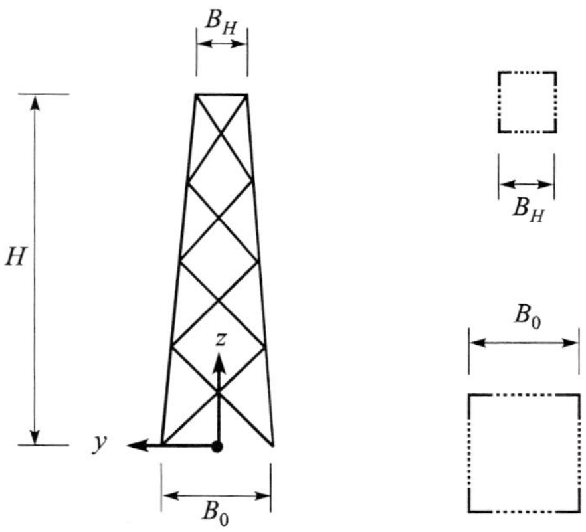

그림 5.6.3.1 B_0, B_H, H의 정의

이상과 같은 조건에서 일반화풍력 파워스펙트럼밀도 $S_F(n)$는 높이방향으로 탑체 폭이 변하는 것을 고려하면 (5.6.78)식으로부터 다음 식과 같이 주어진다.

$$S_F(n) = C_D \rho^2 \int_0^H \int_0^H \int_{-\frac{B(z_2)}{2}}^{\frac{B(z_2)}{2}} \int_{-\frac{B(z_1)}{2}}^{\frac{B(z_1)}{2}} V(z_1) V(z_2) R_v(n, y_1, y_2, z_1, z_2) \quad (5.6.3.6)$$
$$\times \sqrt{S_v(n, y_1, z_1) S_v(n, y_2, z_2)} \mu(z_1) \mu(z_2) \, dy_1 dy_2 dz_1 dz_2$$

(5.6.3.6)식에 (5.6.68)식의 평균풍속 $V(z)$, (5.6.77)식의 1차 진동모드 $\mu_j(z)$, (5.6.72)식의 난류강도 $I(z)$, (5.6.76)식의 코코히런스 $R_v(n, y_1, y_2, z_1, z_2)$, (5.6.3.1)식의 높이 z에서의 변화하는 탑체폭 $B(z)$를 대입하여 정리하면 일반화풍력 파워스펙트럼밀도$S_F(n)$은 다음 식과 같이 된다.

$$S_F(n) = \left[q_H C_D H B_0 \frac{2 I_H}{0.95 + \alpha + \beta} \right]^2 |J(n)|^2 \frac{S_v(H, n)}{\sigma_v^2(H)} \quad (5.6.3.7)$$

여기서, $|J(n)|^2$: 구조물의 규모에 의한 난류의 영향의 저감정도를 나타내는 계수, 조인터억셉턴스 또는 규모계수라고도 함

일반화변위 표준편차 σ_X는 1차진동모드의 일반화강성 K_1을 사용하면 다음 식과 같이 주어진다.

$$\sigma_X = \frac{1}{K_1} \sqrt{\int_0^\infty S_F(n) dn + \frac{\pi}{4\zeta_D} n_D S_F(n_D)}$$

$$= \frac{q_H C_D H B_0}{K_1} \frac{2 I_H}{0.95+\alpha+\beta} \sqrt{B_D(1+R_D)} \tag{5.6.3.8}$$

여기서, n_D : 래티스형탑상구조물의 풍방향 1차고유진동수 (Hz)

$$n_D = \frac{100}{H} \text{ (Hz)}^{2)}$$

ζ_D : 래티스형탑상구조물의 풍방향 1차감쇠비

$\zeta_D = 0.01$(중공강관철탑, 콘크리트충진강관철탑)[2)]

$\zeta_D = 0.02$(산형철탑)[2)]

단,

$$R_D = \frac{\pi}{4\zeta_D} \frac{S_D F}{B_D} \tag{5.6.3.9}$$

$$B_D = \int_0^\infty |J(n)|^2 \frac{S_v(n,H)}{\sigma_v^2(H)} dn \tag{5.6.3.10}$$

$$S_D = |J(n)|^2 \tag{5.6.3.11}$$

$$F = \frac{n_D S_v(n,H)}{\sigma_v^2(H)} = \frac{4\dfrac{nL(z)}{V(z)}}{n\left[1+70.8\left\{\dfrac{nL(z)}{V(z)}\right\}^2\right]^{5/6}} \tag{5.6.3.12}$$

여기서, R_D : 공진계수

B_D : 비공진계수

S_D : 규모계수

F : 풍력스펙트럼계수

$|J(n)|^2$: 조인트억센턴스 (5.6.79)식, (5.6.80)식으로 주어짐

(5.6.3.10)식의 비공진계수 B_D, (5.6.3.11)식의 규모계수 S_D는 주어진 적분의 계산하기가 어렵기 때문에 (5.6.81)식과 (5.6.82)식과 유사한 방법으로 근사적인 적분값을 구하면 다음 식과 같이 주어진다.

$$B_D = \left(1-\frac{3}{4}\lambda_B\right)^2 \frac{1}{1+\dfrac{2\sqrt{BH}}{L_H}} \tag{5.6.3.13}$$

$$S_D = \left(1-\frac{3}{4}\lambda_B\right)^2 \frac{1}{\left(1+3.5\dfrac{n_D B}{V_H}\right)\left(2+\dfrac{n_D H}{V_H}\right)} \tag{5.6.3.14}$$

단, $B= \dfrac{B_H+B_0}{2}$ (5.6.3.15)

이상과 같은 과정에 따르면, 변동변위의 최대값의 높이방향분포 $\hat{x}(z)$는 (5.6.3.8)식의 일반화변위 표준편차 σ_X, 피크팩터 g_D 및 진동모드 $\mu(z)$를 이용하여 다음 식과 같이 된다.

$$\hat{x}(z)= g_D\frac{q_H C_D H B_0}{K_1}\frac{2I_H\mu_1(z)}{0.95+\alpha+\beta}\sqrt{B_D(1+R_D)} \quad (5.6.3.16)$$

또한, 평균풍력은 평균풍속에 대한 평균변위가 1차진동모드 $\mu_1(z)$에 비례하는 것으로 가정하면, 다음 식으로 주어지므로

$$\overline{F}= \int_0^{\infty}\overline{F}(z)\mu_1(z)dz= q_H c_D H\left(\frac{B_0}{1+2\alpha+\beta}-\frac{B_0 B_H}{2+2\alpha+\beta}\right) \quad (5.6.3.17)$$

평균변위의 높이방향분포 $\overline{X}(z)$는 다음 식과 같이 주어진다.

$$\overline{X}(z)= \frac{\overline{F}}{K_1}\mu_1(z)= \frac{q_H C_D H}{K_1^*}\left(\frac{B_0}{1+2\alpha+\beta}-\frac{B_0-B_H}{2+2\alpha+\beta}\right)\mu_1(z) \quad (5.6.3.18)$$

여기서, q_H : 높이 H에서의 속도압 ($\mathrm{N/m^2}$)

I_H : 높이 H에서의 난류강도

α : 풍속의 연직분포를 정하는 상수

g_D : 피크팩터

B_D : 비공진계수

R_D : 공진계수

B_0 : 래티스형탑상구조물의 밑면에서의 탑체폭

B_H : 래티스형탑상구조물의 기준높이에서의 탑체폭

따라서, 진동모드가 $\mu_1(z)=(z/H)^2$ (진동모드를 나타내는 형상지수 $\beta=2$), 지상부의 질량분포가 일정한 경우의 가스트영향계수 G_D는 (5.5.3.16)식과 (5.6.3.18)식의 관계로부터 다음 식과 같이 주어진다.

$$G_D= 1+\frac{\hat{x}(z)}{\overline{X}(z)}= 1+g_D\frac{C_g'}{C_g}\sqrt{1+R_D} \quad \textit{(5.6-3)},\ (5.6.3.19)$$

단, $C_g' = 2\dfrac{I_H}{\alpha+3}\sqrt{B_D}$ *(5.6-3.a)*, (5.6.3.20)

$$C_g = \frac{1}{2\alpha+3} - \frac{\lambda_B}{2\alpha+4} \qquad \textit{(5.6-3.b)},\ (5.6.3.21)$$

KDS 2022의 본문의 *식 (5.6-3)*은 위의 (5.6.3.19)식을 채용하고 있다.

예제 | 지표면조도구분 및 래티스철탑 조물 높이에 따른 가스트영향계수 G_D의 변화

래티스철탑 구조물의 폭 B와 높이 H의 비 $H/B=10$, $(B=(B_H+B_0)/2)$, 밑면에서의 탑체폭 B_0에 대한 기준높이 H에서의 탑체폭 B_H의 비 $B_H/B_0=1.0$, 기본진동모드 $\beta=2.0$, 지상부의 질량분포는 일정하고, 풍방향의 감쇠비 $\zeta_D=0.01$, 풍방향 1차 고유진동수 $n_1=100/H(\mathrm{Hz})$, 기본풍속 $V_0=35\,\mathrm{m/s}$라고 가정할 때, 가스트영향계수 G_D가 지표면조도구분 A, B, C, D, 철탑구조물물의 높이가 25m ~ 200m로 됨에 따라 어떻게 변하는지를 조사하라.

► 풀이

본문의 *식(5.6-3)*에 따라 지표면조도구분 A, B, C, D이고, 건축구조물의 높이가 25m에서 25m간격으로 200m 높이까지 변할 때, 가스트영향계수 G_D의 변하를 구하여 나타낸 것이 그림 5.6.3.2이다. 가스트영향계수 G_D는 지표면조도구분이 평탄해질수록 또한 구조물의 높이가 높아질수록 작아지는 경향을 나타낸다.

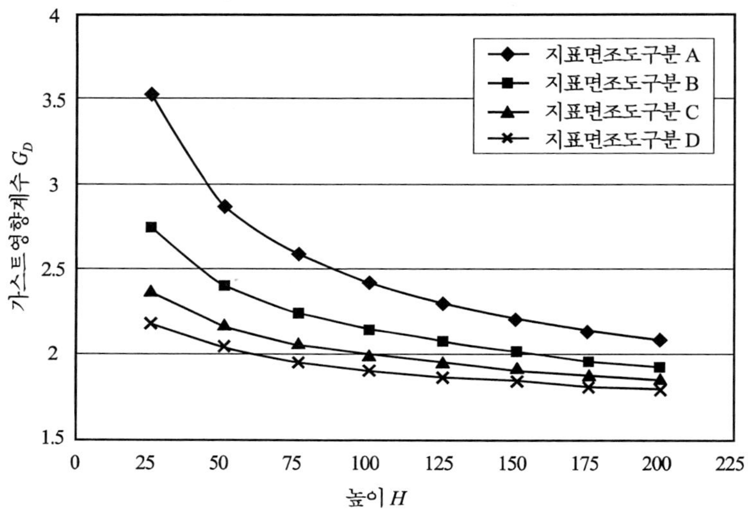

그림 5.6.3.2 지표면조도구분 및 건축구조물의 높이에 따른 가스트영향계수의 변화

(2) 래티스형탑상구조물의 풍방향 진동모드에 따른 보정

래티스형탑상구조물의 진동모드보정계수 ϕ_{Dt}는 5.6절 (3)의 2)에서 자세하게 설명하였으니 참고하기 바란다. KDS 2022의 본문 *그림 5.6-7*에 나타낸 것처럼 풍방향진동모드보정계수 ϕ_{Dt}는 진동모드형이 1.0 이상이 되면 거의 선형적으로 증가한다.

예제 | 래티스형 탑상구조물의 밑면 탑체폭과 윗면 탑체폭 비에 따른 진동모드보정계수 변화

래티스형 철탑 구조물의 밑면에서의 탑체폭 B_0에 대한 기준높이 H에서의 탑체폭 B_H가, 1. 0.75, 0.5, 2.5일 때의 의 진동모드보정계수 ϕ_{Dt}를 구하라

► 풀이

본문의 *식 (5.6-3.c)*를 사용하여 진동모드보정계수 ϕ_{Dt}를 구하여 B_H/B_0에 따라 변화특성을 나타내면 그림 5.6.3.3과 같다. 진동모드 연직분포계수 β가 커지면 진동모드보정계수 ϕ_{Dt}가 거의 선형적으로 커진다. 특히, β>2의 범위에서는 윗변폭이 밑변폭에 가까워질수록 ϕ_{Dt}가 커진다.

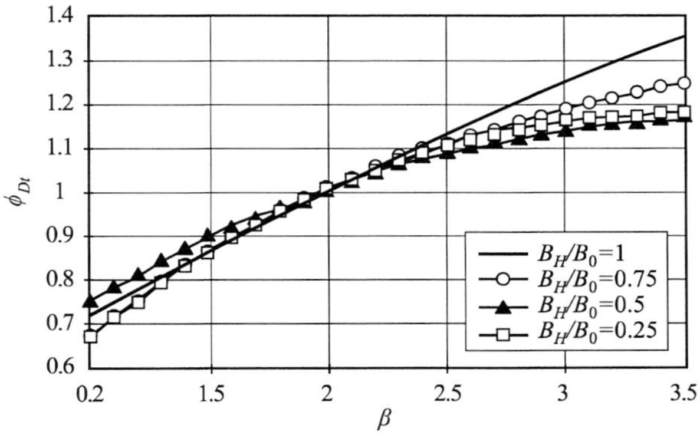

그림 5.6.3.3 진동모드 연직분포계수 β와 윗변과 아랫변의 비(B_H/B_0)에 따른 진동모드보정계수 ϕ_{Dt}의 변화 특성

5.6.4 지붕의 외압가스트영향계수

(1) 유연하고 장경간인 건축구조물로서 바람에 의한 지붕의 공진효과를 무시할 수 없는 경우, 즉 식(5.6-4)를 만족하는 경우의 외압가스트영향계수 G_{pe}는 식(5.6-6)으로 산정하고, 그 이외 바람에 의한 지붕의 공진효과를 무시할 수 있는 경우의

외압가스트영향계수 G_{pe} 는 식(5.6-5)에 따라 산정한다. 단, 직사각형 이외의 평면이면서 지붕구배가 10° 이상 30° 이하인 지붕 및 돔지붕의 외압가스트영향계수 G_{pe} 는 식(5.6-5)에 따라 산정한다.

$$\frac{n_{R0}H}{V_H} < 1.3 \tag{5.6-4}$$

단, n_{R0} : 지붕보의 1차고유진동수(Hz)

H : 기준높이(m)

V_H : 설계풍속(m/s) (5.5.1에 따른다) V_H 산정 시의 기본풍속은 [그림 5.5-1] 재현기간 500년 풍속 $V(500)$을 사용한다

$$G_{pe} = 1 + 4r_{pe}\sqrt{B_{pe}} \tag{5.6-5}$$

$$G_{pe} = 1 + g_{pe}r_{pe}\sqrt{B_{pe} + R_{pe}} \tag{5.6-6}$$

여기서, $g_{pe} = \sqrt{2\ln(600n_{R0}) + 1.2}$

$r_{pe} = 2.2{I_H}^2 + 0.19$

$B_{pe} = \dfrac{0.36}{\left(\dfrac{l}{H}\right)^{0.84}\left(\dfrac{b}{H}\right)^{0.09}}$:지붕보가 풍향과 평행일 때

$B_{pe} = \dfrac{0.50\left(\dfrac{b}{H}\right)^{0.03}}{\left(\dfrac{l}{H}\right)^{0.49}}$: 지붕보가 풍향과 직각일 때

$R_{pe} = \dfrac{0.004}{(n_{R0}^{*})^{2.8}\left(\dfrac{l}{H}\right)^{1.5}\left(\dfrac{b}{H}\right)^{0.55}\zeta_R}$: 지붕보가 풍향과 평행

$R_{pe} = \dfrac{0.01\left(\dfrac{b}{H}\right)^{0.04}}{(n_{R0}^{*})^{3.4}\left(\dfrac{l}{H}\right)^{0.80}\zeta_R}$: 지붕보가 풍향과 직각

여기서, g_{pe} : 피크팩터

r_{pe} : 외압변동계수

I_H : 기준높이에서의 난류강도로 식(5.5-3.a)에서 z 를 H 로 대체하여

	얻은 값
l	: 지붕의 경간(m)
b	: 하중분담폭(m)
n_{R0}^{*}	: 무차원고유진동수($=n_{R0}H/V_H$)
ζ_R	: 지붕의 1차감쇠비
B_{pe}	: 비공진계수
R_{pe}	: 공진계수

지붕에 대한 외압가스트영향계수의 기본적인 해석방법은 본문의 '*5.6.1 유연구조물 등의 주골조설계용*' 및 '*5.6.2 강체건축구조물 등의 주골조설계용*'의 가스트영향계수법과 같다. 즉 단순지지보로 가정한 지붕면의 진동응답에서 진동모드가 $\mu(x) = \sin\pi x/l$인 1차진동이 지배적이고 평균변위가 1차진동모드형 유사한 것을 대상으로 하고 있다. x는 지붕끝단부로부터의 거리이다. 구조골조용 수평풍하중을 산정하는 경우에는 풍속으로부터 일반화풍력을 유도하였으나, 지붕면의 경우에는 풍동실험에서 측정한 풍압자료로부터 변동풍압의 특성인 변동풍압계수와 일반화풍력 파워스펙트럼밀도를 구한다는 점이 다르다. 지붕면에서의 풍압에 대한 평균변위와 변동변위를 스펙트럼모드해석법에 의해 평가하고, 그것으로부터 가스트영향계수를 평가한다.

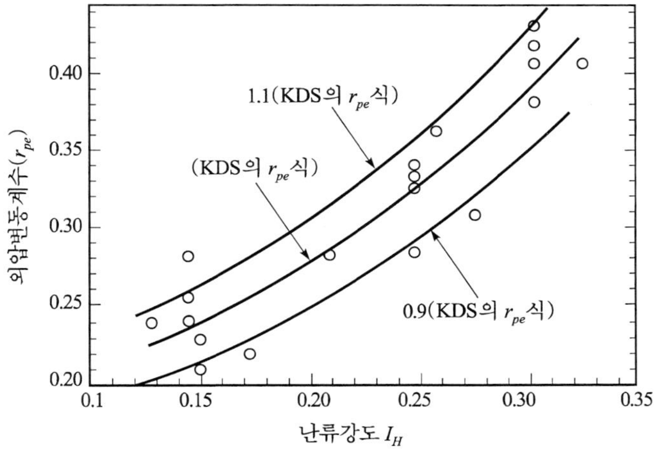

그림 5.6.4.1 풍하쪽 $1H$ 지점에서 외압변동계수 r_{pe}의 난류강도 I_H에 의한 변화

그림 5.6.4.1은 실험으로부터 얻어진 외압변동계수 r_{pe}와 그에 대한 추세선을 나타낸 것이다. 외압변동계수 r_{pe}는 지붕높이 H에서 풍속의 난류강도 I_H에 비례하여 증가한다.[1)] KDS 2022의 외압변동계수 r_{pe} 식은 실험값의 평균에 해당하는 추세선이다.

그림 5.4.6.2는 난류경계층풍동에서 측정한 $x' = x/H$ 위치에서 변동풍압의 무차원파워스펙트럼밀도 $nS(n)/\sigma^2$의 예이다. σ^2는 변동풍압의 분산이다. 무차원파워스펙트럼밀도 $nS(n)/\sigma^2$는 풍상단부 가까운 영역을 제외하면 위치에 따라 크게 변하지 않고 그림의 실선으로 근사시킬 수 있고 그것은 다음 식과 같이 나타낼 수 있다.

$$\frac{nS(n)}{\sigma^2} = \frac{n^*}{\pi n_s^*}\left[\frac{\lambda}{\left(\frac{n^*}{n_s^*}+1\right)^2+\lambda^2}+\frac{\lambda}{\left(\frac{n^*}{n_s^*}-1\right)^2+\lambda^2}\right] \quad (5.6.4.1)$$

여기서, n^* : 무차원진동수(nH/V_H)

n_s^* : 파워스펙트럼밀도의 무차원피크진동수이고, $n_s^* \approx 0.25$

λ : 파워스펙트럼밀도의 피크의 밴드폭을 나타내는 정수이고, $\lambda \approx 1.0$

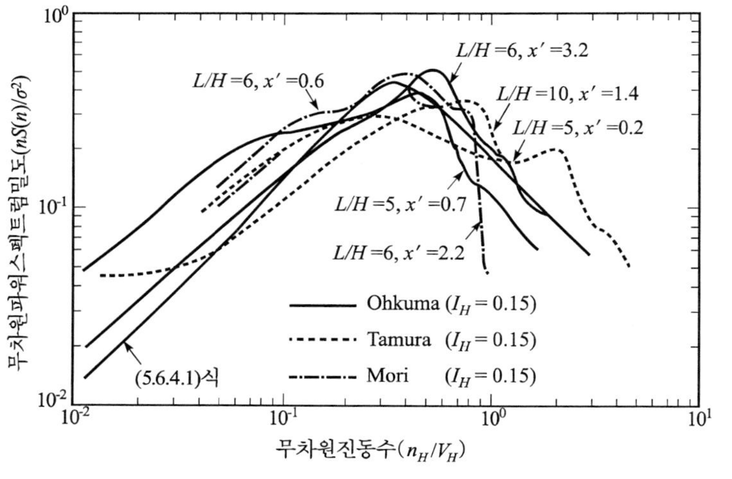

그림 5.6.4.2 지붕면 변동풍압의 파워스펙트럼밀도와 그에 대한 근사곡선[2)~4)]

그림 5.6.4.3은 각종 지붕의 1차고유진동수의 실제 예를 나타낸 것이다. 여기서 지붕보 강성은 자중에 의한 최대처짐이 경간 l의 1/300이 되도록 설정한 경우이다.

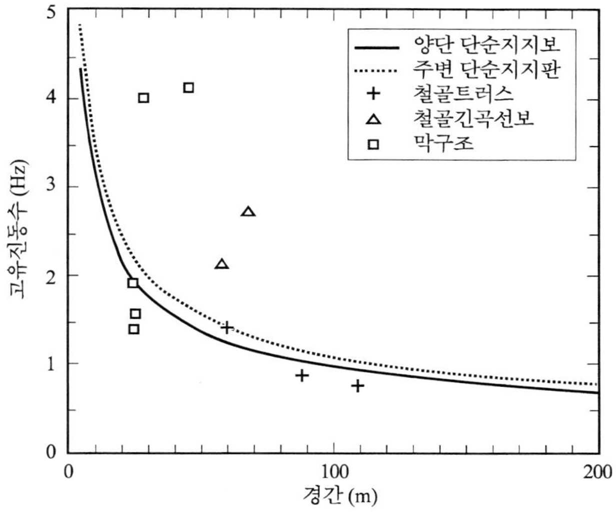

그림 5.6.4.3 지붕면의 고유진동수[1)]

경간이 길고 유연한 지붕보의 경우에는 지붕보의 공진효과를 무시할 수 없다. 지붕보의 무차원진동수 $n_{R0}^* = n_{R0} H / V_H$가 1.3 이상이 되면 공진성분을 무시해도 공진성분을 고려한 풍하중과 거의 차이가 없다. 그러나 n_{R0}^*가 1.3 보다 작아지면 공진효과가 커져 무시할 수 없게 된다. 따라서 본문의 *식(5.6-4)* 의 조건이 될 때 공진효과를 고려하도록 한 것이다.

예제 | 지붕골조의 가스트영향계수 산정

지붕골조의 하중분담폭 b=7m, 감쇠비 $\zeta_R = 0.01$, 외압변동계수 r_{pe}=0.3로 가정하였을 때, 지붕의 경간비 l/H 및 무차원진동수 $V_R^* = n_{R0} H / V_H$에 따라 변하는 가스트영향계수 G_{pe}의 특성을 구하라.

► 풀이

본문의 *식(5.6-6)*을 사용하여 경간비 l/H에 따른 지붕골조의 가스트영향계수 G_{pe}를 구하면 그림 5.6.4.4와 같다. 일반적으로 무차원진동수 n^*가 0.4 이하가 되는 경우는 거의 없다. 무차원진동수 n^*가 0.8 이상이 이고, 경간비 l/H가 1.0 이상이 되면 풍방향과 풍직각방향의 지붕외압가스트영향계수 G_{pe}는 2.0에 수렴하는 경향을 보인다. 그리고 풍직각방향의 지붕외압가스트영향계수가 풍방향 보다 전체적으로 약간 큰 값을 가진다.

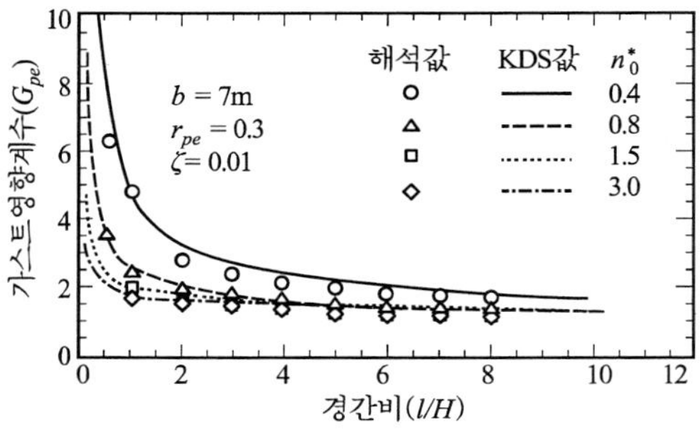

(a) 풍향에 평행한 지붕보일 때

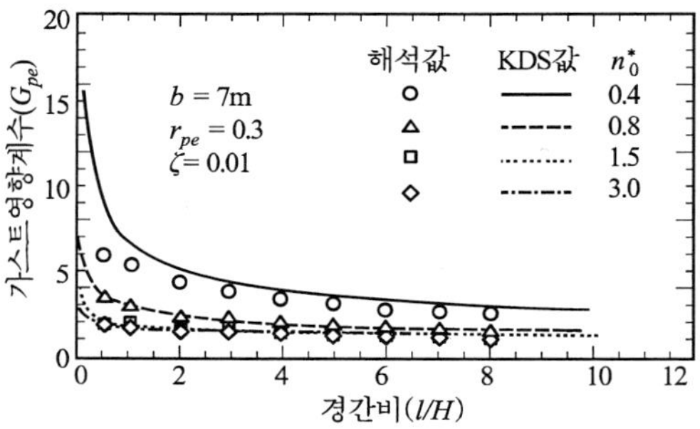

(b) 풍향에 직교하는 지붕보일 때

그림 5.6.4.4 대상 지붕면 형상과 진동모드

참고문헌

5.6

1) A. G. Davenport (1967), Gust Loading Factors, Journal of Structural Division, ASCE, 93, 11-34
2) 河井宏允 (1982), 高層建築物に作用する風壓力に關する研究, 京都大學校博士學位請求論文, 215
3) J. Vellozzi, H. Cohen (1096), Gust Response Factors, Proc. ASCE, Vol. 94, ST. 4, 1295-1313
4) A. G. Davenport (1961), The Spectrum of Horizontal Gustiness near the Ground in High winds, Quart. Jour. Roy. Met. Soc., Vol. 87, 194-211
5) 하영철 (2021), 건축구조물 내풍설계, 구미서관, 314-315
6) D. E. Cartwright, M. S. Longuet-Higgings (1956), The statistical distribution of the maximum of random function, Proc. Roy. Soc. A, 237, 212-232
7) 日本建築學會 (1993), 建築物荷重基準·同解說, 286-288
8) E. Simiu (1973), Gust Factors and Along-Wind Pressure Correlations, Journal of Structural Division, ASCE, Apr., 773-783,
9) 大熊武司, 神田順, 田村幸雄 (1996), 建築物の耐風設計, 鹿島出版會, p.140
10) CEN (2005), EN 1991-1-4:2005E), Eurocode 1: Actions on structures - Part 1-4: General actions- Wind actions, 141-142
11) AS/NZS1170.2 (2002), Australian/New zealand Standard, Structural design actions, Part2: wind actions", 41-42
12) J. D. Holmes (1987), Mode shape Correction for Dynamic Response to Wind, Eng. Struct., Vol.9, 210-212
13) 丸川佐夫, 佐夕木淳, 伊藤純子 (1999), 一般化風力の振動モードによる補正, 日本建築學會大會學術講演梗概集, 構造Ⅰ, 251-252
14) 日本建築學會 (2004), 建築物荷重指針·同解說, p.60-61

5.6.1

1) 日本建築學會 (1993), 建築物荷重基準·同解說, 286-288
2) 대한건축학회 (2016), 국토교통부고시 건축구조기준 및 해설
3) B. R. Ellis (1980), An Assessment of the Accuracy of Predicting the Fundamental Natural Frequency Buildings and the Implications Concerning the Dynamic Analysis of Structures, Proceedings, Inst. Civil Engrs., Part 2, 69
4) W. C. Hurty (1964), Dynamics of Structures, Prentice Hall

5) American Society of Civil Engineers (2010), Minimum Design Loads for Buildings and Other Structures, ASCE/SEI 7-10
6) 日本建築學會 (2000), 建築物の減衰, 204~213
7) International Organization for Standardization (2009), Wind actions on structures, ISO 4354 : 2009(E)
8) ESDU 77032 (2004), Fluctuating loads and dynamic response of bodies and structures in fluid flows-background informations, 53
9) 윤성원 (2004), 강풍 시 철근콘크리트조 아파트의 사용성 설계용 감쇠율, 대한건축학회논문집 구조계, 23(8), 27-34
10) 윤성원, 김재웅 (1998), 철골조 고층건물의 감쇠율 및 진동수 계측, 한국풍공학회지논문집, 2(2), 233-212) CEN (2005), EN 1991-1-4:2005E), Eurocode 1: Actions on structures - Part 4

5.6.2

1) 대한건축학회 (2000), 건설교통부 제정 건축구조물 하중기준 및 해설, 218-231, 태림문화사
2) 대한건축학회 (2016), 국토교통부고시 건축구조기준 및 해설

5.6.3

1) 하영철 (2021), 건축물 내풍설계, 구미서관, 314-315
2) 電力中央研究所 (2005), 送電鐵塔の風荷重指針・同解說

5.6.4

1) H. Marukawa, Y. Uematsu, Y. Tamura, O. Nkamura, H. Ueda (1993), design wind load on a flat long-span roof, Proc. 4th East Asia-Pacific Conf. on Structural Engineering & Construction, seoul
2) 田村辛雄, 藤井邦雄, 上田 宏, 勝村 章 (1991), 陸屋根構造梁の設計用風荷重, 日本風工學會誌, 47
3) 大雄武司, 丸川比佐夫, 風間弘晴, 新堀喜則, 加藤信男 (1986), 大スパン構造物の屋根面に作用する風壓力に關한する基礎的研究, 第9回風工學シンポジウム論文集
4) T. Mori (1976), On dynamic response of a flat long span roof to action of wind, 日本建築學會論文報告集, 42

5.7 주골조설계용 풍압계수, 풍력계수

5.7.1 외압계수

(1) 밀폐형건축구조물

사각형평면을 가진 밀폐형건축구조물에 대한 주골조설계용 외압계수 C_{pe} 는 표 5.7-1에 따라 정한다. 외벽면의 외압계수는 표 5.7-1의 ①에 따르고, 지붕면 외압계수는 표 5.7-1의 ②에 따른다. 단, 형상비 $H/\sqrt{BD}$ 가 8 이하인 건축구조물에만 적용한다.

표 5.7-1 밀폐형건축구조물의 외압계수 C_{pe}

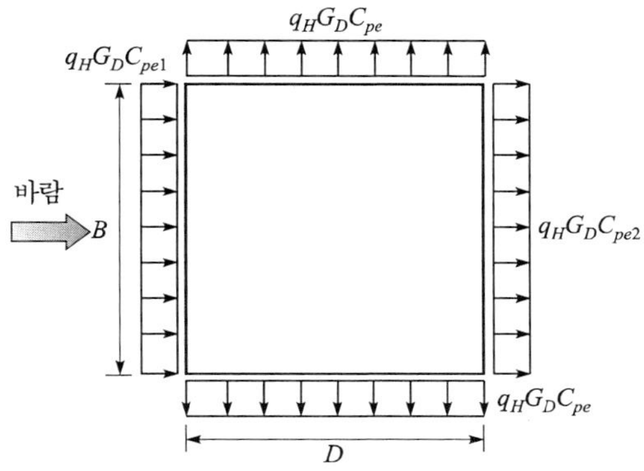

(a) 평면

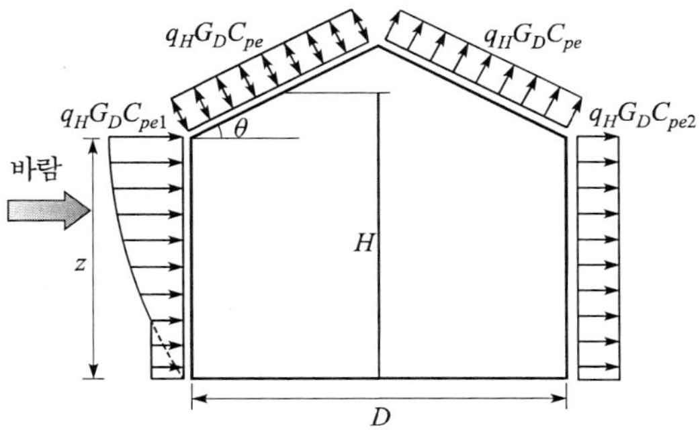

(b) 단면

기호] B : 건물폭, 풍직각방향길이(m)
D : 건물깊이, 풍방향길이(m)
H : 지붕면평균높이(m)
θ : 지붕경사각(°)

① 벽면

외압계수 C_{pe}

	D/B	풍상벽 끝단으로부터의 수평거리(x)	C_{pe}
풍상벽 C_{pe1}	≤ 1	–	$0.8k_z$
	>1	–	$0.8k_z+0.05$
풍하벽 C_{pe2}	≤ 1	–	-0.5
	>1	–	-0.35
측벽 C_{pe}	모든 값	$\leq 1H$	-0.7
	모든 값	$1H\leq x<3H$	-0.5
	모든 값	$3H\leq x$	-0.3

주] k_z 는 높이방향압력분포계수로 아래 표로 주어진다.

높이방향 압력분포계수 k_z

$H\leq z_b$	$z\leq z_b$	$z_b<z<0.8H$	$z\geq 0.8H$
1.0	$(z_b/H)^{2\alpha}$	$(z/H)^{2\alpha}$	$0.8^{2\alpha}$

주] z : 지표면에서의 높이(m)
z_b : 대기경계층시작높이(m)로 표 5.5-3에 의해 정함
α : 풍속고도분포지수로 표 5.5-3에 의해 정함

② 지붕면

평지붕, $\theta<10°$인 용마루직각방향 및 모든 경사각의 용마루방향의 지붕면 외압계수 C_{pe}

풍상지붕 끝단으로부터의 수평거리	$H/D\leq 0.5$	$H/D\geq 1.0$
$0\sim 0.5H$	$-0.9,\ -0.4$	$-1.3k_a,\ -0.6$
$0.5H\sim 1H$	$-0.9,\ -0.4$	$-0.7,\ -0.3$
$1H\sim 2H$	$-0.5,\ 0.0$*	$(-0.7,\ -0.3)$*
$2H\sim 3H$	$-0.3,\ 0.1$	
$>3H$	$-0.2,\ 0.2$	

$\theta \geq 10°$인 용마루직각방향의 풍상지붕면 외압계수 C_{pe}

H/D	지붕경사각 $\theta°$						
	10	15	20	25	30	35	45≥
≤0.25	−0.7 −0.3	−0.5 0.0*	−0.3 0.2	−0.2 0.3	−0.2 0.4	0.0* 0.5	0.0* 0.8sinθ
0.5	−0.9 −0.4	−0.7 −0.3	−0.4 0.0*	−0.3 0.2	−0.2 0.3	−0.2 0.4	
≥1.0	$-1.3k_a$ −0.6	−1.0 −0.5	−0.7 −0.3	−0.5 0.0*	−0.3 0.2	−0.2 0.3	

주] 1) 값은 보간을 목적으로 사용한다.
2) k_a는 면적감소계수로 아래 표에 주어진 것처럼 면적에 따라 선형적으로 감소하고, 중간 값은 직선보간하여 사용할 수 있다.

면적감소계수 k_a

유효수압면적(m^2)	면적감소계수
≤10	1.0
25	0.9
≥100	0.8

$\theta \geq 10°$인 용마루직각방향의 풍하지붕면 외압계수 C_{pe},

H/D	지붕경사각 $\theta°$				
	10	15	20	≥ 25	
≤ 0.25	−0.3	−0.5	−0.6	$B/D<3$	−0.6
0.5	−0.5	−0.5	−0.6	$3 \leq B/D \leq 8$	$-0.06(7+B/D)$
≥ 1.0	−0.7	−0.6	−0.6	$B/D>8$	−0.9

주] 1) +부호는 표면을 향하는 정압, −부호는 표면에서 떨어져나가는 부압을 의미한다.
2) 표에서 주어진 D/B, H/D 및 θ의 중간값은 직선보간하여 사용할 수 있다. 직선보간은 동일한 부호를 가진 값일 때만 할 수 있다. 동일부호에서 값이 없을 때에는 직선보간 할 때 0.0으로 한다.
3) C_{pe} 값이 두 가지일 때는 풍상측지붕이 정압과 부압을 다 받으며, 지붕골조는 이 두 가지 조건을 고려하여 설계한다. 이 때 H/D 중간에 있는 값의 보간은 동일한 부호의 C_{pe} 값만 한다.
4) 편지붕일 때는 모든 지붕면이 풍상면 또는 풍하면이 된다.
5) 이중경사지붕일 때는 지붕정상수평면과 풍하경사면을 풍하면으로 본다.
6) 모멘트저항골조로 된 지붕에서 주골조를 제외하고, 수평전단력의 합은 지붕면에 작용하는 풍력을 무시하고 결정한 값보다 커야한다.

(2) 아치지붕

아치지붕의 주골조설계용 외압계수 C_{pe} 는 표 5.7-2에 따른다.

표 5.7-2 아치지붕의 외압계수 C_{pe}

① 풍향 $\beta = 0°$

f/D	R_a부			R_b부			R_c부		
	h/D =0	h/D =0.3	h/D =0.7	h/D =0	h/D =0.3	h/D =0.7	h/D =0	h/D =0.3	h/D =0.7
0	−0.4	−1.0	−0.9	−0.4	−1.0	−0.9	−0.4	−0.6	−0.9
0.1	−0.5	−1.2	−1.5	−0.9	−1.0	−1.0	−0.5	−0.5	−0.5
0.3	−0.1	−0.4	−0.9	−1.2	−1.4	−1.5	−0.5	−0.5	−0.5
0.4	0.2	0	−0.5	−1.2	−1.3	−1.4	−0.5	−0.5	−0.5

주] 1) 표에 주어진 f/D, h/D의 중간값에 대해서는 직선보간하여 사용한다.
2) +부호는 지붕의 윗 표면에 대해 압력이 아랫 방향으로 작용하는 경우, −부호는 윗 방향으로 작용하는 경우이다.

② 풍향 $\beta = 90°$

f/D	R_a부			R_b부			R_c부		
	h/D =0	h/D =0.3	h/D =0.7	h/D =0	h/D =0.3	h/D =0.7	h/D =0	h/D =0.3	h/D =0.7
0	−0.4	−1.0	−0.9	−0.4	−1.0	−0.9	−0.4	−0.6	−0.9
0.1	−0.5	−1.2	−1.5	−0.9	−1.0	−1.0	−0.5	−0.5	−0.5
0.3	−0.1	−0.4	−0.9	−1.2	−1.4	−1.5	−0.5	−0.5	−0.5
0.4	0.2	0	−0.5	−1.2	−1.3	−1.4	−0.5	−0.5	−0.5

주] 1) 표에 주어진 f/B, h/B의 중간값에 대해서는 직선보간하여 사용한다.
2) +부호는 지붕의 윗 표면에 대해 압력이 아랫 방향으로 작용하는 경우, −부호는 윗 방향으로 작용하는 경우이다.

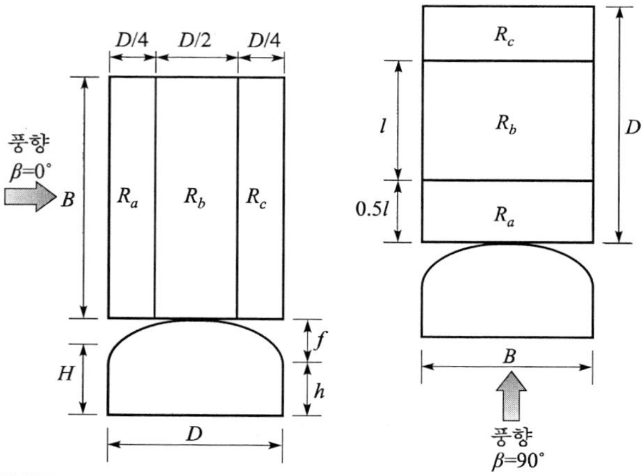

기호] B : 건축구조물의 폭(m)
D : 건축구조물의 깊이(m)
H : 지붕면 평균높이(m)
f : 아치높이(m)
h : 지표면에서 아치지붕 처마까지의 높이(m)
l : $4H$와 B 중 작은 값(m)

(3) 돔지붕

돔지붕의 주골조설계용 외압계수 C_{pe} 는 5.7-3에 따른다.

표 5.7-3 돔지붕의 외압계수 C_{pe}

f/d	R_a부(정의 계수)			R_a부(부의 계수)		
	h/d =0	h/d =0.25	h/d =1	h/d =0	h/d =0.25	h/d =1
0	검토 불필요함			−0.6	−1.4	−1.2
0.05	0.3	0	0	0	−1.0	−1.6
0.1	0.4	0	0	0	−0.6	−1.2
0.2	0.5	0	0	0	0	−0.4
0.5	0.7	0.6	0.6	검토 불필요함		

f/d	R_b부			R_c부			R_d부		
	h/d =0	h/d =0.25	h/d =1	h/d =0	h/d =0.25	h/d =1	h/d =0	h/d =0.25	h/d =1
0	0	−0.8	−1.2	0	−0.10	−0.4	0	−0.1	−0.3
0.05	0	−0.4	−0.8	−0.2	−0.4	−0.4	−0.1	−0.3	−0.3
0.1	0	−0.4	−0.6	−0.4	−0.6	−0.6	−0.2	−0.4	−0.4
0.2	0	−0.4	−0.6	−0.6	−0.8	−1.0	−0.2	−0.4	−0.4
0.5	0	−0.3	−0.4	−1.1	−1.2	−1.3	−0.2	−0.4	−0.4

주] 1) 표에 주어진 f/D, h/D의 중간값에 대해서는 직선보간하여 사용한다.
2) +부호는 지붕의 윗 표면에 대해 압력이 아랫 방향으로 작용하는 경우, −부호는 윗 방향으로 작용하는 경우이다.

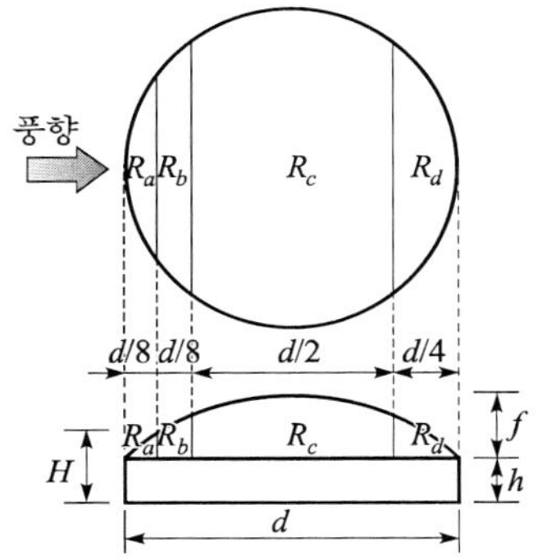

기호] d : 건축구조물의 외경(m)
H : 기준높이(m)
f : 돔높이(m)
h : 지표면에서 돔지붕 처마까지의 높이(m)

(4) 필로티

필로티의 천정과 측벽에 대한 주골조설계용 외압계수 C_{pe} 는 그림 5.7-1에 따른다.

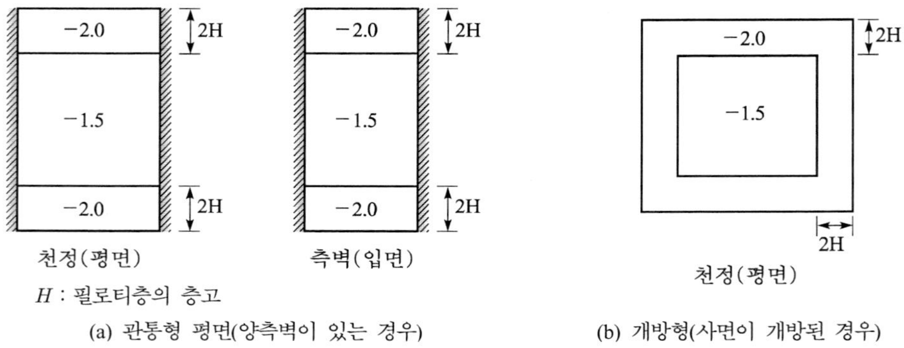

그림 5.7-1 필로티의 외압계수 C_{pe}

건축구조물에 작용하는 풍압은 건축구조물의 형상, 풍향 및 주변 건축구조물 등의 상황에 따라 달라진다. 건축구조물의 형상에는 디자인적인 요구, 건설지의 상황과 법적인 제약 등에 따라 달라지기 때문에 모든 것을 기준에 언급할 수는 없다. KDS 2022에는 사각형, 원형, 타원형 등 정형적인 건축구조물에 대한 외압계수 만을 제시하였다. KDS 2022에 규정한 풍향은 사각형 평면인 경우에는 벽면에 수직인 2방향에 고려하여 실시한 풍동실험결과에 근거한 것이다. 실제 건축구조물은 주변건축구조물의 영향을 많이 받지만 기준에서는 모든 상황을 고려할 수 없기 때문에 건축구조물이 단독으로 서있는 경우를 대상으로 하고 있다. 만약, 대상건축구조물과 인접하여 큰 건축구조물이 있거나, 주변건축구조물의 배치상황에 따라서는 KDS 2022에서 규정한 값보다 큰 외압계수를 가지는 경우도 있기 때문에 필요에 따라 적절한 풍동실험에 의해 외압계수를 구해야한다.

KDS 2022에 규정한 외압계수와 풍력계수는 모두 시간적, 공간적으로 평균화된 값이다. 시간평균을 위한 평가시간은 설계풍속의 평가시간과 같은 10분이다. 공간평균을 위한 평가영역은 건축구조물 전체 또는 각 벽면 전체를 대상으로 하는 넓은 범위에 상당한다.

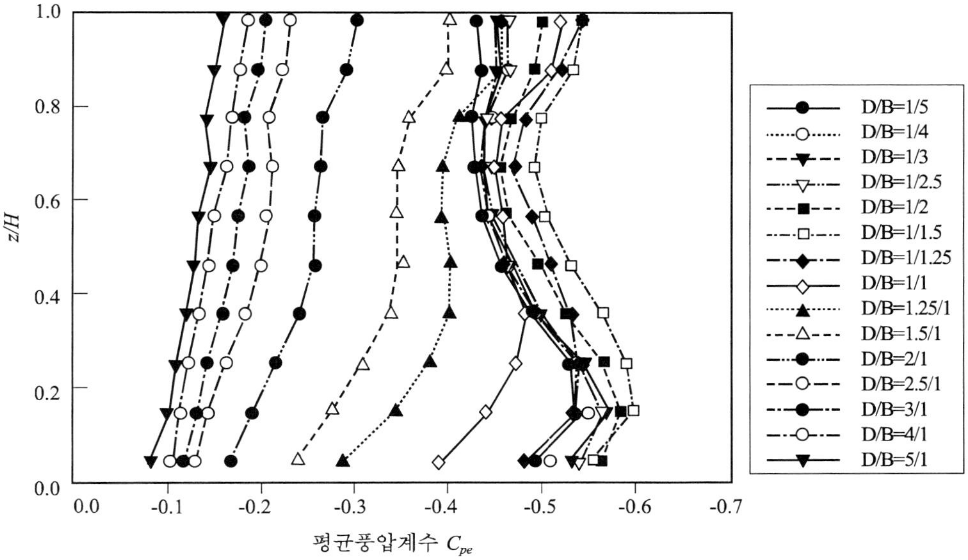

그림 5.7.1.6 풍하벽의 평균풍압계수의 연직분포[5)]

지표부근의 접지기층 내에서는 마찰로 인해 풍속이 흐트러져 풍속이 감소되는 현상이 발생한다. 그러나 풍속변동이 심하여 극단적으로 풍속이 커질 우려도 있다. 이런 점을 고려하여 $H \leq z_b$인 접지기층 내에서 풍압이 과소평가되는 것을 방지 하기위하여 접지층에서는 풍압이 일정한 최소값 $0.8^{0.2} \approx 1.0$을 갖도록 높이방향 압력분포계수 k_z를 수정하고 있다.

지붕면의 풍압력은 지붕면의 경사각에 따라 달라진다. 그림 5.7.1.7은 경사지붕에서 발생하는 풍압력의 변화형상을 개념적으로 나타낸 것이다. 풍상지붕면의 경사각이 일정이상으로 커지면 풍상지붕면의 전면끝단부에서는 정압 그 후부터는 부압이 나타난다. 풍향이 용마루직각방향이면 지붕경사각에 따라 풍상지붕면, 풍하지붕면의 풍압력이 크게 변한다. 그리하여 $\theta \geq 10^\circ$ 일 경우에는 지붕경사각에 따라 변하는 풍압력을 제시하고 있다.[7)] 그러

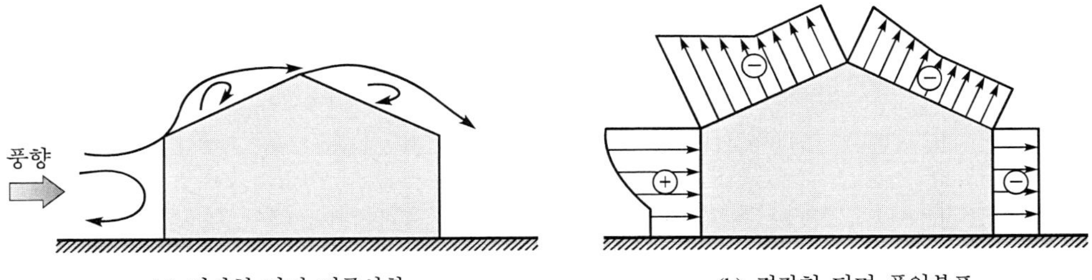

그림 5.7.1.7 경사형 단면 건축구조물 주변의 기류상황과 풍압분포

나, 풍향이 용마루방향일 때는 풍상전면끝단부에서 흐름이 바로 박리하기 때문에 경사각에 따라 풍압력이 크게 변하지 않고 풍상면, 풍하면의 구분 없이 그 값이 평지붕과 비슷하다. 그리하여 평지붕값을 사용하도록 하고 있다.[8)]

지붕이나 벽인 경우 풍하중을 지지하는 골조가 부담하는 수압면적이 넓어지면 변동풍압의 상관이 작아진다. 이를 고려하기 위한 것이 면적감소계수 k_a 이다. k_a 는 대상으로 하는 풍하중에 기여하는 유효수압면적의 크기가 커지면 작아진다. 면적이 커지면 고진동수의 난류에 의한 변동풍압은 서로 상쇄되고, 저진동수의 난류에 의한 변동풍압만이 주로 남기 때문에 결과적으로 풍압이 작아진다.

(2) 아치지붕

아치지붕과 아래 (3)에 기술하는 돔지붕 평면의 건축구조물처럼 곡면을 가진 건축구조물의 외압계수는 건축구조물의 형상 기류조건 외에 레이놀즈수 및 표면의 거칠기 등의 영향을 받는다. 주로 레이놀즈수나 표면 거칠기에에 의해 곡면상에서의 박리점의 위치가 이동하고 따라서 건축구조물 주변의 흐름의 패턴이 변화하기 때문이다. 그러나, 아치지붕, 돔지붕과 같이 원호형인 건축구조물의 경우도 일반적인 라이즈비 f/D 의 범위에서는 레이놀즈수 Re 의 영향은 크지 않기 때문에 KDS 2022에서 채택하고 있는 값은 레이놀즈수 Re 의 영향을 고려하지 않은 풍동실험결과 들에 근거하고 있다.

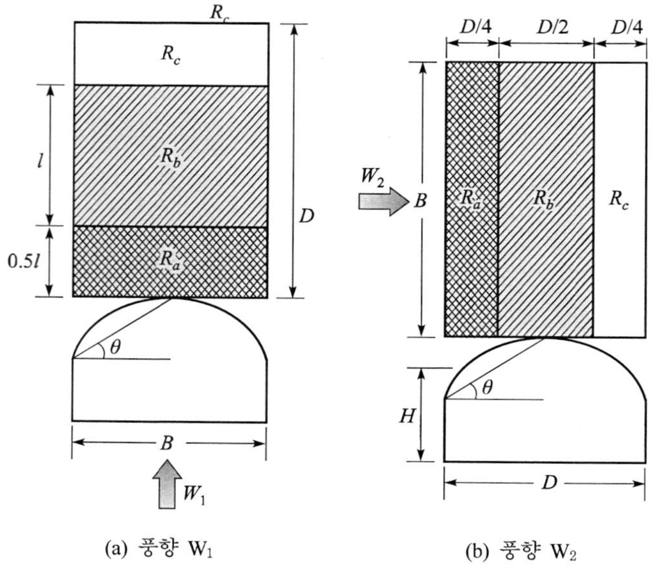

B : 건축구조물 폭(m)
D : 건축구조물 깊이(m)
H : 지붕면 평균높이(m)
f : 아치높이(m)
h : 지표면에서 지붕처마까지 높이
l : $4H$와 B 중 작은 값(m)
θ : 벽면의 외압계수 설정 시 사용한 지붕의 기울기(°)
$\theta = \tan^{-1}(2f/B)$
또는
$\theta = \tan^{-1}(2f/D)$

그림 5.7.1.8 아치지붕의 외압계수의 영역구분

평면이 사각형인 아치지붕은 풍향이 아치지붕에 평행할 때와 직각일 때 작용하는 풍압이 확연하게 달라진다. 이에 아치지붕의 외압계수는 풍향이 아치지붕에 평행할 때와 직각일 때의 2종류로 구분하고 풍동실험결과에 대한 공간평균값을 채용하고 있다.

그림 5.7.1.8(a)에 나타낸 것처럼 풍향이 건축구조물 처마면에 직각인 $\beta = 90^\circ$ (W_1) 경우에는 라이즈비 f/D의 크기에 의존하지 않고 풍상전면끝단에서 흐름이 박리한다. 그러나 그림 5.7.1.8(b)처럼 풍향이 처마면에 평행한 $\beta = 0^\circ$ (W_2)인의 경우에는 라이즈비 f/D에 따라 외압분포가 달라진다. 이 풍향일 때의 외압계수분포를 개념적으로 나타낸 것이 그림 5.7.1.9이다. 아치의 경사강이 커지면 풍상전면의 지붕 끝단부 가까이에 정압(+)이 발생하고 지붕면 최상단 가까이에서 부압(−)은 최대가 된다.

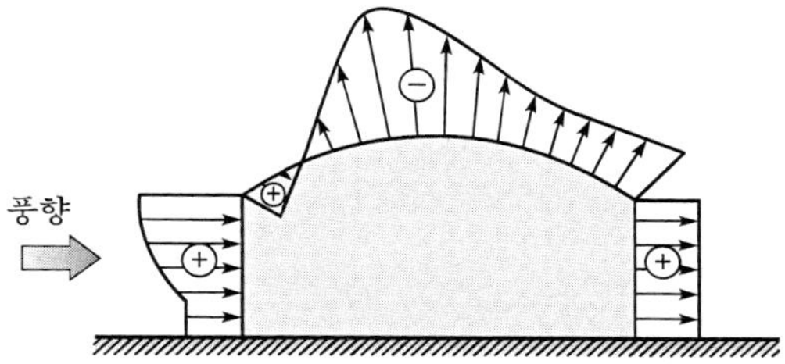

그림 5.7.1.9 아치지붕을 가진 건축구조물 입면에 작용하는 풍압분포

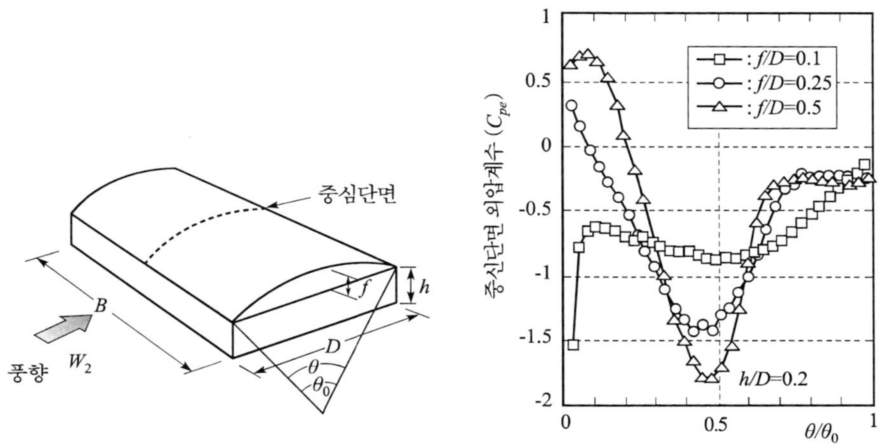

그림 5.7.1.10 아치지붕 중심단면에서의 외압계수와 라이즈비의 관계[9]

그림 5.7.10은 풍향이 처마면에 평행한 $\beta = 0^\circ$ (W_2)인의 경우의 외압분포의 한 예를 나타낸 것이다.[9] $f/D = 0.1$처럼 라이즈가 낮아 평지붕에 가까운 경우에는 풍상전면끝단에서 흐름이 박리하기 때문에 전면끝단 부근에서의 외압계수는 부(−)가 된다. 한편, $f/D = 0.5$

처럼 라이즈가 높은 경우에는 흐름의 박리점이 지붕의 정상부부근이 되기 때문에 풍상측의 외압계수는 정(+)이 된다. 이와 같은 경향을 고려하여 KDS 2022에서는 풍향에 따라 달라지는 영역을 구분하여 그림 5.7.1.7의 각영역에서의 외압계수의 평균값을 고려하여 정하고 있다. 풍향 $\beta = 0°$ 인 영역 Ra에서는 f/D와 h/D의 영향을 크게 받지만, 풍향 $\beta = 90°$ 에서는 전영역에서 f/D와 h/D의 영향은 작다.

본문의 *표 5.7-2*에 주어진 외압계수는 풍하중을 저항하는 주골조시스템에 대한 평균적인 풍하중값을 결정하기 위한 것이며, (+)기호는 풍압력이 아치지붕을 향하여 아랫방향으로, (−)기호는 아치지붕의 윗방향으로 작용하는 것을 뜻한다. 아치지붕에 작용하는 풍압은 풍상면 1/4 부분(R_a부)과 풍하면 1/4 부분(R_c부) 중앙부 1/2 부분(R_b부)에 따라 크게 다르므로 부분별로 구분하고 있다.[1]

벽면의 외압계수는 본문의 *표 5.7-1*에 따라 산정할 수 있다.

(3) 돔지붕

돔지붕의 외압계수는 위 (2)의 아치지붕과 같이 f/D와 h/D에 따라 변한다. 난류경계층에서 h/D가 0.25이하이고, f/D가 0.15 이하인 경우(실제 건축구조물의 대부분이 이 조건에 해당함)의 흐름은 풍상전면끝단에서 박리하지만 곧 재부착한다. 이 때에는 평지붕과 같이 박리점은 전면 끝단에 고정되기 때문에 레이놀즈수 Re의 영향은 작다고 볼 수 있다. f/D가 2.0 이상이 되면 흐름은 전면 끝단에서 박리하지 않고 지붕을 따라 흘러서 전면 끝단에서 $3/4D$ 또는 그 이상되는 뒤쪽의 위치에서 박리한다. 이 경우 장경간의 돔에서 잘 이용되는 $f/D = 0.35$ 정도까지 범위에서는 박리류에 포함되는 영역이 전체에 비해 작기 때문에 레이놀즈수 Re가 변하여 박리점이 다소 변동하더라도 전체적인 흐름에는 그다지 영향을 미치지 않는 것으로 여겨진다.[10]

그림 5.1.7.11은 돔의 평균외압계수분포의 예를 나타낸 것이다. 평균외압계수분포의 등압선은 풍향에 대해 거의 직교하고, 평균외압계수의 절대값은 풍향에 평행한 중심선상의 쪽이 끝단부 보다 크다. 따라서 KDS 2022에서는 안전을 고려하여 중심선상의 평균외압계수를 $R_a \sim R_d$의 4영역으로 구분하고 영역별로 공간평균하여 구조골조용 외압계수로 정하고 있다.[1]

벽면의 풍력계수는 본문의 *표 5.7-1* 에 따라 산정할 수 있다.

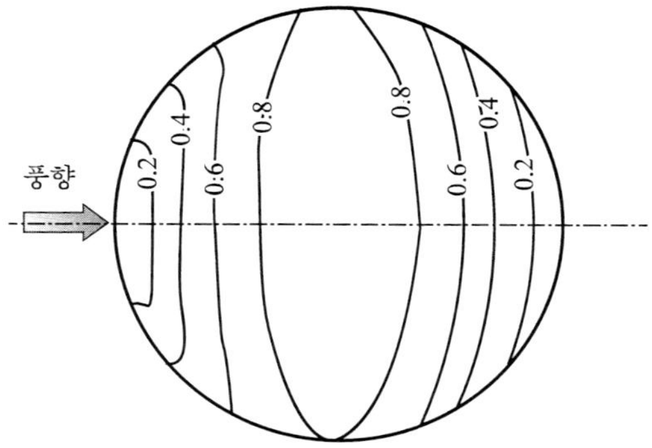

그림 5.7.1.11 돔의 평균외압계수의 분포 예($f/D=0.2$, $h/D=0.5$)[11)]

(4) 필로티

그림 5.7.1.12에 나타낸 것과 같이 바람이 불어오는 방향에 대해 양측벽이 있는 경우(관통형 필로티)와 사방이 개방된 경우(개방형 필로티)를 대상으로 필로티의 폭과 깊이를 다양하게 변화시킨 풍동실험결과에 기반하여 얻어진 주골조설계용 외압계수에 대한 연구결과[12),13)] 를 참고하여 정한 것이다. 필로티의 천정과 측벽에서는 정압은 거의 발생하지 않고 부압만 발생한다.

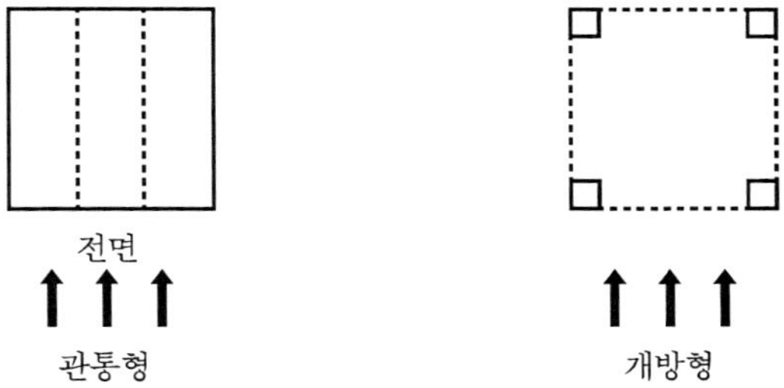

그림 5.7.1.12 필로티의 종류(평면)

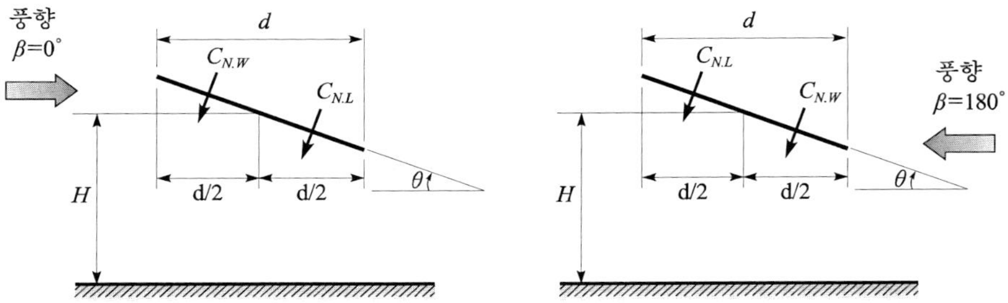

기호] H : 기준높이(m) d : 지붕면의 풍방향 수평길이(m)
β : 풍향(°) θ : 수평으로부터 지붕경사각(°)

② 경사지붕

독립된 경사지붕의 주골조설계용 순압력계수 C_N은 표 5.7-7에 따른다.

표 5.7-7 독립경사지붕의 순압력계수 C_N ($\beta = 0°$, 180°): 용마루직각방향

지붕경사각 θ(°)	풍상지붕 $C_{N,W}$		풍하지붕 $C_{N,L}$	
	하향	상향	하향	상향
$-30° \le \theta \le -10°$	$0.7 + 0.01\theta$	$-0.6 + 0.03\theta$	$0.05 - 0.025\theta$	$-1.2 - 0.03\theta$
$-10° < \theta < 10°$	0.6	−0.9	0.3	−0.9
$10° \le \theta \le 30°$	$0.3 + 0.03\theta$	$-1.15 + 0.025\theta$	0.3	$-0.6 - 0.03\theta$

독립경사지붕의 순압력계수 C_N (θ < 30°, $\beta = 90°$): 용마루방향

풍상 끝단으로부터의 수평거리	지붕경사각 (θ)	하중 상태	개방흐름 C_N	장애흐름 C_N
$\le H$	모든 형상	가	−0.8	−1.2
	$\theta \le 30°$	나	0.8	0.5
$> H$, $\le 2H$	모든 형상	가	−0.6	−0.9
	$\theta \le 30°$	나	0.5	0.5
$> 2H$	모든 형상	가	−0.3	−0.6
	$\theta \le 30°$	나	0.3	0.3

주] 1) 하향은 지붕에 대해 풍압력이 아래로 작용하는 경우이고, 상향은 위로 작용하는 경우
2) 개방흐름은 지붕 밑의 공간이 50% 이상 장애물 없이 트인 경우이고, 장애흐름은 지붕 밑의 공간이 50% 이상 장애물로 막힌 경우이다.
3) θ는 지붕경사각으로 부호는 아래 그림에 나타낸 방향에 따른다. 수평에서 반시계방향의 경사는 +, 시계방향은 −로 한다.
4) 설계 시에는 각 지붕경사각에 대해 주어진 모든 하중상태를 고려하여 가장 불리한 것으로 한다.

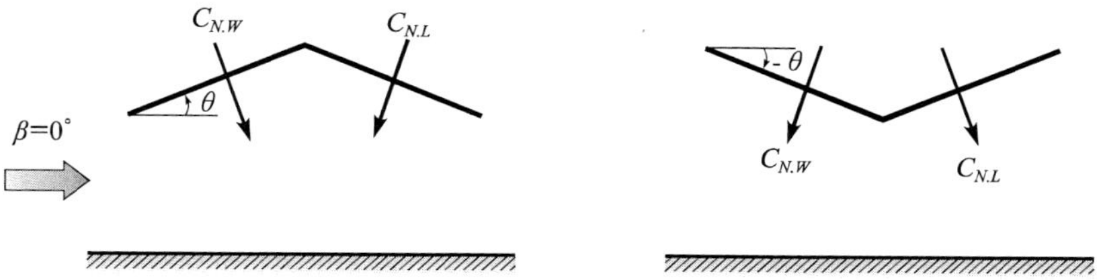

기호] H : 기준높이(m)　　　d : 지붕면의 풍방향 수평길이(m)
β : 풍향(°)　　　θ : 수평으로부터 지붕경사각(°)

(3) 밀폐형독립벽체와 독립간판

밀폐형독립벽체와 독립간판의 주골조설계용 풍력계수 C_D는 표 5.7-8에 따른다.

표 5.7-8 밀폐형독립벽체 및 독립간판의 풍력계수 C_D

C_D, 경우 A와 경우 B일 때

틈새비, s/h	변장비, B/s											
	≤0.05	0.1	0.2	0.5	1	2	4	5	10	20	30	≥45
1	1.80	1.70	1.65	1.55	1.45	1.40	1.35	1.35	1.30	1.30	1.30	1.30
0.9	1.85	1.75	1.70	1.60	1.55	1.50	1.45	1.45	1.50	1.40	1.40	1.40
0.7	1.90	1.85	1.75	1.70	1.65	1.60	1.60	1.55	1.55	1.55	1.55	1.55
0.5	1.95	1.85	1.80	1.75	1.75	1.70	1.70	1.70	1.70	1.70	1.70	1.75
0.3	1.95	1.90	1.85	1.80	1.80	1.80	1.80	1.80	1.80	1.85	1.85	1.85
0.2	1.95	1.90	1.85	1.80	1.80	1.80	1.80	1.80	1.85	1.90	1.90	1.95
≤0.16	1.95	1.90	1.85	1.80	1.80	1.80	1.80	1.85	1.85	1.90	1.90	1.95

C_D, 경우 C일 때

영역 (풍상단에서 의 거리)	변장비, B/s										
	2	3	4	5	6	7	8	9	10	13	≥45
0~s	2.25	2.60	2.90	3.10*	3.30*	3.40*	3.55*	3.65*	3.75*	4.00*	4.30*
s~2s	1.50	1.70	1.90	2.00	2.15	2.25	2.30	2.35	2.45	2.60	2.55
2s~3s	−	1.15	1.30	1.45	1.55	1.65	1.70	1.75	1.85	2.00	1.95
3s~10s	−	−	1.10	1.05	1.05	1.05	1.05	1.00	0.95	−	−
3s~4s	−	−	−	−	−	−	−	−	−	1.50	1.85
4s~5s	−	−	−	−	−	−	−	−	−	1.35	1.85
5s~10s	−	−	−	−	−	−	−	−	−	0.90	1.10
〉10s	−	−	−	−	−	−	−	−	−	0.55	0.55

* 모서리가 ㄱ자형의 벽체일 때는 다음의 감소계수를 곱한다.

L_r/s	감소계수
0.3	0.90
1.0	0.75
≥ 2	0.6

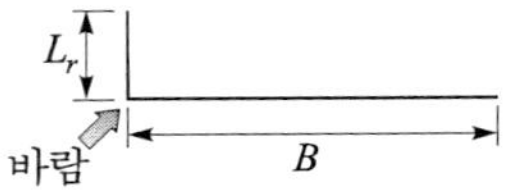

주] 1) 총면적의 30% 이하의 개구부가 있는 벽체, 간판을 밀폐형벽체·간판으로 분류한다. 개구부가 있는 밀폐형벽체·간판의 풍력계수에는 저감률$[1-(1-\varepsilon)^{1.5}]$을 적용할 수 있다.

2) 수직과 경사풍향의 양쪽을 허용하기 위해 다음 경우를 고려해야 한다.

$s/h<1$일 때

경우 A : 합력은 기하중심을 통과하는 간판의 면에 수직으로 작용한다.

경우 B : 합력은 기하중심으로부터 풍상측으로 간판 평균폭의 0.2배 거리에서 간판의 면에 수직으로 작용한다.

경우 C : 합력은 각 영역에서 기하중심을 통과하는 간판의 면에 수직으로 작용한다.

$s/h=1$일 때

위와 동일하다. 단, 합력의 수직 위치는 기하중심보다 위쪽으로 간판 평균높이의 0.05배 거리에 작용한다.

3) 경우 C에서 $s/h>0.8$일 때는 풍력계수에 저감률(1.8−s/h)을 곱해야 한다.

4) s/h, B/s의 중간값은 직선보간하여 사용할 수 있다.

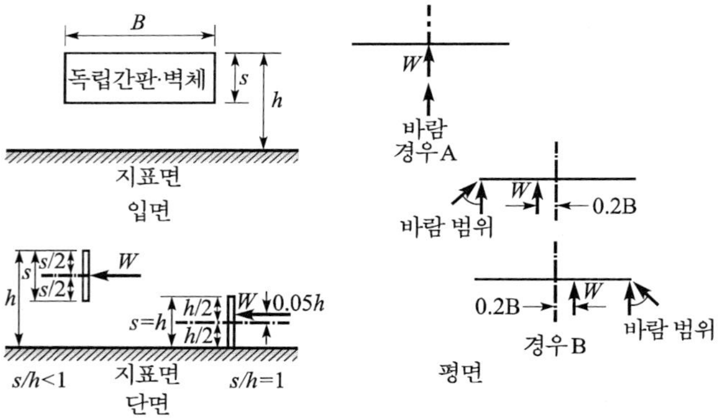

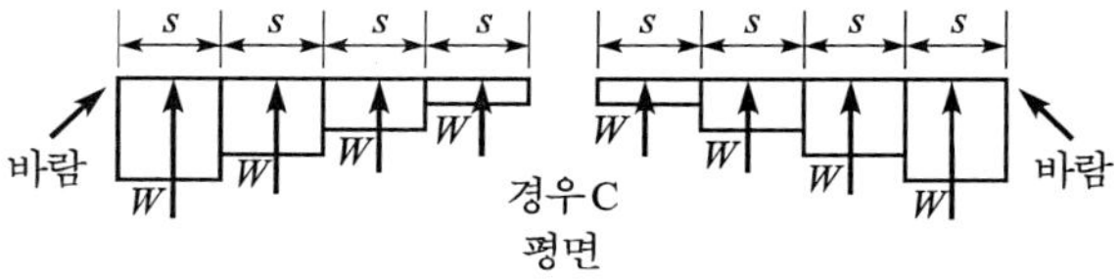

기호] B : 벽체·간판의 수평길이(m)

h : 벽체·간판의 높이(m)

s : 벽체·간판의 수직길이(m)

ε : 전면적과 밀폐형벽체·간판 면적의 비율

L_r : 모서리가 ㄱ자형의 벽체일 때 짧은 벽의 수평길이(m)

(4) 래티스형탑상건축구조물

래티스형탑상건축구조물의 주골조설계용 풍력계수 C_D는 표 5.7-9에 따른다.

표 5.7-7 래티스탐상형건축구조물 풍력계수 C_D

① 사각형 평면의 풍력계수 C_D

충실률 ϕ	풍향이 구면에 직각인 경우 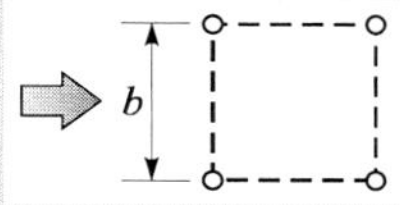		풍향이 구면에 45°인 경우 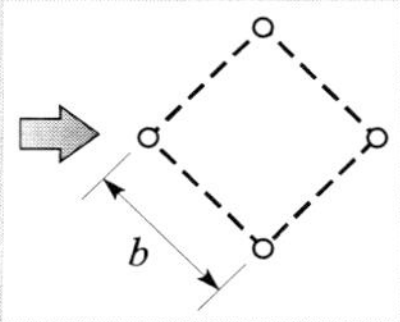	
	앵글	원형 강관	앵글	원형 강관
0	3.8	2.3	4.4	2.5
0.5	1.9	1.4	2.3	1.7
0.6	1.9	1.4	2.3	1.7

② 삼각형 평면의 풍력계수 C_D

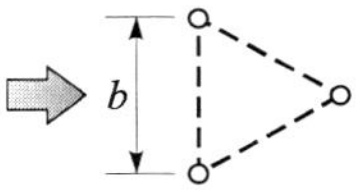

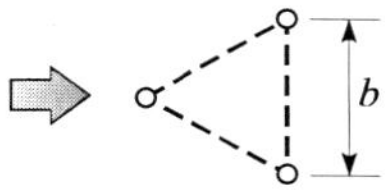

충실률 ϕ	앵글	원형 강관
0	3.8	2.3
0.5	1.9	1.4
0.6	1.9	1.4

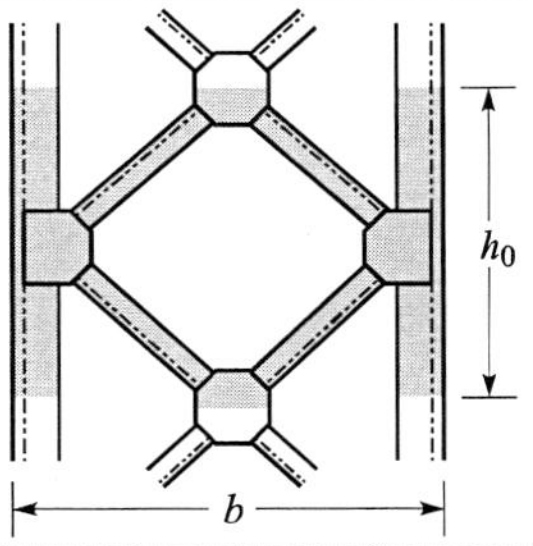

주] 1) 유효수압면적은 타워부재의 투영면적으로 한다.
2) 충실률은 ϕ=유효수압면적/외곽 전면적(=bh_0)이다.
3) 표에 나타낸 충실률 ϕ의 중간값에 대해서는 직선보간하여 사용할 수 있다.

(5) 개방형간판과 래티스건축구조물

개방형간판과 래티스건축구조물의 주골조설계용 풍력계수 C_D는 표 5.7-10에 따른다.

표 5.7-10 개방형간판 및 래티스건축구조물의 풍력계수 C_D

ϕ	C_D		
	면으로 구성된 부재	원형부재	
		$d\sqrt{q_z} \leq 5.3$	$d\sqrt{q_z} > 5.3$
0.1 미만	2.0	1.2	0.8
0.1~0.29	1.8	1.3	0.9
0.3~0.7	1.6	1.5	1.1

주] 1) 개방형판구조물의 개방률이 30% 이상인 경우에 적용한다.

2) ϕ : 구조물의 충실률, ϕ의 정의는 표 5.7-9와 같다.

d : 원형부재의 지름(m)

q_z : 지표면에서 임의높이 z에 대한 속도압(N/m^2)

(6) 굴뚝, 탱크, 옥상설비 및 이와 유사한 건축구조물

굴뚝, 탱크, 옥상설비 및 이와 유사한 건축구조물의 주골조설계용 풍력계수 C_D는 표 5.7-11에 따른다. 단면의 형태, 표면조건 및 단면 최소치수에 대한 높이의 비에 따라 적용한다. 옥상 위에 설치한 팔각뿔 형태 첨탑건축구조물의 풍력계수 C_D는 표 5.7-12에 따른다.

표 5.7-11 굴뚝, 탱크 및 유사 구조물의 풍력계수 C_D

단면형태	표면조건	C_D		
		$h/d=1$	$h/d=7$	$h/d=25$
사각형(면에 직각풍)	모든 경우	1.3	1.4	2.0
사각형(단면 대각선풍)	모든 경우	1.0	1.1	1.5
육각형 혹은 팔각형	모든 경우	1.0	1.2	1.4
원형($d\sqrt{q_z} > 5.3$)	미끄러운 면	0.5	0.6	0.7
	거친 면($d'/d \fallingdotseq 0.02$)	0.7	0.8	0.9
	매우 거친 면($d'/d \fallingdotseq 0.08$)	0.8	1.0	1.2
원형($d\sqrt{q_z} \leq 5.3$)	모든 경우	0.7	0.8	1.2

주] 위 표에 없는 C_D 값은 h/d의 값에 따라 직선보간하여 사용할 수 있다.

기호] d : 원형 단면의 지름 또는 사각, 육각 혹은 팔각형 단면의 수평 최소치수(m)

d' : 리브 및 스포일러와 같은 내민 요소의 깊이(m)

h : 건축구조물의 높이(m)

q_z : 지표면으로부터 임의높이 z에 대한 속도압(N/m^2)

표 5.7-12 팔각뿔 형태 첨탑건축구조물의 풍력계수 C_D

단면형태	표면조건	C_D		
		$\frac{h}{\sqrt{A_f}} < 4$	$4 \le \frac{h}{\sqrt{A_f}} < 15$	$\frac{h}{\sqrt{A_f}} \ge 15$
팔각뿔	모든 경우	1.0	1.1	1.2

기호] h : 첨탑건축구조물의 높이(m)

A_f : 첨탑건축구조물의 바닥면적(m^2)

(7) 지상에 설치한 펜스

지상에 설치한 펜스의 풍력계수 C_D는 표 5.7-13에 따른다.

표 5.7-13 지상에 설치한 펜스의 풍력계수 C_D

충실률 ϕ	C_D
0	1.2
0.2	1.5
0.6	1.7
$\ge$0.9 (평판펜스도 포함)	1.2

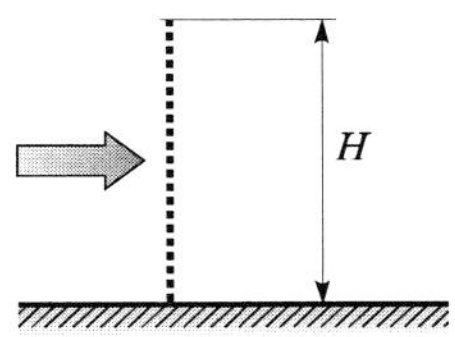

주] 1) 풍하중을 산정 할 때의 면적은 외곽면적에 충실률 ϕ를 곱한 것으로 한다.

2) 충실률 ϕ의 정의는 표 5.7-9와 같다.

3) 표에 나타낸 충실률 ϕ의 중간값에 대해서는 직선보간하여 사용할 수 있다.

기호] H : 펜스의 정상부 높이(m)

(8) 부재

각종 부재의 풍력계수 C_D는 표 5.7-14에 따른다.

표 5.7-14 부재의 풍력계수 C_D

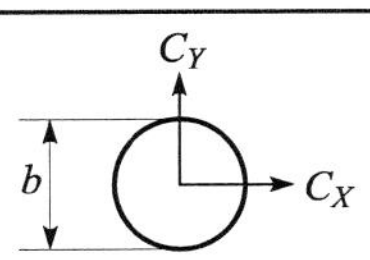

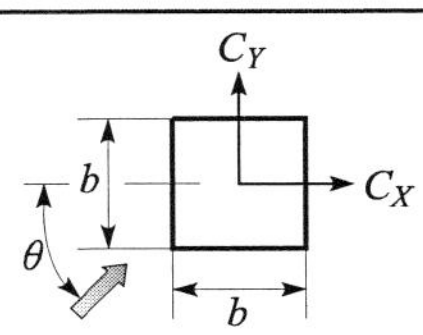

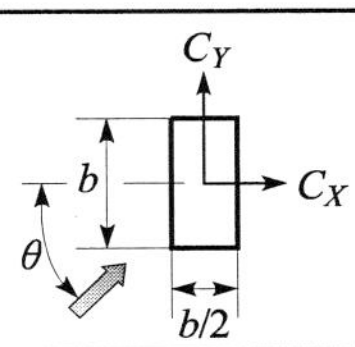

$C_X = C_Y$	θ	C_X	C_Y	θ	C_X	C_Y
1.2	0°	2.1	0	0°	2.4	0
	45°	1.6	1.6	45°	1.6	0.7
				90°	0	0.8

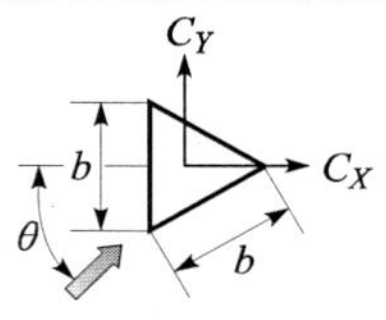

θ	C_X	C_Y
0°	2.1	0
30°	2.1	−0.2
60°	0.7	1.1

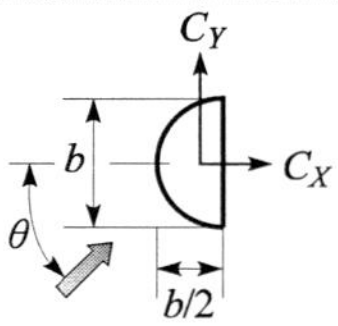

θ	C_X	C_Y
0°	1.2	0
45°	0.8	0.8
90°	0.6	0.5
135°	−1.7	0.6
180°	−2.3	0

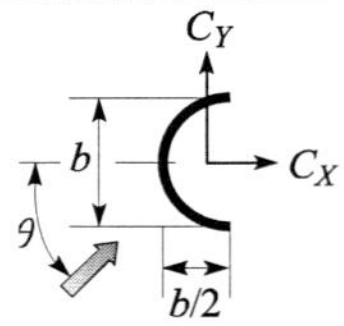

θ	C_X	C_Y
0°	1.1	0
45°	0.8	0.7
90°	0.9	0.5
135°	−2.3	0.6
180°	−2.5	0

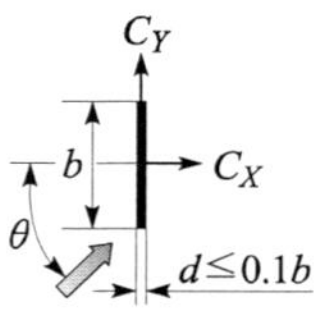

θ	C_X	C_Y
0°	2.0	0
45°	1.8	0.1
90°	0	0.1

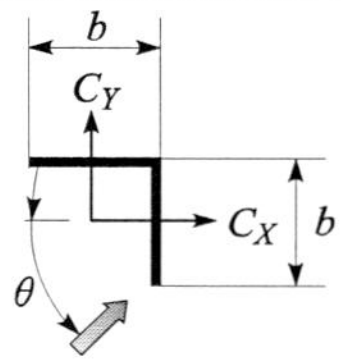

θ	C_X	C_Y
0°	1.9	2.2
45°	2.3	2.3
90°	2.2	1.9
135°	−1.9	−0.6
180°	−2.0	0.3
225°	−1.4	−1.4

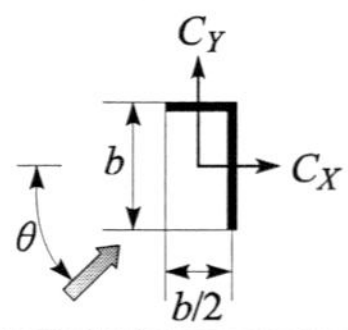

θ	C_X	C_Y
0°	2.0	1.1
45°	2.3	1.1
90°	1.8	0.8
135°	−1.7	0
180°	−2.0	0.1
270°	0.6	−0.8
315°	1.2	−0.2

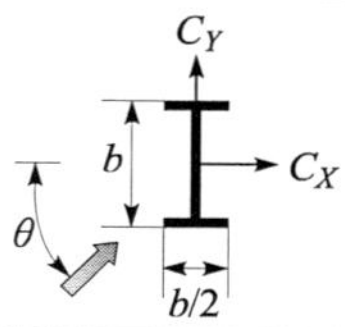

θ	C_X	C_Y
0°	2.1	0
45°	2.1	0.6
90°	±0.6	0.7

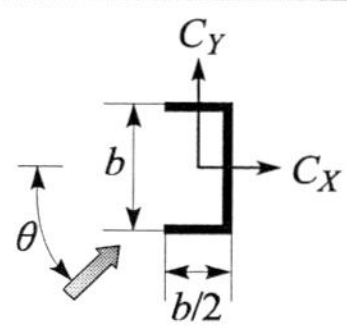

θ	C_X	C_Y
0°	2.6	0
45°	2.0	0.8
90°	±0.6	0.8
135°	−1.6	0.6
180°	−2.0	0

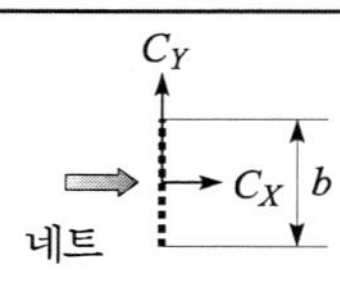

충실률 ϕ	C_X
0	2
0.2	2
0.6	2.7
≥ 0.9 (평판도 포함)	2

주] 1) 풍하중을 산정할 때 사용하는 면적은 bl이다.(b : 부재 폭, l : 부재 길이)

2) 네트의 풍하중을 산정할 때 사용하는 면적은 $bl\phi$로 한다. 충실률의 정의는 표 5.7-.와 같다

3) 표에 나타낸 각도 θ 및 충실률 ϕ의 중간값에 대해서는 직선보간하여 사용할 수 있다.

건축구조물에 작용하는 풍력은 건축구조물의 형상, 풍향 및 주변 건축구조물 등의 상황에 따라 달라진다. KDS 2022 에서는 사각형, 원형, 래티스 등 등 정형적인 건축구조물에 대한 풍력계수만을 제시하였다. KDS 2022에 제시된 풍향은 사각형평면인 경우 벽면에 수직인 2방향에 고려하고, 이것을 중심으로 일정한 범위(±45°)로 변화시킨 풍동실험결과를 고려하여 정한 것이다. 실제 대상 건축구조물은 주변건축구조물의 영향을 많이 받지만 모든 상황을 고려할 수 없기 때문에 건축구조물이 단독으로 서있는 경우를 대상으로 하고 있다.

KDS 2022에 규정한 풍력계수는 모두 시간적, 공간적으로 평균화된 값이다. 시간평균을 위한 평가시간은 설계풍속의 평가시간과 같은 10분이다. 공간평균을 위한 평가영역은 건축구조물 전체체를 대상으로 하는 넓은 범위에 상당한다.

평균풍력 $\overline{W}$는 건축구조물에 전체적으로 가해지는 힘이다. 건축구조물의 정면에 직각으로 바람이 불었다면, 풍상면의 풍압력 $q_H C_{pe1} A$과 풍하면의 풍압력 $q_H C_{pe2} A$의 벡터 합으로 다음 식과 같이 주어진다.

$$\overline{W} = q_H (C_{pe1} - C_{pe2}) A = q_H C_D A \tag{5.7.3.1}$$

여기서, C_D는 풍력계수이다. 이 때의 풍력계수 C_D는 외압계수를 높이에 대해 적분하여 얻은 것이다. H/B가 1 이하인 경우에는 높이에 의존하지 않고 거의 일정하지만, H/B가 1 이상으로 커지면 평균풍속의 2승에 거의 비례하여 높이방향으로 변화한다.

건축구조물 전체를 대상으로 할 때의 풍력계수는 풍력실험을 통하여 측정된 풍력을 기준속도압 q_H과 수압면적 A로 무차원화 시킨 것으로 다음 식과 같이 정의 된다.

$$C_F = \frac{F}{q_H A} \tag{5.7.3.2}$$

(1) 원형평면을 가진 건축구조물

원형평면을 가진 건축구조물의 풍력계수는 레이놀즈수 Re, 기류조건, 높이/폭의 비율, 표면 거칠기 등의 영향을 받는다. 레이놀즈수에 의한 풍방향의 평균풍력계수 C_D의 변화를 나타낸 것이 그림 5.7.3.1이다.[1] 그림에서 레이놀즈수 $Re = V_H d/\nu$이다. 여기서, V_H는 설계풍속, d는 원주이 직경, ν는 동점성계수로 $\nu = 1.5 \times 10_5\,\mathrm{m}^2/\mathrm{s}$이다. 원주의 직경, 유체의 동점성계수 값에 따라 $Re = 2 \times 10^5 \sim 5 \times 10^6$의 범위까지 C_D는 크게 변한다. 이 C_D 값이 급변하는 레이놀즈수의 값을 임계 레이놀즈수라 부른다. 원주 주위의 흐름은 통상적으로, 아임계영역, 임계영역, 초임계영역, 극초임계영역의 4영역으로 구분할 수 있다. 아

$$\widehat{C}_{p\,(T=3600s)} = (1.05)^2\,\widehat{C}_{p\,(T=600s)} \tag{5.8.1}$$

$$\widehat{C}_{p\,(T=600s)} = (1.46)^2\,\widehat{C}_{p\,(T=3s)} \tag{5.8.2}$$

$$\widehat{C}_{p\,(T=3600s)} = (1.53)^2\,\widehat{C}_{p\,(T=3s)} \tag{5.8.3}$$

여기서, $\widehat{C}_{p(T=3s)}$, $\widehat{C}_{p(T=600s)}$, $\widehat{C}_{p(T=3600s)}$는 각각 기본풍속의 평가시간이 3초, 10분, 1시간인 경우의 피크외압계수이다.

예제 | KDS 2022와 ASCE 7-16, NBC 2010의 피크풍압계수 크기의 비교

10분평균풍속을 기본풍속으로 하고 있는 KDS 2022의 피크외압계수를 3초가트풍속을 기본풍속으로 하는 ASCE 7-16, 1시간평균풍속을 기본풍속으로 하는 NBC 2010의 피크외압계수와 크기를 비교하라.

▸ 풀이

1) 실시간 0.25초 간격으로 10분 동안 측정한 풍속자료를 3초마다 12개 자료를 이동평균하여 얻어진 값들 가운데 최대값을 추출하여 기준풍속으로 무차원화하여 얻어진 KDS 2022의 피크외압계수 $\widehat{C}_{p(T=600s)}$는 0.25초 간격으로 3초 동안 측정한 풍속자료 12개 자료를 이동평균하여 얻어진 값들 가운데 최대값을 추출하여 기준풍속으로 무차원화하여 ASCE 7-16의 피크외압계수 $\widehat{C}_{p(T=3s)}$에 비하여 (5.8.2)식에 따르면 $(1.46)^2 = 2.13$배 크다.

2) 위와 동일한 방법으로 60분 동안 측정한 풍속자료를 대상으로 이동평균한 값들 가운데 최대값을 기준풍속으로 무차원화하여 얻어진 NBC 2010의 피크외압계수 $\widehat{C}_{p(T=3600s)}$는 (5.8.1)식에 따르면 KDS 2022의 크외압계수 $\widehat{C}_{p(T=600s)}$보다 $(1/1.05)^2 = 0.91$배 작다.

위의 예제로부터 KDS 2022의 피크외압계수는 ASCE 7-16의 그것에 비해 2.13배 정도 크고, NBC 2010보다는 0.91배 정도 작다는 것을 알 수 있다. 이런 점을 고려하여 KDS 2022의 피크외압계수는 ASCE 7-16의 2.2배 NBC 2010의 0.92배에 해당하도록 수정하여 정하고 있다.

5.8.1 피크외압계수

(1) 피크외압계수는 지붕높이 및 지붕형상에 따라 다음과 같이 산정한다.

① 기준높이 20 m 이상인 건축구조물

기준높이가 20 m 이상인 건축구조물의 외장재설계용 피크외압계수 $\hat{C}_{pe}$는 표 5.8-1에 따른다. 피크외압계수 $\hat{C}_{pe}$는 정압 및 부압 모든 경우에 안전하도록 설계한다.

표 5.8-1 기준높이 20 m 이상인 건축구조물의 지붕면 및 벽면 피크외압계수 $\hat{C}_{pe}$

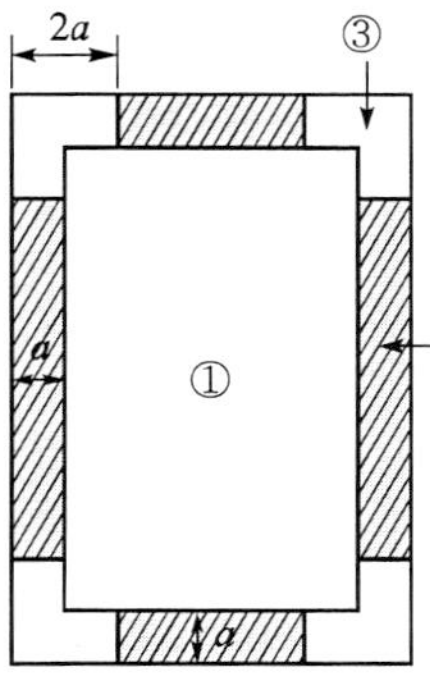

지붕면

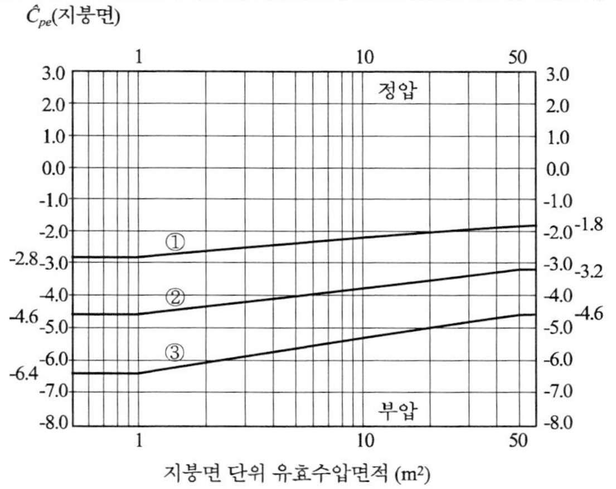

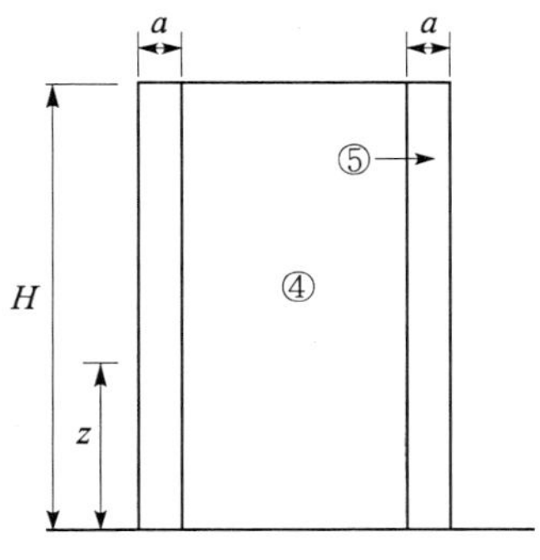

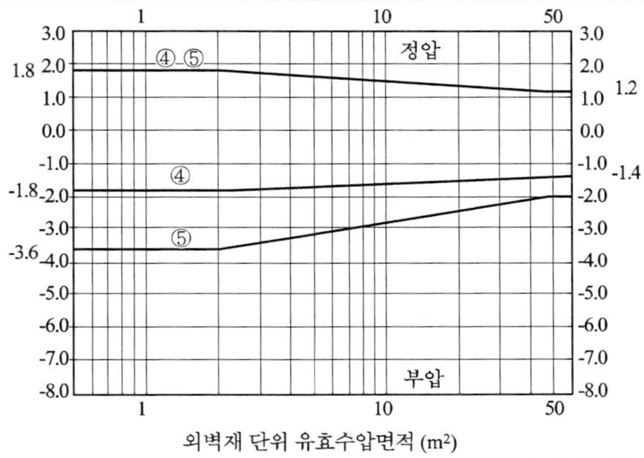

주] 1) 유효수압면적은 외장재 및 마감재의 압력을 주골조에 전달하는 단위 2차 부재의 유효수압면적

2) 지붕경사각이 10 ° 이상인 경우 표 5.8-3의 ②, ③을 사용한다.

3) 각 외장재 벽면은 최대 정압 및 최대 부압으로 설계한다.

4) a : 건축구조물 최소폭의 0.1배, 단 1.0 m보다 작지 않아야한다.

H : 기준높이 (m), z : 지표면으로부터의 임의높이 (m)

② 기준높이 20 m 미만 박공지붕형 건축구조물

기준높이가 20 m 미만인 평지붕 및 박공지붕형 건축구조물의 벽면에 대한 외장재설계용 피크외압계수 $\hat{C}_{pe}$는 표 5.8-2①에 따르고, 지붕면의 피크외압계수 $\hat{C}_{pe}$는 표 5.8-2②에 따른다. 피크외압계수는 정압 및 부압 모든 경우에 안전하도록 설계한다.

표 5.8-2① 기준높이 20 m 미만인 평지붕 및 박공지붕형 건축구조물의 벽면의 피크외압계수 $\hat{C}_{pe}$

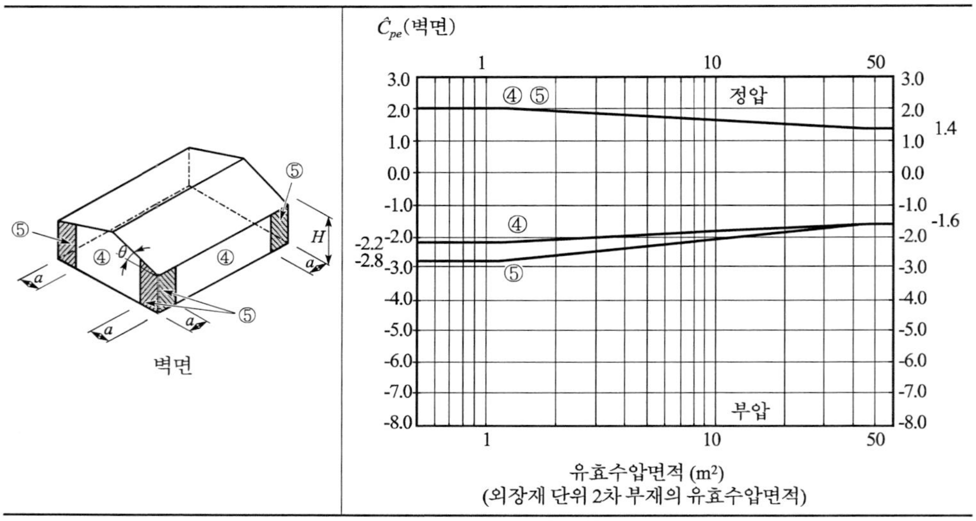

주] 1) 종축은 q_H를 사용한 경우의 $\widehat{C_{pe}}$ 값이다.
2) 각 외장재는 최대정압 및 최대부압을 고려하여 정한다.
3) $\theta \leq 10°$인 경우는 벽면의 $\widehat{C_{pe}}$ 값을 10 % 줄일 수 있다.
4) a : 건축구조물 최소폭의 0.1배 혹은 $0.4H$ 중 작은 값. 단, 최소폭의 0.04배 또는 1.0 m 보다 작지 않아야 한다.
H : 기준높이 (m)

표 5.8-2② 기준높이 20 m 미만인 평지붕 및 박공지붕형 건축구조물 지붕면의 피크외압계수 $\hat{C}_{pe}$

①

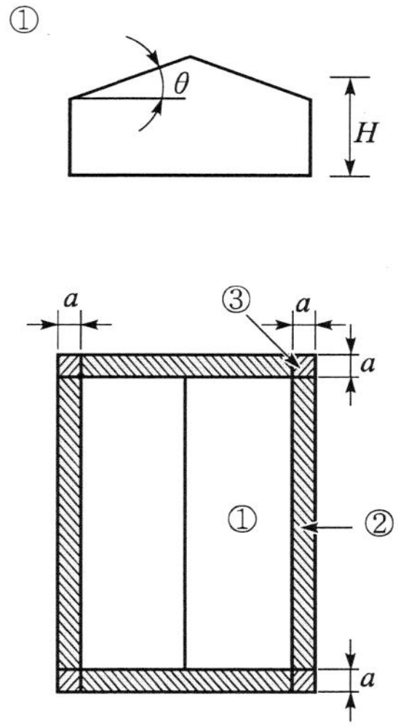

$\theta \leq 10°$

지붕면

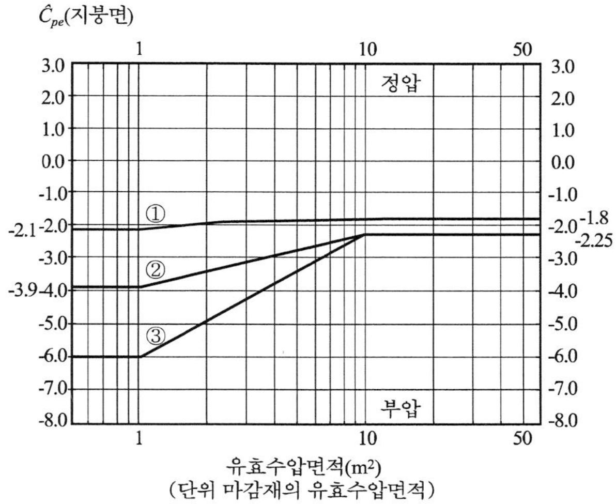

②

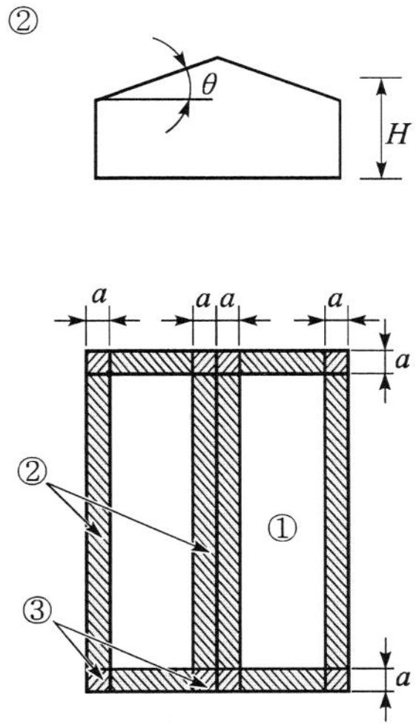

$10° < \theta \leq 30°$

지붕면

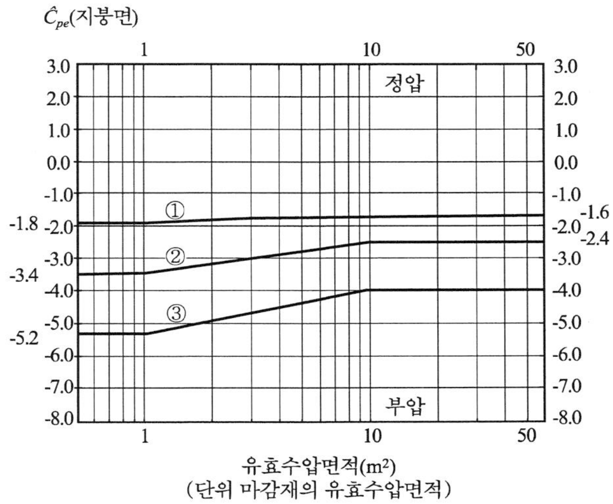

③

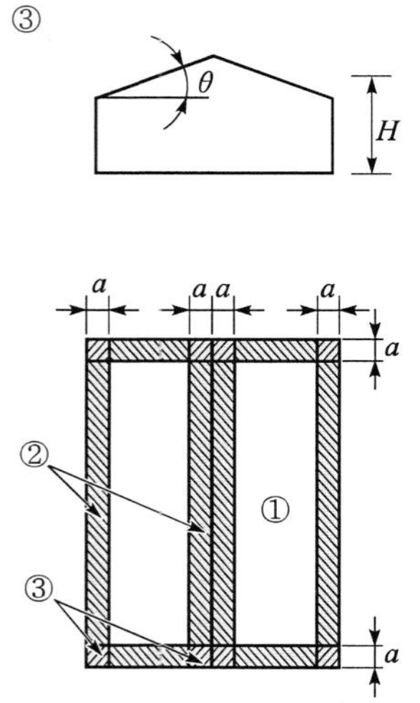

30° < θ ≦ 45°
지붕면

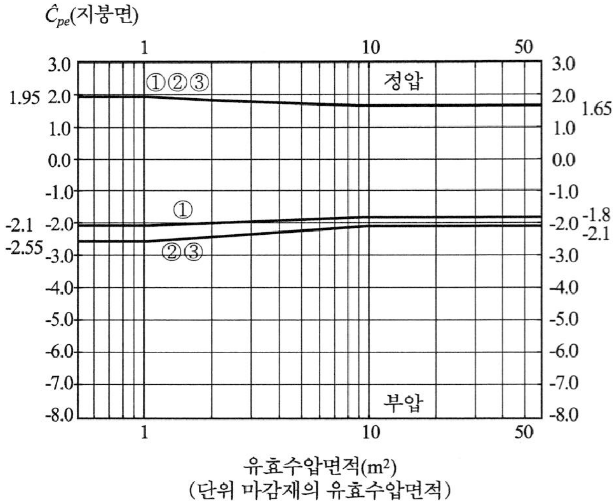

주] 1) 종축은 q_H를 사용한 경우의 $\widehat{C_{pe}}$ 값이다.

2) 각 외장재는 최대정압 및 최대부압을 고려하여 정한다.

3) a : 건축구조물 최소폭의 0.1배 혹은 0.4H 중 작은 값. 단, 최소폭의 0.04배 또는 1.0m보다 작지 않아야 한다.

H : 기준높이(m)

③ 기준높이 20 m 미만 편지붕형 건축구조물

기준높이가 20 m 미만인 편지붕형 건축구조물의 외장재설계용 피크외압계수 $\hat{C}_{pe}$는 표 5.8-3에 따른다. 피크외압계수는 정압 및 부압 모든 경우에 안전하도록 설계한다.

표 5.8-3 기준높이 20 m 미만의 편지붕형 건축구조물 지붕면의 피크외압계수 $\hat{C}_{pe}$

①

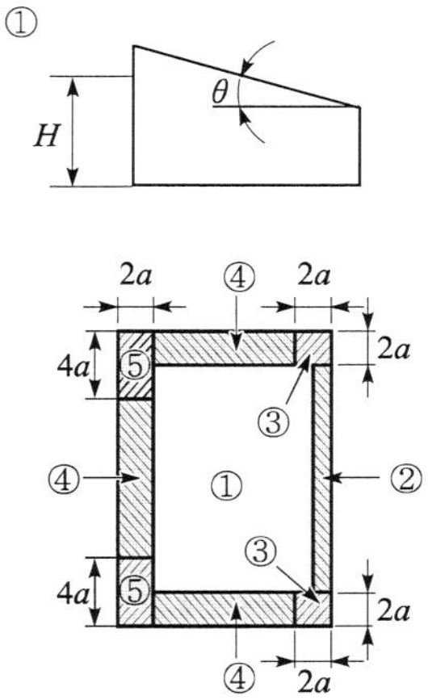

$\theta \leqq 10°$

지붕면

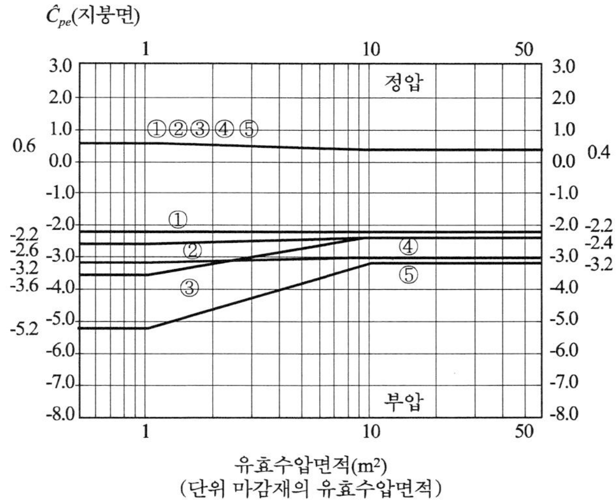

②

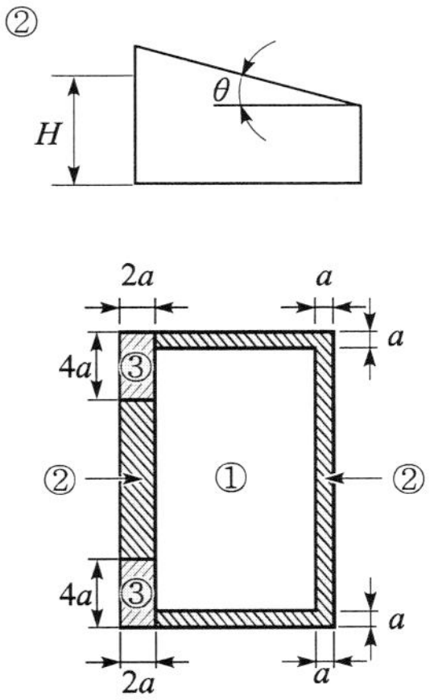

$10° < \theta \leq 30°$

지붕면

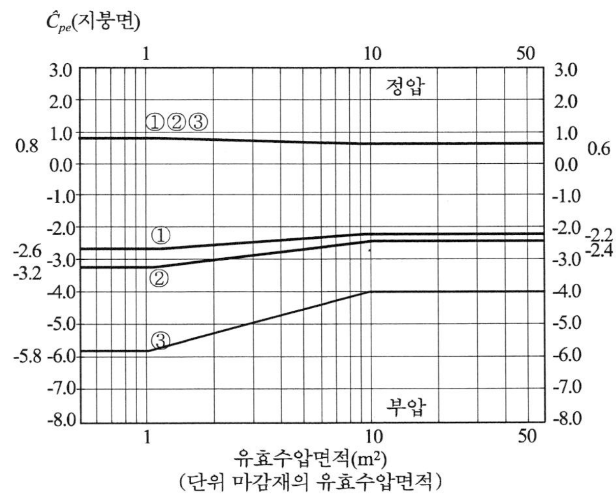

주] 1) 종축은 q_H를 사용한 경우의 $\widehat{C_{pe}}$ 값이다.

2) 각 외장재는 최대정압 및 최대부압을 고려하여 정한다.

3) a : 건축구조물 최소폭의 0.1배 혹은 0.4H 중 작은 값. 단, 최소폭의 0.04배 또는 1.0 m보다 작지 않아야 한다.

H : 기준높이(m)

⑥ 아치지붕을 가진 건축구조물

직사각형평면을 가진 기준높이 45 m 이하인 아치지붕 건축구조물의 외장재설계용 피크외압계수 $\hat{C}_{pe}$는 표 5.8-6에 따른다.

표 5.8-6 아치지붕면의 피크외압계수 $\hat{C}_{pe}$

① 벽면

정 및 부의 피크외압계수는 지붕면 평균높이에 따라 그림 5.8-1 또는 5.8-2(1)에 따라 정한다.

② 지붕면

정의 피크외압계수

f/B_1	R_a부			R_b부			R_c부		
	h/B_1 =0	h/B_1 =0.3	h/B_1 =0.7	h/B_1 =0	h/B_1 =0.3	h/B_1 =0.7	h/B_1 =0	h/B_1 =0.3	h/B_1 =0.7
0.1	0.8	0.8	0.5	0.5	0.4	0.3	0.2	0.1	0
0.3	2.0	2.3	1.8	1.6	1.4	1.2	0.6	0.4	0.4
0.4	2.2	2.4	2.4	1.9	1.8	1.8	0.8	0.6	0.5

주 1) 표에 주어진 f/B_1, h/B의 중간값에 대해서는 직선보간하여 사용한다.

2) 정의 피크외압계수는 지붕의 윗 표면에 대해 압력이 아랫방향으로 작용하는 경우이다.

부의 피크외압계수

f/B_1	R_a부			R_b부			R_c부			R_d부		
	h/B_1 =0	h/B_1 =0.3	h/B_1 =0.7	h/B_1 =0	h/B_1 =0.3	h/B_1 0.7	h/B_1 =0	h/B_1 =0.3	h/B_1 =0.7	h/B_1 =0	h/B_1 =0.3	h/B_1 =0.7
0	−2.5	−3.2	−3.2	−2.5	−2.5	−2.5	−2.5	−2.5	−2.5	−2.5	−5.4	−5.4
0.1	−1.4	−4.2	−4.8	−1.8	−2.2	−3.2	−2.5	−2.5	−2.5	−3.4	−4.8	−4.4
0.3	−1.4	−2.4	−2.6	−2.0	−3.2	−3.2	−3.8	−4.4	−4.5	−4.0	−4.4	−4.5
0.4	−1.8	−2.4	−2.6	−2.4	−3.2	−3.2	−4.3	−4.4	−4.6	−4.0	−4.4	−4.8

주] 1) 표에 주어진 f/B_1, h/B의 중간값에 대해서는 직선보간하여 사용한다.

2) 부의 피크외압계수는 지붕의 윗 표면에 대해 압력이 윗방향으로 작용하는 경우이다.

3) B_1 : 건축구조물의 경간방향 길이 (m)

B_2 : 건축구조물의 경간직각방향 길이 (m)

H : 기준높이 (m)

f : 아치높이 (m)

h : 지표면에서 아치지붕 처마까지의 높이 (m)

l : $4H$, B_1, B_2중 작은 값 (m)

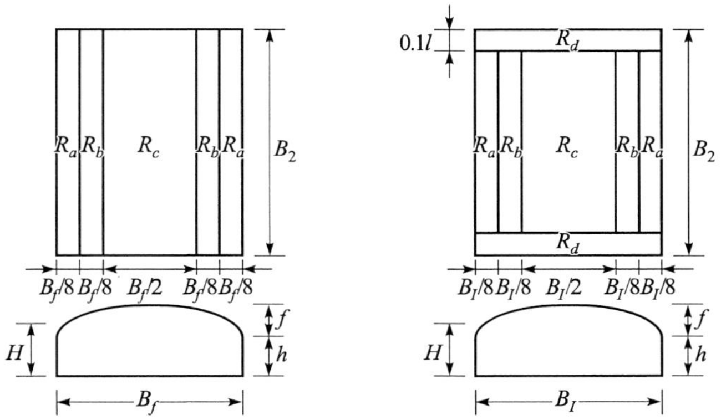

정의 피크외압계수 영역 부의 피크외압계수 영역

⑦ 돔지붕을 가진 건축구조물

원형평면의 돔지붕을 가진 건축구조물의 외장재설계용 피크외압계수 $\hat{C}_{pe}$는 표 5.8-2에 따른다. 단, 벽면부의 h/d가 1 이하인 건축구조물에만 적용한다.

표 5.8-7 돔지붕을 가진 건축구조물의 피크외압계수 $\hat{C}_{pe}$

① 벽면
정 및 부의 피크외압계수는 표 5.8-8에 따라 정한다.

② 지붕면
정의 피크외압계수

f/d	R_a부			R_b부			R_c부		
	h/d =0	h/d =0.25	h/d =1	h/d =0	h/d =0.25	h/d =1	h/d =0	h/d =0.25	h/d =1
0	0.6	0.4	0.4	1.1	0.5	0.5	0.6	0.6	0.6
0.05	1.3	0.5	0.5	1.0	0.4	0.4	0.5	0.1	0.1
0.1	1.7	−0.7	0.7	0.9	0.3	0.3	0.4	0	0
0.2	0.9 $(1+7I_H)$	0.6 $(1+7I_H)$	0.4 $(1+7I_H)$	1.2	0.6	0.6	0.2	0	0
0.5	$1+7I_H$	$1+7I_H$	$1+7I_H$	1.9	1.3	0.7	0.3	0	0

주] 1) I_H는 기준높이 H에서의 난류강도로 식(5.5-3.a)에서 z를 H로 대체한 값.
2) 표에 주어진 f/d, h/d의 중간값에 대해서는 직선보간하여 사용한다.
3) 정의 피크 외압계수는 지붕의 윗 표면에 대해 압력이 아랫방향으로 작용하는 경우이다.

부의 피크외압계수

f/d	R_a부			R_b부			R_c부		
	h/d =0	h/d =0.25	h/d =1	h/d =0	h/d =0.25	h/d =1	h/d =0	h/d =0.25	h/d =1
0	−4.4	−5.1	−3.3	−1.5	−3.7	−3.0	−0.4	−2.3	−2.3
0.05	−3.0	−4.8	−3.3	−1.5	−2.7	−2.7	−1.3	−1.3	−1.3
0.1	−2.0	−4.2	−3.0	−1.5	−2.2	−2.2	−1.4	−1.4	−1.4
0.2	−2.0	−2.0	−2.0	−1.9	−1.9	−1.9	−2.1	−2.1	−2.1
0.5	−2.6	−2.6	−2.6	−2.8	−2.8	−2.8	−3.0	−3.0	−3.0

주] 1) 표에 주어진 f/d, h/d의 중간값에 대해서는 직선보간하여 사용한다.
2) 부의 피크 외압계수는 지붕의 윗 표면에 대해 압력이 윗방향으로 작용하는 경우이다.
3) d : 건축구조물의 외경 (m)
H : 기준높이 (m)
f : 아치높이 (m)
h : 지표면에서 돔지붕 처마까지의 높이 (m)

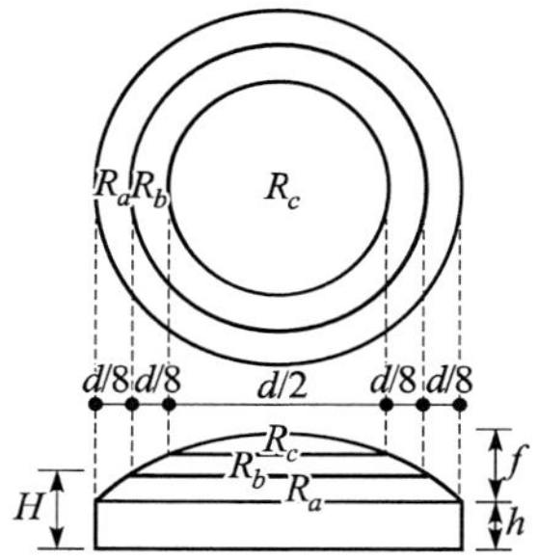

⑧ 원형평면을 가진 건축구조물

원형평면을 가진 건축구조물의 외장재설계용 피크외압계수 $\hat{C}_{pe}$는 표 5.8-8에 따른다. 단, $H/d \leq 8$ 인 건축구조물에만 적용한다.

표 5.8-8 원형평면을 가진 건축구조물의 피크외압계수 $\hat{C}_{pe}$

① 벽면

• 정의 피크외압계수

$\hat{C}_{pe} = k_z(1+7I_z)$

여기서, k_z : 높이방향압력분포계수로 표 5.7-1에 따라 구한다.

I_z : 지표면으로부터 높이 z 에서의 난류강도로 식(5.5-3.a)에 따라 구한다.

단, $H < z_b$ 인 경우 위의 k_z, I_z 을 구할 때는 H 에서의 값으로 한다.

z_b: 대기경계층시작높이 (m) (표 5.5-3에 따른다)

• 부의 피크외압계수

$\hat{C}_{pe} = -[(k_1-1)k_2+k_3+1.4](1+7I_H)$

여기서, k_1 : H/d의 영향을 나타내는 계수로 표 5.7-5에 따라 구한다.

k_2 : 표면거칠기의 영향을 나타내는 계수로 표 5.7-5에 따라 구한다.

k_3 : 단부효과를 나타내는 계수로 아래 표에 따라 구한다.

I_H : 기준높이 H 에서의 난류강도로 식(5.5-3.a)에서 z 를 H 로 대체한 값.

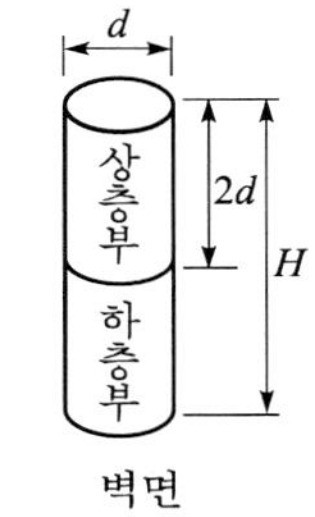

벽면

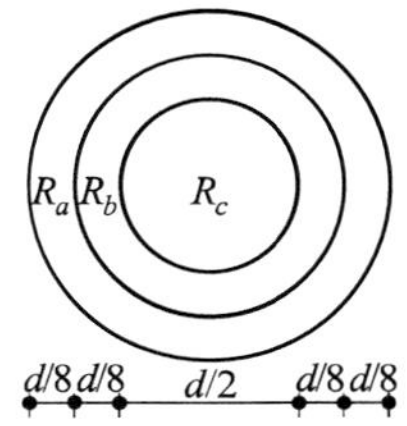

지붕면

d : 건축구조물의 외경 (m)
H : 기준높이 (m)

k_3

하층부	상층부		
0.2	$H/d \le 2$	$2 < H/d \le 7$	$7 < H/d \le 8$
	0.2	$0.1(H/d)$	0.7

② 지붕면

• 정의 피크외압계수: 검토할 필요 없다.

• 부의 피크외압계수 $\hat{C}_{pe}$

R_a부			R_b부			R_c부		
H/d =0	H/d =0.25	H/d =1	H/d =0	H/d =0.25	H/d =1	H/d =0	H/d =0.25	H/d =1
−4.4	−5.1	−3.3	−1.5	−3.7	−3.0	−0.4	−2.3	−2.3

주] 1) 표에 주어진 H/d의 중간값에 대해서는 직선보간하여 사용한다.
2) $H/d>1$인 경우에는 $H/d=1$의 값을 사용한다.

⑨ 필로티

필로티의 천정과 측벽에 대한 외장재설계용 피크외압계수 $\hat{C}_{pe}$는 그림 5.8-1에 따른다.

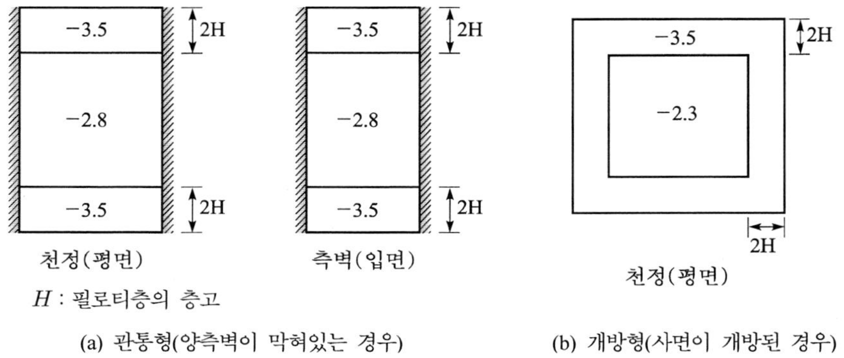

그림 5.8-1 필로티의 피크외압계수 $\hat{C}_{pe}$

건축구조물이 바람을 받으면 그 주변의 공기압력(기압)이 변한다. 그림 5.8.1.1에 나타낸 것처럼 풍상측 벽면 부근에서는 기압이 높아지고, 풍상측 지붕면 부근에서는 기압이 낮아진다. 기압은 공기흐름이 정지하여 풍속이 느려지는 곳에서는 고기압이 되고, 풍속이 빨라지는 곳에서는 저기압이 된다. 유체역학에서는 압력은 방향을 가지지 않고 크기만 있는 스칼라량으로 정의하지만, 풍공학에서는 건축구조물 표면에 발생하는 압력과 기준점(일반적으로 지붕면 평균높이)에서의 압력의 차를 풍압이라고 부른다. 풍압은 차압이기 때문에 정압(+) 값도 부압(−) 값도 된다.

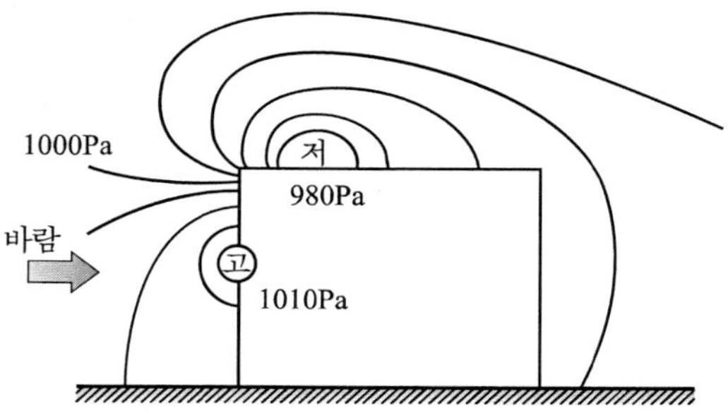

그림 5.8.1.1 건축구조물 주변의 기압분포

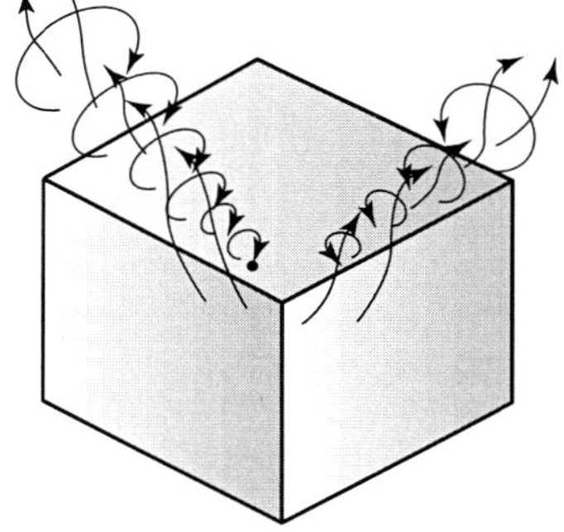

그림 5.8.1.2 지붕 처마 모서리에서 발생하는 원추와[1)]

건축구조물에 작용하는 풍압은 일정하지 않고 시시각각 변동한다. 그 원인은 ① 바람의 흐트러짐(난류) ② 와(渦: vortex) 발생 ③ 건축구조물 자체의 진동으로 크게 분류할 수 있다. 건축구조물을 향하여 부는 바람은 그 건축구조물에 도달할 때까지 여러 가지의 장애물의 영향을 받기 때문에 시간적, 공간적으로 풍속과 풍향이 변한다. 이러한 변동을 ① 바람의 흐트러짐이라고 한다. 또한 바람을 받는 건축구조물의 측면 및 지붕면의 풍상측 전면 끝단에서는 흐름의 박리가 생겨 와가 발생한다. 발생한 많은 와는 동일한 장소에 머물지 않고 바람과 함께 흘러간다. 와와의 거리가 가까우면 건축구조물에 생기는 풍압의 절대값이 커지고, 거리가 멀어지면 작아진다. 이 과정에 따라 건축구조물에 생기는 압력이 변동한다. 발생하는 와의 크기는 다양하고 그림 5.1.4.1에 나타낸 카르만와(Karman vortex)처럼 건축구조물 전체에 영향을 미치는 크기의 것과 그림 5.8.1.2에 나타낸 원추와처럼 어떤 일부분에만 영향을 주는 것이 있다. 외장재의 설계에서는 특정한 부분에만 미치는 와의 영향을 고려해야한다. KDS 2022에서 규정한 풍압은 단독의 건물을 대상으로 하기 때문에 위에서 기술한 풍압의 변동 가운데 위의 ①, ②만 반영된 것이라 볼 수 있다.

풍압변동은 건축구조물의 부위에 따라 그 특징을 구분할 수 있다. 그림 5.8.1.3은 외압계수의 시간에 따른 파형의 예로서 풍상면과 지붕면에 대해 나타낸 것이다. 외압계수는 건축구조물 표면에 작용하는 풍압을 기준점에서의 풍압으로 무차원화한 것이다, 풍상벽면에서의 외압계수는 평균적으로 정압(+)이 되고, 불어오는 바람의 풍속변동과 유사한 풍압변동을 나타낸다. 반면 지붕면 풍상쪽에서는 박리와에 의해 뾰쪽한 형상의 큰 부압이 간헐적으로 발생한다. 이 뾰쪽한 큰 부압은 박리와가 생겨 가까워질 때 생긴다. 지붕면의 풍하쪽(일반 지붕면)에서는 뾰족한 형상의 피크는 보이지 않고 작은 부압(−)만 발생한다. KDS 2022의 본문 *표 5.8−1 ~ 표 5.8−5*의 지붕면 및 벽면 피크외압계수 $\hat{C}_{pe}$ 에는 위에서 기술한 부위별 특징이 그대로 나타나 있다.

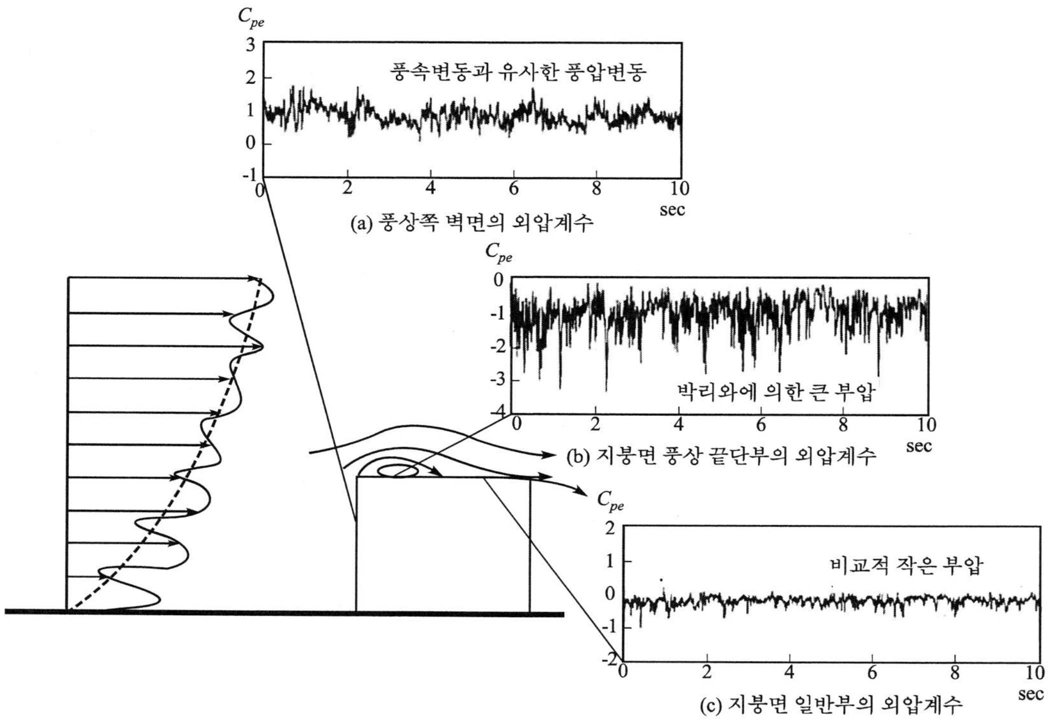

그림 5.8.1.3 풍압계수의 시간에 따른 파형[6)]

그림 5.8.1.4는 세장한 고층건축구조물 모형높이의 $2/3H$ 지점에서 풍상벽면, 측벽면 및 풍하벽면의 각 점에 작용하는 풍압의 변동파형을 시간적으로 타나낸 것이다. 그림에서 수평축은 지붕높이풍속 V_H와 시간 t의 곱을 건축구조물의 대표폭 B로 기준화시킨 무차원시간을 나타낸다. 풍상벽면의 변동풍압계수 C_{p1}은 풍방향의 풍속변동의 영향을 받아 불규칙한 파형을 보이고 전벽면에서 정압을 나타내며 최대값은 +1.8 정도가 된다. 측벽면의 변동풍압계수 C_{p2}는 풍상벽면에 비해 변동폭이 크고 건축구조물의 풍상 끝단에서 박리한 흐름에 의해 만들어진 와에 의해 뾰족한 파형이 간헐적으로 나타나며 전벽면에서 부압이고 최대값은 −2.8 정도가 된다. 풍하벽면에서는 풍상벽면과 측벽면에 비해 풍압변동이 작은 파형을 보이고, 전체적으로 부압을 나타내며 −1.0정도가 된다. 이와같이 벽면에서 보이는 풍동실험결과를 종합하여 KDS 2022에서는 정압의 풍상벽면, 부압의 측벽면 및 풍하벽면의 각 벽면을 모서리부와 중앙부 두 부분으로 구분하고, 외장재가 부담하는 수압면적에 따라 저감하도록 본문의 *표 5.8-1*의 벽면에 정하고 있다.

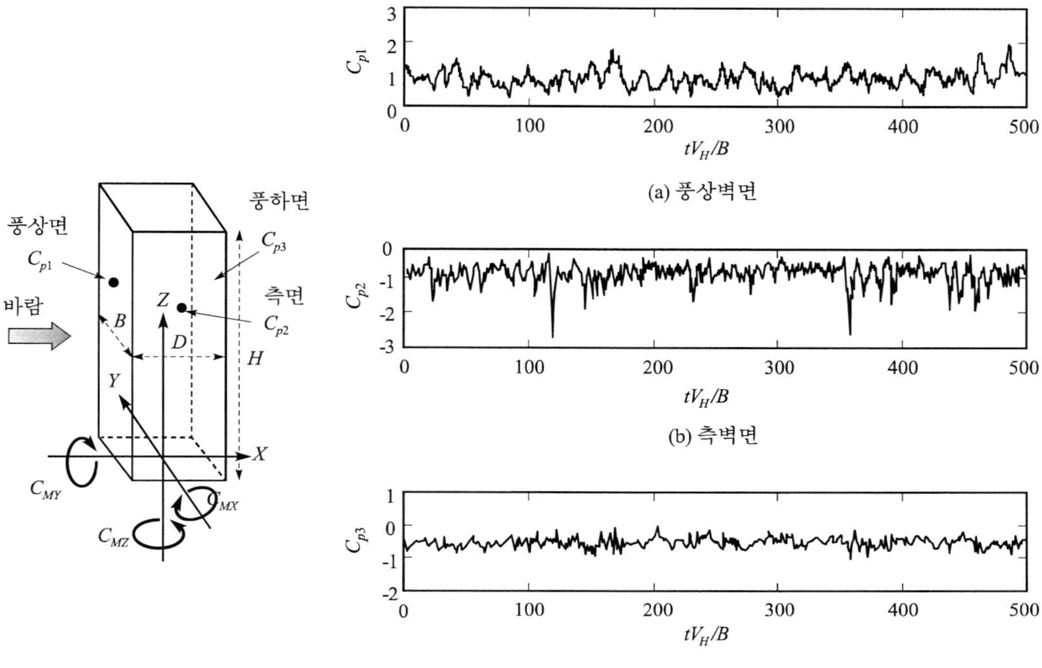

(a) 풍상벽면

(b) 측벽면

(c) 풍하벽면

그림 5.8.1.4 3차원 고층건축구조물 벽면에 작용하는 풍압계수의 시각력 파형의 예
(건축구조물형상 $B:D:H=2:1:5$, 풍압측정높이 $2/3H$, 난류경계층, $\alpha=0.22$)

외장재는 고유진동수가 매우 높아서 고진동수영역에서 동적응답이 발생하기 때문에 공진성분이 거의 없다. 따라서 동적인 작용보다 평가시간이 매우 짧은 순간풍압에 의해 외장재는 파괴한다고 가정할 수 있다. 그리하여 외장재를 설계할 때는 최대순간풍속이 작용했을 때의 피크풍압을 대상으로 풍하중을 산정한다.

외장재설계용 피크외압계수 $\hat{C}_{pe}$는 건축구조물의 각 부분에 있어서 전풍향 가운데 정 및 부의 최대피크외압계수를 말한다. 벽면에서 정의 피크 외압계수는 그 부분이 풍상에 위치할 때 발생하고, 부의 피크 외압계수는 그 면이 측벽이나 풍하면일 때 발생한다. 피크외압계수는 벽면 및 지붕면 모서리 부분에서 각각 크게 나타나므로 국부풍압이 작용하는 부위별로 별도 구분한다. 지붕면 및 벽면의 피크외압계수는 정압과 부압을 모두 고려하여 해당 부위에 따른 값을 적용한다.

유효수압면적은 지붕면인 경우 지붕마감재의 압력을 주골조로 전달하는 2차부재인 중도리 또는 띠장재의 1개의 단위 부재당 유효수압면적을 뜻하고, 벽면인 경우 벽면마감재의 압력을 주골조로 전달하는 2차부재인 벽면의 중도리 또는 띠장재의 1개의 부재당 유효수압면적을 뜻한다.

외장재의 수압면적이 커질수록 동일한 성분을 가진 풍압들이 동시에 작용할 가능성은 희박하다. 따라서 외장재의 수압면적이 커지면 여러 크기를 가진 변동성분들이 혼합하여 작용하기 때문에 고진동수 변동성분은 평균화되어 풍압력에 미치는 영향이 작아지고 수압면적 내의 피크풍압의 값이 작아진다. 이를 규모효과(size effect)라고 한다. 풍동실험에서 외장재의 면에 작용하는 적절한 피크풍압을 구하기 위해 요구되는 순간값의 평균화 시간은 대상으로 하는 외장재 면의 크기에 따라 달라지지만 통상적으로는 실시간으로 1.0초~3.0초로 하고 있다.[7] 특정한 크기의 면에 작용하는 풍압의 동시성을 척도로 해서 최대순간면압력을 구하고자 할 때 적절한 평균화시간(이동평균시간: moving averaging time) T_c는 다음 식으로 주어지는 TVL법을 이용해서 구할 수 있다. [8]

$$T_c = \frac{kL}{V} \tag{5.8.1.1}$$

여기서, L은 외장재의 크기로 외장재면의 대각선 길이(m), V는 설계풍속(m/s), k는 디케이팩터라고 부르며 강풍인 경우에는 6~8 정도의 값을 가진다.[9),10)]

예제 | **외장재 설계용 피크외압계수 평가를 위한 적정 평균화시간의 결정**

평균풍속 $V = 36\ \mathrm{m/s}$, 대표길이 $L = 6\ \mathrm{m}$ 인 외장재의 피크외압계수를 평가하기 위해 요구되는 적정 평가시간을 구하라

► 풀이

(5.8.1.1)식에 따르면 한계주기 $T_c = 6 \times 6/36 = 1.0$초가 된다. 주기 1.0초 정도의 풍압변동은 평균적으로 6m정도의 공간적 넓이를 갖고 작용하고 있다. 따라서 순간값의 평균화시간을 1.0초로 하였을 때의 최대순간 풍압력은 넓이 6m인 벽면에 동시에 작용한다고 생각하면 된다. 이와 같이 최대순간 풍압력의 평균화시간을 고려하는 것은 외장재의 설계나 규모가 작은 건축구조물의 전체풍력을 평가할 때 중요하고, 대상물의 규모에 따라서 적절히 순간값의 평균화시간을 추정하여 사용할 필요가 있다.

위에서 기술한 것처럼 외장재에 작용하는 피크외압은 평가하는 2점 간의 거리가 멀어지면 규묘효과로 인하여 공간상관이 저하되기 때문에 부담면적이 증가할수록 그 영역에서 면 평균한 피크외압은 감소하는 경향을 나타낸다. KDS 2022에서는 이 점을 고려하여 ① 기준높이 20 m 이상인 건축구조물 ~⑤ 기준높이 20 m 미만 톱니지붕형 건축구조물까지 외장재가 부담하는 수압면적에 따라 피크풍압계수가 감소하도록 하고 있다.

① 기준높이 20 m 이상인 건축구조물 ~⑤ 기준높이 20 m 미만 톱니지붕형 건축구조물에서 규정한 피크외압계수는 해외 각각의 기준을 참고하여 정해진 비교적 정형적 건축구조물에 대한 피크외압계수이고, 그래프에 주어진 값은 다음 식에 상응한다.

① 기준높이 20m 이상인 건축구조물

경사각이 $\theta < 10°$, 지붕면의 단위유효수압면적 A가 $1 < A \leq 50m^2$ 구간에서의 피크외압계수는 다음 식으로 근사시킬 수 있다.

①구역 : $-2.8+0.59\log A$

②구역 : $-4.6+0.82\log A$

③구역 : $-6.4+1.06\log A$

벽면은 다음 식으로 근사시킬 수 있다.

- 벽면에 정압으로 작용하는 경우

④,⑤구역 : $+1.93-0.43\log A$

- 벽면에 부압으로 작용하는 경우

④구역 : $-1.8+0.23\log A$

⑤구역 : $-3.6+1.29\log A$

② 기준높이 20m 미만 박공지붕형 건축구조물

*표 5.8-2①*에서 건축구조물 벽면의 단위유효수압면적 A에 따른 피크외압계수는 다음 식으로 근사시킬 수 있다.

- 벽면에 정압으로 작용하는 경우($1 < A \leq 50m^2$)

④,⑤구역 : $+2-0.353\log A$

- 벽면에 부압으로 작용하는 경우($1 < A \leq 50m^2$)

④구역 : $-2.2+0.353\log A$

⑤구역 : $-2.8+0.706\log A$

- 표 5.8-2②의 경사각이 $\theta \leq 10°$인 지붕면인 경우에는 다음 식으로 근사시킬 수

있다. ($1 < A \leq 10m^2$)

①구역 : $-2.1+0.3\log A$

②구역 : $-3.9+1.65\log A$

③구역 : $-6.0+3.75\log A$

- 경사각이 $10° < \theta \leqq 30°$인 경우에는 다음 식으로 근사시킬 수 있다. ($1 < A \leq 10m^2$)

①구역 : $-1.8+0.2\log A$

②구역 : $-3.4+\log A$

③구역 : $-5.2+1.2\log A$

- 경사각이 $30° < \theta \leqq 45°$인 경우에는 다음 식으로 근사시킬 수 있다. ($1 < A \leq 10m^2$)

①,②,③ 구역 : $+1.95-0.3\log A$

- 부압이 작용하는 경우

①구역 : $-2.1+0.3\log A$

②,③구역 : $-2.55+0.45\log A$

③ 기준높이 20m 미만 편지붕형 건축구조물

경사각 $3° < \theta \leqq 10°$, 단위유효수압면적 A가 $1 < A \leq 10m^2$ 구간에서의 피크외압계수는 다음 식으로 근사시킬 수 있다.

- 정압이 작용하는 경우

①,②,③,④,⑤구역 : $+0.6-0.2\log A$

- 부압이 작용하는 경우

②구역 : $-2.6+0.2\log A$

③구역 : $1 < A \leq 10m^2$일 때 $-3.6+1.2\log A$

④구역 : $1 < A \leq 10m^2$일 때 $-3.2+0.2\log A$

⑤구역 : $1 < A \leq 10m^2$일 때 $-5.2+2.0\log A$이다.

경사각 $10° < \theta \leqq 30°$에서는 다음 식으로 근사시킬 수 있다.

- 정압이 작용하는 경우

①,②,③구역 : $+0.8-0.2\log A$

- 부압이 작용하는 경우

①구역 : $-2.6+0.4\log A$

②구역 : $-3.2+0.8\log A$

③구역 : $-5.8+1.8\log A$이다.

④ 기준높이 20m 미만 다중박공지붕형 건축구조물

경사각이 $10° < \theta \leqq 30°$, 지붕면의 단위유효수압면적 A가 $1 < A \leq 10m^2$ 구간에서의 피크외압계수는 다음 식으로 근사시킬 수 있다.

- 정압이 작용하는 경우
  - ①,②,③구역 : $+1.2-0.4\log A$
- 부압이 작용하는 경우
  - ①구역 : $-3.2+0.4\log A$
  - ②구역 : $-4.4+1.0\log A$
  - ③구역 : $-5.4+2.0\log A$이다.

지붕면 경사각이 $30° < \theta \leqq 45°$인 경우에는 다음 식으로 근사시킬 수 있다.

- 정압이 작용하는 경우
  - ①,②,③구역 : $+2.0-0.4\log A$
- 부압이 작용하는 경우
  - ①구역 : $-4.0+1.8\log A$
  - ②구역 : $-5.0+1.6\log A$
  - ③구역 : $-5.2+1.8\log A$이다.

⑤ 기준높이가 20m 미만 톱니지붕형 건축구조물

지붕경사각이 $10° \leqq \theta < 30°$의 경우 양 모서리인 ③지역에서는 부압계산 시에는 a 및 b, c, d를 각각 구분하여 외압계수를 결정한다. 경사각이 $10° < \theta \leqq 30°$, 지붕의 단위유효수압면적 A에 따른 피크외압계수는 다음 식으로 근사시킬 수 있다.

- 정압이 작용하는 경우
  - ①구역 : $1 < A \leq 50m^2$일 때 $+1.4-0.35\log A$
  - ②구역 : $1 < A \leq 10m^2$일 때 $+2.2-0.6\log A$
  - ③구역 : $1 < A \leq 10m^2$일 때$+1.6-0.2\log A$이다.
- 부압이 작용하는 경우
  - ①구역 : $1 < A \leq 50m^2$일 때 $-4.2+1.177\log A$
  - ②구역 : $1 < A \leq 50m^2$일 때 $-6.4+1.88\log A$
  - ③구역 중 a) : $1 < A \leq 10m^2$일 때
    $-8.2+0.80\log A$,
    $10 < A \leq 50m^2$일 때 $-7.4+1.88\log A$

③구역 중 b)c)d) : $10 < A \le 50m^2$일 때

$-5.2 + 0.82\log A$이다.

⑥ 아치지붕을 가진 건축구조물

아치지붕 직각방향으로 바람이 부는 경우의 피크외압계수는 그림 5.7.1.8에 나타낸 것처럼 풍상면 지붕 끝단에서 가까운 거리까지는 정압(+)이고, 일정거리가 지나면 부압(−)이 되며 지붕 정상부에서 부압은 최대가 된다. 정압은 아치의 f/B_1가 커질수록 또한 지붕 끝단에 가까울수록 그 값이 커진다. 부압은 아치지붕의 끝단에서는 그 값이 작고, 지붕중앙부(R_c부)에서 기류의 흐트러짐과 기류의 박리에 수반된 와발생에 의해 피크외압계수는 최대가 된다. 부압은 f/B_1가 작아질수록 값이 커진다. 특히 f/B_1가 작아질수록 부압은 지붕 끝단에서 흐름의 박리로 인하여 발생하는 와의 영향을 강하게 받기 때문에 R_a와 R_d부분에서 그 값이 크다.

아치지붕 방향으로 바람이 부는 경우에는 지붕면 전체가 부압이고 끝단에서 멀어질수록 그 값은 작아진다.

본문의 *표 5.8-6*에 나타낸 지붕면의 피크외압계수는 위에서 기술한 것과 같은 풍압의 특성을 고려하여 정과 부의 영역으로 나타냈다.[1)]

⑦ 돔지붕을 가진 건축구조물

돔지붕의 경우에는 기류의 흐트러짐뿐만 아니라 흐름의 박리에 수반되는 와발생에 의해 돔지붕에 작용하는 외압은 정압과 부압으로 크게 변동하기 때문에 정 및 부의 피크외압계수를 제시하였다.

f/d가 작은 경우에는 풍상 끝단에서 흐름의 박리가 발생하여 풍상영역에 부의 큰 피크외압이 작용한다. f/d가 커지면 바람이 돔지붕에 직접 부닥치기 때문에 정의 큰 피크외압이 작용하게 된다.

본문의 *표 5.8-7*의 피크외압계수는 이러한 풍압성질의 변화를 고려하여 지붕면을 $R_a \sim R_c$의 3영역으로 구분하고, 각 영역 내에서 전 풍향에 대한 정 및 부의 최대피크외압계수에 의거하여 정하고 있다.[1)]

⑧ 원형평면을 가진 건축구조물

원형평면을 가진 건축구조물의 경우 벽면의 정의 최대피크외압계수는 그림 5.8.1.5와 같이 풍상면에서 정체점에서 생겨 정압이 되고, 측면에서는 바리로 인하여 와가

발생하여 부의 최대피크외압계수가 생기며, 그 위치는 건축구조물의 H/d에 따라 달라진다.

원형평면을 가진 건축구조물의 벽면에 작용하는 풍압의 연직분포는 직사각형평면의 경우와 비슷하여 정압영역에서는 접근류의 연직분포의 영향을 강하게 받는다. 한편, 부의 피크외압계수는 H/d, 표면거칠기의 영향을 받는다. H/d의 영향은 k_1에 표면거칠기의 영향은 k_2에 고려되었다. 또한 부의 피크외압계수는 건축구조물 정상부에서 $2d$까지의 상층부에서 정상부 흐름의 박리 영향을 받아 절대값이 커진다. 이 영향은 계수 k_3에 고려되었다. 이 절에서 각 계수값은 건축구조물의 H/d가 8 이하인 건축구조물을 대상으로 한 풍동실험결과에 기초한 것이므로 이 범위의 건축구조물에만 적용할 수 있다.[1)]

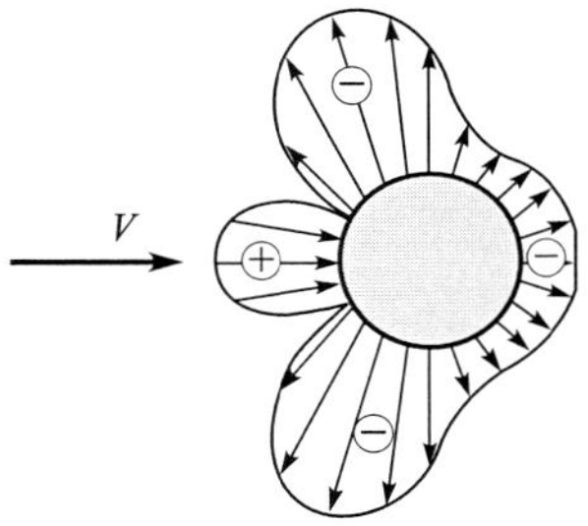

그림 5.8.1.5 원주형 평면을 가진 건축구조물의 표면에 작용하는 풍압분포

⑨ 필로티

그림 5.7.1.12에 나타낸 것처럼 바람이 불어오는 방향에 대해 양측벽이 있는 관통형 필로티와 사방이 개방된 개방형 필로티를 대상으로 수행한 풍동실험결과에 기반하여 얻어진 외장재설계용 피크외압계수에 대한 연구결과[11),12)]를 채용하고 있다. 필로티의 천정면과 측벽면에서는 정압은 거의 발생하지 않고 부압만 발생한다.

5.8.2 피크내압계수

(1) 벽 및 지붕의 외장재설계용 피크내압계수 $\hat{C}_{pi}$는 개구부 크기에 따라 표 5.8-9에 따라 정한다. 단, 벽 또는 지붕 각 표면에서의 개구부면적의 합이 그 표면면적의 30%를 초과할 경우에는 표 5.8-9에 주어진 값을 적용할 수 없다.

표 5.8-9 벽 및 지붕의 외장재설계용 피크내압계수 $\hat{C}_{pi}$

밀폐의 분류		$\hat{C}_{pi}$
밀폐형건축구조물	한 벽면 틈새, 그 외 표면 밀폐	+1.40 또는 −0.80
	마주보는 두 벽면 틈새, 그 외 표면 밀폐	+0.40 또는 −0.80
	이웃하는 두 벽면 틈새, 그 외 표면 밀폐	+0.40 또는 −0.60
	이웃하는 세 벽면 틈새, 그 외 표면 밀폐 모든 표면(벽면 및 지붕) 틈새	0.00 또는 −1.20
	모든 벽면 틈새, 지붕 밀폐	0.00 또는 −0.80
	모든 표면(벽면 및 지붕) 밀폐	0.00 또는 −0.40
부분밀폐형 건축구조물	탁월 개구부 1	+1.10 또는 −1.10
	탁월 개구부 2	+1.40 또는 −1.40
	윗면이 개방된 사일로, 굴뚝	−1.20
개방형건축구조물		0.00

주] 1) 밀폐형건축구조물은 정압 받는 벽에 있는 개구부의 총면적이 그 벽 면적의 1% 이하인 경우
2) 틈새는 공기가 누출되는 면적이 그 표면면적의 0.01 %에서 0.1 %일 때
3) 밀폐는 틈새의 면적이 그 표면면적의 0.01 % 이하일 때
4) 탁월개구부 1은 탁월개구부가 있는 표면의 개구부면적이 그 외 표면 개구부면적의 2배
5) 탁월개구부 2는 탁월개구부가 있는 표면의 개구부면적이 그 외 표면 개구부면적의 3배 이상
6) 개방형은 각 벽면이 80 % 이상 개방되었을 때
7) 밀폐의 분류가 위 표 구분의 중간에 속할 경우에는 직선보간 한다.

일반적으로 건축구조물의 외벽 및 창호에는 무수한 틈새가 있기 마련이다. 이들 틈새를 통하여 외압과 내압의 차이가 있으면 공기의 유출입이 생기게 되고, 내압은 증가 또는 감소된다. 임의 벽면에서 개구부 면적이 산출되면 공기의 유출입량으로부터 내압의 압력계수 및 가스트영향계수는 해석적으로 평가할 수 있다. 그러나 설계단계에서 틈새 또는 개구면적을 정확하게 산출한다는 것은 매우 어려운 일이다.

변동내압은 변동외압이 외벽면의 틈새나 개구부를 통하여 실내에 전달됨으로써 형성된

다. 틈새나 개구부를 통과할 때 고진동수 성분이 다소 작아지나 그 영향은 크지 않다. 외벽면으로부터 전달된 변동풍압력이 실내에서 평균화되어 변동내압이 형성되는 것으로 볼 수 있다.

피크내압계수 $\hat{C}_{pi}$는 평균내압계수 C_{pi}, 내압의 피크팩터 g_i, 변동내압계수 C_{pi}'를 알면 $\hat{C}_{pi}=C_{pi}+g_iC_{pi}'$인 관계를 이용하여 구할 수 있다. 평균내압계수 C_{pi}는 본문의 *표 5.7-4*에 주어져 있고, C_{pi}는 변동내압계수 C_{pi}'는 그림 5.8.2.1에 나타낸 것처럼 한쪽 벽면에만 틈새 및 개구부가 있는 경우, 틈새·개구율 및 풍향에 따라 0.06 ~ 0.18정도의 값을 가진다.[1] 그러나 내압 피크계수 g_i의 경우에는 틈새·개구율이 변화할 때마다 내압의 변동이 달라지기 때문에 그에 상응하는 내압 피크계수 g_i의 값도 달라진다. 이에 대해 현재까지 연구결과가 부족하여 이 방법을 사용하여 피크내압계수 $\hat{C}_{pi}$를 평가하기는 쉽지 않다.

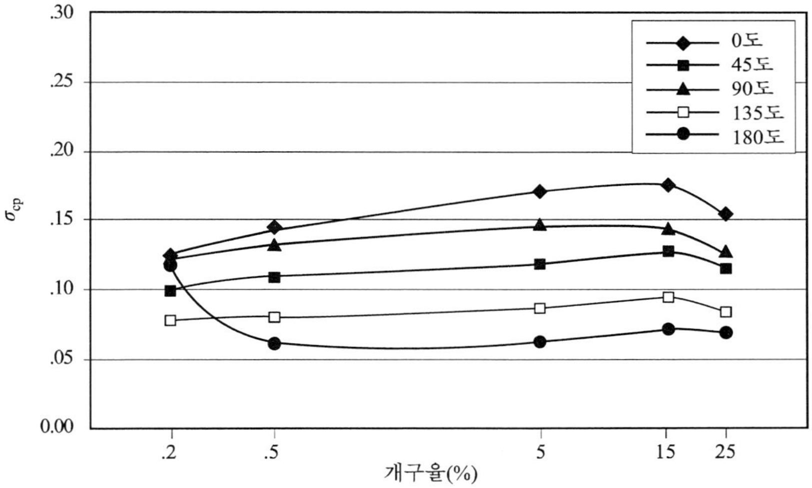

그림 5.8.2.1 개구율 및 풍향에 따른 변동내압계수 C_{π}'의 변화[1]

내압은 건축구조물 골조의 응답에 큰 영향을 미치지 않는다. 그리하여 내압의 경우에는 평균내압 C_{pi}과 피크내압 $\hat{C}_{pi}$의 비인 $\hat{C}_{pi}/C_{pi}$를 가스트영향계수 G_{pi}로 정의할 수 있다. 그림 5.8.2.2는 틈새·개구율 및 풍향에 따라 가스트영향계수가 어떻게 변하는지를 그 특성을 나타낸 것이다.[1] 틈새·개구율이 커질수록 가스트영향계수는 증가한다. 풍향에 대해서는 틈새·개구부가 있는 벽면의 측면(90도) 및 반대편 방향(135도, 180도)에서 바람이 불면 개구율이 증가할수록 가스트영향계수가 커지지만, 틈새·개구부가 있는 벽면 방향(0도,

45도)으로 바람이 불면 개구율이 증가할수록 가스트영향계수가 작아지는 경향을 나타낸다. 가스트영향계수 G_{pi} 값은 1.35~2.50 정도의 범위이다. KDS 2022에서는 안전성을 고려하여 내압의 가스트영향계수 G_{pi}를 평균값보다 약간 큰 2.0으로 하고, 본문의 *표 5.7-2*에 주어진 평균내압계수 C_{pi}[2),3]에 내압가스트영향계수 2.0을 곱하여 본문의 *표 5.8-9*의 피크내압계수 $\hat{C}_{pi}$로 정하였다.

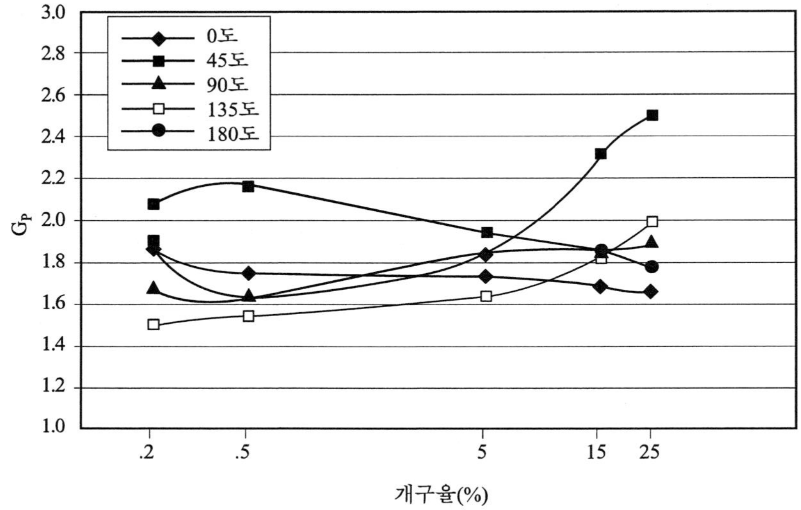

그림 5.8.2.2 개구율 및 풍향에 따른 내압 가스트영향계수 G_{pi}의 변화[1)]

5.8.3 독립지붕의 피크순압력계수

(1) 편지붕

직사각형 평면을 가진 독립편지붕의 외장재설계용 피크순압력계수 $\hat{C}_N$는 표 5.8-10에 따라 정한다.

표 5.8-10 독립편지붕의 피크순압력계수 $\hat{C}_N$

지붕 경사각 θ(°)	유효수압 면적	$\hat{C}_N$											
		개방흐름						장애흐름					
		영역③		영역②		영역①		영역③		영역②		영역①	
0	$\leq a^2$	5.1	−7.0	3.8	−3.6	2.6	−2.3	2.1	−7.7	1.7	−3.8	1.1	−2.6
	$> a^2, \leq 4a^2$	3.8	−3.6	3.8	−3.6	2.6	−2.3	1.7	−3.8	1.7	−3.8	1.1	−2.6
	$> 4a^2$	2.6	−2.3	2.6	−2.3	2.6	−2.3	1.1	−2.6	1.1	−2.6	1.1	−2.6
7.5	$\leq a^2$	6.8	−9.0	5.1	−4.5	3.4	−3.0	3.4	−10.9	2.6	−5.5	1.7	−3.6
	$> a^2, \leq 4a^2$	5.1	−4.5	5.1	−4.5	3.4	−3.0	2.6	−5.5	2.6	−5.5	1.7	−3.6
	$> 4a^2$	3.4	−3.0	3.4	−3.0	3.4	−3.0	1.7	−3.6	1.7	−3.6	1.7	−3.6
15	$\leq a^2$	7.7	−8.1	5.8	−6.2	3.8	−4.1	5.1	−9.0	3.8	−6.8	2.6	−4.5
	$> a^2, \leq 4a^2$	5.8	−6.2	5.8	−6.2	3.8	−4.1	3.8	−6.8	3.8	−6.8	2.6	−4.5
	$> 4a^2$	3.8	−4.1	3.8	−4.1	3.8	−4.1	2.6	−4.5	2.6	−4.5	2.6	−4.5
30	$\leq a^2$	11.1	−10.7	8.3	−8.1	5.5	−5.3	6.8	−9.8	5.1	−7.5	3.4	−4.9
	$> a^2, \leq 4a^2$	8.3	−8.1	8.3	−8.1	5.5	−5.3	5.1	−7.5	5.1	−7.5	3.4	−4.9
	$> 4a^2$	5.5	−5.3	5.5	−5.3	5.5	−5.3	3.4	−4.9	3.4	−4.9	3.4	−4.9
45	$\leq a^2$	11.1	−9.8	8.3	−7.5	5.5	−4.9	9.0	−8.1	6.8	−6.2	4.5	−4.1
	$> a^2, \leq 4a^2$	8.3	−7.5	8.3	−7.5	5.5	−4.9	6.8	−6.2	6.8	−6.2	4.5	−4.1
	$> 4a^2$	5.5	−4.9	5.5	−4.9	5.5	−4.9	4.5	−4.1	4.5	−4.1	4.5	−4.1

주] 1) 개방흐름은 지붕 밑의 공간이 50 % 이상 장애물 없이 트인 경우이고, 장애흐름은 지붕 밑의 공간이 50 % 이상 장애물로 막힌 경우이다.

2) +부호는 지붕의 윗 표면에 대해 압력이 아랫방향으로 작용하는 경우이고, −부호는 위 방향으로 작용하는 경우이다.

3) 표에서 주어진 θ의 중간 값은 직선보간하여 사용한다.

4) 외장재설계는 표에 주어진 정압과 부압계수에 대해 수행해야 한다.

5) a : 건축구조물 최소폭의 0.1배 또는 $0.4H$ 중 작은 값, 단 1.0 m보다 작지 않아야 한다.

H : 기준높이 (m)

d : 건축구조물의 풍방향 수평길이 (m)

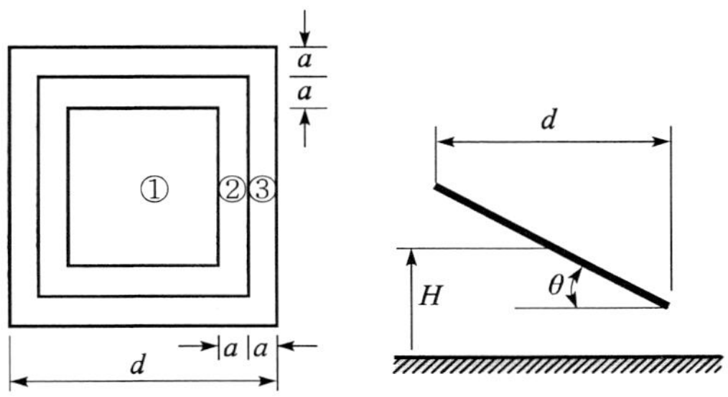

(2) 경사지붕

직사각형 평면을 가진 독립경사지붕의 외장재설계용 피크순압력계수 $\hat{C}_N$는 표 5.8-11에 따라 정한다.

표 5.8-11 독립경사지붕의 피크순압력계수 $\hat{C}_N$

① 정의 피크순압력계수

	지붕경사각 $\theta°$	$\hat{C}_N$
R_a부	$-30° \leq \theta \leq -10°$	$(0.65-0.015\theta)(1+7I_H)$
	$-10° < \theta < 10°$	$0.8(1+7I_H)$
	$10° \leq \theta \leq 30°$	$(0.55+0.025\theta)(1+7I_H)$
R_b부	$-30° \leq \theta \leq -10°$	$(0.9-0.02\theta)(1+7I_H)$
	$-10° < \theta < 10°$	$1.1(1+7I_H)$
	$10° \leq \theta \leq 30°$	$(0.85+0.025\theta)(1+7I_H)$

주] 1) I_H : 기준높이 H에서의 난류강도로 식(5.5-3.a)에서 z를 H로 대체한 값.
θ : 표 5.7-7의 주]에서 정해지는 지붕경사각
l : $4H$, B_1, B_2 중 작은 값
2) 정의 피크순압력계수는 지붕에 대해 풍압력이 아랫방향으로 작용하는 경우이다.

② 부의 피크순압력계수

	지붕경사각 $\theta°$	$\hat{C}_N$
R_a부	$\lvert\theta\rvert < 10$	-3.5
	$10 \leq \lvert\theta\rvert \leq 30$	$-2.9-0.06\lvert\theta\rvert$
R_b부	$\lvert\theta\rvert < 10$	-4.5
	$10 \leq \lvert\theta\rvert \leq 30$	$-3.8-0.075\lvert\theta\rvert$

주] 1) θ : 표 5.7-7의 주]에서 정해지는 지붕경사각.
2) 부의 피크순압력계수는 지붕에 대해 풍압력이 윗방향으로 작용하는 경우이다.

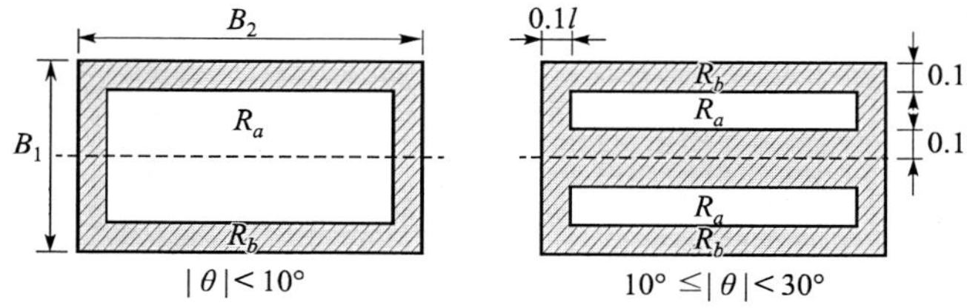

(1) 편지붕

지붕의 끝단에서 중앙부 쪽으로 갈수록 정·부의 피크외압계수가 작아진다. 따라서 지붕면을 3영역으로 구분하고 있다. 영역③이 정과 부의 피크외압계수가 가장 크게 나타난다.[1)]

(2) 경사지붕

독립된 경사지붕의 경우에는 지붕면의 윗면과 아랫면에 작용하는 피크풍압의 차(피크순압력)를 평가하여 피크순압력계수 $\hat{C}_N$로 하고 있다.

흐름의 박리에 의해 와가 지붕의 윗면 또는 아랫면 근방에서 발생하기 때문에 지붕단부에서 큰 피크순압력이 발생한다. 따라서 이처럼 큰 피크순압력이 발생하는 영역(R_b)과 그 외 영역(R_a)으로 구분하여 피크순압력계수를 나타내고 있다.[2)]

본문의 *표 5.8-11*에서 R_a, R_b부의 경우 풍압변동성분 p'에 대해서는 준정상가정(quasi-static assumption), 즉 $\sigma_p/\bar{p} = 2\sigma_v/\bar{v}$(여기서, σ_p: 변동풍압의 표준편차, $\bar{p}$: 평균풍압, σ_v: 변동풍속, $\bar{v}$: 평균풍속)이 성립하고, 피크팩터는 $g = 3.5$로 가정하여 피크풍압 $\hat{p}$ 을 평균풍압 $\bar{p}$으로부터 다음 식의 관계를 이용하여 구하고 있다.

$$\hat{p} = G_p \bar{p} \tag{5.8.3.1}$$

$$G_p = \frac{\hat{p}}{\bar{p}} = 1 + g\frac{\sigma_p}{\bar{p}} = 1 + g\left(2\frac{\sigma_v}{\bar{v}}\right) = 1 + 7I_v \tag{5.8.3.2}$$

여기서, G_p : 가스트풍압계수

I_v : 난류강도

5.8.1

1) 日本建築學會 (1993, 2004, 2015), 建築物荷重指針同解說, 丸善
2) International Organization for Standardization (2009), Wind actions on structures, ISO 4354 : 2009(E)
3) CEN (2005), EN 1991-1-4:2005E), Eurocode 1: Actions on structures - Part 1-4: General actions- Wind actions, 141-142
4) American Society of Civil Engineers (2010), Minimum Design Loads for Buildings and Other Structures, ASCE/SEI 7-10
5) Australian/New Zealand Standards (2002), AS/NZS 1170.2:2002, Structural design actions, Part2: Wind actions
6) 日本建築學會 (2013), 實務者のための建築物外裝材耐風設計マニュアル
7) 하영철 (2021), 건축구조물 내풍설계, 구미서관, 319-322
8) T. V. Lawson (1980), Wind Effects on Buildings, Vol. 1, Applied Science Publishers,
9) A. G. Davenport (1967) The Dependence of Wind Load on Meteorological Parameters, Wind Effects on Buildings and Structures, 19~82
10) A. G. Davenport (1961) The Spectrum of Horizontal Gustiness Near the Ground in High Winds, Jour. Royal Meteorological Soc., Vol. 87, 194~211
11) 우수현 신동현 하영철 (2019), 중저층건축구조물 관통형 필로티의 내풍설계를 위한 풍압계수 산정, 한국풍공학회논문집, 23(2), 57-65
12) 류혜진, 신동현, 우수현, 하영철 (2020), 고층건축구조물 관통형 및 개방형 필로티의 내풍설계를 위한 풍압계수 제안, 한국풍공학회논문집, 24(1), 11-21

5.8.2

1) 김상진, 이석종 , 하영철 (2000), 풍하중을 받는 건축구조물의 편벽면 개구율에 따른 내압 변화 특성, 대한건축학회논문집-구조계, 16(10), 65-72
2) 이석종, 하영철 (2001), 풍하중을 받는 건축구조물의 틈새 크기 및 위치 변화에 따른 내압 평가, 대한건축학회논문집-구조계, 17(10), 43-50
3) 이석종, 하영철 (2002), 풍하중을 받는 일부 개방형 건축구조물의 개구부 위치 및 크기변화에 따른 내압평가, 대한건축학회논문집-구조계, 18(9), 109-116

5.8.3

1) American Society of Civil Engineers (2010), Minimum Design Loads for Buildings and Other Structures, ASCE/SEI 7-10
2) 日本建築學會 (1993, 2004, 2015), 建築物荷重指針同解說, 丸善

5.9 주골조설계용 풍직각방향풍하중

건축구조물의 높이가 높아질수록 설계풍속은 증가하고, 고유진동수는 작아진다. 풍속증가 및 고유진동수의 저하에 의한 풍직각방향 응답의 증가율은 풍방향에 비하여 크고, 어떤 풍속에 도달하면 풍각각방향의 응답이 풍방향의 응답보다 커진다. 따라서 풍직각방향 진동응답을 합리적으로 반영하여 풍하중을 평가해야한다.

풍방향진동은 자연풍의 흐트러짐에 기인하여 발생하기 때문에 불어오는 바람의 풍속변동 특성과 유사한 성질을 가진다. 기류가 건축구조물로부터 박리하면 건축구조물의 측면과 후면에는 크고 작은 다양한 와가 형성되고 이들 와에 의해 건축구조물에는 풍직각방향 변동풍력이 작용한다. 건축구조물의 평면 및 입면 형상이 사각형이고 세장한 경우에는 그림 5.1.4.1에 나타낸 것처럼 높이방향으로 일정한 주기성이 강한 와류가 방출되기 쉬워져 풍직각방향으로 작용하는 변동풍력이 커지게 된다.

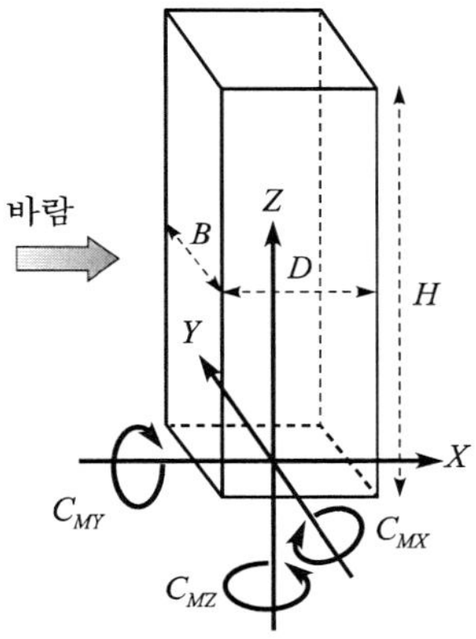

그림 5.9.1 건축구조물의 구조축과 전도모멘트의 정의

건축구조물 전체에 작용하는 공기력을 풍력실험을 통하여 측정한 경우, 그림 5.9.1에 나타낸 것처럼 건축구조물의 구조축방향(X, Y, Z)과 풍축방향으로 타나낼 수 있다. 그림 5.9.2 및 그림 5.9.3에 그림 5.9.1에서 정의한 Y축 회전(풍방향) 전도모멘트 C_{MX}, X축 회전(풍직각방향) 전도모멘트 C_{MY} 및 Z축 비틀림모멘트 C_{MZ}의 시간 변화와 각각의 파워스펙트럼밀도의 예를 나타냈다. 풍직각방향 전도모멘트 C_{MX}만을 대상하여 살펴보면 건축구조물 모형 측벽면에서 박리하여 생성된 와성분은 공간상관이 높기 때문에 풍직각방향 변동모멘트계수에는 주기적인 변동이 나타난다. 그리하여 풍직각방향 전도모멘트의 파워스펙트럼밀도를 보면 주기적인 와발생으로 인한 탁월한 피크가 보인다. 그림 5.9.3의 수직축은 파워이고, 수평축은 건축구조물의 대표폭 B과 진동수 n의 곱을 기준풍속으로 V_H로 기준화한 무차원진동수 nB/V_H이다. 무차원진동수 0.1 부근에서 탁월한 파워스펙트럼밀도의 피크를 보인다. 이것을 스트로할수(Strouhal's number) St라고 부른다.

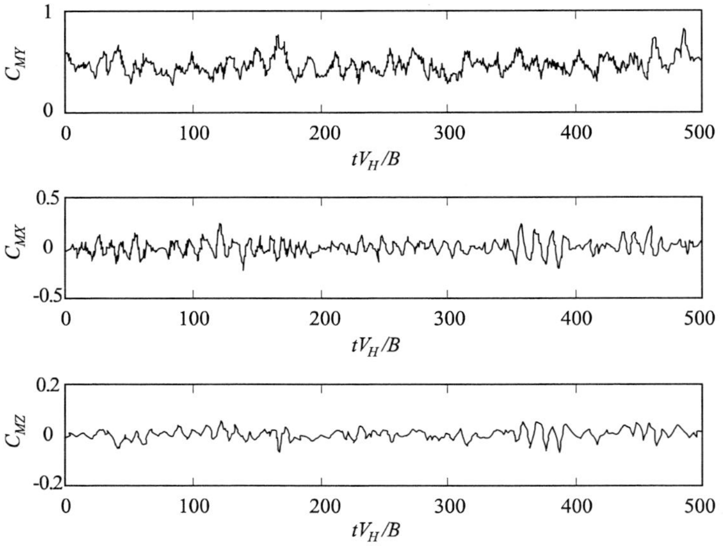

그림 5.9.2 고층건축구조물 모형의 변동전도모멘트의 시간파형의 예

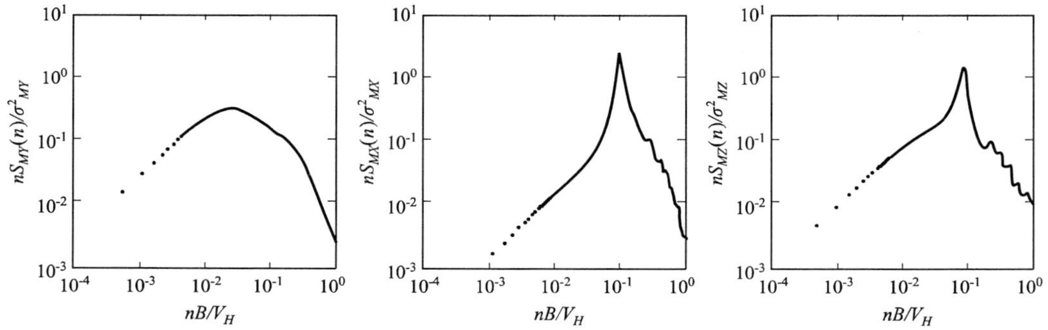

(a) 풍방향 (b) 풍직각방향 (c) 비틀림

그림 5.9.3 고층건축구조물 모형의 변동전도모멘트의 파워스펙트럼밀도의 예

풍방향진동은 자연풍의 난류에 기인하여 발생하기 때문에 준정적인 해석에 기반한 이론적 해석이 가능하다. 그러나 풍직각방향진동은 건축구조물로부터 박리하여 생긴 와류에 기인한 변동풍력에 만들어지고, 와류의 특성이 건축구조물의 형상에 따라 크게 달라지기 때문에 풍방향진동처럼 이론적 해석은 불가능하여 실험결과에 근거하여 해석할 수밖에 없다. KDS 2022에서는 풍동실험에서 얻어진 풍력의 시계열데이터에 근거하여 풍직각방향풍하중을 평가하는 방법을 채택하고 있다.

5.9.1 적용범위

(1) 이 절은 주골조설계용 수평풍하중 가운데 풍직각방향풍하중을 산정하는 경우에 적용하며, 다음의 모든 조건을 만족하는 건축구조물이 벽면에 수직인 방향에서 바람을 받는 경우를 대상으로 한다.

① 평면형상이 사각형이고 높이방향으로 일정하다.

② $\dfrac{H}{\sqrt{BD}} \leq 6$

③ $0.2 \leq \dfrac{D}{B} \leq 5$

④ $\dfrac{V_H}{n_L \sqrt{BD}} \leq 10$

여기서, H : 건축구조물의 기준높이 (m) (5.1.2(6)에 따른다)

B : 건축구조물의 대표폭 (m)

D : 건축구조물의 깊이 (m)

V_H : 설계풍속 (m/s) (5.5.1에 따른다.)

n_L : 풍직각방향1차고유진동수 (Hz)

이 절에서 나타낸 산정방법은 설계풍속이 와려진(渦勵振: vortex induced vibration) 및 공기력불안정진동(空氣力不安定振動: aerodynamic instability)의 발진풍속 이하인 풍직각방향의 강제진동을 고려한 등가정적풍하중(等價靜的風荷重: equivalent static wind loads)을 대상으로 한 것이다. 설계풍속이 $V_H/(n_L \sqrt{BD}) > 10$ 의 경우에는 공기력불안정진동이 발생할 가능성이 있으므로 풍동실험에 따라 풍력 또는 풍응답을 구하여 풍하중을 산정하여야 한다.

풍직각방향진동의 경우, 평면형상의 변장비 $D/B = 0.2 \sim 5$ 이고, 형상비 $H/\sqrt{BD}$ 가 6 이상인 건축구조물은 실험데이터가 적고, 그 이상 세장해지면 공기력불안정진동이 발생하기 쉽다는 사실을 고려하여 적용범위는 형상비 6 이하로 한정하고 있다.

5.9.2 산정식

(1) 지상높이 z에서의 구조골조용 풍직각방향풍하중 $W_L(z)$은 식(5.9-1)에 따라 산정한다.

$$W_L(z) = 3\, g_L C_{M,L}{}' q_H A \left(\frac{z}{H}\right) \sqrt{1+\phi_L^2 R_L}\,(\mathrm{N}) \tag{5.9-1}$$

단, $g_L = \sqrt{2\ln(600 n_L) + 1.2}$

$$C_{M,L}{}' = 0.0073(D/B)^3 - 0.0629(D/B)^2 + 0.1959(D/B) \tag{5.9-1.a}$$

$$\phi_L = \left(\frac{z}{H}\right)^{\beta - 1} \phi_L^{'} \tag{5.9-1. b}$$

$$\phi_L^{'} = \frac{M}{3M_L^*}\lambda \tag{5.9-1. c}$$

$$M_L^* = \int_0^H m(z)\mu^2(z)dz \tag{5.9-1.d}$$

$\beta = 1.0$: 중앙부에 코어가 있는 모멘트저항골조 건축구조물 또는 큰 기둥과 전단가새로 이루어진 건축구조물

$\beta = 1.5$: 세장한 캔틸레버형 건축구조물 및 중앙의 철근콘크리트 코어에 의해 지지되는 건축구조물

$\beta = 2.0$: 탑, 굴뚝

$$R_L = \frac{\pi F_L}{4\zeta_L} \tag{5.9-1.d}$$

$$F_L = \sum_{j=1}^{m} \frac{4k_j(1+0.5\beta_j)\beta_j}{\pi} \frac{(n_L/n_{pj})^2}{\left[1-(n_L/n_{pj})^2\right\}^2 + 4\beta_j^2 (n_L/n_{pj})^2\right]} \tag{5.9-1.e}$$

$k_1 = 1.0$

$k_2 = 0.01$

$$m = \begin{cases} 1 & (D/B < 3) \\ 2 & (D/B \geqq 3) \end{cases}$$

$$n_{p1} = \frac{0.11}{\left[1+0.39(D/B)^2\right]^{0.8}} \frac{V_H}{B} \quad (0.2 \leqq D/B \leqq 5)$$

$$n_{p2} = \frac{0.61}{(D/B)^{0.89}} \frac{V_H}{B} \quad (3 \leqq D/B \leqq 5)$$

$$\beta_1 = \frac{17.25(D/B)^4 - 32.99(D/B)^3 + 25.37(D/B)^2 - 9.39(D/B) + 1.41}{19.68(D/B)^4 - 24.49(D/B)^3 + 13.02(D/B)^2 - 4.77(D/B) + 1}$$

$(0.2 \leqq D/B \leqq 5)$

$$\beta_2 = \frac{0.31}{(D/B)^{0.41}} \quad (3 \leqq D/B \leqq 5)$$

여기서, g_L : 풍직각방향피크펙터

$C_{M,L}{}'$: 풍직각방향변동전도모멘트계수

q_H : 설계속도압 (N/m^2) (5.5에 따른다)

A : 지상높이 z 에서 풍향에 수직한 면에 투영된 건축구조물의 유효수압면적 (m^2), 단, 1개 층을 대상으로 할 때의 유효수압면적은 $A = Bh$, h는 층높이 (m)

z : 지표면으로부터의 높이 (m)

H : 건축구조물의 기준높이 (m) (5.1.2(6)에 따른다)

R_L : 풍직각방향변동전도모멘트의 공진계수

n_L : 풍직각방향1차고유진동수 (Hz)

B : 건축구조물의 대표폭 (m)

D : 건축구조물의 깊이 (m)

ϕ_L : 풍직각방향 진동모드보정계수

ϕ_L' : 풍직각방향 진동모드 보정에 관한 계수 (그림 5.9-1)

$\frac{M}{3M_L^*}$: 풍직각방향 일반화질량의 진동모드차이에 따른 모드보정계수

M : 건축구조물의 지상부 총질량 (kg)

M_L^* : 풍직각방향1차진동일반화질량 (kg)

λ : 일반화변동풍력의 진동모드의 차이에 따른 보정계수로 식 (5.6-1.i)에 따 른다.

$m(z)$: 높이 z에서 단위높이당 질량 (kg/m)

$\mu(z)$: 건축구조물의 진동모드로 식(5.6-2.c)에 따름

β : 1차진동모드 $\mu_1 = \left(\frac{z}{H}\right)^\beta$의 연직분포형상지수, β는 건축구조물의 자유진동해석에서 구한 모드형상으로부터 산정함. 모드형상을 알 수 없는 경우에는 이 기준에서 제시한 β값을 사용할 수 있음.

F_L : 풍직각방향진동의 풍력스펙트럼계수 (그림 5.9-2)

ζ_L : 풍직각방향진동의 1차감쇠비

V_H : 설계풍속 (m/s) (5.5.1에 따른다.)

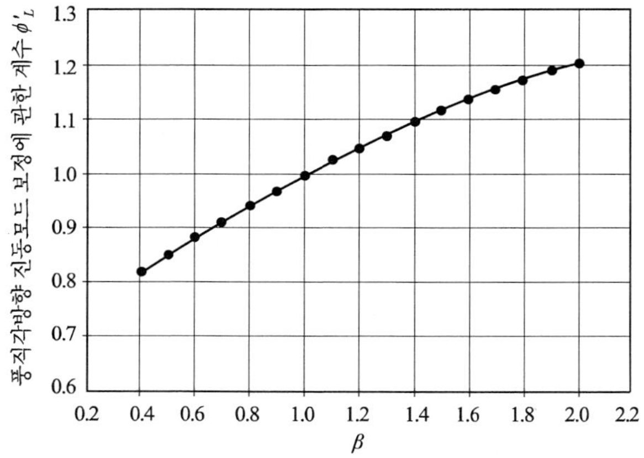

그림 5.9-1 풍직각방향 진동모드 보정에 관한 계수 ϕ'_L

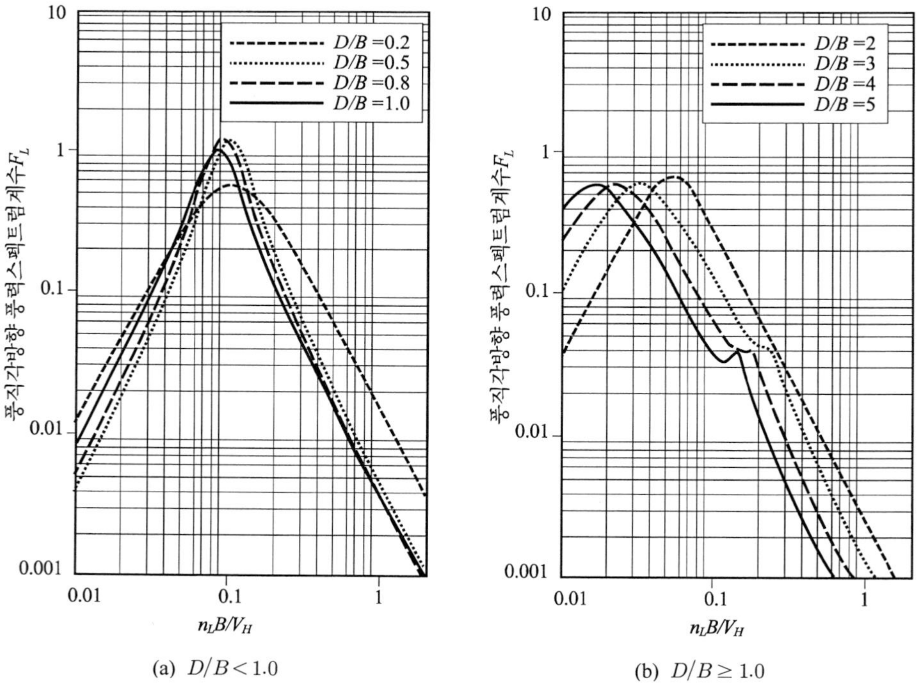

(a) $D/B < 1.0$

(b) $D/B \geq 1.0$

그림 5.9-2 풍직각방향 풍력스펙트럼계수 F_L

형상비가 3 이상인 고층건축구조물 풍직각방향진동의 증가비율은 풍방향에 비하여 커지지기 시작한다.[1] 따라서 극히 강성이 높은 건물을 제외하면 풍직각방향진동도 풍방향처럼 합리적인 방법으로 풍하중을 평가해야한다.

풍직각방향의 변동풍력 특성은 건축구조물의 변장비의 영향을 크게 받기 때문에[2] KDS에서는 그간 축적된 풍동실험의 결과에 기반하여 다양한 변장비를 대상으로 수행한 변동전도모멘트계수 및 변동전도모멘트의 파워스펙트럼밀도를 모델화여 풍하중을 산정하는 평가방법을 채택하고 있다.

형상비가 3 이상인 유연건축구조물인 경우, 풍직각방향의 진동도 1차진동모드가 탁월하다. 따라서 풍직각방향풍하중은 풍방향풍하중과 같이 1차진동모드만 고려하하고, 변장비 D/B 및 지표면조도가 변하는 다양한 사각형 건물에 대한 풍력실험결과로부터 얻은 변동밑면전도모멘트의 자료로부터 얻어진 변동전도모멘트계수 $C_{M,L}'$와 변동전도모멘트의 파워스펙트럼밀도 F_L을 모델화하여 하중 산정식을 구하고 있다.[3] 아래에는 KDS 2022에서 규정하고 있는 풍직각방향풍하중 산정식에 대하여 기술한다.

(1) 산정식

형상비가 3 이상인 사각형 건축구조물인 경우에는 건축구조물의 배후면에 그림 5.1.4.1과 같이 연직방향으로 규칙적인 와류가 방출되고 이것이 바람이 부는 직각방향으로 변동풍력을 발생시켜 건축구조물에 작용함으로써 발생하는 것이 풍직각방향풍하중이다. 규칙적인 변동성분만 있기 때문에 평균성분 $\overline{W_L}$은 0이다. 따라서 1차진동모드 $\mu_1(z)$를 대상으로 한 높이 z에서의 풍직각방향풍하중 $W_L(z)$은 피크팩터 g_L과 변동풍하중의 표준편차 $\sigma_{WL}(z)$의 곱으로 다음 식으로 나타낼 수 있다.

$$W_L(z) = \overline{W_L} + g_L \sigma_{WL}(z) = g_L \sigma_{WL}(z) \tag{5.9.2.1}$$

$$\sigma_{WL}(z) = m(z)(2\pi n_L)^2 \sigma_{y,L}(z) \tag{5.9.2.2}$$

여기서, $m(z)$는 건축구조물의 단위높이당 질량(kg/m), n_L는 풍직각방향진동의 1차고유진동수(Hz)이다.

높이 z에서의 풍직각방향 변동변위의 표준편차 $\sigma_{y,L}(z)$는 비공진성분 σ_{yB}와 공진성분 σ_{yR}의 2승합의 평방근으로 다음 식과 같이 나타낼 수 있다.

$$\sigma_{y,L}(z) \approx \sqrt{\sigma_{yB}^2(z)+\sigma_{yR}^2(z)} = \mu(z)\sqrt{\sigma_{yB}^2(H)+\sigma_{yR}^2(H)}$$

$$= \frac{\mu_1(z)\sigma_{F,L}^*}{(2\pi n_L)^2 M_L^*}\sqrt{1+\frac{\pi}{4\zeta_L}\frac{n_L S_{M,L}(n_L)}{\sigma_{M,L}^2}} \tag{5.9.2.3}$$

$$R_L = \frac{\pi}{4\zeta_L}\frac{n_L S_{M,L}(n_L)}{\sigma_{M,L}^2} \tag{5.9.2.4}$$

여기서, $\sigma_{y,L}(H)$는 기준높이 H에서의 풍직각방향변동변위표준편차(m), $\sigma_{F,L}^*$은 풍직각방향 1차진동의 일반화변동풍력의 표준편차(N·m), M_L^*는 건축구조물의 풍직각방향 1차진동의 일반화질량(kg), $S_{M,L}$은 풍직각방향 변동전도모멘트의 파워스펙트럼트럼밀도, $\sigma_{M,L}$은 풍직각방향 변동전도모멘트의 표준편차(N·m), R_L는 풍직각방향공진계수이다.

풍직각방향풍하중은 (5.9.2.2)식에 나타낸 것처럼 건축구조물의 강성 $K=m(z)(2\pi n_L)^2$에 변동변위의 표준편차 $\sigma_{y,L}(z)$를 곱한 것에 해당하며 그 값은 $\sigma_{y,L}(z)$에 좌우된다. $\sigma_{y,L}(z)$의 자세한 사항은 5.14.3의 ③ 풍직각방향수평변위 해설 편을 참조하기 바란다.

건축구조물의 1차 진동모드형은 $\mu_1(z)=z/H$이고, 단위높이당의 질량 $m(z)$은 높이방향으로 일정하다고 가정하면, M_L^*, $\sigma_{F,L}^*$는 각각 다음 식과 같이 주어진다.

$$M_L^* = mH/3 \tag{5.9.2.5}$$

$$\sigma_{F,L}^* = \sigma_{M,L}/H \tag{5.9.2.6}$$

여기서, $\sigma_{M,L}$는 풍직각방향 변동전도모멘트의 표준편차(N·m)로 다음 식과 같다.

$$\sigma_{M,L} = C_{M,L}' q_H B H^2 \tag{5.9.2.7}$$

(5.9.2.2)식 ~ (5.9.2.6)식을 (5.9.2.1)에 대입하여 정리하면 본문의 *식(5.9-1)*이 얻어진다.[3] 본문의 *식(5.9-1)*을 보면 건축구조물의 풍직각방향풍하중 W_L은 풍직각방향의 변동전도모멘트계수 $C_{M,L}'$와 풍력스펙트럼계수 F_L(변동전도모멘트의 파워스펙트럼밀도라고도 함)가 주어지면 산정할 수 있다.

(2) 변동전도모멘트계수 $C_{M,L}'$

변동전도모멘트는 건축구조물의 형상 및 지표면의 상태에 의해 변한다. 그러나 사각형이고 형상비가 3 이상인 범위의 건축구조물의 경우에는 변장비 D/B의 영향이 가장 크고, 그 외의 변수의 영향은 작았다.[2] 따라서 변동전도모멘트 $C_{M,L}'$는 풍동실험 자료에 근거하여 건축구조물의 변장비 D/B만의 함수가 된다. 그림 5.9.2.1은 변동전도모멘트계수의 풍동실험값과 그에 대한 근사식, 즉 본문의 식 $C'_{M,L}$을 나타낸 것이며 다음 식과 같이 주어진다.[3)]

$$C'_{M,L} = 0.0073(D/B)^3 - 0.0629(D/B)^2 + 0.1959(D/B) \tag{5.9.2.8}$$

(5.9.2.8)식을 KDS 2022의 본문 *식(5.9-1.a)*으로 사용하고 있다.

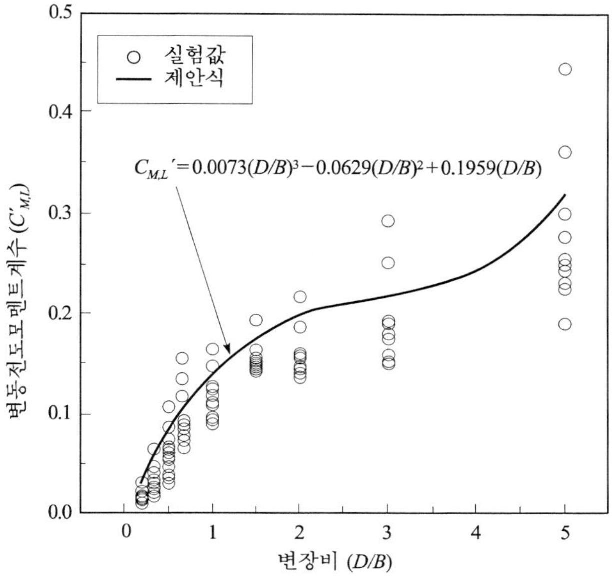

그림 5.9.2.1 변동전도모멘트계수 $C'_{M,L}$ [3)]

(3) 풍력스펙트럼계수 F_L

(5.9.2.4)식을 보면 공진계수 R_L은 풍력스펙트럼계수 F_L(풍직각방향 변동전도모멘트 파워스펙트럼밀도)의 고유진동수 n_L에서의 값이 주어지면 산정할 수 있다.

풍직각방향의 파워스펙트럼밀도는 건축구조물의 평면형상, 지표면조도에 따라 달라진다. 풍직각방향으로 폭이 넓어 변장비 D/B가 작은 건축구조물의 경우에는 와방출진동수 n_{p1}에서 명료한 피크 1개가 보이는데 비해, 풍방향으로 좁아 변장비 D/B가 큰 건축구조물의 경우에는 풍상단부에서 박리한 흐름이 측면에 재부착하는 현상에 의해 파워스펙트럼밀도에 2개의 피크 n_{p1}, n_{p2}가 나타난다. 이들 피크진동수 n_{p1}, n_{p2} 및 파워스펙트럼 밀도 피크의 대표폭(대역폭 β_1, β_2)은 건축구조물 형상 및 지표면조도에 의해 변하지만 대상으로 한 범위의 건축구조물의 경우에는 변장비 D/B의 영향이 가장 크고, 그 외의 변수의 영향은 작다. 따라서 피크진동수 n_{p1}, n_{p2} 및 대역폭 β_1, β_2은 풍동실험값에 의해 건축구조물의 변장비 D/B 만의 함수로 주어진다.

그림 5.9.2.2는 변장비 $D/B=0.5$이고 $D/B=3$일 때 풍동실험으로부터 얻어진 파워스펙트럼밀도와 실험으로부터 유추한 추세식을 나타낸 것이다. 그림에서 실선으로 나타낸 것이 추세식으로 본문의 *식(5.9-1.e)*에 해당하는 풍력스펙트럼계수 F_L이다.[3),4)] 변장비 D/B가 0.5일 때는 하나의 뾰족한 피크를 보이지만, 변장비 D/B 가 3이 되면 2개의 피크를 보인다. 이것은 변장비 D/B=2.8 정도에서 풍상면에서 박리한 흐름이 측면에 재부착한 후 후면으로 흘러가기 때문에 흐름의 진동수가 2종류로 나누어지는 것이다.

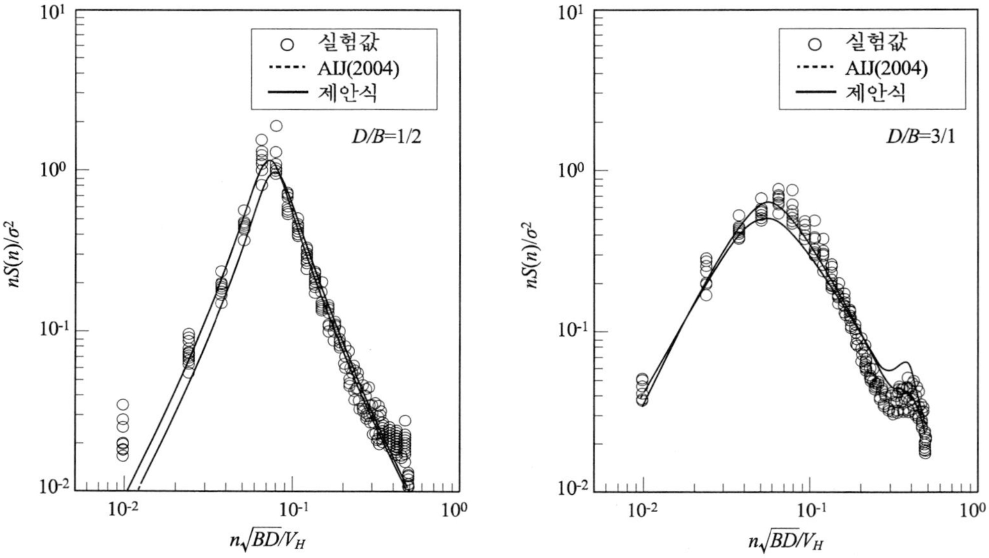

(a) $D/B=1/2$ (b) $D/B=3.0$

그림 5.9.2.2 풍력스펙트럼계수 F_L[3),4)]

그림 5.9.2.3은 파워스펙트럼밀도의 피크진동수 n_{p1}, n_{p2}가 변장비 D/B에 따라 변하는 특성을 나타낸 것으로 실험값에 대한 추세식을 실선으로 표시하였다. 그림 5.9.2.4는 파워스펙트럼밀도의 대역폭에 관한 정수 β_1, β_2가 변장비 D/B에 따라 변하는 특성을 나타내고 실험값에 대한 추세식을 실선으로 표시하였다. 이 추세식이 각각 KDS 2022 본문의 n_{p1}, n_{p2} 산정식으로 사용되었다. 그림 5.9.2.4는 파워스펙트럼밀도의 대역폭에 관한 정수 β_1, β_2가 변장비 D/B에 따라 변하는 실험값과 그에 대한 추세식을 실선으로 나타냈다. 이 추세식이 KDS 2022 본문의 β_1, β_2 산정식으로 사용되었다.[3)]

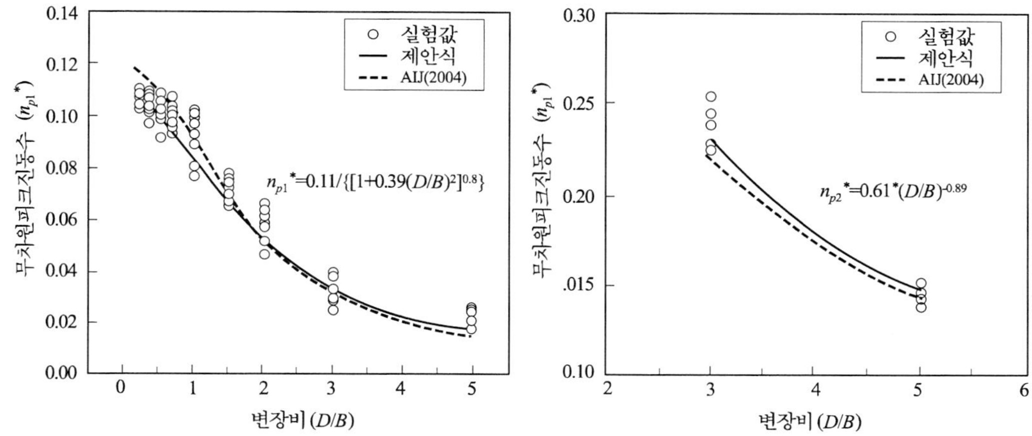

(a) 1차 무차원 피크진동수(n_{p1}) (b) 2차 무차원 피크진동수(n_{p2})

그림 5.9.2.3 무차원 피크진동수 n_{p1}, n_{p2} [3)]

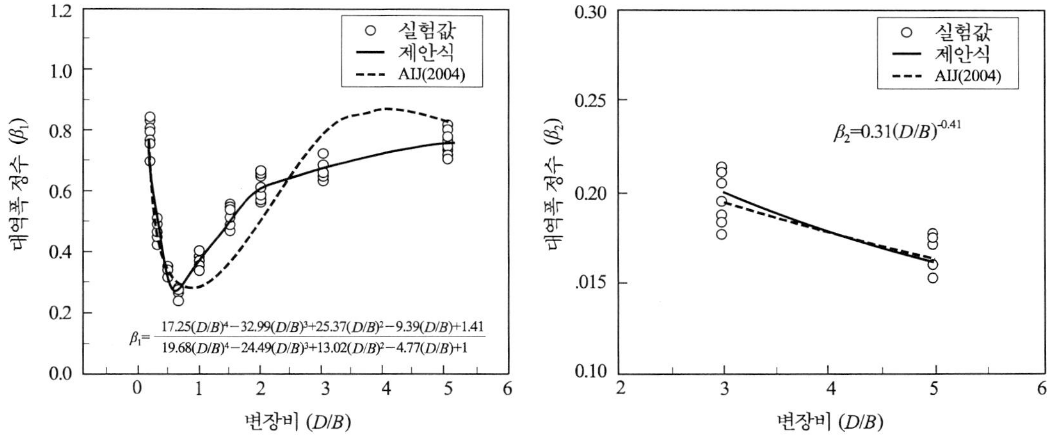

(a) 1차 대역폭에 관한 정수(β_1) (b) 2차 대역폭에 관한 정수(β_2)

그림 5.9.2.4 대역폭에 관한 정수 β_1, β_2 [3)]

그림 5.9.2.2에 주어진 변동전도모멘트의 파워스펙트럼밀도 $n_L S_{M_L}(n_L)/\sigma_{ML}^2$를 풍력스펙트럼계수 F_L라고 부르고, 그것을 구성하는 그림 5.9.2.3에 주어진 무차원피크진동수 n_{p1}, n_{p2}, 그림 5.9.2.4에 주어진 대역폭에 관한 정수 β_1, β_2는 각각 다음 식과 같이 주어진다.

$$F_L = \sum_{j=1}^{m} \frac{4k_j(1+0.5\beta_j)\beta_j}{\pi} \cdot \frac{(n_L/n_{pj})^2}{\left\{1-(n_L/n_{pj})^2\right\}^2 + 4\beta_j^2(n_L/n_{pj})^2} \quad (5.9.2.9)$$

$$k_1 = 1.0$$

$$k_2 = 0.01$$

$$m = \begin{cases} 1 & (D/B < 3) \\ 2 & (D/B \geqq 3) \end{cases}$$

$$n_{p1}^* = \frac{0.11}{\left[1+0.39(D/B)^2\right]^{0.8}},\ (0.2 \leqq D/B \leqq 5.0) \quad (5.9.2.10.a)$$

$$n_{p2}^* = \frac{0.61}{(D/B)^{0.89}},\ (3.0 \leqq D/B \leqq 5.0) \quad (5.9.2.10.b)$$

$$\beta_1 = \frac{17.25(D/B)^4 - 32.99(D/B)^3 + 25.37(D/B)^2 - 9.39(D/B) + 1.41}{19.68(D/B)^4 - 24.49(D/B)^3 + 13.02(D/B)^2 - 4.77(D/B) + 1},$$

$$(0.2 \leqq D/B \leqq 5) \quad (5.9.2.11.a)$$

$$\beta_2 = \frac{0.31}{(D/B)^{0.41}},\ (3.0 \leqq D/B \leqq 5.0) \quad (5.9.2.11.b)$$

KDS 2022에서는 (5.9.2.9)식 ~ (5.9.2.11)식을 본문의 *식(5.9-1.*d)으로 사용하고 있다.

(4) 진동모드보정계수

KDS 2022 본문의 *식(5.9-1)*은 건축구조물의 진동모드형을 $\mu(z) = z/H$인 선형으로 가정하여 유도된 것이다. 그러나 실제 건축구조물의 풍직각방향 진동모드형이 $\mu(z) = (z/H)^\beta$인 경우에는 *식 (5.9-1.b)*를 사용하여 보정하여야한다.

풍방향풍하중의 경우에는 높이방향의 분포에 평균풍하중이 포함되어있다. 그러나, 평균하중이 발생하지 않는 풍직각방향풍하중의 경우에는 하중의 공진성분이 진동모드에 비례한다고 가정할 수 있다. 따라서 진동모드 차이에 따른 구조골조용 풍직각방향 진동모드보정계수 ϕ_L는 *식(5.9-1.b)*에 주어진 것처럼 높이의 함수로 나타낼 수 있다.

진동모드가 기본진동모드($\beta = 1$)와 일치하고 지상부의 입면형상 및 질량분포가 일정하다고 볼 수 있는 경우에는 ϕ_L이 1이 된다. 진동모드는 기본진동모드와 일치하지만 건축구조물의 지상부의 질량분포가 일정하지 않는 경우에는 *식(5.9-1.b)* 가운데 일반화질량 M_L^*

이 진동모드에 따라 달라지는 특성을 반영하는 보정계수인 $M(z/H)^{\beta-1}/(3M_L^*)$ 만 고려하면 된다.

풍직각방향의 일반화질량 진동모드보정계수는 근사적으로 다음과 같이 나타낼 수 있다.

$$\frac{1}{3}\frac{M}{M_L^*}=\frac{2\beta+1}{3} \tag{5.9.2.8}$$

풍직각방향에 대한 진동모드보정계수 ϕ_L 의 값은 본문의 *그림 5.9-1*에서 알 수 있듯이 진동모드의 연직분포형상지수 β가 1.0 이상의 값을 가지는 세장한 고층건축구조물이 될수록 선형적으로 증가한다. β가 1이상인 경우에는 그림 5.6.13(b)에 나타낸 것처럼 일반화질량 진동모드보정계수 $M/3M^*$의 증가량에 비해 그림 5.6.12에 나타낸 일반화변동풍력 진동모드보정계수 λ의 감소량이 더 작기 때문에 전체적으로 진동모드보정계수 ϕ_L 값이 증가하게 된다.

5.9.2

1) 배진석, 김동우, 하영철 (2008), 풍하중을 받는 정방형 건축구조물의 형상비 변화에 따른 풍방향 및 풍직각방향 응답특성의 비교, 대한건축학회논문집-구조계, 24(10), 29-36
2) 최심국, 길용식, 김동우, 하영철 (2005), 노풍도에 따른 고층건축구조물의 풍직각방향 변동풍력의 특성, 한국풍공학회논문집, 9(1), 79-85
3) 하영철, 길용식, 황성권, 김동우 (2007), 고층건축구조물의 풍직각방향 풍응답 평가식 제안, 대한건축학회논문집-구조계, 23(6)
4) 하영철, 길용식, 김동우 (2005), 초고층건축구조물의 풍직각방향 풍하중 평가를 위한 변동풍력계수 및 풍력파워스펙트럼밀도계수의 제안, 대한건축학회논문집-구조계, 21(10), 37-46

5.10 주골조설계용 비틀림풍하중

5.10.1 적용범위

(1) 이 절은 주골조설계용 수평풍하중 가운데 비틀림풍하중을 산정하는 경우에 적용하며, 다음의 모든 조건을 만족하는 건축구조물이 벽면에 수직인 방향에서 바람을 받는 경우를 대상으로 한다.

① 평면형상이 사각형이고 높이방향으로 일정하다.

② $\dfrac{H}{\sqrt{BD}} \leqq 6$

③ $0.2 \leq \dfrac{D}{B} \leq 5$

④ $\dfrac{V_H}{n_T\sqrt{BD}} \leq 10$

여기서, H : 건축구조물의 기준높이 (m) (5.1.2(6)에 따른다)

B : 건축구조물의 대표폭 (m)

D : 건축구조물의 깊이 (m)

V_H : 설계풍속 (m/s) (5.5.1에 따른다.)

n_T : 비틀림1차고유진동수 (Hz)

이 절의 산정방법은 풍직각방향의 경우와 동일하게 설계풍속이 와려진이나 공기력불안정진동의 발진풍속 이하인 비틀림방향의 강제진동을 고려한 등가정적풍하중을 대상으로 한 것이다. 무차원설계풍속이 $V_H/(n_T\sqrt{BD}) > 10$인 경우에는 공기력불안정진동이 발생한 가능성이 있으므로 풍동실험에 의하여 풍력 또는 풍응답을 구해 풍하중을 산정하여야 한다.

비틀림진동은 바람의 난류 및 건축구조물에서 박리하여 발생하는 와에 의해 벽면에 가해지는 풍압분포가 비대칭이 되기 때문에 발생한다. 이러한 변동풍력에 의해 생기는 비틀림 모멘트는 건축구조물의 형상, 바람의 성질의 영향을 받는다. 따라서 비틀림풍하중 산정식에 대해서도 풍직각방향의 경우와 동일하게 KDS 2022에서는 풍동실험에서 얻어진 풍력의 시각력자료에 근거하여 비틀림풍하중을 평가하는 경험적인 방법을 채택하고 있다.

적용범위는 비교적 많은 실험 데이터가 얻어져 있는 직사각형 평면형상의 변장비 $D/B=0.2\sim5.0$, 형상비 $H/\sqrt{BD}$가 6 이하인 건축구조물을 대상으로 하고 있다.

5.10.2 산정식

(1) 지상높이 z에서의 구조골조용 비틀림풍하중 $W_T(z)$는 식(5.10-1)에 따라 산정한다.

$$W_T(z) = 1.8\,g_T C_T{}'\,q_H BA\left(\frac{z}{H}\right)\sqrt{1+\phi_T^2 R_T}\ \ (\mathrm{N{\cdot}m}) \qquad (5.10\text{-}1)$$

단, $g_T = \sqrt{2\ln(600n_T)+1.2}$

$$C_T{}' = 0.04(D/B)^2 + 0.02 \qquad (5.10\text{-}1a)$$

$$\phi_T = \left(\frac{z}{H}\right)^{\beta-1}\phi_T' \qquad (5.10\text{-}1.b)$$

$$\phi_T' = \frac{M(B^2+D^2)}{36\,I_T^*}\lambda \qquad (5.10\text{-}1.c)$$

$$I_T^* = \int_0^H i(z)\,\mu^2(z)dz \qquad (5.10\text{-}1.d)$$

$$i(z) = \frac{m(z)(B^2+D^2)}{12} \qquad (5.10\text{-}1.e)$$

$\beta=1.0$: 중앙부에 코어가 있는 모멘트저항골조 건축구조물 또는 큰 기둥과 전단 가새로 이루어진 건축구조물

$\beta=1.5$: 세장한 캔틸레버형 건축구조물 및 중앙의 철근콘크리트 코어에 의해지지되는 건축구조물

$\beta=2.0$: 탑, 굴뚝

$$R_T = \frac{\pi F_T}{4\zeta_T} \qquad (5.10\text{-}1.f)$$

$$F_T = 0.8F_B + \nu_1 F_V + w_1 F_W$$

$$F_B = \frac{18\,n_m^*}{\left[1+0.46\,(18\,n_m^*)^{1.8}\right]^{2.3}}$$

$$F_V = \frac{1}{\nu_2\sqrt{2\pi}}\exp\left\{-0.5\left[\frac{\ln(n_s^*/\nu_3)+0.5\nu_2^2}{\nu_2}\right]^2\right\}$$

$$F_W = \frac{1}{w_2\sqrt{2\pi}}\exp\left\{-0.5\left[\frac{\ln(n_m^*/w_3)+0.5w_2^2}{w_2}\right]^2\right\}$$

$$n_s^* = \frac{8.3\,n_T B\left[1+0.38(D/B)^{1.5}\right]^{0.89}}{V_H}$$

$$n_m^* = \frac{n_T B}{V_H}$$

표 5.10-1 비틀림모멘트스펙트럼계수 F_T를 결정하는 변수

	$D/B \le 0.9$	$D/B > 0.9$	$D/B \le 1$	$D/B > 1$
ν_1	$-2[(D/B)^2-(D/B)]$	$0.1(D/B)^{-1}$	–	–
ν_2	$0.56\,I_H(D/B)^{-1}$	$2I_H(D/B)^{0.5}$	–	–
ν_3	–	–	$0.8(D/B)^{-0.2}$	$0.18(D/B)$
w_1	$0.04(D/B)^{-0.5}$	0.06	–	–
w_2	$1.75\sqrt{I_H}$	$0.7\sqrt{I_H}$	–	–
w_3	$0.24(D/B)^{-0.4}$		–	–

여기서, g_T : 비틀림모멘트피크펙터

$C_T{}'$: 변동비틀림모멘트계수

q_H : 속도압 (N/m^2) (5.5에 따른다)

A : 지상높이 z 에서 풍향에 수직한 면에 투영된 건축구조물의 유효수압면적 (m^2)
단, 1개 층을 대상으로 할 때의 유표수압면적은 $A = Bh$, h는 층높이 (m)

z : 지표면으로부터의 높이 (m)

H : 건축구조물의 기준높이 (m) (5.1.2(6)에 따른다)

ϕ_T : 비틀림진동모드보정계수

ϕ_T' : 비틀림진동모드 보정에 관한 계수 (그림 5.10-1)

I_T^* : 비틀림진동일반화관성모멘트 (kgm^2)

$i(z)$: 높이 z 에서의 단위높이당관성모멘트 (kg m^2/m)

β : 1차진동모드 $\mu_1 = (z/H)^\beta$ 의 연직분포형상지수, β는 건축구조물의

자유진동해석에서 구한 모드형상으로부터 산정함. 모드형상을 알 수 없는 경우에는 이 기준에서 제시한 β값을 사용할 수 있음.

$\frac{M(B^2+D^2)}{36 I_T^*}$: 비틀림방향 일반화관성모멘트의 진동모드 차이에 따른 보정계수

M : 건축구조물의 지상부 총질량 (kg)

λ : 일반화변동풍력의 진동모드 차이에 따른 보정계수로 식(5.6-1.i)에 따른다.

$m(z)$: 높이 z에서 단위높이당질량 (kg/m)

D : 건축구조물의 대표깊이 (m)

$\mu(z)$: 건축구조물의 진동모드로 식(5.6-2c)에 따라 산정한다.

R_T : 비틀림진동의 공진계수

n_T : 비틀림진동의 1차고유진동수 (Hz)

B : 건축구조물의 대표폭 (m)

D : 건축구조물의 깊이 (m)

L : B와 D 중 큰 값 (m)

F_T : 비틀림모멘트의 스펙트럼계수 (그림 5.10-2)

ζ_T : 비틀림진동의 1차감쇠비

V_H : 설계풍속 (m/s) (5.5.1에 따른다.)

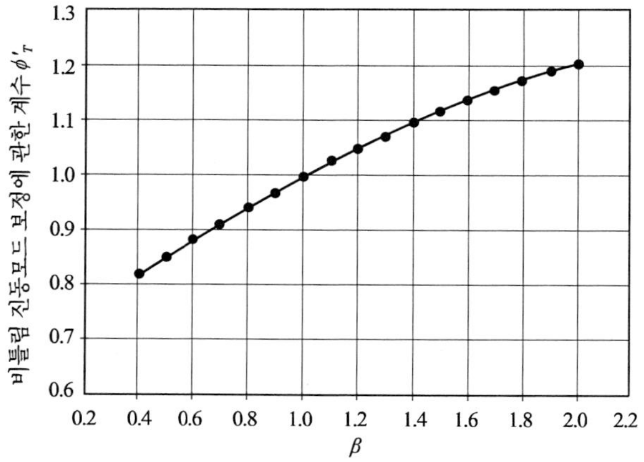

그림 5.10-1 비틀림 진동모드 보정에 관한 계수 ϕ_T'

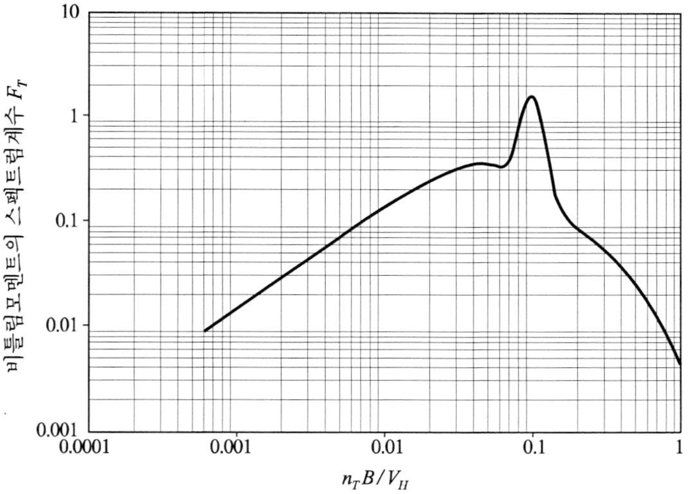

(a) $D/B=0.5$

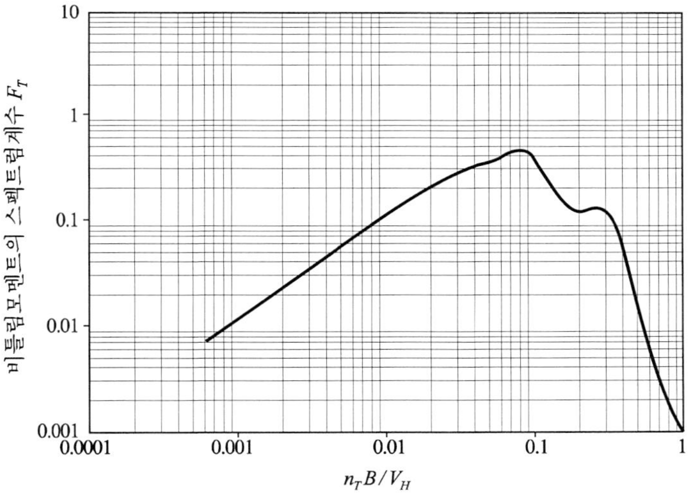

(b) $D/B=1.0$

그림 5.10-2 비틀림모멘트의 스펙트럼계수 F_T

(1) 산정식

풍동실험결과에 근거하여 경험적 방법으로 비틀림방향풍하중을 산출하는 과정은 5.9.2 풍직각방향과 동일하다. 건축구조물의 형상이 풍향에 대하여 대칭이면 평균비틀림풍하중 $\overline{W_T}$은 0이다. 따라서 1차진동모드 $\mu_{\theta 1}(z)$를 대상으로 한 높이 z에서의 비틀림풍하중 $W_T(z)$는 피크팩터 g_T와 변동비틀림모멘트의 표준편차 σ_T의 곱으로 다음 식과 같이 주어진다.

$$W_T(z) = \overline{W_T} + g_T\sigma_T(z) = g_T\sigma_T(z) \tag{5.10.2.1}$$

$$\sigma_T(z) = i(z)\,(2\pi n_T)^2\sigma_\theta(z) \tag{5.10.2.2}$$

여기서, n_T는 비틀림진동의 1차고유진동수(Hz), $i(z)$는 높이 z에서의 건축구조물 단위높이당 관성모멘트(kg·m²/m)로 본문 *식(5.10-1.e)*로 주어진다.

높이 z에서의 비틀림방향 변동각변위의 표준편차 $\sigma_\theta(z)$는 비공진성분 $\sigma_{\theta B}$와 공진성분 $\sigma_{\theta R}$의 2승합의 평방근으로 다음 식과 같이 나타낼 수 있다.

$$\begin{aligned}\sigma_\theta(z) &\approx \sqrt{\sigma_{\theta B}^2(z)+\sigma_{\theta R}^2(z)} = \mu_\theta(z)\sqrt{\sigma_{\theta B}^2(H)+\sigma_{\theta R}^2(H)}\\ &= \mu_{\theta 1}(z)\frac{\sigma_T^*}{I_T^*(2\pi n_T)^2}\sqrt{1+R_T}\end{aligned} \tag{5.10.2.3}$$

$$R_T = \frac{\pi}{4\zeta_T}\frac{n_T S_T^*(n_T)}{\sigma_T^{*2}} = \frac{\pi}{4\zeta_T}F_T \tag{5.10.2.4}$$

여기서, $\sigma_\theta(H)$는 기준높이 H에서의 응답각변위의 표준편차(rad), σ_T^* : 1차진동의 일반화변동비틀림모멘트표준편차(N·m), $S_T^*(n_T)$: 1차진동의 일반화비틀림모멘트의 파워스펙트럼밀도, $\mu_{\theta 1}(z)$는 건축구조물의 비틀림 1차진동모드형, I_T^*는 건축구조물의 비틀림 1차진동 일반화관성모멘트(kg·m²)로 본문 *식(5.10-1.d)*, R_T는 비틀림진동공진계수, F_T는 비틀림모멘트의 스펙트럼계수이다.

만약, 건축구조물의 구조특성으로 1차진동모드형을 $\mu_{\theta 1}(z) = z/H$, 단위높이당 질량 $m(z)$를 높이방향으로 일정한 것으로 가정하면, 일반화관성모멘트 I_T^* 및 일반화비틀림모멘트의 표준편차 σ_T^*는 각각 다음 식과 같이 된다.

$$I_T^* = m(B^2+D^2)H/36 \tag{5.10.2.5}$$

$$\sigma_T^* = \phi_{TM}\,\sigma_T = \phi_{TM}\,C_T'\,q_H BDH \qquad (5.10.2.6)$$

여기서, ϕ_{TM}은 밑면비틀림모멘트에 대한 보정계수, σ_T는 비틀림모멘트의 표준편차, C_T'는 변동비틀림모멘트계수, q_H는 속도압($\mathrm{N/m^2}$)이다.

(5.10.2.5)식, (5.10.2.6)식을 (5.10.2.3)식 및 (5.10.2.2)식에 대입하여 정리된 식을 (5.10.2.1)식에 대입하여 정리하면 비틀림풍하중 $W_T(z)$는 다음 식과 같이 주어진다.

$$W_T(z) = 3.0\,\phi_{TM}\,g_T C_T'\,q_H B^2 H\left(\frac{z}{H}\right)\sqrt{1+R_T}\ \ (\mathrm{N{\cdot}m}) \qquad (5.10.2.7)$$

수직축 z 에 대한 비틀림모멘트의 경우에는 풍력실험을 통해 모형 밑면에서 측정된 모멘트는 $\mu_\theta(z) = 1$ 에 해당한다. 따라서, $\mu_\theta(z) = 1$ 로 측정된 비틀림모멘트를 사용하여 모드형이 $\mu_{\theta_1}(z) = z/H$ 인 경우의 응답을 구할 때의 보정계수는 $\phi_{TM} = 0.59$ 이 된다.[1] (5.10.2.7)식에 밑면비틀림모멘트에 대한 보정계수 $\phi_{TM} = 0.6$ 을 고려하고, 진동모드에 따른 보정계수 ϕ_T를 공진성분 R_T에 고려하면, 지상높이 z 에서의 비틀림풍하중 $W_T(z)$ 을 다음 식과 같이 주어진다.

$$W_T(z) = 1.8\,g_T C_T'\,q_H BA\left(\frac{z}{H}\right)\sqrt{1+\phi_T^2 R_T}\ \ (\mathrm{N{\cdot}m}) \qquad \textit{(5.10-1)},\ (5.10.2.8)$$

KDS 2022에서는 (5.10.2.8)식을 비틀림풍하중의 산정식인 식(*5.10–1)*으로 채택하고 있다.

(5.10.2.8)식의 비틀림풍하중 W_T는 변동비틀림모멘트계수 C_T' 및 비틀림모멘트의 스펙트럼계수 F_T를 구성하는 인자가 주어지면 산정할 수 있다. KDS 2022에서는 변동비틀림모멘트계수 C_T' 및 비틀림모멘트스펙트럼계수 F_T 로서 변장비 D/B 에 따라 변하는 특성을 다양한 풍동실험을 수행하여 얻어진 결과에 기반한 경험식[2),3)]을 인용하고 있다. 본문의 *(5.10–1.a)식*, *(5.10–1.f)식*이 각각 변동비틀림모멘트계수 C_T' , 비틀림모멘트스펙트럼계수 F_T 에 관한 경험식이다.

그림 5.10.2.1은 C_T' 가 변장비 D/B 에 따라 변화하는 특성을 나타낸 것이다.[2)] 비틀림모멘트에는 건축구조물의 측면 뿐 아니라 풍상정면, 풍하배면의 전체면에 작용하는 변동풍압이 관계하기 때문에 후류의 와발생에 기인하는 변동풍압의 기여뿐만 아니라 난류에 기인하는 변동풍압의 기여도 포함되어 있다. 그러나 그림으로부터 어떤 기여분이 큰지를 파악하기는 힘들다. 다만 D/B 가 커지면 C_T' 가 지수적으로 증가하는 경향이 명확하게 보인다.

그림 5.10.2.2는 형상비가 6인 사각형 건축구조물에 대한 변동비틀림모멘트의 파워스펙트럼밀도를 나타낸 것이다. 그림에서 파워스펙트럼밀도는 대부분의 변장비에서 2개의 피크를 나타내며, 이러한 피크는 D/B의 값이 증가하면, 즉 풍방향으로 세장해지면 2개의 피크가 가까워지는 경향을 나타낸다.

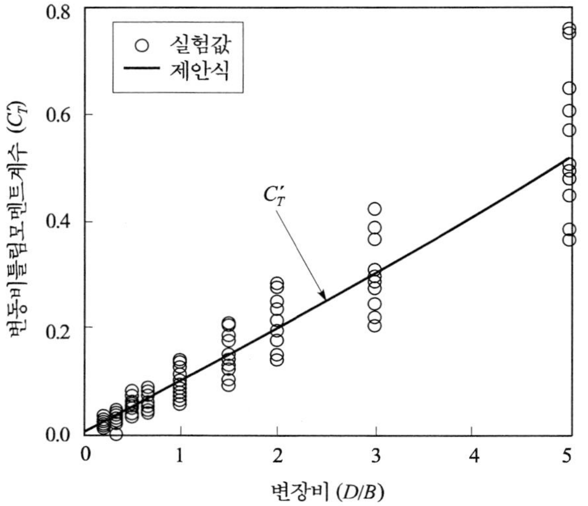

그림 5.10.2.1 변장비에 따른 변동비틀림모멘트계수 C_T' 의 변화[2)]

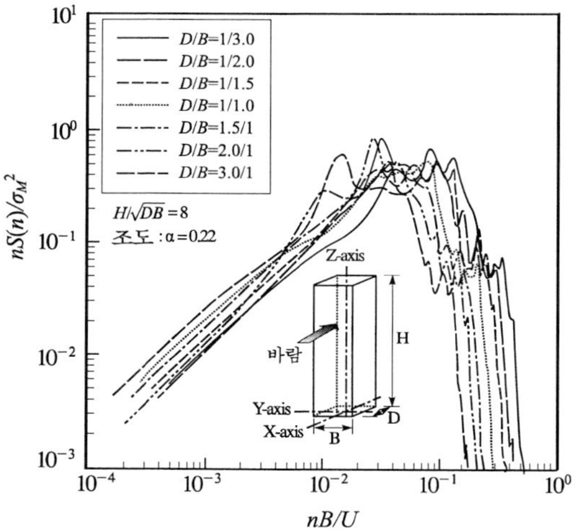

그림 5.10.2.2 변동비틀림모멘트의 파워스펙트럼밀도[2)]

(2) 진동모드보정계수

KDS 2022 본문의 *식(5.10-1)* 및 (5.10.2.8)식은 건축구조물의 1차진동모드형을 $\mu_{\theta 1}(z) = z/H$로 한 경우이다. 그러나 실제 건축구조물의 비틀림진동모드형이 $\mu_\theta(z) = (z/H)^\beta$인 경우에는 본문의 *(5.10-1.b)식*에 따라 보정하여야한다.

비틀림풍하중의 경우에도 하중의 공진성분이 진동모드에 비례한다고 가정할 수 있기 때문에 진동모드에 따른 구조골조용 비틀림진동모드보정계수 ϕ_T는 본문의 *(5.10-1.b)*식에 주어진 것처럼 높이의 함수로 주어진다.

진동모드가 기본진동모드($\beta = 1$)와 일치하고 지상부의 입면형상 및 질량분포가 일정하다고 볼 수 있는 경우에는 ϕ_T가 1이 된다. 그러나 진동모드는 기본진동모드와 일치하지만 건축구조물의 지상부의 질량분포가 일정하지 않는 경우에는 본문의 *식(5.10-1.b)* 가운데 비틀림진동일반화관성모멘트 I_T^*의 진동모드에 따른 보정 부분인 ϕ_T'만 하면 된다. 비틀림진동일반화관성모멘트의 보정계수 ϕ_T'는 근사적으로 다음과 같이 나타낼 수 있다.

$$\phi_T' = \frac{M(B^2 + D^2)}{36 I_T^*} = \frac{2\beta + 1}{3} \tag{5.10.2.9}$$

비틀림진동모드보정계수 ϕ_{Dt}의 값은 본문의 *그림 5.10-1*에서 알 수 있듯이 진동모드의 연직분포계수 β가 1.0 이상의 값을 가지는 세장한 고층건축구조물이 될수록 풍직각방향의 경우와 같이 선형적으로 증가한다. β가 1 이상인 경우에는 그림 5.6.13(c)에 나타낸 것처럼 일반화질량의 진동모드보정계수 $M(B^2 + D^2)/(36 I_T^*)$의 증가량에 비해 그림 5.6.12에 나타낸 일반화변동풍력의 진동모드보정계수 λ의 감소량이 더 작기 때문에 전체적으로 모드보정계수 ϕ_{Dt} 값이 증가한다.

5.10.2

1) 日本建築センター (2008), 實務者のための風洞實驗ガイドブック, 72
2) 길용식, 김동우, 하영철 (2007), 초고층축물의 비틀림방향 풍하중 평가를 위한 변동풍력계수 및 파워스펙트럼밀도계수의 제안, 한국풍공학회논문집, 11(2), 187-194
3) 日本建築學會 (1993, 2004, 2015), 建築物荷重指針同解說, 丸善

5.11 와류진동 풍하중

(1) 이 절은 세장한 건축구조물이나 부재에 발생하는 풍직각방향의 와류진동에 의한 풍하중을 산정할 때 적용하며, 원형평면인 건축구조물 및 원형단면인 부재를 대상으로 한다.

① 원형평면인 건축구조물의 와류진동 풍하중

지상높이 z 에서 와류진동에 의한 풍하중 $W_r(z)$ 는 식(5.11-1)에 따라 산정한다.

$$W_r(z) = 0.8\rho V_r^2 C_r \frac{z}{H} A \ \ (\mathrm{N}) \tag{5.11-1}$$

단, V_r 은 공진풍속(m/s)이며, 식(5.11-2)에 따라 산정한다.

$$V_r = 5 n_L D_m \ \ (\mathrm{m/s}) \tag{5.11-2}$$

여기서, ρ : 공기밀도로 1.225 (kg/m^3)으로 함

C_r : 공진 시 풍력계수로 표 5.11-1에 따른다.

z : 지표면으로부터의 높이 (m)

H : 건축구조물의 기준높이 (m) (5.1.2(6)에 따른다)

A : 지상높이 z 에서 풍향에 수직한 면에 투영된 건축구조물의 면적 (m^2)

n_L : 풍직각방향의 1차고유진동수 (Hz)

D_m : 높이 $2H/3$ 에서의 바깥지름 (m)

표 5.11-1 공진 시 풍력계수 C_r

V_rD_m	$\rho_s\sqrt{\zeta_L} < 0.5$	$\rho_s\sqrt{\zeta_L} \geq 0.5$
$V_rD_m < 3$	$\dfrac{1.3}{\sqrt{\zeta_L}} + \dfrac{1.5\rho}{\zeta_L\rho_s}$	$\dfrac{1.7}{\sqrt{\zeta_L}}$
$3 \leq V_rD_m < 6$	직선보간	직선보간
$6 \leq V_rD_m$	$\dfrac{0.53}{\sqrt{\zeta_L}} + \dfrac{0.16\rho}{\zeta_L\rho_s}$	$\dfrac{0.57}{\sqrt{\zeta_L}}$

주] ζ_L : 풍직각방향진동의 1차 감쇠비

ρ_s : 건축구조물의 밀도(kg/m^3)$=M/(HD_mD_B)$

M : 건축구조물의 지상부 총질량(kg/m^3)
D_B : 건축구조물 밑면의 바깥지름(m)

② 원형단면인 부재의 와류진동 풍하중

원형단면을 가진 부재로 식(5.11-3)의 조건에 해당할 경우에는

$$\frac{L}{D} \geq 15 \text{ 또한 } \frac{V_H}{n_L D} \geq 4.2 \qquad (5.11\text{-}3)$$

와류진동에 의한 풍하중 W_r 을 식(5.11-4)에 따라 산정한다.

$$W_r = (2\pi n_L)^2 \sin\left(\frac{\pi x}{L}\right)\frac{M}{L}\frac{0.26\,V_r^*}{0.75 S_C^{1.1} + 0.36\,V_r^*}A \ \text{(N)} \qquad (5.11\text{-}4)$$

단, W_r 은 부재 단부로부터 거리 x (m)에서 와류진동에 의한 풍하중(N), V_r^* 은 무차원공진풍속, S_C 는 질량감쇠변수로, 각각 식(511-5), 식(5.11-6)에 따라 산정한다.

$$V_r^* = 5 + \frac{3}{S_C} \qquad (5.11\text{-}5)$$

$$S_C = \frac{4\pi\zeta_L M}{\rho D^2 L} \qquad (5.11\text{-}6)$$

여기서, L : 부재길이 (m)
D : 부재의 바깥지름 (m)
V_H : 부재 평균높이H (m)에서의 설계풍속 (m/s) (5.5-1에 따른다)
n_L : 풍직각방향의 1차고유진동수 (Hz)
x : 부재 단부로부터의 거리 (m)
M : 부재의 총질량 (kg)
A : 부재단부에서 거리 x (m)에 있어서 대표면적(m^2)
ζ_L : 부재의 휨진동 1차감쇠비
ρ : 공기밀도로 1.225 (kg/m^3)으로 한다.

원형평면을 가진 세장한 건축구조물이나 굴뚝, 원형단면을 가진 강관부재 등은 특정한 풍속범위에서 와류에 의해 풍직각방향으로 큰 진동인 와류진동을 일으킬 수 있다. 이 와류진동으로 인한 변동풍력으로 인하여 풍직각방향으로 발생하는 풍하중이 와류진동 풍하중이다.

(1) 원형평면인 건축구조물의 와류진동

원형평면을 가진 건축구조물은 점대칭이기 때문에 어떤 방향에서 바람이 불더라도 그림 5.11.1에 나타낸 것처럼 후류에서 교대로 생긴 규칙적인 와류에 의해 바람이 분 풍향과 직각방향으로 주기적인 변동풍력을 받아 풍직각방향진동을 일으킨다. 이것을 카르만와(Karman vortices)라고 부른다.

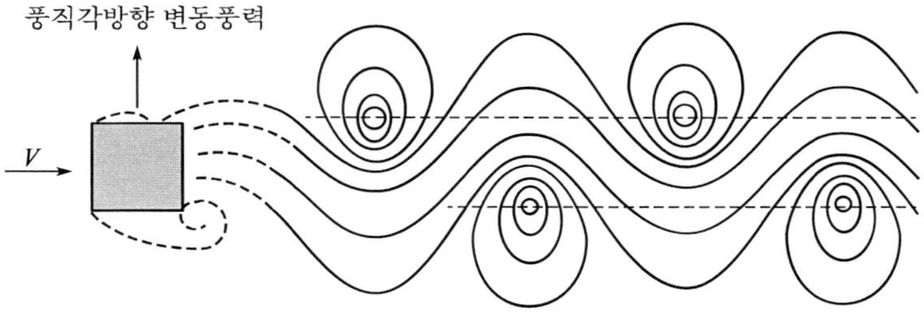

그림 5.11.1 물체 배후의 카르만와

그림 5.11.2은 원주 주위의 흐름이 레이놀즈수(Reynolds number)에 따라 변하는 모습을 나타낸 것이다. 레이놀즈수가 30 이상이 되면 후면에서 규칙적인 카르만와가 발생하기 시작한다. 카르만와에 의한 변동풍력의 발생진동수 n_V는 풍속 V_H에 비례하여 커진다. 변동풍력의 발생진동수 n_V가 건축구조물의 고유진동수 n_1와 일치할 때는 공진현상이 발생하여 진폭이 매우 커지고 전형적인 와류진동 상태가 된다. 이 때의 풍속을 공진풍속 V_r이라 부른다.

스트로할수(Stouhal's number) St는 진동응답에 대한 파워스펙트럼밀도의 형상이 피크를 나타낼 때 그에 해당하는 무차원진동수 $n_1 B/V_H$를 말하며 다음 식과 같이 정의 된다.

$$St = \frac{n_1 B}{V_H} \tag{5.11.1}$$

여기서, n_1 : 건축구조물의 1차고유진동수

B : 건축구조물의 대표폭 (m)

V_H : 설계풍속

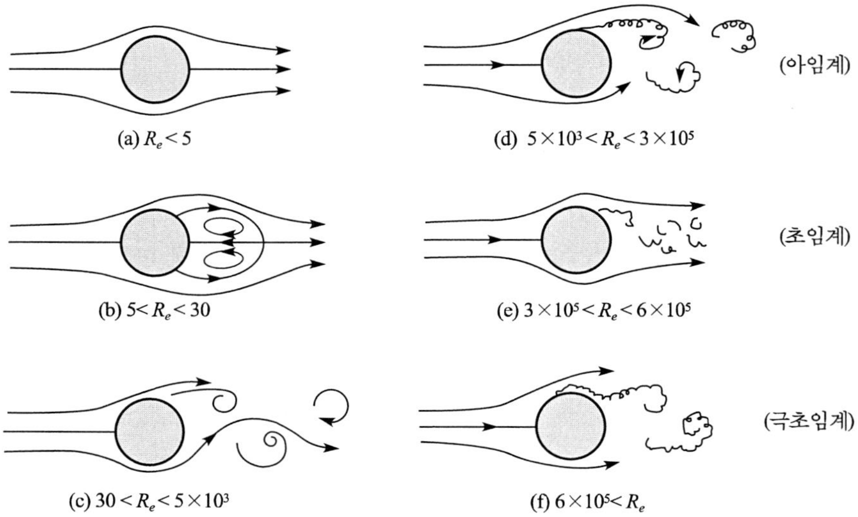

그림 5.11.2 원주주위의 흐름 모습의 레이놀즈수에 의한 변화[1)]

원형단면인 경우의 스트로할수 St는 그림 5.11.3에 나타낸 것처럼 0.18~0.2 정도의 값을 가진다. 통상적으로 강관굴뚝 등과 같은 2차원원주는 아임계영역의 범위에 속하고 스트로할수 St는 약 0.2 정도의 값을 가지기 때문에 흐름이 원주 직경의 약 5배 길이를 통과하는 사이에 양측의 박리점으로부터 1회씩 와류방출이 일어나는 것을 볼 수 있다.

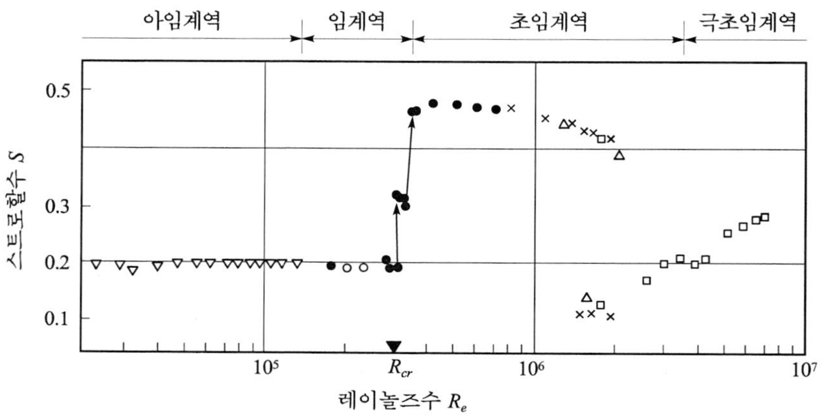

그림 5.11.3 원주의 스트로할수 및 레이놀즈수에 따른 변화 (균등류)[2)]

와류방출에 기인한 와류진동은 풍직각방향진동을 발생시키므로 (5.11.1)식에서 고유진동수 n_1을 풍직각방향의 1차고유진동수 n_L로, 건물폭 B를 원주의 기준높이($2H/3$)에서의 바깉지름 D_m으로, 설계풍속 V_H를 공진풍속 V_r로 대체하고, 공진풍속 V_r을 구하면 다음 식과 같이 주어진다.

$$V_r = \frac{n_L D_m}{0.2} = 5 n_L D_m \qquad \textit{(5.11-2)},(5.11.2)$$

(5.11.2)식이 본문에 주어진 *식(5.11-2)*이다.

지상높이 z에서의 공진풍속 V_r일 때 와류진동으로 발생하는 단위높이 당 등가정적풍하중 $W_r(z)$은 진동모드의 연직분포형상지수를 $\beta = 1$으로 가정하면 다음 식과 같이 주어진다.[3)]

$$\begin{aligned} W_r(z) &= q_{r0} C_r \frac{z}{H_r} A(z) \\ &= \left(\frac{1}{2}\rho V_r^2\right) C_r \left(\frac{3z}{2H}\right) A(z) \\ &= 0.75 \rho V_r^2 C_r \frac{z}{H} A(z) \end{aligned} \qquad (5.11.3)$$

여기서, q_{ro} : 공진 시의 속도압 (N/m^2)

H_r : 원형단면 건축구조물의 대표높이로 $2H/3$

C_r : 등가정적풍하중을 주는 공진효과를 고려한 공진풍력계수

KDS 2022에서는 (5.11.3)식으로 주어지는 등가정적풍하중 $W_r(z)$에 안전을 위해 상수 0.75를 0.8로 하여 본문의 *식(5.11-1)*으로 하였다.

본문의 *표 5.11-1*은 풍동실험 자료를 이용하여 스펙트럼모드해석에 의해 와류진동 시의 자발진동(self excited vibration) 상태를 고려하여 진동 시의 변동양력계수, 스트로할수 및 양력파워스펙트럼밀도의 피크의 밴드 폭에 관한 정수를 진동진폭의 함수로 나타내고, 공진풍력계수 C_r을 건물밀도 ρ_s와 풍직각방향진동의 1차감쇠비 ζ_L의 제곱근의 곱인 $\rho_s\sqrt{\zeta_L}$의 변수로 나타낸 연구결과를 인용한 것이다.[4),5),6)] $\rho_s\sqrt{\zeta_L}$은 진폭의존성에 관한 변수이고, $\rho_s\sqrt{\zeta_L} < 0.5$은 공진 시의 최대무차원진폭이 큰 경우, $\rho_s\sqrt{\zeta_L} \geq 0.5$는 최대무차원진폭이 작은 경우에 해당한다.

원형평면을 가진 건축구조물의 와류진동 시 풍하중은 레이놀즈수 및 진동진폭에 크게 의존한다. 본문의 *표 5.11-1*에서 공진 시 풍력계수의 레이놀즈수 의존성은 행에, 진폭의존성은 열에 나타냈다. $V_r D_m < 3$은 공진풍속이 그림 5.11.3에서 아임계역, $3 \leq V_r D_m < 6$은 임계역, $6 \leq V_r D_m$은 초임계역 및 극초임계역에 있음을 의미한다.

세장한 건축구조물인 경우에는 공진풍속 V_r이 설계풍속 V_H보다 낮아질 우려가 있어 와

류진동에 대해 고려해야한다. 특히, 세장하고 가벼우며 감쇠비가 낮은 강관굴뚝과 같은 경우에는 진동진폭과 함께 발생하는 와류의 주기성, 강도, 축방향과의 상관 등이 현저하게 증가하기 때문에 와류진동이 자발진동적인 양상을 보이면서 건축구조물은 넓은 풍속범위에 걸쳐 큰 진폭으로 진동한다.

(2) 원형단면인 부재의 와류진동

트러스구조물처럼 원형단면을 가진 부재에서는 설계풍속보다 낮은 풍속에서 와류진동이 발생할 우려가 있다. 특히, 중공강관은 질량이 작고, 감쇠비도 작기 때문에 와류에 의한 자려적 와류진동의 영향이 커진다. 이런 현상이 장시간 지속되면 피로 등에 의한 피해가 발생할 수 있다. 철탑과 같은 부재의 경우에는 자연풍의 난류적분스케일에 비해 부재 단면이 작기 때문에 흐름은 일양류로 볼 수 있다. 따라서 부재에는 일정한 분포를 가진 풍속이 작용하며 부재는 다음과 같은 3종류의 진동모드 $\mu(x)$로 거동하는 것으로 볼 수 있다.[7)]

$$\text{단위모드} : \mu(x) = 1 \tag{5.11.4}$$

$$\text{단순보} : \mu(x) = \sin\left(\frac{\pi x}{L}\right) \tag{5.11.5}$$

$$\text{캔티레버보} : \mu(x) = \left(\frac{x}{L}\right)^{1.8} \tag{5.11.6}$$

여기서, x : 부재 단부로부터의 거리

L : 부재의 길이 (m)

부재의 양단의 고정도는 그 고유진동수에 반영되어 있고, 단부의 고정조건에 관계없이 적용할 수 있다. 레이놀주수가 아임계영역에 있는 경우, 단순보의 공진 시 무차원최대변위 Y_{r0}와 무차원풍속 V^*을 질량감쇠변수인 스크러턴수(Scruton number) S_C의 함수로 다음 식과 같이 근사시킬 수 있다.[7)]

$$Y_{r0} = \frac{0.26\,V^*}{0.75 S_C^{1.1} + 0.36\,V^*} \tag{5.11.7}$$

$$V^* = 5 + \frac{3}{S_C} \qquad \textit{(5.11-5)}, \text{(5.11.8)}$$

그림 5.11.4는 질량감쇠변수인 스크러턴수(Scruton number) S_C를 변수로 구한 무차원 최대변위 Y_{ro}와 무차원풍속 V^*을 나타낸 것이다. Y_{ro}는 단순보일 때 중간값 정도이고, 캔틸레버보일 때는 단순보보다 10% 정도 크고, 단위모드일 때는 10% 정도 작다. 초임계레

이놀즈수 영역에서의 Y_{ro}는 아임계레이놀즈수 영역에 비해 1/10 정도의 값이다. 그림에서 단부의 고정도가 변하더라도 Y_{ro}값은 크게 변하지 않음을 알 수 있다.

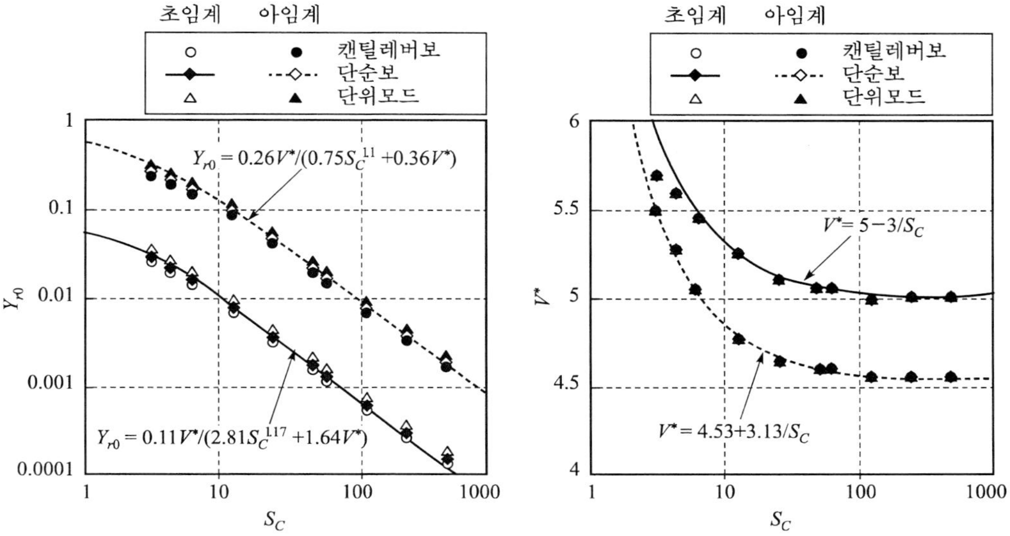

(a) 무차원최대변위 Y_{ro} (b) 무차원최대풍속 V^*

그림 5.11.4 지지조건 변화에 따른 무차원최대변위 Y_{ro}와 무차원최대풍속의 V^*의 예[7)]

공진풍속 시 부재에 작용하는 풍하중 W_r은 관성력의 최대값에 해당하고, 그 산정식은 지지 조건에 관계없이 부재의 진동모드를 $\mu(x)$로 가정하면 (5.11.4)식, (5.11.5)식을 사용하여 다음 식과 같이 주어지고, 그림 5.11.5와 같이 나타낼 수 있다.

$$W_r = \kappa(2\pi n_L)^2 \mu(x) m Y_{ro} A \tag{5.11.9}$$

여기서, W_r : 부재 단부에서 거리 x 떨어진 곳에서의 와류진동 발생 시 풍하중 (N)

κ : 고정조건에 관한 계수로서, 단순보일 때는 $\kappa = 1.0$, 단위모드일 때는 $\kappa = 0.9$, 캔틸레버보일 때의 진동모드는 이고 $\kappa = 1.1$.

m : 단위이길이당 질량 (=M/L) (kg/m)

n_L : 풍작각방향고유진동수 (Hz)

Y_{r0} : 단순보의 공진 시 무차원최대변위

M : 부재의 총질량 (kg)

A : 부재 단부로부터의 거리x (m)에 있어서의 부담면적 (m^2)

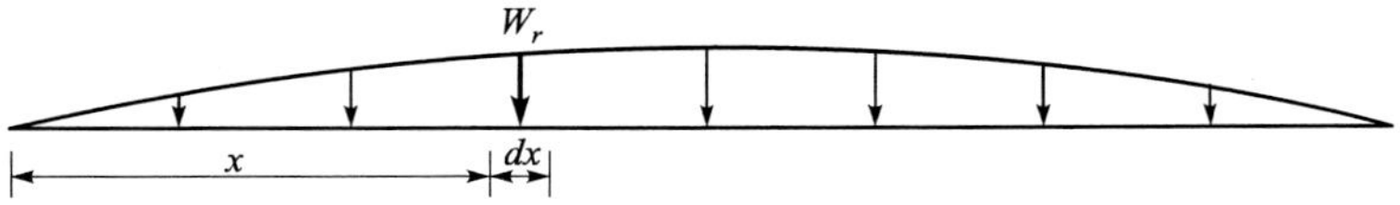

그림 5.11.5 와류진동에 의해 부재에 작용하는 풍하중

공진풍속 시의 무차원최대변위 Y_{ro} 값은 부재 단부의 고정도에는 크게 영향을 받지 않는다. 이 사실에 착안하여 (5.11.9)식을 단순보에 대하여 규정화 시킨 것이 본문의 *식(5.11-4)*로 주어지는 공진풍속 시 부재의 등가정적풍하중이다.

부재 단부로부터의 거리x (m)에 있어서 단위 부재 길이 당 풍하중은 본문의 *식(5.11-4)*에 대표면적 A 대신 부재의 바깥지름 D (m)를 사용하여 산정한다.

참고문헌

5.11

1) C. H. K. Williamson (1966), Vortex dynamics in the cylinder wake, Annual Review of Fluid Dynamics, 28, 477-539
2) G. Schewe : On the force fluctuations acting on a circular cylinder in cross-flow from subcritical up to trans-critical Reynolds numbers, Journal of Fluid Mechanics, Vol. 133, pp. 265~285, 1983.
3) 하영철 (2022), 제2판 건축물 내풍설계, 구미서관, 527-528
4) 藤本盛久, 大熊武司 (1971), 自然風中における圓柱構造物の渦麗振に關する理論的研究, イオリアン振動解析の一般的方法, 日本建築學會論文報告集, 185, 34-44
5) 大熊武司 (1971), 自然風中における圓柱構造物の渦麗振に關する理論的研究, 定常解に關する一般的議論, 日本建築學會論文報告集, 187, 59-67
6) 大熊武司 (1971), 自然風中における圓柱構造物の渦麗振に關する理論的研究, 二三の實現象の解析, 日本建築學會論文報告集, 188, 25-32
7) 田村幸雄, 天野晶彦 (1984), 圓筒の渦勵振に關する研究, その3, 日本建築學會論文報告集, 337, 65-72

5.12 건축구조물 부속물 및 기타 구조물의 풍하중

(1) 이 절은 밀폐형 독립벽체, 독립간판, 옥상구조물, 옥상설치물과 부착간판, 파라펫, 래티스 탑상형 구조물, 기타 구조물(개방형 간판, 래티스구조물, 굴뚝, 탱크)에 대한 풍하중을 산정할 때 적용하며, 다음의 모든 조건을 만족하여야 한다.

① 건축구조물의 형상은 정형적이어야 한다.

② 건축구조물은 풍직각방향풍하중, 와류방출, 공기력불안정진동 등을 유발하는 응답 특성을 나타내지 않아야 한다.

③ 건축구조물은 풍상측의 장애물에 의해 발생하는 골바람효과나 버피팅을 받는 곳에 위치하지 않아야 한다.

이 절의 적용을 받는 건축구조물은 지상 및 옥상에 독립적으로 설치된 것으로 사각형 평면을 가지며 비교적 규모 작은 경우를 대상으로 한다. 강풍이 작용한 경우 건축구조물에 큰 변형이나 진동이 발생하여 그것이 풍력에 영향을 미치는 경우에는 적용할 수 없다.

5.12.1 밀폐형독립벽체 및 밀폐형독립간판

(1) 밀폐형독립벽체, 밀폐형독립간판 및 밀폐형교통표지판에 대한 풍방향풍하중 W_D는 식(5.12-1)에 따라 산정한다.

$$W_D = q_z G_D C_D A \text{ (N)} \tag{5.12-1}$$

여기서, q_z : 지표면으로부터 높이 z 에서의 속도압으로, 식(5.5-1)에서 H를 z로 교체한 값(N/m^2)으로 합력점의 높이, 중요도계수 $I_W(T)$는 1.0을 사용한다.

G_D : 풍방향가스트영향계수 (5.6.1에 따른다)

GC_{pn} : 순압력계수로 풍상측 파라펫은 1.5, 풍하측 파라펫은 −1.0

A_P : 풍향에 수직인 파라펫의 수압면적(m^2)

파라펫은 밀폐형으로 가정할 수 있다. 따라서 파라펫 전체에 작용하는 풍압력은 파라펫 전면과 후면에 작용하는 풍압력의 벡터합인 순압력계수로 표현할 수 있다. 풍상측 파라펫의 순압력계수는 파라펫 전면의 정압이 0.8과 파라펫 후면의 부압이 −0.7로 가정하여 1.5로 하고 있다. 반면, 풍하면 파라펫의 경우에는 지붕면에서 흐트러져 감속된 풍속이 전면에 작용하기 때문에 이를 고려하여 풍상측 파라펫보다 작은 −1.0의 부압이 작용하는 것으로 하고 있다.

5.12.5 래티스형탑상건축구조물

(1) 래티스형탑상건축구조물의 풍방향풍하중 W_D 는 식(5.12−5)에 따라 산정한다.

$$W_D = q_z G_D C_D A_F \ \text{(N)} \quad (5.12\text{-}5)$$

여기서, q_z : 지표면으로부터 높이 z 에서의 속도압으로, 식(5.5−1)에서 H를 z로 교체한 값(N/m^2)

G_D : 풍방향가스트영향계수(5.6.3에 따른다.)

C_D : 풍력계수(표 5.7−9에 따른다.)

A_F : 지표면으로부터 높이 z 에서 래티스형탑상건축구조물의 1구면 투영면적(m^2)

이 절에서 나타낸 하중산정법은 기본적으로 본문의 *'5.2 주골조설계용 수평풍하중'*과 같지만 높이방향으로 대표폭과 충실률이 다른 많은 래티스형탑상건축구조물에 적용할 수 있도록 하고 있다. 그림 5.12.5.1에 나타낸 것처럼 대표폭 B와 충실률 ϕ가 높이 방향으로 다른 것을 고려하여 높이 z에서의 속도압 q_z로 산정한다. 본문의 *식(5.12−5)*에서 1구면 투영면적 A_F는 그림 5.12.5.1에 나타낸 것처럼 구면이 풍향에 수직으로 면하는 경우의 풍상 구면의 부재 및 판의 대표면적을 말하고, 통상적으로 절 구간마다 구한다.

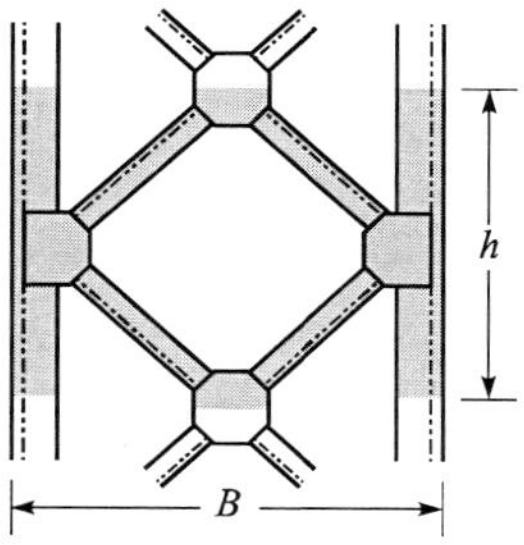

충실률 : $\phi = \dfrac{\text{유효수압면적}}{\text{외곽면적}(= Bh)}$

1구면 투영면적 : A_F = 검은 부분 면적

그림 5.12.5.1 충실률 ϕ과 1구면 투영면적 A_F의 정의

본문의 *식(5.12-5)*은 충실률 ϕ가 0.6 이하인 래티스형탑상건축구조물에만 적용할 수 있다.

5.12.6 기타건축구조물

(1) 기타건축구조물(개방형간판과 래티스건축구조물, 굴뚝, 탱크, 펜스)에 대한 풍방향풍하중 W_D는 식(5.12-6)에 따라 구한다.

$$W_D = q_h G_D C_D A \ (\text{N}) \tag{5.12-6}$$

여기서, q_h : 면적 A의 중심높이 h에서의 속도압(N/m^2) (5.5에 따른다)

G_D : 풍방향가스트영향계수(5.6.1에 따른다)

C_D : 풍력계수(표 5.7-10~표 5.7-13에 따른다)

A : 풍향에 수직인 수압면적(m^2)

기타건축구조물의 풍하중은 대상으로 하는 건축구조물의 수압면적의 중심높이 h에 풍하중이 작용하는 것으로 하여 산정한다. 풍하중의 산정방법은 본문의 *'5.2 주골조설계용 수평풍하중'*과 같다.

기타건축구조물은 건축구조물처럼 일체형으로 동적 거동하기 때문에 가스트영향계수는 유연건축구조물로 생각하여 본문의 *'5.6.1 유연건축구조물 등의 주골조설계용'*을 적용한다. 그러나, 구조물의 규모가 작고 강체로 생각할 수 있는 경우에는 규묘효과 및 공진효과를 무시할 수 있기 때문에 가스트영향계수 G_D는 최대순간풍속 $\hat{v}$과 평균풍속 $\bar{v}$의 비인 가스트계수(gust factor) G_v의 2승으로 근사시킬 수 있다. 이 경우 가스트계수 G_v는 다음식과 같이 나타낼 수 있고,

$$G_v = \frac{\bar{v}_H + \hat{v}_H}{\bar{v}_H} = 1 + g_v\left(\frac{\sigma_v}{\bar{v}_H}\right) = 1 + g_v I_H \tag{5.12.6.1}$$

가스트영향계수는 G_D는 G_v의 2승으로 다음 식과 같이 주어진다.

$$G_D = G_v^2 = (1 + g_v I_H)^2 \tag{5.12.6.2}$$

여기서, g_v, σ_v, I_H 는 각각 피크팩터, 변동풍속의 표준편차(m/s), 기준높이 H(m)에서의 난류강도이다.

5.12.7 설계용 최소풍하중

(1) 기타건축구조물(개방형간판, 래티스건축구조물, 굴뚝, 탱크)에 대한 설계용 최소풍하중은 650N/m^2$\times A$ 이상이어야 한다. 여기서, A는 유효수압면적이다.

설계용 최소풍하중은 건축구조물의 높이방향 수압면적에 직각으로 작용하는 수평방향의 풍하중이다. 최소풍하중은 벽면에 대해 각각 분리하여 독립적으로 적용한다.

5.13 풍하중의 조합

(1) 이 절은 주골조설계용 수평풍하중 및 지붕풍하중의 조합에 관하여 정한 것이다.

① 밀폐형건축구조물인 경우에만 풍하중의 조합을 고려한다.

② 직사각형 평면을 가진 건축구조물로서 식(5.1-1)의 조건을 만족하지 않는 경우 ($H/\sqrt{BD} < 3$)에는 5.13.1에 따라 풍방향과 풍직각방향의 조합을 고려하고, 식 (5.1-1)의 조건을 만족하는 경우($H/\sqrt{BD} \geq 3$)에는 5.13.2에 따라 수평풍하중의 조합을 고려한다.

③ 수평풍하중과 지붕풍하중에 관해서는 5.13.3에 따라 조합을 고려한다.

건축구조물에 작용하는 각 방향의 풍력은 각기 단독으로 작용하지 않으며, 또한 각 방향의 최대응답이 동시에 발생하지는 않는다. 따라서 각 방향의 풍하중(풍방향, 풍직각방향 및 비틀림)을 동시에 작용시키면 풍하중이 과대평가되므로 구조설계 시에는 풍하중과 응답의 동시성을 고려하여 건축구조물의 방향별로 얻어진 각각의 풍하중을 적절하게 조합하여 사용하여야 한다. KDS 2022에서는 밑면전단력, 밑면전도모멘트와 같이 대표되는 하중영향을 바탕으로 풍방향, 풍직각방향 및 비틀림풍하중의 적절한 조합방법을 제시하고 있다. 그러나 건축구조물의 설계 시 별도의 하중영향(대공간 지붕 지점반력, 중요 횡력저항요소 응력 등)에 대한 풍하중 검토가 필요할 경우에는 가장 불리한 별도의 풍하중조합을 구하여 적용하여야한다.

풍직각방향풍하중 및 비틀림풍하중은 건축구조물의 전면 좌우 모서리에서 흐름이 박리하여 발생하는 와류방출 기인한 변동풍력이 풍직각방향으로 작용하여 발생한다. 건축구조물의 전면, 측면 및 후면이 밀폐된 경우에만 풍방향풍하중, 풍직각방향풍하중, 비틀림풍하중이 동시에 생긴다. 그러므로 수평풍하중의 조합은 밀폐형 건축구조물에 한하여 적용할 수 있다.

5.13.1 저층 및 중층건축구조물의 수평풍하중 조합

(1) $H/\sqrt{BD} < 3$ 로 식(5.1-1)의 조건을 만족하지 않는 저층 및 중층건축구조물의 경우에는 5.2에서 산정한 풍방향풍하중에 식(5.13-1)에 따라 구한 하중을 풍직각방향풍하중으로 동시에 작용시킨다.

$$W_{LC} = \gamma W_D \text{ (N)} \qquad (5.13\text{-}1)$$

단, $\gamma = 0.35\dfrac{D}{B}$ 또한 0.2 이상

여기서, W_{LC} : 풍직각방향조합하중 (N)

W_D : 풍방향하중 (N) (5.2에 따른다)

B : 건축구조물의 대표폭 (m)

D : 건축구조물의 깊이 (m)

본문의 *식(5.1-2)*의 조건을 만족하지 않는 직사각형 평면의 건축구조물 가운데 형상비가 3.0 미만인 경우에는 풍방향풍하중에 본문의 *식(5.9-1)*로 구한 풍직각방향풍하중이 동시에 작용하는 것으로 본다. 저층 및 중층건축구조물로서 풍직각방향진동이 현저하지 않을 경우에 적용한다.

풍직각방향풍하중과 비틀림풍하중을 검토할 필요가 없는 형상비 $H/\sqrt{BD} < 3$ 인 조건을 가진 건축구조물 경우에는 강풍에 의한 공진성분이 작다. 이 경우에는 그림 5.13.1.1에 나타낸 것처럼 풍방향풍하중 W_D에 γ배의 풍하중이 풍직각방향으로 동시에 작용하는 것으로 생각할 수 있다. 높이가 80m이하이고, 각 모서리에 4개의 기둥을 건축구조물의 기둥에 가해지는 응력을 풍동실험결과를 사용하여 계산한 결과에 따르면 조합계수 γ는 그림 5.13.1.1에 나타낸 것처럼 변장비 D/B의 함수로 주어진다.[1] 본문의 *(5.13-1)식*은 이 결과를 인용한 것이다.

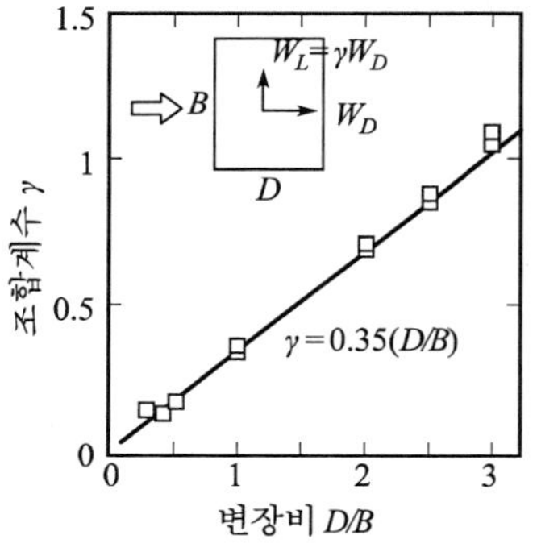

그림 5.13.1.1 저층 및 고층건축구조물인 경우의 변장비 (D/B)와 조합계수 γ의 관계

5.13.2 고층 및 유연건축구조물의 수평풍하중 조합

(1) $H/\sqrt{BD} \geq 3$ 로 식(5.1-1)의 조건을 만족하는 고층 및 유연건축구조물의 경우에는 표 5.13-1에 나타낸 3종류의 조합하중을 고려한다.

표 5.13-1 수평풍하중의 조합하중

조합조건	풍방향 조합하중	풍직각방향 조합하중	비틀림 조합하중
1	W_D	$0.4\,W_L$	$0.4\,W_T$
2	$W_D\left(0.4+\dfrac{0.6}{G_D}\right)$	W_L	κW_T
3	$W_D\left(0.4+\dfrac{0.6}{G_D}\right)$	κW_L	W_T

주] 1) W_D : 밀폐형건축구조물의 풍방향풍하중으로 식(5.2-2)에 따라 산정한다.
2) W_L : 밀폐형건축구조물의 풍직각방향풍하중으로 식(5.9-1)에 따라 산정한다.
3) W_T : 밀폐형건축구조물의 비틀림풍하중으로 식(5.10-1)에 따라 산정한다.
4) G_D : 풍방향가스트영향계수

표 5.13-2 표 5.13-1의 κ값

D/B	$n_1 B/V_H$	κ
≤ 0.5	0.1	0.55
	0.2	0.65
	0.6	0.80
1	0.1	0.55
	0.3	0.55
	0.6	0.65
≥ 2	−	0.55

주] 1) n_1 : 풍직각방향과 비틀림1차고유진동수 n_L 과 n_T 가운데 작은 값 (Hz)
2) D/B 및 $n_1 B/V_H$의 중간값은 직선보간하여 사용한다.

본문의 *식(5.1-2)*의 조건을 만족하는 직사각형 평면의 건축구조물 가운데 형상비가 3.0 이상인 경우에는 풍방향풍하중, 풍직각방향풍하중 및 비틀림풍하중의 풍하중조합은 본문의 *표 5.13-1*에 나타낸 3가지 경우를 고려하여 정한다. 본문의 *식(5.1-2)*의 조건을 만족하는 고층건축구조물은 공진성분이 크고, 건축구조물 후류에서의 규칙적인 와류방출로 인한

풍직각방향의 진동으로 동적하중이 발생하여 풍직각방향풍하중이 풍방향의 값보다도 커질 수 있다.[2)]

풍하중조합은 최대변위 발생 시 축방향별 응답의 상관관계를 고려하여 결정한다. 즉 임의건물에 대한 x축방향 밑면모멘트 M_x 와 y축방향 밑면모멘트 M_y 에 대한 상관분포 ρ 의 형상은 그림 5.13.2.1에 나타낸 것처럼 일반적으로 타원형과 같다. 이러한 타원형의 분포 형상을 실용적인 목적을 위하여 8각형의 꼭짓점을 가진 직선으로 단순화시켜 각 꼭짓점에서의 조합풍하중을 사용하도록 하였다. 즉 x방향의 최대전도모멘트 M_{xmax}가 발생할 때 대응하는 y축의 전도모멘트 M_y 값은 그림 5.13.2.1의 A점으로서 Y방향의 평균전도모멘트 $\overline{M_y}$, 전도모멘트변동 성분의 최대값 m_{ymax} 를 이용하면 다음 식과 같이 주어진다.[3)]

$$M_y = \overline{M_Y} + m_{ymax}(\sqrt{2+2\rho} - 1) \quad (5.13.2.1)$$

한편 각기 구조축에 대한 응답의 상관성을 분석해보면 그 특성은 다음과 같이 2가지로 요약할 수 있다.

① 풍방향과 풍직각방향, 풍방향과 비틀림방향은 풍력의 코히런스(진동수별 상관계수)가 거의 0이다. 따라서 응답의 상관계수를 무시할 수 있는 것으로 가정하여 상관계수 $\rho = 0$ 으로 한다.

② 풍직각방향과 비틀림방향은 풍력의 코히런스는 0이 아니다. 따라서 응답의 상관계수의 절대값 ρ을 풍동실험에 의해 근거하여 구하였다.

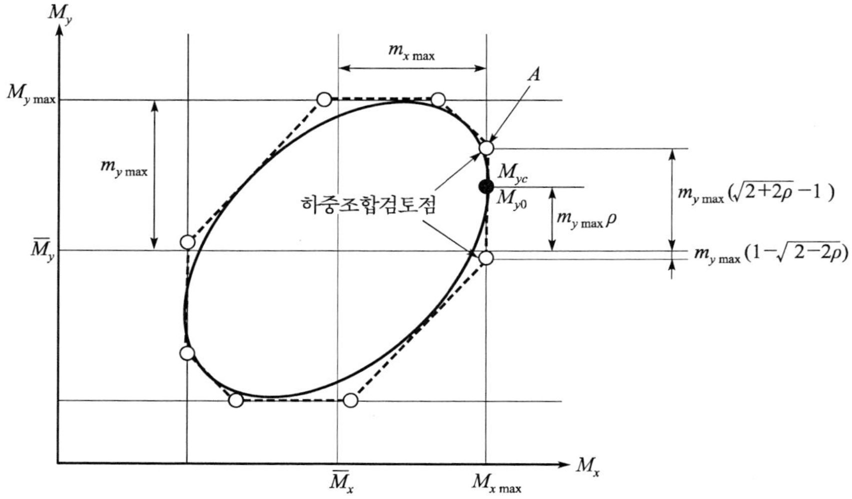

그림 5.13.2.1 응답의 상관을 고려한 주축별 풍하중의 조합 개념도[3)]

이 상관계수로부터 $\kappa = \sqrt{2+2\rho} - 1$를 구하여 나타낸 것이 본문의 *표 5.13-2*이다. 이것은 (5.13.2.1)식에 의한 응답의 조합을 위에서 언급한 구조축에 대한 풍방향, 풍직각방향 및 비틀림방향 풍하중의 상관 특성을 고려하여 풍하중조합을 구성하여 제시한 것이다.

건축구조물의 x, y 구조축에 대해 풍하중을 어떻게 조합하여 적용할 것인가 하는 것은 내풍설계에서 매우 중요하다. 한 풍향에 대해 x축 최대풍하중과 y축 최대풍하중이 동시에 발생하는 일은 없다. 주어진 풍향에 대해 각 하중성분은 평균풍하중, 변동풍하중이 작용하는 것으로 볼 수 있다. 평균풍하중은 모든 방향에 대해 동시에 작용하고, 변동풍하중은 비상관성을 가지며 동시에 작용하지 않는다.

풍동실험결과를 활용할 때는 실제 x, y축에 대한 밑면전도모멘트 만을 하중조합하면 된다. 한 풍향에 대해 각축에 대한 모멘트를 구하고, 모든 풍향에 대해 적용하면 하면 된다. 그림 5.13.2(a)는 주어진 풍향에 대한 모멘트조합방법을 개념적으로 나타낸 것이다. 그림에서, $\overline{M}$, $\overline{M}_x$, $\overline{M}_y$는 각각 x,y 합력평균모멘트(벡터 OP), x축 평균모멘트, y축 평균모멘트이고, $\widehat{M}'$, $\widehat{M}_x'$, $\widehat{M}_y'$는 각각 합력변동피크모멘트, x축 변동피크모멘트, y축 변동피크모멘트이며, $\widehat{M}$, $\widehat{M}_x$, $\widehat{M}_y$ 각각 합력피크모멘트(벡터 OQ), x축 피크모멘트, y축 피크모멘트이다.[4] 변동성분이 완전상관인 경우에는 Q점은 Q_1점이 되고 포락선은 사각형 형상이며, 상관이 감소하면 Q점은 타원형을 그린다. 사각형 건축구조물인 경우에는 x, y축의 변동성분은 비상관으로 생각할 수 있다.[5] 최대값 $\widehat{M}$의 크기와 방향은 그림으로부터 쉽게 구할 수 있다. 여기서, 구해야할 하중의 조합은 그림 A2.5.1(b)에 나타낸 것처럼 다음 3가지로 대별할 수 있다.

1) CASE A(x축 성분 최대) ; $\widehat{M}_A = \widehat{M}_x = \overline{M}_x + \widehat{M}_x' = \overline{M}_x + g_x \sigma M_x$ (A2.5.1)

2) CASE B(y축 성분 최대) : $\widehat{M}_B = \widehat{M}_y = \overline{M}_y + \widehat{M}_y' = \overline{M}_y + g_y \sigma M_y$ (A2.5.2)

3) CASE C(합력 최대) : $\widehat{M}_C = \widehat{M}$ (A2.5.3)

여기서, g_x, g_y는 x, y축 방향 피크팩트로 일반적으로 3.5로 하고, σM_x, σM_y는 x, y축에 대한 변동전도모멘트의 표준편차이다. 각축에 대한 평균전도모멘트 $\overline{M}_x$, $\overline{M}_y$ 및 σM_x, σM_y를 풍동실험 결과를 활용하여 구하는 방법은 풍공학 전문서적[6]에 자세하게 소개하고 있으니 참고하면 된다.

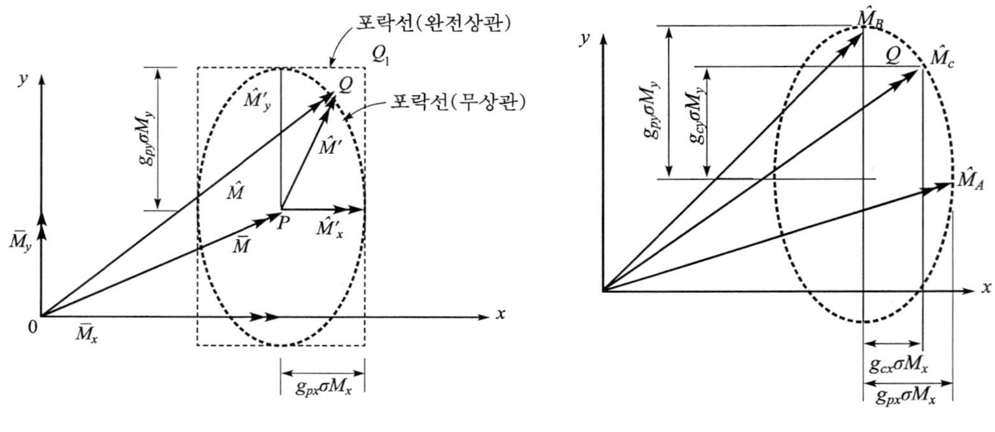

그림 5.13.2 하중조합방법의 개념도[4)]

이 해석방법은 비틀림모멘트 $\widehat{M}_z$에도 적용할 수 있다. 비틀림모멘트 $\widehat{M}_z$ 는 x, y축 모멘트 성분보다 그 크기가 작고 상호 성분 간에 연성의 가능성이 있기 때문에 비틀림성분 $\widehat{M}_z$와 x, y축 수평성분 $\widehat{M}_x$, $\widehat{M}_y$ 사이의 상관을 고려해야한다. 따라서 CASE A, B, C 각각은 최대비틀림모멘트 $\widehat{M}_z$와 조합할 수 있다.

풍동실험을 36개 방향에 대해 수행한 결과를 이용하여 x, y축의 밑면전도모멘트 $\widehat{M}_x$, $\widehat{M}_y$와 z축에 대한 밑면비틀모멘트 $\widehat{M}_z$가 구해진 경우를 생각해 보자. 위에서 기술한 해석절차에 따르면 36×3=108 종류의 하중조합이 발생한다. 그림 5.13.3은 x, y, z축에 대한 등가정적 밑면전도모멘트를 풍향별로 나타낸 것이다. 이 그림을 사용하면 각축별로 최대 풍하중이 발생하는 풍향을 구할 수 있다. x축은 70도, y축은 280도, z축은 180도의 풍향에서 각각 최대값을 나타낸다.

비정형적인 건축구조물인 경우에는 x, y축 성분에 대해서는 최대피크값(+)과 최소피크값(−)을 고려하고, 최대합력모멘트는 4분면을 고려해야한다. 실무적인 관점에서 효율성을 위하여 풍하중을 조합할 때는 표 5.13.1에 나타낸 10가지 CASE를 사용할 수 있다. 이것은 총 108가지 CASE 가운데 선택한 것이다. 정형적인 건축구조물인 경우에는 표 5.13.1에 주어진 CASE를 줄일 수 있다.

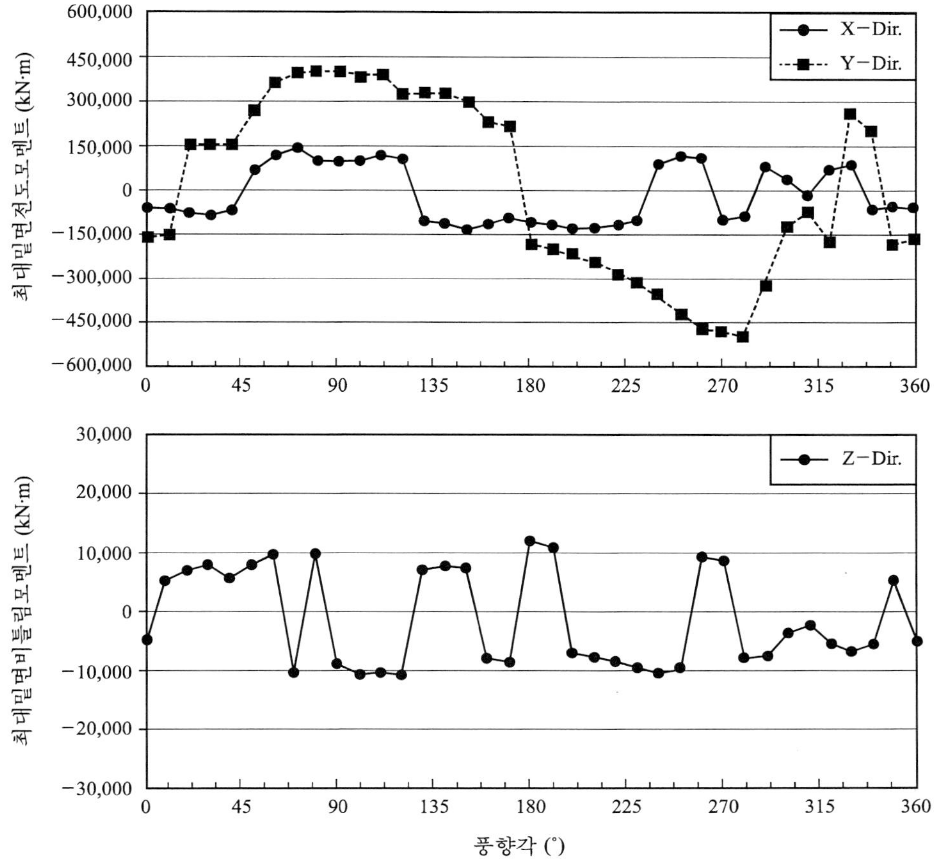

그림 5.13.3 x, y, z축의 등가정적 밑면모멘트의 풍향별 변화

표 5.13.1 풍하중의 조합

CASE	구별 특징
1	임의 풍향에 대한 최대 정(+)의 $\widehat{M}_x$
2	임의 풍향에 대한 최대 정(+)의 $\widehat{M}_y$
3	임의 풍향에 대한 최대 정(+)의 $\widehat{M}_z$
4	임의 풍향에 대한 최대 부(−)의 $\widehat{M}_x$
5	임의 풍향에 대한 최대 부(−)의 $\widehat{M}_y$
6	임의 풍향에 대한 최대 부(−)의 $\widehat{M}_z$
7	임의 풍향에 대한 1사분면 최대 $\widehat{M}$
8	임의 풍향에 대한 2사분면 최대 $\widehat{M}$
9	임의 풍향에 대한 3사분면 최대 $\widehat{M}$
10	임의 풍향에 대한 4사분면 최대 $\widehat{M}$

주] $\widehat{M}$, $\widehat{M_x}$, $\widehat{M_z}$는 각각 (A2.5.1), (A2.5.2), (A2.5.3)에 따라 산정한다.

5.13.3 수평풍하중과 지붕풍하중의 조합

(1) 5.13.1 또는 5.13.2로 조합을 고려한 수평풍하중에 5.3에서 산정한 지붕풍하중을 동시에 작용시킨다.

이론적으로는 축방향별 수평풍하중의 조합과 유사하게 수평 및 지붕풍하중의 조합도 제시가 가능하다. 그러나 지붕의 형상이 다양하고 거동이 복잡하므로 일반화된 조합계수의 도출이 쉽지 않기 때문에 KDS 2022에서는 수평풍하중과 지붕풍하중을 동시에 작용시키는 것으로 하고 있다.

참고문헌

5.13.2

1) 日比一喜. 田村辛雄 菊池浩利 (2003), 中層建築物の柱の軸應力度と風荷重の組合せ, 日本建築學會大會學術講演梗概集, B-1, 113-114
2) 배진석, 김동우, 하영철 (2008), '풍하중을 받는 정방형 건축구조물의 형상비 변화에 따른 풍방향 및 풍직각방향 응답특성의 비교, 대한건축학회논문집-구조계, 24(10), 29-36
3) 淺見豊 (2000), 高層建築物の風荷重組合せ方法の提案, 第16回風工學シンポジウム論文集, 531-534
4) D. W. Boggs, J. A. Peterka (1987), The Application of Aerodynamic Model Tests to Wind Loading of Tall Buildings, Sessions at Structures Congress '87 related to Dynamics of Structures, Orlando, Florida, United States, American Society of Civil Engineers, 671-686
5) S. T. Thoroddsen, J. A. Peterka, J. E. Cermark (1987), Correlation of the Components of Wind-Loading on Tall Buildings, &th International Conference on Wind Engineering , Aachen, W. Germany, July
6) 하영철 (2023), 건축물 내풍설계, 446~483

5.14 사용성 검토

(1) 이 절에서의 사용성 검토는 사용성한계상태설계를 대상으로 한다.

사용성한계상태설계는 건축구조물의 기능, 외간, 유지관리, 내구성 및 사용자의 편리함을 일정한 기준 이상으로 확보하도록 하는 것이 목적이다. KDS 2022에서 규정하고 있는 강풍으로 발생하는 건축구조물의 사용성한계상태로는 과다변형으로 인한 외장재의 파손 및 수직이동 장치의 기능 상실과 진동가속도인한 거주자의 불쾌감이다.

5.14.1 적용범위

(1) 이 절은 다음 사항을 평가할 때 적용한다.

① 직사각형 평면 및 입면형상을 가진 일반적인 건축구조물의 풍방향최대수평변위와 최대응답가속도에 대한 사용성을 검토할 때

② 5.9.1(적용범위)를 만족하는 건축구조물의 풍직각방향최대수평변위와 최대응답가속도에 대한 사용성을 검토할 때 사용성 검토는 사용성한계상태설계를 대상으로 한다.

강풍으로 인한 건축구조물의 사용성을 검토할 때에는 과다변형으로 인해 외장재의 파손 및 수직이동 장치의 기능이 상실되지 않도록 해야 하고, 진동응답가속도로 인하여 거주자가 불쾌감을 느끼지 않도록 해야 한다.

5.14.2 사용성 평가기준

> (1) 수평변위
>
> ① 건축구조물의 기능과 사용성을 확보하기 위하여 재현기간 50년 풍속으로 발생하는 풍방향 및 풍직각방향최대수평변위로 인하여 건축구조물의 구조체 및 비구조체(비구조벽체, 칸막이벽, 외장재)가 손상을 입지 않도록 해야 한다.
>
> ② 사용성을 검토하기 위해 건축구조물의 최대수평변위는 식(5.14-2)에 따라 산정하고, 풍직각방향수평변위는 식(5.14-3)에 따라 산정한다.
>
> (2) 응답가속도
>
> ① 재현기간 1년 풍속이 작용하여 건축구조물의 최상층에서 발생하는 풍방향진동 및 풍직각방향진동 최대응답가속도로 인하여 거주자가 불쾌감을 느끼거나 집무나 행동하는데 지장을 초래하지 않도록 해야 한다.
>
> ② 사용성을 검토하기 위한 풍방향응답가속도는 식(5.14-6)에 따라 산정하고, 풍직각방향응답가속도는 식(5.14-7)에 따라 산정한다.

(1) 수평변위

강풍으로 발생하는 건축구조물의 수평변위로 인하여 건축구조물의 기능과 사용성(serviceability)이 저하되는 것을 방지하기 위하여 수평변위의 한계를 어느 정도로 해야 하고, 수평변위를 평가할 때 적용해야 할 강풍의 레벨(재현기간 풍속)은 어느 정도로 할 것인가를 명확하게 규정하고 있는 나라는 많지 않다.

NBC 2010에서는 조적조, 칸막이벽 및 내부마감재에 크랙이 발생할 때를 사용성한계상태로 보고, 사용성용풍하중 W_s 와 중력하중이 동시에 작용하였을 때 층높이의 1/500을 초과하지 않도록 수평변위의 한계를 규정하고 있다.[1] NBC 2010에서의 기본풍속은 재현기간 50년으로 하고 있지만, 풍하중으로 발생하는 수평변위에 대한 사용성한계상태설계용 풍하중을 평가할 경우에는 하중계수 $\gamma_W = 0.75$ 를 사용하도록 하고 있다. 캐나다의 경우 재현기간 $T = 50$ 년 풍속 $V(50)$ 에 대한 임의 풍속으로 주어지는 풍속환산계수 $V(T)/V(50)$ 는 다음 식으로 주어지고,

$$\frac{V(T)}{V(50)} = 0.36 + 0.1\ln(12T) \tag{5.14.2.1}$$

하중계수와 γ_W 와 $V(T)/V(50)$ 의 사이에는 다음 관계식이 성립한다.

$$\gamma_W = \left[\frac{V(T)}{V(50)}\right]^2 \tag{5.14.2.2}$$

(5.14.2.1)식과 (5.14.2.2)식으로부터 재현기간 T 는 다음 식과 같이 하중계수 γ_W 의 함수로 나타낼 수 있다.

$$T = 0.00228\exp\left(10\sqrt{\gamma_W}\right) \tag{5.14.2.3}$$

하중계수 $\gamma_W = 0.75$ 일 때에 해당하는 재현기간 T를 (5.14.2.3)식에 의해 구하면 $T = 15$ 년이 된다. 따라서 캐나다의 경우 수평변위를 평가할 때 적용하는 사용성풍속의 레벨은 재현기간 15년 정도인 것을 알 수 있다.

ASCE 7-10에서는 사용성과 관련한 건축구조물 수평변위의 한계는 건축구조물높이 또는 층높이의 1/600~1/400(취성 외장재는 1/600, 다양한 외장재를 사용한 저층건물은 1/400) 정도이다. 이와 같은 한계 값을 확보하면 외장재, 비구조벽 및 칸막이의 피해를 최소화 할 수 있다. 이러한 수평변위를 평가할 때 적용할 사용성풍속 레벨로는 일반적인 건축구조물인 경우에는 재현기간 10년, 수평이동에 민감한 건축구조물인 경우에는 재현기간 50년 또는 100년 기대풍속을 사용하고 있다.[2)] 수평변위를 평가하기 위해서는 대상건축구조물에 고정하중 D, 활하중 L 및 사용성용 풍하중 W_s 를 동시에 적용시킨 구조해석모델을 만들어 산정해야한다. 풍하중으로 인한 사용성을 평가할 때의 하중조합으로는 다음 식을 사용한다.[2)]

$$D + 0.5L + W_s \tag{5.14.2.4}$$

여기서, W_s 는 사용성풍속에 의한 풍하중으로 통상적인 건축구조물의 경우에는 재현기간 10년 ~ 30년, 수평이동에 민감한 형상비 3.0 이상인 건축구조물의 경우에는 재현기간 100년 기대풍속을 사용할 수 있다. 그러나 재현기간의 선택은 건물주와 상의하여 결정할 공학적 판단의 문제이다.

일본건축센타의 고층건축구조물평정위원회의에서는 건축구조물의 사용기간 중에 한 번 이상 올 것으로 예상되는 강풍인 재현기간 100년 정도의 기대풍속이 작용하였을 때 부재응력은 허용응력 이하이고, 주요 구조체의 변형은 사용성 및 기능성을 만족하는 허용변형(층간변형각이 1/200 정도) 이하로 하도록 규정하고 있다.[3)] 여기서의 수평변형은 풍하중만 작용하였을 경우이다.

이처럼 각 나라마다 기준에 건축구조물의 사용성 및 기능성을 평가하기 위한 수평변위의 한계값을 다르게 규정하고 있다. 그것은 건축구조물의 사용기간 중에 도래할 최대의 강풍 레벨로 인해 발생하는 최대수평변위에 의하여 구조부재, 내부 칸막이벽 및 외부 외장재 등이 파손되지 않고 구조안전만 확보된다면, 그 외는 건물성능에 관계되므로 전적으로 건물주가 판단하여 결정하여야 할 사항이기 때문이다.

수평변위의 한계값으로는 (5.14.2.4)식의 W_s 에 재현기간 10년 ~ 30년 풍속에 해당하는 풍하중을 적용하는 건축구조물일 경우는 층간변위가 층높이의 1/500, (5.14.2.4)식의 W_s 에 재현기간 100년 풍속을 적용하는 형상비 3.0 이상인 건축구조물인 경우에는 1/250을 초과하지 않도록 할 필요가 있다. 이점을 고려하고 외국기준을 종합하여 강풍 시 건축구조물 및 외장재의 손상으로 인한 기능장애가 발생하지 않을 정도에 해당하는 수평변위의 한계값을 정리하면 표 5.14.2.1처럼 나타낼 수 있다. 여기서, 대상건축구조물에 수평하중인 W_s 외에 중력하중인 D 및 L 을 동시에 적용시키면 수평변위의 한계값은 수평하중인 W_s 가 단독으로 작용하였을 경우보다 감소한다는 점에 유의해야한다.

표 5.14.2.1 사용성 검토를 위한 건축구조물 부위별 검토항목 및 수평변위의 한계

검토항목	하중조합	적용풍속	수평변위 한계
균열발생(조적조, 칸막이벽, 외장재)	$D+L+W_s$	10년~30년	1/500(층간변위)
균열발생(조적조, 칸막이벽, 외장재)	$D+0.5L+W_s$	100년	1/250(층간변위)
주요구조체변형(허용내력 이하)	W_s	100년	1/200(층간변위)

(2) 응답가속도

강풍으로 발생하는 건물의 수평진동은 지진과는 달리 오랜 시간 동안 지속되기 때문에 건물의 사용자에게 멀미 등과 같은 불쾌감을 유발하거나 주거나 집무에 지장을 초래하는 등 사용성을 저하시킨다. 사용성을 확보하기 위해서는 구조안전을 위한 설계풍속보다 그 강도는 낮지만 1년에 한번 또는 몇 년에 한번 불어오는 비교적 낮은 레벨의 강풍이 불었을 때 건물 최상층에서의 진동가속도가 일정레벨 이하가 되어야 한다. 이러한 사용성 문제는 건축구조물의 구조안전(structural safety)과는 관계가 없고, 건축구조물의 성능(building performance)과 관련되는 것으로 건물주가 판단하여 결정하여야 할 사항이다.

그리하여 KDS 2022에서는 사용성을 만족하기 위해 요구되는 진동가속도에 대한 한계값을 규정하지 않고 있다. 그러나 매년 3회 이상 태풍이 부는 우리나라의 지정학적 특성을

고려하면[5)] 주거용 고층건축구조물의 경우에는 풍진동이 발생할 우려가 크기 때문에 진동에 대한 사용성을 만족시킬 필요가 있다. 또한 매년 태풍이 도래하기 때문에 풍진동에 대한 사용성을 평가할 때의 풍속 레벨은 재현기간 1년 정도로 하는 것이 적절하다.[6)]

진동가속도에 대한 사용성의 평가기준을 규정하고 있는 대표적인 기준의 예는 다음과 같다.

1) ISO 10137: 2007 (E)

사용성에 대한 진동가속도의 한계를 제시한 대표적인 평가방법으로는 ISO 10137 : 2007(E)을 들 수 있다. 재현기간 1년풍속이 불었을 때 1차고유진동수가 nHz인 건축구조물에 발생하는 진동가속도에 의해 사용성에 문제가 발생하지 않기 위해서는 건물 최상층에서 발생하는 최대응답가속도 $\hat{a}$가 다음 식 이하의 값이 되도록 해야 한다.[7)]

$$\hat{a} = C n^{-0.454} \ (\mathrm{cm/s^2}) \tag{5.14.2.5}$$

여기서, 사무용 건축구조물은 $C = 6.0$, 주거용 건축구조물은 $C = 4.0$이다.

그림 5.14.2.1은 (5.14.2.5)식을 나타낸 것이다. 그림에서 실선은 사무용이고, 파선은 주거용이다. 그림 5.14.2.1의 ISO 사용성능평가곡선은 그림 5.14.2.2에 나타낸 일본건축학회의 AIJES-V001-2004 사용성능평가곡선의 H-90 정도에 해당한다.

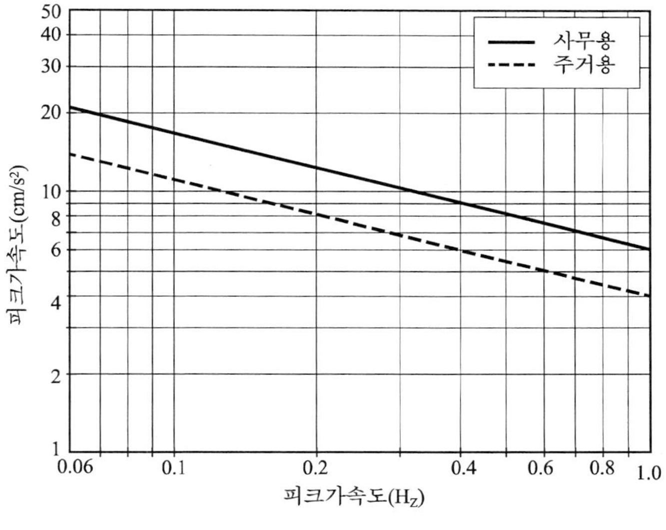

그림 5.14.2.1 ISO 10137 사용성능평가곡선[7)]

원칙적으로 거주용 공간에서는 진동을 지각하지 않도록 하는 것이 바람직하다. 거주용이 목적인 경우에는 사용자가 아동부터 노인까지 다양하고, 사용하는 시간도 하루 가운데 특정 시간이 아닌 모든 시간대에 걸쳐있다. 따라서 거주용 건축구조물인 경우에는 진동으로 인하여 발생하는 심리적인 불쾌감을 느끼지 않도록 해야 하는 것은 물론이고 생활에도 지장을 초래하지 않을 정도로 폭넓은 범위에 걸쳐 거주성능을 만족하도록 해야 한다.

반면, 사무용 건축구조물인 경우에는 거주용과는 달리 사용하는 연령 구성이나 근무 시간 등이 특정적으로 한정될 수 있다. 사무용 중고층건축구조물의 경우에는 집무 시간대에 진동이 발생하더라도 진동에 극히 약한 사람은 저층으로 이동하여 휴식을 취할 수도 있다. 따라서 일반적으로 진동에 대한 고려는 주거용보다 낮아도 된다.

2) AIJES-V001-2004[8)]

일본건축학회는 10분평균풍속의 1년 재현기대풍속이 부는 경우 건축구조물 최상층에서 진동으로 발생하는 최대응답가속도를 그림 5.14.2.2와 같이 규정하고, 설계자와 건축주가 목표성능(인간이 가속도를 지각하는 확률)을 설정하여 사용성을 결정하도록 하고 있다. 만약, 목표성능을 H-90으로 하면 사용성평가기준이 엄격하지 않은 것이고, H-50으로 하면 사용성평가기준이 엄격해지는 것이다.

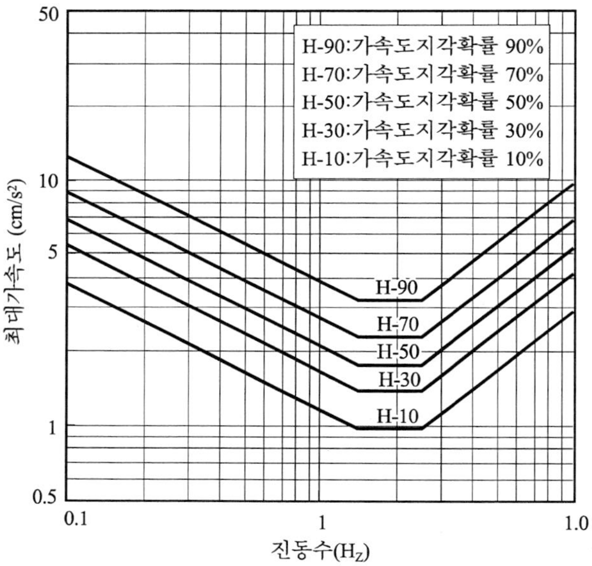

그림 5.14.2.2 바람에 의한 수평진동에 관한 사용성능평가곡선[8)]

그림 5.14.2.2로 나타낸 사용성능평가곡선의 최대응답가속도 $\hat{a}$는 다음 식과 같이 주어진다.

$$\hat{a} = an^b \ (\mathrm{cm/s^2}) \tag{5.14.2.6}$$

여기서, n은 건축구조물의 1차고유진동수(Hz), a, b는 표 5.14.2에 주어진 상수이다.

표 5.14.2.2 (5.14.2.6)식의 계수 a,b의 값 [8)]

진동수 / 평가곡선	$0.1 \le n < 1$		$1.5 \le n < 2$	$2.5 < n \le 1$	
	a	b	$\hat{a}$	a	b
H-10	1.17	-0.5	0.96	0.461	0.8
H-30	1.67		1.37	0.658	
H-50	2.15		1.76	0.846	
H-70	2.76		2.26	1.086	
H-90	3.87		3.22	1.547	

참고로, 가속도의 크기가 0.005g~0.01g(여기서, g는 중력가속도로서 9.81m/s^2)인 진동이 몇 분간 지속되면 조용한 업무를 하는 대부분의 사람이 불쾌감을 느끼며, 육체적이고 격렬한 업무에 종사하는 사람의 경우에는 0.02g~0.05g 정도의 지속적인 진동에도 견딜 수 있다. 반면, 단지 몇 초 정도로 짧게 지속되는 일시적인 진동의 경우에는 인간의 불쾌감에 대한 지각영역은 훨씬 높아진다.[2)] 어쨌든 인간의 시각, 신체위치, 신체조직, 마음상태 등이 진동지각에 영향을 미친다고 하더라도 가속도가 0.005g~0.015g의 범위가 되면 대부분의 사람은 건축구조물의 진동을 지각한다.[1)]

3) NBC 2010

1시간평균풍속의 10년 재현기대풍속이 분 경우 (5.14.2.7)식과 (5.14.2.8)식으로 산정한 고층건물 최상층에서의 풍방향최대응답가속도 $\hat{a}_D$ 및 풍직각방향최대응답가속도 $\hat{a}_L$가 주거용 건물인 경우에는 중력가속도 g 의 1.5%, 사무용 건물인 경우에는 g 의 2.5%가 되도록 가속도한계값을 규정하고 있다.[1)]

$$\hat{a}_D = 4\pi^2 n_D^2 \, g_p \sqrt{\frac{KSF}{C_{eH}\beta_D}\,\frac{\Delta}{C_g}} \ (\mathrm{m/s^2}) \tag{5.14.2.7}$$

$$\hat{a}_L = n_L^2 \, g_p \sqrt{BD}\left(\frac{a_r}{\rho_B g \sqrt{\beta_L}}\right) \ (\mathrm{m/s^2}) \tag{5.14.2.8}$$

여기서, n_D, n_L : 각각 풍방향 및 풍직각방향의 고유진동수 (Hz)

g_p : 피크팩터(3.0~4.0)

$$g_p \approx \sqrt{2\ln nT} + \frac{0.577}{\sqrt{2\ln nT}} \tag{5.14.2.9}$$

T : 평균풍속의 평가시간(초)

β_D , β_L: 각각 풍방향 및 풍직각방향에서의 임계감쇠비(0.01~0.02)

$a_r = 78.5 \times 10^{-3}\left[V_H/\left(n_L\sqrt{BD}\right)\right]^{3.3}$ (N/m^3)

Δ : 건축구조물 최상층에서의 풍방향 최대수평변위 (m)

C_g : 가스트하중계수

$$C_g = 1 + g_p\frac{\sigma}{\mu} = 1 + g_p\sqrt{\frac{K}{C_{eH}}\left(B_D + \frac{SF}{\beta}\right)} \tag{5.14.2.10}$$

단, σ : 하중효과의 표준편차

μ : 하중효과의 평균

K : 지표면조도에 따른 계수

지표면조도구분 A일 때 K=0.08, B일 때 K=0.1, C일 때 K=0.14

C_{eH} : 건물최상층에서의 풍속의 연직분포계수

지표면조도구분 C, D일 때

$$C_{eH} = (H/10)^{0.28} \;,\; (1.0 \le C_{eH} \le 2.5) \tag{5.14.2.11.a}$$

지표면조도구분 A, B일 때

$$C_{eH} = 0.5(H/12.7)^{0.50} \;,\; (0.5 \le C_{eH} \le 2.5) \tag{5.14.2.11.b}$$

B_D : 비공진성분(그림 5.14.2.3 참조)

$$B_D = \frac{4}{3}\int_0^{914/H}\left[\frac{1}{1+\dfrac{nH}{457V_H}}\right]\left[\frac{1}{1+\dfrac{nB}{122V_H}}\right]\left[\frac{n/V_H}{\left(1+(n/V_H)^2\right)^{4/3}}\right]dn \tag{5.14.2.12}$$

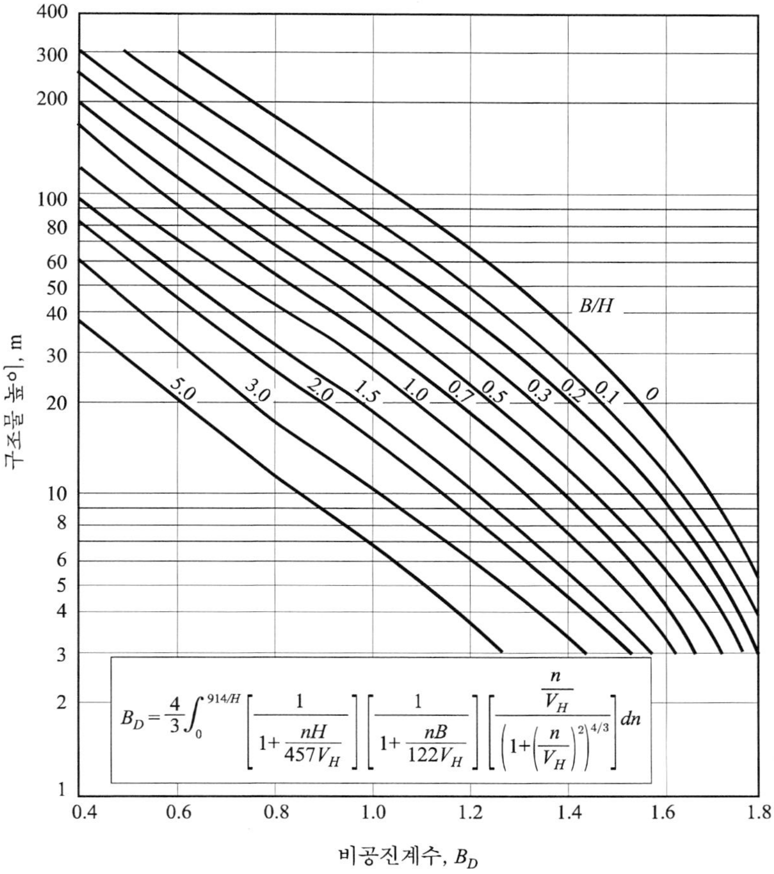

그림 5.14.2.3 비공진계수 B_D

B, D ; 각각 풍방향을 기준으로 했을 때 건축구조물의 유표폭과 유효깊이(m)

H : 건축구조물의 기준높이(지붕면평균높이) (m)

V_H : 건축구조물 기준높이 H(m)에서의 평균풍속 (m/s)

$$V_H = \frac{V_{C,10}}{\sqrt{C_{eH}}} \tag{5.14.2.13}$$

$V_{C,10}$: 지표면조도구분 C, 지상높이 10m에서의 기준풍속(재현기간 50년, 1시간평균풍속의 기댓값)

SF/β : 공진성분

S : 규모계수(그림 5.14.2.4) 참조)

$$S = \frac{\pi}{3}\left[\frac{1}{1+\dfrac{8nH}{3V_H}}\right]\left[\frac{1}{1+\dfrac{10nB}{V_H}}\right] \quad (5.14.2.14)$$

F : 고유진동수에서의 파워스펙트럼값(그림 5.14.2.5 참조)

$$F = \frac{x_0^2}{\left(1+x_0^2\right)^{4/3}} \quad (5.14.2.15.a)$$

$$x_0 = 1220\frac{n}{V_H} \quad (5.14.2.15.b)$$

$a_r = 78.5\times 10^{-3}\left[V_H/\left(n\sqrt{BD}\right)\right]^{3.3}$ (N/m^3)

ρ_B : 건축구조물의 평균밀도(kg/m^3) (170~330)

g : 중력가속도 (9.81 m/s^2)

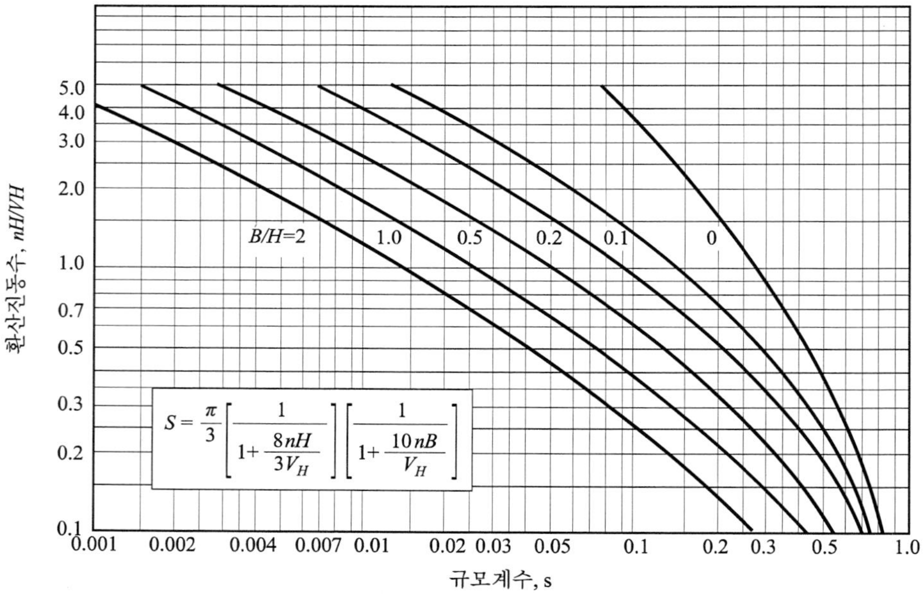

그림 5.14.2.4 규모계수 S

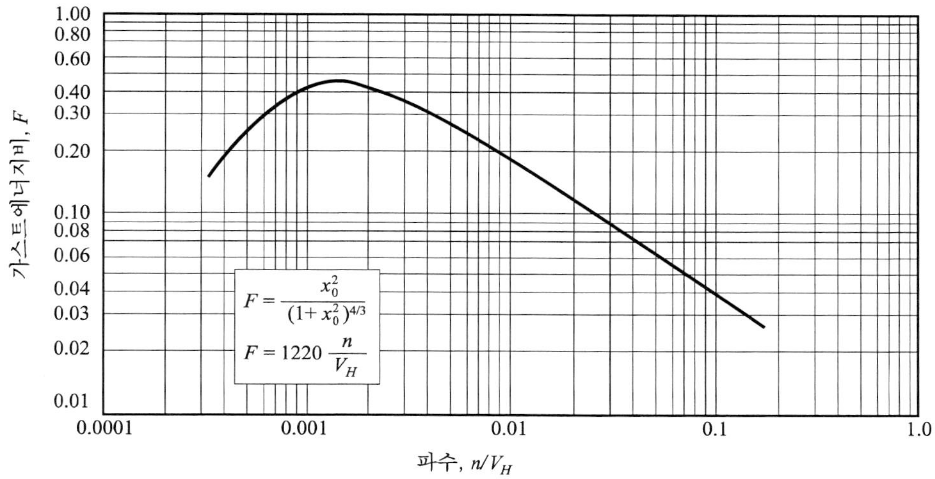

그림 5.14.2.5 풍속변동의 파워스펙트럼밀도

NBC 2010에서는 1시간 평균풍속의 10년 재현기대풍속이 분 경우에 대한 가속도한계값을 주거용 건물은 0.015g, 사무용 건물은 0.025g로서 건축구조물의 진동수에 관계없이 항상 일정한 값을 가지도록 하고 있다. 그러나 실제 건축구조물의 경우에는 그림 5.14.2.1 및 그림 5.14.2.2에 나타낸 것처럼 건축구조물이 높아져 유연해지면 고유진동수는 낮아지기 때문에, 고유진동수가 높은 저층건축구조물에 비하여 진동은 작아진다. 따라서 동일한 강풍이 불었을 때 고층건축구조물의 거주자는 저층건축구조물의 거주자에 비하여 진동을 덜 느끼게 된다. 이러한 실제 상황을 고려하면 ISO 10137 : 2007(E) 또는 AIJES-V001-2004에서 제시하고 있는 것처럼 건축구조물의 진동수에 따라 사용성에 대한 가속도 레벨이 변화하도록 하는 것이 합리적인 방법임을 알 수 있다.

또한, 거주성을 검토하기 위한 관점에서 보면 NBC 2010처럼 10년에 한번 발생하는 풍속 레벨에 의한 큰 진동은 일상적이라고 말하기 어렵다. 거주성의 경우에는 생활감각에 밀접한 자주 발생하는 풍속인 재현기간 1년 기대풍속 정도의 강풍에서 발생하는 일상적인 진동 레벨에서 평가하는 것이 바람직하다.[6)]

예제 건축구조물의 풍방향진동가속도와 풍직각방향진동가속도 산정

다음과 같은 조건을 가진 건축구조물의 최상층에서 발생하는 풍방향의 최대진동가속도의 한계값을 ISO 13107과 NBC 2010에 의하여 구하라. 사무실용도인 건축구조물로서 높이 H =183m, 유효폭 B=30.5m, 유효깊이 D=30.5m, 고유진동수 n=0.2Hz, 건축구조물의 밀도 ρ_B=180kg/m^3, 감쇠비 $\beta=0.015$이고, 건설지역은 지표면조도구분 B, 기본풍속은 $V_{C,10}$ =27m/s이고, 평균풍속의 평가시간은 1시간이다.

► 풀이

1) 재현기간 1년 기대풍속, 10분평균풍속을 대상으로 하는 ISO 10137: 2007 (E)을 사용하여 풍방향의 진동가속도의 한계값을 구한다. ISO에서의 풍방향 진동가속도는 건축구조물의 고유진동수에 의존한다. 건축구조물의 용도가 사무실이어서 C=6.0, 고유진동수는 n_D=0.2Hz이므로 풍방향 최대진동가속도 $\hat{a}_D$는 (5.14.2.5)식에 의해 다음과 같이 구해진다.

$$\hat{a}_D = C n^{-0.454} \ (\text{cm/s}^2)$$
$$= 6 \times 0.2^{-0.454} = 12.46 \ (\text{cm/s}^2)$$

그러므로, $\hat{a}_D / g = 0.1246/9.81 = 1.27\ \%$이다. 대부분의 사람은 가속도가 0.005g ~ 0.015g의 범위가 되면 진동을 지각한다. 이 건축구조물의 거주자는 진동을 지각하게 된다.

2) 재현기간 10년 기대풍속, 1시간평균풍속을 대상으로 하는 NBC 2010을 사용하여 풍방향 최대진동가속도 및 풍직각방향 진동가속도를 각각 (5.14.2.7)식, (5.14.2.8)식으로 구한다.

① 필요한 각종 변수의 계산

NBC 2010의 기본풍속은 재현기간 50년, 1시간평균풍속, 농촌정도의 지표면조도(지표면조도구분 C)인 지상높이 10m에서의 풍속 $V_{C,10}$을 표준으로 하고 있다. 건축구조물의 기준높이 H(m)에서의 설계풍속 V_H는 (5.14.2.13)식의 C_{eH}을 이용하면,

$$V_H = V_{C,10} / \sqrt{C_{eH}} = V_{C,10} / \sqrt{0.5(H/12.7)^{0.5}} = 27/\sqrt{1.9} = 37.3 \ (\text{m/s})$$

재현기간 10년 설계풍속 $V_H(10)$은 (5.14.2.10)식으로부터

$$V(T) = [0.36 + 0.1\ln(12T)]\, V_H(50)$$
$$V_H(10) = [0.36 + 0.1\ln(12T)]\, V_H(50) = [0.36 + 0.1 \times \ln(12 \times 10)]\, 37.3 = 31.3 \ (\text{m/s})$$

형상비는

$$B/H = 30.5/183 = 0.17$$

파수는

$$n/V_H(10) = 0.2/31.3 = 0.0064$$

무차원진동수는

$$nH/V_H(10) = 0.2 \times 183/31.3 = 1.17$$

σ/μ 계산, (5.14.2.10)식을 이용하면

$K = 0.10$: 지표면조도구분 B인 경우

$B_D = 0.63$: (5.14.2.14)식 또는 그림 5.14.2.3 이용

$S = 0.10$: (5.14.2.10)식 또는 그림 5.14.2.4 이용

$F = 0.25$: (5.14.2.11.a)식 또는 그림 5.14.2.5 이용

$$\frac{\sigma}{\mu} = \sqrt{\frac{K}{C_{eH}}\left(B_D + \frac{SF}{\beta}\right)}$$

$$= \sqrt{\frac{0.1}{1.9}\left(0.63 + \frac{0.10 \times 0.25}{0.015}\right)} = 0.35$$

g_p의 계산, (5.14.2.9)식 이용

$$g_p \approx \sqrt{2\ln nT} + \frac{0.577}{\sqrt{2\ln nT}}$$

$$= \sqrt{2(\ln 0.2 \times 3{,}600)} + \frac{0.577}{\sqrt{2(\ln 0.2 \times 3{,}600)}} = 3.79$$

C_g의 계산, (5.14.2.13)식 이용

$$C_g = 1 + g_p \frac{\sigma}{\mu}$$

$$= 1 + 3.79 \times 0.35 = 2.33$$

② 풍방향 최대진동가속도 $\hat{a}_D$는 (5.14.2.7)식 이용하여 계산한다. 단, 재현기간 10년 기대풍속 $V(10)$에 의한 설계풍속 $V_H(10) = 31.3$ m/s가 건축구조물에 작용하였을 때 건축구조물 최상층에서의 풍방향 최대수평변위 Δ는 정적해석에 의해 구하면 0.35m로 주어졌다고 가정한다.

$$\hat{a}_D = 4\pi^2 n_D^2 \, g_p \sqrt{\frac{KSF}{C_{eH}\beta_D}} \, \frac{\Delta}{C_g} \quad (\mathrm{m/s^2}) \tag{5.14.2.7}$$

$$= 4\pi^2 \times 0.2^2 \times 3.75 \sqrt{\frac{0.1 \times 0.10 \times 0.25}{1.9 \times 0.015}} \times \frac{0.35}{2.33} = 0.253 \ (\mathrm{m/s^2})$$

그러므로, $\hat{a}_D / g = 0.253/9.81 = 2.58\ \%$ 이다. 그러므로, NBC 2010의 경우 사무용 건축구조물의 *가속도한계값*은 0.025g로 규정하고 있다. 풍방향에 대해서 이 건물은 사용성의 한계값을 초과한다.

③ 풍직각방향 최대진동가속도 $\hat{a}_L$는 (5.14.2.8)식 이용하여 계산한다.

$$a_r = 78.5 \times 10^{-3}\left[V_H(10)/\left(n_L\sqrt{BD}\right)\right]^{3.3} \quad (\mathrm{N/m^3})$$

$$= 78.5 \times 10^{-3} \times \left[\frac{31.3}{0.2 \times 30.5}\right]^{3.3} = 17.32 \quad (\mathrm{N/m^3})$$

$$\hat{a}_L = n_L^2 \, g_p \sqrt{BD}\left(\frac{a_r}{\rho_B g \sqrt{\beta_L}}\right) \quad (\mathrm{m/s^2})$$

$$= 0.2^2 \times 3.75 \times 30.5\left(\frac{17.32}{180 \times 9.81 \times \sqrt{0.015}}\right) = 0.367\ (\mathrm{m}/^2)$$

그러므로, $\hat{a}_L/g = 0.367/9.81 = 3.73\ \%$ 이다. 풍직각방향에 대해서 이 건물은 사용성의 한계값을 초과한다.

예제 건축구조물의 경우, ISO 10137에 따라 산정한 재현기간 1년 기대풍속이 10분간 불었을 경우의 풍방향 최대진동가속도 $\hat{a}_D$는 1.27%이고, NBC 2010에 따라 산정한 재현기간 10년 풍속이 1시간 불어온 경우의 $\hat{a}_D$는 2.58%이다. ISO와 NBC는 대상 풍속의 레벨이 다르기 때문에 직접적인 비교는 불가능하지만, 개략적으로 NBC가 ISO보다 2배정도 큰 값을 나타낸다.

5.14.3 수평변위 및 응답가속도의 산정

(1) 수평변위

① 설계풍속

사용성에 대한 최대수평변위를 산정할 경우의 식(5.14-1)의 재현기간 50 설계풍속 $V_H(50)$ 을 사용한다.

$$V_H(50) = 0.8\,V_0 K_{zr} K_{zt} \tag{5.14-1}$$

여기서, V_0 : 기본풍속 (m/s)(5.5.2에 따른다)

K_{zr} : 풍속고도분포계수로 지붕면 평균높이 H 에서의 값(5.5.4에 따른다)

K_{zt} : 지형계수(5.5.5에 따른다)

② 풍방향수평변위

밀폐형 및 일부개방형 건축구조물의 최상층높이에서의 풍방향최대수평변위 $X_{D,\max}$ 및 임의높이 z 에서의 수평변위 $X_D(z)$ 는 각각 식(5.14-2.a), 식(5.14-2.b)에 따라 산정한다.

$$X_{D,\max} = \frac{C_D q_H BH}{(2\pi n_D)^2 M^*}\left(\frac{1}{2\alpha+2} + \frac{1.5 g_D I_z \sqrt{B_D + \lambda^2 R_D}}{\alpha+2}\right)(\mathrm{m}) \tag{5.14-2.a}$$

$$X_D(z) = X_{D,\max}\,\mu(z)\ \ (\mathrm{m}) \tag{5.14-2.b}$$

단, $C_D = 1.2\left(\frac{z}{H}\right)^{2\alpha}$

$$g_D = \sqrt{2\ln(600n_D) + 1.2}$$

여기서, C_D : 평균풍력계수

q_H : 속도압(N/m^2)으로 식(5.5-1)에 따라 산정한다.

단, 설계풍속 V_H 는 식(5.14-1)을 사용한다.

B : 건축구조물의 풍방향대표폭(m)

H : 건축구조물의 기준높이(m)(5.1.2(6)에 따른다.)

n_D : 건축구조물의 풍방향진동의 1차고유진동수(Hz)

M^* : 풍방향1차진동일반화질량(kg)으로 식(5.6-1.g)에 따라 산정한다.

α : 고도분포지수(5.5.3에 따른다)

g_D : 풍방향피크팩터

I_z : 풍속의 난류강도로 식(5.5-3.a)에 따라 산정한다.

B_D : 풍방향비공진계수(5.6.2에 따른다)

R_D : 풍방향공진계수(5.6.2에 따른다)

z : 지표면으로부터의 높이(m)

λ : 일반화변동풍력의 진동모드에 따른 보정계수로 식(5.6-1.i)에 따른다

$\mu(z)$: 건축구조물의 진동모드형상

③ 풍직각방향수평변위

5.9.1(적용범위)를 만족하는 직사각형 평면인 건축구조물의 최상층높이에서의 풍직각방향최대수평변위 $Y_{L,\max}$ 및 임의높이 z 에서의 수평변위 $Y_L(z)$ 는 각각 식(5.14-3.a), 식(5.14-3.b)에 따라 산정한다.

$$Y_{L,\max} = \frac{g_L C_{M,L}' q_H BH}{(2\pi n_L)^2 M_L^*} \sqrt{1+\lambda^2 R_L} \ \text{(m)} \tag{5.14-3.a}$$

$$Y_L(z) = Y_{L,\max}\,\mu(z)\,\text{(m)} \tag{5.14-3.b}$$

단, $g_L = \sqrt{2\ln(600n_L) + 1.2}$

여기서, g_L : 풍직각방향피크팩터

$C_{M,L}'$: 풍직각방향변동전도모멘트계수로 식(5.9-1.a)에 따른다)

q_H : 속도압(N/m^2)으로 식(5.5-1)에 따라 산정한다.

단, 설계풍속 V_H 는 식(5.13-1)을 사용한다.

H : 건축구조물의 기준높이(m) (5.1.2(6)에 따른다)

B : 건축구조물의 대표폭(m)

n_L : 풍직각방향1차고유진동수(Hz)

M_L^* : 풍직각방향1차진동일반화질량(kg)로 식(5.9-1.c)에 따라 산정한다.

λ : 일반화변동풍력의 진동모드 차이에 따른 보정계수로 식(5.6-1.i)에 따른다.

R_L : 풍직각방향 공진계수로 식(5.9-1.d)에 따라 산정한다.

$\mu(z)$: 건축구조물의 진동모드형상

④ 비틀림각변위

5.10.1(적용범위)를 만족하는 직사각형 평면인 건축구조물의 최상층높이에서의 비틀림에 의한 최대각변위 $\theta_{\max}$ 및 임의높이 z 에서의 각변위 $\theta(z)$는 각각 다음 식으로 산정한다.

$$\theta_{\max} = \frac{0.6 g_T C_T{'} q_H B^2 H}{(2\pi n_T)^2 I_T^*} \sqrt{1+\lambda^2 R_T} \ \text{(rad)} \tag{5.14-4.a}$$

$$\theta(z) = \theta_{\max}\mu(z) \tag{5.14-4.b}$$

단, $g_T = \sqrt{2\ln(600 n_T) + 1.2}$

여기서, g_T : 비틀림모멘트피크펙터

$C_T{'}$: 변동비틀림모멘트계수로 식(5.10-1.a)에 따른다.

q_H : 속도압(N/m^2)으로 식(5.5-1)에 따라 산정한다.

단, 설계풍속 V_H 는 식(5.14-1)을 사용한다.

B : 건축구조물의 대표폭(m)

H : 건축구조물의 기준높이(m)(5.1.2(6)에 따른다.)

n_T : 비틀림1차고유진동수(Hz)

I_T^* : 비틀림진동일반화관성모멘트(kgm^2)로 식(5.10-1.c)에 따라 산정한다.

λ : 일반화풍력의 진동모드 차이에 따른 보정계수로 식(5.6-1.i)에 따른다.

R_T : 비틀림모멘트공진계수로 식(5.10-1.e)에 따라 산정한다.

$\mu(z)$: 건축구조물의 진동모드형상(=z/H)

(2) 응답가속도

① 설계풍속

사용성 검토를 위한 응답가속도를 산정할 경우에는 식(5.14-5)의 재현기간 1년 설계풍속 $V_H(1)$ 을 사용한다.

$$V_H(1) = V(1)K_{zr}K_{zt} = 0.5\,V_0\,K_{zr}\,K_{zt} \quad (5.14\text{-}5)$$

여기서, $V(1)$: 재현기간 1년 풍속(m/s)

V_0 : 기본풍속(m/s) (5.5.2에 따른다)

K_{zr} : 풍속고도분포계수로 지붕면 평균높이 H 에서의 값(5.5.4에 따른다)

K_{zt} : 지형계수(5.5.5에 따른다)

단, 건설지점 부근의 풍관측자료에 의해 $V(1)$ 을 산정하고자 할 때에는 공인된 극치통계해석법을 사용하고, 자료의 길이, 측정오차, 평가시간, 풍속계높이, 풍속계 주변의 지표면상태 등을 고려해야하며, 풍속자료는 지표면조도구분 C 인 지상 10m에서 10분간 평균풍속 값으로 균질화해야 한다.

② 풍방향응답가속도

건축구조물 최상층에서의 풍방향최대응답가속도 $a_{D,\max}$ 및 임의높이 z 에서의 응답가속도 $a_D(z)$ 는 각각 식(5.14-6.a), 식(5.14-6.b)에 따라 산정한다.

$$a_{D,\max} = \frac{1.5 g_D C_D q_H B H I_z \lambda \sqrt{R_D}}{M^*(\alpha+2)} (\mathrm{m/s^2}) \quad (5.14\text{-}6.a)$$

$$a_D(z) = a_{D,\max}\,\mu(z) \quad (5.14\text{-}6.b)$$

단, $g_D = \sqrt{2\ln(600 n_D) + 1.2}$

$$C_D = 1.2\left(\frac{z}{H}\right)^{2\alpha}$$

여기서, g_D : 풍방향피크펙터

C_D : 평균풍력계수

q_H : 속도압(N/m^2)으로 식(5.5-1)에 따라 산정한다.

단, 설계풍속 V_H 는 식(5.14-5)를 사용한다.

B : 건축구조물의 풍방향대표폭(m)

H : 건축구조물의 기준높이(m)(5.1.2.(6)에 따른다.)

I_z : 풍속의 난류강도로 식(5.5-3.a)에 따라 산정한다.

λ : 일반화변동풍력의 진동모드 차이에 따른 보정계수로 식(5.6-1.i)에 따른다.

R_D : 풍방향공진계수(5.6.2에 따른다)

M^* : 풍방향1차진동일반화질량(kg)로 식(5.6-2.b)에 따라 산정한다.

α : 고도분포지수로 표 5.5-3에 따른다

$\mu(z)$: 건축구조물의 풍방향진동모드형상

③ 풍직각방응답가속도

5.9.1(적용범위)를 만족하는 직사각형평면인 건축구조물의 최상층에서 풍직각방향최대응답가속도 $a_{L,\max}$ 및 임의높이 z 에서의 응답가속도 $a_L(z)$ 는 각각 식(5.14-7.a), 식(5.14-7.b)에 따라 산정한다.

$$a_{L,\max} = \frac{g_L\, C_{M,L}{}'\, q_H BH\lambda}{M_L^*}\sqrt{R_L}\,(\mathrm{m/s^2}) \tag{5.14-7.a}$$

$$a_L(z) = a_{L,\max}\,\mu(z) \tag{5.14-7.b}$$

단, $g_L = \sqrt{2\ln(600 n_L) + 1.2}$

여기서, g_L : 풍직각방향피크펙터

q_H : 속도압($\mathrm{N/m^2}$)으로 식(5.5-4)에 따라 산정한다.

단, 설계풍속 V_H 는 식(5.14-5)를 사용한다.

$C_{M,L}{}'$: 풍직각방향변동전도모멘트계수로 식(5.9-1.a)에 따라 산정한다.

H : 건축구조물의 기준높이(m) (5.1.2(6)에 따른다)

B : 건축구조물의 대표폭(m)

M_L^* : 풍직각방향1차진동일반화질량(kg)으로 식(5.9-1.c)에 따라 산정한다

R_L : 풍직각방향공진계수로 식(5.9-1.d)에 따라 산정한다.

n_L : 풍직각방향진동의 1차고유진동수(Hz)

λ : 일반화변동풍력의 진동모드 차이에 따른 보정계수로 식(5.6-1.i) 에 따른다.

$\mu(z)$: 건축구조물의 진동모드형상

④ 비틀림응답각가속도

5.10.1(적용범위)를 만족하는 직사각형평면인 건축구조물의 최상층에서 비틀림에 의한 최대응답각가속도 $a_{T,\max}$ 및 임의높이 z 에서의 응답각가속도 $a_T(z)$는 각각 식(.14-8.a), 식(5.14-8.b)에 따라 산정한다.

$$a_{T,\max} = \frac{0.6\,g_T\,C_T{}'\,q_H\,B^2 H\lambda}{I_T^*}\sqrt{R_T}\quad(\mathrm{rad/s^2}) \tag{5.14-8.a}$$

$$a_T(z) = a_{T,\max}\,\mu(z) \tag{5.14-8.b}$$

단, $g_T = \sqrt{2\ln(600 n_T) + 1.2}$

여기서, g_T : 비틀림모멘트피크펙터

$C_T{}'$: 변동비틀림모멘트계수로 식(5.10-1.a)에 따른다.

q_H : 속도압($\mathrm{N/m^2}$)으로 식(5.5-4)에 따라 산정한다.

단, 설계풍속 V_H 는 식(5.14-5)를 사용한다.

B : 건축구조물의 대표폭(m)

H : 건축구조물의 기준높이(m)(5.1.2(6)에 따른다)

n_T : 비틀림1차고유진동수(Hz)

I_T^* : 비틀림진동일반화관성모멘트($\mathrm{kgm^2}$)로 식(5.10-1.c)에따라 산정한다.

λ : 일반화변동풍력의 진동모드 차이에 다른 보정계수로 식(5.6-1.i) 에 따른다.

R_T : 비틀림모멘트공진계수로 식(5.10-1.e)에 따라 산정한다.

$\mu(z)$: 건축구조물의 진동모드형상(=z/H)

(1) 수평변위

① 설계풍속

KDS 2022에서는 사용성을 검토하기 위하여 수평변위를 평가할 경우의 설계풍속은 재현기간 50년 풍속 $V(50)$을 기본으로 하고 풍향계수 K_D는 고려하지 않는다. 수평변위의 한계를 명확하게 규정하고 있는 나라는 드물고, 표 5.14.2.1에 주어진 것처럼 몇 개국의 기준에서 건축구조물의 기능성을 유지하기 위한 수평변위의 한계값을 규정하고 있지만 기준마다 그 값이 다르다. KDS 2022에서는 수평변위의 한계값을 층간변위 1/500 정도로 설정하고, 건축구조물에 중력하중과 풍하중이 작용$(D+L+W)$할 경우의 하중조합에서 사용하는 강풍의 레벨에 해당하는 재현기간 10년~30년 보다 약간 높은 재현기간 50년으로 하고 있다. 여기서, D는 고정하중, L은 활하중, W는 풍하중이다.

KDS 2022에서 강도한계상태설계용 중도계수 $I_W(T_{SD})$는 (5.5.6.9)식로 주어지고 재현기간 500년을 표준으로 하고 있다. (5.5.6.9)식으로부터 수평변위의 사용성을 검토하기 위한 재현기간 $T_{SD}=50$ 년에 상응하는 중요도계수를 구하면 $I_W(T_{SD}=50)=0.80$ 이고, 하중계수 $\gamma_W=(0.8)^2=0.64$이다. KDS 2022에서는 재현기간 500년 기대풍속 V_0에 본문 *식(5.14-1)*처럼 재현기간환산계수에 해당하는 중요도계수 $I_W(T_{SD}=50)=0.80$을 곱하여 재현기간 50년 기대풍속 $V_H(50)$을 산정하도록 하고 있다.

② 풍방향수평변위

풍방향 최대수평변위 $X_{D,\max}(=\hat{x})$는 평균풍속에 의해 정적으로 발생하는 평균변위 $\bar{x}$와 변동풍력으로 인해 풍방향진동으로 발생하는 변동변위의 최대값 $\widehat{x'}$의 합으로 주어진다.

$$\hat{x}=\bar{x}+\widehat{x'} \tag{5.14.3.1}$$

풍방향 평균변위 $\bar{x}$는 '5.6(2)의 1) 풍방향 평균응답' 해설편에서 기술한 방법과 같이 평균변위가 시간에 의존하지 않기 때문에 평균풍하중에 의한 정적해석이 성립하여 (5.6.24)식과 같이 주어진다. (5.6.24)식을 사각형평면인 고층건축구조물에 적용할 수 있도록 접근풍속과 건축구조물물의 진동모드를 실제 현상과 유사하게 가정한 후 일반화시킨 것이 (5.6.26)식이다.

변동변위의 최대값 $\hat{x}'$은 '5.6(2)의 2) 풍방향 동적응답' 해설편에서 기술한 스펙트럼모드해석방법으로 변동변위의 표준편차 σ_x를 구하고, 강풍으로 발생하는 구조물의 응답이 정상불규칙과정이 성립하므로 '5.6(2)의 3) 피크팩터와 풍방향 최대응답' 해설편에서 기술한 방법으로 피크팩터 g_x를 구한 후, 피크팩터 g_x와 변동변위의 표준편차 σ_x의 곱인 $\hat{x}' = g_x \sigma_x$로 구한다. 임의높이 z에서의 변동변위의 최대값 $\hat{x}'(z)$은 (5.6.64)식으로 주어진다.

그러므로, 지상높이 z 위치에서 풍방향의 최대변위는 (5.14.3.1)식과 같이 $\hat{x}(z) = \bar{x}(z) + \hat{x}'(z)$가 된다. 이것이 (5.6.67)식이고, (5.6.67)식을 사각형평면인 고층건축구조물에 적용할 수 있도록 접근풍속과 건축구조물물의 진동모드, 풍상면과 풍하면에 작용하는 변동풍력, 공간의 상관성을 실제 현상에 유사하도록 가정한 후 일반화시킨 것이 (5.6.92)식이다. KDS 2022 본문의 *식(5.14-2.a)* 최대수평변위 $X_{D,\max}$는 건축구조물의 진동모드형을 $\mu(z) = (z/H)$인 선형으로 가정하여 한 후, 실제 건축구조물에서 진동모드형이 $\mu(z) = (z/H)^{\beta}$인 경우에는 진동모드의 차이에 따른 일반화풍력의 보정계수 λ인 본문 *식(5.6-1.i)*을 진동에 의한 공진성분 R_L에만 고려하도록 하고 있다. 진동모드보정계수에 대해서는 '5.6(3) 풍방향 진동모드 보정' 해설편에 자세하게 기술되어 있으니 참고하기 바란다. 건축구조물의 임의높이 z에서의 수평변위 $X_D(z)$는 건축구조물의 최상층에서 발생하는 풍방향 최대수평변위 $X_{D,\max}$에 진동모드형 $\mu(z) = (z/H)$을 곱하여 산정할 수 있다. 이것이 KDS 2022 본문의 *식(5.14-2.b)*이다.

풍방향1차진동일반화질량 M^*은 건축구조물이 선형연속체이고 높이에 대해 질량이 일정하며 진동모드형이 선형모드인 경우에는 다음 식에 의해 산정한다.

$$M^* = \int_0^H m(z)\mu^2(z) = \frac{mH}{3} = \frac{M}{3} \tag{5.14.3.2}$$

여기서, $m(z)$는 단위높이당 질량(kg/m), $\mu(z)$는 진동모드형($\mu(z) = (z/H)$), M는 건축구조물 총질량(kg)이다.

질량이 층별로 이산적인 값으로 주어지면 다음 식으로 산정한다.

$$M^* = \sum_{i=1}^{N} m_i \mu_i^2 \tag{5.14.3.3}$$

여기서, m_i는 층질량(kg), μ_i는 진동모드이다.

일반화강성 K^*은 일반화질량 M^*을 이용하면 다음 식으로 주어진다.

$$K^* = (2\pi n_D)^2 M^* \quad (5.14.3.4)$$

③ 풍직각방향수평변위

풍직각방향진동은 구조물로부터 박리한 흐름의 와류방출에 기인한 변동풍력의 발생 메카니즘이 복잡하기 때문에 이론적인 해석이 불가능하다. 따라서 풍동실험에 의해 변동풍력의 특성을 구한 후 스펙트럼모드해석을 통하여 추정하는 것이 일반적인 방법이다.

변동전도모멘트 $M(t)$와 높이 z에 있어서의 변동풍력 $f(z,t)$의 사이에는

$$M(t) = \int_0^H f(z,t) z dz \quad (5.14.3.5)$$

인 관계가 성립하고, $f(z,t)$와 일반화변동풍력 $F_j(t)$ 사이에는 다음 관계식이 성립한다.

$$F_j(t) = \int_0^H f(z,t) \mu_j(z) dz \quad (5.14.3.6)$$

여기서, $\mu_j(z)$는 j차 진동모드이다.

강체모형을 대상으로 풍력실험을 실시하였을 때 건축구조물에 유발되는 진동은 1차진동이 탁월하다. 따라서 진동모드 $\mu_j(z)$는 1차진동모드인 $\mu_1(z) = z/H$로 가정할 수 있고, 일반화변동풍력 $F_1(t)$과 변동전도모멘트 $M(t)$는 다음 식의 관계를 가진다.

$$F_1(t) = \int_0^H f(z,t) \mu_1(z) dz = \int_0^H f(z,t) \left(\frac{z}{H}\right) dz$$

$$= \frac{1}{H} M(t) \quad (5.14.3.7)$$

즉, 일반화풍력의 시각력자료 $F_1(t)$는 풍력실험으로부터 얻어진 변동전도모멘트의 시각력자료 $M(t)$를 건물높이 H로 나눈 값에 해당하는 것을 알 수 있다.

일반화풍력 파워스펙트럼밀도 $S_{F_1}(n)$ 및 일반화변동풍력의 표준편차 $\sigma^*_{F_1}$은 (5.14.3.7)식으로부터 변동전도모멘트의 파워스펙트럼밀도 $S_M(n)$을 이용하여 각각 다음 식과 같이 나타낼 수 있다.

$$S_{F_1}(n) = \frac{1}{H^2} S_M(n) \tag{5.14.3.8.a}$$

$$\sigma^*_{F_1} = \frac{\sigma_M}{H} \tag{5.14.3.8.b}$$

여기서, 변동전도모멘트의 표준편차는 $\sigma_M = C_M{}' q_H BH^2$ 이다.

일반화변위 파워스펙트럼밀도 $S_{X_1}(n)$ 은 (5.6.38)식과 동일하게 기계적어드미턴스 $|H(n)|^2$ 와 일반화외력의 파워스펙트럼밀도 $S_{F_1}(n)$ 의 곱으로 다음 식과 같이 주어지고,

$$S_{X_1}(n) = \frac{1}{K_1^2} |H(n)|^2 S_{F_1}(n) = \frac{1}{(K_1 H)^2} |H(n)|^2 S_M(n) \tag{5.14.3.9}$$

건축구조물 최고높이 H 에서의 일반화변위 분산 $\sigma^2_{X_1}(H)$ 은 다음 식과 같이 주어진다.

$$\sigma^2_{X_1}(H) = \int_0^\infty S_{X_1}(n) dn = \frac{1}{(K_1 H)^2} \int_0^\infty |H(n)|^2 S_M(n) dn \tag{5.14.3.10}$$

일반적으로 건축구조물의 감쇠비는 1%~2% 정도로 매우 작다. 감쇠비가 작은 건축구조물에 대한 일반화변위 파워스펙트럼밀도 $S_{X_1}(n)$ 는 고유진동수 부근에서 첨예한 피크를 가지는 형상이 되기 때문에 (5.14.3.10)식의 적분은 그림 5.6.6에 나타낸 것처럼 고유진동수부근의 공진부분 A_R 과 비공진부분 A_B 으로 구분하여 구할 수 있다. 따라서 건축구조물 최고높이 H 에서의 일반화변위 표준편차 $\sigma_{X_1}(H)$ 는 다음 식과 같이 나타낼 수 있다.

$$\begin{aligned}
\sigma_{X_1}(H) &= \sqrt{A_B + A_R} \\
&= \frac{1}{(2\pi n_1)^2 M_1 H} \sqrt{\int_0^\infty S_M(n) dn + S_M(n_1) \int_0^\infty |H(n)|^2 dn} \\
&= \frac{\sigma_M}{(2\pi n_1)^2 M_1 H} \sqrt{1 + \frac{\pi}{4\zeta_1} \frac{n_1 S_M(n_1)}{\sigma_M^2}} \\
&= \frac{\sigma^*_{F_1}}{(2\pi n_1)^2 M_1} \sqrt{1 + R_L} \\
&= \frac{C_M{}' q_H BH}{(2\pi n_1)^2 M_1} \sqrt{1 + R_L}
\end{aligned} \tag{5.14.3.11}$$

여기서, n_1 은 건축구조물의 1차고유진동수, M_1 은 1차진동 일반화질량, ζ_1은 1차 감쇠비, σ_{F1}^*는 일반화변동풍력의 표준편차로 (5.14.3.8.b)식의 관계를 가지며, C_M' 은 변동전도모멘트계수, q_H는 건물높이 H에서의 속도압, B는 건물폭, R_L는 공진계수로 $R_L = \pi n_1 S_M(n_1)/(4\zeta_1 \sigma_M^2)$이다.

(5.14.3.11)식의 일반화변위 표준편차 $\sigma_{X_1}(H)$는 풍동실험으로부터 직접 얻어지는 C_M', $S_M(n_1)$들로 구성되었기 때문에 변동풍속 및 풍압변동으로 발생하는 규모효과를 포함하고 있다. 이와 같이 전도모멘트 시각력자료 $M(t)$부터 건축구조물 최상층에서 발생하는 일반화변위 표준편차 $\sigma_{X_1}(H)$를 얻기까지의 과정을 개념적으로 나타내면 그림 5.14.3.1과 같다. 이런 과정을 통하여 풍응답을 구하는 방법을 스펙트럼모드해석(specrtal modal analysis)이라고 한다.

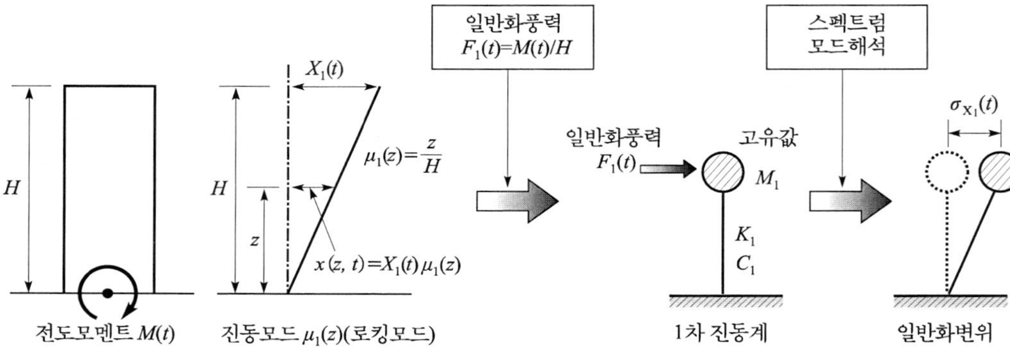

그림 5.14.3.1 풍력실험 데이터를 이용한 응답평가(건물밑면의 전도모멘트를 측정한 경우)

풍직각방향의 변위응답은 (5.9.2.10)식과 같이 풍직각풍력스펙트럼계수 F_L이 주어지면 (5.14.3.11)식을 사용하여 구할 수 있다. (5.14.3.11)식을 사용하여 건축구조물의 최고높이 H에서의 풍직각방향 일반화변위 표준편차 $\sigma_{X_L}(H)$를 구하면 다음 식과 같이 주어진다.

$$\sigma_{X_L}(H) = \frac{\sigma_{FL1}^*}{(2\pi n_L)^2 M_L^*}\sqrt{1+\frac{\pi}{4\zeta_L}\frac{n_L S_M(n_L)}{\sigma_{ML}^2}}$$
$$= \frac{C_{ML}' q_H B H}{(2\pi n_L)^2 M_L^*}\sqrt{1+R_L} \qquad (5.14.3.12)$$

여기서, σ^*_{FL1}은 풍직각방향 1차진동 일반화변동풍력의 표준편차로서 $\sigma^*_{FL1} = s$ σ_{ML}/H이고, n_L은 건축구조물의 풍직각방향 1차고유진동수(Hz), ζ_L은 풍직각방향 감쇠비, M^*_L은 풍직각방향 일반화질량(kg), q_H는 건물높이 H에서의 속도압(N/m^2), F_L은 풍직각풍력스펙트럼계수로 (5.9.2.9)식, R_L은 풍직각방향 공진계수로 (5.9.2.4)식, σ_{ML}은 풍직각방향 변동전도모멘트 표준편차로 (5.9.2.7)식, $C_{M,L}'$은 풍직각방향 변동전도모멘트계수로 (5.9.2.8)식으로 주어진다.

건축구조물 높이 z에서의 풍직각방향에 대한 변동변위의 표준편차 $\sigma_{yL}(z)$와 변동변위의 최대값 $\hat{y_L}(z)$은 풍직각방향의 진동모드형$\mu_1(z)$ 이고, 풍직각방향의 피크팩터가 g_L이라 하면 다음 식과 같이 주어지고,

$$\sigma_{yL}(z) = \sigma_{yL}(H)\,\mu_1(z) = \frac{C'_{ML}\,q_H B H}{(2\pi n_L)^2 M_L}\sqrt{1+R_L}\,\mu_1(z) \tag{5.14.3.13}$$

$$\begin{aligned}\hat{y_L}(z) &= g_L\sigma_{yL}(z)\\ &= \frac{g_L C_{ML}'\,q_H B H}{(2\pi n_L)^2 M^*_L}\sqrt{1+R_L}\,\mu_1(z)\end{aligned} \tag{5.14.3.14}$$

건축구조물 높이 z에서의 발생하는 풍직각방향에 대한 변위응답의 최대값 $\hat{y}_L(z)$은 평균변위 $\bar{y}=0$이므로

$$\hat{y}_L(z) = \bar{y}_L(z) + \hat{y_L}(z) = 0 + g_L\sigma_{yL}(z) \tag{5.14.3.15}$$

인 관계가 성립하여 (5.14.3.14)식의 변동변위의 최대값 $\hat{y_L}(z)$와 같아진다.

KDS 2022의 본문 *식(5.14-3.a)*의 풍직각방향 최대수평변위 $Y_{L,\max}$는 (5.14.3.15)식을 채용하였지만 건축구조물의 진동모드형이 $\mu(z) = (z/H)$의 선형이 아닌 $\mu(z) = (z/H)^\beta$인 경우에는 진동모드의 차이에 따른 일반화풍력의 보정계수 λ인 본문의 *식(5.6-1.i)*을 (5.14.3.14)식의 진동에 의한 공진성분 R_L 부분에 고려하도록 하고 있다.

④ 비틀림각변위

건축구조물의 폭이 좁고 바람이 부는 방향으로 길이가 긴 경우에는 풍상측 모서리 및 풍하측 모서리에서 박리한 와의 규모가 다르기 때문에 측면에는 비대칭적인 압력이 작용하여 비틀림진동이 발생한다. 비틀림진동은 풍직각방향진동의 경우처럼 기

류의 난류특성과 건축구조물의 형상에 의해 크게 영향을 받기 때문에 풍응답을 해석적으로 규명하기가 곤란하다. KDS 2022에서는 풍력실험에서 얻은 풍력의 시각력자료에 근거하여 스펙트럼모드해석에 의해 비틀림각변위를 평가하고 있다.

비틀림에 의한 건축구조물의 각변위의 해석방법은 위 ③에서 기술한 풍직각방향 변위와 동일하다.

건축구조물의 임의높이 z 에서의 비틀림에 의한 각변위의 표준편차 $\sigma_\theta(z)$ 와 각변위의 최대값 $\hat{\theta}(z)$ 는 (5.14.3.14)식과 유사하게 비공진성분 $\sigma_{\theta B}$ 와 공진성분 $\sigma_{\theta R}$ 에 의해 다음 식과 같이 주어진다.

$$\sigma_\theta(z) \approx \sqrt{\sigma_\theta^2(z) + \sigma_{\theta R}^2(z)} = \mu_\theta(z)\sqrt{\sigma_{\theta B}^2(H) + \sigma_{\theta R}^2(H)}$$

$$= \mu_{\theta 1}(z)\frac{\sigma_T^*}{I_T^*(2\pi n_T)^2}\sqrt{1+R_T} \tag{5.14.3.16}$$

$$R_T = \frac{\pi}{4\zeta_T}\frac{n_T S_T^*(n_T)}{\sigma_T^{*2}} = \frac{\pi}{4\zeta_T}F_T \tag{5.14.3.17}$$

$$\hat{\theta}(z) = g_T \sigma_\theta(z)$$

$$= \frac{\phi_{TM}\, g_T C_T{}'\, q_H B^2 H}{I_T^*(2\pi n_T)^2}\sqrt{1+R_T} \tag{5.14.3.18}$$

여기서, $\sigma_\theta(H)$ 는 기준높이 H 에서의 응답각변위표준편차(rad), σ_T^* : 1차진동의 일반화비틀림모멘트표준편차(N·m)로 (5.10.2.6)식, $S_T^*(n_T)$: 1차진동의 일반화비틀림모멘트의 파워스펙트럼밀도, $\mu_{\theta 1}(z)$ 는 건축구조물의 비틀림 1차진동모드형, I_T^* 는 건축구조물의 비틀림 1차진동 일반화관성모멘트(kg·m^2)로 본문의 *식(5.10-1.d)*, R_T 는 비틀림진동 공진계수, F_T 는 비틀림모멘트 스펙트럼계수로 본문의 *식(5.10-1.f)* 로 주어진다.

풍력실험을 통해 모형밑면에서 측정된 수직축 z 에 대한 비틀림모멘트는 $\mu_\theta(z) = 1$ 에 해당한다. 따라서, $\mu_\theta(z) = 1$ 로 측정된 비틀림모멘트를 사용하여 모드형이 $\mu_{\theta_1}(z) = z/H$ 인 경우의 응답을 구할 때의 보정계수는 0.59 가 된다.[9] KDS 2022에서는 (5.14.3.18)식에 밑면비틀림모멘트에 대한 보정계수 $\phi_{TM} = 0.6$ 을 고려하고, 일반화변동풍력의 진동모드보정계수 λ 를 공진성분 R_T 에 고려하도록 하여 본문의 *식(5.14-4.a)*과 같이 비틀림각변위를 규정하고 있다.

(2) 응답가속도

불규칙진동에 대한 인간의 진동지각 및 진동감각이 어떤 통계량과 밀접한 관계 가지며 진동을 대표하는 물리량으로 변위, 속도, 가속도가 중 어느 것이 적절한지에 대해서는 명확하게 알려져 있지 않다. KDS 2022에서는 진동으로 인해 거주자가 느끼는 불쾌감에 대한 평가 척도로 최대진동가속도를 채택하고 있지만 그것을 채택한 명확한 근거는 없다. 그러나 인간의 진동지각은 바닥으로부터 입력진동에 대한 신체의 반응에 크게 영향을 받는 다는 사실로부터 가속도를 채택하였고, 일반적으로 표준편차(r.m.s: root mean square)보다는 최대값을 평가대상으로 하는 것이 알기 쉽고 외국의 기준들[1)~4)]에서 최대가속도를 평가대상으로 하고 있다는 점을 고려한 것이다.

거주자의 불쾌감을 평가하기 위한 풍속의 레벨은 건축구조물의 사용기간 동안에 불어오는 빈도가 낮은 극한강풍을 대상으로 하지 않고, 건축구조물에 거주하는 사용자가 일상생활이나 집무활동을 하는 경우에 감지할 수 있는 진동(풍방향잔동, 풍직각방향진동 및 비틀림진동)을 유발하는 잦은 빈도의 강풍을 대상으로 해야 한다. 우리나라의 경우 지정학적 위치로 인해 사계절이 뚜렷하기 때문에 기상적 특징을 대변할 수 있는 일상적인 강풍은 1년에 3개정도 불어오는 태풍이라 할 수 있다.[5)] 이런 점을 고려하여 KDS 2022에서는 거주자의 불쾌감에 대한 가속도의 평가 대상 풍속의 레벨을 재현기간 1년 기대풍속으로 규정하고 있다.

① 설계풍속

응답가속도를 평가하기 위한 풍속의 레벨인 재현기간 1년 기대풍속 $V(1)$은 구조골조용 풍하중을 산정하기 위한 기본풍속을 이용하여 추정할 수 있다. KDS 2022의 '*5.5.2 기본풍속*' V_0(재현기간 500년 기대풍속)의 관계와 '*5.5.6 중요도계수*' 에서 중요도계수 $I_W(T)$는 재현기간환산계수 $R(T)$와 동일하다는 점을 고려하면, 재현기간 1년 풍속과 $V(1)$과 500년 풍속 $V(500)$은 $V(1)= R_W(1)\,V(500)$인 관계가 성립한다. 따라서 $T=1$년일 때 $R_W(1)\approx 0.5$이고, $V(1)\approx 0.5\,V(500)$인 관계가 성립한다.

재현기간 1년 기대풍속 $V(1)$은 기상관측소의 풍관측자료를 이용하여 직접 추정할 수도 있다. 그림 5.14.3.2는 전국 기상관측소에서 획득한 일최대풍속의 10년간 풍속자료(2005년~2014년)에 근거하여 극치통계해석법으로 Weibull분포를 사용하여 추정한 재현기간 1년 기대풍속 $V(1)$으로 풍향을 고려하지 않았다.[10)] 그림 5.14.3.2에서 제시한 $V(1)$ 값은 기준의 본문 *그림 5.5-1 기본풍속* V_0 (재현기간 500년 기대풍속)으로부터 추정한 재현기간 1년 풍속보다 그 값이 작다.

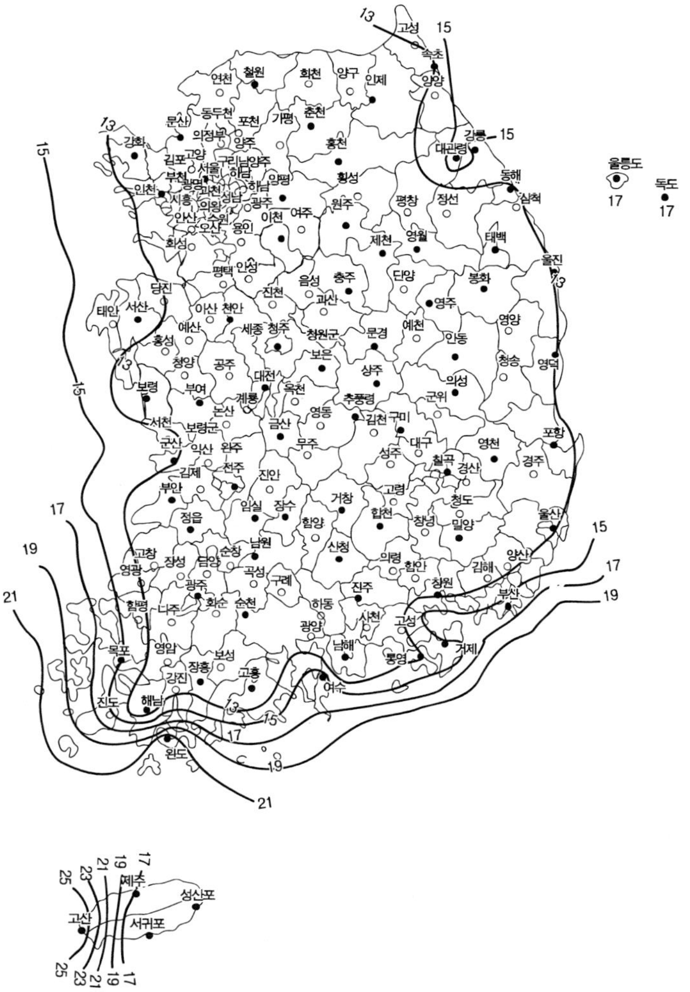

주] 지도의 지역명칭 중 ●는 기상관청이 설치된 지역으로 기상관청이 위치한 곳을 나타내고, ○는 기상관청이 없는 지역으로 시청 및 군청 소재지가 위치한 곳이다.

그림 5.14.3.2 재현기간 1년풍속 $V(1)$(m/s)[10]

건축구조물의 풍응답 특성은 풍향에 따라 달라지기 때문에 같은 가속도가 되는 풍속도 풍향에 따라 달라진다. 거주성을 검토하기 하기 위해 사용하는 재현기간 1년 정도의 일상풍의 경우에는 풍향 특성이 명확한 경우가 많기 때문에 풍향의 영향을 고려하면 보다 합리적인 설계를 할 수 있다. 그러나 이 때 사용하는 풍향계수는 일상풍 정도의 레벨을 대상으로 하기 때문에 재현기간 100년 ~ 500년 정도의 풍속 레벨을 대상으로 하는 구조골조용 풍향계수를 사용할 수 없다. 일상풍 레벨의 풍속자료를 사용하여 추정하여야한다.

표 5.14.3.1은 2008년부터 2017년까지 전국 75개 지역에 대한 최근 10년간의 기상데이터를 사용하여 다음 식으로 주어지는 Weibull분포 $P(V)$에 따라 풍향별 재현기간 1년 기대풍속 $V(1)$및 풍향계수 K_D를 추정한 것이다.[11)]

$$P(V) = 1 - \exp\left[-\left(\frac{V}{c}\right)^k\right] \tag{5.4.3.19}$$

여기서, c와 k는 와이블계수이다. 표 5.14.3.1에 따르면 동일 지역에서도 풍향마다 풍속의 차가 5m/s이상 나는 경우가 있다. 따라서 거주성을 평가 할 때 일상풍 정도의 풍속 레벨에 해당하는 풍향계수 K_D를 사용하면 합리적으로 거주성을 평가할 수 있다. 일반적으로 재현기간 1년 기대풍속 $V(1)$ 의 누적분포 및 풍향별 발생빈도 $P(V)$는 건설대상지 인근의 기상관측소에서 획득한 일최대풍속의 최근 10년간 풍속자료에 근거하여 극치통계해석법인 Weibull분포 또는 Gumbel분포에 의해 추정하는 것이 바람직한 것으로 알려져 있다.[4),6),11)]

표 5.14.3.1 풍향별 재현기간 1년 기대풍속 $V(1)$과 풍향계수 K_D[11)]

	서울	인천	울릉도	대전	대구	울산	광주	부산	제주	서귀포
N	5.83 (0.52)	10.00 (0.88)	12.80 (0.77)	5.03 (0.52)	4.07 (0.35)	8.61 (0.68)	6.27 (0.61)	11.84 (0.78)	13.28 (0.79)	6.76 (0.54)
NNE	3.85 (0.35)	7.34 (0.64)	14.60 (0.88)	4.10 (0.43)	2.98 (0.26)	10.56 (0.83)	8.84 (0.86)	10.45 (0.69)	13.51 (0.81)	9.60 (0.77)
NE	8.27 (0.74)	6.00 (0.53)	15.58 (0.94)	3.94 (0.41)	4.09 (0.35)	10.01 (0.79)	8.61 (0.83)	8.98 (0.59)	11.40 (0.68)	10.89 (0.87)
ENE	9.22 (0.83)	6.67 (0.59)	14.19 (0.85)	5.13 (0.53)	6.31 (0.55)	10.09 (0.79)	7.79 (0.75)	6.32 (0.42)	10.25 (0.61)	10.34 (0.82)
E	6.34 (0.57)	7.46 (0.65)	8.53 (0.51)	8.42 (0.87)	9.61 (0.83)	9.05 (0.71)	4.26 (0.41)	6.58 (0.43)	10.60 (0.63)	8.98 (0.72)
ESE	5.45 (0.49)	5.82 (0.51)	4.87 (0.29)	9.18 (0.95)	9.52 (0.82)	8.96 (0.70)	4.36 (0.42)	6.97 (0.46)	11.41 (0.68)	9.38 (0.75)
SE	5.17 (0.46)	7.09 (0.62)	4.58 (0.28)	7.51 (0.78)	9.03 (0.78)	8.94 (0.70)	4.15 (0.40)	7.05 (0.46)	9.98 (0.60)	11.18 (0.89)

	서울	인천	울릉도	대전	대구	울산	광주	부산	제주	서귀포
SSE	5.34 (0.48)	6.84 (0.60)	8.57 (0.52)	8.04 (0.83)	7.22 (0.63)	7.95 (0.63)	8.33 (0.81)	9.81 (0.65)	8.17 (0.49)	10.43 (0.83)
S	4.90 (0.44)	8.65 (0.76)	6.84 (0.41)	8.43 (0.88)	5.84 (0.51)	9.34 (0.73)	7.90 (0.76)	9.78 (0.64)	12.63 (0.76)	10.95 (0.87)
SSW	10.78 (0.97)	8.07 (0.71)	13.15 (0.79)	7.41 (0.77)	3.93 (0.34)	11.28 (0.89)	10.05 (0.97)	12.64 (0.83)	16.79 (1.00)	10.18 (0.81)
SW	11.22 (1.01)	8.75 (0.77)	13.67 (0.82)	2.26 (0.23)	3.80 (0.33)	11.05 (0.87)	9.82 (0.95)	16.88 (1.11)	12.14 (0.73)	10.05 (0.80)
WSW	9.94 (0.89)	5.91 (0.52)	13.49 (0.81)	2.60 (0.27)	7.30 (0.63)	11.24 (0.88)	9.01 (0.87)	13.58 (0.90)	11.10 (0.66)	9.63 (0.77)
W	9.65 (0.87)	8.41 (0.74)	10.70 (0.64)	3.97 (0.41)	10.78 (0.93)	11.41 (0.90)	7.36 (0.71)	13.01 (0.86)	11.86 (0.71)	10.26 (0.82)
WNW	9.82 (0.88)	8.29 (0.73)	10.89 (0.65)	6.56 (0.68)	11.26 (0.98)	12.48 (0.98)	5.07 (0.49)	12.45 (0.82)	10.90 (0.65)	8.89 (0.71)
NW	8.14 (0.73)	10.79 (0.95)	13.16 (0.79)	8.81 (0.91)	10.34 (0.90)	11.63 (0.92)	4.92 (0.48)	8.43 (0.56)	16.87 (1.01)	7.98 (0.64)
NNW	7.61 (0.68)	11.81 (1.04)	12.71 (0.76)	6.63 (0.69)	6.26 (0.54)	10.63 (0.84)	3.52 (0.34)	11.23 (0.74)	14.13 (0.85)	7.81 (0.62)
전풍향	11.13 (1.00)	11.39 (1.00)	16.64 (1.00)	9.63 (1.00)	11.54 (1.00)	12.71 (1.00)	10.33 (1.00)	15.17 (1.00)	16.71 (1.00)	12.54 (1.00)

주] 위의 값은 풍속이고 ( ) 안의 값은 풍향계수임

강풍에 의한 건축구조물의 진동은 저층건축구조물의 경우 풍방향진동이 탁월하지만, 고층건축구조물의 경우에는 풍방향 및 풍직각방향의 병진진동과 비틀림에 의한 회전진동의 합성으로써 매우 복잡하게 나타난다. 시간적·공간적으로 불규칙하게 변하는 풍력의 작용으로 인해 발생하는 불규칙진동이기 때문에 다양한 진동성분을 가진 응답파가 합성한 형태이고 단일한 진동수로는 나타낼 수 없다. 그러나 통상적인 고층건축구조물 등에서는 병진진동의 1차고유진동수 성분이 탁월하다. 특히, 가속도 파형은 불규칙하고 비교적 완만하게 진폭이 변하는 1차고유진동수 만의 조화진동으로 볼 수 있다. 실제로는 풍방향 및 풍직각방향의 병진진동과 비틀림진동이 합성하여 나타나지만, 각각 성분의 최대값만을 생각하면 병진운동과 비틀림을 독립하는 진동으로 생각하여 평가하여도 문제가 없다. 병진운동인 풍방향진동과 풍직각방향 2성분의 최대응답이 양방향에 동시에 발생하는 일은 거의 없다. 따라서 풍방향과 풍직각방향의 진동을 독립적으로 생각하여 2성분 가운데 큰 것 하나만을 택하여 평가해도 큰 문제가 없다.[8)]

일반적으로 건축구조물의 평면형상이 사각형일 경우, 평가에 사용하는 진동수는 풍방향, 풍직각방향 가운데 진동이 탁월한 방향에 대한 건축구조물의 고유진동수이며, 만약 풍방향과 풍직각방향의 진동수가 다른 경우에는 진동방향 별로 평가한다. 그러나, 각 방향의 고유진동수 값이 서로 비슷하여 연성진동(coupling vibration)이 발생할 것으로 예상되는 경우에는 각 성분의 2승합의 평방근(SRSS: square root sum of squares)을 취해 합성한 값을 평가에 사용한다. 만약, 건축구조물의 평면형상이 사각형이 아닌 경우에는 적당한 풍향에서의 최대응답을 평가해야한다. 또한, 비틀림진동이 큰 경우에는 평면 단부의 가속도로 환산하여 수평진동으로 평가하는 것이 편리하다.

KDS 2022에 규정한 병진운동 2성분인 풍방향 및 풍직각방향응답가속도와 비틀림 응답각가속도는 평면형상이 정형적인 사각형인 경우을 대상으로 하는 경우이다.

② 풍방향응답가속도

강풍이 분 경우 건축구조물이 진동하여 복잡한 응답을 나타내더라도 응답파형은 sin함수와 cos함수의 합성으로 나타낼 수 있다. 응답변위를 $x = A\sin\omega t$ 라고 가정하면 응답가속도 $\ddot{x}$는 x와 근사적으로 다음 식과 같은 관계를 가진다.

$$\begin{aligned}\ddot{x} &= |A\omega^2|\sin\omega t \\ &\approx \omega^2 x \end{aligned} \tag{5.14.3.20}$$

즉, 응답가속도 $\ddot{x}$ 는 응답변위 x에 각속도 ω의 2승을 곱한 것이다.

응답가속도는 건축구조물의 진동에 의해 발생한다. 따라서 응답가속도의 최대값은 $a_{D,\max}$는 변동풍력에 의한 비공진성분 B_D는 고려하지 않고 진동에 의한 동적효과인 공진성분 R_D만을 고려하면 된다. 따라서 KDS 2022의 본문의 *식(5.14-2.a)*으로 주어지는 풍방향 최대수평변위 $X_{D,\max}$가운데 둘째 항인 변동변위의 공진성분 R_D와 각속도 ω의 2승의 곱의 형식으로 최대가속도 $a_{D,\max}$가 본문의 *식 (5.14-6.a)*와 같이 주어졌다.

③ 풍직각방향응답가속도

풍직각방향응답가속도 역시 동적효과만 고려하면 되기 때문에 응답가속도의 최대값은 $a_{L,\max}$는 변동풍력에 의한 비공진성분 B_L은 고려하지 않고 진동에 의한 동적효과인 공진성분 R_L만을 고려하면 된다. KDS 2022의 본문 *식(5.14-3.a)*으로 주어지는 풍직각방향최대수평변위 $X_{L,\max}$ 가운데 공진성분 R_L과 각속도 $\omega(\fallingdotseq 2\pi n_D)$ 2승의 곱으로 최대가속도 $a_{L,\max}$가 본문의 *식(5.14-7.a)*와 같이 주어졌다.

④ 비틀림응답각가속도

비틀림방향응답각가속도 역시 동적효과만 고려하면 된다. 응답각가속도의 최대값은 $a_{T,\max}$는 KDS 2022의 본문 *식(5.14-4.a)*으로 주어지는 비틀림최대각변위 $\theta_{\max}$ 가운데 공진성분 R_T와 각속도 ω의 2승의 곱으로 최대각가속도 $a_{T,\max}$가 본문 식 *(5.14-8.a)*와 같이 주어졌다.

(3) 풍동실험결과 및 풍향빈도를 고려한 응답가속도의 평가

1) 풍동실험결과를 이용한 응답가속도의 평가

풍동실험을 수행하여 거주성능을 검토하는 경우에는 풍향마다 재현기간 1년의 기대풍속에 대한 최대응답가속도를 구한 후, 전 풍향 가운데 최대값을 그림 5.14.2.1의 사용성능평가곡선 또는 (5.14.2.5)식의 ISO 10137의 값과 비교하여 조사한다.

풍동실험에서 측정한 전도모멘트의 시각력자료로부터 구한 전도모멘트의 파워스펙트럼밀도 $S_M(n)$를 사용한 스펙트럼모드해석에 의해 일반화최대응답가속도 $\hat{a}(H)$는 (5.14.3.11)식의 일반화응답변위의 표준편차 $\sigma_x(H)$에 피크팩터 g_x와 각가속도 ω의 2승을 곱한 것으로 다음 식에 의해 구할 수 있다.

$$\hat{a}(H) = g_x \omega^2 \sigma_X(H)$$

$$= g_x \frac{C_M' q_H BH}{M_1} \sqrt{1 + \frac{\pi}{4\zeta_1} \frac{n_1 S_M(n_1)}{\sigma_M^2}} \tag{5.14.3.21}$$

여기서, C_M'은 변동전도모멘트계수로 $C_M' = \sigma_M / (q_H BH^2)$, σ_M은 변동전도모멘트의 표준편차(N·m), q_H는 건축구조물 높이 H에서의 속도압(N/m^2), B는 건추구조물폭(m), M_1은 건축구조물의 1차모드 일반화질량(kg), n_1은 1차고유진동수(Hz), ζ_1은 1차감쇠비, $S_M(n)$은 변동전도모멘트 파워스펙트럼밀도(N^{2}m^{2}s)이다.

건축구조물의 임의높이 z(m)에서의 최대응답가속도 $a_{\max}$(m/s^2)는 일반화최대응답가속도에 진동모드 $\mu(z)$를 곱하여 얻을 수 있다.

$$a_{\max}(z) = \mu(z)\hat{a}(H) \tag{5.14.3.22}$$

2) 풍향빈도를 고려한 응답가속도의 평가

풍향마다 풍속과 최대응답가속도의 관계가 구해지는 경우에는 표 5.14.3.1에 주어진 도시별 풍향계수를 이용하거나 대상지점 인근의 풍향에 대한 기상자료를 활용함으로써 풍향특성을 고려한 합리적인 거주성능 평가를 할 수 있다.

풍향별 풍속의 초과확률 $P(V)$는 (5.14.3.19)식으로 표현되는 Weibull분포로 예측한다. 기상관측소 자료를 사용하여 임의풍향 i의 Weibull계수 c_i와 k_i를 구한 후 이를 사용하여 풍속V의 초과확률 $P(V)$을 산출하고 발생빈도 A_i를 곱하여 임의의 풍향에 대한 해당풍속의 초과확률을 산출한다. 그리고 모든 풍향(16풍향)의 초과확률을 합하여 전 풍향에 대한 풍속의 초과확률 $P(>V)$를 다음 식과 같이 구할 수 있다.

$$P(>V) = \sum_{i=1}^{16} A_i \times e^{-\left(\frac{V}{c_i}\right)^{k_i}} \quad (5.14.3.23)$$

최대응답가속도 $a_{\max}$에 대응하는 풍속은 풍향마다 다르기 때문에 풍향별로 각각 다른 풍속 V_i을 사용하여 초과확률을 산출하여야 한다. 따라서 전 풍향에 대한 해당 응답가속도의 초과확률 $P(>a_{\max})$은 다음 식과 같이 주어진다.

$$P(>a_{\max}) = \sum_{i=1}^{16} A_i \times e^{-\left(\frac{V_i}{c_i}\right)^{k_i}} \quad (5.14.3.24)$$

여기서, V_i는 최대응답가속도 $a_{\max}$를 발생시키는 풍향별 풍속이다.

최대응답가속도 $a_{\max}$에 대응하는 초과확률 $P(>a_{\max})$과 재현기간 T_a의 사이에는 다음과 같은 관계식이 성립한다. 단, 여기서는 일최대풍속자료를 사용하였기 때문에 재현기간의 단위를 년 단위에서 일 단위로 환산하기 위하여 365가 사용되었다.

$$P(>a_{\max}) = \frac{1}{T_a} \quad (5.14.3.25)$$

$$365\,T_a = \frac{1}{P(>a_{\max})} \quad (5.14.3.26)$$

(5.14.3.26)식을 이용하여 최대응답가속도 $a_{\max}$의 레벨에 따른 재현기간 T_a을 산출할 수 있다.

예제 **풍향빈도를 고려한 풍응답가속도의 평가**

풍동실험을 수행하여 각 풍향별로 전도모멘트에 대한 시각력자료를 얻은 후 그것을 사용하여 스펙트럼모드해석에 의해 각 풍향별 재현기간 1년 기대풍속에 의한 최대풍응답가속도를 구한 경우와 기상관측자료를 사용하여 풍향별 풍속 발생빈도를 고려한 재현기간 1년에 의한 최대풍 풍응답가속도를 평가한 경우의 차이점을 생각해보자.

▸ 풀이

건축구조물의 높이는 116m, 감쇠비 X축 Y축 모두 $\zeta = 0.9\%$로 하였고, 대상 지역은 부산이며, 풍동실험으로부터 얻어진 전도모멘트의 시각력자료와 부산기상대의 풍관측자료를 이용하여 해석하였다. 풍향별 재현기간 1년 기대풍속 $V_i(1)$은 표 5.14.3.2, 풍향빈도 A_i 및 Weibull계수 c_i, k_i는 표 5.14.3.3와 같고, 전 풍향에 대한 재현기간 1년 기대풍속은 $V(1)$=15.57m/s이다.[12] 풍동실험의 풍향은 기상청에서 제공하는 풍향과 동일하게 0°부터 337.5°까지 16개 풍향으로 하였고, 구조축 X축을 실험 풍향 0°로 하여 반시계방향으로 회전하였으며 0°를 N풍향으로 하였다.

표 5.14.3.2 풍향빈도를 고려한 재현기간 1년 기대풍속 $V_i(1)$[12]

풍향	N	NNE	NE	ENE	E	ESE	SE	SSE
풍속(m/s)	12.2	11.5	9.5	6.2	6.5	6.9	7.2	9.7
풍향	S	SSW	SW	WSW	W	WNW	NW	NNW
풍속(m/s)	10.8	13.5	17.2	13.6	13.3	12.5	8.4	11.5

표 5.14.3.3 풍향별 발생빈도 A_i 및 Weibull계수 c_i k_i

풍향	N	NNE	NE	ENE	E	ESE	SE	SSE
c_i	9.3	7.9	7.2	6.2	6.0	5.9	5.9	10.4
k_i	4.5	3.6	4.8	4.8	5.5	5.2	4.7	2.1
A_i(%)	7.4	13.5	9.9	0.7	1.2	2.8	3.0	0.7
풍향	S	SSW	SW	WSW	W	WNW	NW	NNW
c_i	8.0	9.3	12.3	10.3	9.9	9.6	7.7	8.8
k_i	4.0	3.5	3.9	4.0	4.2	4.0	6.2	4.9
A_i(%)	8.2	10.3	9.9	5.5	8.4	4.4	1.6	12.4

그림 5.14.3.3은 건축구조물 최상층높이 H(m)에서 재현기간 1년 풍속에 대해 각 풍향별 최대응답가속도 $a_{\max}$를 풍동실험 자료를 사용하여 (5.14.3.21)식에 따라 구한 결과와 풍향별 발생빈도를 고려한 최대응답가속도 $\hat{a}_{dir}$ 값을 비교하여 나타낸 것이다. 그림에서 ●, ○는 각각 X축과 Y축의 풍향별 최대응답가속도 $a_{\max}$를 나타내고, —, --는 각각 풍향빈도를 고려한 X축과 Y축의 최대응답가속

도 $\hat{a}_{dir}$를 나타낸다. 풍향발생빈도를 고려한 경우, 최대응답가속도 $\hat{a}_{dir}$가 전 풍향 가운데 최대의 최대응답가속도 $a_{\max}$에 비하여 X축은 14%, Y축은 36%가 감소하였다. 이처럼 풍향을 고려하면 풍응답가속도가 줄어든다. 특히, 풍향발생빈도가 높은 풍향각에서 최대응답가속도 값이 작은 경우에는 그 차이가 커진다.

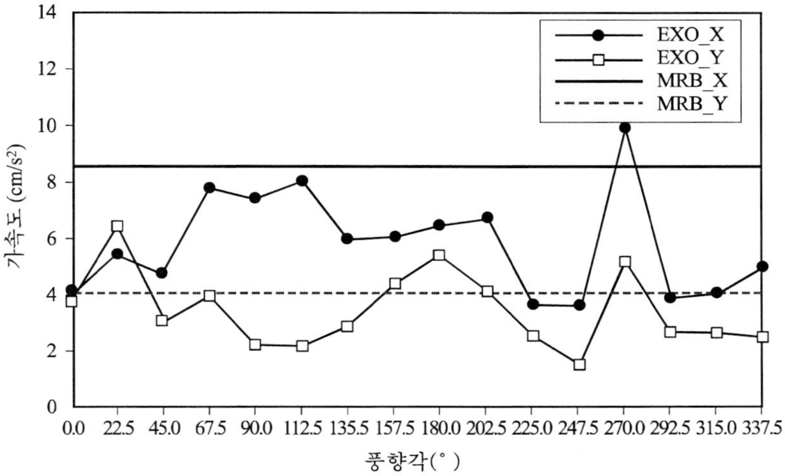

그림 5.14.3.3 풍향별 최대응답가속도 $a_{\max}$와 풍향빈도를 고려한 최대응답가속도 $\hat{a}_{dir}$의 비교[12)]

그림 5.14.3.4는 (5.14.3.24)식을 이용하여 각 풍향발생빈도를 고려하여 최대응답가속도 $\hat{a}_{dir}$을 재현기간에 따라 구하여 나타낸 것이다. 재현기간이 증가하면 최대응답가속도는 단순히 증가한다. T_a가 365일이 될 때가 재현기간 1년의 최대응답가속도가 되고 그 값은 4.9cm/s^{2}이다.

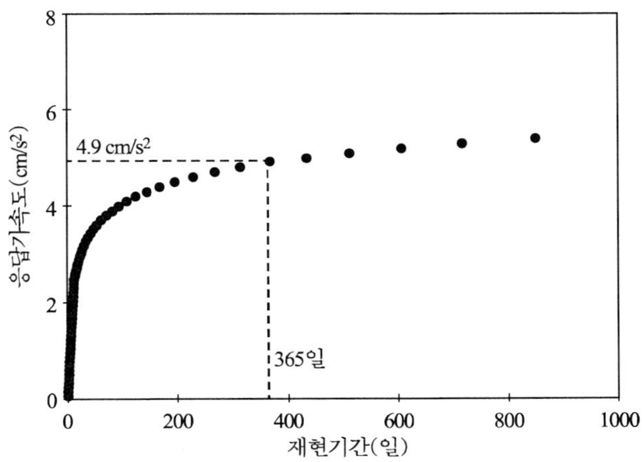

그림 5.14.3.4 재현기간과 응답가속도$a_{\max}$의 관계[12)]

5.14.2

1) National Research Council Canada (2010), National Building Code of Canada, Vol.1, Div. B, 4-6
2) American Society of Civil Engineers (2010), Minimum Design Loads for Buildings and Other Structures, ASCE/SEI 7-10
3) 日本建築センター (1991), 高層建築物の構造評定用風荷重について', ビルデイングレター, 47-49
4) 日本建築學會 (1993, 2004), 建築物荷重指針同解說, 丸善
5) 하영철 (2021), 건축구조물 내풍설계, 구미서관, 120
6) 김동우, 하영철, 김종락 (2006), 수평진동에 대한 고층건축구조물의 사용성 평가방법, 한국풍공학회논문집, 10(1), 65-72
7) International Organization for Standardization (2007), Bases for design of structures-serviceability of buildings and walkways against vibrations, ISO 13107 : 2007(E)
8) 日本建築學會 (2004), AIJES-V001-2004, 建築物の振動に關する居住性能評價指針同解說 (Guidelines for the evaluation of habitability to building vibration),
9) 日本建築センター (2008), 實務者のための風洞實驗ガイドブック, 72
10) 하영철 (2023), 건축물 내풍설계, 구미서관, 535-537
11) 조현주, 류혜진, 하영철 (2019), 건축구조물의 사용성 평가용 1년 재현기대풍속과 풍향계수의 추정, 한국풍공학회논문집, 23(1), 3-8
12) H. J. Ryu, D. H. Shin, Y. C. Ha (2020), Serviceability evaluation methods for high-rise structures considering wind direction, Wind & Structures An International Journal, 30(3), 275-288

5.15 간편법에 따른 풍하중

5.15.1 적용범위

> (1) 이 절은 다음의 모든 조건을 만족하는 작은 규모의 건축구조물을 대상으로 간편한 풍하중을 산정할 때 적용한다.
>
> ① $H \leq 20\mathrm{m}$
>
> ② $H/\sqrt{BD} \leq 1.0$ 또는 $H/\sqrt{A_f} \leq 1.0$
>
> ③ $0.5H \leq B \leq 30m$
>
> ④ $\theta < 10^{\circ}$
>
> ⑤ 형상이 정형적이고, 단면은 대칭에 가까워야한다.
>
> 여기서, H : 건축구조물의 기준높이(m)(5.1.2(6)에 따른다)
>
> B : 건축구조물의 대표폭(m)
>
> D : 건축구조물의 깊이(m)
>
> A_f : 건축구조물의 기준층 바닥면적(m^2)
>
> θ : 지붕경사각(°)

건축구조물의 규모가 작아져 형상비($H/\sqrt{BD}$)가 1.0인 저층건축구조물인 경우에 *'5.2 주골조설계용'*, *'5.3 주골조설계용 지붕풍하중'*, *'5.4 외장재설계용 풍하중'* 편에 주어진 정산법에 따라 풍하중을 산정하면 그 값이 과대평가된다. KDS 2022에서는 저층건축구조물의 풍하중을 합리적으로 평가하기 위해 저층건축구조물에 적합한 풍압계수를 별도로 마련하고, 산정식도 간략화하여 손쉽게 풍하중을 평가할 수 있는 정적해석법을 제시하고 있다.

5.15.2 주골조설계용 풍하중

(1) 주골조설계용 수평풍하중 W_{SF} 는 식(5.15-1)에 따라 산정한다.

$$W_{SF} = 0.25\, V_0^2\, H^{0.44}\, C_e\, C_f\, A \ \ (\mathrm{N}) \tag{5.15-1}$$

여기서, V_0 : 기본풍속(m/s) (5.5.2에 따른다)

H : 건축구조물의 기준높이(m) (5.1.2(6)에 따른다)

C_e : 건설지 주변의 지표면 상황에 따라 정하는 환경계수로 통상 1.0을 사용하고, 장애물이 없는 평탄지인 경우에는 1.5, 해안가인 경우에는 2.0으로 하고, 지형에 의해 풍속이 증가할 우려가 있는 경우에는 (5.5-3)식에 따라 구한 지형계수 K_{zt} 의 2승을 곱하여 풍하중을 할증한다.

$C_f = C_{pe1} - C_{pe2}$: 풍력계수(표 5.15-1에 따른다.)

A : 유효수압면적(m^2)

단, 주골조설계용 풍압(벽면에 수직으로 작용하는 외압)에 해당하는 W_{SF}/A 는 675N/m^2보다 작지 않아야 한다.

표 5.15-1 저층건축구조물설계용 외압계수 C_{pe}

대 상	구 분	풍상끝단으로부터의 수평거리	C_{pe}
풍상면 C_{pe1}	$H/\sqrt{BD} < 1$	-	0.6
풍하면 C_{pe2}	$D/B = 0 \sim 1$	-	−0.5
	$D/B \geq 2$	-	−0.3
측벽 C_{pes}	$H/\sqrt{BD} < 1$	0 ~ 0.5B	−0.8
		0.5B ~ 1.5B	−0.7
		1.5B ~ 2.5B	−0.3
		2.5B 이상	−0.2
지붕면 C_{per}	$H/\sqrt{BD} < 1$	0 ~ 0.5B	−1.0
		0.5B ~ 1.5B	−0.8
		1.5B ~2.5B	−0.3
		2.5B 이상	−0.2

주] H : 기준높이(m)

B : 건물의 폭, 풍직각방향수평길이(m)

D : 건물의 깊이, 풍방향수평길이(m)

D/B의 중간 값은 직선보간하여 사용한다.

주골조설계용 풍하중에 때한 간편법은 본문의 *'5.14.1 적용범위'* 편에서 정한 조건을 만족하는 건축구조물을 대상으로 다음과 같은 조건 하에 정적해석법을 유도한 것이다.[1)]

① 대상 건축구조물은 높이가 20m 이하이거나 형상비가 1.0 이하이다

② 건축구조물은 구조적·형상적으로 특수하지 않아야 하며, 주택, 점포, 창고, 공장 등으로 소규모로 하여야 한다.

③ 지표면조도구분 B인 '주택이 밀집해 있거나 중층건축구조물이 산재해 있는 지역'을 기준으로 하고(지표면조도구분 A에 대해서는 안전측이 됨), 지표면조도구분 C 및 D에 대해서는 할증계수를 따로 정한다.

④ 높이 20m 이하인 저층건축구조물은 KDS 2022에서 중요도분류 2, 중요도계수 0.95에 해당하므로 재현기간은 50년으로 한다.

이와 같은 조건을 본문의 *식(5.5-2)* 및 본문 *식(5.5-1)*에 대입하여 지표면조도구분 B인 경우의 설계풍속 $V_{H,B}$, 설계속도압 $q_{H,B}$를 각각 구하면 다음 식과 같이 주어진다.

$$V_{H,B} = V_0 (0.45 H^{0.22}) \times 1.0 \times 0.95 = 0.428 V_0 H^{0.22} \tag{5.15.2.1}$$

$$q_{H,B} = \frac{1}{2} \rho V_{H,B}^2 = 0.112 V_0^2 H^{0.44} \tag{5.15.2.2}$$

(5.15.2.2)식을 본문 *식(5.2-1)*에 대입하고, 지표면조도 B의 주골조설계용 풍방향가스트영향계수 $G_f = 2.2$, 풍력계수 $C_f = C_{pe1} - C_{pe2}$라고 하면, 지표면조도구분 B를 기준으로 하는 저층건축구조물의 주골조설계용 풍하중 $W_{SF,B}$는 다음 식과 같이 표현된다.

$$W_{SF,B} = 0.25 V_0^2 H^{0.44} C_f A \tag{5.15.2.3}$$

동일한 방법으로 지표면조도구분 C에 위치하는 저층건축구조물의 주골조설계용 풍하중 $W_{SF,C}$는 가스트영향계수 $G_f = 1.9$이므로 다음 식과 같이 구해진다.

$$V_{H,C} = V_0 (0.71 H^{0.15}) \times 1.0 \times 0.95 = 0.675 V_0 H^{0.15} \tag{5.15.2.4}$$

$$q_{H,C} = \frac{1}{2} \rho V_{H,C}^2 = 0.278 V_0^2 Z H^{0.30} \tag{5.15.2.5}$$

$$W_{SF,C} = 0.53 V_0^2 H^{0.44} C_f A \tag{5.15.2.6}$$

KDS 2022 본문의 주골조설계용 풍하중은 지표면조도구분 B를 기준으로 하고 있기 때문에 지표면조도구분 C에 위치하는 저층건축구조물에 대한 풍하중을 평가하고자 하는 경우에는 $W_{SF,B}$에 다음 식으로 구해지는 환경계수 C_e를 곱하여야 한다.

$$C_e = \frac{W_{SF,C}}{W_{SF,B}} = \frac{0.54\, V_0^2\, 15^{0.30}\, C_f A}{0.25\, V_0^2\, 15^{0.44}\, C_f A} = 1.5 \quad (5.15.2.7)$$

동일한 방법으로 지표면조도구분 D에 위치하는 저층건축구조물에 대한 환경계수를 구하면 $C_e \approx 2.0$이 된다. 주골조설계용 풍하중 산정식인 본문의 *식(5.15-1)*은 지표면조도에 따른 환경계수 C_e를 고려하여 모든 지표면조도에 적용할 수 있도록 일반화한 것이다.

한편, 본문의 *식(5.15-1)*에서 풍력계수 $C_f = C_{pe1} - C_{pe2}$ 를 구성하는 풍상벽 외압계수 C_{pe1} 및 풍하벽 외압계수 C_{pe2}는 본문의 *표 5.7-1*의 값을 그대로 사용할 수 없다. *표 5.7-1*의 풍압계수는 중·고층에 적합한 값이기 때문에 저층건축구조물에 적합한 외압계수를 사용하여야 한다. 저층건축구조물의 외압계수는 형상비가 1.0 이하이고, 변장비가 다양하게 변하는 풍압실험결과에 의거하여 제안한 연구결과[2),3)]를 채용하여 본문의 *표 5.15-1*의 값으로 정하고 있다.

5.15.3 주골조설계용 지붕풍하중

(1) 주골조설계용 지붕풍하중 W_{SFR}은 식(5.15-2)에 따라 산정한다.

$$W_{SFR} = 0.25\, V_0^2\, H^{0.44}\, C_e\, C_R A_R \text{ (N)} \quad (5.15\text{-}2)$$

여기서, V_0 : 기본풍속(m/s) (5.5.2에 따른다)

H : 건축구조물의 기준높이(m) (5.1.2(6)에 따른다)

C_e : 건설지 주변의 지표면 상황에 따라 정하는 환경계수로 통상 1.0을 사용하고, 장애물이 없는 평탄지인 경우에는 1.5, 해안가인 경우에는 2.0으로 하고, 지형에 의해 풍속이 증가할 우려가 있는 경우에는 (5.5-3)식에 따라 구한 지형계수 K_{zt}의 2승을 곱하여 풍하중을 할증한다.

$C_R = C_{per} - C_{pi}$: 풍력계수

C_{per} : 지붕면 외압계수(표 5.15-1에 따른다.)

C_{pi} : 내압계수(5.7.2에 따른다)

A_R : 지붕보가 부담하는 부분의 유효수압면적(m^2)

단, 주골조설계용 지붕풍압(지붕면에 수직으로 작용하는 외압과 내압의 합인 순합력)에 해당하는 W_{SRF}/A_R는 675N/m^{2}보다 작아서는 안된다.

저층건축구조물의 지붕골조설계용 풍하중 산정식인 본문의 *식(5.15-2)*는 *식(5.15-1)*의 풍력계수 C_f 대신 다음 식으로 주어지는 지붕면 풍력계수 C_R를 적용하도록 한 것이다.

$$C_R = C_{per} - C_{pi} \tag{5.15.3.1}$$

여기서, C_{per}는 지붕면 외압계수, C_{pi}는 내압계수이다.

5.15.4 외장설계용 풍하중

(1) 외장재설계용 풍하중 W_{SC}는 식(5.15-3)에 따라 산정한다.

$$W_{SC} = 0.12\, V_0^2 H^{0.44} C_e \hat{C}_f A_C \ \ \text{(N)} \tag{5.15-3}$$

여기서, V_0 : 기본풍속(m/s) (5.5.2에 따른다)

H : 건축구조물의 기준높이(m) (5.1.2(6)에 따른다)

C_e : 건설지 주변의 지표면 상황에 따라 정하는 환경계수로 통상 1.0을 사용하고, 장애물이 없는 평탄지인 경우에는 1.7, 해안가인 경우에는 2.2로 하고, 지형에 의해 풍속이 증가할 우려가 있는 경우에는 (5.5-3)식에 따라 구한 지형계수 K_{zt}의 2승을 곱하여 풍하중을 할증한다.

$\hat{C}_f = \hat{C}_{pe} - \hat{C}_{pi}$: 피크풍력계수

$\hat{C}_{pe}$: 외장재설계용 피크외압계수(5.8.1에 따른다.)

$\hat{C}_{pi}$: 외장재설계용 피크내압계수(5.8.2에 따른다.)

A_C : 외장재의 유효수압면적(m^2)

단, 외장재설계용 풍압(외장재 표면에 수직으로 작용하는 외압과 내압의 합인 순합력)에 해당하는 W_{SC}/A_C는 500N/m^{2}보다 작지 않아야 한다.

외장재설계용 풍하중의 간편법도 '*5.15.2 주골조설계용 풍하중*' 편의 해설에서 도입한 가정(지표면조도구분 B, 높이 20m 이하인 저층건축구조물의 재현기간은 50년)을 사용하고 있다. 이 가정에 따라 지표면조도구분 B인 경우의 설계속도압 $q_{H,B}$ 를 구하면 (5.15.2.2)식이 되고, 이 식을 본문의 *식(5.4-1)*에 대입하면 외장재설계용 풍하중 W_{SC}는 다음 식과 같이 표현된다.

$$W_{SC,B} = 0.12\, V_0^2\, H^{0.44}\, (\hat{C}_{pe} - \hat{C}_{pi})\, A_C \qquad (5.15.4.1)$$

(5.15.4.1)식에 지표면조도구분에 따른 <u>환경계수</u> C_e를 곱하여 모든 지표면조도구분에 적용할 수 있도록 하고, <u>피크풍력계수</u> $\hat{C}_f = \hat{C}_{pe} - \hat{C}_{pi}$로 한 것이 본문의 *식(5.15-3)*이다.

참고문헌

5.15

1) 하영철 (2010), 사각형 건축구조물의 규모를 고려한 풍하중 평가방법의 제안, 대한건축학회논문집-구조계, 26(7), 45-52
2) 박재형, 황성권, 하영철 (2009), 건축구조물의 높이 및 변장비 변화에 따른 각주형 건축구조물의 평균풍압분포 특성에 관한 연구, 대한건축학회논문집(구조계), 25(4), 69-76
3) 박재형, 하영철 (2009), 저층건축구조물의 구조골조 설계용 풍압계수 및 풍하중 평가 약산식의 제안, 한국강구조학회논문집, 21(3), 289-299

5.16 빌딩풍에 대한 풍환경의 검토

(1) 아래의 조건에 해당하는 건축구조물을 신축할 경우에는 빌딩풍에 의한 영향을 검토해야 한다.

① 50층 이상 또는 200m 이상인 신축건축구조물을 건설할 경우

② 16층 이상이면서 연면적(하나의 대지에 둘 이상의 건축구조물을 건축하는 경우에는 각각의 건축구조물의 연면적을 말한다)이 10만 제곱미터 이상일 경우

(2) 풍환경 평가는 5.17(풍동실험) 중 풍환경실험을 실시하여 수행하고, 신축 건축구조물 장변 폭의 3배 이내에 속하는 주변의 인도 및 사람이 이용하는 외부공간을 대상으로 한다.

(3) 풍환경 평가를 통해 주변의 인도 및 외부공간 이용자의 안전과 관련하여 설계자 및 감리자 등 건축관계자와 협력하여야 한다.

(1) 빌딩풍 현상

신축 건축구조물을 세운 경우 그 건축구조물 주변에 부는 풍속은 증가하거나 감소하거나 변화하게 된다. 저층의 소규모 건축구조물 주변에서의 풍속의 변화는 작기 때문에 지형적인 특성을 제외하고는 풍속이 문제가 되는 경우는 적다. 그러나 초고층 건축구조물이나 대규모 건축구조물의 경우에는 주변에 미치는 풍속 증가의 영향을 무시할 수 없다. 이에 따른 문제를 미연에 방지하기 위하여 풍환경의 변화를 풍동실험 등의 방법에 의해서 사전에 예측하고 조사 검토해야한다.

풍환경이란 건축구조물 주변의 외부공간인 보행자 이용공간에서 바람으로 인하여 발생되는 환경 조건을 말하며 고층건물 사이의 풍환경을 특히 빌딩풍이라 하기도 한다.

빌딩풍에 의한 풍속의 증가영역은 일반적으로 풍속비가 1.1 이상인 경우로 정의하기도 한다.[1] 빌딩풍에 의한 신축 건축구조물 주변의 풍속증가영역 범위는 형상비가 커지면 매우 증가한다. 그림 5.16.1 및 그림 5.16.2에 나타낸 것처럼 형상비 1일 때의 풍속증가영역의

범위는 건물폭의 1배이나, 형상비가 2, 3이 되면 건물폭의 2배, 3배로 확대된다. 또한, 그림 5.16.3 에 나타낸 것처럼 바람이 저층건축구조물에서 고층건축구조물로 불 경우 역류에 의해 풍속비가 2배까지 증가한다. 저층과 고층건축구조물의 높이비가 2, 3, 4이면, 풍속비는 1.3, 1.5, 1.8배 증가하고, 건물과 인접건물 사이에서의 골바람에 의해 풍속비가 1.5배까지 증가하며, 인접거리가 건물폭의 0.5~1일 때 풍속비는 1.5배 증가하는 특성을 보인다. 이와 같이 건축구조물의 폭과 형상비 및 인접 건축구조물의 높이 비율에 따라 주변지역의 풍속증가 강도 및 풍속 영향 범위가 매우 달라진다.

건물 주변의 풍환경은 건물이 높을수록 커다란 변화를 일으킨다. 주변건물에 비하여 유난히 높은 건물이 있을 경우, 그 높은 건물은 기류에 방해가 되므로, 건물면에 부딪친 바람은 건물 하부로 급격히 하강하면서 돌풍을 일으키는 경향이 있다. 이러한 돌풍은 바람의 영향과 건물형상, 수목 등 주변 조형물에 의하여 더 강해지거나 약해질 수 있다. 보행자 공간에 발생되는 강풍은 인명 피해를 일으키고 외부공간의 활용을 저해하는 요소가 된다.

풍환경에 대한 변화를 예측하는 유효한 방법의 하나가 풍환경실험이다. 풍환경실험 데이터와 기상데이터를 연관시켜 풍환경을 정량적으로 예측하고, 확률적인 수법을 사용하여 풍환경 평가를 실시한다.

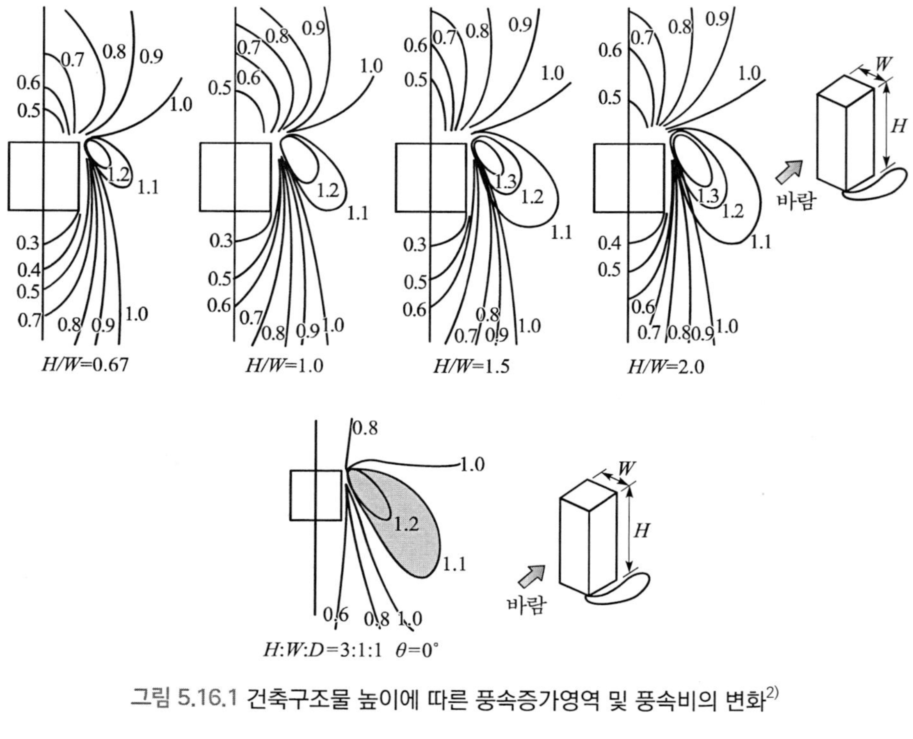

그림 5.16.1 건축구조물 높이에 따른 풍속증가영역 및 풍속비의 변화[2)]

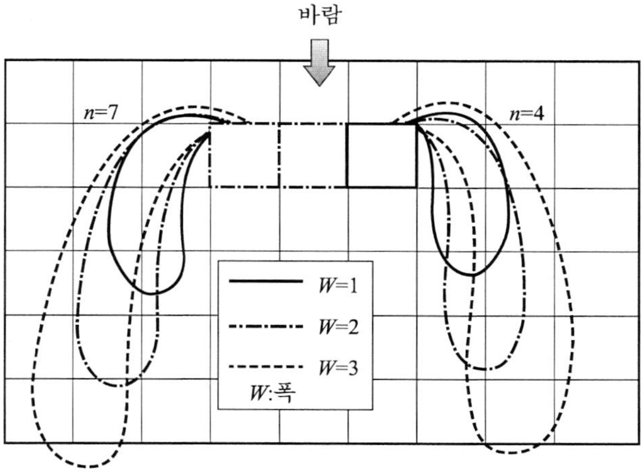

그림 5.16.2 건축구조물 높이에 따른 풍속증가영역 및 풍속비의 변화[3]

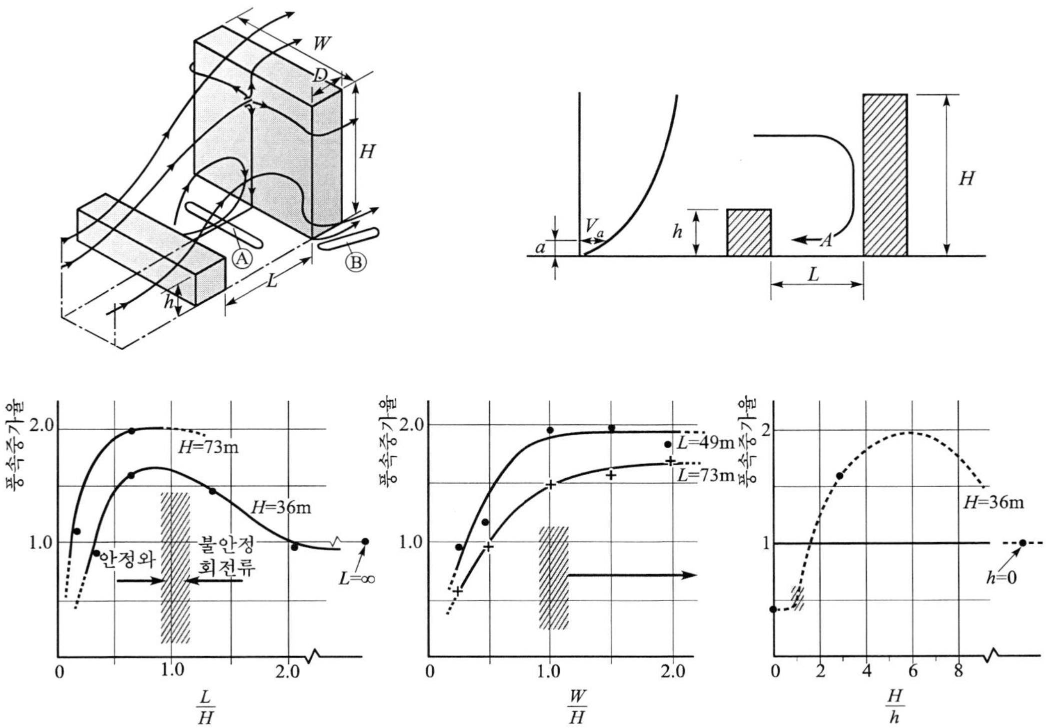

그림 5.16.3 고층건축구조물 전면에서의 역류에 의한 풍속증가[4]

(2) 풍환경실험의 목적

풍환경실험의 목적은 신축 건축구조물을 건설할 경우 그 건축구조물 주변의 지표부근에서 생기는 강풍에 의한 풍환경 변화를 정량적으로 예측하고, 예측한 값이 외부공간을 사용하는 보행자에게 불편을 가져올 정도의 상황이라면 방지대책(방풍림, 방풍펜스)을 마련하도록 하는 것이다. 특히 고층건축구조물 주변의 외부공간에서 생기는 강풍에 의한 풍환경을 예측하기 위해, 신축건축구조물 건설 전후에 대한 풍환경의 변화를 파악하여 건설 후 풍속의 증가로 인하여 발생할 수 있는 문제점에 대한 대책을 마련하는 것이다.

(3) 풍환경실험의 조건

풍환경을 평가하기 위해 풍동실험을 수행할 때 풍동 및 관련 측정 기자재는 본문의 '*5.17.3 풍동실험 종류 및 실험조건*' 편에서 제시하고 있는 다음 조건을 만족하여야 한다.

① 풍동 내의 평균풍속의 고도분포, 난류강도분포 및 변동풍속의 특성은 건축 현지 자연풍의 대기경계층 조건에 적합하도록 재현하여야 한다.

② 대상건축구조물을 포함하여 주변의 건축구조물 및 지형조건을 건축 현지조건에 적합하도록 재현하여야 한다.

③ 실험풍향은 11.25도 이하의 등간격으로 최소 32개 풍향 이상이 되도록 하여야 한다.

④ 풍동 내 대상건축구조물 및 주변 모형에 의한 단면 폐쇄율은 풍동의 실험단면에 대하여 8% 미만이 되도록 하여야 한다.

⑤ 풍동 내의 압력분포는 일정하도록 하여야 한다.

⑥ 레이놀즈수에 의한 영향은 최소화하여 실험하여야 한다.

⑦ 풍동 측정기기의 응답특성은 요구하는 조건을 충족하여야 한다.

신축 건축구조물의 건설로 인하여 발생하는 빌딩풍에 의한 풍환경을 평가할 때의 주변영역의 범위 및 풍속의 측정은 본문의 '*5.7.3 풍동실험 종류 및 실험조건*' 편에서 제시하고 있는 다음 조건을 만족해야한다.

① 주변 건축구조물 및 시가지역의 재현범위는 신축 건축구조물 높이의 2.5배로 한다.

② 평가를 위한 풍속은 보행자 높이를 기준으로 하고, 신축 건축구조물의 건설전과 건설후에 발생하는 풍속비율을 사용한다.

빌딩풍 풍속의 측정방법 및 빌딩풍의 저감에 대한 구체적인 사항은 문헌 5)에 자세하게 기술되어 있으니 참고하면 된다.

③ 공기력진동실험은 주골조의 풍진동으로 인한 부가적인 공기력의 효과를 반영한 풍응답과 풍하중을 평가할 경우

④ 풍환경실험은 신축 건축구조물의 건설로 인하여 발생하는 빌딩풍에 의한 풍환경의 악화 상태를 평가할 경우

(2) 풍동실험을 수행할 때는 다음 조건을 만족하여야 한다.

① 풍동 내의 평균풍속의 고도분포, 난류강도분포 및 변동풍속의 특성은 건축 현지의 자연대기경계층 조건에 적합하도록 재현하여야 한다.

② 대상건축구조물을 포함하여 주변의 건축구조물 및 지형조건을 건축 현지조건에 적합하도록 재현하여야 한다.

③ 실험풍향은 11.25도 이하의 등간격으로 최소 32개 풍향 이상이 되도록 하여야 한다.

④ 풍동 내 대상건축구조물 및 주변 모형에 의한 단면 폐쇄율은 풍동의 실험단면에 대하여 8% 미만이 되도록 하여야 한다.

⑤ 풍동 내의 압력 분포는 일정하도록 하여야 한다.

⑥ 레이놀즈수에 의한 영향은 최소화하여 실험하여야 한다.

⑦ 풍동 측정기기의 응답특성은 요구하는 조건을 충족하여야 한다.

(3) 풍환경실험은 신축 건축구조물의 건설로 인하여 발생하는 빌딩풍에 의한 풍환경 영향을 평가하기 위하여 실시하며 다음 조건을 만족해야 한다.

① 주변 건축구조물 및 시가지역의 재현범위는 신축 건축구조물 높이의 2.5배로 한다.

② 풍환경 평가를 위한 풍속은 보행자 높이를 기준으로 하고, 신축 건축구조물의 건설 전과 건설 후에 발생하는 풍속비율을 사용한다.

(1) 풍동실험의 종류

건축구조물의 외장재나 구조골조에 강풍으로 인해 작용하는 풍하중을 정확하게 파악하여 구조안전을 확보하고, 건축구조물의 변위에 대해 기능성을 유지하도록 하며, 강풍으로 인하여 건축구조물이 진동 할 때 발생하는 가속도를 평가하여 거주자가 불쾌감을 느낄 정도라면 사용성을 만족시킬 수 있도록 건축구조물의 외장재나 골조를 설계하여야한다. 이를 위해서 실시하는 풍동실험에는 풍력실험, 풍압실험 및 공기력진동실험의 세 종류가 있다.

1) 풍력실험

풍력실험은 건축구조물 전체 혹은 그 일부에 작용하는 풍하중의 평가를 위해 실시한다. 주로 고층건축구조물의 구조골조설계용 설계풍하중을 설정할 때 이용한다. 실험대상이 되는 건축구조물의 모형을 풍력천칭(force balance) 위에 고정하고, 모형 전체에 작용하는 풍력을 측정한다. 바람에 의해 발생하는 풍력만을 측정하기 위하여 모형은 진동하지 않는 가벼운 발사재질의 강체모형을 사용한다. 측정된 변동풍력을 이용하여 스펙트럼모드해석을 통하여 풍하중 뿐만 아니라 변위, 가속도 등의 응답도 평가한다.

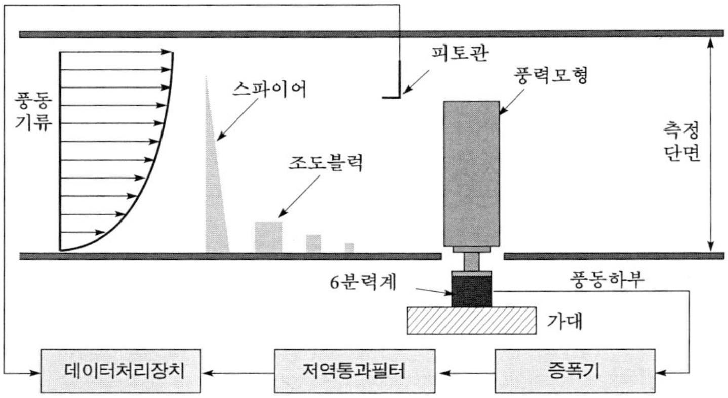

그림 5.17.3.1 풍력측정장치의 측정시스템 개념도

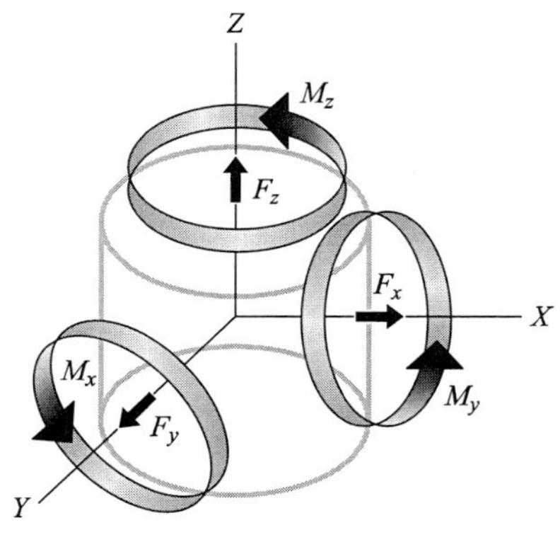

그림 5.17.3.2 6분력천칭과 모형의 체결 및 좌표축의 정의

그림 5.17.3.1은 고층건축구조물의 풍력을 측정할 때의 실험장치 및 측정시스템의 개념도를 나타낸 것이다. 강체모형에 체결한 풍동 바닥면 아래의 풍력천칭(force balance)에 의해 일반적인 고층건축구조물의 경우에는 수평 2방향 x, y축에 대한 풍력 F_x , F_y 전도모멘트 M_y, M_x 그리고 수직축 z에 대한 비틀림모멘트 M_z의 5성분을 측정한다. 그림 5.17.3.2는 건축구조물의 풍력을 측정하는 경우 많이 사용되는 6분력천칭(6 force component balance)이 모형에 체결된 상태와 천칭의 좌표축에 대한 정의를 나타낸 것이다.

2) 풍압실험

풍압실험은 모형에 작용하는 풍압력을 풍압계에 의해 측정하는 실험이다. 모형은 아클릴로 제작한 강체풍압모형이 사용되고 주로 외장재설계용 풍하중의 평가를 목적으로 한다. 외장재에 작용하는 풍하중은 외장재의 표면과 내면의 풍압의 차에 의해 평가한다.

건축구조물에 작용하는 풍압력은 건축구조물의 표면에 작용하는 총압 P_T과 건축구조물 주변의 대기압(정압; static pressure) P_S의 차이다. 풍동실험에서는 그림 5.17.3.3 건축구조물의 모형 표면에 작용하는 풍압력과 풍동 내의 기준정압과의 차로 주어진다.

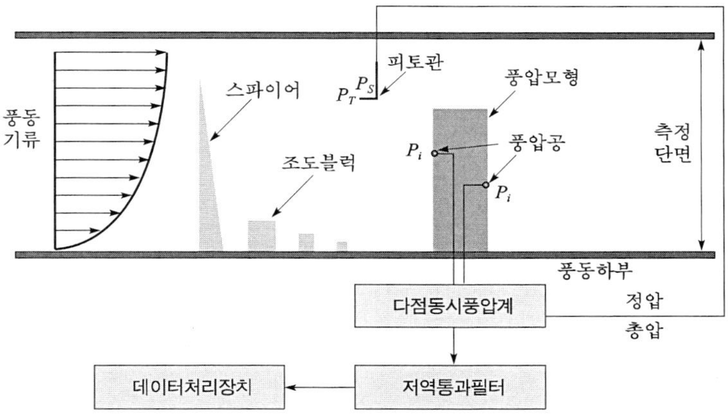

그림 5.17.3.3 풍압정장치의 측정시스템 개념도

풍압측정공은 풍압의 분포상황을 예측하여 배치할 필요가 있다. 특히 큰 국부풍압의 발생이 예상되는 모서리 혹은 요철, 돌기 물체 주변 등은 충분히 재현해야 하고, 풍압평가결과에 영향을 미치므로 밀실하게 풍압측정공을 배치해야한다. 그림 5.17.3.4는 측정공을 설치한 풍압모형과 측정공과 풍압측정기기의 연결 상태를 나타낸 것이다.

(a) 풍압모형 (b) 풍압측정공과 풍압측정기 연결 상태

그림 5.17.3.4 풍압모형과 풍압측정기기

풍압실험에서 측정공이 받는 수압면적이 동일해 지도록 균등하게 배치하여 동시성을 확보할 수 있다면, 각 측정점에의 풍압력을 적분함으로써 건축구조물 전체 또는 각 층마다의 층풍력을 구할 수 있다. 이 측정에서는 모형과 측정기기로 체결된 진동계의 진

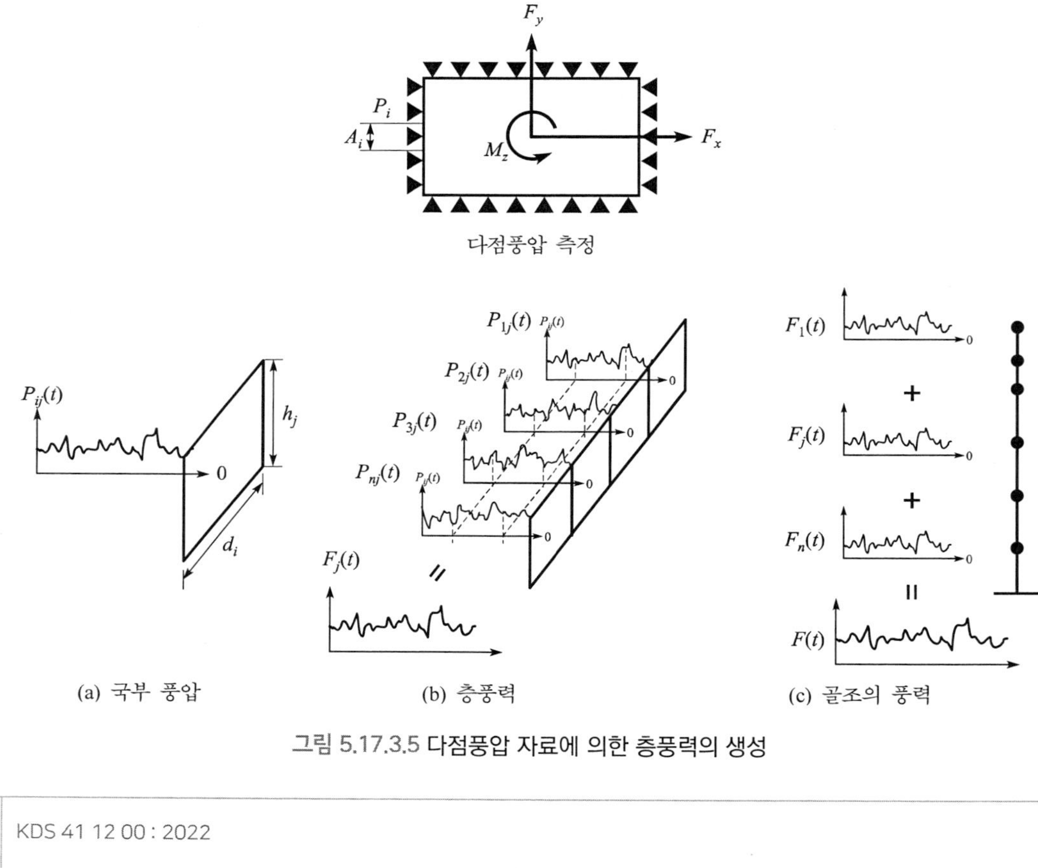

(a) 국부 풍압 (b) 층풍력 (c) 골조의 풍력

그림 5.17.3.5 다점풍압 자료에 의한 층풍력의 생성

동특성의 영향을 받지 않기 때문에 측정진동수 범위를 고진동수까지 폭넓게 취할 수 있다. 풍압적분법으로 얻어진 풍력에 대한 검증은 전체풍력을 풍력천칭으로 직접 측정하는 풍력실험의 결과와 비교하면 된다.

그림 5.17.3.5는 다점풍압 측정자료를 이용하여 각 층풍력과 전체 구조물의 풍력을 구하는 과정을 개념적으로 나타낸 것이다. 그림(a)와 같이 측정한 국부풍압 $P_{ij}(t)$를 그림(b)와 같이 분담면적을 고려하여 층에 대해 풍압적분하여 층풍력 $F_j(t)$를 작성하고, 그림(c)와 같이 $F_j(t)$를 적분하여 건물 전체에 가해지는 풍력(밑면전단력) $F(t)$을 생성한다. 각 층에 대한 층풍력의 시각력은 성능기반 내풍설계를 하고자 할 때 건축구조물의 비선형동적해석을 위한 입력풍하중으로 사용할 수 있다.

3) 공기력진동실험

공기력진동실험(aerodynamic vibration test)은 세장비가 매우 클 때, 1차고유진동수가 매우 낮을 때 또는 감쇠비가 작을 때 등과 같은 이유로 공기력불안정진동이 발생할 위험성이 있을 경우 수행한다. 대상 건축구조물에 불안정진동이 발생하지 않는지 또는 부가공기력에 의해 응답이 증가하여도 건축구조물의 주골조에 손상이 발생할 정도의 큰 변형이 발생하는 않는지를 확인하는 것이 공기력진동실험의 주목적이다.

공기력진동실험는 건축구조물의 진동특성을 모형화한 탄성모형을 이용하여 건축구조물이 진동할 때 발생하는 부가공기력을 예측한다. 풍압실험이나 풍력실험에서는 별도의

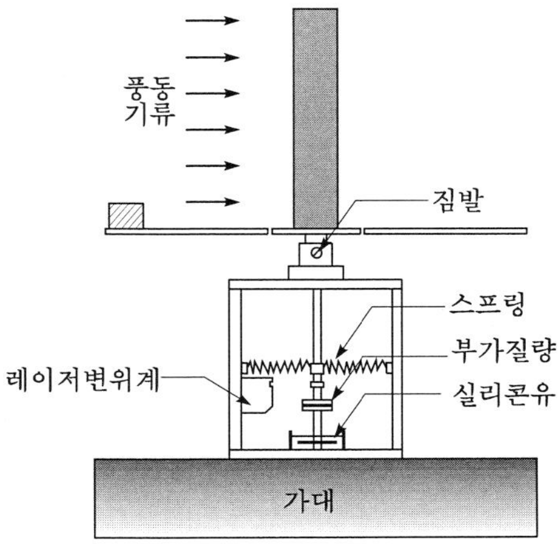

그림 5.17.3.6 공기력진동측정장치

해석을 통하여 구조물의 거동을 예측하지만, 공기력진동실험에서는 곧바로 구조물의 응답계측이 가능하다.

공기력진동실험은 그림 5.17.3.6에 나타낸 것처럼 강체모형에 x, y축 2방향 진동의 자유도를 부여하는 짐발(Gimbal), 강성을 부여하는 스프링, 감쇠를 부여하는 감쇠장치로 구성된 '짐발장치'라고 불리는 진동측정장치 위에 모형을 고정시킨 후 바람에 의하여 발생하는 모형의 거동을 직접 레이저 변위계에 의하여 측정한다.

4) 풍환경실험

풍환경이란 건축구조물의 외부공간 가운데 보행자가 이용하는 공간에서 바람으로 인하여 발생되는 환경 조건을 말하며, 고층건축구조물 사이에서 발생하는 풍환경을 특히 빌딩풍이라 부르기도 한다.

새롭게 건설되는 건축구조물에 의해 주변의 바람 흐름이 변경된다. 특히 고층 및 대규모 건축구조물에 의해 기존 주변의 건축구조물뿐만 아니라 보행자가 이용하는 외부공간에 큰 영향을 미치게 된다. 풍환경실험은 새롭게 건설되는 건축구조물 주변의 지표 부근에서 발생하는 풍환경 및 거주자가 이용하는 외부공간에 발생하는 보행자 레벨에서 강풍에 의한 풍환경을 평가하고, 건설 전후의 풍환경의 변화정도를 파악하여 새로운 건축구조물물의 건설로 인하여 발생하는 풍환경의 악화정도를 개선하기 위한 방안을 마련하기 위하여 실시한다.

(a) 방풍림 조성 전 (b) 방풍림 조성 후

그림 5.17.3.7 방풍림에 의한 풍환경의 개선

그림 5.17.3.7은 건축구조물 주변의 풍환경을 평가하여 만족스럽지 못한 경우 개선책으로 방풍림을 식재한 것이다. 그림 (a)처럼 방풍림을 조성하기 전에는 보행자 레벨에서의 풍환경이 불만족한 것으로 평가 되었으나, 그림(b)와 같이 방풍림을 식재한 후 재평가한 결과에 따르면 보행자 레벨에서의 풍환경이 만족되는 것으로 나타났다.

(2) 풍동실험을 위한 상사법칙[1)~4)]

풍동실험을 수행하기 위해서는 자연풍 및 자연의 지형지물을 그대로 풍동 내에 구현하여야 한다. 이처럼 자연과 유사한 환경을 풍동에 재현할 때 요구되는 조건을 상사법칙이라 한다.

1) 기하학적 상사조건

대상건축구조물 및 주변 상황 등에 대표되는 기하학적 형상 및 바람의 특성에 관한 길이 척도를 축척률에 따라 실물과 일치시키기 위한 조건으로서 대표적인 상사조건은 다음과 같다.

① 대상건축구조물의 형상, 치수
② 주변의 지형, 건축구조물의 형상, 치수
③ 기류의 난류스케일
④ 기류의 경계층 높이

2) 운동학적 상사조건

축척모형에서 바람의 성상을 실제의 건축구조물과 같은 양상으로 영향을 미치도록 축척률에 따라 일치시키기 위한 조건으로서, 대표적인 상사조건은 다음과 같다.

① 평균풍속의 분포
② 난류강도의 분포
③ 난류스케일의 분포
④ 난류의 파워스펙트럼밀도 분포

3) 역학적 상사조건

공기역학적 현상을 지배하는 여러 가지 힘의 비율을 실제 현상과 실험과 일치시키기 위한 조건으로 대표적인 상사조건은 다음과 같다.

① 레이놀즈수

② 환산진동수(환산풍속)

③ 질량비

④ 탄성파라미터

⑤ 감쇠비

풍동 내에 위와 같은 상사조건이 만족되는 기류가 형성되면, 턴테이블 위에 모형을 설치하고 풍압, 풍력 또는 변위 데이터를 측정 한 후 이들 자료에 근거하여 내풍설계에 필요한 형태의 각종 풍하중을 산정한다.

풍동 내 측정부에서의 기류는 그림 5.17.3.8처럼 풍상측에 설치한 스파이어(Spire) 및 배리어, 조도블럭의 크기와 형태에 따라 달라진다. 대상건설지점과 주변조건에 맞는 지표면조도구분(A, B, C, D)에 해당하는 자연풍의 성질을 나타내도록 스파이어, 배리어 및 조도블럭의 크기 및 위치를 조정하여 풍동기류를 재현한다. 그림 5.17.3.9는 지표면조도구분 B일 때 풍동 내에 재현한 평균풍속 및 난류강도의 연직분포, 변동풍속의 파워스펙트럼밀도를 자연풍과 비교한 예를 나타낸 것이다. 풍동 내에 재현한 기류에 대한 평균풍속 및 난류강도의 연직분포, 변동풍속의 파워스펙트럼밀도 등이 그림 5.17.3.9와 같이 KDS 2022에서 규정한 분포와 근사하면 실험조건이 적합한 것으로 보고 풍동실험을 수행하면 된다.

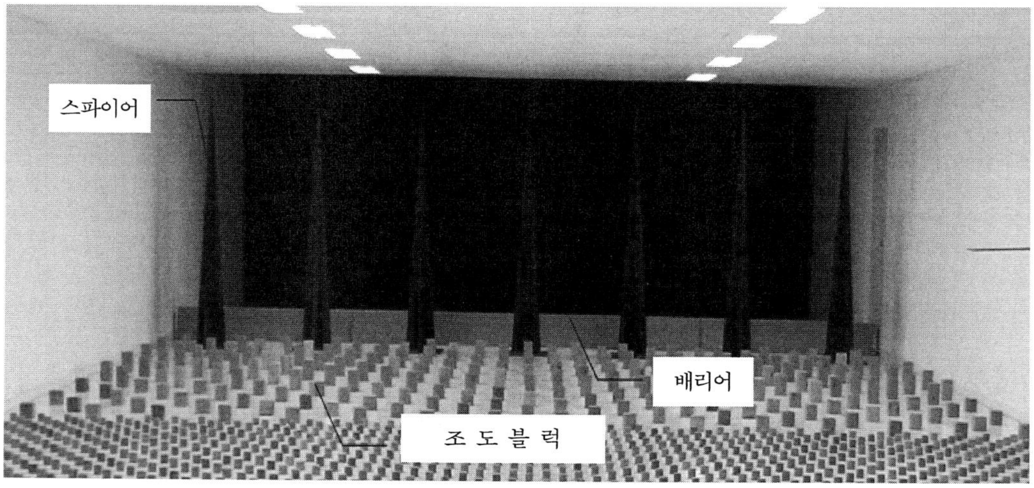

그림 5.17.3.8 풍동 내 스파이어, 배리어 및 조도블럭의 설치 예

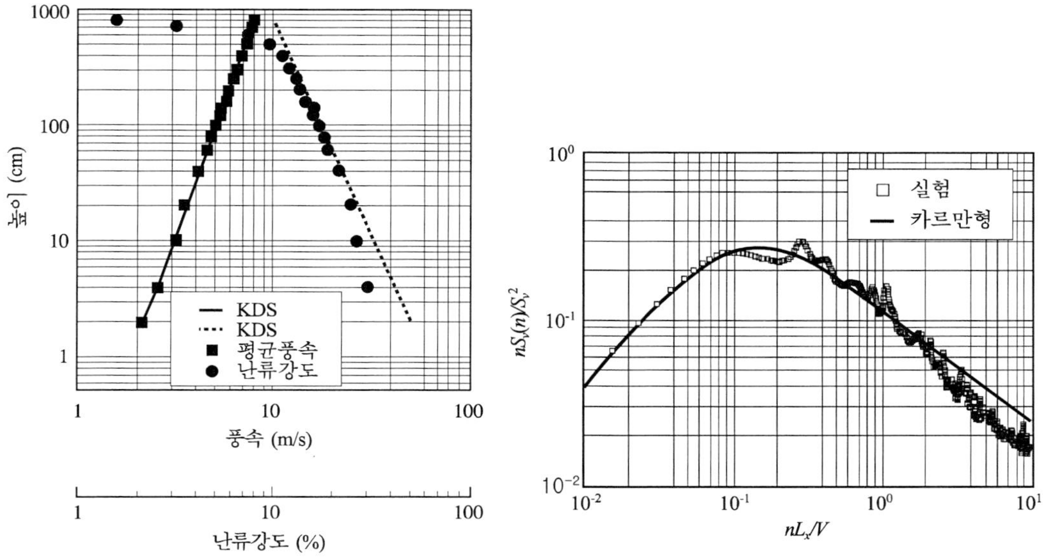

(a) 평균풍속, 난류강도의 연직분포

(b) 변동풍속 무차원파워스펙트럼밀도

그림 5.17.3.9 풍속의 연직분포 및 변동풍속의 파워스펙트럼밀도 (지표면조도구분 B인 경우)

풍동실험을 실시 위해 기류를 작성할 때 지켜야할 조건 및 풍압, 풍력에 대한 적정한 데이터를 얻기 위한 측정조건과 검토항목 등에 대한 자세한 사항은 문헌 5)에 기술되어 있고, 풍환경을 평가하기 위한 빌딩풍 풍속의 측정방법 및 빌딩풍의 저감에 대한 구체적인 사항은 문헌 6)에 기술되어 있으니 참고하기 바란다.

구조엔지니어들은 내풍공학전문가가 아니기 때문에 건축물의 풍동실험을 풍동실험전문기관에 의뢰해야 하고, 그곳으로부터 결과물인 보고서를 받았을 때 그 내용들이 적절한지를 확인하고 검증하기는 쉽지 않다. 문헌 5)는 풍동실험 종류, 측정조건 및 검토항목 등을 규정하고 있다. 그러나, 풍동실험기관이 풍압실험 또는 풍력실험 및 공기력진동실험을 실시하고 그 결과를 활용하여 작성한 보고서에 기술된 풍압, 풍력, 풍하중(층풍하중, 전단력, 전도모멘트) 및 응답(변위, 가속도)의 세부적인 내용이 타당하지 검토할 수 있는 방법은 제시하고 있지 않다. 이에 대해서는 문헌 7)의 부록에 자세하게 기술하고 있으니 참고하면 될 것이다.

5.17.4 동적응답

(1) 건축구조물의 동적응답을 결정하기 위한 실험을 실시할 경우에는 5.17.3의 (2)의 실험조건을 만족해야 하고, 구조모델과 관련 해석을 수행할 경우에는 질량분포, 강성, 감쇠를 고려해야 한다.

유연한 건축구조물인 경우에는 그것의 동적응답이 풍하중과 풍하중에 크게 영향을 미친다. 동적응답 해석에 영향을 주는 요소로는 질량, 강성, 감쇠가 대표적이며, 동적특성으로는 고유진동수와 모드형상이 있다. 이러한 요소들은 해석모델상의 값과 실제 건축구조물에서의 값에 차이가 발생할 수 있다. 따라서 해석모델상의 가정한 여러 가지의 동적특성 값을 풍동실험결과에 반영할 수 있도록 해야 한다. 또한 초고층의 유연한 건축구조물인 경우에는 고차진동모드가 풍응답 및 풍하중에 영향을 미칠 수 있다. 따라서 초고층 건물의 경우에는 고차진동모드를 고려하여 풍하중 영향을 검토할 필요가 있다.

특히, 건축구조물에서 발생하는 풍진동으로 인한 부가적인 효과가 건축구조물 자체에 영향을 미칠 우려가 있는 경우에는 공기력진동실험을 실시해야한다.

5.17.5 풍동실험에 따른 풍하중의 제한

(1) 풍동실험결과로부터 평가한 주골조설계용 수평풍하중은 풍방향과 풍직각방향애 대해서 각각 전체 주하중이 5.2(주골조설계용 수평풍하중), 5.9(구조골조용 풍직각방향풍하중)의 절차에 따라 산정한 값의 80% 이하가 되지 않도록 하여야 한다. 여기서 전체 주하중이란 유연건축구조물인 경우에는 전도모멘트, 기타 건축구조물은 밑면전단력이다.

(2) 풍동실험결과로부터 평가한 외장재설계용 풍압은 5.4(외장재설계용 풍하중)의 절차에 따라 벽의 경우에는 ④영역, 지붕의 경우에는 ①영역에서 산정한 풍압의 80% 이하가 되지 않도록 하여야한다.

(3) 풍동실험을 위해 재현한 상세 주변 모형의 범위 안에 대상건축구조물에 특별한 영향을 미칠 건축구조물이나 장애물이 없는 경우에는 위 (1), (2)에서 규정한 80%의 제한 값을 적용하지 않고 풍동실험에서 얻어진 풍하중과 풍압을 사용할 수 있다.

이 절의 조항은 풍동실험에 의하여 풍하중이 과소평가되는 것을 방지하기 위한 것이다.

KDS 2022에 규정한 '*5.7 주골조설계용 풍압계수, 풍력력계수*' 및 '*5.8 외장재설계용 피크풍압계수*"는 주변 건축구조물이 없고 대상건물만 단독으로 있는 경우의 풍동실험결과 등에 근거하여 정해진 것이다. 풍동실험결과는 주변건축구조물의 영향을 강하게 받는다. 실제 대상건축구조물이 주변건축구조물로부터 박리된 흐름의 영향을 받는 영역 또는 흐름이 수속되어 골바람효과가 발생하는 영역 내에 위치하면 풍압력 커지고, 차폐영역 내에 있으면 풍압력이 작아진다. 주변건축구조물은 증축, 신축, 철거 등으로 인하여 항시 변할 수 있고, 바람은 어느 방향에서 불어올지 알 수 없다. 따라서 대상건축구조물 및 주변건축구조물을 상세하게 재현한 풍동실험결과로 부터 평가한 풍하중은 주변건축구조물의 차폐효과로 인하여 감소될 수 있기 때문에 KDS 2022의 '*5.2 주골조설계용 수평풍하중*', '*5.4 외장재설계용 풍하중*'의 절차에 따라 평가한 풍하중의 80% 이상이 되도록 하여 차폐효과에 의해 풍하중이 극단적으로 과소평가되는 경우에 대한 최소한의 구조안전성을 확보하도록 하고있다.

풍동실험에 의해 평가한 주골조설계용 수평풍하중은 풍하중이 작용함으로써 건축구조물의 x, y축 방향에 발생하는 전체 주하중인 밑면전단력과 전도모멘트가 이 기준의 '*5.2 골조설계용 수평풍하중*'의 절차에 따라 평가한 풍하중을 건축구조물에 작용시켰을 경우에 발생하는 밑면전단력과 밑면전도모멘트의 80% 이하가 되지 않도록 하여야 한다.[7)]

5.17

1) ASCE (2021), ASCE/SEI 49-21, Wind Tunnel Testing for Buildings and Other Structures
2) 日本建築センター.(1994, 2008), 實務者のための風洞實驗ガイドブック
3) 하영철 (2001), 건축물 내풍설계, 구미서관, 569-583
4) 한국풍공학회 (2010), 엔지니어를 위한 내풍공학, 336-343
5) 국토교통부 (2021), 풍동실험 가이드라인
6) 국토교통부 (2021), 빌딩풍 저감 가이드라인
7) 하영철 (2023), 제2판 건축물 내풍설계, 구미서관, 620-643
8) American Society of Civil Engineers. (2010), Minimum Design Loads for Buildings and Other Structures, ASCE/SEI 7-10

5.18
풍속의 작용시간

(1) 바람의 작용시간에 대해서는 피로평가 대상 부재의 공용기간 및 유지보수 사이클을 고려하여 설정한다.

주골조부재 및 외장재, 면진부재, 제진부재에 관해 풍외력에 대한 피로를 검토할 필요가 있을 때에는 건설지점에 있어서 풍속과 그 작용시간을 적절하게 설정하여 그 작용시간 내에 누적하는 피로파괴에 대해 안전할 것을 확인해야한다.

건축구조물의 내풍설계에서는 최대풍하중을 정적으로 가했을 경우 안전을 확보할 수 있도록 등가정적설계방법을 채택하고 있다. 그러나 변동풍력에 의해 발생하는 반복하중과 그것이 장시간 동안 계속적으로 작용하는 시간을 고려한 피로설계는 수행하지 않고 있다.

건축구조물의 주골조인 기둥이나 보가 설계하중에서 항복하지 않고 안전하더라도 건축구조물에 작용하는 풍력은 지진력과는 달리 장시간 동안 반복작용 하기 때문에 건축구조물의 사용기간 동안 발생하는 설계하중보다 낮은 레벨의 반복하중에 대해서도 부재가 피로파괴 하지 않아야한다. 특히, 외장재, 태양열집열판, 광고판 및 그 지지 부재의 접합부 등은 주골조보다 짧은 시간동안 가해지는 변동풍력까지 고려할 필요가 있다.

강재굴뚝, 철탑, 관광타워, 조명탑 등과 같이 세장한 부재는 설계풍속보다 낮은 풍속에서 규칙적인 와류진동이 발생하는 경우가 있다. 따라서 사용기간 동안 누적되는 피로파괴가 매우 커질 수 있기 때문에 풍속레벨과 사용기간 동안의 작용시간을 고려하여 피로파괴의 영향을 검토해야한다.

이처럼 장시간에 걸쳐서 수없이 반복 작용하는 변동풍력에 의해 발생하는 건축구조물의 피로파괴에 대한 안전성을 확보하기 위해서는 태풍이 불었을 때 또는 건축구조물의 사용기간 동안 발생한 강풍으로 누적되는 피로파괴를 평가해야한다. 그러기 위해서는 피로설계에서 고려해야할 풍속레벨과 그 작용시간을 적절하게 설정해야한다. 아래에 풍피로 현상, 강풍이 분 경우의 각 풍속레벨과 그 지속시간의 평가방법, 피로파괴의 해석방법을 간략하게 기술한다.

(1) 풍피로

부재에 작용하는 응력이 항복응력 이하일 경우라 하더라도 그것이 반복적으로 작용할 때에는 작은 균열이 발생하고 이것이 누적되어 큰 균열로 발전하여 파단이 생긴다. 이 현상을 피로파괴(fatigue failure)라고 한다.

피로는 고사이클피로(high cycle fatigue)와 저사이클피로(low cycle fatigue)로 분류한다. 고사이클피로는 응력레벨이 항복응력 이하로 피로수명이 길어 반복 사이클횟수가 약 10^4회 이상인 일 때 발생하는 것이고, 응력레벨이 항복응력 이상으로 피로수명이 짧아 반복 사이클횟수가 약 10^4회 정도 이하가 일 때 발생하는 것을 저사이클피로라 한다. 저사이클피로는 상당량의 소성변형을 일으킬 수 있는 높은 응력에서 주로 발생한다.

저사이클피로 및 고사이클피로는 주로 강풍 시 발생한다. 돌풍이나 폭풍의 경우에는 풍속의 지속시간이 짧고 발생하는 응력이 높다. 이 경우에는 저사이클피로가 탁월할 수 있다. 태풍과 같은 계절풍이 자주 발생하는 지역 또는 산하강풍이 발생하는 지역에서는 저사클 및 고사이클피로가 모두가 중요하다. 몇 가지 예를 보자.

외장재 또는 강성이 강한 구조부재의 접합부(고유진동수가 50Hz)가 10시간 동안 강한 태풍을 받았다고 가정하면, 이 시간 동안 구조물은 $550 \times 3600 \times 10 = 1,800,000 \simeq 1.8 \times 10^6$회의 진동이 발생한다. 이것은 고사이클피로 범위에 들기 때문에 진동에 의해 발생한 응력이 보통 레벨이라 하더라도 구조부재는 10시간의 태풍이 부는 동안 파괴될 수 있다. 즉 강풍이 불어 구조물이 진동하고, 진동하는 동안 발생한 응력이 설계에 사용한 허용응력에 비해 매우 작다 하더라도 진동이 발생하도록 허용하면 구조물은 매우 위험하게 된다.

와류진동이나 가스트응답 등과 같이 공기력진동에 의해 변동외력을 반복하여 받으면 구조물에는 크던 작던 피로파괴가 누적된다. 부재의 피로파괴는 그 배후에서 발생하는 카르만와로 인해 공기흐름과 직각방향으로 작용하는 규칙적인 변동풍력을 만드는 와의 발생진동수가 부재의 고유진동수에 근접할 때 발생하는 와류진동에 기인한 경우가 많다. 일반적으로 부재로 사용되는 강관 등은 경량이고 감쇠비도 작기 때문에 와류진동이 발생하기 쉽다. 특히 낮은 풍속 레벨에서도 와류진동이 발생하기 쉽고, 또한 개개 부재의 고유진동수가 높을 경우에는 반복 사이클수가 많아지게 되기 때문에 이로 인해 피로파괴를 일으키는 경우도 있다.

풍하중이 지배적이 되는 고층건축구조물이나 부재의 소성변형에 의한 에너지흡수능력을 이용한 이력댐퍼의 피로파괴평가도 피로파괴의 중요한 대상이 된다.

이와 같이 장시간에 걸쳐서 수없이 반복 작용하는 변동풍력으로 인하여 건축구조물에 발생하는 피로파괴에 대한 안전성을 확보하기 위해서는 특히 태풍과 같은 강풍이 불었을 때 풍속레벨별로 지속시간을 모델화하여 사용기간 동안 누적되어 발생하는 피로파괴를 평가해야한다.

1) 풍속의 누적작용시간

피로파괴는 일상적으로 부는 약풍로부터 태풍과 같은 강풍까지 모든 풍속 레벨에서 발생한다. 이 때문에 풍속 레벨 별로 누적작용시간에 대한 정보가 필요하지만, 그 평가법이 확립되어 있지 않다. 몇 가지를 소개한다.

① 계절풍, 일상풍에 의한 중약풍의 누적작용시간

중약풍은 계절풍과 일상풍이 주된 발생 요인이고 그 발생빈도가 높기 때문에 어느 정도의 관측기간이 있으면 안정된 통계처리가 가능하다. 이 풍속의 누적작용시간을 통계적으로 평가할 수 있는 정보로는 매 10분 또는 매 정시 기록이 있다. 그러한 바람의 발생빈도는 다음 식으로 주어지는 Weibull분포가 적합한 것으로 알려져 있다.

$$P(V) = 1 - \exp\left[-\left(\frac{V}{c}\right)^k\right] \tag{5.18.1}$$

여기서, $P(V)$는 풍속이 V를 초과하지 않을 확률, c와 k는 와이블계수이다. 충분한 관측기록이 있으면 풍향별로도 구할 수 있다. 또한 와이블계수에 의해 누적작용시간을 구할 경우 비교적 정확하게 추정 가능한 풍속범위는 일반적으로 10m/s(지상높이 10m에서 10분 평균풍속)정도 이하라는 점에 주의해야한다.

우리나라의 겨울철에 불어오는 계절풍의 세기는 재현기간 1년 기대풍속 이상의 레벨을 나타낼 때가 많고 그 지속시간도 길다. 일최대풍속자료와 시간별풍속자료를 이용하여 1년 기대풍속 이상의 강풍의 지속시간을 직접 구하여 누적작용시간을 구할 수도 있다. 그림 5.18.1은 인천기상대의 풍속자료를 사용하여 재현기간 1년 기대풍속 9.38m/s 이상 되는 풍속의 누적지속시간을 구한 예이다.[1)] 누적지속시간은 7시간 정도로 매우 길다.

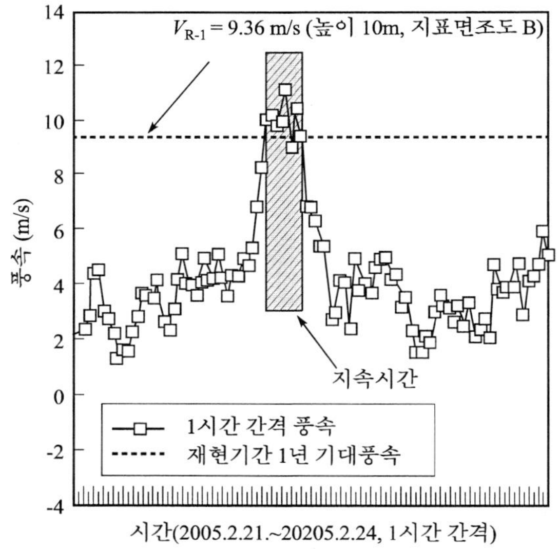

그림 5.18.1 각 풍속의 지속지간[1)]

② 태풍에 의한 강풍의 지속시간

풍속의 관측값을 이용하는 방법으로 풍속의 시간변화에 대한 관측기록을 사용하여 누적작용시간을 모델화하고, 최대풍속의 발생빈도에 대한 확률밀도함수를 추정한 후 이 두 가지의 곱으로 각 풍속레벨 별 지속시간을 추정한다.

그림 5.18.2는 태풍과 같은 강풍이 분 경우 평균풍속의 시간에 따른 변화상태를 나타낸 것이다. 피크값 V_p인 강풍이 분 경우, 지속시간이란 풍속 레벨에 대해 누적작용시간에서 각 풍속레벨에서 지속되는 시간을 말한다. 그림에서 풍속 V_t의 지속

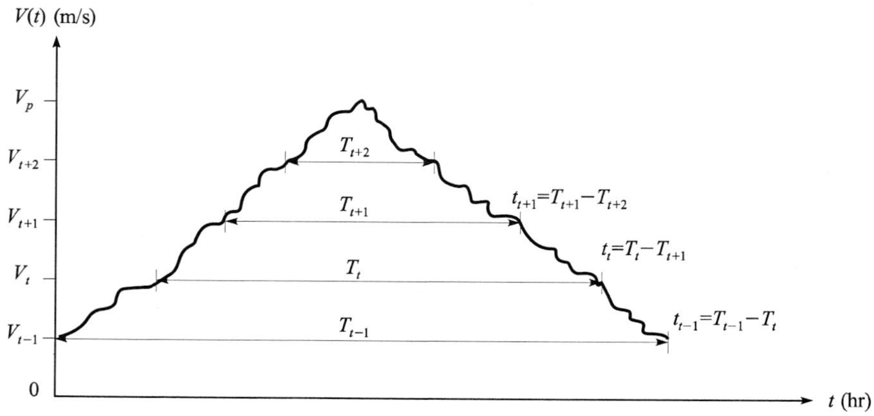

그림 5.18.2 각 풍속의 지속지간[2)]

시간 t_t는 누적작용시간 T_t에서 V_t보다 높은 풍속레벨을 가진 V_{t+1}의 누적작용시간 T_{t+1}를 뺀 값이다. 이러한 지속시간을 통해 각 풍속레벨에서의 시간을 모아 하나의 큰 지속시간을 만들 수 있다.

그림 5.18.3은 우리나라 강풍(년최대풍속)의 누적작용시간 T_0를 발생성인별로 나타낸 것이다. T_0는 대상지역, 발생성인 등에 의해 달라진다. T_0를 각 발생성인별로 구분하여 추세시켜보면 일정한 경향을 보이지 않는다. 발생성인을 구분없이 전체를 대상으로 V_p와 T_0의 관계를 최소2승법에 의하여 구하면 피크값 V_p인 강풍 시 풍속의 누적작용시간 $T_0(V_p)$은 다음 식과 같이 주어진다.[2)]

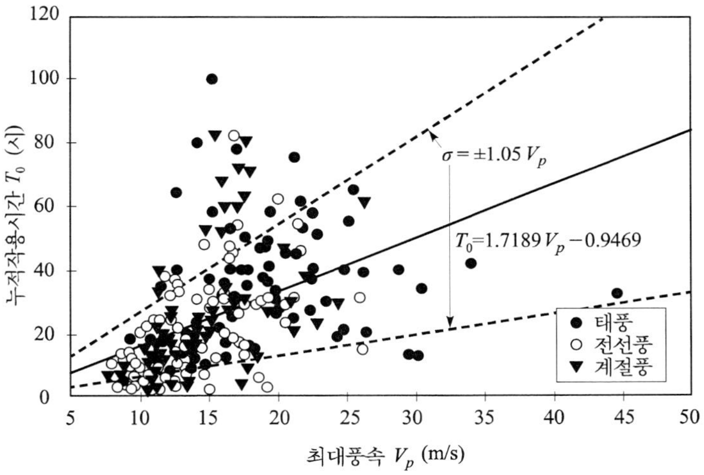

그림 5.18.3 최대풍속과 누적작용시간 T_0의 관계[2)]

$$T_o(V_p) = 1.72\,V_p - 0.95 \tag{5.18.2}$$

피크값 V_p인 년최대풍속의 누적분포함수 $P(V_p, V)$, 확률밀도함수 $p(V_p, V)$는 우리나라의 경우 다음 식으로 주어지는 이중지수함수인 Gumbel분포가 적합한 것으로 알려져 있다.[3)~6)]

$$P(V_p, V) = \exp[-\exp\{-a(V-b)\}] \tag{5.18.3}$$

$$p(V_p, V) = ae^{-a(V-b)}P(V_p, V) \tag{5.18.4}$$

여기서, a, b는 Gumbel분포의 특성값이다. 우리나라에 주로 부는 강풍을 그것을 발생시키는 성인을 계절에 따라 여름의 태풍, 봄과 가을의 저기압·전선풍, 겨울의

계절풍으로 나누었을 때 a, b는 각각 다음 식과 같이 주어진다.[2)]

태풍 : $$a_T = (0.1854\,V_p - 0.6306)^{-1} \tag{5.18.5}$$

$$b_T = 0.1193\,V_p + 6.1624 \tag{5.18.6}$$

전선풍 : $$a_F = (0.1982\,V_p - 0.8193)^{-1} \tag{5.18.7}$$

$$b_F = 0.2563\,V_p + 4.312 \tag{5.18.8}$$

계절풍 : $$a_M = (0.2203\,V_p - 1.1474)^{-1} \tag{5.18.9}$$

$$b_M = 0.2929\,V_p + 3.7092 \tag{5.18.10}$$

피크값 V_p인 강풍이 불었을 때 임의 풍속레벨 V에서의 지속시간 $T(V_p, V)$는 풍속의 누적작용시간 $T_0(V_p)$와 확률밀도함수 $p(V_p, V)$의 곱으로 나타낼 수 있다. 따라서 임의 풍속레벨 V에서의 풍속의 지속시간 $T(V_p, V)$는 다음 식과 같이 주어진다.[2)]

$$T(V_p, V) = T_o(V_p)\,p(V_p, V) \tag{5.18.11}$$

여기서, $T_0(V_p)$를 산정할 때는 (5.18.2)식을 사용하고, $p(V_p, V)$를 구할 때는 (5.18.4)식 ~ (5.18.10)식을 사용한다.

그림 5.18.4는 (5.18.11)식으로 주어지는 $T(V_p, V)$를 최대풍속 V_p의 변화에 따라 풍속레벨 별로 나타낸 것이다. 그림 (b), (c)의 전선풍과 계절풍은 1회 불어온 강풍의 최대풍속 V_p가 증가할수록 $T(V_p, V)$도 커진다. 그러나 그림 5.18.4 (a) 태풍의 경우에는 10m/s일 때 $T(V_p, V)$가 가장 장시간이 되는 특이한 경향을 나타낸다. 그것은 태풍의 특성상 불어온 강풍의 V_p가 클수록 육지에 머무는 지속시간이 짧아지는 것이 원인이다.

(5.18.11)식은 협대역과정 및 광대역과정에 대한 풍피로파괴를 평가할 때 강풍에 대한 풍속레벨별 지속시간에 대한 모델로 활용할 수 있다.

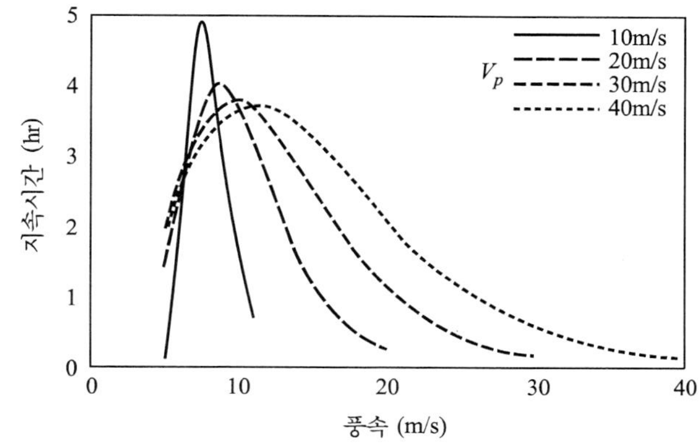

(a) 태풍

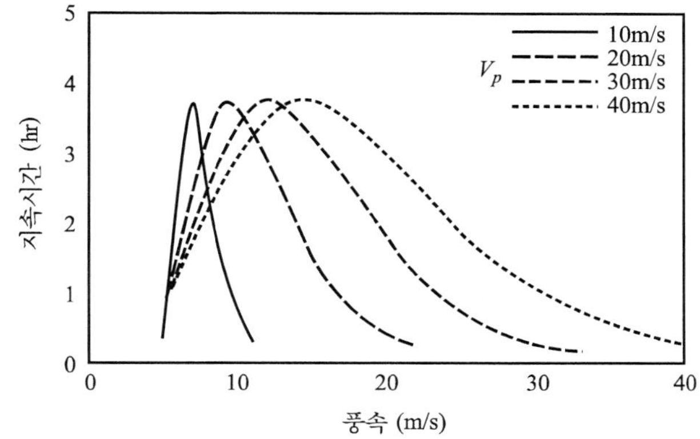

(b) 전선풍

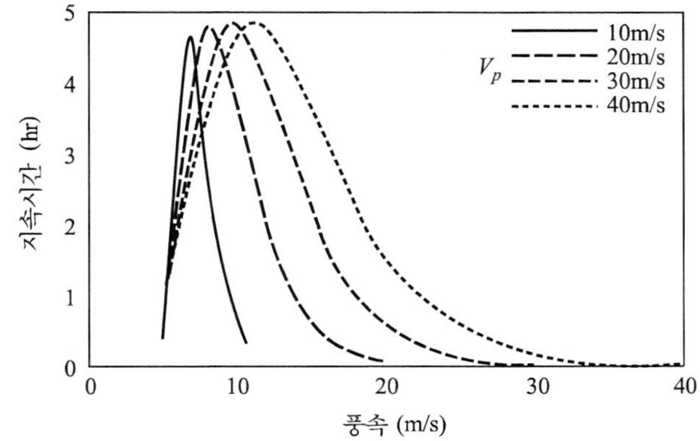

(c) 계절풍

그림 5.18.4 최대풍속 V_p의 변화에 따른 풍속레벨 별 지속시간[2)]

(2) 피로파괴의 평가방법

피로는 부재에 셀 수 없이 작은 균열이 발생하고, 부가적인 응력이 반복적으로 작용하여 성장하고 작은 균열의 조합이 큰 균열로 발전하여 극한 파괴에 이른다. 피해는 누적된다. 불규칙하중을 받는 부재에 대한 피로수명을 예측할 경우에는 일반적으로 선형누적이론(linear cumulative rule)인 마이너법칙(Miners' rule)을 주로 사용한다.[7] 이 이론은 피로는 부재에 행해진 누적된 피해에 비례한다는 것이다. 그러므로 임의 하중 레벨에서 누적된 피해는 파괴가 발생하기 위해 요구되는 사이클수(수명) N와 부재에 가해지는 하중의 사이클수 n의 비와 같다. 누적피로파괴계수 D값은 다음 식과 같이 주어지고,

$$D = \sum_{i=1}^{k} \left(\frac{n_i}{N_i} \right) \tag{5.18.4}$$

$D \geq 1$일 때 파괴가 발생한다. 여기서, i는 각기 다른 하중레벨이다.

(5.18.4)식의 마이너법칙을 전제로 한 강구조물의 피로파괴를 평가하기 위해서는 진폭과 피로수명의 관계를 나타내는 피로곡선($S-N$곡선)이 필요하다. $S-N$곡선은 아래와 같은 방법으로 구한다.

누적피로를 평가하고자 하는 대상 부재의 응력 S에 대한 시각력 $S(t)$가 그림 5.18.5(a)와 같이 주어졌다고 하자. 먼저, 그림 5.18.5(b)처럼 $S(t)$를 동등한 피로파괴를 주는 응력범위(양쪽진폭 값)의 군, $S_1, S_2, \cdots, S_n$ 으로 분해한다. 다음으로, $S_1, S_2, \cdots, S_n$ 의 각 응력범위에 대한 피로실험을 실시하여 피로수명 $N_1, N_2, \cdots, N_n$ 을 구한다. 실험결과로부터 응력범위 S와 사이클수 N의 관계를 그림 5.9.1(c)와 같이 $S-N$곡선으로 나타낸다. 단, $S-N$곡선의 세로축은 한쪽진폭이기 때문에 $S_1/2, S_2/2, \cdots, S_n/2$ 에 대응하는 수명을 $N_1, N_2, \cdots, N_n$ 로 읽는다.

이상과 같은 방법으로 피로시험결과에 의해 얻어지는 강재의 전형적인 $S-N$곡선은 그림 5.18.5와 같은 형태를 나타낸다. 부재에 작용하는 사이클수가 많아지면 부재가 파괴되기 위해 필요한 응력이 낮아진다. $S-N$곡선은 일반적으로 다음 식으로 나타낼 수 있다.

$$NS^m = N(2s)^m = C \tag{5.18.5}$$

여기서, S는 응력범위로 응력진폭 s의 2배, C는 피로연성계수, m은 피로연성지수, N는 반복횟수이다. 곡선의 기울기를 나타내는 m은 재료에 따른 상수이다. 강재일 경우 고사이클피로에서는 $m=3\sim5$, 저사이클피로에서는 $m \approx 2$정도의 값을 가진다.[8] 일반적으로 규칙적인 진폭의 하중에 비하여 불규칙한 진폭을 가진 하중이 피로파괴에 불리하다.

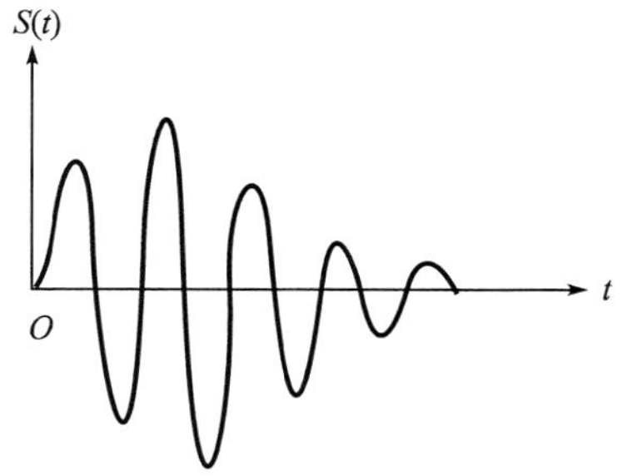

(a) 응답과정

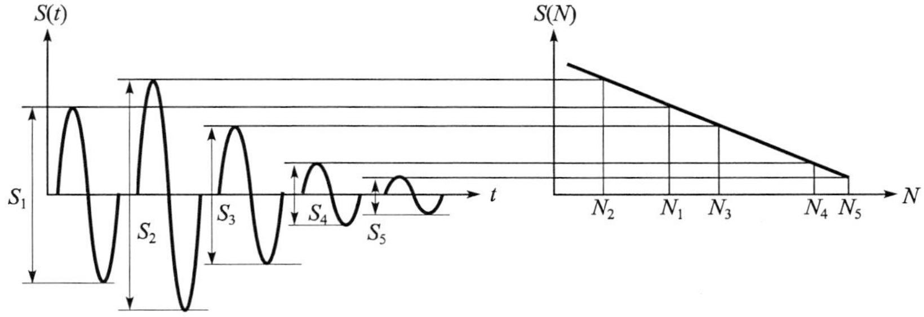

(b) 진폭 범위의 분해　　(c) 각 응력진폭 파의 피로수명의 산출

그림 5.18.5 반복하중과 피로수명

(5.18.5)식의 양변에 log를 취하면 다음과 같은 선형 식으로 주어지고, 실험 자료를 그림 5.18.6과 같이 도시하면 피로해석에 필요한 상수 C, m 값을 구할 수 있다.

$$\log N = -m\log S + \log C \tag{5.18.6}$$

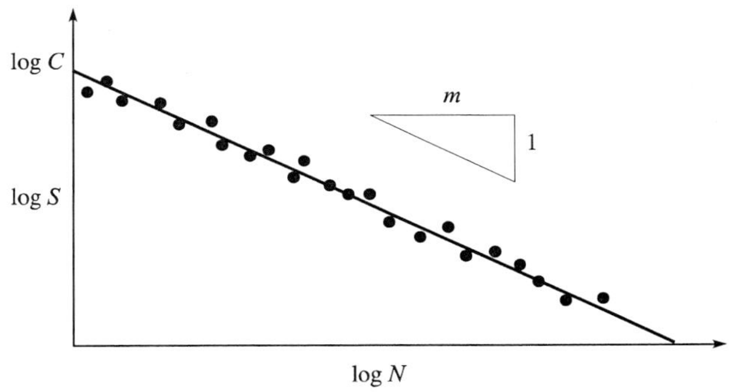

그림 5.9.6 $S-N$ 곡선

풍피로파괴를 평가하기 위해서는 응력(변형)진폭의 크기와 그 빈도를 알아야 하고, 풍향 및 풍속의 발생빈도와 그것에 대응하는 응답의 평가도 필요하다. 특히 풍응답의 경우에는 평균성분이 존재하기 때문에 평균응력(변형)에 관해서도 평가해야한다.

예제 | 피로피해 평가

불규칙외력을 받는 알루미늄합금 구조부재에 대해 불규칙응력과정 해석을 수행한 결과, 응력진폭 S_i에 대한 사이클수 n_i가 아래 예제 표와 같이 얻어졌고, 알루미늄합금에 대한 피로시험에 의거하여 작성한 $S-N$곡선으로부터 피로수명 N_i가 예제 표와 같이 얻어졌다. 예제 표에 주어진 사이클 수는 부재가 그 사용기간 동안 받는 전체 값이다. 부재의 사용기간 동안 발생할 피로피해를 구하라.

► 풀이

표 5.18.1의 마지막 칸에 각 응력진폭 S_i에 대한 부분 피로피해 n_i/N_i 값이 주어져있다. (5.18.4)식의 마이너법칙에 따라 이 부분 피로피해 n_i/N_i를 합하면 전체 피로피해가 다음 식과 같이 구해진다.

$$D = \sum \frac{n_i}{N_i} = 0.51$$

표 5.18.1 피로피해의 산정

응력진폭, S_i (Mpa)	사이클 수, n_i	피로수명, N_i	n_i/N_i
200	2,750	20,000	0.1375
100	9,000	80,000	0.1125
80	27,000	150,000	0.1800
60	40,000	500,000	0.0800

참고문헌

5.18

1) 김동우, 하영철 (2006), 수평진동에 대한 고층건축물의 사용성평가방법, 한국풍공학회논문집, 10(1), 65-72
2) 우수현, 김효정, 하영철 (2017), 우리나라 강풍의 발생성인별 계속시간 추정, 한국풍공학회논문집, 21(3), 127-134
3) 하영철, 조남식, 정수일 (1994), 설계용 기본풍속분포도의 추정에 관한 연구, 대한건축학회논문집, 10(11), 247-251
4) 하영철, 김종락, 김규석 (1998), '건축구조물 설계용 기본풍속분포도, 대한건축학회논문집, 14(8), 75-83
5) 정선하, 김병조, 하영철 (2014), 건축구조기준(KBC-2009) 기본풍속도의 개선, 대한건축학회논문집-구조계, 30(5), 37-47
6) 하영철 (2018), 강도설계용 풍하중 평가를 위한 재현기간과 기본풍속지도의 제안, 대한건축각회논문집,-구조계, 34(2), 29-40
7) M. A. Miner (1945), Cumulative damage in fatigue, Journal of Applied Mechnics, ASME, Vol. 12, p. A-159
8) I. F. C. Smith, C. A. Castiglioni, P. B. Keatinf (1989), Analysis of Fatigue Recommendations Considering New Data, IABSE Proceedings, 137~189

을 적용하여야 한다.

④ 제한적인 비탄성거동을 허용하는 건축구조물의 설계에는 비탄성시간이력응답해석으로 건축구조물에 대한 해석과 검증을 수행해야 한다. 건축구조물의 연성진동 및 고차모드를 고려하지 않아도 되는 정형인 건축구조물의 경우와 시간이력풍하중 데이터를 이용하여 동적하중효과까지 반영된 등가정적풍하중을 구하였을 경우에는 비탄성정적해석을 사용할 수 있지만 저사이클 피로파괴(low cycle fatigue failure)에 대한 검토는 별도로 하여야 한다.

⑤ 성능기반 내풍설계의 각 성능항목별 목표성능수준은 표 5.18-1의 최소목표성능수준을 만족해야 한다.

표 5.19-1 성능항목별 최소목표성능수준

성능항목	수평진동 사용성	수평변위 사용성	구조 안전성
풍속 재현기간	1년	50년	500년, 900년
목표성능수준	• 탄성거동 • 거주자 불쾌감 방지	• 탄성거동 • 기능수행	• 제한적 비탄성 거동 • 지속거주 (제한적 기능장애)

(4) 비탄성 거동을 고려한 풍하중

건축구조물의 제한적인 비탄성 거동의 허용을 위해 탄성 설계 풍하중을 줄여서 설계할 경우, 준정적 하중인 풍하중의 평균성분과 비공진성분의 풍하중은 그대로 두고, 공진성분의 풍하중에 대해서만 반응수정계수를 적용하여 풍하중을 저감시킬 수 있다. 풍하중의 긴 작용시간과 저사이클 피로파괴 등을 고려하여 반응수정계수는 2.0 이하의 값을 적용하여야 한다.

(5) 시간이력 풍하중 데이터 산정

시간이력해석은 구조축방향별 최대하중영향을 고려하여 최소 2개 풍향 이상에 대하여 풍동실험으로 구한 시간이력 풍하중 데이터를 사용하여 수행되어야 한다. 여기서 하중영향이란 유연건축구조물의 경우에는 전도모멘트, 기타 건축구조물은 밑면 전단력이다. 풍동실험에서 구한 풍향별 시간이력 풍하중 데이터는 구조축방향별 수평하중 성분과 비틀림 하중의 성분으로 구성되며, 시간이력 풍하중 데이터로 대상 건축구조물의 풍하중 영향을 적정하게 평가할 수 있어야 한다. 시간이력해석에 사용되는 시간이력 풍하중 데이터의 경우, 시간이력 풍하중 데이터를 사용하여 산정한 구조물의 탄성 풍하중의 값이 5.2(주골조설계용 수평풍하중), 5.9(주골조설계용 풍직각방향풍하중)의 절차에 따라 산정한 값의 80% 이상이 되도록 시간이력 풍하중 데이터의 하중의 크기를 조정하여야 한다. 단 추가적인 풍동실험을 통해 주변건물의 차폐효과가 아닌 건축구조물 자체의 공기역학적 특성(aerodynamic characteristics)에 의해 풍하중이 저감되는 것을 입증할 수 있을 경우에는 위의 80%의 제한을 50%까지 완화하여 적용할 수 있다. 시간이력 풍하중 데이터의 하중의 크기를 조정하는 경우에는 구조축방향별 수평하중 성분과 비틀림 하중 성분에 동일한 배율을 적용하여야 한다.

(6) 성능기반 내풍설계의 책임 및 검증

성능기반 내풍설계를 수행할 때는 그 절차와 근거를 명확히 제시해야 하며, 전반적인 설계과정 및 결과는 설계자를 제외한 성능기반 내풍설계 결과를 검증할 수 있는 능력을 갖춘 2인 이상의 구조전문가에게 타당성을 검증받아야 한다.

KDS 2022는 건축구조물의 구조안전과 기능성 및 거주자의 사용성을 충족하기 위해 필요한 최소한의 성능수준을 규정한 것이다. 실제 건축구조물을 건설할 경우 건축주는 설계기준을 충족하는 것은 물론이고 최적의 구조성능을 구현하는 건축구조물을 완성하고자 할 것이다. 이처럼 최적의 구조성능을 구현하기 위해 목표성능수준을 결정하고 그것을 달성할 수 있도록 건축구조물을 설계하는 것을 성능설계(PBD: performance based design)라고 한다.

성능기반 내풍설계(PBWD: performance based wind design)는 풍하중에 대한 거주사용성(불쾌한 건축구조물 진동의 감지), 기능유지(건축구조물의 수평이동과 진동)및 지속거주(극한상태의 풍거동에 대한 건축구조물 강도의 안전)에 대한 목표성능을 설정하고, KDS 41 12 00 : 2022에서 규정한 풍하중, 풍동실험, 성능기반 내풍설계법 등을 적용하여 목표성능을 만족하도록 설계하는 것이다.

기존 내풍설계(허용응력설계, 극한강도한계상태설계)는 건축구조물의 탄성거동에 기반한 설계이지만, 성능기반 내풍설계는 극한상태에서 제한적 비탄성거동을 허용하기 때문에 풍하중에 대한 공진성분의 기여가 큰 유연한 고층건축구조물을 신축할 경우에는 경제적이면서 최적성능을 확보한 설계가 가능하다. 또한 기존 건축구조물에 대해서도 건축주, 사용자, 이해관계자가 제시한 특정 요구성능을 만족하도록 성능기반 내풍설계의 절차에 따라 내풍성능평가를 할 수 있다.

(1) 적용범위

성능기반 내풍설계는 풍하중에 대해 설계하는 모든 건축구조물을 대상으로 적용할 수 있다. 특히, 강풍의 영향에 민감한 고층 및 세장한 건축구조물의 내풍설계에 효과으로 적용할 수 있다.

① 풍동실험을 수행하여 강풍으로 발생하는 건축구조물의 진동 및 변위에 대한 사용성과 풍하중에 대한 구조안정성에 대해 다양한 목표성능수준을 만족하도록 최적의 내풍설계를 수행하고자할 때 적용할 수 있다. 거주사용성과 기능유지에 대해서는 풍력실험에 의해 얻어진 변동풍력자료를 기반으로 진동가속도, 건축구조물의 변위를 평가할 수 있지만, 주골조의 구조안전성에 대해서는 다점풍압실험으로부터 얻어진 풍향별 층풍력 시각력자료를 사용하는 것이 바람직하다.

② 본문의 '*5.1.4 특별풍하중*'에 해당하는 와류방출에 따른 풍직각방향진동, 비틀림진동 및 갤로핑, 플러터에 의한 공기력불안전진동 등이 예상되는 건축구조물을 설계할 경우에 적용할 수 있다.

③ 극한강풍에 의한 건축구조물의 손상 이후 중력하중에는 저항할 수 연성거동(ductile behavior)을 할 수 있는 부재들에 대해 응력레벨이 항복응력 이상으로 피로수명이 짧아 반복사이클횟수가 약 10^4회 정도 이하가 되는 저사이클피로파괴(low cycle fatigue failure)를 방지할 수 있는 제한적 비탄성거동(controlled inelastic behavior)을 허용하는 건축구조물을 설계할 경우에 적용할 수 있다.

④ 풍요구조건의 특성화, 풍하중에 저항하는 구조적·비구조적 시스템의 선정, 비선형 동적 구조응답 및 해석, 기대성능을 달성하기 위해 필요한 구조적 배분 및 상세에 대해 필요한 식견과 경험을 가진 설계팀인 것을 확인해야한다.

⑤ 시공이 설계요구조건을 따랐는지를 보장하기 위해 충분한 시공품질보장이 이루어져야 한다.

⑥ 성능기반 내풍설계를 시작하기 전에 이 방법이 허가권자(관할관청)의 승인을 받을 수 있음을 확신해야한다.

(2) 하중의 모델화 및 구조해석

성능기반 내풍설계를 적용하는 과제는 풍동실험자료를 사용해야한다. 풍동실험에서 얻은 풍향별 풍력시각력을 건축구조물 각층의 절점에 직접 작용시켜 구조부재에 작용하는 응력(전단력, 휨모멘트, 축력 등)을 선형해석모델(linear analysis model) 또는 비선형해석모델(nonlinear analysis model)을 이용하여 평가한다.

성능기반설계 시 수평진동 사용성(거주사용성), 수평변위 사용성(기능유지)에 대한 성능목표를 평가하기 위해서는 진동수영역에서 스펙트럼모드해석 또는 시간영역에서의 직접적분법에 의한 선형해석을 수행하여 응답(변위, 가속도) 및 등가정적하중을 산정할 수 있다. 구조안전성(지속거주)에 대한 성능목표를 평가하기 위해서는 비선형 해석을 수행하여야 한다. 비선형모델로는 그림 5.19.1와 같이 ASCE 41-17에 제시된 철근콘크리트구조와 강구조에 대한 일반화 하중-변위 관계를 적용할 수 있다.[1] 거동은 부재가 나타내는 힘-변위곡선에 근거하여 그림 5.19.1의 변위제어거동(deformation controlled behavior) 및 힘제어거동(force controlled behavior)으로 구분된다. 그림 (a), (b)는 연성거동을 나타낸다. (a)의 경우 0에서 1까지는 탄성영역, 1에서 3까지는 소성영역, 3에서 지진력저항능력이 상실되고, 4에서 중력저항능력이 상실된다. (b)의 경우 0에서 1까지는 탄성영역, 1에서 3까지는 소성영역, 3에서 지진력저항능력이 상실되고, 4의 변형에서 중력저항능력이 상실된다. 그림 (c)는 취성 또는 비연성거동을 나타내고, 0에서 1까지는 탄성영역, 3에서 지진력저항능력이 상실되고, 4의 변형에서 중력저항능력이 상실된다. ASCE 41-17에서 제공하는 틀은 정적 또는 동적하중이 가해졌을 때 선형 및 비선형영역에서 건축구조물응답을 평가하기 위해 사용할 수 있다.[2]

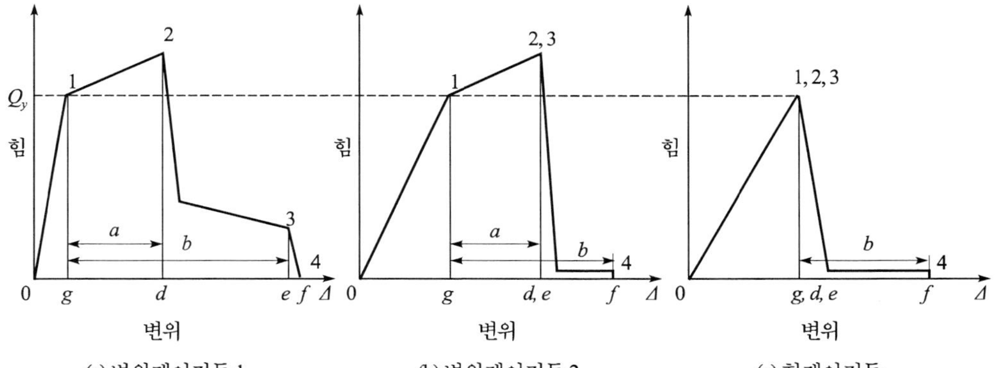

(a) 변위제어거동 1 (b) 변위제어거동 2 (c) 힘제어거동

그림 5.19.1 힘-변위 곡선[1]

성능기반 내풍설계를 사용하고자 하는 목적은 일부 부재의 1차 항복 이후에 제한된 비선형거동을 허용함으로써 보다 경제적인 설계를 추구하고, 다양한 풍위험의 상황에서 건물의 실제 성능을 예측하고자 하는 것이 목적이다. 따라서 사용하는 해석 모델은 다양한 하중

작용을 받을 때 구조계, 부재 및 구성요소의 비선형거동을 반영할 수 있어야한다. 현재 국내 및 국외에 비선형동적해석을 할 수 있는 상업용 소프트웨어 및 OpenSees(opensees.berkeley.edu) 등과 같이 성능기반 내진설계에 사용되는 틀이 풍하중 작용 시의 비선형동적해석을 수행할 때 사용할 수 있다.

구조해석에 사용한 모델에 대한 적정성은 실측결과 및 기존연구결과 또는 기준 등에 의해 검증되어야한다.

(3) 응답해석 및 내풍설계 구조성능 단계별 목표성능수준

성능기반 내풍설계를 수행하기 위한 절차는 대상으로 할 목표성능수준에 따라 달라질 수 있다. ASCE Prestandard[3]를 참고로 고층건축구조물의 성능기반 내풍설계에 대한 절차의 예를 제시하면 그림 5.19.2처럼 나타낼 수 있고, 각 단계별 절차는 다음과 같이 요약할 수 있다.

첫째, 건축주 및 이해관계자의 요구수준, 건물의 중요도 및 KDS 2022 풍하중 기준에서 제시하고 있는 성능수준을 바탕으로 성능목표를 정량화하여 설정한다.

둘째, 대상 건축구조물에 작용하는 풍력을 산정하기 위해 풍위험도(Wind Hazard) 평가를 수행하고, 성능목표별 풍하중 영향 재현주기에 해당하는 풍속을 산정한다. 풍위험도는 KDS 2022 풍하중 기준 또는 풍기상해석(Wind Climate Analysis)을 이용하여 평가할 수 있다.

셋째, 성능목표별로 그것에 적합한 구조해석을 수행하기 전에 각각 해석방법에 대한 입력풍하중은 풍동실험을 통하여 얻는다.

넷째, 성능목표별 대상 건축구조물의 풍응답, 부재력 등 풍하중 영향을 평가하기 위해 구조해석을 수행한다. 구조해석 시 성능목표별로 적합한 해석방법을 선정하여야 하는데 성능수준별로 허용 가능한 해석절차는 표 5.19.1과 같다.[3] 표 5.19.2는 성능목표를 평가하기 위한 구조해석의 종류와 그것을 수행하기 위해 필요한 입력풍하중, 해석방법, 요구성능 변수 들을 정리하여 나타낸 것이다. 선형정적해석의 경우 풍동실험을 통해 산정한 등가정적풍하중을 적용한다. 등가정적풍하중은 선형정적해석으로 변위, 층간변위 등 최대 풍하중 영향을 해석할 수 있도록 평균, 변동 및 공진하중이 조합과 구조축 방향별 풍하중 조합을 반영하여 산정한다. 선형 및 비선형 시간이력해석을 위한 시간이력 풍력은 풍압적분법 등을 이용하여 높이별 평균 및 변동 풍력을 포함한 시계열 풍력을 산정하며, KDS 2022 풍하중 기준에서 제시하고 있는 최소 풍하중 기준을 만족해야 한다. 또한 구조해석 시 적용하는 하중 수준에서 예상되는 콘크리트 부재의 유효강성, P-delta효과 등을 고려하여야 한다. 비선형해석을 수행할 경우, 국내외 기준에 의거한 비선형 힌지 등을 모델링하여 강도, 강성 및 변형능력을 평가할 수 있도록 해야 한다.

다섯째, 해석 완료 후 성능목표별 진동가속도, 변위, 변형손상지수(Deformation Damage Index), 부재변형률, 회전각, 부재력 등을 허용기준과 비교하여 성능수준 만족여부를 평가한다. 만약, 성능수준을 만족하지 않을 경우 설계를 재검토하고, 해석 및 허용기준 평가를 재실시 한다.

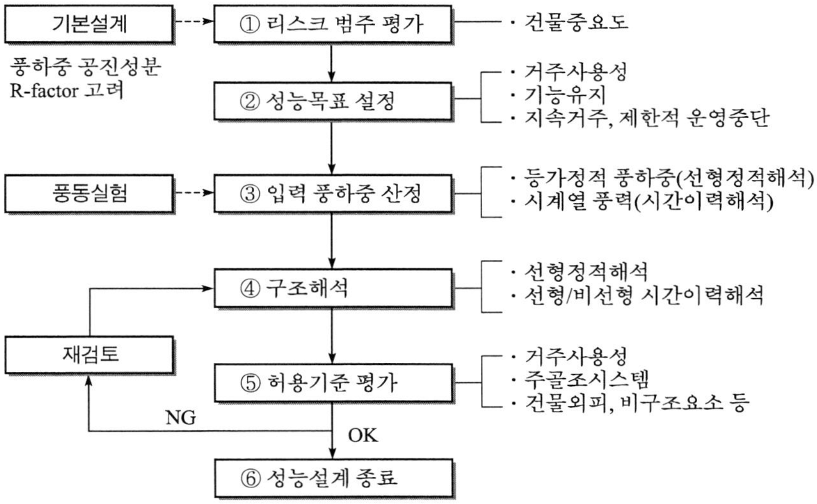

그림 5.19.2 성능기반내풍설계의 절차[4)]

표 5.19.1 성능수준별 허용 해석절차[3)]

성능수준	해석절차			
	근사식	선형 정적해석	선형 시간이력해석	비선형 시간이력해석
거주사용성	허용	불가	허용	허용
기능수행	불가	허용	허용	허용
지속거주	불가	해석결과에 따른 조건부 허용	해석결과에 따른 조건부 허용	허용

표 5.19.2 성능목표 평가를 위한 구조해석

해석종류	입력 풍하중	해석방법	요구성능 변수
근사 (Approximate)	풍동실험 밑면모멘트	• 풍동실험 해석법	• 수평가속도
탄성 정적 (Elastic Static)	풍동실험 또는 등가정적하중 (평균/비공진/공진 성분)	• 등가정적 풍하중 해석법	피크/층간변위 • DDI • 부재력
선형 응답 이력 (Linear Response History)	풍동실험 풍력 파워스펙트럼	• 진동수영역 해석법	• 피크/층간변위 • 속도, 가속도 • 부재력 • 감쇠장치 성능
	풍동실험 시계열 풍압데이터	• 시간영역 해석법 • 직접적분법 • 모드중첩법	
비선형 응답 이력 (Nonlinear Response History)	풍동실험 시계열 풍압데이터	• 비선형 시간이력 해석 • 직접적분법 Fast Nonlinear Analysis	• 피크/층간/잔류변위 • 부재 비선형 변형 • 탄성피크 횟수 및 피크시 응력 • 비탄성피크 횟수 및 피크시 소성변성 • 감쇠장치 성능

① 풍동실험자료를 이용하여 성능기반 내풍설계를 위한 건축구조물의 수평진동 가속도와 수평진동 변위에 대한 사용성을 평가할 때는 진동수영역에서의 스펙트럼모드해석 또는 시간영역에서의 직적적분법 및 모드중첩법에 의한 선형해석모델을 사용하여 동적해석을 할 수 있다. 그러나, 풍하중에 대한 구조안전성을 평가할 때는 시간이력응답해석에 의한 비선형모델을 사용하여 동적해석을 하는 것이 바람직하다.

② 선형해석의 경우에는 본문 *표 5.13-1*에 따라 풍방향, 풍직각방향, 비틀림방향의 하조합을 할 수 있다. 비선형동적해석을 수행할 경우에는 풍동실험자료를 활용해야하며, 이 때 풍하중조합은 표 5.13.1에 주어진 10가지 CASE로 할 수 있다.

③ 건축구조물의 평면 및 입면형상이 비정형적인 경우에는 연성진동 또는 고차모드의 영향을 크게 받는다. 이 때에는 사용성 검토를 위한 진동가속도, 변위 및 구조안전성 검토를 위한 위한 풍하중의 평가를 할 때는 물론이고 풍하중을 조합을 제시할 때에도 시각이력응답해석방법을 적용해야한다.

시간이력풍하중에 대한 응답해석방법으로는 첫째, 운동방정식에 풍동실험으로부터 얻어진 풍압력 시각력자료를 층풍력 시각력자료로 변환하여 구조골조에 순차적으로 입력시켜 가는 방법과 둘째, 풍동실험으로부터 얻어진 일반화풍력 시각력자료를 입력하는 방법이 있다. 시간이력응답해석에 의해 풍하중 및 응답을 정밀하게 평가하기 위해서는 적어도 5회 이상 응답해석을 실시하여 앙상블평균(각 시각의 응답의 평균)을 취해야 한다.[5)]

④ 건축구조물의 주골조에 대하여 500년 또는 900년 재현기간의 풍속에 의한 풍하중이 작용한 경우 건축구조물을 구성하는 부재에 대한 제한적 비탄성거동이 허용된다. 이 때에는 반드시 풍동실험에서 얻은 풍압력에 대한 시각력자료를 사용하여 비탄성시간이력응답해석을 수행해야한다.

정형적인 건축구조물인 경우와 시간이력풍하중자료를 이용하여 동적하중효과까지 반영된 등가정적풍하중을 구하였을 경우에는 비탄성정적해석(inelastic static analysis)) 을 사용할 수 있다. 이 때 구해진 풍하중은 비탄성동적해석(inelastic dynamic analysis)의 값에 비하여 크다. 따라서 하중레벨이 높고 반복횟수가 낮은 경우에 발생하는 저사이클피로가 건축구조물의 부재 가운데 발생할 가능성이 있으므로 별도로 검토하도록 하고 있다. 피로파괴에 대한 구체적인 평가방법은 5.18절의 해설 편 (1),(2)항에 기술되어 있으니 참고하면 된다.

⑤ 건축구조물에 대한 목표성능수준은 설계자가 건축주, 최종 사용자 및 기타 이해 관계자의 의견을 종합하여 설정하여야한다. KDS 2022에서는 거주자의 안락성, 건축구조물의 사용성 및 안전성이란 성능항목에 대한 최소목표성능수준을 본문 *표 5.19-1*과 같이 규정하고 있다. 수평진동에 대한 거주성은 재현기간 1년 풍속, 기능유지를 위한 수평변위는 재현기간 50년 풍속, 건축구조물의 구조안전은 재현기간 500년 풍속 수준으로 평가한다는 점에 주의해야한다. 진동에 의한 거주성능목표는 주로 고층이고 세장한 건축구조물인 경우에만 적용하며 동적응답이 탁월하지 않는 구조물에 대해서는 고려하지 않아도 된다.

표 5.19.3은 다양한 풍위험 상태에서 위험도 별로 발생 가능한 성능목표행렬을 나타낸 것이고, 표 15.19.4는 목표성능수준에 상응하여 건축구조물의 부위별로 실제 발생할 수 있는 현상을 나타낸 것이다. KDS 2022에서는 건축구조물에 대한 최소목표성능수준을 본문의 *표 5.19-1*과 같이 규정하고 있지만, 건축구조물에 대한 목표성능수준은 설계자가 건축주, 최종사용자 및 기타 이해 관계자의 의견을 종합하여 결정할 수 있기 때문에 의사결정을 위해 표 5.19.3, 표 5.19.4를 참고할 수 있을 것이다.

표 5.19.3 성능목표행렬[6)]

풍위험 (재현기간)	성능목표			
	진동 안락	계속 사용	사용	극한 중단
1년	●			
10년	●	● (위험 Ⅰ)		
50년		● (위험 Ⅱ)	● (위험 Ⅰ)	
100년		● (위험 Ⅲ/Ⅳ)	● (위험 Ⅱ)	
300년			● (위험 Ⅲ/Ⅳ)	● (위험 Ⅰ)
700년				● (위험 Ⅱ)
1700년				● (위험 Ⅲ/Ⅳ)

주] 위험 Ⅰ : 파괴되더라도 인간에 큰 위험을 주지 않는 건축구조물
위험 Ⅱ : Ⅰ, Ⅲ, Ⅳ에 속하지 않는 건축구조물
위험 Ⅲ : 파괴 시 인간에게 상당한 위험을 줄 건축구조물
위험 Ⅳ : 필수시설로 지정된 건축구조물, 파괴 시 공공에게 상당한 재해를 줄 건축구조물

표 5.19.4 건축물의 부위별 성능수준의 상세[7)]

	성능수준		
	극한 중단(구조안전성)	사용(기능유지)	사용자 안락성(거주성)
재현기간	300년~1,700년	10년~50년	1년~10년
전체피해	낮음	아주 낮음	없음
일반	• 영구 층간변위 없음 • 구조물은 콘크리트구조에 약간 강성감소가 되더라도 원강도를 유지함 • 약간 피해 또는 파사트, 칸막이, 천장 비구조요소의 균열,	• 영구 층간변위 없음 • 구조물은 원강도와 강성을 유지함 • 가벼운 피해 또는 파사트, 칸막이, 천장 비구조요소의 가벼운 균열,	• 영구 층간변위 없음 • 구조물은 원강도와 강성을 유지함 • 피해 없음 또는 또는 파사트, 칸막이벽, 천장 비구조요소의 균열 없음
콘크리트 구조물	• 일부 기둥과 보에서 가벼운 깨짐 • 보 및 기둥에서 휨균열, 접합부 및 연결보에서 전단균열 • 내력벽에서 가벼운 실금 균열. • 커플링보가 폭 3 mm 이하의 균열 경험 • 가벼운 깨짐	• 가벼운 실금 균열. • 일부 부위에서 한계항복이 가는 • 큰크리트 크러싱(파쇄)이 없음(변형도〈0.003) • 커플링보가 폭 15 mm 이하의 균열 경험	• 파사드, 칸막이, 천정 또는 다른 비구조요소에 보일 정도의 피해 없음

	성능수준		
	극한 중단(구조안전성)	사용(기능유지)	사용자 안락성(거주성)
강구조물	• 일부 부위에서 가벼운 국부항복 • 파단 없음 • 가벼운 좌굴 또는 일부 부재에 보일정도의 영구 뒤틀림	• 국부 항복 시작 • 일부 부재의 좌굴 시작	• 항복 또는 부재 좌굴 없음
외장재	• 접합부 항복; 폭 1.5 mm 이하의 가벼운 균열 또는 외장재의 휨	• 일부 판유리 균열; 깨지지는 않음. • 외장재판넬 사이의 접합의 파괴 가능성	• 보일정도의 피해 없음
수평이동 피해지표*	• 칸막이벽: H/140 • 무근콘크리트 조적조: H/250	• 칸막이벽: H/220 • 무근콘크리트 조적조: H/400	• 칸막이벽: H/400 • 무근콘크리트 조적조: H/667

* 수평이동피해지표는 칸막이벽과 무근콘크리트 조적벽에 대해 적용. 허용표준은 외장재시스템에따라 달라짐.

(가) 수평진동 사용성(거주 사용성) 평가

거주사용성 평가 시에는 재현주기는 1년 기대풍속을 기준으로 한다. 초고층 또는 세장한 건물의 와류진동은 짧은 재현주기의 낮은 풍속에서도 발생할 수 있고, 때로는 수평진동으로 인한 사용성 문제가 한 달에 한 번 이상도 발생할 수 있기 때문에 필요할 경우 복수의 재현주기의 풍속에 대해서 평가를 할 수도 있다.

허용기준으로는 수평진동가속도가 주된 평가대상이고 사무소 건물과 거주용 건물에 대한 허용기준으로 구분할 수 있다. 국내에서는 일반적으로 ISO 10137 풍진동 평가 기준을 적용하고 있으며, 5.14.2절의 (2)항 해설 편에 주어진 (5.14.2.5)식 또는 그림 5.14.2.1을 표준적으로 사용할 수 있다. 그 외 일본건축학회기준인 그림 5.14.2.2, 캐나다 기준인 (5.14.2.7)식, (5.14.2.8)식 등을 사용하여 평가할 수 있다.

강풍으로 발생하는 과도한 풍진동에 의한 진동가속도가 ISO, 일본건축학회기준, 캐나다 기준에서 정한 허용기준을 만족하면 거주자의 안락성에 대한 최소목표성능은 달성된 것으로 본다.

만약, 거주 사용성을 건축구조물의 수평변위에 의한 층간변위를 사용하여 평가하고자 할 때는 표 5.19.4에 주어진 건축구조물의 부위별 값을 참고하여 검토할 수 있다.

엘리베이터 운영과 관련하여 건물의 특정 값 이상의 진동가속도에서는 엘리베이터의 속도 저감 또는 운행 중지가 발생할 수 있으므로 엘리베이터 제작·설치 회사의 제품규격에 따른 허용진동레벨을 기준으로 평가할 필요가 있다.

(나) 수평변위 사용성(기능유지) 평가

기능유지 평가 시에는 재현주기 50년 기대풍속을 기준으로 하고, 필요할 경우 복수의 재현주기의 풍속에 대해서 평가를 할 수도 있다. 기능유지 성능목표에 대하여 주골조시스템은 탄성거동을 유지하여야 하며, 외장재 및 비구조 시스템은 부착상태와 풍우(wind-driven rain) 저항성능을 유지하여야 한다.

기능유지를 위한 평가 항목 및 허용기준을 표 5.19.4 및 ASCE Prestandard를 참고하여 제시하면 표 5.19.5와 같이 나타낼 수 있다. 부재력, 피크변위, 변형손상지수(Deformation Damage Index : DDI)에 대한 만족여부를 평가한다.

표 5.19.5 기능 유지 성능목표에 대한 허용기준

평가항목	평가기준
부재력	– 설계항복강도 이내
피크변위	– H/400~H/500, H는 건물 높이
변형손상지수 (DDI)	– 변형손상지수 산정식 $DDI = 0.5\left[\frac{X_A - X_C}{H} + \frac{X_B - X_D}{H} + \frac{Y_D - Y_C}{L} + \frac{Y_B - Y_A}{L}\right]$ (5.19.1) – 변형손상지수 허용 값 : 표 5.19.6 참조

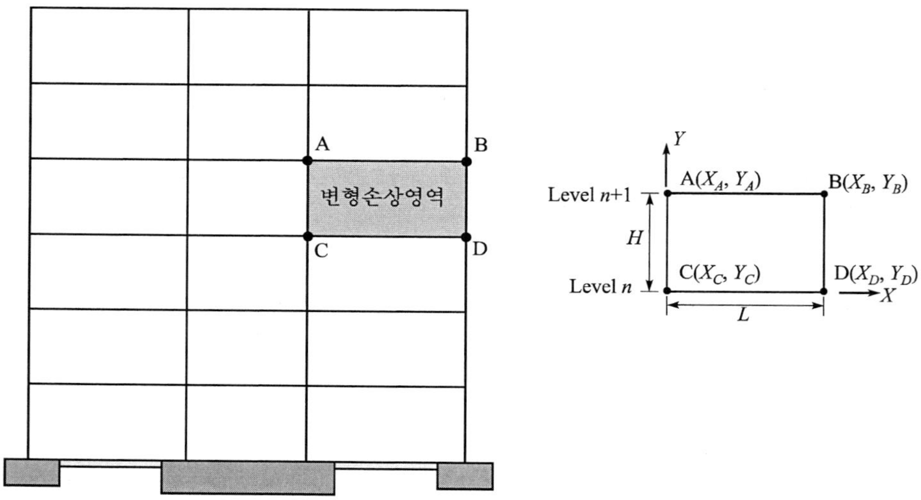

DDI를 이용하여 사각형 또는 직사각형 요소의 4개 노드에서 변위를 측정하여 요소의 전단 변형률을 구할 수 있다.

표 5.19.6 변형손상지수 허용 값 3)(ATC Design Guide 3)

건축구조물 요소		DDI 한계 제안 값
외부 외장재	블륵 베니어판/금속제 스터드	0.0025
	브륵 베니어판/비보강 조적조	0.0025
	회반죽 또는 치장벽토	0.0025
	건축 프리캐스트	0.0025
	석재 피복 프리캐스트	0.0025
	건축 금속 파넹	0.0100
	칸막이벽 또는 창벽	0.0025
내부 칸막이	석고판, 플라스터	0.0025
	비보강콘크리트 조적조	0.0015
	타일 또는 중공흙벽돌	0.0005
엘리베이터	석고판마감	0.0025

사용하중 작용 하에서 영구변형, 비구조부재의 파손을 방지하고, 건축구조물의 서비스 및 수직이동장치의 운행 중단 등을 방지하기 위해 정한 수평변위를 만족하면 기능유지에 대한 최소목표성능수준은 달성된 것으로 본다.

(다) 구조안전성(지속 거주) 평가

지속 거주 평가 시의 중요도 분류와 그에 따른 풍속재현주기는 중요도 특, 중요도 I인 건물은 500년이며, 초고층건물의 경우 900년이다.

지속거주 성능목표에 대하여 주골조 시스템은 변형지배 부재의 제한적 비탄성 거동이 허용되지만 구조물의 부분 또는 전체 붕괴를 방지하여야 하고, 외장재와 비구조시스템은 부착상태를 유지하여야 한다. 이를 평가하기 위해서는 비선형 해석을 수행하여야 하며, 허용기준은 표 5.19.4 및 ASCE Prestandard를 참고하면 표 5.19.7과 같이 제시할 수 있다.

극한하중 작용 하에서 표 5.19.5의 허용기준이 충족되면 최소목표성능은 달성된 것으로 본다.

표 5.19.7 지속거주 성능목표에 대한 허용기준

평가항목	평가기준
최대 횡변위 비	H/200~H/300, H는 건물높이
잔류변위 비	H/1000 이하, H는 건물높이
잔류층간변위 비	h/1000 이하, h는 층고
변형손상지수(DDI)	변형손상지수 허용값 : 0.02 (외장재 탈락· 낙하 없음)
힘지배부재	D/C 비 제한 : 1.0 이하 층안정성 및 기둥 부재력 전달 유지
변형지배부재 D/C 비	D/C 비 제한 : 1.25 이하
변형지배부재 거동	부재 단면 항복의 1.5배인 비탄성변형률 발생이 10회 이하 * 저사이클 피로(Low Cycle Fatigue) 파괴 방지 층안정성 및 중력하중 저항능력을 유지하기 위한 변형제한치 이내 잔류변위 기준 이내의 변형

건축구조물에 대한 최소목표성능수준은 본문의 *표 5.19-1*에 제시한 것처럼 수평진동 사용성(거주사용성), 수평변위 사용성(기능유지), 구조 안전성(지속거주)의 3가지로 대별된다. 이들 각 목표의 달성을 위해 건축구조물 주골조, 건축구조물 외장재, 비구조부재에서 요구되어지는 성능을 종합하여 정리하면 표 5.19.8과 같이 나타낼 수 있다. 거주 사용성을 만족하기 위해서는 적어도 재현주기 1년 풍속 레벨에 의한 건물진동으로 인해 거주자가 멀미 등의 불쾌감을 느끼지 않아야 한다. 기능유지를 위해서는 재현주기 50년 풍속 레벨의 풍하중에 대하여 건축구조물의 주골조는 탄성거동을 해야 하고, 외장재는 탈락하지 않고 풍우에 저항할 수 있어야한다. 구조안전성을 확보하여 건축구조물을 지속적으로 사용하기 위해서는 재현주기 500년 풍속(초고층 건축구조물은 900년 풍속)의 풍하중에 대해 주골조는 부분 또는 전체 붕괴가 발생하지 않고, 주골조 가운데 변형지배 부재 만 제한적 비탄성거동이 허용될 정도여야 하고 외장재는 탈락하지 않아야한다.

표 5.19.8 성능목표 달성을 위한 건축구조물 부위별 요구 성능

구분	거주 사용성 (수평진동 사용성)	기능 유지 (수평변위 사용성)	지속 거주, 제한적 운영중단 (구조 안전성)
중요도 특, 1, 초고층 건축구조물	중요도 분류와 무관	재현주기 50년 풍속	재현주기 500년 풍속 재현주기 900년 풍속
풍하중 저항 주골조 시스템	• 성능목표 – 구조시스템은 탄성 거동 – 재현주기 1년 풍속 레벨의 건물 진동에 대해 거주자의 불쾌감 방지	• 성능목표 – 구조시스템은 탄성 거동 – 재현주기 50년 풍속의 풍하중 작용 시 건축구조물 시스템 기능 유지	• 성능목표 – 구조시스템 내 변형지배 부재의 제한적 비탄성 거동 허용 – 중요도 분류별 풍하중에 대해 구조물의 부분 또는 전체 붕괴 방지
건축구조물 외장재		• 성능목표 – 외장재의 구조물 부착상태 유지 – 외장재의 풍우 저항성능 유지	• 성능목표 – 외장재의 구조물 부착상태 유지 – 건축구조물 외장재는 초고층 건물 및 중요도 특, 1의 경우 재현주기 50년 풍속의 풍하중에 대해 풍우 저항성능 유지
비구조부재 및 시스템		• 성능목표 – 비구조 부재 및 시스템은 건물 부착 상태 유지 – 풍우 저항성능 유지	• 성능목표 – 비구조 부재 및 시스템은 건축구조물 부착상태 유지 – 비구조 부재 및 시스템은 초고층 건축구조물 및 중요도 특, 1의 경우 재현주기 50년 풍속의 풍하중에 대해 풍우 저항성능 유지

(4) 비탄성을 고려한 풍하중

재현기간 500년과 900년의 풍하중을 받는 구조골조 대해서만 제한적인 비탄성설계가 허용되고 있다.

풍동실험에서 얻은 풍향별 풍력시각력자료을 건축구조물 층 질점에 직접 작용시켜 구조부재의 응력을 선형해석모델, 비선형해석모델 이용하여 평가하면 풍하중의 동적확대가 반영된다. 따라서 기존 풍력실험에 의한 진동수영역해석의 후처리과정에서 발생할 수 있는 보수성, 건축구조물의 동특성에 의존하여 변동풍력을 등가정적풍하중으로 변환하는 과정에서 발생하는 보수성을 제거할 수 있기 때문에 효율적인 설계가 가능하다. 특히, 변형지

배부재에 대해서 제한적 비탄성거동을 허용하면, 허용한계 내에서 변위레벨을 유지하는 동안 다른 부재들 간에 힘의 재분배를 허용하는 해석방법을 허용하기 때문에 부재의 저항능력이 증가한다.

부재의 비선형거동을 허용함으로써 발생하는 건축구조물의 연성화(軟性化: softening)는 건축구조물의 고유진동수를 감소시킨다. 건축구조물의 연성화는 지진이 작용하면 동적성분을 감소시키는 효과가 있지만, 풍하중의 경우에는 오히려 동적성분을 증가시킨다. 그러나 풍력시각력자료을 사용하여 분명한 동적해석을 수행하고, 제한적 비탄성거동을 허용함으로써 발생하는 부재의 강성 및 감쇠 변화까지 고려하였다면, 응답현상이 비선형동적해석결과에 반영되어 최적의 응답이 얻어질 것이다. 이런 점을 고려하여 KDS 2022에서는 건축구조물의 제한적 비탄성거동의 허용을 위해 탄성설계 풍하중을 줄여서 설계할 경우에는 공진성분의 풍하중에 대해서만 반응수정계수를 2.0까지 사용하여 풍하중을 저감할 수 있도록 허용하고 있다.

풍하중이 작용할 때의 비선형동적해석은 다양한 하중 작용을 받을 때 부재 · 구성요소 및 구조계의 비선형동적거동을 반영할 수 있도록 현재 국내 및 국외에 상업용 소프트웨어가 개발되어 있으므로 그것을 활용하면 된다.

(5) 시간이력 풍하중 데이터 생성

건축구조물의 구조골조에 대한 시간이력해석을 수행하기 위해서는 풍동실험으로부터 다양한 풍향에 대하여 구조축 방향별로 획득한 풍압력 시각력자료가 필요하다. 대부분의 건축구조물 풍동실험에서는 36개 풍향을 대상으로 실험을 수행하지만, 일반적으로 피크응답은 2~3개 풍향에서 발생한다. 이런 점을 반영하여 KDS 2022에서는 구조축 방향별로 최소한 2개 풍향 이상을 선정하고, 각 풍향에 대해 구조축 방향별로 x, y 축 수평하중 2성분과 z축 비틀림하중 성분에 대한 풍압력 시각력자료를 획득하여 사용도록 하고 있다.

건축구조물의 외부 국부면적을 대상으로 풍압실험을 실시하여 획득한 측정한 다점풍압 시각력자료를 풍압적분하여 건축구조물 층풍력 및 밑면전단력 시각력자료를 생성하는 방법은 그림 5.17.3을 참고하면 된다.

우리나라의 경우 강풍(태풍, 저기압·전선풍, 계절풍)의 지속시간은 짧아도 1시간 이상이다. 적어도 실제 스케일로 1시간 정도(풍동실험에서는 30초 ~ 60초)의 풍동실험데이터를 사용해야 통계적으로 변하지 않는(stationary) 데이터를 확보한다고 볼 수 있다. 따라서 강풍이 지속되는 동안을 대상으로 시간이력해석을 수행하기 위해 얻어지는 데이터의 양은 방대하다. 예를 들면, 6개 풍향을 고려한 57층 건물을 대상으로 하는 경우, 풍압력 자료는 3개 층 마다 합하였다면 풍방향, 풍직각방향, 비틀림방향에서 19개 셋트로 19×6×3=342 셋트의 시각력이 된다. 강풍의 지속시간을 1시간, 시각력 측정간격을 0.2초라고 하면 18,000 하중자료 점을 가진다. 만약, 사용성 및 강도 해석을 위해 다양한 레벨을 고려해야 한다면 해석해야할 데이터의 양은 더 많아질 것이고, 해석에 요구되는 시간이 매우 길어질 것이다.

KDS 2022의 '*5.2 주골조 설계용 수평풍하중*', '*5.9 주골조설계용 풍직각방향풍하중*' 에 규정한 풍하중은 대상건물만 단독으로 있는 경우를 대상으로 정해진 것이다. 실제 건축구조물은 대부분 주변이 복잡하기 때문에 풍동실험결과는 주변건축구조물의 영향을 강하게 받는다. 대상건축구조물이 주변건축구조물로부터 박리된 흐름의 영역 또는 흐름이 수속되거나 차폐되는 영역 내에 위치하면 풍하중 커지거나 작아진다. 대상 건축구조물의 주변에 위치한 건축구조물은 증축, 신축, 철거 등으로 인하여 항시 변할 수 있고, 바람은 어느 방향에서 불어올지 알 수 없다. 따라서 대상건축구조물의 주변 건축구조물을 상세하게 재현한 축적모형을 사용한 풍동실험 자료에 의해 평가한 풍하중은 주변건축구조물의 차폐효과 때문에 그 값이 감소될 수 있다. 이런 점을 고려하여 KDS 2022에서는 시각력자료를 사용하여 산정한 탄성풍하중의 값이 본문 '*5.2 주골조용 수평풍하중*', '*5.9 주골조용 풍직각방향풍하중*' 의 절차에 따라 평가한 풍하중 값의 80% 이상이 되도록 규정함으로써 차폐효과에 의해 풍하중이 극단적으로 과소평가되지 않도록 하고 있다. 그러나, 차폐효과가 아니고 건축구조물 자체의 공기역학적 특성(예를 들면, 고층건축구조물로서 평면이 유선형이거나, 입면적으로 비틀린 형상을 가져 풍직각방향의 와류방출이 깨지는 경우)으로 인하여 풍하중이 저감되는 것을 확인할 수 있는 경우에는 80%의 제한을 50%까지 완화하여 적용할 수 있도록 하고 있다.

(6) 성능기반 내풍설계의 책임 및 검증

그림 5.19.3은 건축구조물의 주골조를 대상으로 본분의 *표 5.19-1*에 제시된 성능기반 내풍설계의 항목별 최소목표성능수준에 따랐는지 내풍공학전문가 및 구조엔지니어에 의한 동료심사(peer review)를 할 경우 검토해야할 사항들의 흐름을 예로 나타낸 것이다. 내풍공학전문가란 구조동역학, 공기역학, 불규칙과정, 풍동실험 분야에 대한 전문적인 지식과 경험을 갖춘 자를 말한다.

수평진동 사용성 최소성능목표	수평변위 사용성 최소성능목표	구조 안전성 최소성능목표
재현기간 1년 풍속 가속도	재현기간 50년 풍속 변위	재현기간 500년/900년 풍속 강도

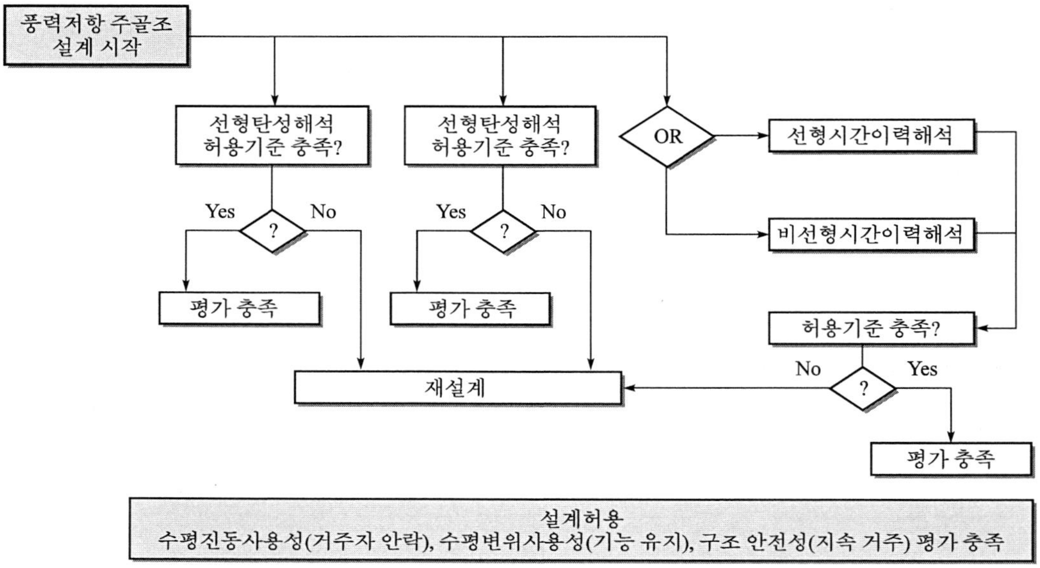

그림 5.19.3 성능기반내풍설계 주골조설계 해석과 허용 방법의 개요[8)]

(7) 한계

성능기반 내풍설계법은 현재의 기술 상태, 실험 및 해석적 연구, 풍하중에 대한 설계 및 응답에 대해 그동안 전문가들의 연구 및 실무 결과를 종합적으로 정리하여 건축구조물의 내풍설계에 대한 근거를 제공한 틀이다. 성능기반 내풍설계가 적절하게 수행된다면, 현재의 공인된 건축구조물기준에 따라 설계한 내풍설계로 얻어지는 성능과 동등하거나 나은 성능을 가진 건축구조물의 설계가 허용될 것이다.

풍공학은 비선형응답 및 건축구조물 외장재설계의 분야에서 급격하게 발전하는 분야이다. 따라서 장래에 얻어질 결과들에 의하여 현재 제시한 사항들을 수정해야할 것이다.

참고문헌

5.19

1) ASCE/SEI (2017), ASCE/SEI 41-17 Seismic Evaluation and retrofit of Existing Buildings, 77
2) S. Clifton, R. Larsen, K. Aswegan (2020), Performance-Based Wind Design-The Next Frontier, Structural Magazine, July, 16-18)
3) ASCE/SEI (2019), Prestandard for Performance-Based Wind Design
4) 김지영, 김대영, 하영철 (2022), 건축구조 설계 시 성능기반 내풍설계의 활용 방안, 건축구조, 한국건축구조가술사회지 29(5), 43-49
5) 日本建築センター- (2019), 性能評價を踏まえた超高層建築物の構造設計實務, 42-43
6) L. Griffs, V. Patel, S Muthukumar, S. Baldava (2013), A framework for performance-based wind engineering, ATC & SEI 2112 ASCE and ATC 2013, Advance on Hurricane Engineering, 1205-1216
7) W. H. Melbourne(Editor) (1977), Wind Loading and Wind Effects, Planning and Design of Tall Buildings, Vol. CL, Ch.7, ASCE/IABSE
8) S. Clifton, R. Larsen, K. Aswegan (2020), Performance_base Wind Design The Next Frontier, Structure Magazine, June, 16-18

부록

부록 A
풍하중 산정 예

A1. 고층건축구조물의 주골조용 및 외장재용 풍하중

1. 주골조용 풍하중

1.1 건물개요

- 건물용도 : 집합주택
- 구조양식 : 철근콘크리트조
- 건물밀도 : 313kg/m^3, 높이별로 일정한 것으로 가정함
- 건물의 형상 및 방위 : 그림 A1.1
- 건물의 고유진동수 및 감쇠비 : 표 A1.1

표 A1.1 고유진동수 및 감쇠비

	1차 고유진동수	1차 감쇠비 (구조골조)	1차 감쇠비 (거주성)
X방향	0.300 Hz	0.012	0.009
Y방향	0.250 Hz	0.012	0.009
Z방향	0.333 Hz	0.012	0.009

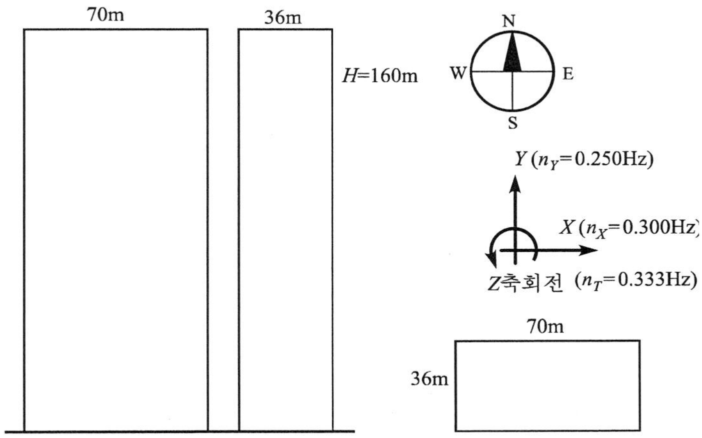

그림 A1.1 건축물의 형상과 방위

1.2 건설지점 주변의 지표면 상태

- 지역 : 부산
- 지표면조도구분 : B

1.3 하중산정 방침

- 밀폐형 건축구조물의 구조골조용 하중 산정식으로 계산한다.
- 구조골조 설계용 재현기간은 500년으로 한다.
- 풍직각방향진동, 비틀림진동, 와류진동, 공기력불안정진동에 대한 검토는 *5.1.4*에 의한다.
  $H/\sqrt{A_f} \geq 3$
- 대상 구조물은 형상비 3.18이기 때문에 특별풍하중에 해당하고,
  풍직각방 향 및 비틀림진동에 대한 검토가 필요함.
- 기본풍속은 *5.5.2*의 값으로 한다.
- 풍압계수는 *5.7.1*의 값으로 한다.

1.4 구조골조용 풍방향풍하중

(1) 진동모드 $\beta=1$인 경우(질량분포가 높이에 따라 일정할 때)

1) 설계풍속 V_H

- 기본풍속 V_0는 부산의 $V_0=42$ m/s로 한다. *그림 5.5-1*
- 풍향계수 K_D *5.5.3*
  풍향을 고려하지 않고 K_D=1.0으로 한다.
- 풍속고도분포계수 K_{zr} *5.5.4*
  지표면조도구분 B에 의해 $Z_g=450$ m, $\alpha=0.22$, $z=160$ m이므로
  $K_{zr}=0.45z^{\alpha}=0.45(160)^{0.22}=1.374$
- 지형계수 K_{zt}
  평탄지로 $K_{zt}=1.0$으로 한다. *5.5.5*
- 중요도계수 $I_W(T)$ *5.5.6*
  높이가 160m인 건물이므로 설계용 재현기간은 500년이고, 중요도 분류1에 해당하므로
  $I_W(T)=I_W(500)=1.0$으로 한다.
- 설계풍속 V_H *5.5.1*
  $V_H= V_0 K_D K_{zr} K_{zt} I_W(T) = 42\times1.0\times1.374\times1.0\times1.0=57.71$ m/s *식(5.5-2)*

2) 설계속도압 q_H 5.5

$$q_H = \frac{1}{2}\rho V_H^2$$ 식(5.5-1)

$$= \frac{1}{2} \times 1.22 \times 57.71^2 = 2031.57\ \text{N/m}^2$$

3) 풍방향가스트영향계수 G_D 5.6.1

- 공진계수 R_D
- 풍방향고유진동수가 1 Hz 이하 ($n_D = 0.3$ Hz)인 유연건축구조물이다.

$$S_D = \frac{1}{\left(1+4.0\frac{n_D B}{V_H}\right)\left(1+2.3\frac{n_D H}{V_H}\right)}$$ 식(5.6-1.k)

$$= \frac{1}{\left(1+4.0\frac{0.3\times 36}{57.71}\right)\left(1+2.3\frac{0.3\times 160}{57.71}\right)} = 0.196$$

$$L_H = 100\left(\frac{H}{30}\right)^{0.5} = 100\left(\frac{160}{30}\right)^{0.5} = 230.94\ \text{m}$$ 식(5.6-1.e)

$$F_D = \frac{4.0\frac{n_D L_H}{V_H}}{\left\{1+71\left(\frac{n_D L_H}{V_H}\right)^2\right\}^{5/6}} = \frac{4.0\frac{0.3\times 230.94}{57.71}}{\left\{1+71\left(\frac{0.3\times 230.94}{57.71}\right)^2\right\}^{5/6}} = 0.101$$ 식(5.6-1.l)

$$\therefore R_D = \frac{\pi}{4\zeta_D} S_D F_D = \frac{\pi}{4\times 0.012} \times 0.196 \times 0.101 = 1.296$$ 식(5.6-1.j)

- 비공진계수 B_D

건물의 높이 H가 건물의 대표폭 B보다 크므로, $k = 0.33$ 으로 한다.

$$B_D = 1 - \left[\frac{1}{\left\{1+5.1\left(\frac{L_H}{\sqrt{HB}}\right)^{1.3}\left(\frac{B}{H}\right)^k\right\}^{\frac{1}{3}}}\right]$$ 식(5.6-1.d)

$$= 1 - \left[\frac{1}{\left\{1+5.1\left(\frac{230.94}{\sqrt{160\times 36}}\right)^{1.3}\left(\frac{36}{160}\right)^{0.33}\right\}^{\frac{1}{3}}}\right] = 0.587$$

- 풍방향피크팩터 g_D

$$\nu_D = n_D\sqrt{\frac{R_D}{B_D + R_D}} = 0.3\sqrt{\frac{1.296}{1.296+0.587}} = 0.249$$ 식(5.6-1.b)

$$\therefore g_D = \sqrt{2\ln(600\nu_D)} + 1.2 = \sqrt{2\ln(600\times 0.249)} + 1.2 = 3.349$$ 식(5.6-1.a)

• 풍속변동계수 γ_D

$$I_H = 0.1\left(\frac{H}{Z_g}\right)^{-\alpha-0.05}$$ 식(5.5-3.a)

$$= 0.1\left(\frac{160}{450}\right)^{-0.22-0.05} = 0.133$$

$$\therefore \gamma_D = \left(\frac{3+3\alpha}{2+\alpha}\right) I_H = \left(\frac{3+3\times0.22}{2+0.22}\right)\times 0.133 = 0.219$$ 식(5.6-1.c)

• 풍방향진동모드보정계수 ϕ_D

$$M^* = \int_0^H m(z)\,\mu^2(z)dz = \frac{mH}{3}$$ 식(5.6-1.g)

$$\lambda = 1.0 - 0.4\ln\beta = 1.0 - 0.4\ln(1.0) = 1.0$$ 식(5.6-1.i)

$$\therefore \phi_D = \frac{1}{2+\beta}\frac{M}{M^*}\lambda = \frac{1}{2+1}\times\frac{M}{M/3}\times 1.0 = 1.0$$ 식(5.6-1.f)

• 풍방향가스트영향계수 G_D

$$G_D = 1 + g_D\gamma_D\sqrt{B_D + \phi_D^2 R_D}$$

$$= 1 + 3.349\times 0.219\sqrt{0.587 + 1.0^2\times 1.296} = 2.006$$ 식(5.6-1)

4) 외압계수 C_{pe}

• 풍상벽 외압계수, C_{pe1}

건물의 대표깊이 $D = 70\text{m}$가 건물의 대표폭 $B = 36\text{m}$보다 크므로, 표 5.7-1①

$$C_{pe1} = 0.8k_z + 0.05 \ (\because D/B > 1)$$

$$= 0.8\times 0.8^{2\alpha} + 0.05 = 0.8\times 0.8^{2\times 0.22} + 0.05 = 0.775 (\because z \ge 0.8H)$$

• 풍하벽 외압계수, C_{pe2}

$$C_{pe2} = -0.35$$

5) 풍방향풍하중 $W_D(z)$

• 건축구조물 전체에 작용하는 주골조설계용 풍방향풍하중은,

$$W_D(z) = G_D\, q_H (C_{pe1} - C_{pe2})\, A$$ 식(5.2-2)

$$= G_D\, q_H (C_{pe1} - C_{pe2}) B\,\Delta z$$

z_i (m)	Δz (m)	C_{pe1}	C_{pe2}	$W_D(z_i)$(kN)	$Q_D(z_i)$ (N)
160.0	0.0			330.2	330.2
156.0	4.0	0.775	−0.35	660.3	990.5
152.0	4.0	0.775	−0.35	718.1	1708.6
147.3	4.7	0.775	−0.35	676.8	2385.4
143.8	3.5	0.775	−0.35	577.8	2963.2
140.3	3.5	0.775	−0.35	577.8	3540.9
136.8	3.5	0.775	−0.35	561.3	4102.2
133.5	3.3	0.775	−0.35	544.7	4646.9
130.2	3.3	0.775	−0.35	544.0	5191.0
126.9	3.3	0.772	−0.35	541.4	5732.4
⋮	⋮	⋮	⋮	⋮	⋮
14.7	3.3	0.332	−0.35	330.3	21015.4
11.4	3.3	0.332	−0.35	330.3	21345.8
8.1	3.3	0.332	−0.35	340.4	21686.1
4.6	3.5	0.332	−0.35	405.4	22091.6
0.0	4.6	0.332	−0.35	230.2	22321.8

주] z_i : 지상으로부터 대상 i층까지의 높이(m)

Δz: 층고 (m)

$W_D(z_i)$: 층풍하중

$Q_D(z_i)=\sum_{i=x}^{n} W_D(z_i)$: 층전단력

1.5 구조골조용 풍직각방향풍하중

(1) 진동모드 $\beta=1$인 경우(질량분포가 높이에 따라 일정할 때)

1) 풍직각방향 피크팩터 g_L

$$g_L = \sqrt{2\ln(600n_L)+1.2}$$ 식(5.6-1.a)

$$= \sqrt{2\ln(600\times 0.25)+1.2}$$

$$= 3.35$$

2) 풍직각방향 변동전도모멘트계수 $C_{M,L}{}'$

$$C_{M,L}{}' = 0.0073(D/B)^3-0.0629(D/B)^2+0.1959(D/B)$$ 식(5.9-1.a)

$$= 0.0073(70/36)^3-0.0629(70/36)^2+0.1959(70/36) = 0.197$$

3) 풍직각방향 진동모드보정계수 ϕ_L

$$\phi_L = \frac{M}{3M_L^*}\left(\frac{z}{H}\right)^{\beta-1}\lambda$$ 식(5.9-1.b)

$$= \frac{M}{3\times\frac{M}{3}}\left(\frac{z}{H}\right)^{1-1}\times 1.0 = 1.0$$

4) 풍직각방향 변동전도모멘트의 공진계수 R_L

- 풍직각방향진동의 풍력스펙트럼계수 F_L

$$F_L = \sum_{j=1}^{m}\frac{4k_j(1+0.5\beta_j)\beta_j}{\pi}\frac{(n_L/n_{pj})^2}{\left[\left\{1-(n_L/n_{pj})^2\right\}^2+4\beta_j^2(n_L/n_{pj})^2\right]}$$ 식(5.9-1.e)

$D/B = 70/36 = 1.94 < 3.0$ 이므로 $m = 1$으로 한다.

$$n_{p1} = \frac{0.11}{[1+0.39(D/B)^2]^{0.8}}\frac{V_H}{B} = \frac{0.11}{[1+0.39(70/36)^2]^{0.8}}\frac{57.71}{36} = 0.085$$

$$\beta_1 = \frac{17.25(D/B)^4 - 32.99(D/B)^3 + 25.37(D/B)^2 - 9.39(D/B) + 1.41}{19.68(D/B)^4 - 24.49(D/B)^3 + 13.02(D/B)^2 - 4.77(D/B) + 1}$$
$$= 0.584$$

$$\therefore F_L = \frac{4\times 1.0(1+0.5\times 0.584)\times 0.584}{\pi}\times \frac{(0.25/0.085)^2}{\left[\left\{1-(0.25/0.085)^2\right\}^2+4\times 0.584^2(0.25/0.085)^2\right]}$$
$$= 0.118$$

- 풍직각방향 변동전도모멘트의 공진계수 R_L

$$R_L = \frac{\pi F_L}{4\zeta_L}$$

$$= \frac{\pi\times 0.118}{4\times 0.012} = 7.723$$

5) 풍직각방향풍하중 $W_L(z)$

$$W_L(z) = 3g_L C_{M,L}'\,q_H A\left(\frac{z}{H}\right)\sqrt{1+\phi_L^2 R_L}$$ 식(5.9-1)

$$= 3g_L C_{M,L}'\,q_H B\Delta z\left(\frac{z}{H}\right)\sqrt{1+\phi_L^2 R_L}$$

z_i(m)	$\triangle z$ (m)	$W_L(z_i)$ (kN)	$Q_L(z_i)$ (kN)
160.0	0	855.3	855.3
156.0	4	1667.9	2523.2
152.0	4	1767.3	4290.5
147.3	4.7	1614.2	5904.7
143.8	3.5	1345.3	7250.0
140.3	3.5	1312.5	8562.5
136.8	3.5	1243.2	9805.7
133.5	3.3	1177.5	10983.3
130.2	3.3	1148.4	12131.7
126.9	3.3	1119.3	13251.0
⋮	⋮	⋮	⋮
14.7	3.3	158.8	33859.2
11.4	3.3	129.7	33988.9
8.1	3.3	100.6	34089.5
4.6	3.5	73.6	34163.1
0.0	4.6	49.8	34212.9

주] z_i : 지상으로부터 대상 i층까지의 높이(m)

$\triangle z$: 층고 (m)

$W_L(z_i)$: 층풍하중

$Q_L(z_i) = \sum_{i=x}^{n} W_L(z_i)$: 층전단력

1.6 구조골조용 비틀림방향풍하중

(1) 진동모드 $\beta = 1$인 경우

1) 비틀림모멘트피크팩터 g_T

$$g_T = \sqrt{2\ln(600 n_T) + 1.2} = \sqrt{2\ln(600 \times 0.333) + 1.2} = 3.434$$ 식(5.6-1.a)

2) 변동비틀림모멘트계수 C_T'

$$C_T' = 0.04(D/B)^2 + 0.02$$ 식(5.10-1.a)

$$= 0.04(70/36)^2 + 0.02 = 0.171$$

3) 비틀림진동모드보정계수 ϕ_T

$$\phi_T = \frac{M(B^2+D^2)}{36 I_T^*}\left(\frac{z}{H}\right)^{\beta-1}\lambda$$ 식(5.10-1.b)

$$i(z) = \frac{m(z)(B^2+D^2)}{12}$$ 식(5.10-1.e)

$$I_T^* = \int_0^H i(z)\,\mu^2(z)dz$$ 식(5.10-1.d)

$$= i(z)\int_0^H\left(\frac{z}{H}\right)^2 dz = \frac{m(z)(B^2+D^2)H}{36}$$

$$\therefore \phi_T = \frac{M(B^2+D^2)}{36 I_T^*}\left(\frac{z}{H}\right)^{\beta-1}\lambda = 1.0\times\left(\frac{z}{H}\right)^0\times 1.0 = 1.0$$

4) 비틀림진동의 공진계수 R_T 식(5.10-1.f)

• 비틀림모멘트의 스펙트럼계수 F_T

$$n_m^* = \frac{n_T B}{V_H} = \frac{0.333\times 36}{57.71} = 0.208$$

$$\therefore F_B = \frac{18 n_m^*}{\left[1+0.46(18 n_m^*)^{1.8}\right]^{2.3}} = \frac{18\times 0.208}{\left[1+0.46(18\times 0.208)^{1.8}\right]^{2.3}} = 0.062$$

$$\nu_1 = 0.1(D/B)^{-1} = 0.1(70/36)^{-1} = 0.051$$ 표 5.10-1

$$\nu_2 = 2I_H(D/B)^{0.5} = 2\times 0.132\times(70/36)^{0.5} = 0.368$$

$$\nu_3 = 0.18(D/B) = 0.18\times(70/36) = 0.35$$

$$w_1 = 0.06$$ 표 5.10-1

$$w_2 = 0.7\sqrt{I_H} = 0.7\sqrt{0.132} = 0.254$$

$$w_3 = 0.24(D/B)^{-0.4} = 0.24(70/36)^{-0.4} = 0.184$$

$$n_s^* = \frac{8.3 n_T B\left[1+0.38(D/B)^{1.5}\right]^{0.89}}{V_H}$$

$$= \frac{8.3\times 0.333\times 36\left[1+0.38(70/36)^{1.5}\right]^{0.89}}{57.71} = 3.238$$

$$\therefore F_V = \frac{1}{\nu_2\sqrt{2\pi}}\exp\left\{-0.5\left[\frac{\ln(n_s^*/\nu_3)+0.5\nu_2^2}{\nu_2}\right]^2\right\}$$

$$= \frac{1}{0.368\sqrt{2\pi}}\exp\left\{-0.5\left[\frac{\ln(3.238/0.35)+0.5\times 0.368^2}{0.368}\right]^2\right\}$$

$$= 4.056\times 10^{-9}$$

$$\therefore F_W = \frac{1}{w_2\sqrt{2\pi}}\exp\left\{-0.5\left[\frac{\ln(n_m^*/w_3)+0.5w_2^2}{w_2}\right]^2\right\}$$

$$= \frac{1}{0.254\sqrt{2\pi}}\exp\left\{-0.5\left[\frac{\ln(0.208/0.184)+0.5\times 0.254^2}{0.254}\right]^2\right\}$$

$$= 1.304$$

$\therefore F_T = 0.8F_B + \nu_1 F_V + w_1 F_W$

$= 0.8 \times 0.062 + 0.051 \times 4.056 \times 10^{-9} + 0.06 \times 1.304 = 0.128$

• 비틀림진동의 공진계수 R_T

$$R_T = \frac{\pi F_T}{4\zeta_T}$$ 식(5.10-1.f)

$$= \frac{\pi \times 0.128}{4 \times 0.012} = 8.378$$

5) 비틀림풍하중 $W_T(z)$

$$W_T(z_i) = 1.8\, g_T C_T{}'\, q_H BA \left(\frac{z}{H}\right) \sqrt{1+\phi_T^2 R_T}$$ 식(5.10-1)

$$= 1.8\, g_T C_T{}'\, q_H BB\Delta z \left(\frac{z}{H}\right) \sqrt{1+\phi_T^2 R_T}$$

z_i (m)	Δz (m)	$W_T(z_i)$ (kN·m)	$M_T(z_i)$ (kN·m)
160.0	0	17044.76	17044.76
156.0	4.0	33237.28	50282.03
152.0	4.0	35218.73	85500.76
147.3	4.7	32168.25	117669
143.8	3.5	26808.21	144477.2
140.3	3.5	26155.71	170632.9
136.8	3.5	24774.55	195407.5
133.5	3.3	23465.84	218873.3
130.2	3.3	22885.78	241759.1
126.9	3.3	22305.73	264064.8
⋮	⋮	⋮	⋮
14.7	3.3	2583.879	677327.2
11.4	3.3	2003.824	679331
8.1	3.3	1466.914	680797.9
4.6	3.5	992.3244	681790.3
0.0	4.6	0	681790.3

주] z_i : 지상으로부터 대상 i층까지의 높이(m)

Δz: 층고 (m)

$W_T(z_i)$: 층비틀림풍하중

$M_T(z_i) = \sum_{i=x}^{n} W_T(z_i)$: 층비틀림모멘트

$$\therefore F_B = \frac{18 n_m^*}{\left[1+0.46(18 n_m^*)^{1.8}\right]^{2.3}} = \frac{18\times 0.260}{\left[1+0.46(18\times 0.260)^{1.8}\right]^{2.3}} = 0.035$$

$\nu_1 = 0.1(D/B)^{-1} = 0.1(70/36)^{-1} = 0.051$ 표 5.10-1

$\nu_2 = 2I_H(D/B)^{0.5} = 2\times 0.132\times(70/36)^{0.5} = 0.368$

$\nu_3 = 0.18(D/B) = 0.18\times(70/36) = 0.35$

$w_1 = 0.06$ 표 5.10-1

$w_2 = 0.7\sqrt{I_H} = 0.7\sqrt{0.132} = 0.254$

$w_3 = 0.24(D/B)^{-0.4} = 0.24(70/36)^{-0.4} = 0.184$

$$n_s^* = \frac{8.3 n_T B\left[1+0.38(D/B)^{1.5}\right]^{0.89}}{V_H} = \frac{8.3\times 0.333\times 36\times\left[1+0.38(70/36)^{1.5}\right]^{0.89}}{46.17} = 4.05$$

$$\therefore F_V = \frac{1}{\nu_2\sqrt{2\pi}}\exp\left\{-0.5\left[\frac{\ln(n_s^*/\nu_3)+0.5\nu_2^2}{\nu_2}\right]^2\right\} = \frac{1}{0.368\sqrt{2\pi}}\exp\left\{-0.5\left[\frac{\ln(4.05/0.35)+0.5\times 0.368^2}{0.368}\right]^2\right\} = 7.63\times 10^{-11}$$

$$\therefore F_W = \frac{1}{w_2\sqrt{2\pi}}\exp\left\{-0.5\left[\frac{\ln(n_m^*/w_3)+0.5w_2^2}{w_2}\right]^2\right\} = \frac{1}{0.254\sqrt{2\pi}}\exp\left\{-0.5\left[\frac{\ln(0.260/0.184)+0.5\times 0.254^2}{0.254}\right]^2\right\} = 0.519$$

$$\therefore F_T = 0.8F_B + \nu_1 F_V + w_1 F_W = 0.8\times 0.035 + 0.051\times 7.63\times 10^{-11} + 0.06\times 0.519 = 0.059$$

- 비틀림진동의 공진계수 R_T

$$R_T = \frac{\pi F_T}{4\zeta_T} = \frac{\pi\times 0.059}{4\times 0.012} = 3.86$$ 식(5.10-1.f)

- 비틀림방향수평변위 $\theta_{\max}$

$$\therefore \theta_{\max} = \frac{0.6 g_T C_T{}' q_H B^2 H}{(2\pi n_T)^2 I_T^*}\sqrt{1+\lambda^2 R_T}$$ 식(5.14-4.a)

$$= \frac{0.6\times 3.43\times 0.171\times 1300.32\times 36^2\times 160}{(2\pi\times 0.333)^2\times\frac{313\times 36\times 70\times(36^2+70^2)\times 160}{36}}\times\sqrt{1+1^2\times 3.86} = 0.0022\text{ rad}$$

1.8 응답가속도(거주성)

(1) 진동모도 $\beta=1$인 경우(질량분포가 높이에 따라 일정할 때)

1) 설계풍속

$$V_H(1) = V(1)K_{zr}K_{zt} = 0.5\,V_0\,K_{zr}\,K_{zt}$$
$$= 0.5\times 42\times 1.374\times 1.0 = 28.86\,\mathrm{m/s}$$

식(5.14-5)

2) 설계속도압

$$q_H = \frac{1}{2}\rho V_H^2 = \frac{1}{2}\times 1.22\times 28.86^2 = 508.07\,\mathrm{N/m^2}$$

식(5.5-1)

3) 풍방향응답가속도

• 공진계수 R_D

$$S_D = \frac{1}{\left(1+4.0\dfrac{n_D B}{V_H}\right)\left(1+2.3\dfrac{n_D H}{V_H}\right)}$$

식(5.6.-1.k)

$$= \frac{1}{\left(1+4.0\dfrac{0.3\times 36}{28.86}\right)\left(1+2.3\dfrac{0.3\times 160}{28.86}\right)} = 0.083$$

$$F_D = \frac{4.0\dfrac{n_D L_H}{V_H}}{\left\{1+71\left(\dfrac{n_D L_H}{V_H}\right)^2\right\}^{5/6}} = \frac{4.0\dfrac{0.3\times 230.94}{28.86}}{\left\{1+71\left(\dfrac{0.3\times 230.94}{28.86}\right)^2\right\}^{5/6}} = 0.064$$

식(5.6.1.l)

$$\therefore R_D = \frac{\pi}{4\zeta_D}S_D F_D = \frac{\pi}{4\times 0.009}\times 0.083\times 0.064 = 0.464$$

식(5.6-1.j)

• 풍방향피크팩터, g_D

$$\nu_D = n_D\sqrt{\frac{R_D}{B_D+R_D}} = 0.3\sqrt{\frac{0.464}{0.584+0.464}} = 0.20$$

식(5.6-1.b)

$$\therefore g_D = \sqrt{2\ln(600\nu_D)+1.2} = \sqrt{2\ln(600\times 0.20)+1.2} = 3.28$$

식(5.6-1.a)

• 풍방향응답가속도 $a_{D,\max}$

$$a_{D,\max} = \frac{1.5 g_D C_D q_H B H I_z \lambda\sqrt{R_D}}{M^*(\alpha+2)}$$

식(5.14-6.a)

$$= \frac{1.5\times 3.28\times 1.2\times 508.07\times 36\times 160\times 0.132\times 1.0\times\sqrt{0.464}}{\dfrac{313\times 36\times 70\times 160}{3}(0.22+2)}$$
$$= 0.0166\,\mathrm{m/s^2}$$
$$= 1.66\,cm/s^2$$

- ISO 10137에 의한 최대응답가속도의 한계값 $\hat{a}_D$ (5.14.2.5)식

$$\hat{a} = Cn^{-0.454} \ \text{cm/s}^2$$
$$= 4 \times 0.3^{-0.454} = 6.91 \ \text{cm/s}^2$$

ISO에 의한 최대응답가속도 $\hat{a}_D$가 KDS에 의한 최대응답가속도 $a_{D,\max}$ 보다 크므로 거주성은 만족함

4) 풍직각방향응답가속도

- 풍직각방향진동의 풍력스펙트럼계수 F_L

$$F_L = \sum_{j=1}^{m} \frac{4k_j(1+0.5\beta_j)\beta_j}{\pi} \frac{(n_L/n_{pj})^2}{\left[\left\{1-(n_L/n_{pj})^2\right\}^2 + 4\beta_j^2(n_L/n_{pj})^2\right]}$$ 식(5.9-1.e)

$D/B = 70/36 = 1.94$로 3.0보다 작으므로 $m=1$로 한다.

$$n_{p1} = \frac{0.11}{\left[1+0.39(D/B)^2\right]^{0.8}} \frac{V_H}{B} = \frac{0.11}{\left[1+0.39(70/36)^2\right]^{0.8}} \frac{28.86}{36} = 0.043$$

$$\beta_1 = \frac{17.25(D/B)^4 - 32.99(D/B)^3 + 25.37(D/B)^2 - 9.39(D/B) + 1.41}{19.68(D/B)^4 - 24.49(D/B)^3 + 13.02(D/B)^2 - 4.77(D/B) + 1}$$
$$= 0.584$$

$$\therefore F_L = \frac{4 \times 1.0(1+0.5 \times 0.584) \times 0.584}{\pi} \times \frac{(0.25/0.043)^2}{\left[\left\{1-(0.25/0.043)^2\right\}^2 + 4 \times 0.584^2(0.25/0.043)^2\right]} = 0.029$$

- 풍직각방향 변동전도모멘트의 공진계수 R_L

$$R_L = \frac{\pi F_L}{4\zeta_L} = \frac{\pi \times 0.029}{4 \times 0.009} = 2.53$$ 식(5.9-1.d)

- 풍직각방향응답가속도 $a_{L,\max}$

$$a_{L,\max} = \frac{g_L C_{M,L}{}' q_H BH\lambda}{M_L^*} \sqrt{R_L}$$ 식(5.14-7.a)

$$= \frac{3.35 \times 0.197 \times 508.07 \times 36 \times 160 \times 1.0}{\frac{313 \times 36 \times 70 \times 160}{3}} \times \sqrt{2.53}$$
$$= 0.0730 \text{m/s}^2$$
$$= 7.30 \text{cm/s}^2$$

- ISO 10137에 의한 최대응답가속도의 한계값 $\hat{a}_L$ (5.14.2.5)식

$$\hat{a} = Cn^{-0.454} \ \text{cm/s}^2$$
$$= 4 \times 0.3^{-0.454} = 7.51 \ \text{cm/s}^2$$

ISO에 의한 최대응답가속도 $\hat{a}_L$가 KDS에 의한 최대응답가속도 $a_{L,\max}$ 보다 크므로 거주성은 만족함

5) 비틀림응답가속도 $a_{T,\max}$

• 비틀림모멘트의 스펙트럼계수 F_T

$$n_m^* = \frac{n_T B}{V_H} = \frac{0.333\times 36}{28.86} = 0.415$$

$$\therefore F_B = \frac{18 n_m^*}{\left[1+0.46(18 n_m^*)^{1.8}\right]^{2.3}} = \frac{18\times 0.415}{\left[1+0.46(18\times 0.415)^{1.8}\right]^{2.3}} = 0.009$$

$$\nu_1 = 0.1(D/B)^{-1} = 0.1(70/36)^{-1} = 0.051$$
$$\nu_2 = 2I_H(D/B)^{0.5} = 2\times 0.132\times(70/36)^{0.5} = 0.368$$
$$\nu_3 = 0.18(D/B) = 0.18\times(70/36) = 0.35$$
$$w_1 = 0.06$$
$$w_2 = 0.7\sqrt{I_H} = 0.7\sqrt{0.132} = 0.254$$
$$w_3 = 0.24(D/B)^{-0.4} = 0.24(70/36)^{-0.4} = 0.184$$

표 5.10-1

표 5.10-1

$$n_s^* = \frac{8.3 n_T B\left[1+0.38(D/B)^{1.5}\right]^{0.89}}{V_H}$$
$$= \frac{8.3\times 0.333\times 36\times\left[1+0.38(70/36)^{1.5}\right]^{0.89}}{28.86} = 6.475$$

$$\therefore F_V = \frac{1}{\nu_2\sqrt{2\pi}}\exp\left\{-0.5\left[\frac{\ln(n_s^*/\nu_3)+0.5\nu_2^2}{\nu_2}\right]^2\right\}$$
$$= \frac{1}{0.368\sqrt{2\pi}}\exp\left\{-0.5\left[\frac{\ln(6.475/0.35)+0.5\times 0.368^2}{0.368}\right]^2\right\}$$
$$= 5.54\times 10^{-15}$$

$$\therefore F_W = \frac{1}{w_2\sqrt{2\pi}}\exp\left\{-0.5\left[\frac{\ln(n_m^*/w_3)+0.5w_2^2}{w_2}\right]^2\right\}$$
$$= \frac{1}{0.254\sqrt{2\pi}}\exp\left\{-0.5\left[\frac{\ln(0.415/0.184)+0.5\times 0.254^2}{0.254}\right]^2\right\}$$
$$= 0.0062$$

$$\therefore F_T = 0.8F_B+\nu_1 F_V + w_1 F_W$$
$$= 0.8\times 0.009+0.051\times 5.536\times 10^{-15}+0.06\times 0.0062$$
$$= 0.0076$$

• 비틀림 변동전도모멘트의 공진계수 R_T

$$R_T = \frac{\pi F_T}{4\zeta_T} = \frac{\pi\times 0.0076}{4\times 0.009} = 0.663$$

식(5.10-1.f)

• 비틀림응답가속도 $a_{T,\max}$

$$a_{T,\max} = \frac{0.6 g_T C_T' q_H B^2 H\lambda}{I_T^*}\sqrt{R_T}$$
$$= \frac{0.6\times 3.434\times 0.171\times 508.07\times 36^2\times 160\times 1.0}{\dfrac{313\times 36\times 70\times(36^2+70^2)\times 160}{36}}\times\sqrt{0.633}$$
$$= 0.0014\,\mathrm{rad/s^2}$$

식(5.14-8.a)

1.9 진동모드보정계수 ϕ의 산정

대상 건축구조물의 질량 $m(z)$가 높이 z에 따라 변하지 않는 경우에는 진동모드가 $\mu(z)=(z/H)$로서 $\beta=1$인 선형이기 때문에 진동모드에 대한 보정을 할 필요가 없다. 그러나 대부분의 건축구조물들이 층에 따라 질량 $m(z)$가 변하기 때문에 진동모드 $\mu(z)$도 선형이 아닌 경우가 많다. 이 절에서는 층질량 $m(z_i)$이 높이 z에 따라 변하고 실제 진동모드 $\mu(z)$도 선형이 아닌 경우, 즉 β가 1이 아닌 경우에 대한 진동모드보정계수 ϕ의 산정 예를 기술한다.

(1) 건물 개요, 질량분포 및 고유값해석 결과

대상 건축구조물의 용도, 양식, 형상은 그림 A1.1과 동일하고, 수평2방향 X, Y 및 비틀림방향 Z의 자유도를 가진 45질점(46층)의 모델로서 고유값해석을 수행하여 구한 각 모드의 고유진동수는 표 A1.1과 동일하다. 그러나, 표 A1.2에 나타낸 것처럼 건축구조물의 각 층질량 $m(z_i)$이 변하고 그에 따라 실제모드도 변하는 것으로 한다.

표 A1.2에 층의 높이, 질량, 질량관성모멘트와 실진동모드에 근거하여 산정한 각 방향별 일반화질량, 일반화관성모멘트를 나타냈다.

풍방향의 일반화질량 M_D^*은 높이 z에서 단위높이당 질량 $m(z)$와 높이 z에서의 모드값 $\mu(z)$를 이용하여 적분식으로 주어지지만, 이 예에서는 높이 z_i에서 집중된 질량 $m(z_i)$와 그 높이에서의 모드값 $\mu(z_i)$의 2승을 곱한 이산적인 값의 합으로 일반화질량 M_D^*를 다음 식 같이 산정하였다.

$$M_D^*=\int_0^H m(z)\mu^2(z)dz \approx \sum_{i=1}^N m(z_i)\mu^2(z_i)$$

같은 방법으로 비틀림방향의 일반화관성모멘트 I_T^*는 높이 z_i에서 집중된 관성모멘트질량 $i(z)$를 사용하여 다음과 같이 산정하였다.

$$I_T^*=\int_0^H i(z)\mu^2(z)dz \approx \sum_{i=1}^N i(z_i)\mu^2(z_i)$$

단, $i(z_i)=\sum_{i=1}^N \frac{m(z_i)(B^2+D^2)}{12}$

표 A1.2에서 일반화질량 및 일반화관성모멘트를 산정할 때 이용한 건축구조물의 높이 H는 고유값해석을 수행할 때 ROOF층($z=152\,\mathrm{m}$)에서 $z=160\,\mathrm{m}$의 옥상 독립벽의 질량이 ROOF에 집중되어 있기 때문에 질량은 일반층보다 크게 하였고, 해석모델의 최고높이는 $H=152\,\mathrm{m}$로 하였다.

하중 산정에 사용할 진동모드보정계수 ϕ를 산정할 때, 일반화풍력 보정계수 λ를 구하기 위해서는 진동모드 $\mu(z)$의 연직방향분포를 $\mu(z)=(z/H)^\beta$로 근사시켰을 때 해당 β의 값을 구해야한다. 표 A1.2에 나타낸 각 방향별 1차진동모드(실진동모드)를 최소2승법에 의해 $\mu(z)=(z/H)^\beta$로 근사시킨 결과 β의 근사값은 X축방향은 $\beta=0.795$, Y축방향은 $\beta=0.904$, Z축방향은 $\beta=0.728$였다. 그림 A1.2에는 모드의 높이방향 분포를 나타냈다. 그림에서 실선이 추세선이고, β의 근사값을 적용한 건축물의 높이는 $H=152\,\mathrm{m}$하였다.

표 A1.2 건축구조물의 층질량, 관성모멘트 및 실진동모드

층	지상 높이 z (m)	질량 $m(z_i)\times10^3$ (kg)	질량관성 모멘트 $I_z\times10^3$ (kg · m²)	실진동모드			일반화 질량 및 관성모멘트		
				X축 방향	Y축 방향	Z축 방향	X축 방향	Y축 방향	Z축 방향
				μ_X	μ_Y	μ_Z	$M_D^*\times10^3$ (kg)	$M_L^*\times10^3$ (kg)	$I_T^*\times10^3$ (kg · m²)
ROOF	152.0	3,600	2,200,000	1.000	1.000	1.000	3,600.0	3,600.0	2,200,000.0
45F	147.3	2,700	1,700,000	0.987	0.983	0.992	2,630.3	2,609.0	1,672,908.8
44F	143.8	2,700	1,700,000	0.977	0.968	0.984	2,577.2	2,530.0	1,646,035.2
43F	140.3	2,700	1,700,000	0.965	0.953	0.975	2,514.3	2,452.2	1,616,062.5
42F	136.8	2,700	1,700,000	0.954	0.936	0.965	2,457.3	2,365.5	1,583,082.5
41F	133.5	2,700	1,700,000	0.943	0.920	0.955	2,401.0	2,285.3	1,550,442.5
40F	130.2	2,700	1,700,000	0.930	0.902	0.943	2,335.2	2,196.7	1,511,723.3
39F	126.9	2,700	1,700,000	0.914	0.883	0.930	2,255.6	2,105.2	1,470,330.0
38F	123.6	2,700	1,700,000	0.898	0.863	0.917	2,177.3	2,010.9	1,429,511.3
37F	120.3	2,700	1,700,000	0.881	0.843	0.902	2,095.6	1,918.8	1,383,126.8
36F	117.0	2,700	1,700,000	0.863	0.821	0.886	2,010.9	1,819.9	1,334,493.2
35F	113.7	2,700	1,700,000	0.844	0.800	0.869	1,923.3	1,728.0	1,283,773.7
34F	110.4	2,700	1,700,000	0.824	0.777	0.851	1,833.2	1,630.1	1,231,141.7
33F	107.1	2,700	1,700,000	0.803	0.755	0.832	1,741.0	1,539.1	1,176,780.8
32F	103.8	2,700	1,700,000	0.782	0.731	0.812	1,651.1	1,442.8	1,120,884.8
31F	100.5	2,700	1,700,000	0.759	0.707	0.791	1,555.4	1,349.6	1,063,657.7
30F	97.2	2,700	1,700,000	0.737	0.683	0.770	1,466.6	1,259.5	1,007,930.0
29F	93.9	2,700	1,700,000	0.713	0.659	0.748	1,372.6	1,172.6	951,156.8
28F	90.6	2,700	1,700,000	0.689	0.634	0.725	1,281.7	1,085.3	893,562.5
27F	87.3	2,700	1,700,000	0.664	0.609	0.701	1,190.4	1,001.4	835,381.7
26F	84.0	2,700	1,700,000	0.638	0.583	0.676	1,099.0	917.7	776,859.2
25F	80.7	2,800	1,800,000	0.613	0.558	0.651	1,052.2	871.8	762,841.8
24F	77.4	2,800	1,800,000	0.587	0.532	0.626	964.8	792.5	705,376.8
23F	74.1	2,800	1,800,000	0.561	0.506	0.600	881.2	716.9	648,000.0
22F	70.8	2,800	1,800,000	0.534	0.480	0.573	798.4	645.1	590,992.2
21F	67.5	2,800	1,800,000	0.507	0.454	0.546	719.7	577.1	536,608.8
20F	64.2	2,800	1,800,000	0.479	0.428	0.519	642.4	512.9	484,849.8
19F	60.9	2,800	1,800,000	0.452	0.401	0.491	572.1	450.2	433,945.8
18F	57.6	2,800	1,800,000	0.424	0.375	0.463	503.4	393.8	385,864.2
17F	54.3	2,800	1,800,000	0.396	0.349	0.434	439.1	341.0	339,040.8
16F	51.0	2,800	1,800,000	0.369	0.323	0.406	381.3	292.1	296,704.8
15F	47.7	2,800	1,800,000	0.342	0.297	0.378	327.5	247.0	257,191.2
14F	44.4	2,800	1,800,000	0.315	0.272	0.349	277.8	207.2	219,241.8
13F	41.1	2,800	1,800,000	0.288	0.247	0.320	232.2	170.8	184,320.0
12F	37.8	2,800	1,800,000	0.262	0.222	0.292	192.2	138.0	153,475.2
11F	34.5	2,800	1,800,000	0.235	0.198	0.263	154.6	109.8	124,504.2
10F	31.2	2,800	1,800,000	0.208	0.174	0.234	121.1	84.8	98,560.8
9F	27.9	2,800	1,800,000	0.182	0.150	0.205	92.7	63.0	75,645.0
8F	24.6	2,800	1,800,000	0.156	0.127	0.177	68.1	45.2	56,392.2
7F	21.3	2,800	1,800,000	0.131	0.104	0.148	48.1	30.3	39,427.2
6F	18.0	2,800	1,800,000	0.106	0.083	0.120	31.5	19.3	25,920.0
5F	14.7	2,800	1,800,000	0.082	0.063	0.094	18.8	11.1	15,904.8
4F	11.4	3,300	2,000,000	0.062	0.048	0.072	12.7	7.6	10,368.0
3F	8.1	3,300	2,000,000	0.042	0.033	0.051	5.8	3.6	5,202.0
2F	4.6	3,300	2,000,000	0.022	0.017	0.026	1.6	1.0	1,352.0
1F	0.0	–	–	–	–	–	–	–	–
$\sum(m)$, $\sum(I_z)$		126,300		일반화질량 $\sum(m\times\mu^2)$			50,708.5	45,751.2	
			80,000,000	일반화관성모멘트 $\sum(I_z\times\mu_z^2)$					34,190,574

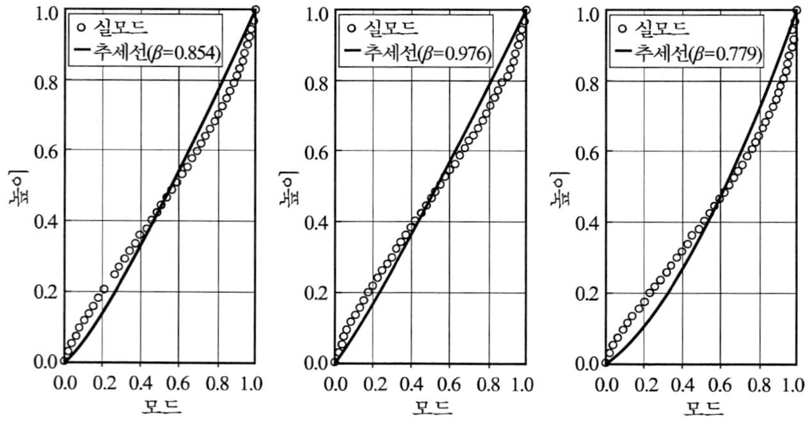

(a) X축 방향 (b) Y축 방향 (c) Z축 방향

그림 A1.2 모드의 높이방향 분포의 근사 결과

(2) 모드보정계수 ϕ, λ의 산정

1) X축방향으로 바람이 불 때

① 풍방향풍하중, 변위, 가속도

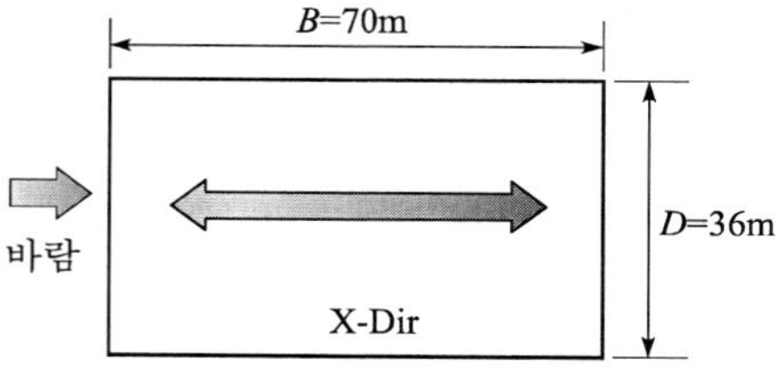

• 풍방향진동모드보정계수 ϕ_D, λ

$\beta = 0.854$, $M = 126{,}300\ \text{kg} \times 10^3$. $M^* = 50{,}709\ \ \text{kg} \times 10^3$,

$\lambda = 1.0 - 0.4\ln\beta = 1.0 - 0.4\ln(0.854) = 1.063$ 식(5.6-1.i)

$\therefore \phi_D = \dfrac{1}{2+\beta}\dfrac{M}{M^*}\lambda = \dfrac{1}{2+0.854} \times \dfrac{126{,}300}{50{,}709} \times 1.063 = 0.928$ 식(5.6-1.f)

② 풍직각방향풍하중, 변위, 가속도

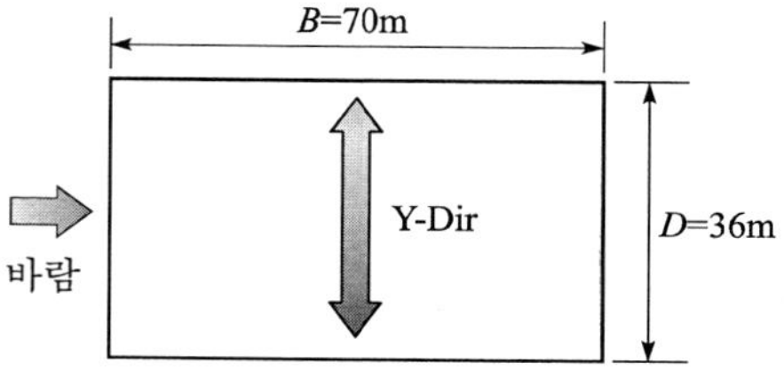

• 풍직각방향진동모드보정계수 ϕ_L, λ

$\beta = 0.976$, $M = 126{,}300\ \text{kg} \times 10^3$, $M^* = 45{,}751\ \ \text{kg} \times 10^3$

$\lambda = 1.0 - 0.4\ln\beta = 1.0 - 0.4\ln(0.976) = 1.01$ 식(5.6-1.i)

$$\phi_{L_{160}} = \left(\frac{z}{H}\right)^{\beta-1} \frac{M}{3M_L^*}\lambda = \left(\frac{160}{160}\right)^{0.976-1} \times \frac{126{,}300}{3 \times 45{,}751} \times 1.01 = 0.929$$ 식(5.9-1.b)

$$\phi_{L_{152}} = \left(\frac{z}{H}\right)^{\beta-1} \frac{M}{3M_L^*}\lambda = \left(\frac{152}{160}\right)^{0.976-1} \times \frac{126{,}300}{3 \times 45{,}751} \times 1.01 = 0.931$$

※ 풍직각방향모드보정계수는 z/H의 함수이기 때문에 높이에 따라 다른 값을 갖는다.

③ 비틀림방향풍하중, 각변위, 각가속도

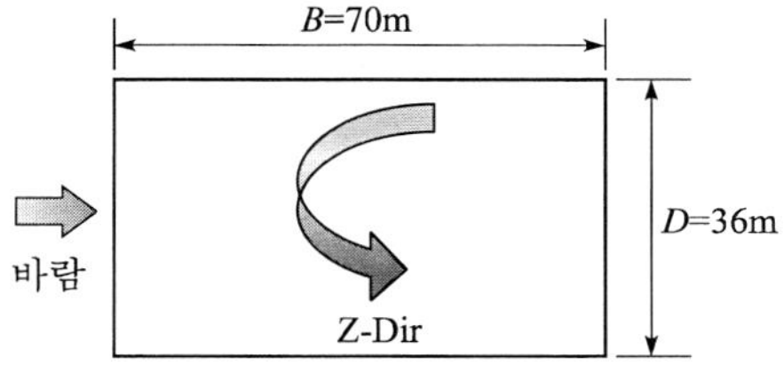

• 비틀림진동모드보정계수 ϕ_T, λ

$\beta = 0.779$, $I = 80{,}000{,}000\ \text{kg}-\text{m}^2 \times 10^3$, $I^* = 34{,}190{,}574\ \ \text{kg}-\text{m}^2 \times 10^3$

$\lambda = 1.0 - 0.4\ln\beta = 1.0 - 0.4\ln(0.779) = 1.099$ 식(5.6-1.i)

$$\phi_{T_{160}} = \left(\frac{z}{H}\right)^{\beta-1} \frac{M(B^2+D^2)}{36 I_T^*}\lambda = \left(\frac{z}{H}\right)^{\beta-1} \frac{I}{3 I_T^*}\lambda$$ 식(5.10-1.b)

$$= \left(\frac{160}{160}\right)^{0.779-1} \times \frac{80{,}000{,}000}{3 \times 34{,}190{,}574} \times 1.099 = 0.857$$

$$\phi_{T_{152}} = \left(\frac{z}{H}\right)^{\beta-1} \frac{I}{3 I_T^*}\lambda = \left(\frac{152}{160}\right)^{0.779-1} \times \frac{80{,}000{,}000}{3 \times 34{,}190{,}574} \times 1.099 = 0.867$$

여기서, $I = \dfrac{M(B^2+D^2)}{12}$ 이므로 $\dfrac{M(B^2+D^2)}{36 I_T^*} = \dfrac{I}{3 I_T^*}$ 으로 나타낼 수 있고 자유진동해석을 통해 산출한 질량관성모멘트 I를 사용한다.

※ 비틀림방향모드보정계수는 z/H의 함수이기 때문에 높이에 따라 다른 값을 갖는다.

2) Y축으로 바람이 불 때

① 풍방향풍하중, 변위, 가속도

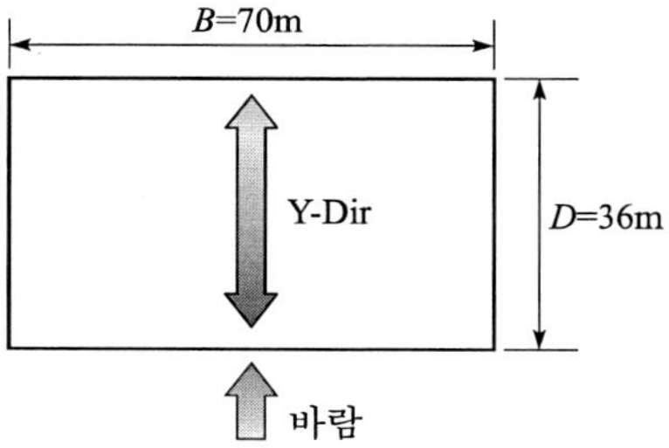

• 풍방향진동모드보정계수 ϕ_D, λ

$\beta=0.976$, $M=126{,}300\ \text{kg}\times 10^3$, $M^*=45{,}751\ \text{kg}\times 10^3$

$\lambda=1.0-0.4\ln\beta=1.0-0.4\ln(0.976)=1.01$ 식(5.6-1.i)

$\therefore \phi_D=\dfrac{1}{2+\beta}\dfrac{M}{M^*}\lambda=\dfrac{1}{2+0.976}\times\dfrac{126{,}300}{45{,}751}\times 1.01=0.936$ 식(5.6-1.f)

② 풍직각방향풍하중, 변위, 가속도

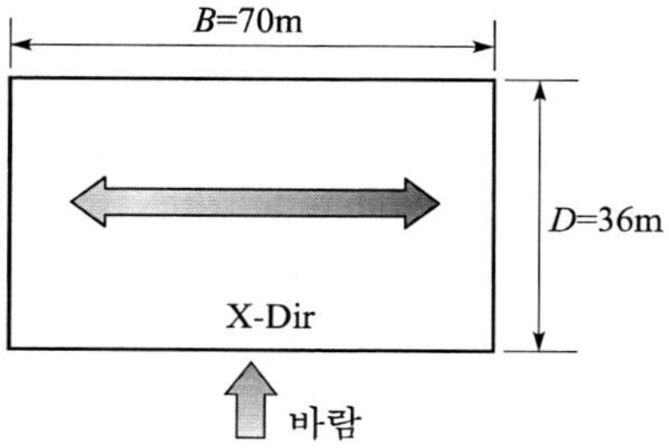

• 풍직각방향진동모드보정계수 ϕ_L, λ

$\beta=0.854$, $M=126{,}300\ \text{kg}\times 10^3$. $M^*=50{,}709\ \text{kg}\times 10^3$,

$\lambda=1.0-0.4\ln\beta=1.0-0.4\ln(0.854)=1.063$ 식(5.6-1.i)

$\phi_{L_{160}}=\left(\dfrac{z}{H}\right)^{\beta-1}\dfrac{M}{3M_L^*}\lambda=\left(\dfrac{160}{160}\right)^{0.854-1}\times\dfrac{126{,}300}{3\times 50{,}709}\times 1.063=0.882$ 식(5.10-1.b)

$\phi_{L_{152}}=\left(\dfrac{z}{H}\right)^{\beta-1}\dfrac{M}{3M_L^*}\lambda=\left(\dfrac{152}{160}\right)^{0.854-1}\times\dfrac{126{,}300}{3\times 50{,}709}\times 1.063=0.889$

※ 풍직각방향모드보정계수 ϕ_L은 z/H의 함수이기 때문에 높이에 따라 다른 값을 갖는다.

③ 비틀림방향풍하중, 각변위, 각가속도

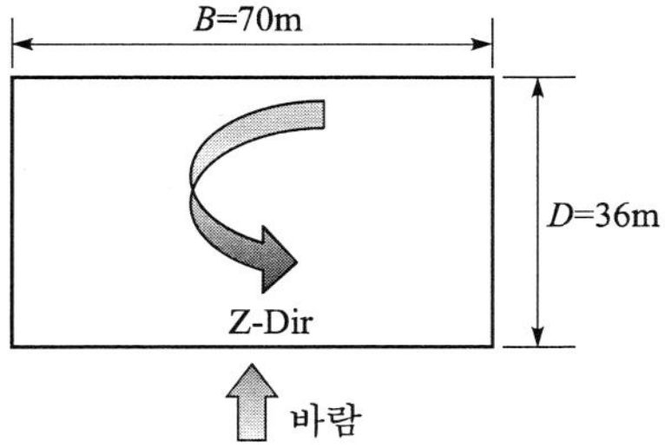

- 비틀림진동모드보정계수 ϕ_T, λ

$\beta = 0.779$, $I = 80{,}000{,}000\ \text{kg-m}^2 \times 10^3$, $I^* = 34{,}190{,}574\ \text{kg-m}^2 \times 10^3$

$\lambda = 1.0 - 0.4\ln\beta = 1.0 - 0.4\ln(0.779) = 1.099$ 식(5.6-1.i)

$$\phi_{T_{160}} = \left(\frac{z}{H}\right)^{\beta-1} \frac{M(B^2+D^2)}{36\, I_T^*} \lambda = \left(\frac{z}{H}\right)^{\beta-1} \frac{I}{3\, I_T^*} \lambda$$ 식(5.10-1.b)

$$= \left(\frac{152}{160}\right)^{0.779-1} \times \frac{80{,}000{,}000}{3 \times 34{,}190{,}574} \times 1.099 = 0.857$$

$$\phi_{T_{152}} = \left(\frac{z}{H}\right)^{\beta-1} \frac{I}{3\, I_T^*} \lambda = \left(\frac{152}{160}\right)^{0.779-1} \times \frac{80{,}000{,}000}{3 \times 34{,}190{,}574} \times 1.099 = 0.867$$

여기서, $I = \frac{M(B^2+D^2)}{12}$ 이므로 $\frac{M(B^2+D^2)}{36\, I_T^*} = \frac{I}{3\, I_T^*}$ 으로 나타낼 수 있고 자유진동해석을 통해 산출한 질량관성모멘트 I를 사용한다.

※ 비틀림방향모드보정계수 ϕ_T는 z/H의 함수이기 때문에 높이에 따라 다른 값을 갖는다.

2. 외장재설계용 풍하중

2.1 설계풍속 V_H

- 기본풍속 V_0는 부산의 $V_0 = 42\ \text{m/s}$로 한다. — 그림 5.5-1
- 풍속고도분포계수 K_{zr}

  지표면조도구분 B에 의해 $Z_g = 450\ \text{m},\ \alpha = 0.22,\ z = 160\ \text{m}$이므로 — 표 5.5-2

  $K_{zr} = 0.45z^{\alpha} = 0.45(160)^{0.22} = 1.374$ — 표 5.5-3
- 지형계수 K_{zt}

  평탄지로 $K_{zt} = 1.0$으로 한다. — 5.5.5
- 중요도계수 $I_W(T)$

  중요도분류1의 재현기간은 500년이므로 — 5.5.6

  $I_W(T) = I_W(T_{SD} = 500) = 1.0$으로 한다.
- 설계풍속 V_H

  $V_H = V_0 K_D K_{zr} K_{zt} I_w(T)$ — 식(5.5-2)

  $= 42 \times 1.0 \times 1.374 \times 1.0 \times 1.0 = 57.71\ \text{m/s}$

2.2 설계속도압 q_H

$$q_H = \frac{1}{2}\rho V_H^2$$ — 식(5.5-1)

$$= \frac{1}{2} \times 1.22 \times 57.71^2 = 2031.57\ \text{N/m}^2$$

2.3 높이방향 압력분포계수 k_z

$$k_z = 0.8^{2\alpha}$$ — 표 5.7-1

$$= 0.8^{2 \times 0.22} = 0.906$$

2.4 외장재용 피크풍압계수 $\hat{C}_{pe}$, $\hat{C}_{pi}$ — 5.8

- 벽면피크외압계수 $\hat{C}_{pe}$ — 5.8.1

  기준높이 20m 이상인 건축구조물의 벽면 피크외압계수 — 표 5.8-1

  $\hat{C}_{pe} = 1.8$

  $\hat{C}_{pe} = -3.6$ 또는 -1.8 이므로 불리한 -3.6으로 한다.

- 벽면피크내압계수 $\hat{C}_{pi}$

  밀폐형 건축구조물 중 모든 표면(벽면 및 지붕) 밀폐의 벽면 피크내압계수

  $\hat{C}_{pi}$ = 0 또는 −0.4

5.8.2

표 5.8-9

2.5 외장재설계용 풍하중

5.4.1

- 정압인 외벽

  $W_C(z) = q_H(k_z\hat{C}_{pe} - \hat{C}_{pi})$ (N/m^2)

  식(5.4-1)

  $= 2031.57 \times \{(0.906 \times 1.8) - (-0.4)\} = 4125.71$ N/m^2

  ※ 식(5.4−1)에는 유효수압면적 A_C가 들어가지만 본 예제에서는 단위면적당 하중으로 산출하여 생략한다.)

- 부압인 외벽

  $W_C = q_H(\hat{C}_{pe} - \hat{C}_{pi})$ (N/m^2)

  $= 2031.57 \times (-3.6 - 0) = -7313.65$ N/m^2

  ※ 식(5.4−2)에는 유효수압면적 A_C가 들어가지만 본 예제에서는 단위면적당 하중으로 산출하여 생략한다.)

  ※ 위의 값은 극한강도설계법인 경우임. 만약, 허용응력설계에 따라 외장재를 설계할 때는 재현기간 50년 풍속을 사용해야하므로 위에서 구한 풍하중에 0.65를 곱하여 적용한다.

A2. 단층창고의 풍하중 계산

1. 건물개요

- 건물 위치: 부산의 도시외곽지역으로 지표면조도구분 B에 위치함
- 건물용도 및 구조 양식 : 물류창고(강구조)
- 건물 형태 : X축 길이 100 m, Y축 길이 40 m

  층수 : 단층, 처마높이 : 9 m, 최고높이 : 10 m
- 지붕 경사 : $\theta = \sin^{-1}\dfrac{(10-9)}{(40/2)} = 2.9^{\circ}$
- 지붕골조의 감쇠비 : 0.02
- 건축구조물의 고유진동수 : 3.3 Hz (X축 및 Y축)
- 40 m 경간 트러스보 지붕의 고유진동수 : 2.85 Hz

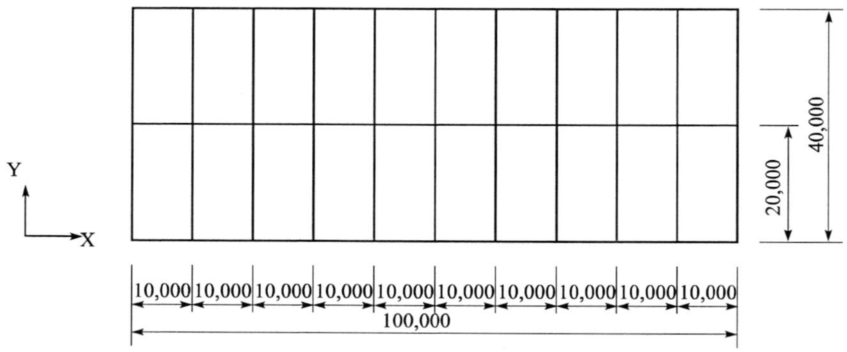

그림 A2.1 평면도 (단위 : mm)

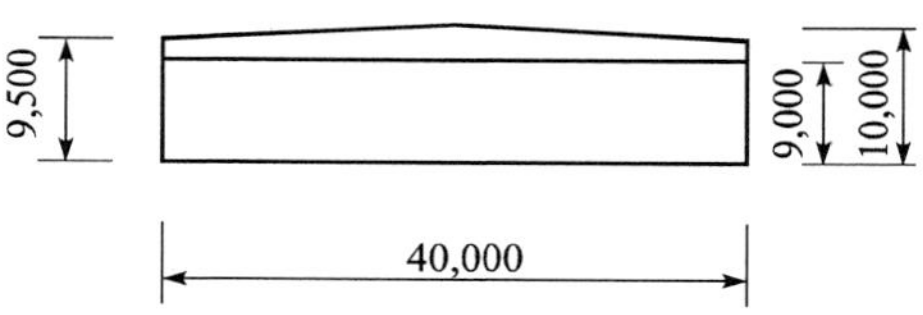

그림 A2.2 입면도 (단위: mm)

2. 하중산정방식

밀폐형건축구조물로서 설계용재현기간은 500년으로 하고, '5.1.4 특별풍하중'에 해당하는 지의 여부를 검토한다.

(1) 풍직각방향진동, 비틀림진동

$$\frac{H}{\sqrt{BD}} \geq 3 \quad \text{또는} \quad \frac{H}{\sqrt{A_f}} \geq 3$$ 식(5.1-1)

(2) 와류진동, 공기력불안정진동

$$\frac{H}{\sqrt{BD}} \geq 4 \quad \text{또는} \quad \frac{H}{\sqrt{A_f}} \geq 4 \quad \text{및}$$ 식(5.1-2)

$$\frac{V_H}{n_L\sqrt{BD}} \geq V_{Lcr}^* \quad \text{또는} \quad \frac{V_H}{n_T\sqrt{BD}} \geq V_{Tcr}^*$$

$H/\sqrt{BD} < 3 \Rightarrow 9.5/\sqrt{40 \times 100} = 0.15$, 단층창고이므로 '5.1.4 특별풍하중'에 해당되지 않음. '5.13 풍하중의 조합'에 따라 풍직각방향풍하중을 산출하면 된다.

3. 구조골조용 풍하중

3.1 설계풍속

- 기본풍속 V_0는 부산의 500년 재현기대풍속인 V_0 = 42 m/s로 한다. 그림 5.5-1
- 풍향계수 K_D
  건설지점 부근의 유효한 풍관측자료가 없기 때문에 $K_D = 1$ 5.5.3
- 풍속의 고도분포계수 K_{zr}
  지표면조도구분 B에 의하여 표 5.5-2
  $H(9.5\text{m}) \leq z_b(15\text{m})$ 이므로 $K_{zr} = 0.81$
- 지형에 의한 풍속할증계수 K_{zt}
  평탄지이므로 $K_{zt} = 1.0$. 5.5.5
- 중요도계수 I_W
  중요도 분류 2의 설계용재현기간은 300년 이므로, 5.5.6
  $I_W = 0.95$
- 설계풍속(V_H)
  $V_H = V_0 K_D K_{zr} K_{zt} I_W(T)$ 식(5.6-2)
  $\therefore V_H = 42 \times 1 \times 0.81 \times 1 \times 0.95 = 32.3$ m/s

3.2 설계속도압(q_H)

$$q_H = \frac{1}{2}\rho V_H^2$$ 식(5.5-1)

여기서, ρ : 공기밀도 1.22kg/m^3

$$\therefore q_H = \frac{1}{2} \times 1.22 \times 32.3^2 = 636.4 \text{ N/m}^2$$

3.3 주골조설계용 풍하중

(1) 풍방향 풍하중

- 밀폐형건축구조물이므로 구조골조용 풍하중은 다음 식과 같다.

$$W_D(z) = G_D q_H (C_{pe1} - C_{pe2}) A \text{ (N)}$$ 식(5.2-2)

1) 풍방향가스트영향계수 G_D

건축구조물의 풍방향고유진동수가 1 Hz를 초과하는 경우 또는 바람에 의한 동적효과를 무시할 수 있는 강체구조물 또는 기타구조물인 경우의 풍방향 가스트영향계수는 다음과 같다.

$$G_D = 1 + 4\gamma_D\sqrt{B_D}$$ 식(5.6-2)

지붕평균높이가 $H(9.5\text{m}) \le z_b(15\text{m})$ 이므로

$$I_z = \begin{cases} 0.1\left(\dfrac{z}{Z_g}\right)^{-\alpha-0.05}, & z_b < z \le Z_g \\ 0.1\left(\dfrac{z_b}{Z_g}\right)^{-\alpha-0.05}, & z < z_b \end{cases}$$ 식(5.5-3.a)

$$I_H = 0.1 \times \left(\frac{15}{450}\right)^{-0.22-0.05} = 0.25$$

지표면조도구분B의 $\alpha = 0.22$이므로

$$\gamma_D = \left(\frac{3+3\alpha}{2+\alpha}\right) I_H = \left(\frac{3+3\times0.22}{2+0.22}\right) \times 0.25 = 0.41$$ 식(5.6-1.c)

$H(9.5\text{m}) < \text{B}(40\text{m}, 100\text{m})$ 이므로

$$k = \begin{cases} 0.33 & : H \geqq B \\ -0.33 & : H < B \end{cases} \qquad \therefore k = -0.33$$

$H(9.5\text{m}) \le 30\text{m}$이므로

$$L_H = \begin{cases} 100\left(\dfrac{H}{30}\right)^{0.5}, & 30\text{m} < \text{H} \le \text{Z}_\text{g} \\ 100, & \text{H} \le 30\text{m} \end{cases} \qquad \therefore L_H = 100\text{m}$$ 식(5.6-1.e)

비공진계수는 다음과 같다.

$$B_D = 1 - \left[\frac{1}{\{1 + 5.1(L_H/\sqrt{HB})^{1.3}(B/H)^k\}^{1/3}} \right]$$

식(5.6-1.d)

① X축 방향

$B = 40\text{m}, \text{H} = 9.5\text{m}$ 이므로

$$B_D = 1 - \left[\frac{1}{\{1 + 5.1(100/\sqrt{9.5 \times 40})^{1.3}(40/9.5)^{-0.33}\}^{1/3}} \right] = 0.67$$

$\therefore G_D = 1 + 4 \times 0.41 \times \sqrt{0.67} = 2.34$

② Y축 방향

$B = 100\text{m}, \text{H} = 9.5\text{m}$ 이므로

$$B_D = 1 - \left[\frac{1}{\{1 + 5.1(100/\sqrt{9.5 \times 100})^{1.3}(100/9.5)^{-0.33}\}^{1/3}} \right] = 0.56$$

$\therefore G_D = 1 + 4 \times 0.41 \times \sqrt{0.56} = 2.22$

2) 풍상벽, 풍하벽 외압계수

사각형평면을 가진 밀폐형건축구조물의 주골조설계용 외압계수는

① X축일 때

$B = 40\text{m}, \text{D} = 100\text{m}$이므로 $D/B = 100/40 = 2.5$이다.

풍상벽 외압계수는

$C_{pe1} = 0.8k_z + 0.05$ 이며, $H(9.5\text{m}) \le z_b(15\text{m})$ 이므로 $k_z = 1$이다.

표 5.7-1

따라서 풍상벽 외압계수는 $\therefore C_{pe1} = 0.8 \times 1 + 0.05 = 0.85$

풍하벽 외압계수는 $\therefore C_{pe2} = -0.35$ 이다.

② Y축일 때

$B = 100\text{m}, \text{D} = 40\text{m}$이므로 $D/B = 40/100 = 0.4$이다.

풍상벽 외압계수는

$C_{pe1} = 0.8k_z$이며, $H(9.5\text{m}) \le z_b(15\text{m})$ 이므로 $k_z = 1$이다.

따라서 풍상벽 외압계수는 $\therefore C_{pe1} = 0.8 \times 1 = 0.8$

풍하벽 외압계수는 $\therefore C_{pe2} = -0.5$ 이다.

3) 축방향별 풍방향 풍하중

① X축 방향

$W_D = 2.34 \times 636.4 \times (0.85 - (-0.35)) \times 40 \times 9 = 643{,}324\,(\mathrm{N})$ 식(5.2-2)

$= 643.3\,(\mathrm{kN})$

② Y축 방향

$W_D = 2.22 \times 636.4 \times (0.8 - (-0.5)) \times 100 \times 9 = 1{,}652{,}985\,(\mathrm{N})$ 식(5.2-2)

$= 1{,}652.9\,(\mathrm{kN})$

(2) 풍직각방향 풍하중

직사각형 평면을 가진 건축구조물로서 $H/\sqrt{BD} < 3$ 를 만족하지 않는 경우 '*5.13.1 풍하중의 조합*'에 따라 풍방향과 풍직각방향풍하중의 조합을 고려하여야 한다. 이 건물은 $H/\sqrt{BD} < 3 \Rightarrow 9.5/\sqrt{40 \times 100} = 0.15$ 이므로 다음 식과 같이 풍방향, 풍직각방향풍하중을 조합하여야 한다.

$W_{LC} = \gamma W_D$ 식(5.13-1)

단, $\gamma = 0.35\dfrac{D}{B}$ 또한 0.2 이상

1) X축 방향

$B = 40\mathrm{m}, \mathrm{D} = 100\mathrm{m}$이므로

$\gamma = 0.35 \times \dfrac{100}{40} = 0.875$

$W_{LC} = 0.875 \times 643.3 = 562.88\mathrm{kN}$ 식(5.13-1)

2) Y축 방향

$B = 100\mathrm{m}, \mathrm{D} = 40\mathrm{m}$이므로

$\gamma = 0.35 \times \dfrac{40}{100} = 0.14 \;\Rightarrow 0.2$

$W_{LC} = 0.2 \times 1{,}652.9 = 330.6\mathrm{kN}$ 식(5.13-1)

3.4 주골조설계용 지붕풍하중

건축구조물의 주골조를 설계하는 경우의 지붕풍하중을 산정할 때에는 다음의 조건을 만족하여야 한다.

- 건축구조물의 형상은 정형적이어야 한다.
- 건축구조물은 와류방출, 공기력불안정진동을 유발하는 응답특성을 나타내지 않아야 한다.

- 건축구조물은 풍상측의 장애물에 의해 발생하는 골바람효과나 후류 버펫팅을 받는 곳에 위치하지 않아야 한다.

본 예제는 위 3가지 사항을 모두 만족하므로 다음 식인 밀폐형건축구조물 및 부분개방형구조물 풍하중 산출식으로 지붕풍하중을 산출할 수 있다.

$$W_R = G_{pe}\, q_H\, (C_{pe} - C_{pi})\, A_R$$ 식(5.3-1)

(1) 지붕의 외압가스트영향계수 G_{pe}

유연하고 장경간인 건축구조물로서 바람에 의한 지붕의 공진효과를 무시할 수 없는 경우, 즉 *식(5.6-4)*를 만족하는 경우는 *식(5.6-6)*으로 외압가스트영향계수 G_{pe} 를 산정하고 그 외는 *식(5.6-5)*로 산정한다.

$$\frac{n_{R0} H}{V_H} < 1.3 \qquad \frac{3.3\times 9.5}{32.3} = 0.97 < 1.3 \qquad \therefore \text{식(5.6-6) 사용}$$ 식(5.6-4)

$$G_{pe} = 1 + g_{pe}\, r_{pe}\sqrt{B_{pe} + R_{pe}}$$ 식(5.6-6)

지붕의 1차고유진동수가 $n_{R0} = 3.3\,\text{Hz}$ 이므로

$$g_{pe} = \sqrt{2\ln(600 n_{R0}) + 1.2} = \sqrt{2\times\ln(600\times 3.3) + 1.2} = 3.28$$

$$r_{pe} = 2.2 I_H^{\,2} + 0.19 = 2.2\times 0.25^2 + 0.19 = 0.327$$

1) X축으로 바람이 불 때–지붕보가 풍향과 직각일 때

지붕의 경간이 $l = 40\text{m}$ 이고

지붕보의 하중 분담폭이 $b = 10/2 + 10/2 = 10\text{m}$

지붕의 감쇠비는 2%, 기준높이 $H = 9.5\text{m}$ 이므로

$$B_{pe} = \frac{0.50\left(\frac{b}{H}\right)^{0.03}}{\left(\frac{l}{H}\right)^{0.49}} = \frac{0.5\times\left(\frac{10}{9.5}\right)^{0.03}}{\left(\frac{40}{9.5}\right)^{0.49}} = 0.247$$

$$R_{pe} = \frac{0.01\left(\frac{b}{H}\right)^{0.04}}{(n_{R0}^{*})^{3.4}\left(\frac{l}{H}\right)^{0.80}\zeta_R} = \frac{0.01\times\left(\frac{10}{9.5}\right)^{0.04}}{\left(\frac{3.3\times 9.5}{32.3}\right)^{3.4}\times\left(\frac{40}{9.5}\right)^{0.8}\times 0.02} = 0.176$$

이므로 지붕의 가스트영향계수 G_{pe} 는

$\therefore G_{pe} = 1 + 3.28\times 0.327\times\sqrt{0.247 + 0.176} = 1.7$ 이다. 식(5.6-6)

2) Y축으로 바람이 불 때-지붕보가 풍향과 평행일 때

지붕의 경간이 $l=40\text{m}$ 이고

지붕보의 하중 분담폭이 $b=10/2+10/2=10\text{m}$

지붕의 감쇠비는 2%, 기준높이 $H=9.5\text{m}$ 이므로

$$B_{pe}=\frac{0.36}{\left(\frac{l}{H}\right)^{0.84}\left(\frac{b}{H}\right)^{0.09}}=\frac{0.36}{\left(\frac{40}{9.5}\right)^{0.84}\times\left(\frac{10}{9.5}\right)^{0.09}}=0.11$$

$$R_{pe}=\frac{0.004}{(n_{R0}^{*})^{2.8}\left(\frac{l}{H}\right)^{1.5}\left(\frac{b}{H}\right)^{0.55}\zeta_R}$$

$$=\frac{0.004}{\left(\frac{3.3\times 9.5}{32.3}\right)^{2.8}\times\left(\frac{40}{9.5}\right)^{1.5}\times\left(\frac{10}{9.5}\right)^{0.55}\times 0.02}=0.0245$$

$$\therefore G_{pe}=1+3.28\times 0.327\times\sqrt{0.11+0.0245}=1.39$$

식(5.6-6)

(2) 외압계수

본 예제의 지붕경사각은 $\theta=2.9°$ 이다. 따라서 평지붕 및 $\theta<10°$ 인 용마루 직각방향 및 모든 경사각의 용마루방향의 지붕면 외압계수는 표 5.7-1②를 따른다.

1) X축으로 바람이 불 때

지붕면 각도 $\theta=2.9°$ $H/D=9.5/100=0.095$ 이므로

표 5.7-1②

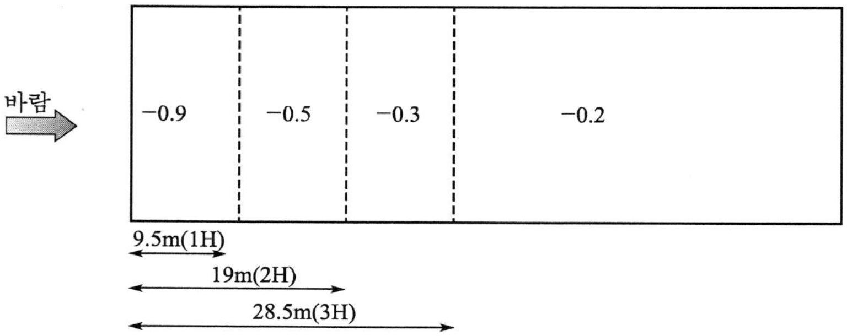

① 0m ~ 9.5m(1H) 구간 : -0.9

② 9.5m(1H) ~ 19m(2H) 구간 : -0.5

③ 19m(2H) ~ 28.5m(3H) 구간 : -0.3

④ 28.5m(3H) 이상 구간 : -0.2

2) Y축으로 바람이 불 때

지붕면 각도 $\theta = 2.9°$ $H/D = 9.5/40 = 0.237$

표 5.7-1②

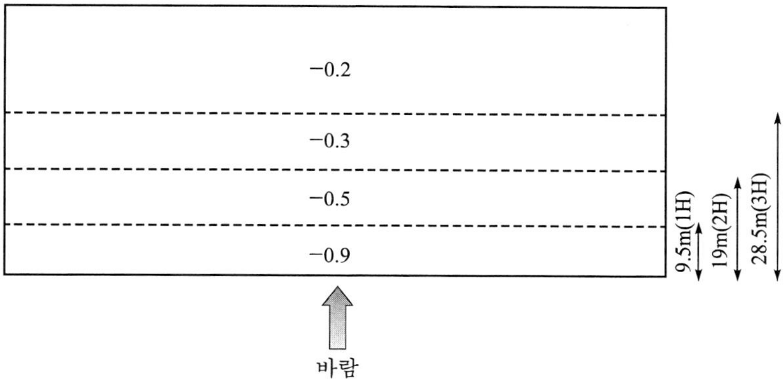

① 0m ~ 9.5m(1H) 구간 : -0.9

② 9.5m(1H) ~ 19m(2H) 구간 : -0.5

③ 19m(2H) ~ 28.5m(3H) 구간 : -0.3

④ 28.5m(3H) 이상 구간 : -0.2

(3) 내압계수

본 예제의 건축물은 밀폐형구조물이다. 하지만 밀폐형건축구조물이라 할지라도 외벽에는 일반적으로 무수히 많은 틈새가 존재하기 때문에 내압이 발생한다. 따라서 밀폐형구조물은 내압계수를 고려해야 한다. 본 예제는 밀폐형의 물류창고이기 때문에 탁월한 개구부가 존재하지 않으며 지붕은 밀폐되고 벽면엔 창호가 배치되어있는 것으로 가정하였다. 따라서 표 5.7-4에 따라 "모든 벽면 틈새, 지붕 밀폐"의 내압계수는 $C_{pi} = -0.4$이다.

표 5.7-4

(4) 지붕골조용 풍하중

식(5.3-1)을 이용하여 지붕골조에 가해지는 풍하중을 산출하면 다음과 같다.

$$W_R = G_{pe}\, q_H (C_{pe} - C_{pi})\, A_R$$

식(5.3-1)

1) X축으로 바람이 불 때

① $W_R = 1.7 \times 636.4 \times (-0.9 - 0.40) A_R = -1406.44\, A_R\, \mathrm{N/m^2}$

② $W_R = 1.7 \times 636.4 \times (-0.5 - 0.40) A_R = -973.7\, A_R\, \mathrm{N/m^2}$

③ $W_R = 1.7 \times 636.4 \times (-0.3 - 0.40) A_R = -757.3\, A_R\, \mathrm{N/m^2}$

④ $W_R = 1.7 \times 636.4 \times (-0.2 - 0.40) A_R = -649.1\, A_R\, \mathrm{N/m^2}$

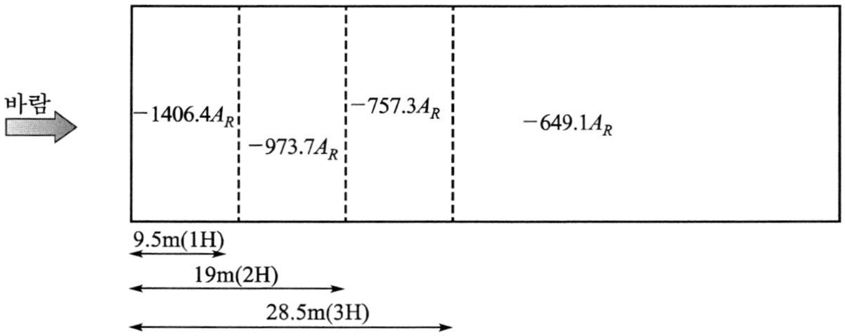

2) Y축으로 바람이 불 때

① $W_R = 1.39 \times 636.4 \times (-0.9 - 0.40) A_R = -1149.9\, A_R\ \mathrm{N/m^2}$

② $W_R = 1.39 \times 636.4 \times (-0.5 - 0.40) A_R = -796.1\, A_R\ \mathrm{N/m^2}$

③ $W_R = 1.39 \times 636.4 \times (-0.3 - 0.40) A_R = -619.2\, A_R\ \mathrm{N/m^2}$

④ $W_R = 1.39 \times 636.4 \times (-0.2 - 0.40) A_R = -530.7\, A_R\ \mathrm{N/m^2}$

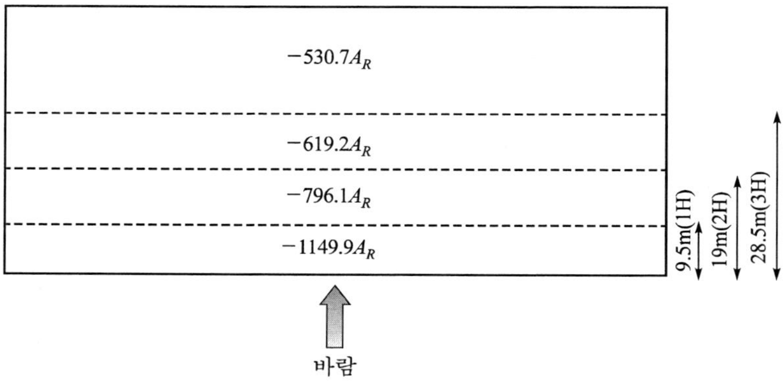

3.5. 외장재용 풍하중

(1) 설계풍속 V_H

- 기본풍속 V_0는 부산의 $V_0 = 42$ m/s로 한다. 그림 5.5-1
- 풍향계수 K_D 5.5.3

  외장재설계용 풍하중을 평가하는 경우 $K_D = 1.0$으로 한다.
- 풍속고도분포계수 K_{zr} 5.5.4

  지표면조도구분 B에 의해 $Z_g = 450$ m, $z = 9.5$ m이므로

  $K_{zr} = 0.81$

- 지형계수 K_{zt} — 5.5.5

  평탄지로 $K_{zt}=1.0$으로 한다.

  중요도 분류 2의 설계용재현기간은 300년 이므로, — 5.5.6

  $I_W=$ 0.95 으로 한다. — 표 5.5-5

- 설계풍속 V_H

  $V_H= V_0 K_D K_{zr} K_{zt} I_w(T)$ — 식(5.5-2)

  $= 42\times 1.0\times 0.81\times 1.0\times 0.95 = 32.3$ m/s

(2) 설계속도압 q_H

$$q_H = \frac{1}{2}\rho V_H^2$$ 식(5.5-1)

$$= \frac{1}{2}\times 1.22\times 32.3^2 = 636.4 \text{ N/m}^2$$

(3) 피크풍압계수

1) 피크외압계수 $\hat{C}_{pe}$

지붕경사가 10°이하이고 20m 미만의 건축물이므로

① 벽면

$\hat{C}_{pe,정}$ = 2.0 , $\hat{C}_{pe,부}$ = −2.8 — 표 5.8-2①

② 지붕면

$\hat{C}_{pe}$,① = −2.1 , $\hat{C}_{pe}$,② = −3.9 , $\hat{C}_{pe}$,③ = −6.0 — 표 5.8-2②

2) 외장재용 피크내압계수 $\hat{C}_{pi}$

밀폐형 물류창고로서 “모든 벽면 틈새, 지붕 밀폐”로 사용

$\hat{C}_{pi,정}$ = −0.80 , $\hat{C}_{pi,부}$ = 0 — 표 5.8-9

3) 피크풍압계수

① 벽면

- 정압

  $\hat{C}_{pe}-\hat{C}_{pi}$= 2.0−(−0.8) = 2.8

- 부압

  $\hat{C}_{pe}-\hat{C}_{pi}$= −2.8−0 = −2.8

② 지붕면

- $\hat{C}_{pe} - \hat{C}_{pi}$, ①=−2.1−0=−2.1
- $\hat{C}_{pe} - \hat{C}_{pi}$, ②=−3.9−0=−3.9
- $\hat{C}_{pe} - \hat{C}_{pi}$, ③=−6.0−0=−6.0
- 위 값 중 가장 불리한 값을 사용하여
  지붕면 피크풍압계수 $\hat{C}_{pe} - \hat{C}_{pi}$=−6.0

4) 설계풍압

외장재설계용 풍하중 W_C는 벽, 지붕을 구분하지 않고 식(5.4−3)에 따라 산정한다

$$W_C = q_H(\hat{C}_{pe} - \hat{C}_{pi})A_C \ \text{(N)}$$ *식(5.4-3)*

① 벽면

- 정압
  $636.4 \times 2.8 = 1781.9\,A_C\ \text{N/m}^2$
- 부압
  $636.4 \times (-2.8) = -1781.9\,A_C\ \text{N/m}^2$

② 지붕면

$636.4 \times -6.0 = -3818.4\,A_C\ \text{N/m}^2$

※ 허용응력설계를 하고자 할 때는 재현기간 50년 풍속을 사용해야한다 따라서, 위에서 구한 풍하중에 하중계수 0.65를 곱하여 적용하여야 한다.

부록 B
KDS 2016과 KDS 2022 풍하중기준의 비교

B1. KDS 2016과 KDS 2022 풍하중의 주요 개정내용과 기대효과

B1.1 개설

건축구조의 설계기준은 국토교통부에 의해 2005년 「건축구조설계기준(KBC 2005)」으로 제정된 후 2009년 「건축구조기준(KBC 2009)」으로 그 명칭이 변경되었고 2016년 「건축구조기준(KBC 2016)」으로 개정되었다. 2016년 국토교통부는 건축구조뿐만 아니라 건설분야에 관련된 모든 설계 기준들에 대해 코드체계를 부여하여 통합관리 하는 방침을 정하였다. 건축구조기준은 「KDS 41 00 00 : 2016」으로 코드 분류되었고, 건축구조기준 설계하중은 「KDS 41 10 15 : 2016」로 코드 분류되었다. 그 후 「KDS 41 10 15 : 2016 건축구조기준 설계하중 」은 「KDS 41 12 00 : 2022 건축물 설계하중 : 2022」으로 명칭 및 코드가 변경되었고, 2022년 10월 국토교통부령으로 고시가 이루어졌다.

아래에 KDS 2022 풍하중 항목 가운데 KDS 2016과 차이가 나는 주요 개정내용과 그로 인해 얻어지는 기대효과에 대하여 간략하게 소개한다.

B1.2 주요 개정내용의 요약 및 기대효과

KDS 2022의 개정된 풍하중의 내용을 보면 KDS 2016을 수정보완하거나 신설한 것으로 대별된다. 수정보완 및 신설이 필요한 사항에 대한 연구결과가 국내에 존재하는 경우에는 그것에 근거하여 정비하였고, 연구결과가 국내에서 얻어지지 못한 경우에는 KDS 풍하중기준과 동일하게 10분간 평균풍속을 근간으로 하고 있는 Eurocode[1], ISO[2], AIJ[3]를 참고하여 정비한 것을 알 수 있다.

개정된 KDS 2022의 풍하중 분야에 대한 주요내용을 가장 빨리 이해할 수 있는 방법은 신구 조문을 비교 숙지하고, 개정한 이유와 근거를 파악하는 것이다. 표 B2.1은 풍하중의 개정 내용 가운데 중요한 변경사항 만을 간추려 KDS 2016과 KDS 2002의 신구조문을 비교하고, 개정 형태 및 개정함으로써 얻을 수 있는 기대 효과를 나타낸 것이다.

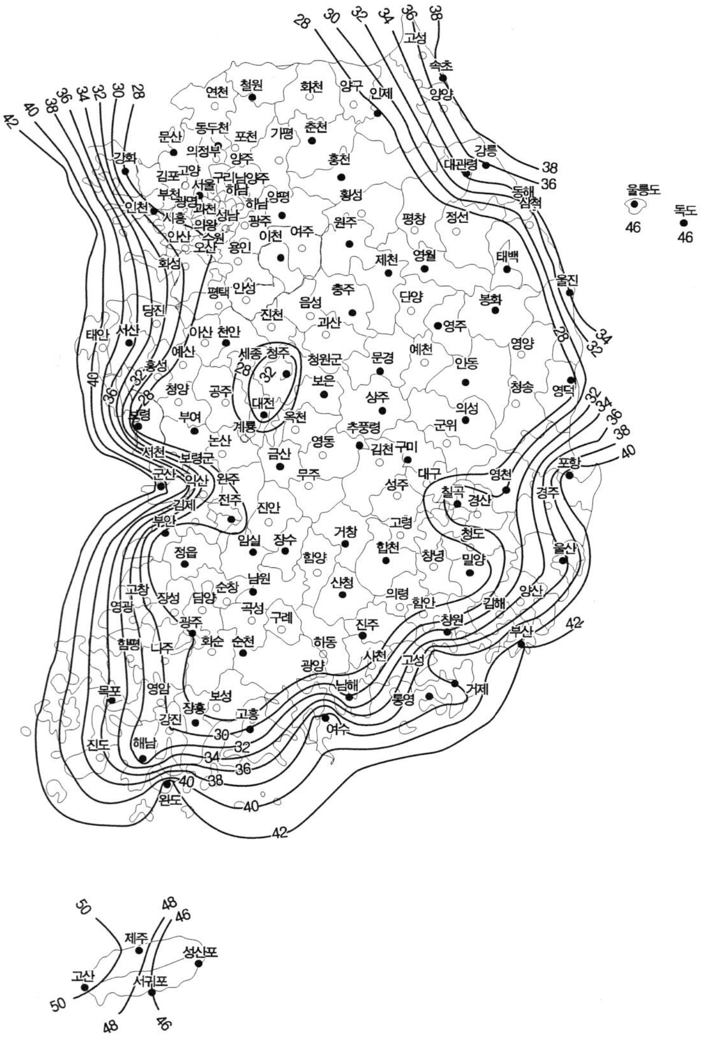

그림 B1.1 기본풍속 V_0 (재현기간 500년 풍속(m/s))

표 B1.1로부터 KDS 2022 풍하중의 주요 개정내용과 개정을 통해 얻어질 기대효과는 다음과 같이 요약할 수 있다.

(1) 국내 기상자료에 대해 확률통계 및 신뢰성 방법을 사용하여 한국 기상에 적합한 재현기간 500년의 강도설계용 기본풍속을 제시하였고(그림 B1.1)[4], 풍하중계수는 지진하중처럼 1.0으로 하였다. 재현기간 500년 풍속에 의한 강도설계용 풍하중은 재현기간 100년, 풍하중계수 1.3인 KDS 2016의 풍하중에 비해 5%정도 커진다.

(2) 사각형평면은 형상비 4이상, 원형평면은 형상비 7이상이 되면, 와류진동, 공기력불안정진동으로 인한 공진효과가 커진다. 특히 주차타워, 굴뚝, 관광타워 들처럼 경량, 저감쇠비, 세장, 유연 건축물의 후면에서 규칙적인 와류방출로 인하여 발생할 수 있는 와류진동 및 공기력불안정진동으로 인한 공진효과를 정량적으로 고려하는 풍하중산정식을 제시하여 구조안전성을 확보하였다.[2),3)]

(3) 인접효과가 발생하여 풍하중산정 시 풍동실험이 필요한 대상 건축물의 범위를 다음과 같이 4종류로 정량화하여 제시함으로써 엔지니어의 판단오류를 최소화시켰다.

① 대상건축물들이 나란하게 또는 집단으로 배치된 경우

② 형상비($H/\sqrt{BD}$)가 3이상 일 때

③ 풍상측 장애물 폭의 10배 이내에 위치할 때

④ 대상건축물이 풍상측의 장애물에 의한 골바람효과가 발생하는 위치 또는 후류버펫팅의 영향을 받는 곳에 위치할 때

(4) 건설지점 부근의 유효한 풍관측자료가 있는 경우에는 8풍향(N, NE, E, SE, S, SW, W, NW)에 대해 풍향계수를 적용할 수 있고, 풍향계수의 최소값은 0.85 이상으로 하였다. 지형변화가 없는 대상건설지에 풍향계수를 적용하면 풍하중이 0.72배 감소한다.[5)]

(5) 지표면상태가 혼재되었을 때, 지표면조도구분 판별방법을 다음과 같이 3형태로 구분 제시함으로써 엔지니어의 판단오류를 최소화시켰다.

① 풍상측 지표면에 급격한 상태의 변화가 없는 경우에는 45°범위 내의 평균적 상태로 함

② 풍상측 지표면이 평탄에서 거친 상태로 급변 하는 경우에는 변화 전의 평탄한 상태로 함.

③ 풍상측 지표면이 거친 상태에서 평탄한 상태로 변하는 경우에는 변화 후의 평탄한 상태로 함

(6) 가스트영향계수를 산정하는 수식에 포함되는 주요구성변수를 그래프로 제시함으로써 건축물 폭, 높이, 고유진동수, 설계풍속에 따라 복잡하게 변하는 상태을 엔지니어가 물리적으로 이해할 수 있도록 하였다.[6)]

(7) 풍진동에 의한 공진성분을 선형모드로 평가하는 KDS 2016의 방법을 건축물의 실제 진동모드를 고려하여 평가하도록 보완하였다. 이로 인해 고층건축물의 풍방향 풍하중은 KDS 2016에 비해 그림 B1.2처럼 감소하고, 풍직각방향 풍하중은 그림 B2.3처럼 증가한다.[7)]

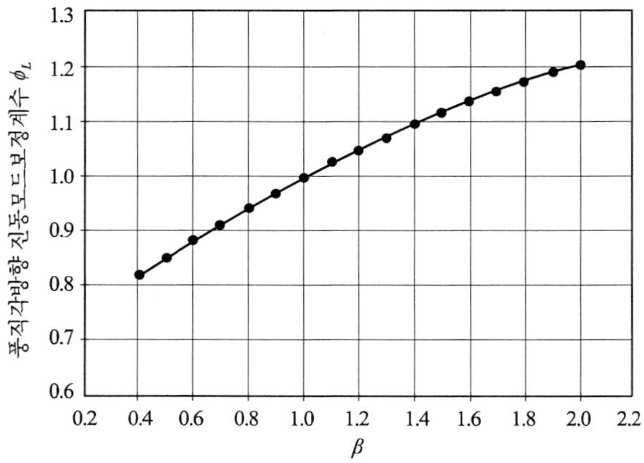

그림 B1.3 풍직각방향 모드보정계수 ϕ_L

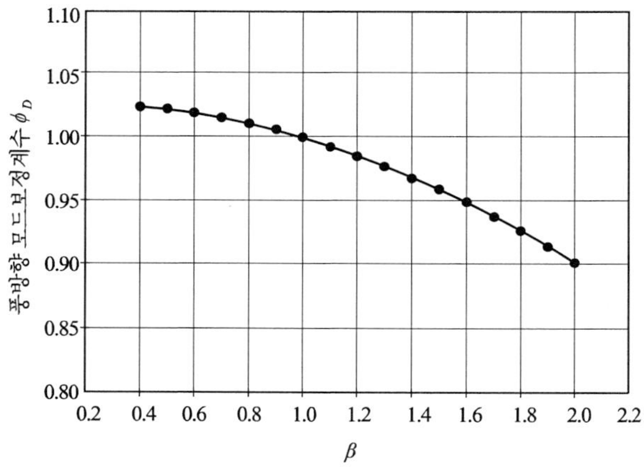

그림 B1.2 풍방향 진동모드보정계수 ϕ_D

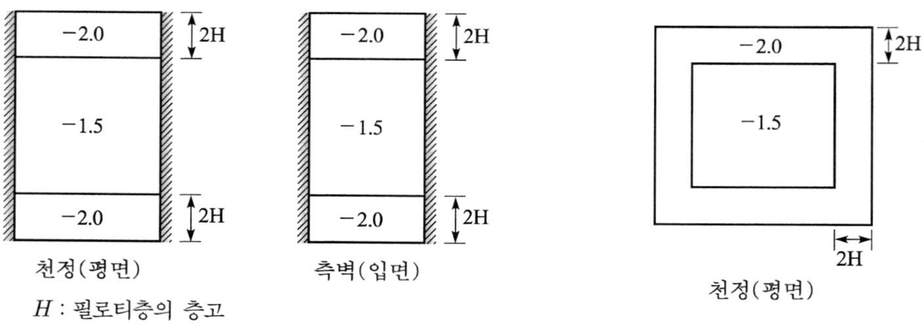

(a) 관통형 (b) 개방형

그림 B1.4 필로티의 외압계수 C_{pe}

(8) 강풍 시 피해가 빈번하게 발생하는 필로티의 구조안전성 확보를 위해 풍하중 산정용 외압계수를 그림 B1.4와 같이 제시하였다.[8),9)]

(9) 강풍으로 인해 건축물에 유발되는 수평변위 때문에 주골조 및 외장재에 균열 또는 파손이 발생하여 기능성이 저하되는 것을 방지하기 위해 수평변위 및 강풍의 레벨 규정하여 파손에 대한 사용성을 확보하도록 하였다.[1),3)] 건축물의 구조체 및 비구조체의 균열 및 파손방지를 위해 재현기간 50년 풍속에 대해 층간변위는 1/500를 한계값으로 참고하도록 하였다.[10),11)]

(10) 강풍은 장시간 지속되기 때문에 변동풍력이 반복 작용하여 외장재 접합부, 태양열 집열판 접합부, 광고판 지지대 등에 피로파괴가 발생하고, 또한 풍진동이 조명탑, 철탑, 기계식주차장 등과 같이 세장하고 유연한 건축물에 누적되면 누적피로파괴를 유발시킬 수 있다. 피로파괴 해석 시 필요한 강풍의 지속시간 모델을 참고하도록 제시하였다.[12)]

(11) 풍동실험에서 얻은 풍력시간이력을 건축물에 직접 작용시켜 구조부재에 작용하는 응력을 비선형해석모델을 이용하여 평가할 수 있도록 성능기반내풍설계(PBWD; performance based wind (resistant) design)를 도입하였다. 이에 따라 풍하중의 동적확대가 반영되어 KDS 2016의 등가정적풍하중에 비해 경제적인 설계가 가능해진다. 특히, 변형지배 부재에 제한적 비탄성거동을 허용하면 부재의 강성변화 및 하중의 재분배로 인해 부재의 저항능력이 증가하여 효율적인 설계가 가능해진다.[13)]

다음의 각 항에 해당하는 경우에 성능기반내풍설계를 적용할 수 있다.

① 풍동실험 수행하여 건축물의 진동, 변위 에 대한 사용성 및 풍하중에 대한 구조안전성에 대해 다양한 목표성능수준을 만족하도록 건축물을 설계하고자 할 때

② 와류진동, 공기력불안전진동 등이 예상되는 건축물을 설계할 때

표 B1.2 성능항목별 최소목표성능수준

성능 항목	수평진동 사용성	수평변위 사용성	구조 안전성
풍속 재현기간	1년	50년	500년, 900년
목표성능수준	• 탄성거동 • 거주자 불쾌감 방지	• 탄성거동 • 기능수행	• 제한적 비탄성거동 • 지속거주 (제한적 기능장애)

③ 구조안전성에 대해서 바람에 의한 건축물의 손상이후 중력하중에 대하여 저항능력을 유지한다는 전제 하에 연성거동(ductile behavior)을 하도록 설계된 부재들에 대해서 저사이클 피로파괴(low cycle fatigue failure)를 방지할 수 있는 제한적인 비탄성거동을 허용하는 건축물인 경우

성능기반내풍설계의 각 성능항목별 목표성능수준은 표 B2.2에 제시한 최소목표성능수준을 만족해야한다.

참고문헌

1) International Organization for Standardization. (2009), Wind actions on structures, ISO 4354 : 2009(E)
2) CEN. (2005), EN 1991-1-4:2005(E), Eurocode 1: Actions on structures - Part 1-4: General actions- Wind actions, 141-142
3) Architectural Institute of Japan (2015), Recommendations for Loads on Buildings, Ch.6 Wind Loads, 12-73
4) 하영철 (2018), 강도설계용 풍하중 평가를 위한 재현기간과 기본풍속지도의 제안, 대한건축학회 논문집-구조계, 43(2), 29-40
5) 권성난, 신동현, 최심국, 하영철 (2019), 건축물의 주골조 설계용 풍향계수의 추정, 한국풍공학회논문집, 23(1), 9-16
6) 하영철 (2021), 건축물 내풍설계, 구미서관, 429-431
7) 하영철 (2021), 건축물 내풍설계, 구미서관, 475-485
8) 우수현, 신동현, 류혜진, 하영철 (2019), 중저층건축물 관통형 필로티의 내풍설계를 위한 풍압계수 산정, 한국풍공학회논문집, 23(2), 57-65
9) 류혜진, 신동현, 우수현, 하영철 (2020), 고층건축물 관통형 및 개방형 필로티의 내풍설계를 위한 풍압계수 제안, 한국풍공학회논문집, 24(1), 23-35
10) 하영철 (2021), 건축물 내풍설계, 구미서관, 520-523
11) National Research Council Canada (2010), National Building Code of Canada Vol.1, Division B, 4-6
12) 우수현, 김효정, 하영철 (2017), 우리나라 강풍의 발생성인별 계속시간 추정, 한국풍공학회논문집, 21(3), 127-134
13) 하영철 (2021), 건축물 내풍설계, 구미서관, 27-38

표 B1.1 KDS 2016과 KDS 2012 풍하중 주요 변경 사항 및 개정 효과

항목	KDS 41 10 15 : 2016	KDS 41 12 00 : 2022	개정 형태	개정 효과
1.5.1	설계법에 따른 하중조합 강도설계 (기본값 : 재현기간 100년) $1.2D+1.3W+1.0L+0.5(L_r$ 또는 S 또는 $R)$ (1.5-4) $0.9D+1.3W$ (1.5-6) 허용응력설설계 (기본값 : 재현기간 100년) $D+F+(0.85W$ 또는 $0.7E)$ (1.5-12) $0.6D+0.85W$ (1.5-14)	설계법에 따른 하중조합 강도설계 (기본값 : 재현기간 500년) $1.2D+1.0W+1.0L+0.5(L_r$ 또는 S 또는 $R)$ (1.5-4) $0.9D+1.0W$ (1.5-6) 허용응력설설계 (기본값 : 재현기간 500년) $D+F+(0.65W$ 또는 $0.7E)$ (1.5-12) $0.6D+0.65W$ (1.5-14)	수정	풍하중계수 1) 강도설계 풍하중 산정 기본값이 재현기간 100년에서 500으로 변경됨. 500년 기준 시 풍하중계수 1.0은 100년 기준이면 1.35에 해당함. 하중증가율: 1.35/1.3 = 1.05 2) 허용응력설계 재현기간 50년을 기본으로 함. 재현기간 100년 기준 시 50년의 풍하중계수 0.85가 500년 기준 시 0.65로 변경됨. 500년 기준 시 50년 풍하중계수 0.65는 100년 기준 시 0.87에 해당. 하중증가율: 0.87/0.85 = 1.02
5.1.4	특별풍하중 (1) 풍진동의 영향을 고려해야할 건축물 1) 풍직각방향진동, 비틀림진동 발생 시	특별풍하중 (1) 풍진동의 영향을 고려해야할 건축물 1) 풍직각방향진동, 비틀림진동 발생 시 2) 와류진동, 공기력불안정진동 발생 시	수정/추가	경량, 저감쇠비, 세장, 유연한 건축구조물(굴뚝, 기념비, 관광타워) 등 와류진동, 공기력불안정진동의 발생할 가능성이 있는 건축구조물에 대해 공진효과를 정량적으로 고려하여 구조안전성 확보.
	(4) 인접효과가 우려되는 건축물 신축건축물이 집단으로 건설될 경우 풍상측 장애물의 와류방출영역에 건축물이 위치할 때에는 진동으로 인해 증가하는 풍하중의 효과를 검토하여야 하고, 또한 풍상측 장애물의 후류버펫팅이 발생하는 곳에 건축물이 위치할 때에는 국부적으로 증가하는 풍하중의 효과를 검토하여야 한다.	(4) 인접효과가 우려되는 건축구조물 ① 대상건축구조물들이 나란하게 또는 집단으로 배치된 경우 ② 형상비 $H/\sqrt{BD}$가 3이상 ③ 풍상측 장애물 폭의 10배 이내에 위치 ④ 대상건축물이 풍상측의 장애물에 의한 골바람효과가 발생하는 위치 또는 후류버펫팅의 영향을 받는 곳에 위치하는 경우	수정/추가	인접효과 발생조건을 정량적으로 제시하여 엔지니어의 자의적 판단 오류 최소화
		(5) 외장재의 파손에 주의해야할 건축구조물 1) 기본풍속이 34m/s를 초과하는 지역, 해안가로부터 3km 이내 건축물 가운데 5.8(외장재설계용 피크외압계수)를 적용할 수 없는 경우.	신설	외장재 파손 잦은 해안지역에 설치하는 특수한 건축물(비정형적)은 풍동실험을 통해 구조안전성을 확보하도록 구조적 대책 마련

항목	KDS 41 10 15 : 2016	KDS 41 12 00 : 2022	개정 형태	개정 효과
5.5.2	기본풍속 기본풍속 V_0는 지표면조도구분 C인 경우, 지상 10m에서 10분간 평균풍속의 재현기간 100년에 대한 기대값 강도설계용: 재현기간 330년 하중계수 1.3	기본풍속 기본풍속 V_0는 지표면조도구분 C인 경우, 지상 10m 높이에서 10분간 평균풍속의 재현기간 500년에 대한 기댓값 강도설계용 : 재현기간 500년 하중계수 1.0 하중계수 1.35 (100년 기준 시)	수정	한국 기상자료에 근거하여 신뢰성 및 확률통계 해석으로 한국형 강도설계용 풍속레벨 재현기간 500년 토대 마련(일반건축물)
5.5.3	없음	풍향계수 K_D 건설지점 부근의 유효한 풍관측자료 있는 경우에는 그것에 의해 평가한 8풍향(N, NE, E, SE, S, SW, W, NW)의 K_D를 사용할 수 있다. 이 때 K_D의 최소값은 0.85 이상으로 한다.	신설	구조축에 대해 풍향계수를 적용하면 풍하중은 $(0.85)^2=0.72$ 감소 가능 적용 가능지역: 해안가 등 지형 변화 없는 곳 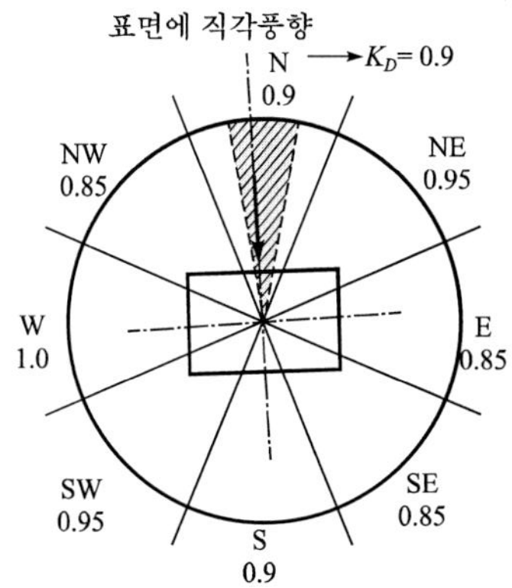

<table>
<tr><th>항목</th><th>KDS 41 10 15 : 2016</th><th>KDS 41 12 00 : 2022</th><th>개정 형태</th><th>개정 효과</th></tr>
<tr><td>5.5.4</td><td>풍속고도분포계수
건설지점의 지표면조도구분은 주변지역의 지표면 상태에 따라 표 5.5.2에 따라 정한다.

표 5.5-2 지표면조도구분
<table><tr><th>지표면 조도구분</th><th>주변지역의 지표면 상태</th></tr><tr><td>A</td><td>대도시 중심부에서 고층건축물(10층 이상)이 밀집해 있는 지역</td></tr><tr><td>B</td><td>수목·높이 3.5m 정도의 주택과 같은 건축물이 밀집해 있는 지역
중층건물(4~9층)이 산재해 있는 지역</td></tr><tr><td>C</td><td>높이 1.5~10m 정도의 장애물이 산재해 있는 지역
수목·저층건축물이 산재해 있는 지역</td></tr><tr><td>D</td><td>장애물 거의 없고, 주변 장애물의 평균높이가 1.5m 이하인 지역,
해안, 초원, 비행장</td></tr></table></td><td>풍속고도분포계수
(1) 지표면조도구분 판단 위한 주변지역의 범위 : 건축구조물 기준높이 H의 40배, 3km 중 작은 값, 지표면조도구분 판단법: 풍상측 45도의 범위 내 지표면상태를 아래 세 종류로 구분 후 표 5.5-1에 따라 정한다.

① 풍상측 지표면에 급격한 상태의 변화가 없는 경우에는 45°범위 내의 평균적 상태로 함
② 풍상측 지표면이 평탄에서 거친 상태로 급변하는 경우에는 변화 전의 평탄한 상태로 함.
③ 풍상측 지표면이 거친 상태에서 평탄한 상태로 변하는 경우에는 변화 후의 평탄한 상태로 함</td><td>수정/추가</td><td>지표면상태가 혼재된 경우에 지표면조도구분의 판별 방법 3종류를 제시하여 엔지니어의 자의적 판단 오류를 최소화

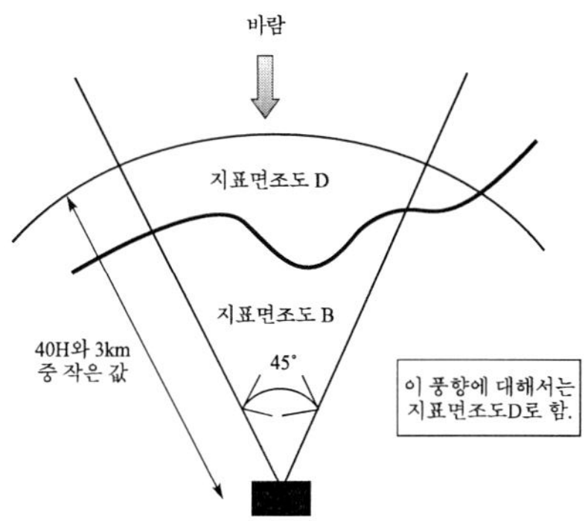
</td></tr>
<tr><td>5.6
5.6.1</td><td>풍방향 가스트영향계수
진동모드의 연직분포를 선형으로 가정한 산정식

$G_D = 1 + g_D \gamma_D \sqrt{B_D + R_D}$ (5.6-2)

단, g_D : 풍방향피크팩터,
γ_D : 풍속변동계수
B_D : 비공진계수
R_D : 공진계수</td><td>풍방향 가스트영향계수
진동모드 연직분포의 비선형성을 고려해 진동모드 보정계수 ϕ_D를 반영한 산정식

$G_D = 1 + g_D \gamma_D \sqrt{B_D + \phi_D^2 R_D}$ (5.6-1)
$\phi_D = \frac{1}{2+\beta}\frac{M}{M^*}\lambda$ (5.6-1.f)
$\frac{1}{2+\beta}\frac{M}{M^*}\lambda = \frac{2\beta+1}{2+\beta}$
$\lambda = 1.0 - 0.4\ln\beta$ (5.6-1.i)
단, β : 진동모드 $\mu_1 = (z/H)^\beta$ 연직분포형상 지수
$\beta = 0.5$: 내력벽 없는 모멘트저항골조
$\beta = 1.0$: 중앙코어 가진 모멘트저항골조</td><td>수정/추가</td><td>실제 진동모드 연직분포의 비선형성을 고려한 진동모드보정계수 ϕ_D를 적용하면, β 〉 1이면 풍방향 가스트영향계수 감소, 풍방향 풍하중 감소 효과 (적용범위 : $0.5 < \beta < 2.0$)

∵ 일반화질량 기여 < 일반화변동풍력 기여
(증가) (감소)</td></tr>
</table>

항목	KDS 41 10 15 : 2016	KDS 41 12 00 : 2022	개정 형태	개정 효과
		$\beta=1.5$: 중앙부 RC코어로 지지된 캔틸레버형 $\beta=2.0$: 탑, 굴뚝 $M/[(2+\beta)M^*]$: 풍방향 일반화질량의 진동모드 차이에 따른 보정계수 M : 건축구조물 지상부 총질량 M^* : 풍방향1차진동일반화질량(kg) λ : 풍방향 일반화변동풍력의 진동모드 차이에 따른 보정계수 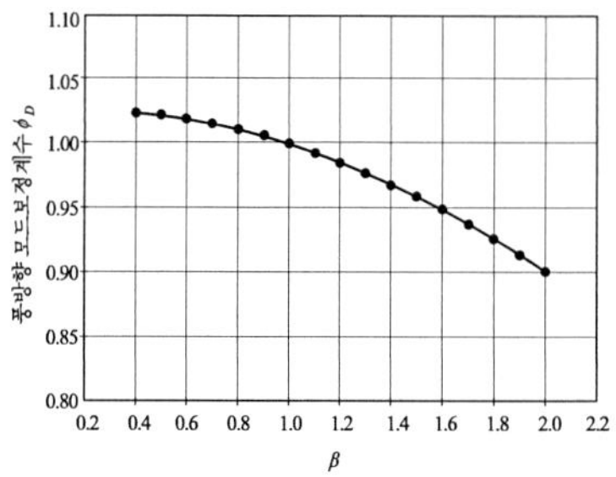 그림 5.6-5 풍방향 진동모드보정계수 ϕ_D		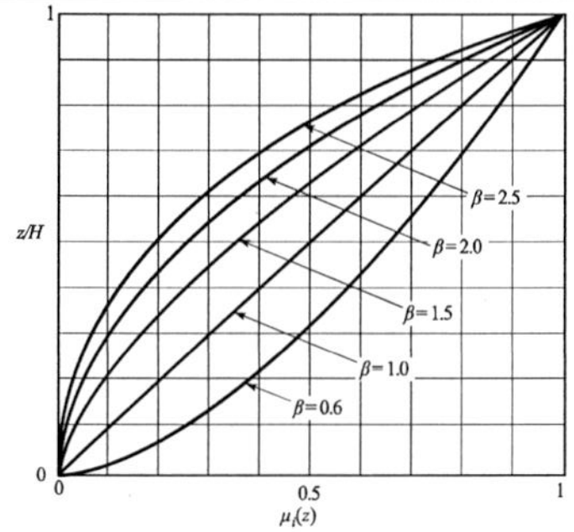 [그림 1] β에 따른 진동모드 μ_1의 높이 변화 특성 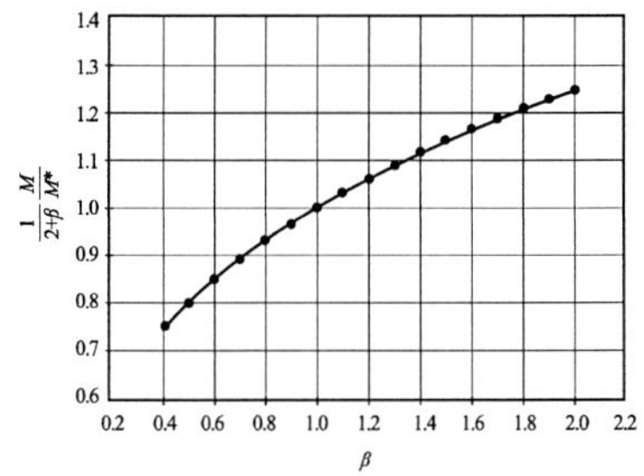 [그림 2] 일반화질량 진동모드보정계수 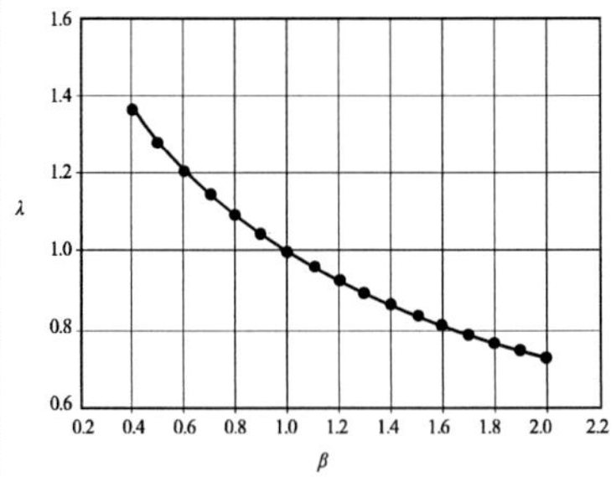 [그림 3] 일반화변동풍력의 모드보정계수 λ

항목	KDS 41 10 15 : 2016	KDS 41 12 00 : 2022	개정 형태	개정 효과
5.7.1	외압계수 없음	외압계수 (4) 필로티 필로티의 천정, 측벽에 대한 주골조설계용 외압계수 C_{pe} 는 그림 5.7-1에 따른다. 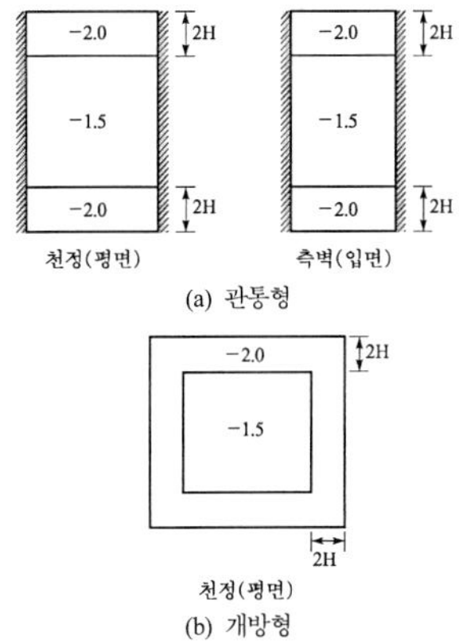 H : 필로티층의 층고 그림 5.7-1 필로티의 외압계수 C_{pe}	신설	강풍 시 피해 잦은 필로티 주골조의 구조안전성 확보를 위한 구조적대책 제시 (최근 연구결과 반영)

항목	KDS 41 10 15 : 2016	KDS 41 12 00 : 2022	개정 형태	개정 효과
5.8.1	없음	피크외압계수 (8) 필로티 필로티의 외장재설계용 피크외압계수 $\hat{C}_{pe}$ 는 그림 5.8-1에 따른다. 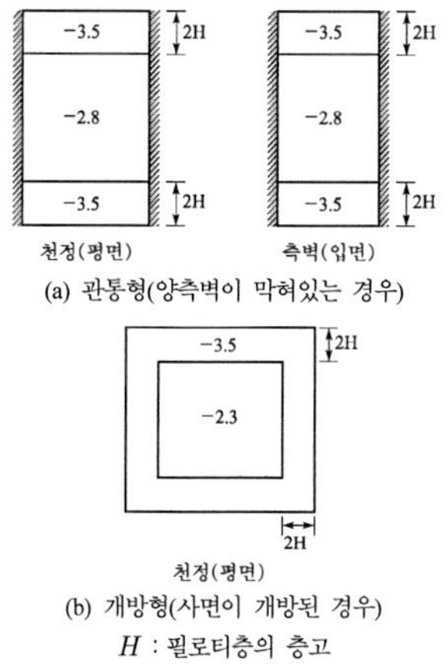 그림 5.8-1 필로티의 피크외압계수 $\widehat{C_{pe}}$	신설	강풍 시 파손 잦은 필로티 외장재의 구조안전성 확보를 위한 구조적대책 마련 (최근 연구결과 반영)

<table>
<tr><th>항목</th><th>KDS 41 10 15 : 2016</th><th>KDS 41 12 00 : 2022</th><th>개정 형태</th><th>개정 효과</th></tr>
<tr><td>5.7.3</td><td>풍력계수
(6) 굴뚝, 탱크 옥상설비 등
없음</td><td>풍력계수
(6) 굴뚝, 탱크 옥상설비 등
옥상 위 팔각뿔 형태 첨탑구조물의 풍력계수 C_D는 표 5.7-12에 따른다.

표 5.7-12 팔각뿔 형태 첨탑건축구조물의 풍력계수 C_D
<table><tr><th>단면 형태</th><th>표면 조건</th><th colspan="3">C_D</th></tr><tr><th></th><th></th><th>$h/\sqrt{A_f}<4$</th><th>$4 \le h/A_f < 15$</th><th>$h/A_f \ge 15$</th></tr><tr><td>팔각뿔</td><td>모든 경우</td><td>1.0</td><td>1.1</td><td>1.2</td></tr></table>기호] h : 건축구조물의 높이(m)
A_f : 첨탑건축구조물의 바닥면적(m^2)</td><td>신설</td><td>강풍 시 피해 잦은 옥상 첨탑구조물 주골조에의 구조안전성 확보를 위한 구조적대책 마련
(최근 연구결과 반영)</td></tr>
<tr><td>5.9
5.9.2</td><td>풍직각방향풍하중
진동모드의 연직분포를 선형으로 가정한 풍하중 W_L 산정식
$W_L = 3g_L C_{M,L}{}' q_H A\left(\frac{z}{H}\right)\sqrt{1+R_L}$ (N) (5.9-1)
단, g_L : 풍직각방향피크펙터
$C_{M,L}{}'$: 풍직각방향변동전도모멘트계수
q_H : 속도압(N/m^2)
A : 하중분담면적($=Bh$)(m^2)
z : 지표면으로부터의 높이(m)
H : 건축물의 기준높이(m)
R_L : 풍직각방향변동전도모멘트 공진계수</td><td>주골조설계용 풍직각방향풍하중 $W_L(z)$
진동모드 연직분포의 비선형성을 고려해 진동모드 보정계수 ϕ_L를 반영한 풍하중 $W_L(z)$ 산정식
$W_L(z) = 3g_L C_{M,L}{}' q_H A\left(\frac{z}{H}\right)\sqrt{1+\phi_L^2 R_L}$ (N) (5.9-1)
$\frac{M}{3M_L^*}\lambda = \frac{2\beta+1}{3}\left(\frac{z}{H}\right)^{\beta-1}$
$\phi_L = \frac{M}{3M_L^*}\lambda$ (5.9-1.c)
$\lambda = 1.0 - 0.4\ln\beta$ (5.6-1.i)
단, β : 진동모드 $\mu_1 = (z/H)^\beta$ 연직분포형상 지수
$\beta = 0.5$ 2.0
$M/3M_L^*$: 풍직각방향 일반화질량의 진동모드 차이에 따른 보정계수
λ : 일반화변동풍력의 진동모드 차이에 따른 보정계수</td><td>수정/추가</td><td>실제 진동모드 연직분포의 비선형성을 고려해 진동모드보정계수 ϕ_D를 사용하면 β 〉 1이면 풍직각방향풍하중 증가 효과
(적용범위 : $0.5 < \beta < 2.0$)

∵ 일반화질량 기여 > 일반화변동풍력 기여
(증가) (감소)
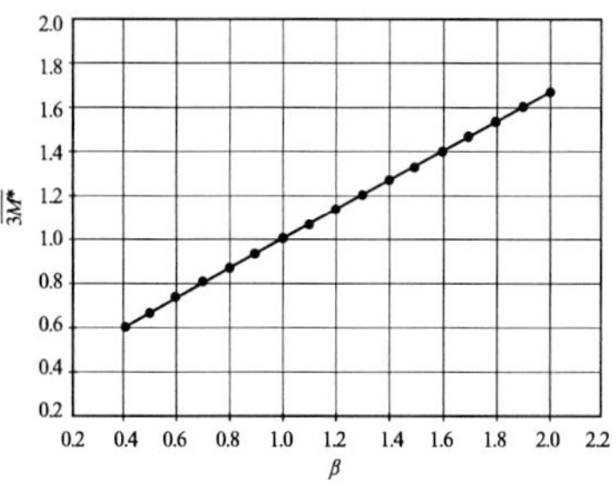
[그림 1] 일반화질량 진동모드보정계수</td></tr>
</table>

항목	KDS 41 10 15 : 2016	KDS 41 12 00 : 2022	개정 형태	개정 효과
		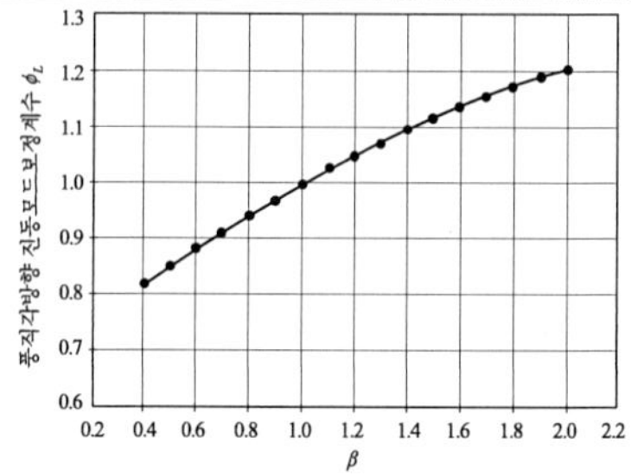 그림 5.9-1 풍직각방향 모드보정계수 ϕ_L		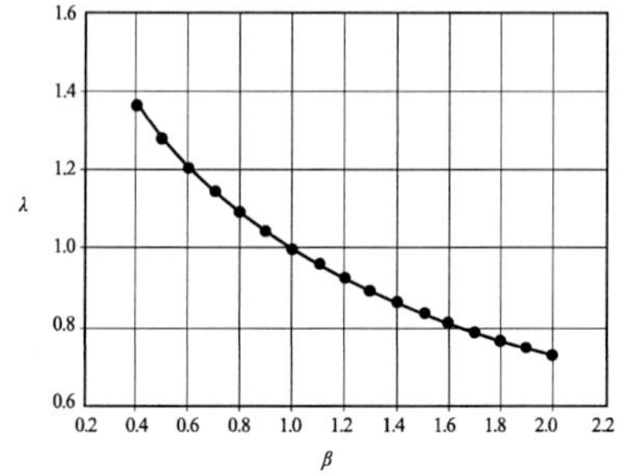 [그림 3] 일반화변동풍력의 모드보정계수 λ
5.11	없음	와류진동 풍하중 원형평면 건축구조물, 원형단면인 부재에 적용 (1) 원형평면 건축구조물 와류진동 풍하중 $W_r(z)$ $W_r(z) = 0.8\rho V_r^2 C_r \frac{z}{H} A$ (N) (5.11-1) 단, V_r : 공진풍속(m/s) ρ : 공기밀도로 1.225(kg/m^3)으로 함 C_r : 공진 시 풍력계수 z : 지표면으로부터의 높이(m) H : 건축구조물의 기준높이(m) A : 투영된 건축구조물의 면적(m^2) (2) 원형단면인 부재의 와류진동 풍하중 W_r $W_r = (2\pi n_L)^2 \sin\left(\frac{\pi x}{L}\right) \frac{M}{L} \frac{0.26 V_r^*}{0.75 S_C^{1.1} + 0.36 V_r^*} A$ (N) (5.11-4) 단, L : 부재길이(m) M : 부재의 총질량(kg) V_r^* : 무차원공진풍속 S_C : 질량감쇠변수 A : 대표면적(m^2)	[신설]	경감쇠비, 세장, 유연 건축구조물(굴뚝, 기념비, 관광타워) 등 와류진동에 의한 동적증폭효과(공진효과)가 고려된 풍하중 산정 가능 원형단면 세장 부재에서는 설계풍속보다 낮은 풍속에서 발생하는 와려진동으로 인한 동적증폭효과가 반영된 풍하중 산정 가능

항목	KDS 41 10 15 : 2016	KDS 41 12 00 : 2022	개정 형태	개정 효과
5.14.2	수평변위 및 응답가속도의 평가기준 (1) 강풍으로 발생하는 수평변위로 인해 건축물 골조 및 외장재가 손상을 입지 않아야한다. (2) 강풍으로 발생하는 진동응답가속도에 대해 거주자가 불안, 불쾌감을 느끼지 않도록 하여야한다.	5.14.2 사용성 평가기준 (1) 수평변위 재현기간 50년 풍속으로 발생하는 수평변위로 인해 건축구조물의 구조체 및 비구조체(비구조벽체, 칸막이벽, 외장재)가 손상을 입지 않도록 해야한다. (2) 응답가속도 재현기간 1년 풍속으로 발생하는 진동응답가속도로 인하여 거주자가 불쾌감, 업무 및 행동에 지장을 초래하지 않도록 해야한다.	수정/추가	강풍 시 건축물의 수평변위로 인한 주골조 및 외장재의 피해방지를 위해 수평변위 평가용 강풍 레벨 규정하여 파손에 대한 사용성을 확보 (참고값 : 수평변위 1/500 정도) 강풍 시 건축물에 발생하는 진동가속도를 평가하기 위한 강풍레벨 규정하여 거주자의 사용성을 확보함 (참고값 : 10cm/s^2 이하)
5.17	없음	5.17 바람의 작용시간 구조골조부재 및 외장재, 면진부재, 제진부재에 관해 풍외력에 대한 피로를 검토할 필요가 있을 때에는 건설지점에 있어서 풍속과 그 작용시간을 적절하게 설정하여 그 작용시간 내에 누적하는 피로손상에 대해 안전할 것을 확인해야한다.	신설	강풍에 의한 피로파괴 잦은 구조물에 대한 피로파괴안정성 확보 (변동풍력에 의한 피로파괴: 외장재, 태양열집열판, 광고판 지지재 풍진동으로 인한 누적피로파괴: 굴뚝, 철탑, 기념탑, 기계식주차장
5.18	없음	5.18 성능기반 내풍설계 (1) 적용범위 다음의 각 항에 해당하는 경우에는 성능기반내풍설계를 적용할 수 있다. 1) 풍동실험 수행하여 건축구조물의 진동, 변위에 대한 사용성 및 풍하중에 대한 구조안전성에 대해 다양한 목표성능수준을 만족하도록 건축구조물을 설계하고자 할 때 2) 와류진동, 공기력불안전진동 등이 예상되는 건축구조물을 설계할 때 3) 구조안전성에 대해서 바람에 의한 건축구조물의 손상이후 중력하중에 대하여 저항능력을 유지한다는 전제 하에 연성거동(ductile behavior)을 하도록 설계된 부재들에 대해서 저사이클 피로파괴(low cycle fatigue	신설	풍동실험 자료에 근하여 비선형동적응답을 수행할 경우, 한계강도에 저항하는 부재 중 변위지배 부재 대해 제한적인 비탄성거동을 허용하여 부재 저항능력을 증가시켜 경제적인 설계를 도모하도록 함

<table>
<tr><th>항목</th><th>KDS 41 10 15 : 2016</th><th>KDS 41 12 00 : 2022</th><th>개정 형태</th><th>개정 효과</th></tr>
<tr><td></td><td></td><td>failure)를 방지할 수 있는 제한적인 비탄성 거동을 허용하는 건축구조물인 경우
(2) 목표성능수준

표 5.18-1 성능항목별 최소목표성능수준
<table>
<tr><th>성능항목</th><th>수평진동 사용성</th><th>수평변위 사용성</th><th>구조 안전성</th></tr>
<tr><td>풍속 재현기간</td><td>1년</td><td>50년</td><td>500년, 900년</td></tr>
<tr><td>목표 성능수준</td><td>• 탄성거동
• 거주자 불쾌감 방지</td><td>• 탄성거동
• 기능수행</td><td>• 제한적 비탄성 거동
• 지속거주 (제한적 기능장애)</td></tr>
</table></td><td></td><td></td></tr>
</table>

주] 밑줄(underline) 친 부분이 신구조문 가운데 수정, 추가 또는 신설된 것이다.

B2. KDS 2016과 KDS 2022 풍하중 신구 조문 대비 표

표 B2.1 KDS 2016과 KDS 2022 풍하중 신구 조문 대비 표(전문)

항목	KDS 41 10 15 : 2016	KDS 41 12 00 : 2022	근거 / 사유
1.5	1.5 하중조합	1.5 하중조합	
1.5.1	1.5.1 강도설계법 또는 한계상태설계법의 하중조합 (1) 강도설계법 또는 한계상태설계법으로 구조물을 설계하는 경우에는 다음의 하중조합으로 소요강도를 구하여야 한다. $1.4(D+F)$ (1.5-1) $1.2(D+F+T)+1.6L+0.5(L_r$ 또는 S 또는 $R)$ (1.5-2) $1.2D+1.6(L_r$ 또는 S 또는 $R)+(1.0L$ 또는 $\underline{0.65W})$ (1.5-3) $1.2D+\underline{1.3W}+1.0L+0.5(L_r$ 또는 S 또는 $R)$ (1.5-4) $1.2D+1.0E+1.0L+0.2S$ (1.5-5) $0.9D+\underline{1.3W}$ (1.5-6) $0.9D+1.0E$ (1.5-7)	1.5.1 강도설계법 또는 한계상태설계법의 하중조합 (1) 강도설계법 또는 한계상태설계법으로 구조물을 설계하는 경우에는 다음의 하중조합으로 소요강도를 구하여야 한다. $1.4(D+F)$ (1.5-1) $1.2(D+F+T)+1.6L+0.5(L_r$ 또는 S 또는 $R)$ (1.5-2) $1.2D+1.6(L_r$ 또는 S 또는 $R)+(1.0L$ 또는 $\underline{0.5W})$ (1.5-3) $1.2D+\underline{1.0W}+1.0L+0.5(L_r$ 또는 S 또는 $R)$ (1.5-4) $1.2D+1.0E+1.0L+0.2S$ (1.5-5) $0.9D+\underline{1.0W}$ (1.5-6) $0.9D+1.0E$ (1.5-7)	[수정] 풍하중 산정의 기본값을 재현기간 100년 풍속에서 재현기간 500년 풍속으로 변경하고 하중계수를 1.0으로 함. 500년 재현기간의 풍하중계수 1.0은 100년이면 1.35에 해당 하중증가율=1.35/1.3=1.05
1.5.2	1.5.2 허용응력설계법의 하중조합 (1) 허용응력설계법으로 구조물을 설계하는 경우에는 다음의 하중조합으로 작용응력을 구하여야 한다. $D+F$ (1.5-8) $D+F+L+T$ (1.5-9) $D+F+(L_r$ 또는 S 또는 $R)$ (1.5-10) $D+F+0.75(L+T)+0.75(L_r$ 또는 S 또는 $R)$ (1.5-11) $D+F+(\underline{0.85W}$ 또는 $0.7E)$ (1.5-12) $D+F+0.75(0.85W$ 또는 $0.7E)+0.75L$ $+0.75(L_r$ 또는 S 또는 $R)$ (1.5-13) $0.6D+\underline{0.85W}$ (1.5-14) $0.6D+0.7E$ (1.5-15)	1.5.2 허용응력설계법의 하중조합 (1) 허용응력설계법으로 구조물을 설계하는 경우에는 다음의 하중조합으로 작용응력을 구하여야 한다. $D+F$ (1.5-8) $D+F+L+T$ (1.5-9) $D+F+(L_r$ 또는 S 또는 $R)$ (1.5-10) $D+F+0.75(L+T)+0.75(L_r$ 또는 S 또는 $R)$ (1.5-11) $D+F+(\underline{0.65W}$ 또는 $0.7E)$ (1.5-12) $D+F+0.75(0.85W$ 또는 $0.7E)+0.75L$ $+0.75(L_r$ 또는 S 또는 $R)$ (1.5-13) $0.6D+\underline{0.65W}$ (1.5-14) $0.6D+0.7E$ (1.5-15)	[수정] 허용응력설계의 풍하중 계수는 재현기간 50년 풍속을 기본으로 함. 재현기간 100년이 500년으로 변경됨에 따라, 100년 기준 시 50년 풍하중계수 0.85가 신기준 500년에서 0.65로 변경됨 500년 기준 시 50년의 풍하중계수 0.65는 재현기간 100년이면 0.87에 해당 하중증가율=0.87/0.85=1.02

항목	KDS 41 10 15 : 2016	KDS 41 12 00 : 2022	근거 / 사유
5.1	5.1 일반사항	5.1 일반사항	
5.1.1	5.1.1 적용범위 (1) 이 절은 강풍에 의한 건축물의 탄성적 거동을 전제로 한 최소 풍하중을 산정하는 경우에 적용한다. (2) 주골조설계용 풍하중은 건축물의 주골조를 설계하는 경우에 적용하고, 외장재설계용 풍하중은 외장재와 이를 지지하는 부골조(이하 외장재 등이라 한다)의 설계에 적용한다.	5.1.1 적용범위 (1) 이 절은 강풍이 작용하였을 때 건축구조물의 주구조체가 탄성적으로 거동하는 것을 전제로 한 최소풍하중을 산정하는 경우에 적용한다. (2) 주골조설계용 풍하중은 건축구조물의 주골조를 설계하는 경우에 적용하고, 외장재설계용 풍하중은 외장재와 이를 지지하는 부골조(이하 외장재 등이라 한다)의 설계에 적용한다.	[수정] 이해가 쉽도록 문장을 수정함 건축물 대신 건축물과 구조물을 포함하는 광범위한 건축구조물로 용어 변경
5.1.2	5.1.2 기본방침 (1) 풍하중은 주골조설계용 수평풍하중·지붕풍하중과 외장재설계용 풍하중으로 구분한다. 풍하중은 각각의 설계풍압에 유효수압면적을 곱하여 산정한다. (2) 주골조설계용 수평풍하중은 풍방향풍하중, 풍직각방향풍하중, 비틀림풍하중으로 구분하여 산정한다. (3) 풍하중은 5.5.1(설계풍속)에 근거하여 산정한다. (4) 통상적인 건축물에서는 지붕의 평균높이를 기준높이로 하며, 그 기준높이에서의 속도압을 기준으로 풍하중을 산정한다. (5) 풍하중을 산정할 때에는 각 건물 표면의 양면에 작용하는 풍압의 대수합을 고려해야한다. (6) 주골조설계용 설계풍압은 5.5(속도압), 5.6(가스트영향계수), 5.7(주골조설계용 풍압계수, 풍력계수)를 곱하여 산정한다. 다만, 부분개방형건축물 및 지붕풍하중을 산정할 때에는 5.7.2(내압)의 영향도 고려한다.	0305.1.2 기본방침 (1) 풍하중은 주골조설계용 수평풍하중·지붕풍하중과 외장재설계용 풍하중으로 구분한다. (2) 주골조설계용 수평풍하중은 풍방향풍하중, 풍직각방향풍하중, 비틀림풍하중으로 구분하여 산정한다. (3) 풍하중은 10분간 평균풍속의 재현기간 500년 값에 근거하여 산정한다. 이 값은 강도설계의 극한값에 해당한다. 따라서 강도설계의 하중조합에서 풍하중계수는 1.0이다. 허용응력설계의 풍하중은 강도설계로 산정한 값에 풍하중계수 0.65를 곱한다. (4) 설계풍속은 5.5.2(기본풍속)에 5.5.3(풍향계수), 5.5.4(풍속고도분포계수), 5.5.5(지형계수) 및 건축구조물의 중요도 분류에 따라 정한 5.5.6(중요도계수)를 곱하여 산정한다. (5) 기준높이는 통상적인 건축구조물에서는 지붕의 평균높이로 하며, 이 기준높이에서의 속도압을 기준으로 풍하중을 산정한다. (6) 풍하중을 산정할 때에는 각 건축구조물 표면의 양면에 작용하는 풍압의 벡터합으로 한다. (7) 주골조설계용 풍하중은 5.5(속도압), 5.6(가스트영향계수), 5.7(주골조설계용 풍압계수, 풍력계수)에 풍하중의 산정 목적에 따라 적절하게 정한 수압면적을 곱하여 산정한다. 단, 5.7.2(내압계수)의 영향도 고려한다.	[수정] 풍하중 종류만 기술하고, 풍하중 산정법에 대한 정의는 별도로 (7), (8)에서 기술하도록 삭제함 [수정] 재현기간 100년 풍속에 기반하였던 기본풍속을 재현기간 500년 풍속으로 변경함. 허용응력설계는 재현기간 50년을 기본으로함. [수정] 주골조용 풍하중 산정식을 구성할 때 별도로 두었던 설계풍압을 하나의 산정식에 포함시켜 일원화함

항목	KDS 41 10 15 : 2016	KDS 41 12 00 : 2022	근거 / 사유
	(7) 외장재설계용 설계풍압은 5.5(속도압)에 5.8(외장재설계용 풍압계수)를 곱하여 산정한다.	(8) 외장재설계용 풍하중은 5.5(속도압)과 5.8(외장재설계용 피크풍압계수)에 풍하중의 산정 목적에 따라 적절하게 정한 수압면적을의 곱하여 산정한다. 단, 5.8.2(피크내압계수)의 영향도 고려한다.	[수정] 외장재용 풍하중 산정식을 구성할 때 별도로 두었던 설계풍압을 하나의 산정식에 포함시켜 일원화 함
	(8) 5.1.3(특별풍하중)에 해당하는 경우에는 5.15(풍동실험)에 따라 풍하중을 산정하여야 한다. 단, 평면형상이 사각형이고 높이방향으로 일정한 건축물로서 5.9.1 및 10.1의 적용범위를 만족하는 경우에는 5.15(풍동실험)에 따르지 않고 5.9.2 및 5.10.2의 산정식에 따라 각각 풍직각방향풍하중과 비틀림풍하중을 산정할 수 있다.	(9) 5.1.4(특별풍하중)에 해당하는 경우에는 바람으로 인하여 건축구조물에 발생하는 특수한 영향들을 고려하여 풍하중을 산정하여야 한다. 단, 평면형상이 사각형이고 높이방향으로 일정한 건축구조물인 경우에는 5.9(풍직각방향) 및 5.10(비틀림풍하중)에 따라 각각 풍직각방향풍하중과 비틀림풍하중을 산정한다. 평면형상이 원형인 경우에는 5.11(와류진동 풍하중)에 따라 풍하중을 산정한다.	[수정 및 추가] 명확한 내용 전달을 위해 문구를 수정하고, 원형평면에 대한 와류진동 시의풍하중평가방법을 추가 명시함
	(9) 거주성을 검토하기 위하여 필요한 응답가속도는 5.13.3(수평변위·응답가속도의 검토)에 따라 산정할 수 있다. 이때 필요한 풍속은 5.16(재현기간 1년 풍속)에 따른다.	(10) 풍진동으로 발생하는 수평변위 및 응답가속도에 대한 사용성은 5.14(사용성 검토)에 따른다. 이 때 수평변위는 5.14.3(1)①의 재현기간 50년 설계풍속을 적용하여 산정하고, 응답가속도는 5.14.3(2)①의 재현기간 1년 설계풍속을 적용하여 산정한다.	[추가] 풍진동으로 인한 사용성에 변위항목을 추가함. 변위검토 대상풍속의 레벨은 재현기간 50년으로 명시함
	(10) 작은 규모의 건축물인 경우에는 5.14(간편법에 따른 풍하중)에 따라 풍하중을 산정할 수 있다.	(11) 작은 규모의 건축구조물인 경우에는 5.15(간편법에 따른 풍하중)에 따라 풍하중을 산정할 수 있다.	[수정] 문구 수정
		(12) 신축건축구조물의 건설로 빌딩풍이 발생할 경우에는 5.16(빌딩풍에 대한 풍환경의 검토)에 따라 풍환경평가를 실시하여 풍환경의 악화를 검토한다.	[신설] 빌딩풍에 대한 풍환경평가를 신설함.
		(13) 피로손상 등의 누적적인 하중효과는 5.18(바람의 작용시간)을 고려하여 검토한다.	[신설] 반복풍하중에 의한 누적피로손상 검토를 신설함.
		(14) 풍동실험을 수행하여 강풍으로 발생하는 건축구조물의 풍하중에 대한 구조안전성과 진동에 대한 사용성에 대해 다양한 목표성능수준을 만족하도록 건축구조물을 설계하고자 할 때는 5.19(성능기반 내풍설계)를 적용할 수 있다.	[신설] 풍동실험에 근거한 해석을 통해 다양한 목표성능을 만족시키는 풍하중을 평가할 수 도록 성능기반설계를 도입함

항목	KDS 41 10 15 : 2016	KDS 41 12 00 : 2022	근거 / 사유
5.1.3	없음	0305.1.3 설계하중조합 시의 풍하중계수 (1) 강도설계 풍하중은 10분간 평균풍속의 재현기간 500년에 대한 값을 기본으로 산정한다. 이 값은 강도설계의 극한값에 해당한다. 따라서 강도설계의 하중조합에서 풍하중계수는 1.0이다. (2) 허용응력설계 허용응력설계의 풍하중은 강도설계로 산정한 값에 풍하중계수 0.65를 곱한다.	[신설] 강도설계 풍속은 재현기간 500년, 풍하중계수는 1.0으로 함. [신설] 허용응력설계 풍하중계수는 재현기간 50년에 근거함
5.1.4	5.1.4 특별풍하중 다음의 각 조건에 해당하는 경우에는 바람으로 인하여 건축물에 발생하는 특수한 영향들을 고려하기 위해 5.15(풍동실험)에 따라 특별풍하중을 산정하여야 한다. (1) 풍진동의 영향을 고려해야 할 건축물 형상비가 크고 유연한 건축물 가운데 다음의 ①, ② 조건에 해당하는 경우에는 5.15(풍동실험)에 따라 풍방향진동 외에 풍직각방향진동 및 비틀림진동에 따른 동적 영향을 고려한 풍하중을 산정하여야 한다. 단, 평면형상이 사각형이고 높이방향으로 일정한 건축물로서 5.9.1, 5.10.1의 적용범위를 만족하는 경우에는 5.15(풍동실험)에 따르지 않고 각각 5.9.2, 5.10.2의 산정식에 따라 각각 풍직각방향풍하중과 비틀림풍하중을 산정할 수 있다. ② 원형평면이 아닌 건축물 $\frac{H}{\sqrt{BD}} \geq 3$ 또는 $\frac{H}{\sqrt{A_f}} \geq 3$ (5.1-2) 여기서, H : 건축물의 기준높이(m) B : 건축물의 대표폭(m) D : 건축물의 깊이(m) A_f : 건축물의 기준층 바닥면적(m^2)	5.1.4 특별풍하중 (1) 다음의 ①~⑥ 조건 중 하나에 해당하는 경우에는 바람으로 인하여 건축구조물에 발생하는 특수한 영향들을 고려하기 위해 5.17(풍동실험)에 따라 주골조설계용 풍하중과 외장재설계용 풍하중을 산정하여야 한다. 기본적으로 주골조설계용 풍하중은 풍력실험, 외장재설계용 풍하중은 풍압실험을 실시하여 산정한다. 단, 대상건축구조물과 형상, 규모 및 주변 환경이 유사하고 풍하중효과에 대한 검증된 보고서가 있을 때에는 그것을 사용하여 풍하중을 산정할 수 있다. ① 풍진동의 영향을 고려해야할 건축구조물 형상비 $H/\sqrt{BD}$ 가 크고 유연한 건축구조물일 경우에는 풍직각방향진동, 비틀림진동, 와류진동, 공기력불안정진동 등과 같은 특이한 진동이 발생하므로 다음의 각 조건을 검토해야 한다. 가. 풍직각방향진동, 비틀림진동 식(5.1.1)의 조건에 해당하는 건축구조물에 대해서는 5.9(주골조설계용 풍직각방향풍하중) 및 5.10(주골조설계용 비틀림풍하중)에 따라 각각의 풍하중을 산정할 수 있다. $\frac{H}{\sqrt{BD}} \geq 3$ 또는 $\frac{H}{\sqrt{A_f}} \geq 3$ (5.1-1) 여기서, H : 건축구조물의 기준높이(m) B : 건축구조물의 대표폭(m) D : 건축구조물의 깊이(m) A_f : 건축구조물의 기준층 바닥면적(m^2)	[수정] 특별풍하중 산정을 위한 풍동실험을 주골조설계용은 풍력실험, 외장재설계용은 풍압실험을 수행하여 풍하중을 평가하도록 명확하게 제시함 [수정 및 추가] 풍진동의 영향을 고려해야할 경우를 기존의 풍직각방향, 비틀림방향 외에 와류진동, 공기력불안정진동을 추가함 [수정] 기존의 풍직각방향진동, 비틀림진동과 신설된 와류진동, 공기력불안전진동을 구분하기 위하여 (1), 1), ②의 번호 체계로 변경함 [신설] 경량, 저감쇠비, 세

항목	KDS 41 10 15 : 2016	KDS 41 12 00 : 2022	근거 / 사유
		나. 와류진동, 공기력불안정진동 아래 조건에 해당하는 건축구조물은 5.16(풍동실험) 중 풍력실험 실시하여 와류진동 및 공기력불안정진동을 검토하고, 이들에 의해 발생하는 동적영향을 고려한 풍하중을 산정하여야 한다. 단, 건축구조물의 평면형상이 원형인 경우에는 5.11(와류진동 풍하중)의 규정에 따라 풍하중을 산정할 수 있다. (가) 사각형평면인 건축구조물 $\frac{H}{\sqrt{BD}} \geq 4.0$ 또는 $\frac{H}{\sqrt{A_f}} \geq 4.0$ 및 $\frac{V_H}{n_L\sqrt{BD}} \geq V_{Lcr}^*$ 또는 $\frac{V_H}{n_T\sqrt{BD}} \geq V_{Tcr}^*$ (5.1-2) 여기서, V_H : 건축구조물의 설계풍속(m/s) (5.5.1에 따른다) V_{Lcr}^* : 풍직각방향에 대한 공기력불안정진동의 무차원발진풍속으로 표 5.1-1에 따른다. V_{Tcr}^* : 비틀림에 대한 공기력불안정진동의 무차원발진풍속으로 표 5.1-2에 따른다. n_L : 풍직각방향진동 1차고유진동수(Hz) n_T : 비틀림진동 1차고유진동수(Hz)	장, 유연한 건축구조물(굴뚝, 기념비, 관광타워, 기계식주차장 등)이나 구조부재(스페이스프레임의 부재) 등은 와류진동과 공기력불안정진동이 발생할 가능성이 있고, 이로 인한 공진효과로 큰 진폭의 변형이 발생하여 건축구조물이 파괴될 수 있고 장기간 진동하여 피로파괴에 이를 가능성 있음. 이에 대한 구조안전 확보를 위해 와류진동과 공기력불안정진동을 검토하고, 이 진동으로 발생하는 동적효과를 반영하여 풍하중을 산정하도록 신설함.
	① 원형평면인 건축물 $\frac{H}{d} \geq 7$ (5.1-1) 여기서, d : 높이 $2H/3$에서의 건축물의 외경(m)	(나) 원형평면인 건축구조물 $\frac{H}{D_m} \geq 7$ 및 $\frac{V_H}{n_L D_m} \geq 5.0$ (5.1-3) 여기서, D_m : 높이 $2H/3$에서의 건축구조물의 외경(m) V_H : 건축구조물의 설계풍속(m/s) (5.5.1에 따른다)	
	없음	(다) 원형평면이 아닌 건축구조물로 풍력실험 검토 결과 공기력불안정진동이 예상되는 경우에는 공기력탄성모형을 이용한 공기력진동실험을 실시하여 부가적인 변동풍력을 고려한 풍하중을 산정하여야한다.	와류진동, 공기력불안정진동의 특성복잡성으로 원형평면 이외의 풍응답, 풍하중평가방법이 정식화되어 있지 않아 실험적 방법으로 평가하도록 함.

항목	KDS 41 10 15 : 2016	KDS 41 12 00 : 2022	근거 / 사유
		(표 5.1-1, 5.1-2 아래 참조)	

표 5.1-1 사각형평면인 건축구조물의 풍직각방향 공기력불안정진동의 무차원발진풍속 V_{Lcr}^*

지표면 조도구분	변장비 D/B	질량감쇠변수 δ_L 주]	무차원발진풍속 V_{Lcr}^*
C, D	$D/B \le 0.8$	$\delta_L \le 26$	$0.42\delta_L$
		$\delta_L > 26$	11
	$0.8 < D/B \le 1.5$	모든 δ_L	$0.032\delta_L + 7.3$
	$1.5 < D/B \le 2.5$	$\delta_L \le 7.5$	2.3
		$7.5 < \delta_L \le 30$	12
		$\delta_L > 30$	$0.4\delta_L$
	$D/B > 2.5$	$\delta_L \le 15$	3.7
		$\delta_L > 15$	검토 불필요
A, B	$D/B \le 0.8$	모든 δ_L	$0.12\delta_L + 6.7$
	$0.8 < D/B \le 1.2$		$0.019\delta_L + 8.8$
	$D/B > 1.2$		11

주] $\delta_L = 4\pi\zeta_L M/(\rho BDH)$: 질량감쇠변수

여기서, ζ_L : 풍직각방향진동의 1차감쇠비, M : 건축구조물의 총질량(kg/m),

ρ : 공기밀도로 1.225 kg/m^3

표 5.1-2 사각형평면인 건축구조물의 비틀림 공기력불안정진동의 무차원발진풍속 V_{Tcr}^*

변장비 D/B	질량감쇠변수 δ_T 주]	무차원발진풍속 V_{Tcr}^*
$D/B \le 1.5$	$\delta_T \le 0.05$	2
	$0.05 < \delta_T \le 0.1$	11
	$\delta_T > 0.1$	검토 불필요
$1.5 < D/B \le 2.5$	$\delta_T \le 0.05$	2
	$0.05 < \delta_T \le 0.15$	$4 + 8\delta_T$
	$\delta_T \ge 0.15$	$8.6 + 7.4\delta_T$
$2.5 < D/B \le 5$	$\delta_T \le 0.05$	2
	$\delta_T > 0.05$	$5 + 10.5\delta_T$

주] $\delta_T = \zeta_T M(B^2 + D^2)/(36\rho B^2 D^2 H)$: 질량감쇠변수

여기서, ζ_T : 비틀림진동의 1차감쇠비, M : 건축구조물의 총질량(kg),

ρ : 공기밀도로 1.225 kg/m^3

항목	KDS 41 10 15 : 2016	KDS 41 12 00 : 2022	근거 / 사유
	(2) 특수한 지붕골조 장경간의 현수, 사장, 공기막 지붕 등 경량이며 강성이 낮아 공기력불안정진동 거동을 하는 지붕골조의 경우에는 5.15(풍동실험)에 따라 풍하중을 산정하여야 한다.	② 특수한 지붕골조 장경간의 현수, 사장, 막 지붕 등 경량이며 면외강성이 낮아 공기력불안정진동이 우려되는 지붕골조의 경우에는 5.16(풍동실험) 중 풍압실험을 실시하여 주골조설계용 지붕풍하중 및 외장재설계용 풍하중을 산정하여야 한다.	[수정] 지붕골조는 풍압실험만을 실시하여 주골조용 및 외장재용 풍하중을 평가하도록 풍동실험의 종류를 명확하게 제시함.
	(3) 골바람효과가 발생하는 건설지점 국지적인 지형 및 지물의 영향 또는 풍상측의 장애물로 인하여 골바람효과가 발생하는 곳에 건축물이 위치하는 경우에는 그 효과를 확인하여야 한다.	③ 골바람효과가 발생하는 건설지점 국지적인 지형 및 지물의 영향으로 골바람효과가 발생하는 지점에 건축구조물이 위치하는 경우에는 풍동실험에 의해 풍속할증의 정도를 평가하여 주골조설계용 및 외장재설계용 풍하중을 산정할 때 반영하여야한다.	[수정] 골바람 효과를 확인하여, 실제 구조골조용 및 외장재용 풍하중 산정 시 반영되도록 함.
	(4) 인접효과가 우려되는 건축물 신축건축물이 집단으로 건설될 경우 풍상측 장애물의 와류방출영역에 건축물이 위치할 때에는 진동으로 인해 증가하는 풍하중의 효과를 검토하여야 하고, 또한 풍상측 장애물의 후류버펫팅이 발생하는 곳에 건축물이 위치할 때에는 국부적으로 증가하는 풍하중의 효과를 검토하여야 한다.	④ 인접효과가 우려되는 건축구조물 가. 아래의 조건에 모두 해당하는 건축구조물은 5.16(풍동실험) 중 풍력실험을 실시하여 풍상측 장애물(대표폭과 대표높이가 대상건축구조물과 유사하거나 큰 건축구조물)에서 발생하는 규칙적, 불규칙적인 후류버펫팅 및 와류방출로 인한 인접효과가 반영된 주골조설계용 풍하중을 산정하여야한다. 단, 대상건축구조물의 고유진동수가 1Hz 이상일 때에는 인접효과에 따른 영향을 무시할 수 있다. (가) 대상건축구조물들이 나란하게 또는 집단으로 배치된 경우 (나) 형상비 $H/\sqrt{BD}$ 가 3이상인 경우 (다) 대상건축구조물이 풍상측 장애물 폭의 10배 이내의 거리에 위치한 경우 나. 아래의 조건에 모두 해당하는 건축구조물은 5.15(풍동실험) 중 풍압실험을 실시하여 풍상측 장애물(모든 규모의 건축구조물)의 골바람효과, 후류버펫팅 및 와류방출로 인한 인접효과가 반영된 외장재설계용 풍하중을 산정하여야한다. (가) 대상건축구조물들이 나란하게 또는 집단으로 배치된 경우 (나) 형상비 $H/\sqrt{BD}$ 가 3이상인 경우	[수정 및 추가] 인접효과에 대한 판단방법이 문장으로 기술되어 있어 엔지니어에 따라 판단기준이 달라지는 경우가 빈번하게 발생함. 엔지니어의 자의적 판단을 최소화하기 위해 인접효과 판단기준을 정량적으로 명시함. 주골조설계용 풍하중 산정 시 반영해야할 인접효과의 대상건축물, 인접효과로 인해 풍하중이 증가하는 영역 및 건축물의 규모를 정량적으로 명확하게 제시하고 주골조용 풍동실험의 종류도 제시함 외장재설계용 풍하중 산정 시 반영해야할 인접효과 대상건축물, 인접효과로 인해 국부적으로 풍압이 크게 증가하는 영역 및 건축물의 규

항목	KDS 41 10 15 : 2016	KDS 41 12 00 : 2022	근거 / 사유
	(5) 비정형적 형상의 건축물 이 장의 적용이 적합하지 않은 비정형적 형상을 가진 건축물의 경우에는 5.15(풍동실험)에 따라 풍하중을 평가하여야 한다	(다) 풍상측 장애물 폭의 10배 이내의 거리에 대상건축구조물이 위치하는 경우 (라) 대상건축구조물이 평면적으로 풍상측에 위치한 두 장애물 측면에서 박리하여 골바람효과가 발생하는 곳에 위치하는 경우 또는 입면적으로 풍상측 장애물의 후류버펫팅의 영향을 받는 곳에 위치하는 경우 ⑤ 외장재의 파손에 주의해야할 건축구조물 아래의 각 조건에 해당하는 건축구조물은 5.17(풍동실험) 중 풍압실험을 실시하여 외장재설계용 풍하중을 산정하여야한다. 가. 그림 5.5-1의 기본풍속이 34m/s를 초과하는 지역 또는 해안가로부터 3km 이내에 위치하는 지역에 위치한 건축구조물 중 중요도(특), 중요도(1)의 건축구조물로 5.8(외장재설계용 피크외압계수)를 적용할 수 없는 경우. 나. 형상비 $H/\sqrt{BD}$ 가 3이상이고 외장재가 설치된 건축구조물로 5.8(외장재설계용 피크외압계수)를 적용할 수 없는 경우 ⑥ 특수한 형상의 건축구조물 풍력계수를 추정하기 어려운 특수한 형상의 건축구조물, 국부 풍압이 커질 것으로 예측되는 복잡한 형상을 가진 건축구조물, 특수한 외장재 들을 설치한 건축구조물 등으로 이 기준을 적용할 수 없는 경우에는 5.17(풍동실험)에 따라 풍동실험을 실시하여 주골조설계용 풍하중 및 외장재설계용 풍하중을 산정하여야한다.	모를 정량적으로 명확하게 제시하고 외장재용 풍동실험의 종류도 제시함 [신설] 강풍 시 외장재의 파손이 빈번히 발생하는 지역을 구체적으로 명시하여 매년 강풍으로 발생하는 외장재의 피해를 최소화하고자 함 [수정] 비정형적 형상 건축구조물의 정의를 보다 상세하게 기술하고, 풍하중 평가를 위해서는 주골조 및 외장재의 풍동실험을 수행할 것을 명시함
5.2	5.2 주골조설계용 수평풍하중 (1) 이 절은 건축물의 주골조를 설계하는 경우의 수평풍하중으로 풍방향풍하중을 산정할 때 적용하며, 다음의 모든 조건을 만족해야 한다. ① 건축물의 형상은 정형적이어야 한다.	5.2 주골조설계용 수평풍하중 (1) 이 절은 건축구조물의 주골조를 설계하는 경우의 수평풍하중에 대한 산정방법을 정한다. 여기서의 수평풍하중은 바람의 난류에 의한 건축구조물의 풍방향진동(버펫팅)으로 발생하는 하중증폭효과를 고려하여 결정한 것으로 풍방향풍하중을 산정할 때 적용하며, 다음의 모든 조건을 만족해야 한다. ① 건축구조물의 형상은 정형적이어야 한다.	[수정] 수평풍하중은 풍방향, 풍직각방향, 비틀림림방향의 3종류로 이루지지만 이 절에서는 풍방향에 국한됨을 명시함 번호 체계 바꿈 용어 수정

항목	KDS 41 10 15 : 2016	KDS 41 12 00 : 2022	근거 / 사유
	② 건축물은 와류방출, 공기력불안정진동 등을 유발하는 응답특성을 나타내지 않아야 한다. ③ 건축물은 풍상측의 장애물에 의해 발생하는 골바람효과나 후류버펫팅을 받는 곳에 위치하지 않아야 한다. (2) 주골조설계용 풍방향풍하중 W_D는 다음 식으로 산정한다. $W_D = p_F A$ (N) (5.2-1) 여기서, p_F : 주골조설계용 설계풍압(N/m²). 단, 500N/m²보다 작아서는 안 된다. A : 지상높이 z에서 풍향에 수직한 면에 투영된 건축물의 유효수압면적(m²) 위 식에서 설계풍압 p_F는 건축물의 밀폐와 개방 정도에 따라 다음과 같이 산정한다.	② 건축구조물은 와류방출, 공기력불안정진동 등을 유발하는 응답특성을 나타내지 않아야 한다. ③ 건축구조물은 풍상측의 장애물에 의해 발생하는 골바람효과나 후류버펫팅을 받는 곳에 위치하지 않아야 한다. 주골조설계용 풍방향풍하중 W_D는 건축구조물의 밀폐와 개방 정도에 따라 다음과 같이 산정한다.	[삭제] 최적 설계를 위해 최소설계풍압 500N/m²을 없앰(강풍으로 파손되는 것은 주로 외장재이고, 주골조의 파괴는 거의 발생하지 않기 때문)
5.2.1	5.2.1 밀폐형건축물 밀폐형건축물의 주골조설계용 설계풍압 p_F는 다음 식으로 산정한다. $p_F = G_D\, q_H (C_{pe1} - C_{pe2})$ (N/m²) (5.2-2) 단, 원형평면을 가진 건축물의 경우에는 $C_{pe1} - C_{pe2}$ 대신에 C_D를 적용한다. 여기서, q_H : 기준높이H에 대한 속도압(N/m²) (5.5에 따른다) G_D : 풍방향가스트영향계수(5.6에 따른다) C_{pe1} : 풍상벽의 외압계수(5.7.1에 따른다) C_{pe2} : 풍하벽의 외압계수(5.7.1에 따른다) C_D : 풍력계수(5.7.3의 (1)에 따른다) 5.2.2 부분개방형건축물 부분개방형건축물의 주골조설계용 설계풍압 p_F는 아래 2종류로 구분하여 산정한다. (1) 풍상벽의 경우 $p_F = q_H (G_D C_{pe1} - G_{pi} C_{pi})$ (N/m²) (5.2-3) (2) 측벽 및 풍하벽의 경우 $p_F = q_H (G_D C_{pe} - G_{pi} C_{pi})$ (N/m²) (5.2-4) 여기서, q_H : 기준높이H에 대한 속도압(N/m²) (5.5에 따른다)	5.2.1 밀폐형건축구조물 및 부분개방형 건축구조물 (1) 풍상벽, 풍하벽 또는 측벽의 지상높이 z에서 주골조설계용 풍방향풍하중 $W_D(z)$는 식(5.2-1)에 따라 산정한다. $W_D(z) = G_D\, q_H (C_{pe} - C_{pi}) A$ (N) (5.2-1) 단, 주골조설계용 풍방향풍하중 $W_D(z)$와 5.3.1(주골조설계용 지붕풍하중) $W_R(z)$를 산정할 경우 모든 벽면과 지붕면에 동일한 내압계수 C_{pi}를 동시에 적용하여야한다. 밀폐형건축구조물 전체에 작용하는 지상높이 z에서 주골조설계용 풍방향풍하중 $W_D(z)$는 식(5.2.-2)에 따라 산정한다. $W_D(z) = G_D\, q_H (C_{pe1} - C_{pe2}) A$ (N) (5.2-2) 단, 원형평면을 가진 건축구조물의 경우에는 $C_{pe1} - C_{pe2}$ 대신에 C_D를 적용한다. 여기서, q_H : 기준높이 H에 대한 설계속도압(N/m²)(5.5에 따른다) G_D : 풍방향가스트영향계수 (5.6에 따른다) C_{pe} : 풍상벽, 풍하벽 또는 측벽의 외압계수 (5.7.1에 따른다) C_{pi} : 풍상벽, 풍하벽 또는 측벽의 내압계수 (5.7.2에 따른다)	[수정 및 추가] 벽체에 작용하는 풍하중과 건축구조물 전체에 작용하는 풍하중의 산정법을 구분함. 풍하중 산정식 (5.2-1)과 설계풍압식 (5.2-2)를 묶어 (5.2-1)식 하나로 일원화시킴

항목	KDS 41 10 15 : 2016	KDS 41 12 00 : 2022	근거 / 사유
	G_D : 풍방향가스트영향계수(5.6에 따른다) G_{pi} : 내압가스트영향계수(5.7.2에 따른다) C_{pe1} : 풍상벽의 외압계수(5.7.1에 따른다) C_{pe} : 측벽, 풍하벽의 외압계수(5.7.1에 따른다) C_{pi} : 내압계수(5.7.2에 따른다)	C_{pe1} : 풍상벽의 외압계수 (5.7.1에 따른다) C_{pe2} : 풍하벽의 외압계수 (5.7.1에 따른다) C_D : 풍력계수 (5.7.3(1)에 따른다) A : 지상높이 z 에서 풍향에 수직한 면에 투영된 건축구조물의 유효수압면적 (m²).	
5.2.3	5.2.3 개방형건축물 개방형건축물의 주골조설계용 설계풍압 p_F는 다음 식에 따라 산정한다. $p_F = k_z q_H G_D C_D$ (N/m²) (5.2-5) 여기서, k_z : 높이방향압력분포계수(표 5.7.1의 ①에 따른다) q_H : 기준높이H에 대한 속도압(N/m²) (5.5에 따른다) G_D : 풍방향가스트영향계수(5.6에 따른다) C_D : 풍력계수(5.7.3에 따른다)	5.2.2 개방형건축구조물 (1) 지상높이 z 에서의 주골조설계용 풍방향풍하중 $W_D(z)$는 식 (5.2-3)에 따라 산정한다. $W_D(z) = k_z q_H G_D C_D A$ (N) (5.2-3) 여기서, k_z : 높이방향압력분포계수 (표 5.7-1의 ①에 따른다) q_H : 기준높이 H에 대한 설계속도압(N/m²) (5.5에 따른다) G_D : 풍방향가스트영향계수 (5.6에 따른다) C_D : 풍력계수 (5.7.3에 따른다) A : 지상높이 z 에서 풍향에 수직한 면에 투영한 건축구조물의 유효수압면적(m²).	[수정] 풍하중 산정식 (5.2-1)과 설계풍압식 (5.2-5)을 묶어 (5.2-4)식 하나로 일원화시킴
5.3	5.3 주골조설계용 지붕풍하중 (1) 이 절은 건축물의 주골조를 설계하는 경우의 지붕풍하중을 산정할 때 적용하며, 다음의 모든 조건을 만족하여야 한다. ① 건축물의 형상은 정형적이어야한다. ② 건축물은 와류방출, 공기력불안정진동 등을 유발하는 응답특성을 나타내지 않아야 한다. ③ 건축물은 풍상측의 장애물에 의해 발생하는 골바람효과나 후류버펫팅을 받는 곳에 위치하지 않아야 한다. (2) 주골조설계용 지붕풍하중 W_R은 다음 식으로 산정한다. $W_R = p_R A_R$ (N) (5.3-1) 여기서, p_R : 지붕의 설계풍압(N/m²). 단, 500N/m² 보다 작아서는 안 된다. A_R : 지붕보가 부담하는 부분의 유효수압면적(m²) 위 식에서 지붕의 설계풍압 p_R은 건축물 형상별로 다음과 같이 산정한다.	5.3 주골조설계용 지붕풍하중 (1) 이 절은 건축구조물의 주골조를 설계하는 경우의 지붕풍하중을 산정할 때 적용하며, 다음의 모든 조건을 만족하여야 한다. ① 건축구조물의 형상은 정형적이어야 한다. ② 건축구조물은 와류방출, 공기력불안정진동 등을 유발하는 응답특성을 나타내지 않아야 한다. ③ 건축구조물은 풍상측의 장애물에 의해 발생하는 골바람효과나 후류버펫팅을 받는 곳에 위치하지 않아야 한다. 지붕풍하중 W_R 은 건축구조물의 형상에 따라 다음과 같이 산정한다.	[수정] 번호 체계를 바꿈 용어 수정 [삭제] 최적 설계를 위해 최소설계풍압을 없앰(강풍으로 파손되는 것은 주로 외장재이고, 지붕골조의 파괴는 거의 발생치 않기 때문) [수정] 문구 수정

항목	KDS 41 10 15 : 2016	KDS 41 12 00 : 2022	근거 / 사유
5.3.1	5.3.1 밀폐형건축물 및 부분개방형건축물 밀폐형건축물 및 부분개방형건축물의 주골조설계용 지붕의 설계풍압 p_R은 다음 식으로 산정한다. $p_R = q_H(G_{pe}\,C_{pe} - G_{pi}\,C_{pi})$ (N/m²) (5.3-2) 여기서, q_H : 기준높이 H에 대한 설계속도압(N/m²) (5.5.5에 따른다) G_{pe} : 지붕의 외압가스트영향계수 (5.6.4에 따른다) G_{pi} : 내압가스트영향계수 (5.7.2에 따른다) C_{pe} : 외압계수 (5.7.1에 따른다) C_{pi} : 내압계수 (5.7.2에 따른다)	5.3.1 밀폐형건축구조물 및 부분개방형건축구조물 (1) 주골조설계용 지붕풍하중 W_R은 식(5.3-1)에 따라 산정한다. $W_R = G_{pe}\,q_H\,(C_{pe} - C_{pi})\,A_R$ (N) (5.3-1) 여기서, q_H : 기준높이 H에 대한 설계속도압(N/m²) (5.5에 따른다) G_{pe} : 지붕의 외압가스트영향계수 (5.6.4에 따른다) C_{pe} : 외압계수 (5.7.1에 따른다) C_{pi} : 내압계수 (5.7.2에 따른다)	[수정] 풍하중 산정식 (5.3-1)과 설계풍압식 (5.3-2)를 묶어 (5.3-1)식 하나로 일원화시킴 지붕골조 설계용 기본풍속은 재현기간 500년임을 명시함
5.3.2	5.3.2 독립지붕 독립지붕의 주골조설계용 지붕의 설계풍압 p_R은 다음 식으로 산정한다. $p_R = q_H\,G_{pe}\,C_N$ (N/m²) (5.3-3) 여기서, q_H : 기준높이H에 대한 속도압(N/m²) G_{pe} : 지붕의 외압가스트영향계수 (5.6.4에 따른다) C_N : 독립지붕의 순압력계수 (5.7.3에 따른다)	5.3.2 독립지붕 (1) 주골조설계용 지붕풍하중 W_R은 식(5.3-2)에 따라 산정한다. $W_R = q_H\,G_{pe}\,C_N A_R$ (N) (5.3-2) 여기서, q_H : 기준높이H에 대한 설계속도압(N/m²) (5.5에 따른다) G_{pe} : 지붕의 외압가스트영향계수 (5.6.4에 따른다) C_N : 독립지붕의 순압력계수 (5.7.3에 따른다.) A_R : 지붕보가 부담하는 부분의 유효수압면적 (m²)	[수정] 풍하중 산정식 (5.3-1)과 설계풍압식 (5.3-3)을 묶어 (5.3-2)식 하나로 일원화함
5.4	5.4 외장재설계용 풍하중 (1) 이 절은 건축물의 외장재 등을 설계하는 경우의 풍하중을 산정할 때 적용하며, 다음의 모든 조건을 만족하여야 한다. ① 건축물의 형상은 정형적이어야 한다. ② 건축물은 와류방출, 공기력불안정진동 등을 유발하는 응답특성을 나타내지 않아야 한다. ③ 건축물은 풍상측의 장애물에 의해 발생하는 골바람효과나 후류버펫팅을 받는 곳에 위치하지 않아야 한다. (2) 외장재설계용 풍하중 W_C 는 다음 식에 따라 산정한다. $W_C = p_C A_C$ (N) (5.4-1) 여기서, p_C : 외장재설계용 설계풍압(N/m²).	5.4 외장재설계용 풍하중 (1) 이 절은 건축구조물의 외장재 등을 설계하는 경우의 풍하중을 산정할 때 적용하며, 다음의 모든 조건을 만족하여야 한다. ① 건축구조물의 형상은 정형적이어야 한다. ② 건축구조물은 와류방출, 공기력불안정진동 등을 유발하는 응답특성을 나타내지 않아야 한다. ③ 건축구조물은 풍상측의 장애물에 의해 발생하는 골바람효과나 후류버펫팅을 받는 곳에 위치하지 않아야 한다. (2) 외장재설계용 풍하중 W_C 는 기준높이 H에 따라 다음과 같이 산정한다. 단, 외장재설계용 풍압에 해당하는 W_C/A_C는 675N/m² 보다 작지 않아야한다.	[수정] 번호 체계를 바꿈 용어 수정 [수정] 외장재는 순간풍압으로 파손되므로 외장재의 파손방지를 위해 최소풍압의 하한값을 둠 (기존의 하한값 500N/m²을 한계상태에 맞도록 1.35배 증가시킴)

<table>
<tr><th>항목</th><th>KDS 41 10 15 : 2016</th><th>KDS 41 12 00 : 2022</th><th>근거 / 사유</th></tr>
<tr><td></td><td>단, 500N/m^2 보다 작아서는 안 된다.
A_C : 외장재 등의 유효수압면적(m^2)
위 식에서 외장재설계용 설계풍압 p_C는 기준높이 H에 따라 다음과 같이 산정한다.</td><td></td><td></td></tr>
<tr><td>5.4.1</td><td>5.4.1 기준높이 20m 이상 건축물
기준높이가 20m 이상인 건축물의 외장재설계용 설계풍압 p_C는 아래 2종류로 구분하여 산정한다.
(1) 정압인 외벽
$p_C = k_z\, q_H(GC_{pe} - GC_{pi})$ (N/m^2) (5.4-2)
(2) 부압인 외벽 및 지붕면
$p_C = q_H(GC_{pe} - GC_{pi})$ (N/m^2) (5.4-3)
여기서, k_z : 높이방향압력분포계수(표 5.7-1의 ①에 따름)
q_H : 기준높이H에 대한 속도압(N/m^2) (5.5에 따른다)
GC_{pe} : 외장재설계용 피크외압계수 (5.8.1에 따른다)
GC_{pi} : 외장재설계용 피크내압계수 (5.8.2에 따른다)</td><td>5.4.1 기준높이 20m 이상 건축구조물
(1) 외장재설계용 풍하중 W_C는 아래 2종류로 구분하여 산정한다.
① 정압인 외벽
지상높이 z에서의 외장재설계용 풍하중 $W_C(z)$는 식(5.4-1)에 따라 산정한다.
$W_C(z) = q_H(k_z\hat{C}_{pe} - \hat{C}_{pi})A_C$ (N) (5.4-1)
② 부압인 외벽 및 지붕면
외장재설계용 풍하중 W_C는 식(5.4-2)에 따라 산정한다.
$W_C = q_H(\hat{C}_{pe} - \hat{C}_{pi})A_C$ (5.4-2)
여기서, k_z : 높이방향압력분포계수(표 5.7-1의 ①에 따른다)
q_H : 기준높이 H에 대한 설계속도압(N/m^2) (5.5에 따른다)
$\hat{C}_{pe}$: 외장재설계용 피크외압계수 (5.8.1에 따른다)
$\hat{C}_{pi}$: 외장재설계용 피크내압계수 (5.8.2에 따른다)
A_C : 외장재 등의 유효수압면적(m^2)</td><td>[수정] 풍하중 산정식 (5.4-1)과 설계풍압식 (5.4-2)을 묶어 (5.4-1)식 하나로 일반화시킴.
(5.4-1), (5.4-3)을 묶어 (5.4-2)식 하나로 일원화시킴

기호 변경</td></tr>
<tr><td>5.4.2</td><td>5.4.2 기준높이 20m 미만 건축물
기준높이가 20m 미만인 건축물의 외장재설계용 설계풍압은 벽, 지붕을 구분하지 않고 다음 식으로 산정한다. 단, 여기서 건설지점의 지표면조도구분이 A, B, C에 해당하는 경우에는 지표면조도구분 C에서의 속도압 q_H를 적용하고, 건설지점이 지표면조도구분 D인 경우에는 해당 지표면조도구분의 속도압 q_H를 적용한다.
$p_C = q_H(GC_{pe} - GC_{pi})$ (N/m^2) (5.4-4)
여기서, q_H : 기준높이H에 대한 속도압(N/m^2)(5.5에 따름)
GC_{pe} : 외장재설계용 피크외압계수(5.8.1에 따름)</td><td>5.4.2 기준높이 20m 미만 건축구조물
(1) 외장재설계용 풍하중 W_C는 벽, 지붕을 구분하지 않고 식(5.4-3)에 따라 산정한다. 단, 여기서 건설지점의 지표면조도구분이 A, B, C에 해당하는 경우에는 지표면조도구분 C에서의 속도압 q_H를 적용하고, 건설지점이 지표면조도구분 D인 경우에는 해당 지표면조도구분의 속도압 q_H를 적용한다.
$W_C = q_H(\hat{C}_{pe} - \hat{C}_{pi})A_C$(N) (5.4-3)
여기서, q_H : 기준높이 H에 대한 설계속도압(N/m^2) (5.5에 따른다)
$\hat{C}_{pe}$: 외장재설계용 피크외압계수 (5.8.1에 따른다)</td><td>[수정] 풍하중 산정식 (5.4-1)과 설계풍압식 (5.4-4)를 묶어 (5.4-3)식 하나로 표현함</td></tr>
</table>

항목	KDS 41 10 15 : 2016	KDS 41 12 00 : 2022	근거 / 사유
	GC_{pi} : 외장재설계용 피크내압계수(5.8.2에 따른다)	$\hat{C}_{pi}$: 외장재설계용 피크내압계수 (5.8.2에 따른다) A_C : 외장재 등의 유효수압면적 (m^2)	기호 변경
5.4.3	5.4.3 독립지붕 독립지붕의 외장재설계용 설계풍압 p_C는 다음 식으로 산정한다. $p_C = q_H \hat{C}_N$ (N/m²) (5.4-5) 여기서, q_H : 기준높이H에 대한 속도압 (N/m²) (5.5에 따른다) $\hat{C}_N$: 독립지붕의 피크순압력계수 (5.8.3에 따른다)	5.4.3 독립지붕 (1) 외장재설계용 풍하중 W_C는 식(5.4-4)에 따라 산정한다. $W_C = q_H \hat{C}_N A_C$ (5.4-4) 여기서, q_H : 기준높이 H에 대한 설계속도압(N/m²)(5.5에 따른다) $\hat{C}_N$: 독립지붕의 피크순압력계수 (5.8.3에 따른다) A_C : 외장재 등의 유효수압면적 (m^2)	[수정] 풍하중 산정식 (5.4-1)과 설계풍압식 (5.4-5)을 묶어 (5.4-4)식 하나로 일원화시킴
5.5.1`	5.5.1 설계풍속 설계풍속 V_H는 다음 식으로 산정한다. $V_H = V_0 K_{zr} K_{zt} I_w$ (m/s) (5.5-2) 여기서, V_0 : 기본풍속(m/s) (5.5.2에 따른다) K_{zr} : 풍속고도분포계수로 기준높이 H에서의 값 (5.5.3에 따른다) K_{zt} : 지형계수 (5.5.4에 따른다) I_w : 건축물의 중요도계수 (5.5.5에 따른다)	5.5.1 설계풍속 (1) 설계풍속 V_H는 식(5.5-2)에 따라 산정한다. $V_H = V_0 K_D K_{zr} K_{zt} I_W(T)$ (m/s) (5.5-2) 여기서, V_0 : 기본풍속(m/s) (5.5.2에 따른다) K_D : 풍향계수 (5.5.3에 따른다.) K_{zr} : 풍속고도분포계수로 기준높이 H에서의 값 (5.5.4에 따른다) K_{zt} : 지형계수 (5.5.5에 따른다) $I_W(T)$: 중요도계수 (5.5.6에 따른다)	[수정 및 추가] 설계풍속 V_H의 구성요소에 풍향계수 K_D를 추가하여, 건축구조물의 주축 방향에 따른 풍향효과를 반영함. 주골조, 외장재설계용 , 수평변위 산정용 기본풍속이 다름을 명시함 번호체계 변경 기호변경
5.5.2	5.5.2 기본풍속 기본풍속 V_0는 지표면상태가 5.5.3에서 정한 지표면조도구분 C인 경우, 지상 10m에서 10분간 평균풍속의 재현기간 100년에 대한 값이고, 건설지점이 위치한 지역에 따라 그림 5.5-1 또는 표 5.5-1에 의해 정한다. 다만, 건설지점 부근의 유효한 풍관측자료가 있는 경우에는 그 값에 따라 설정할 수 있다. 이 경우 풍속자료를 처리할 때에는 공인된 극치통계해석법을 사용하고, 자료의 길이, 측정오차, 평가시간, 풍속계높이, 풍속계 주변의 지표면상태 등을 고려해야하며, 풍속자료는 지표면조도구분 C인 지상 10m에서 10분간 평균풍속의 재현기간 100년 값으로 균질화해야 한다. 바람은 항상 수평방향에서 불어오는 것으로 가정한다.	5.5.2 기본풍속 (1) 풍하중을 산정 할 때의 기본풍속 V_0는 지표면상태가 5.5.4에서 정한 지표면조도구분 C인 경우, 지상 10m 높이에서 10분간 평균풍속의 재현기간 500년 값으로 하고, 건설대상지의 지리적 위치에 따라 그림 5.5-1에 따라 정한다. 바람은 항상 수평방향에서 불어오는 것으로 가정한다. (2) 건설지점 부근의 유효한 풍관측자료가 있는 경우에는 그 값에 따라 기본풍속 V_0를 설정할 수 있다. 이 경우 풍속자료를 처리할 때에는 공인된 극치통계해석법을 사용하고, 자료의 길이, 측정오차, 평가시간, 풍속계높이, 풍속계 주변의 지표면상태 등을 고려해야하며, 풍속자료는 지표면조도구분 C인 지지상 10m에서 10분간 평균풍속 값으로 균질화해야 한다.	[수정 및 추가] 건축구조물 및 외장재의 풍하중 산정 시의 기본풍속을 KDS2016의 재현기간 100년에서 재현기간 500년의 극한강도 레벨로 변경함

항목	KDS 41 10 15 : 2016	KDS 41 12 00 : 2022	근거 / 사유
	표 5.5-1 지역별 기본풍속 V_0(m/s) (아래 표 참조)	삭제	[삭제] KDS 2016에서는 사용 편의를 위해 기본풍속지도로부터 행정구역인 시, 군 단위 구역 내의 최대풍속을 대푯값으로 정하여 표로 제공하였으나, 동일한 행정구역 내 지역이라도 행정구역이 광범위 할 때는 읍, 면, 동에 따라 풍속 값이 달라지는 경우가 발생함 이를 해결하기 위해 시, 군 단위의 행정구역 대표지역표를 삭제하고 건설지점에 해당하는 읍, 면, 동 단위의 정확한 풍속 값을 사용하도록 함(해외 기준의 경우에는 지도만을 제공하고, 표를 제공한 나라는 없음)

표 5.5-1 지역별 기본풍속 V_0(m/s)

지 역		V_0
서울특별시 인천광역시 경기도	옹진	30
	인천, 강화, 안산, 시흥, 평택	28
	서울, 김포, 구리, 수원, 군포, 오산, 화성, 의왕, 부천, 고양, 안양, 과천, 광명, 의정부, 동두천, 양주, 파주(문산), 포천, 남양주, 가평, 하남, 성남, 광주, 양평, 용인	26
	안성, 연천, 여주, 이천	24
강원도	속초, 양양, 강릉, 고성	34
	동해, 삼척, 홍천, 정선, 인제	30
	양구	26
	철원, 화천, 춘천, 횡성, 원주, 평창, 영월, 태백	24
대전광역시 충청남북도	서산, 태안	34
	당진	32
	서천, 보령, 홍성, 청주, 청원	30
	예산, 세종, 대전, 공주, 부여	28
	아산, 계룡, 진천	26
	천안, 증평, 청양, 논산, 금산, 음성, 충주, 제천, 단양, 괴산, 보은, 영동, 옥천	24
부산광역시 대구광역시 울산광역시 경상남북도	울릉(독도)	40
	부산	38
	포항, 경주, 기장, 통영, 거제	36
	양산, 김해, 남해, 울산, 울주	34
	영덕, 고성	32
	울진, 창원, 사천, 영천	30
	청송, 대구, 경산, 청도, 밀양, 하동	28
	영양, 군위, 칠곡, 성주, 달성, 함안, 고령, 창녕, 진주	26
	봉화, 영주, 예천, 문경, 상주, 추풍령, 안동, 의성, 구미, 김천, 의령, 거창, 산청, 합천, 함양	24
광주광역시 전라남북도	완도, 해남	36
	진도, 여수, 고흥, 신안, 무안, 장흥	34
	군산, 목포, 부안, 영암, 강진	32
	영광, 함평, 나주	30
	익산, 김제, 순천, 고창, 광양	28
	광주, 보성, 완주, 전주, 장성	26
	무주, 진안, 장수, 임실, 정읍, 순창, 남원, 담양, 곡성, 구례	24
제주도	서귀포, 제주	44

항목	KDS 41 10 15 : 2016	KDS 41 12 00 : 2022	근거 / 사유
	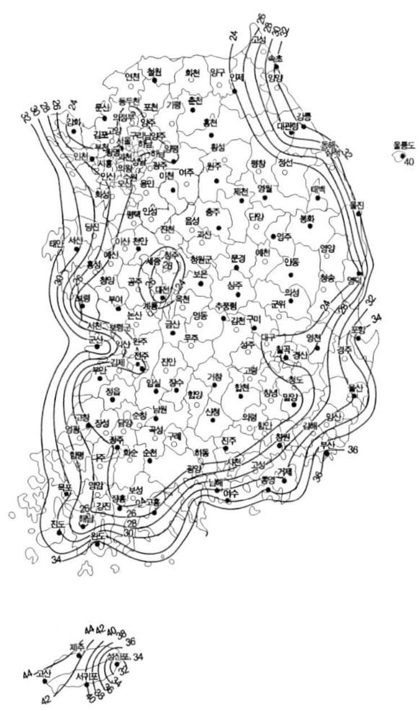 그림 5.5-1 기본풍속 V_0 (m/s)	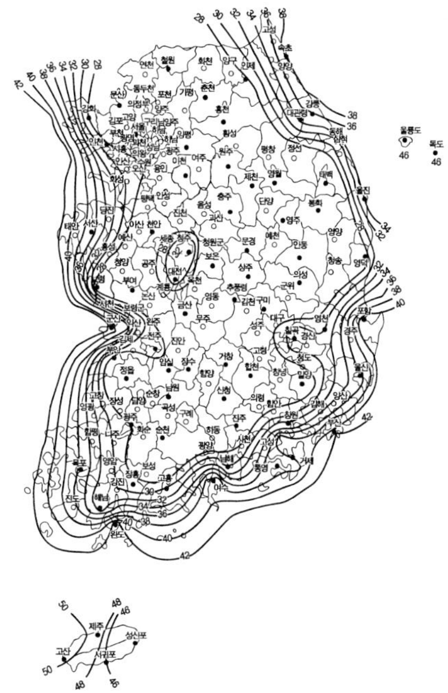 주 1) 지도의 지역명칭 중 ●는 기상관청이 설치된 지역으로 기상관청이 위치한 곳을 나타내고, ○는 기상관청이 없는 지역으로 시청 및 군청 소재지가 위치한 곳이다. 2) 건설지점이 등풍속선 사이에 위치할 때는 인근 등풍속선 중 큰 값을 사용한다. 그림 5.5-1 기본풍속 V_0 (재현기간 500년 풍속) (m/s)	[신설] 최근 기상자료를 반영하여 500년 등풍속지도를 작성하여 제시함. (1973년-2013년까지 40년간의 전국 68개 지역 년최대풍속 자료에 기반하여 확률통계 및 신뢰성해석과 경험적 방법에 의해 국내에 적합한 풍하중계수를 산정하고, 그것에 상응하는 재현기간 500년의 한계상태설계용 기대풍속을 지역별로 추정한 후 전국의 등풍속지도를 작성)
5.5.3	없음	5.5.3 풍향계수 (1) 주골조설계용에 대해서는 건설지점 부근의 유효한 풍관측 자료가 있는 경우에는 그것에 의하여 8풍향(N, NE, E, SE, S, SW, W, NW)에 대해 평가한 K_D를 사용할 수 있다. 이 경우의 K_D	[신설] 건설지점이 기상관측소 인근에 위치하고 인근에 급격한 지형변화가 없는 경

항목	KDS 41 10 15 : 2016	KDS 41 12 00 : 2022	근거 / 사유
		는 건축구조물의 주된 면에 직각인 4풍향을 고려하여 결정하고, K_D의 최소값은 0.85 이상으로 한다. (2) 풍향계수의 적용방법 ① 건축구조물의 주된 면에 직각인 풍향을 중심으로 22.5°의 부채꼴 범위에 8풍향 중 하나가 속하는 경우에는 그 풍향에 해당하는 K_D를 사용한다. ② 건축구조물의 주된 면에 직각인 풍향을 중심으로 22.5°의 부채꼴 범위에 8풍향 중 하나가 속하지 않는 경우에는 좌우 인접한 풍향의 K_D가운데 큰 값을 그 풍향의 K_D로 사용한다. (3) 풍향계수 적용의 제한 ① 기상관측소의 자료에 근거하여 산정한 풍향계수 K_D는 기상관측소로부터 건설지점 사이에 지형적인 변화가 없고 평탄하여 풍향특성이 달라질 우려가 없는 경우에 적용할 수 있다. 건설지점이 기상관측소로부터 멀고 주변 대규모지형의 영향 등에 의하여 풍향특성이 변화할 가능성이 있는 경우에는 풍향계수를 사용할 수 없다. 이 때에는 $K_D = 1.0$으로 한다. ② 외장재설계용 풍하중을 평가하는 경우에는 $K_D = 1.0$으로 한다.	우에 한해 풍향계수를 사용할 수 있도록 신설함. (풍향계수 K_D는 건설지점 지리적 위치, 대규모지형 영향 등으로 인한 풍향별 강풍 특성을 반영한 계수로 16풍향별 재현기대풍속을 전풍향의 재현기대풍속으로 나눈 비율임) 구조축에 대해 풍향계수를 적용하면 정밀한 값을 얻을 수는 있지만 풍향 미고려 시에 비해 안전성은 낮아짐.
5.5.4	5.5.3 풍속고도분포계수 (1) 건설지점의 지표면조도구분은 주변지역의 지표면 상태에 따라 표 5.5.2에 따라 정한다.	5.5.4 풍속고도분포계수 (1) 풍속고도분포계수 K_{zr} 은 (1)에서 정한 건설지의 지표면조도구분에 상응하여 (2)에 따라 정한다. ① 지표면조도구분을 판단하기 위한 주변지역의 범위는 건설지점으로부터 건축구조물의 기준높이 H의 40배와 3km 가운데 작은 값으로 하고, 지표면조도구분은 건설지점의 풍상측 45도의 범위 내에 있는 지표면 상태를 다음과 같이 세 종류로 구분하여 표 5.5-1에 따라 정한다. 가. 풍상측 지표면에 급격한 상태의 변화가 없는 경우에는 45°범위 내의 평균적인 상태를 그 풍향에 대한 지표면조도로 한다. 나. 풍상측 지표면이 평탄한 상태에서 거친 상태로 급변하는 경우에는 급변하는 지점보다 풍상측에 위치한 평탄	[추가] 지표면조도구분에 따라 풍속도분포계수가 정해진다는 사실을 명시함 [수정 및 추가] 지표면상태가 혼재된 경우에 지표면조도구분을 명확하게 할 수 있도록 3종류의 판별 방법을 제시함.

<table>
<tr><th>항목</th><th>KDS 41 10 15 : 2016</th><th>KDS 41 12 00 : 2022</th><th>근거 / 사유</th></tr>
<tr><td></td><td>
표 5.5-2 지표면조도구분
<table>
<tr><th>지표면 조도구분</th><th>주변지역의 지표면 상태</th></tr>
<tr><td>A</td><td>대도시 중심부에서 고층건축물(10층 이상)이 밀집해 있는 지역</td></tr>
<tr><td>B</td><td>수목·높이 3.5m 정도의 주택과 같은 건축물이 밀집해 있는 지역
중층건물(4~9층)이 산재해 있는 지역</td></tr>
<tr><td>C</td><td>높이 1.5~10m 정도의 장애물이 산재해 있는 지역
수목·저층건축물이 산재해 있는 지역</td></tr>
<tr><td>D</td><td>장애물 거의 없고, 주변 장애물의 평균높이가 1.5m 이하인 지역
해안, 초원, 비행장</td></tr>
</table>
</td><td>
한 상태를 지표면조도로 한다.
다. 풍상측 지표면이 거친 상태에서 평탄한 상태로 변하는 경우에는 변화 후의 평탄한 상태를 지표면조도로 한다.
평탄한 상태로 생각할 수 있는 상항에서의 풍속고도분포계수 K_{zr}은 ①에서 정한 건설지의 지표면조도구분에 근거하여 표 5.5-2 및 표 5.5-3에 따라 정한다.

표 5.5-1 지표면조도구분
<table>
<tr><th>지표면 조도구분</th><th>주변지역의 지표면 상태</th></tr>
<tr><td>A</td><td>대도시 중심부에서 고층건축물(10층 이상)이 밀집해 있는 지역</td></tr>
<tr><td>B</td><td>수목·높이 3.5m 정도의 주택과 같은 건축물이 밀집해 있는 지역
중층건물(4~9층)이 산재해 있는 지역</td></tr>
<tr><td>C</td><td>높이 1.5~10m 정도의 장애물이 산재해 있는 지역
수목·저층건축물이 산재해 있는 지역</td></tr>
<tr><td>D</td><td>장애물 거의 없고, 주변 장애물의 평균높이가 1.5m 이하인 지역
해안, 초원, 비행장</td></tr>
</table>
</td><td></td></tr>
<tr><td>5.5.6</td><td>
5.5.5 중요도계수
중요도계수 I_w는 KDS 41 10 05에서 정의한 건축물의 중요도 분류에 따라 표 5.5-6에 따라 정한다.

표 5.5-6 중요도계수 I_w
<table>
<tr><th>중요도 분류</th><th>초고층건축물</th><th>특</th><th>1</th><th>2</th><th>3</th></tr>
<tr><td>중요도계수(I_W)</td><td>1.05</td><td colspan="2">1.00</td><td>0.95</td><td>0.90</td></tr>
</table>
주] 초고층건축물은 50층 이상인 건축물 또는 200m 이상인 건축물
</td><td>
5.5.6 중요도계수
(1) 중요도계수 $I_W(T)$는 KDS 41 10 05에서 정의한 건축물의 중요도 분류에 따라 표 5.5-5에 따라 정한다.

표 5.5-5 중요도계수 $I_W(T)$
<table>
<tr><th>중요도 분류</th><th>초고층건축구조물</th><th>특</th><th>1</th><th>2</th><th>3</th></tr>
<tr><td>중요도계수($I_W(T)$)</td><td>1.05</td><td colspan="2">1.00</td><td>0.96</td><td>0.90</td></tr>
</table>
주] 초고층건축구조물은 50층 이상인 건축물 또는 200m 이상인 건축물
</td><td>
[수정] 전국 68개 기상대자료에 대해 확률통계, 신뢰성 해석으로 추정한 강도설계용 풍하중계수 $\gamma_w = 1.35$를 근거해 추정한 강도설계용 풍속 $V_L(T)$을 사용하여 상응하는 중요도계수 $I_W(T)$를 재평가함
강도설계용 중요도계수 $I_W(T)$는 KDS 2016 값과 동일함
</td></tr>
</table>

항목	KDS 41 10 15 : 2016	KDS 41 12 00 : 2022	근거 / 사유
5.6 5.6.1	5.6 풍방향가스트영향계수 5.6.2 유연구조물 등의 주골조설계용 건축물의 풍방향고유진동수 n_D가 1 Hz 이하인 경우 또는 바람에 의한 동적효과를 무시할 수 없는 세장한 구조물 또는 기타 구조물인 경우의 주골조설계용 풍방향가스트영향계수 G_D는 다음 식으로 산정한다. 단, 굴뚝과 같이 수직으로 세장한 구조물은 H/B의 값이 7 이하인 경우에는 강체구조물로 한다. $G_D = 1 + g_D \gamma_D \sqrt{B_D + R_D}$ (5.6-2) 단, $g_D = \sqrt{2\ln(600\nu_D)} + 1.2$ $\gamma_D = [(3+3\alpha)/(2+\alpha)]\, I_H$ $B_D = 1 - \left[1/\left\{1+5.1(L_H/\sqrt{HB})^{1.3}(B/H)^k\right\}^{1/3}\right]$ $k = \begin{cases} 0.33 & : H \geq B \\ -0.33 & : H < B \end{cases}$ $L_H = \begin{cases} 100\left(\dfrac{H}{30}\right)^{0.5} &, 30\mathrm{m} < H \leq Z_g \\ 100 &, H \leq 30\mathrm{m} \end{cases}$ $R_D = \pi S_D F_D/(4\zeta_D)$ $S_D = 0.84/\{(1+2.1n_D B/V_H)(1+2.1n_D H/V_H)\}$ $F_D = 4(n_D L_H/V_H)/\left[1+71(n_D L_H/V_H)^2\right]^{5/6}$	5.6 가스트영향계수 5.6.1 유연건축구조물 등의 주골조설계용 건축구조물의 풍방향고유진동수 n_D가 1 Hz 이하인 경우 또는 바람에 의한 동적효과를 무시할 수 없는 세장한 건축구조물 및 기타 건축구조물인 경우의 주골조설계용 풍방향가스트영향계수 G_D는 식(5.6-1)에 따라 산정한다. 단, 굴뚝과 같이 수직으로 세장한 구조물은 H/B의 값이 7 이하인 경우에는 강체건축구조물로 한다. $G_D = 1 + g_D \gamma_D \sqrt{B_D + \phi_D^2 R_D}$ (5.6-1) 단, $g_D = \sqrt{2\ln(600\nu_D)} + 1.2$ (5.6-1.a) $\nu_D = n_D \sqrt{R_D/(B_D+R_D)}$ (5.6-1.b) $\gamma_D = [(3+3\alpha)/(2+\alpha)]\, I_H$ (5.6-1.c) $B_D = 1 - \left[1/\left\{1+5.1(L_H/\sqrt{HB})^{1.3}(B/H)^k\right\}^{1/3}\right]$ (5.6-1.d) $k = \begin{cases} 0.33 & : H \geq B \\ -0.33 & : H < B \end{cases}$ $L_H = \begin{cases} 100\left(\dfrac{H}{30}\right)^{0.5} &, 30\mathrm{m} < H \leq Z_g \\ 100 &, H \leq 30\mathrm{m} \end{cases}$ (5.6-1.e) $\phi_D = M\lambda/[(2+\beta)M^*]$ (5.6-1.f) $M^* = \int_0^H m(z)\mu^2(z)dz$ (5.6-1.g) $\mu(z) = \left(\dfrac{z}{H}\right)^\beta$ (5.6-1.h) $\lambda = 1.0 - 0.4\ln\beta$ (5.6-1.i) $\beta = 0.5$: 비내력벽과 외장재 만으로 이루어진 모멘트저항골조 건축구조물 $\beta = 1.0$: 중앙 코어가 있는 모멘트저항골조 건축구조물 $\beta = 1.5$: 세장한 캔틸레레버형 건축물 및 중앙의 철근 콘크리트 코어에 의해 지지되는 건축구조물 $\beta = 2.0$: 탑, 굴뚝 $R_D = \pi S_D F_D/(4\zeta_D)$ (5.6-1.j) $S_D = 1/\{(1+4n_D B/V_H)(1+2.3n_D H/V_H)\}$ (5.6-1.k)	[수정 및 추가] 공진성분 R_D를 평가할 때 진동모드를 선형으로 했던 것을 실제 건축구조물의 진동에 따른 변화를 반영하기 위해 진동모드보정계수 ϕ_D를 도입함. (진동모드보정계수 ϕ_D 도입으로 진동모드형상이 위로 볼록해지면 가스트영향계수가 감소하도록 함) 레벨크롯싱수 ν_D 평가 시 비공진부분 B_D과 공진부분 R_D을 고려하여 실현상에 더 가깝도록 함. 건축구조물의 구조시스템 종류에 따라 진동모드의 연직분포형상지수 β를 구분하여 명시함

항목	KDS 41 10 15 : 2016	KDS 41 12 00 : 2022	근거 / 사유
	여기서, g_D : 풍방향피크팩터 γ_D : 풍속변동계수 B_D : 비공진계수 R_D : 공진계수 ν_D : 풍방향레벨크로싱수 (Hz) α : 풍속고도분포지수 (5.5.3에 따른다) I_H : 기준높이에서의 난류강도 L_H : 기준높이에서의 난류스케일 (m) B : 건축물의 폭 (m) H : 건축물의 기준높이 (m) ζ_D : 건축물의 풍방향1차감쇠비 S_D : 규모계수 F_D : 풍방향풍력스펙트럼계수 n_D : 건축물의 풍방향1차고유진동수 (Hz)	$F_D = 4(n_D L_H/V_H)/\left[1+71(n_D L_H/V_H)^2\right]^{5/6}$ (5.6-1.1) 여기서, g_D : 풍방향피크팩터 (그림 5.6-1) γ_D : 풍속변동계수 B_D : 비공진계수 (그림 5.6-2) R_D : 공진계수 ν_D : 풍방향레벨크로싱수 (Hz) α : 풍속고도분포지수 (5.5.4에 따른다) I_H : 기준높이에서의 난류강도로 식(5.5-3.a)에서 z를 H로 대체하여 산정한 값 L_H : 기준높이에서의 난류스케일 (m) B : 건축구조물의 폭 (m) H : 건축구조물의 기준높이 (m)(5.1.2.(6)에 따름) ϕ_D : 풍방향진동모드보정계수 M : 건축구조물의 지상부 총질량 (kg) M^* : 건축구조물의 풍방향1차진동일반화질량 (kg) $M/\left[(2+\beta)M^*\right]$: 풍방향 전도모멘트 및 일반화질량의 진동모드 차이에 따른 보정계수 λ : 풍방향 일반화변동풍력의 진동모드의 차이에 따른 보정계수 $m(z)$: 높이 z에서 단위높이당 질량 (kg/m) $\mu(z)$: 건축물의 진동모드 β : 1차진동모드 $\mu_1 = (z/H)^\beta$의 연직분포형상지수, β는 건축구조물의 자유진동해석에서 구한 모드형상으로부터 산정함. 모드형상을 알 수 없는 경우에는 이 기준에서 제시한 β값을 사용할 수 있다. ζ_D : 건축구조물의 풍방향1차감쇠비 S_D : 규모계수 (그림 5.6-3) F_D : 풍방향풍력스펙트럼계수 (그림5.6-4) n_D : 건축구조물의 풍방향1차고유진동수(Hz) Z_g : 기준경도풍높이 (m) (표 5.5-3에 따른다)	실측결과에 근거하여 수평방향 4.0, 수직방향 2.3의 서로 다른 저감계수를 규모계수 S_D의 산정식에 채용함(벽면 내 거리가 멀어짐에 따라 풍속성분이 달라짐으로 인해 변동풍력도 저감되는 효과가 수평방향 및 수직방향이 서로 다름.)

항목	KDS 41 10 15 : 2016	KDS 41 12 00 : 2022	근거 / 사유
	Z_g : 기준경도풍높이 (m) (5.5.3에 따른다) V_H : 설계풍속 (m/s) (5.5.1에 따른다)	V_H : 설계풍속 (m/s) (5.5.1에 따른다) 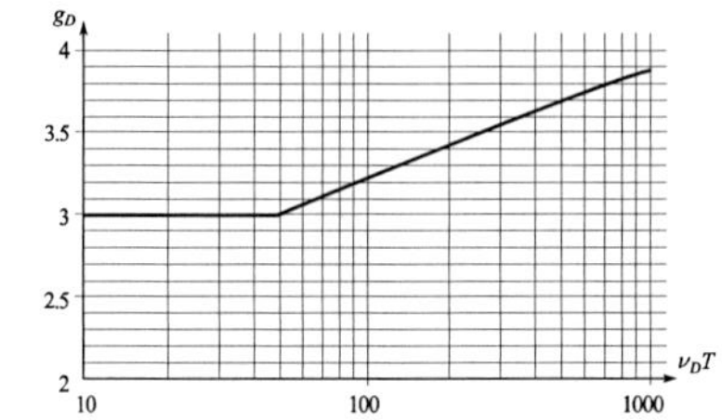 그림 5.6-1 피크팩터 g_D 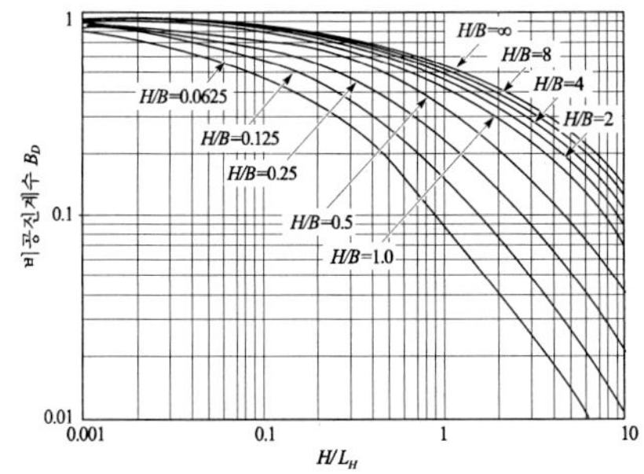 그림 5.6-2 비공진계수 B_D 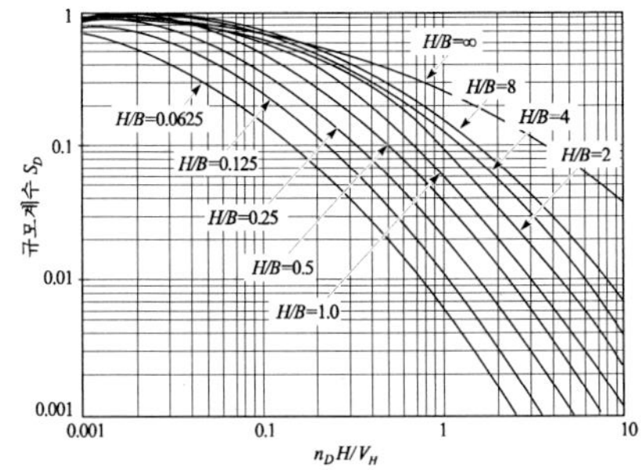 그림 5.6-3 규모계수 S_D	[신설] 가스트영향계수 G_D를 산정할 때 필요한 변수들인 피크팩터, 비공진계수, 규모계수, 풍력스펙트럼계수가 건축물의 규모 무차원 진동수에 따라 변하는 경향을 정량적으로 확인 할 수 있도록 그래프를 제시함.

항목	KDS 41 10 15 : 2016	KDS 41 12 00 : 2022	근거 / 사유
		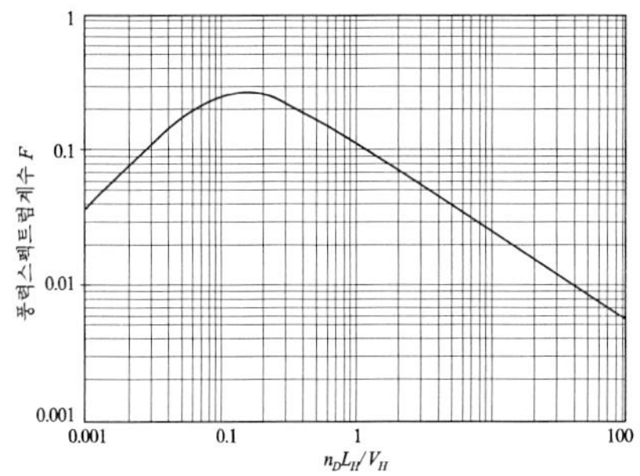 그림 5.6-4 풍력스펙트럼계수 F 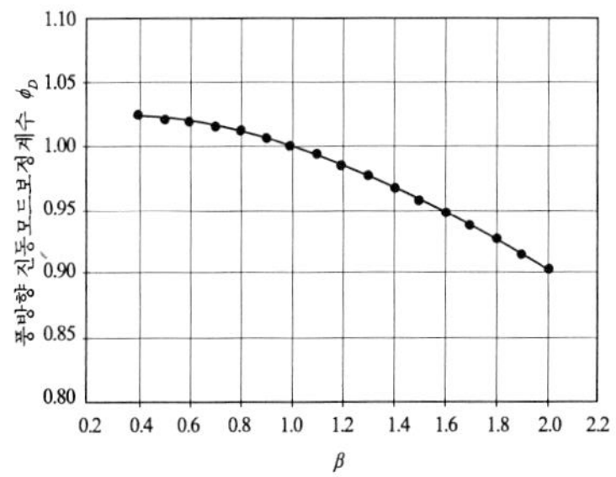 그림 5.6-5 풍방향 진동모드보정계수 ϕ_D	[신설] 진동모드보정계수 ϕ_D가 질량과 진동모드의 형상에 따라 변하는 경향을 정량적으로 확인할 수 있도록 그래프로 제시함.
5.6.2	5.6.1 강체구조물 등의 주골조설계용	5.6.2 강체건축구조물 등의 주골조설계용	[수정] 5.6.1과 5.6.2 순서 변경
5.6.3	5.6.3 래티스형탑상구조물 래티스형탑상구조물의 풍방향가스트영향계수 G_D는 다음 식으로 산정한다. $G_D = 1 + g_D \frac{C_g'}{C_g} \sqrt{1+R_D}$ (5.6-3) 단, $g_D = \sqrt{2\ln(600\nu_D)} + \frac{0.577}{\sqrt{2\ln(600\nu_D)}}$	5.6.3 래트스형탑상건축구조물 (1) 래티스형탑상건축구조물의 풍방향가스트영향계수 G_D는 식 (5.6-3)에 따라 다음 식으로 산정한다. $G_D = 1 + g_D \frac{C_g'}{C_g} \phi_{Dt} \sqrt{1+R_D}$ (5.6-3) 단, $g_D = \sqrt{2\ln(600\nu_D) + 1.2}$	[수정 및 추가] 공진성분 R_D를 평가할 때 래티스탑상건축구조물 진동모드를 $\beta = 2$의 비선형으로 했던 것을 실제 진동에 따른 변화를 반영하기 위해 진동모드보정계수 ϕ_{Dt}를 도입함.

항목	KDS 41 10 15 : 2016	KDS 41 12 00 : 2022	근거 / 사유
	$C_g' = 2I_H\sqrt{B_D}/(\alpha+3)$ $C_g = \frac{1}{2\alpha+3} - \frac{\lambda_B}{2\alpha+4}$ $R_D = \pi S_D F_D/(4\zeta_D)$ $B_D = \left(1-\frac{3}{4}\lambda_B\right)^2 \frac{1}{1+\frac{2\sqrt{HB}}{L_H}}$ $\lambda_B = 1-\frac{B_H}{B_0}$ $S_D = \left(1-\frac{3}{4}\lambda_B\right)^2 \frac{1}{\left(1+3.5\frac{n_D B}{V_H}\right)\left(1+2\frac{n_D H}{V_H}\right)}$ $F_D = \frac{4(n_D L_H/V_H)}{\{1+71(n_D L_H/V_H)^2\}^{5/6}}$ 여기서, g_D : 풍방향피크팩터 ν_D : 풍방향레벨크로싱수 R_D : 공진계수 n_D : 래티스형탑상구조물 풍방향1차고유진동수 (Hz) ζ_D : 래티스형탑상구조물의 풍방향1차감쇠비	$\nu_D = n_D\sqrt{\frac{R_D}{B_D+R_D}}$ $C_g' = 2I_H\sqrt{B_D}/(\alpha+3)$ (5.6.-.a) $C_g = \frac{1}{2\alpha+3} - \frac{\lambda_B}{2\alpha+4}$ (5.6-3.b) $R_D = \pi_D S_D F_D/(4\zeta_D)$ $B_D = \left(1-\frac{3}{4}\lambda_B\right)^2 \frac{1}{1+\frac{2\sqrt{HB}}{L_H}}$ $\lambda_B = 1-\frac{B_H}{B_0}$ $S_D = \left(1-\frac{3}{4}\lambda_B\right)^2 \frac{1}{\left(1+3.5\frac{n_D B}{V_H}\right)\left(1+2\frac{n_D H}{V_H}\right)}$ $F_D = \frac{4(n_D L_H/V_H)}{\{1+71(n_D L_H/V_H)^2\}^{5/6}}$ $\phi_{Dt} = \frac{M}{5M^*}\left[\left(0.5\frac{B_H}{B_0}-0.3\right)(\beta-2)+1.4\right]\lambda$ (5.6-3.c) $\lambda_L = \left[\left(0.5\frac{B_H}{B_0}-0.3\right)(\beta-2)+1.4\right]\lambda$ (5.6-3.d) $\beta = 2.0$: 수직으로 강성이 일정한 강재 래티스타워 $\beta = 2.3$: 수직으로 강성이 감소하는 강재 래티스타워 여기서, g_D : 풍방향피크팩터 ν_D : 풍방향레벨크로싱수 R_D : 공진계수 n_D : 래티스형탑상구조물 풍방향1차고유진동수 (Hz) ζ_D : 래티스형탑상구조물의 풍방향1차감쇠비 ϕ_{Dt} : 래티스탑상구조물의 풍방향진동모드보정계수 (그림 5.6-7)	레벨크롯싱수 ν_D 평가 시 비공진부분 B_D과 공진부분 R_D을 고려하여 실현상에 더 가깝도록 함. 진동모드보정계수 ϕ_{Dt} 도입으로 진동모드형상이 위로 볼록해질수록($\beta > 2$) 가스트영향계수가 증가하도록 함 (건축구조물의 구조시스템 종류에 따라 진동모드의 연직분포형상지수 β를 구분하여 명시함)

항목	KDS 41 10 15 : 2016	KDS 41 12 00 : 2022	근거 / 사유
	B_0 : 래티스형탑상구조물 밑면에서의 타워폭(m) B_H : 래티스형탑상구조물 기준높이에서의 타워폭 (m) I_H : 기준높이에서의 난류강도 L_H : 기준높이에서의 난류스케일 (m) H : 기준높이로 래티스형탑상구조물의 최고높이 (m) V_H : 설계풍속 (m/s) (5.5.1에 따른다)	$M/5M^*$: 래티스형탑상구조물의 풍방향 일반화질량의 진동모드 차이에 따른 보정계수 M : 래티스탑상구조물의 지상부 총질량(kg) M^* : 래티스탑상구조물의 풍방향1차진동일반화질량 (kg)으로 식(5.6-2.b)에 따른다 B_0 : 래티스형탑상구조물 밑면에서의 타워폭 (m) B_H : 래티스형탑상구조물 기준높이에서의 타워폭 (m) λ_L : 래티스형탑상구조물의 풍방향 일반화변동풍력의 진동모드의 차이에 따른 보정계수 λ : 풍방향 일반화변동풍력의 진동모드 파이에 따른 본정계수로 식(5.6.1.i)에 따른다. I_H : 기준높이에서의 난류강도로 식(5.5-3.a)에서 z를 H로 대체하여 산정한 값 L_H : 기준높이에서의 난류스케일(m)로 식(5.6-1.e)에 따른다. H : 기준높이로 래티스형탑상구조물의 최고높이 (m) V_H : 설계풍속 (m/s) (5.5.1에 따른다) β : 1차진동모드 $\mu_1 = \left(\frac{z}{H}\right)^\beta$ 의 연직분포형상지수로, β는 건축구조물의 자유진동해석에서 구한 모드형상으로부터 산정함. 모드형상을 알 수 없는 경우에는 이 기준에서 제시한 β값을 사용할 수 있음. 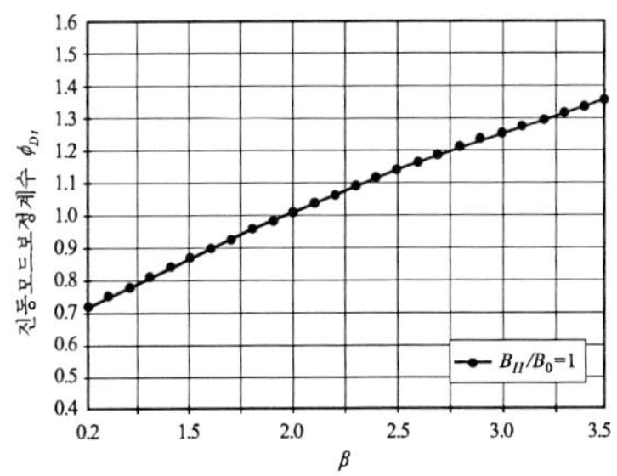 그림 5.6-7 래티스탑상구조물의 진동모드보정계수 ϕ_{Dt}	질량 및 진동모드의 형상에 따른 진동모드보정계수 ϕ_D의 변화 경향을 정량적으로 확인 할 수 있도록 그래프를 제시함.

<table>
<tr><th>항목</th><th>KDS 41 10 15 : 2016</th><th>KDS 41 12 00 : 2022</th><th>근거 / 사유</th></tr>
<tr><td>5.6.4</td><td>5.6.4 지붕의 외압가스트영향계수
유연하고 장경간인 건축물로서 바람에 의한 지붕의 공진효과를 무시할 수 없는 경우, 즉 식(5.6-4)를 만족하는 경우의 외압가스트영향계수 G_{pe} 는 식(5.6-6)으로 산정하고,
$n_{R0}H/V_H < 1.5$ (5.6-4)
단, n_{R0} : 지붕의 1차고유진동수 (Hz)
H : 기준높이 (m)
V_H : 설계풍속 (m/s) (5.5.1에 따른다)</td><td>5.6.4 지붕의 외압가스트영향계수
(1) 유연하고 장경간인 건축구조물로서 바람에 의한 지붕의 공진효과를 무시할 수 없는 경우, 즉 식(5.6-4)를 만족하는 경우의 외압가스트영향계수 G_{pe} 는 식(5.6-6)에 따라 산정하고,
$n_{R0}H/V_H < 1.3$ (5.6-4)
단, n_{R0} : 지붕보의 1차고유진동수 (Hz)
H : 기준높이 (m)
V_H : 설계풍속 (m/s) (5.5.1에 따른다)</td><td>[수정] 기본풍속이 100년에서 500년으로 변경됨. 풍속은 $V_{100} = 0.861V_{500}$ 의 관계를 가지므로 무차원 진동수 $n_{R0}H/V_H$가 1.5에서 $0.861 \times 1.5 = 1.3$로 감소함</td></tr>
<tr><td>5.7.1</td><td>5.7.1 외압계수
(1) 밀폐형건축물
① 벽면
외압계수 C_{pe}
<table>
<tr><th></th><th>D/B</th><th>C_{pe}</th></tr>
<tr><td>풍상벽 C_{pe1}</td><td>모든 값</td><td>$0.8k_z + 0.03(D/B)$</td></tr>
<tr><td rowspan="2">풍하벽 C_{pe2}</td><td>≤ 1</td><td>-0.5</td></tr>
<tr><td>> 1</td><td>$-0.5 + 0.25\ln(D/B)^{0.8}$</td></tr>
<tr><td>측벽</td><td>모든 값</td><td>-0.7</td></tr>
</table>
주] B : 건축물의 대표폭(m), D : 건축물의 깊이(m), C_{pe} : 외압계수

높이방향 압력분포계수 k_z
<table>
<tr><th>$z \leq z_b$</th><th>$z_b < z < 0.8H$</th><th>$z \geq 0.8H$, $z_b \geq 0.8H$</th></tr>
<tr><td>$(z_b/H)^{2\alpha}$</td><td>$(z/H)^{2\alpha}$</td><td>$0.8^{2\alpha}$</td></tr>
</table>
주] H : 건축물의 기준높이(m), z : 지표면에서의 높이(m)
z_b : 대기경계층시작높이(m)로 표 5.5-4에 의해 정함
α : 풍속고도분포지수로 표 5.5-4에 의해 정함</td><td>5.7.1 외압계수
(1) 밀폐형건축구조물
① 벽면
외압계수 C_{pe}
<table>
<tr><th></th><th>D/B</th><th>풍상벽 끝단으로부터의 수평거리(x)</th><th>C_{pe}</th></tr>
<tr><td rowspan="2">풍상벽 C_{pe1}</td><td>≤ 1</td><td>-</td><td>$0.8k_z$</td></tr>
<tr><td>> 1</td><td>-</td><td>$0.8k_z + 0.05$</td></tr>
<tr><td rowspan="2">풍하벽 C_{pe2}</td><td>≤ 1</td><td>-</td><td>-0.5</td></tr>
<tr><td>> 1</td><td>-</td><td>-0.35</td></tr>
<tr><td rowspan="3">측벽 C_{pe}</td><td>모든 값</td><td>$\leq 1H$</td><td>-0.7</td></tr>
<tr><td>모든 값</td><td>$1H \leq x < 3H$</td><td>-0.5</td></tr>
<tr><td>모든 값</td><td>$3H \leq x$</td><td>-0.3</td></tr>
</table>
k_z 는 높이방향압력분포계수로 아래 표로 주어진다.

높이방향 압력분포계수 k_z
<table>
<tr><th>$H \leq z_b$</th><th>$z \leq z_b$</th><th>$z_b < z < 0.8H$</th><th>$z \geq 0.8H$</th></tr>
<tr><td>1.0</td><td>$(z_b/H)^{2\alpha}$</td><td>$(z/H)^{2\alpha}$</td><td>$0.8^{2\alpha}$</td></tr>
</table>
기호] z : 지표면에서의 높이(m)
z_b : 대기경계층시작높이(m)로 표 5.5-3에 의해 정함
α : 풍속고도분포지수로 표 5.5-3에 의해 정함</td><td>[수정] 풍상벽 및 풍하벽의 경우, D/B에 따라 풍압계수가 변하지만, 그 값의 변동폭이 크지 않기 때문에 적용의 편의를 위해 식을 간략화 함

측벽의 경우 풍상벽 단부로부터의 수평거리가 멀어질수록 풍압의 크기가 감소함. 이를 반영함

지표부근 접지기층에서서는 마찰로 인해 풍속변동이 심해 풍속이 극단적으로 크고, 작아질 수 있음. 풍압이 과소평가되는 것을 방지하기 위해 접지기층에서는 높이방향으로 압력이 일정한 최소값 $0.8^{0.2} \approx 1.0$을 갖도록 수정함.</td></tr>
</table>

항목	KDS 41 10 15 : 2016	KDS 41 12 00 : 2022	근거 / 사유

KDS 41 10 15 : 2016

② 지붕면

평지붕 외압계수 C_{pe}, $\theta < 10°$인 용마루직각방향 및 모든 경사각의 용마루방향

풍상지붕 끝단으로부터의 수평거리	$H/D \le 0.5$	$H/D \ge 1.0$
$0 \sim 0.5H$	−0.9, −0.4	$-1.3k_a$, −0.6
$0.5H \sim 1H$	−0.9, −0.4	−0.7, −0.3
$1H \sim 2H$	−0.5, 0.0*	(−0.7, −0.3)*
$2H \sim 3H$	−0.3, 0.1	
$> 3H$	−0.2, 0.2	

$\theta \ge 10°$인 용마루직각방향의 풍상지붕면 외압계수 C_{pe},

H/D	지붕경사각 $\theta°$						
	10	15	20	25	30	35	45≥
≤0.25	−0.7 −0.3	−0.5 0.0	−0.3 0.2	−0.2 0.3	−0.2 0.4	0.0 0.5	0.0 0.08 $\sin\theta$
0.5	−0.9 −0.4	−0.7 −0.3	−0.4 0.0*	−0.3 0.2	−0.2 0.3	−0.2 0.4	
≥1.0	−1.3 −0.6	−1.0, −0.5	−0.7 −0.3	−0.5 0.0	−0.3 0.2	−0.2 0.3	

주] (1) 표에서 주어진 θ 및 H/D의 중간 값은 직선보간하여 사용할 수 있다. 직선보간은 동일한 부호 값에 대서만 할 수 있다.

(2) 설계 시에는 표에서 주어진 2종류의 외압계수와 〈표 0305.7.3〉의 내 압계수를 함께 고려하여 가장 불리한 것을 선택한다.

(3) D : 건물의 깊이, 풍방향 길이(m)
H : 지붕면 평균높이(m)
θ : 지붕경사각(°)

KDS 41 12 00 : 2022

② 지붕면

평지붕, $\theta < 10°$인 용마루직각방향 및 모든 경사각의 용마루방향의 지붕면 외압계수 C_{pe}

풍상지붕 끝단으로부터의 수평거리	$H/D \le 0.5$	$H/D \ge 1.0$
$0 \sim 0.5H$	−0.9, −0.4	$-1.3k_a$, −0.6
$0.5H \sim 1H$	−0.9, −0.4	−0.7, −0.3
$1H \sim 2H$	−0.5, 0.0*	(−0.7, −0.3)*
$2H \sim 3H$	−0.3, 0.1	
$> 3H$	−0.2, 0.2	

$\theta \ge 10°$인 용마루직각방향의 풍상지붕면 외압계수 C_{pe},

H/D	지붕경사각 $\theta°$						
	10	15	20	25	30	35	45≥
≤0.25	−0.7 −0.3	−0.5 0.0*	−0.3 0.2	−0.2 0.3	−0.2 0.4	0.0* 0.5	0.0* 0.8 $\sin\theta$
0.5	−0.9 −0.4	−0.7 −0.3	−0.4 0.0*	−0.3 0.2	−0.2 0.3	−0.2 0.4	
≥1.0	$-1.3k_a$ −0.6	−1.0, −0.5	−0.7 −0.3	−0.5 0.0*	−0.3 0.2	−0.2 0.3	

* 값은 보간을 목적으로 사용한다.
k_a는 면적감소계수로 아래 표에 주어진 것처럼 면적에 따라 선형적으로 감소하고, 중간 값은 직선보간하여 사용할 수 있다.

면적감소계수 k_a

유효수압면적(m²)	면적감소계수
≤10	1.0
25	0.9
≥100	0.8

근거 / 사유

[수정] 오타 수정 0.08을 0.8

[추가] 지붕골조의 풍압 부담 수압면적이 넓어지면, 변동풍압의 상관이 작아져 난류의 고진동수 성분은 서로 상쇄되고, 저진동수 성분으로 인한 변동풍압만이 주로 남기 때문에 풍압이 작아짐. 이를 반영하여 면적감소계수 k_a를 도입함

항목	KDS 41 10 15 : 2016	KDS 41 12 00 : 2022	근거 / 사유
	없음	(4) 필로티 필로티의 천정과 측벽에 대한 주골조설계용 외압계수 C_{pe} 는 그림 5.7-1에 따른다. 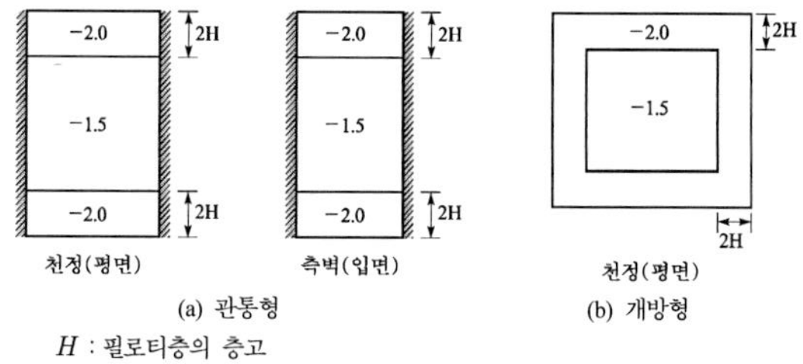 그림 5.7-1 필로티의 외압계수 C_{pe}	[신설] 필로티에 대한 최근의 연구결과를 채용함 (강풍 시 필로티 파손이 빈번함)
5.7.2	5.7.2 내압계수 및 내압가스트영향계수 주골조설계용 내압계수 C_{pi} 및 내압가스트영향계수 G_{pi} 는 개구부의 크기에 따라 표 5.7-4에 따라 정한다.	5.7.2 내압계수 (1) 벽 및 지붕의 주골조설계용 내압계수 C_{pi} 는 개구부의 크기에 따라 표 5.7-4에 따라 정한다. 단, 벽 또는 지붕 각 표면에서의 개구부면적의 합이 그 표면면적의 30%를 초과할 경우에는 표 5.8-9에 주어진 값을 적용할 수 없다.	[수정 및 추가] 내압가스트영향계수 G_{pi}를 없애고, 구조골조용 가스트영향계수 G_D를 사용하도록 함 최근 연구결과 및 이론식에 근거하여 실내압계수를 수정함 지붕 없이 윗면이 개방된 수직 원형 파이프형 구조물의 내압계수 추가함 (Eurocode prEN 1991-1-4 :2004) 밀폐의 분류를 정량적으로 제시함

KDS 41 10 15 : 2016

표 5.7-4 주골조설계용 내압계수 C_{π}, 내압가스트영향계수 G_{π}

밀폐의 분류		C_{π}	G_{π}
밀폐형건축물		0.00 또는 −0.40	1.3
부분개방형 건축물	탁월한 개구부가 없는 경우	+0.55 또는 −0.55	1.5
	탁월한 개구부가 있는 경우	+0.70 또는 −0.70	2.0
개방형건축물		0	0

주] 밀폐의 분류가 위 표 구분의 중간에 속할 경우에는 직선보간 한다.

KDS 41 12 00 : 2022

표 5.7-4 벽 및 지붕의 주골조용 내압계수 C_{π}

밀폐의 분류		C_{pi}
밀폐형 건축구조물	한 벽면 틈새, 그 외 벽면 밀폐	+0.70 또는 −0.40
	마주보는 두 벽면 틈새, 그 외 벽면 밀폐	+0.20 또는 −0.40
	이웃하는 두 벽면 틈새, 그 외 벽면 밀폐	+0.20 또는 −0.30
	이웃하는 세 벽면 틈새, 그 외 벽면 밀폐 모든 벽면 및 지붕 틈새	0.00 또는 −0.60
	모든 벽면 틈새, 지붕 밀폐	0.00 또는 −0.40
	모든 벽면 및 지붕 밀폐	0.00 또는 −0.20
부분밀폐형 건축구조물	탁월한 개구부가 있는 경우 1	+0.55 또는 −0.55
	탁월한 개구부가 있는 경우 2	+0.70 또는 −0.70
	윗면이 개방된 사일로, 굴뚝	−0.60
개방형건축구조물		0.00

항목	KDS 41 10 15 : 2016	KDS 41 12 00 : 2022	근거 / 사유
		(continued notes below)	

KDS 41 12 00 : 2022 (continued)

주] 1) 밀폐형건축구조물은 정압 받는 벽에 있는 개구부의 총면적이 그 벽 면적의 1% 이하인 경우
2) 틈새는 공기가 누출되는 면적이 그 표면면적의 0.01%에서 0.1%일 때
3) 밀폐는 틈새의 면적이 그 표면면적의 0.01% 이하일 때
4) 탁월한 개구부가 있는 경우 1은 탁월개구부가 있는 표면의 개구부면적이 그 외 표면의 개구부면적의 2배
5) 탁월한 개구부가 있는 경우 2는 탁월개구부가 있는 표면의 개구부면적이 그 외 표면의 개구부면적의 3배 이상
6) 개방형은 각 벽면이 80% 이상 개방되었을 때
7) 밀폐의 분류가 위 표 구분의 중간에 속할 경우에는 직선보간 한다.

항목: 5.7.3

KDS 41 10 15 : 2016

5.7.3 풍력계수

(3) 밀폐형 독립체와 독립간판

표 5.7-8 밀폐형독립벽체 및 독립간판의 풍력계수 C_D

C_D, 경우 C일 때

영역(풍상단에서의 거리)	변장비, B/s 2	3	4	5	6	7	8	9	10
0~s	2.25	2.60	2.90	3.10	3.30	3.40	3.55	3.65	3.75
s~2s	1.50	1.70	1.90	2.00	2.15	2.25	2.30	2.35	2.45
2s~3s	–	1.15	1.30	1.45	1.55	1.65	1.70	1.75	1.85
3s~10s	–	–	1.10	1.05	1.05	1.05	1.05	1.00	0.95

영역(풍상단에서의 거리)	변장비, B/s 13	≥45
0~s	4.00	4.30
s~2s	2.60	2.55
2s~3s	2.00	1.95
3s~4s	1.50	1.85
4s~5s	1.35	1.85
5s~10s	0.90	1.10
≥10s	0.55	0.55

주] 1) 총면적의 30% 이하의 개구부가 있는 벽체, 간판을 밀폐형벽체·간판으로 분류한다. 개구부가 있는 밀폐형벽체·간판의 풍력계수에는 저감률 $[1-(1-\varepsilon)^{1.5}]$을 적용할 수 있다.
2) 수직과 경사풍향의 양쪽을 허용하기 위해 다음 경우를 고려해야 한다.
s/h<1일 때
경우 A : 합력은 기하중심을 통과하는 간판의 면에 수직으로 작용함.
경우 B : 합력은 기하중심으로부터 풍상측으로 간판 평균폭의 0.2배 거리에서 간판의 면에 수직으로 작용한다.
경우 C : 합력은 각 영역에서 기하중심을 통과하는 간판의 면에 수직으로

KDS 41 12 00 : 2022

5.7.3 풍력계수

(3) 밀폐형 독립벽체와 독립간판

표 0305.7-8 밀폐형독립벽체 및 독립간판의 풍력계수 C_D

C_D, 경우 C일 때

영역(풍상단에서의 거리)	변장비, B/s 2	3	4	5	6	7	8	9	10	13	≥45
0~s	2.25	2.60	2.90	3.10*	3.30*	3.40*	3.55*	3.65*	3.75*	4.00*	4.30*
s~2s	1.50	1.70	1.90	2.00	2.15	2.25	2.30	2.35	2.45	2.60	2.55
2s~3s	–	1.15	1.30	1.45	1.55	1.65	1.70	1.75	1.85	2.00	1.95
3s~10s	–	–	1.10	1.05	1.05	1.05	1.05	1.00	0.95	–	–
3s~4s	–	–	–	–	–	–	–	–	–	1.50	1.85
4s~5s	–	–	–	–	–	–	–	–	–	1.35	1.85
5s~10s	–	–	–	–	–	–	–	–	–	0.90	1.10
〉10s	–	–	–	–	–	–	–	–	–	0.55	0.55

* 모서리가 ㄱ자형의 벽체일 때는 다음의 감소계수를 곱한다.

L_r/s	감소계수
0.3	0.90
1.0	0.75
≥2	0.6

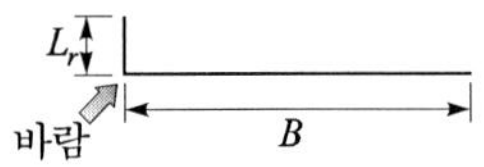

주] 1) 총면적의 30% 이하의 개구부가 있는 벽체, 간판을 밀폐형벽체·간판으로 분류한다. 개구부가 있는 밀폐형벽체·간판의 풍력계수에는 저감률

항목	KDS 41 10 15 : 2016	KDS 41 12 00 : 2022	근거 / 사유
	작용한다. s/h=1일 때 위와 동일하다. 단, 합력의 수직 위치는 기하중심보다 위쪽으로 간판 평균높이의 0.05배 거리에 작용한다. 3) 경우 C에서 s/h>0.8일 때는 풍력계수에 저감률(1.8−s/h)을 곱함 4) s/h, B/s의 중간값은 직선보간하여 사용할 수 있다.	$[1-(1-\varepsilon)^{1.5}]$을 적용할 수 있다. 2) 수직과 경사풍향의 양쪽을 허용하기 위해 다음 경우를 고려해야 한다. s/h<1일 때 경우 A : 합력은 기하중심을 통과하는 간판의 면에 수직으로 작용한다. 경우 B : 합력은 기하중심으로부터 풍상측으로 간판 평균폭의 0.2배 거리에서 간판의 면에 수직으로 작용한다. 경우 C : 합력은 각 영역에서 기하중심을 통과하는 간판의 면에 수직으로 작용 한다. s/h=1일 때 위와 동일하다. 단, 합력의 수직 위치는 기하중심보다 위쪽으로 간판 평균높이의 0.05배 거리에 작용한다. 3) 경우 C에서 s/h>0.8일 때는 풍력계수에 저감률(1.8−s/h)을 곱해야 한다. 4) s/h, B/s의 중간값은 직선보간하여 사용할 수 있다.	[추가] 모서리 ㄱ자형 벽체일 때는 짧은 길이 벽체의 변장비가 커지면 풍압이 작아짐. 이를 반영하여 감소계수를 도입함

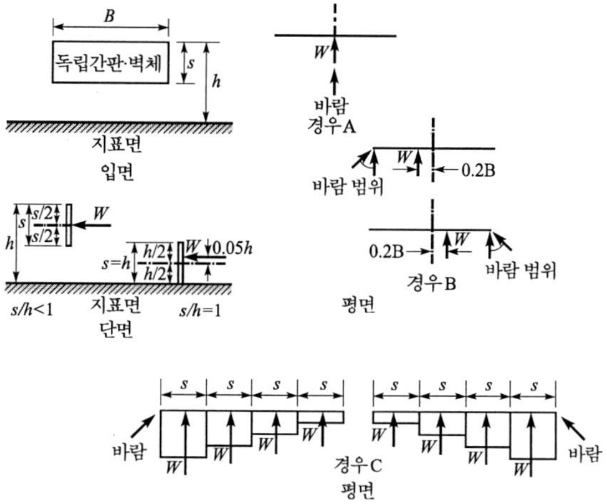

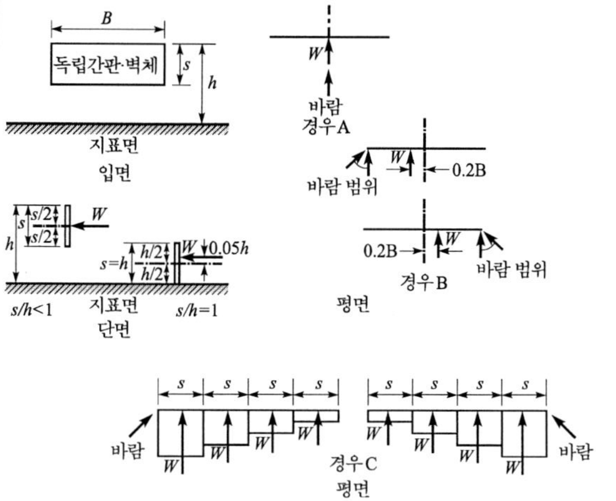

항목	KDS 41 10 15 : 2016	KDS 41 12 00 : 2022	근거 / 사유
	5) B : 벽체·간판의 수평길이(m) h : 벽체·간판의 높이(m) s : 벽체·간판의 수직길이(m) ε : 전면적과 밀폐형벽체·간판 면적의 비율	기호 B : 벽체·간판의 수평길이(m) h : 벽체·간판의 높이(m) s : 벽체·간판의 수직길이(m) ε : 전면적과 밀폐형벽체·간판 면적의 비율 L_r : 모서리가 ㄱ자형 벽체일 때 짧은 벽의 수평길이(m)	그림 이해를 쉽게 하기 위해 그림 안의 수치의 정의인 주]5)를 그림 끝으로 이동함

<table>
<tr><th>항목</th><th>KDS 41 10 15 : 2016</th><th>KDS 41 12 00 : 2022</th><th>근거 / 사유</th></tr>
<tr><td></td><td>(6) 굴뚝, 탱크 옥상설비 및 이와 유사한 구조물
굴뚝, 탱크, 옥상설비 및 이와 유사한 구조물의 주골조설계용 풍력계수 C_D 는 표 5.7-11에 따른다. 단면의 형태, 표면조건 및 단면 최소치수에 대한 높이의 비에 따라 적용한다.</td><td>(6) 굴뚝, 탱크 옥상설비 및 이와 유사한 건축구조물
굴뚝, 탱크, 옥상설비 및 이와 유사한 건축구조물의 주골조설계용 풍력계수 C_D 는 표 5.7-11에 따른다. 단면의 형태, 표면조건 및 단면 최소치수에 대한 높이의 비에 따라 적용한다. 옥상 위에 설치한 팔각뿔 형태 첨탑구조물의 풍력계수 C_D 는 표 5.7-12에 따른다.

표 5.7-12 팔각뿔 형태 첨탑건축구조물의 풍력계수 C_D
<table><tr><th rowspan="2">단면형태</th><th rowspan="2">표면조건</th><th colspan="3">C_D</th></tr><tr><th>$h/\sqrt{A_f}<4$</th><th>$4\le h/A_f<15$</th><th>$h/A_f\ge 15$</th></tr><tr><td>팔각뿔</td><td>모든 경우</td><td>1.0</td><td>1.1</td><td>1.2</td></tr></table>기호] h : 건축구조물의 높이(m)
A_f : 첨탑건축구조물의 바닥면적(m^2)</td><td>[신설] 건축구조물 옥상에 설치하는 교회첨탑 같은 구조물의 풍력계수를 풍동실험 결과에 의거 제시함.</td></tr>
<tr><td>5.8.1</td><td>없음</td><td>5.8.1 피크외압계수
⑨ 필로티
필로티의 외장재설계용 피크외압계수 $\hat{C}_{pe}$ 는 그림 5.8-1에 따른다.
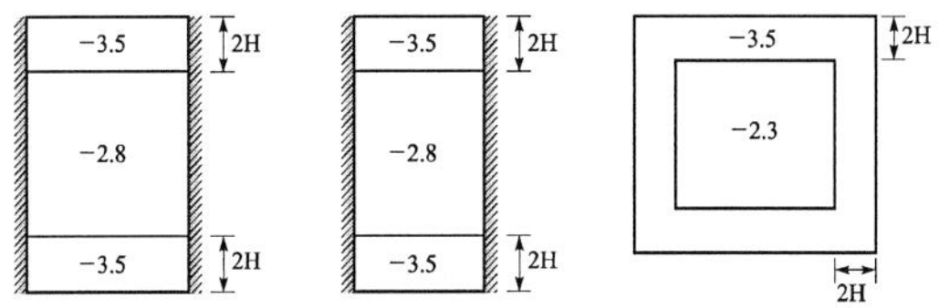

그림 5.8-1 필로티의 피크외압계수 $\widehat{C_{pe}}$</td><td>[신설] 필로티에 대한 최근의 연구결과를 채용함
(강풍 시 빈번하게 발생하는 필로티 파손을 방지)</td></tr>
<tr><td>5.8.2</td><td>5.8.2 피크내압계수
외장재설계용 피크내압계수 $\hat{C}_{pi}$ 는 개구부의 크기에 따라 표 5.8-4에 따라 정한다.</td><td>5.8.2 피크내압계수
벽 및 지붕의 외장재설계용 피크내압계수 $\hat{C}_{pi}$ 는 개구부의 크기에 따라 표 5.8-9에 따라 정한다. 단, 벽 또는 지붕 각 표면에서의 개구부면적의 합이 그 표면면적의 30%를 초과할 경우에는 표 5.8-9</td><td>[수정 및 추가] 최근의 연구결과와 이론식에 근거하여 실내압계수를 수정함.</td></tr>
</table>

<table>
<tr><th>항목</th><th>KDS 41 10 15 : 2016</th><th>KDS 41 12 00 : 2022</th><th>근거 / 사유</th></tr>
<tr>
<td></td>
<td>
표 5.8-4 외장재설계용 피크내압계수 GC_{π}
<table>
<tr><th colspan="2">밀폐의 분류</th><th>GC_{π}</th></tr>
<tr><td colspan="2">밀폐형건축물</td><td>0.00 또는 −0.52</td></tr>
<tr><td rowspan="2">부분개방형 건축물</td><td>탁월한 개구부가 없는 경우</td><td>+0.83 또는 −0.83</td></tr>
<tr><td>탁월한 개구부가 있는 경우</td><td>+1.40 또는 −1.40</td></tr>
<tr><td colspan="2">개방형건축물</td><td>0</td></tr>
</table>
주] 밀폐의 분류가 위 표 구분의 중간에 속할 경우에는 직선보간 한다.
</td>
<td>
에 주어진 값을 적용할 수 없다.

표 5.8-9 벽 및 지붕의 외장재설계용 피크내압계수 $\hat{C}_{pi}$
<table>
<tr><th colspan="2">밀폐의 분류</th><th>C_{pi}</th></tr>
<tr><td rowspan="7">밀폐형 건축구조물</td><td>한 벽면 틈새, 그 외 벽면 밀폐</td><td>+1.40 또는 −0.80</td></tr>
<tr><td>마주보는 두 벽면 틈새, 그 외 벽면 밀폐</td><td>+0.40 또는 −0.80</td></tr>
<tr><td>이웃하는 두 벽면 틈새, 그 외 벽면 밀폐</td><td>+0.40 또는 −0.60</td></tr>
<tr><td>이웃하는 세 벽면 틈새, 그 외 벽면 밀폐</td><td>0.00 또는 −1.20</td></tr>
<tr><td>모든 벽면 틈새, 지붕 밀폐</td><td>0.00 또는 −0.80</td></tr>
<tr><td>모든 벽면 및 지붕 틈새</td><td>0.00 또는 −1.20</td></tr>
<tr><td>모든 벽면 및 지붕 밀폐</td><td>0.00 또는 −0.40</td></tr>
<tr><td rowspan="3">부분밀폐형 건축구조물</td><td>탁월한 개구부가 있는 경우 1</td><td>+1.10 또는 −1.10</td></tr>
<tr><td>탁월한 개구부가 있는 경우 2</td><td>+1.40 또는 −1.40</td></tr>
<tr><td>윗면이 개방된 사일로, 굴뚝</td><td>−1.20</td></tr>
<tr><td colspan="2">개방형건축구조물</td><td>0.00</td></tr>
</table>
주] 1) 밀폐형건축구조물은 정압 받는 벽에 있는 개구부의 총면적이 그 벽면적의 1% 이하인 경우
2) 틈새는 공기가 누출되는 면적이 그 표면면적의 0.01%에서 0.1%일 때
3) 밀폐는 틈새의 면적이 그 표면면적의 0.01% 이하일 때
4) 탁월한 개구부가 있는 경우 1은 탁월개구부가 있는 표면의 개구부면적이 그 외 표면의 개구부면적의 2배
5) 탁월한 개구부가 있는 경우 2는 탁월개구부가 있는 표면의 개구부면적이 그 외 표면의 개구부면적의 3배 이상
6) 개방형은 각 벽면이 80% 이상 개방되었을 때
7) 밀폐의 분류가 위 표 구분의 중간에 속할 경우에는 직선보간 한다.
</td>
<td>지붕 없이 윗면이 개방된 수직 원형 파이프형 구조물의 피크내압계수 추가함
밀폐의 분류를 정량적으로 제시함</td>
</tr>
<tr>
<td>5.9
5.9.2</td>
<td>5.9 풍직각방향풍하중
5.9.2 산정식
지표면으로부터 높이 z에서의 구조골조용 풍직각방향풍하중 W_L은 다음 식으로 산정한다.
$$W_L = 3 g_L C_{M,L}{}' q_H A \left(\frac{z}{H}\right) \sqrt{1+R_L}\ \ (\mathrm{N}) \quad (5.9\text{-}1)$$</td>
<td>5.9 주골설계용 풍직각방향풍하중
5.9.2 산정식
(1) 지상높이 z에서의 구조골조용 풍직각방향풍하중 $W_L(z)$는 다음 식으로 산정한다.
$$W_L(z) = 3 g_L C_{M,L}{}' q_H A \left(\frac{z}{H}\right) \sqrt{1+\phi_L^2 R_L}\ \ (\mathrm{N}) \quad (5.9\text{-}1)$$</td>
<td>[수정 및 추가] 공진성분 R_D를 평가할 때 진동모드를 선형으로 했던 것을 실제 건축구조물의 진동에 따른 변화를 반영하기 위해 진동모드보</td>
</tr>
</table>

항목	KDS 41 10 15 : 2016	KDS 41 12 00 : 2022	근거 / 사유
	단, $g_L = \sqrt{2\ln(600n_L)+1.2}$ $C_{M,L}{}' = 0.0073(D/B)^3 - 0.0629(D/B)^2 + 0.1959(D/B)$	단, $g_L = \sqrt{2\ln(600n_L)+1.2}$ $C_{M,L}{}' = 0.0073(D/B)^3 - 0.0629(D/B)^2 + 0.1959(D/B)$ (5.9-1.a) $\phi_L = \left(\frac{z}{H}\right)^{\beta-1}\phi_L'$ (5.9-1.b) $\phi_L = \frac{M}{3M_L^*}\lambda$ (5.9-1.c) $M_L^* = \int_0^H m(z)\mu^2(z)dz$ (5.9-1.d)	정계수 ϕ_D를 도입함. (진동모드보정계수 ϕ_D 도입으로 진동모드형상이 위로 볼록해지면 풍하중이 증가하도록 함)
		$\beta=1.0$: 중앙부에 코어가 있는 모멘트저항골조 건축구조물 또는 큰 기둥과 전단가새로 이루어진 건축구조물 $\beta=1.5$: 세장한 캔틸레버형 건축물 및 중앙의 철근콘크리트 코어에 의해 지지되는 건축구조물 $\beta=2.0$: 탑, 굴뚝	건축구조물의 구조시스템 종류에 따라 진동모드의 연직분포형상지수 β를 구분하여 명시함 (진동모드의 형상계수가 $\beta>1$이면 위로 볼록해지는 형상을 가짐)
	$R_L = \pi F_L/(4\zeta_L)$ $F_L = \sum_{j=1}^{m} \frac{4k_j(1+0.5\beta_j)\beta_j}{\pi} \frac{(n_L/n_{pj})^2}{\left[1-(n_L/n_{pj})^2\right\}^2 + 4\beta_j^2(n_L/n_{pj})^2]}$ $k_1 = 1.0$ $k_2 = 0.01$ $m = \begin{cases} 1 & (D/B<3) \\ 2 & (D/B \geq 3) \end{cases}$ $n_{p1} = \frac{0.11}{\left[1+0.39(D/B)^2\right]^{0.8}} \frac{V_H}{B} \quad (0.2 \leq D/B \leq 5)$ $n_{p2} = \frac{0.61}{(D/B)^{0.89}} \frac{V_H}{B} \quad (3 \leq D/B \leq 5)$ $\beta_1 = \frac{17.25(D/B)^4 - 32.99(D/B)^3 + 25.37(D/B)^2 - 9.39(D/B) + 1.41}{19.68(D/B)^4 - 24.49(D/B)^3 + 13.02(D/B)^2 - 4.77(D/B) + 1}$ $(0.2 \leq D/B \leq 5)$ $\beta_2 = \frac{0.31}{(D/B)^{0.41}} \quad (3 \leq D/B \leq 5)$	$R_L = \pi F_L/(4\zeta_L)$ (5.9-1.d) $F_L = \sum_{j=1}^{m} \frac{4k_j(1+0.5\beta_j)\beta_j}{\pi} \frac{(n_L/n_{pj})^2}{\left[1-(n_L/n_{pj})^2\right\}^2 + 4\beta_j^2(n_L/n_{pj})^2]}$ (5.9-1.e) $k_1 = 1.0$ $k_2 = 0.01$ $m = \begin{cases} 1 & (D/B<3) \\ 2 & (D/B \geq 3) \end{cases}$ $n_{p1} = \frac{0.11}{\left[1+0.39(D/B)^2\right]^{0.8}} \frac{V_H}{B} \quad (0.2 \leq D/B \leq 5)$ $n_{p2} = \frac{0.61}{(D/B)^{0.89}} \frac{V_H}{B} \quad (3 \leq D/B \leq 5)$ $\beta_1 = \frac{17.25(D/B)^4 - 32.99(D/B)^3 + 25.37(D/B)^2 - 9.39(D/B) + 1.41}{19.68(D/B)^4 - 24.49(D/B)^3 + 13.02(D/B)^2 - 4.77(D/B) + 1}$ $(0.2 \leq D/B \leq 5)$ $\beta_2 = \frac{0.31}{(D/B)^{0.41}} \quad (3 \leq D/B \leq 5)$	

항목	KDS 41 10 15 : 2016	KDS 41 12 00 : 2022	근거 / 사유
	여기서, g_L : 풍직각방향피크펙터 $C_{M,L}{}'$: 풍직각방향변동전도모멘트계수 q_H : 속도압(N/m^2) A : 지상높이 z 에서 풍향에 수직한 면에 투영된 건축물의 하중분담면적($=Bh$)(m^2) z : 지표면으로부터의 높이(m) h : 건축물의 층높이(m) H : 건축물의 기준높이(m) (5.1.2(5)에 따른다) R_L : 풍직각방향변동전도모멘트의 공진계수 n_L : 풍직각방향1차고유진동수(Hz) B : 건축물의 대표폭(m) D : 건축물의 깊이(m) F_L : 풍직각방향진동의 풍력스펙트럼계수 ζ_L : 풍직각방향1차감쇠비 V_H : 설계풍속(m/s) (5.5.1에 따른다.)	여기서, g_L : 풍직각방향피크펙터 $C_{M,L}{}'$: 풍직각방향변동전도모멘트계수 q_H : 설계속도압(N/m^2) (5.5.에 따른다) A : 지상높이 z 에서 풍향에 수직한 면에 투영된 건축구조물의 유효수압면적($=Bh$)(m^2) 단, 1개층을 대상으로 할 때의 유효수압면적은 $A=Bh$, h는 층높이 z : 지표면으로부터의 높이(m) H : 건축구조물의 기준높이(m) (5.1.2(5)에 따른다) R_L : 풍직각방향변동전도모멘트의 공진계수 n_L : 풍직각방향1차고유진동수(Hz) B : 건축구조물의 대표폭(m) D : 건축구조물의 깊이(m) ϕ_L' : 풍직각방향 진동모드 보정계수 ϕ_L' : 풍직각방향 진동모드보정에 관한 계수([그림 5.9-]) $M/(3M_L^*)$: 풍직각방향 일반화질량의 진동모드차이에 따른 모드보정계수 M : 건축구조물의 지상부 총질량(kg) M^* : 풍직각방향1차진동일반화질량(kg) $\mu(z)$: 건축물의 진동모드로 식(5.6-2.c)에 따른다. λ : 일반화변동풍력의 진동모드 차이에 따른 보정계수로 식(5.6.-.i)에 따른다. β : 1차진동모드 $\mu_1=\left(\frac{z}{H}\right)^{\beta}$ 의 연직분포형상지수, β는 건축구조물의 자유진동해석에서 구한 모드형상으로부터 산정함. 모드형상을 알 수 없는 경우에는 이 기준에서 제시한 β값을 사용할 수 있다. F_L : 풍직각방향진동 풍력스펙트럼계수 (그림 5.9-2) ζ_L : 풍직각방향1차감쇠비 V_H : 설계풍속(m/s) (5.5.1에 따른다.)	

항목	KDS 41 10 15 : 2016	KDS 41 12 00 : 2022	근거 / 사유
		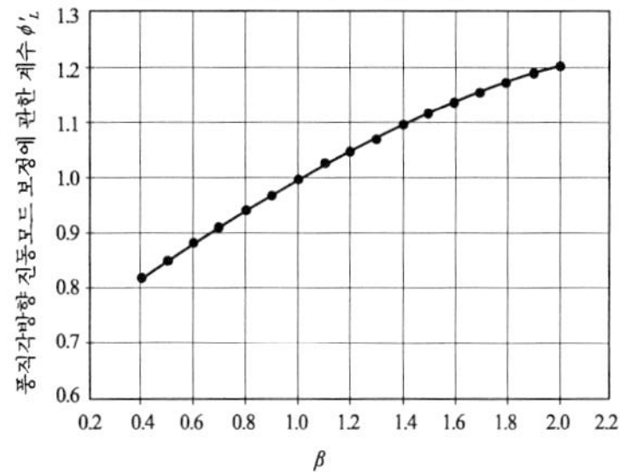 그림 5.9-1 풍직각방향 진동모드 보정에 관한 계수 ϕ'_L 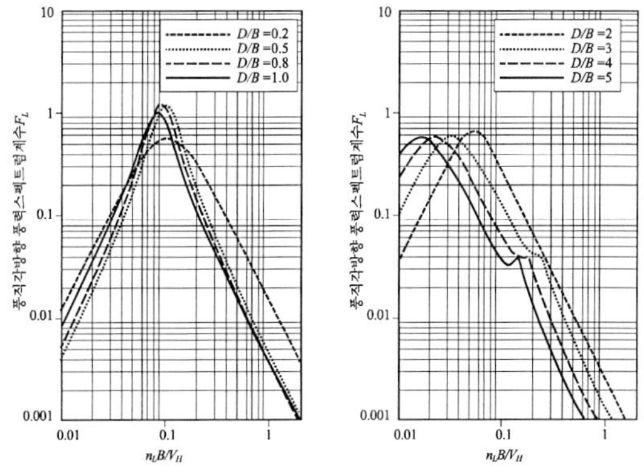 (a) $D/B < 1.0$ (b) $D/B \geq 1.0$ 그림 5.9-2 풍직각방향 풍력스펙트럼계수 F_L	[신설] 모드보정계수가 질량과 진동모드형상에 따라 변하는 경향을 정량적으로 확인할 수 있도록 그래프를 제시함. [신설] 풍직각방향 풍력스펙트럼계수가 변장비와 무차원진동수에 따라 변하는 경향을 정량적으로 확인 할 수 있도록 그래프를 제시함.
5.10 5.10.2	5.10 비틀림풍하중 5.10.2 산정식 지표면으로부터 높이 z에서의 구조골조용 비틀림풍하중 W_T는 다음 식으로 산정한다.	5.10 주골조설계용 비틀림풍하중 5.10.2 산정식 (1) 지상높이 z에서의 구조골조용 비틀림풍하중 $W_T(z)$는 다음 식으로 산정한다.	[수정 및 추가] 공진성분 R_D를

항목	KDS 41 10 15 : 2016	KDS 41 12 00 : 2022	근거 / 사유
	$W_T = 1.8 g_T C_T' q_H BA \left(\frac{z}{H}\right) \sqrt{1+R_T}$ (N·m) (5.10−1) 단, $g_T = \sqrt{2\ln(600 n_T)} + 1.2$ $C_T' = [0.0066 + 0.015(D/B)^2]^{0.78}$ $R_T = \pi F_T / (4\zeta_T)$ $F_T = \begin{cases} \frac{0.14 K_T^2 (V_T^*)^{2\beta_T}}{\pi} \frac{D(B^2+D^2)^2}{L^2 B^3} & (V_T^* \leq 4.5 \text{ 및 } 6 \leq V_T^* \leq 10) \\ F_{4.5}\exp\left[3.5\ln\left(\frac{F_6}{F_{4.5}}\right)\ln\left(\frac{V_T^*}{4.5}\right)\right] & (4.5 < V_T^* < 6) \end{cases}$ $V_T^* = \frac{V_H}{n_T \sqrt{BD}}$ $F_{4.5}$, F_6 : 각각, $V_T^* = 4.5$ 및 6일 때의 F_T의 값 $K_T = \begin{cases} \frac{-1.1(D/B)+0.97}{(D/B)^2+0.85(D/B)+3.3} + 0.17 & V_T^* \leq 4.5 \\ \frac{0.077(D/B)-0.16}{(D/B)^2-0.96(D/B)+0.42} + \frac{0.35}{(D/B)} + 0.095 & 6 \leq V_T^* \leq 10 \end{cases}$	$W_T(z) = 1.8 g_T C_T' q_H BA \left(\frac{z}{H}\right) \sqrt{1+\phi_T^2 R_T}$ (N·m) (5.10−1) 단, $g_T = \sqrt{2\ln(600 n_T)} + 1.2$ $C_T' = [0.0066 + 0.015(D/B)^2]^{0.78}$ (5.10−1.a) $\phi_T = \left(\frac{z}{H}\right)^{\beta-1} \phi_T'$ (5.10−1.b) $\phi_T' = \frac{M(B^2+D^2)}{36 I_T^*}\lambda$ (5.10−1.c) $I_T^* = \int_0^H i(z)\mu^2(z)dz$ (5.10−1.d) $i(z) = \frac{m(z)(B^2+D^2)}{12}$ (5.10−1.e) $\beta = 1.0$: 중앙부에 코어가 있는 모멘트저항골조 건축구조물 또는 큰 기둥과 전단가새로 이루어진 건축구조물 $\beta = 1.5$: 세장한 캔틸레버형 건축구조물, 중앙의 철근콘크리트 코어에 의해 지지되는 건축구조물 $\beta = 2.0$: 탑, 굴뚝 $R_T = \pi F_T / (4\zeta_T)$ (5.10−1.e) $F_T = 0.8F_B + \nu_1 F) V + w_1 F_W$ $F_B = \frac{18 n_m^*}{[1+0.46(18 n_m^*)^{1.8}]^{2.3}}$ $F_V = \frac{1}{\nu_2\sqrt{2\pi}} \exp\left\{-0.5\left[\frac{\ln(n_s^*/\nu_3)+0.5\nu_2^2}{\nu_2}\right]^2\right\}$ $F_W = \frac{1}{w_2\sqrt{2\pi}} \exp\left\{-0.5\left[\frac{\ln(n_m^*/w_3)+0.5w_2^2}{w_2}\right]^2\right\}$ $n_s^* = \frac{8.3 n_T B[1+0.38(D/B)^{1.5}]^{0.89}}{V_H}$	평가할 때 진동모드를 선형으로 했던 것을 실제 건축구조물의 진동에 따른 변화를 반영하기 위해 진동모드보정계수 ϕ_D를 도입함. (진동모드보정계수 ϕ_D 도입으로 진동모드형상이 위로 볼록해지면 풍하중이 증가하도록 함) 건축구조물의 구조시스템 종류에 따라 진동모드의 연직분포형상지수 β를 구분하여 명시함 [수정 및 추가] 비틀림모멘트의 스펙트럼계수F_T를 변장비D/B에 따라 손쉽게 산정할 수 있도록 함. (이전기준과 값의 변화는 없음)

<table>
<tr><th>항목</th><th>KDS 41 10 15 : 2016</th><th>KDS 41 12 00 : 2022</th><th>근거 / 사유</th></tr>
<tr><td></td><td>

$$\beta_T = \begin{cases} \dfrac{(D/B)+3.6}{(D/B)^2-5.1(D/B)+9.1}+\dfrac{0.14}{D/B}+0.14 & V_T^* \le 4.5 \\ \dfrac{0.44(D/B)^2-0.0064}{(D/B)^4-0.26(D/B)^2+0.1}+0.2 & 6 \le V_T^* \le 10 \end{cases}$$

여기서, g_T : 비틀림모멘트피크펙터
C_T' : 변동비틀림모멘트계수
q_H : 속도압(N/m^2)
A : 지상높이 z 에서 풍향에 수직한 면에 투영된 건축물의 하중분담면적(=Bh)(m^2)
z : 지표면으로부터의 높이(m)
h : 건축물의 층높이(m)
H : 건축물의 기준높이(m)(5.1.2(5)에 따른다)
R_T : 비틀림진동의 공진계수
I_T^* : 비틀림진동일반화관성모멘트(kgm^2)

</td><td>

$$n_m^* = \frac{n_T B}{V_H}$$

표 5.10-1 비틀림모멘트스펙트럼계수 F_T를 결정하는 변수

<table>
<tr><th></th><th>$D/B \le 0.9$</th><th>$D/B > 0.9$</th><th>$D/B \le 1$</th><th>$D/B > 1$</th></tr>
<tr><td>ν_1</td><td>$-2[(D/B)^2-(D/B)]$</td><td>$0.1(D/B)^{-1}$</td><td>−</td><td>−</td></tr>
<tr><td>ν_2</td><td>$0.56\,I_H(D/B)^{-1}$</td><td>$2I_H(D/B)^{0.5}$</td><td>−</td><td>−</td></tr>
<tr><td>ν_3</td><td>−</td><td>−</td><td>$0.8(D/B)^{-0.2}$</td><td>$0.18(D/B)$</td></tr>
<tr><td>w_1</td><td>$0.04(D/B)^{-0.5}$</td><td>0.06</td><td>−</td><td>−</td></tr>
<tr><td>w_2</td><td>$1.75\sqrt{I_H}$</td><td>$0.7\sqrt{I_H}$</td><td>−</td><td>−</td></tr>
<tr><td>w_3</td><td colspan="2">$0.24(D/B)^{-0.4}$</td><td>−</td><td>−</td></tr>
</table>

여기서, g_T : 비틀림모멘트피크펙터
C_T' : 변동비틀림모멘트계수
q_H : 설계속도압(N/m^2) (5.5에 따른다)
A : 지상높이 z 에서 풍향에 수직한 면에 투영된 건축구조물의 하중분담면적(=Bh)(m^2)
z : 지표면으로부터의 높이(m)
H : 건축구조물의 기준높이(m)(5.1.2(5)에 따른다)
R_T : 비틀림진동의 공진계수(그림 5.10-1)
I_T^* : 비틀림진동일반화관성모멘트(kgm^2)
ϕ_T : 비틀림진동모드보정계수
ϕ_T' : 비틀림진동모드 보정에 관한 계수(그림5.10-1)
$i(z)$: 높이 z에서의 단위높이당관성모멘트(kg m^2/m)
β : 1차진동모드 $\mu_1 = \left(\frac{z}{H}\right)^\beta$ 의 연직분포형상지수, β는 건축구조물의 자유진동해석에서 구한 모드형상으로부터 산정함. 모드형상을 알 수 없는 경우에는 이 기

</td><td></td></tr>
</table>

항목	KDS 41 10 15 : 2016	KDS 41 12 00 : 2022	근거 / 사유
	n_T : 비틀림1차고유진동수(Hz) B : 건축물의 대표폭(m) D : 건축물의 깊이(m) L : B와 D 중 큰 값(m) F_T : 비틀림진동의 스펙트럼계수 ζ_T : 비틀림1차감쇠비 V_H : 설계풍속(m/s) (5.5.1에 따른다.)	준에서 제시한 β값을 사용할 수 있다 $M(B^2+D^2)/(36 I_T^*)$: 비틀림방향 일반화관성모멘트의 진동모드 차이에 따른 보정 M : 건축구조물의 지상부 총질량(kg) $\mu(z)$: 건축구조물의 진동모드로 식(5.6-2.c)에 따름 λ : 일반화변동풍력의 진동모드 차이에 따른 보정계수로 식(5.6-1.i)에 따른다. $m(z)$: 높이 z에서 단위높이당질량(kg/m) D : 건축구조물의 대표깊이(m) n_T : 비틀림1차고유진동수(Hz) B : 건축구조물의 대표폭(m) D : 건축구조물의 깊이(m) L : B와 D 중 큰 값(m) F_T : 비틀림진동의 스펙트럼계수(그림 5.10-2) ζ_T : 비틀림1차감쇠비 V_H : 설계풍속(m/s) (5.5.1에 따른다.) 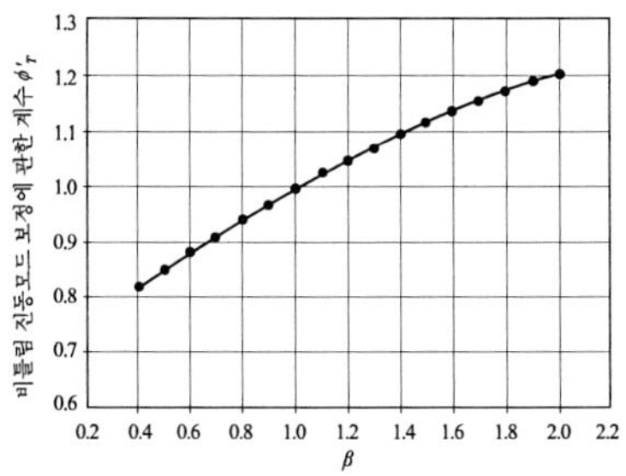 그림 5.10-1 비틀림 진동모드 보정에 관한 계수 ϕ_T'	[신설] 모드보정계수가 질량과 진동모드의 형상에 따라 변하는 값을 확인할 수 있도록 그래프로 제시함.

<table>
<tr><th>항목</th><th>KDS 41 10 15 : 2016</th><th>KDS 41 12 00 : 2022</th><th>근거 / 사유</th></tr>
<tr><td></td><td></td><td>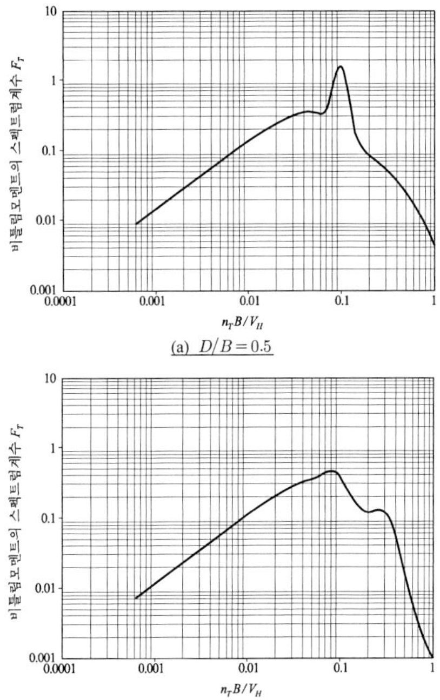(a) $D/B=0.5$
(b) $D/B=1.0$
그림 5.10-2 비틀림모멘트의 스펙트럼계수 F_T</td><td>[신설] 비틀림모멘트 스펙트럼계수가 변장비와 무차원 진동수에 따라 변하는 경향을 정량적으로 확인 할 수 있도록 그래프를 제시함.</td></tr>
<tr><td>5.11</td><td>없음</td><td>5.11 와류진동 풍하중
(1) 이 절은 세장한 건축구조물이나 부재에 발생하는 풍직각방향의 와류진동에 의한 풍하중을 산정할 때 적용하며, 원형평면인 건축구조물 및 원형단면인 부재를 대상으로 한다.
① 원형평면을 가진 건축구조물의 와류진동 풍하중
지상높이 z에서 와류진동에 의한 풍하중 $W_r(z)$는 식 (5.11-1)에 따라 산정한다.</td><td>[신설] 감쇠비가 작고 극히 세장하고 유연한 건축물인 경우, 건축물 후면에서 발생하는 규칙적인 와발생으로 와류진동이 발생하여 그것의 방출진동수가 건축물의 고유진동수에 근사하면</td></tr>
</table>

<table>
<tr><th>항목</th><th>KDS 41 10 15 : 2016</th><th>KDS 41 12 00 : 2022</th><th>근거 / 사유</th></tr>
<tr><td></td><td></td><td>$W_r(z) = 0.8\rho V_r^2 C_r \frac{z}{H} A$ (N) (5.11-1)
단, V_r 은 공진풍속(m/s)이며, 식(5.11-2)에 따라 산정한다.
$V_r = 5 n_L D_m$ (m/s) (5.11-2)
여기서, ρ : 공기밀도로 1.22(kg/m³)으로 함
C_r : 공진 시 풍력계수로 표 5.11-1에 따른다.
z : 지표면으로부터의 높이(m)
H : 건축구조물의 기준높이(m) (5.1.2(6)에 따른다)
A : 지상높이 z 에서 풍향에 수직한 면에 투영된 건축구조물의 면적(m²)
n_L : 풍직각방향의 1차고유진동수(Hz)
D_m : 건축구조물높이 $2H/3$ 에서의 외경(m)

표 5.11-1 공진 시 풍력계수 C_r
<table><tr><th>$V_r D_m$</th><th>$\rho_s\sqrt{\zeta_L} < 0.5$</th><th>$\rho_s\sqrt{\zeta_L} \geq 0.5$</th></tr><tr><td>$V_r D_m < 3$</td><td>$\frac{1.3}{\sqrt{\zeta_L}} + \frac{1.5\rho}{\zeta_L \rho_s}$</td><td>$\frac{1.7}{\sqrt{\zeta_L}}$</td></tr><tr><td>$3 \leq V_r D_m < 6$</td><td>직선보간</td><td>직선보간</td></tr><tr><td>$6 \leq V_r D_m$</td><td>$\frac{0.53}{\sqrt{\zeta_L}} + \frac{0.16\rho}{\zeta_L \rho_s}$</td><td>$\frac{0.57}{\sqrt{\zeta_L}}$</td></tr></table>주] ζ_L: 풍직각방향진동의 1차감쇠비, ρ_s: 건축물의 밀도(kg/m³)= $M/(HD_m D_B)$, M: 건축물 지상부 총질량(kg/m³), D_B: 건축물 밑면의 바깥지름(m)</td><td>공진이 발생하고, 그로 인하여 건축물에는 대변형이 일어나 파괴에 이를 수도 있다. 이를 검토하기 위함.
원형평면인 경우에는 와류진동의 발생 특성이 명확하게 밝혀져 있어, 풍하중평가식이 정량화되어 있음. 공진이 발생하였을 때 풍하중 산정식에 대한 연구결과를 채용함.
원형 이외의 경우에는 와류진동의 특성이 평면형상에 따라 복잡하게 변하기 때문에 풍하중평가에 대한 식이 정식화되어 있지 않음. 풍동실험에 의해 평가할 수 밖에 없음.</td></tr>
<tr><td></td><td></td><td>② 원형단면인 부재의 와류진동 풍하중
원형단면을 가진 부재로 다음 식의 조건에 해당할 경우에는
$\frac{L}{D} \geq 15$ 또한 $\frac{V_H}{n_L D} \geq 5.0$ (5.11-3)
와류진동에 의한 풍하중 W_r 을 식(5.11-4)에 따라 산정한다.</td><td>[신설] 트러스구조물처럼 원형단면을 가진 부재에서는 설계풍속보다 낮은 풍속에서 와려진동이 발생하고, 이것이 장시간 지속되면 피로 등의 피해가 발생할 우려가 있음.</td></tr>
</table>

항목	KDS 41 10 15 : 2016	KDS 41 12 00 : 2022	근거 / 사유
		$W_r = (2\pi n_L)^2 \sin\left(\frac{\pi x}{L}\right)\frac{M}{L}\frac{0.26V_r^*}{0.75S_C^{1.1}+0.36V_r^*}A$ (N) (5.11-4) 단, W_r 은 부재 단부로부터 거리 x(m)에서 와류진동에 의한 풍하중(N), V_r^* 은 무차원공진풍속, S_C 는 질량감쇠변수로, 각각 식(5.11-5), 식(5.11-6)에 따라 산정한다. $V_r^* = 5 + \frac{3}{S_C}$ (5.11-5) $S_C = \frac{4\pi\zeta_L M}{\rho D^2 L}$ (m/s) (5.11-6) 여기서, L : 부재길이(m) D : 부재의 바깥지름(m) V_H: 부재 평균높이 H(m)에서의 설계풍속(m/s) (5.5.1에 따른다) n_L : 풍직각방향의 1차고유진동수(Hz) x : 부재 단부로부터의 거리(m) M : 부재의 총질량(kg) A : 부재단부에서 거리 x(m)에 있어서 대표면적(m^2) ζ_L : 부재의 휨진동 1차감쇠비 ρ : 공기밀도로 1.225(kg/m^3)으로 함	특히, 중공강관은 질량이 작고, 감쇠비도 작기 때문에 와류에 의한 자려적 와류진동의 영향이 커짐. 공진이 발생하였을 때 풍하중 산정식에 대한 기존의 연구결과를 채용함.
5.13	5.12 풍하중의 조합 이 절은 주골조설계용 수평풍하중 및 지붕풍하중의 조합에 관하여 정한 것이다. (1) 장방형 평면을 가진 건축물로서 식(5.1-2)의 조건을 만족하지 않는 경우는 5.12.1에 따라 풍방향과 풍직각방향의 조합을 고려하고, 식(5.1-2)의 조건을 만족하는 경우는 5.12.2에 따라 수평풍하중의 조합을 고려한다. (2) 수평풍하중과 지붕풍하중에 관해서는 5.12.3에 따라 조합을 고려한다.	5.13 풍하중의 조합 (1) 이 절은 주골조설계용 수평풍하중 및 지붕풍하중의 조합에 관하여 정한 것이다. ① 직사각형 평면을 가진 건축구조물로서 식(5.1-1)의 조건을 만족하지 않는 경우($H/\sqrt{BD} < 3$)에는 5.13.1에 따라 풍방향과 풍직각방향의 조합을 고려하고, 식(5.1-1)의 조건을 만족하는 경우($H/\sqrt{BD} \geq 3$)에는 5.13.2에 따라 수평풍하중의 조합을 고려한다. ② 수평풍하중과 지붕풍하중에 관해서는 5.13.3에 따라 조합을 고려한다. ③ 밀폐형건축구조물인 경우에만 풍하중의 조합을 고려한다.	[수정 및 추가] 풍방향풍하중, 풍직각방향풍하중, 비틀림풍하중이 명확하게 동시에 발생하는 밀폐형건축구조물에 국한하여 풍하중을 조합하도록 함. (밀폐형이 아닌 경우에는 와류방출에 기인한 풍직각방향풍하중, 비틀림풍하중의 발생이 명확하지 않음)

<table>
<tr><th>항목</th><th>KDS 41 10 15 : 2016</th><th>KDS 41 12 00 : 2022</th><th>근거 / 사유</th></tr>
<tr><td>5.13.2</td><td>5.12.2 고층건축물의 수평풍하중 조합
식(5.1.2)의 조건을 만족하는 고층건축물의 경우에는 표 5.12-1에 나타낸 3종류의 조합하중을 고려한다.

표 5.12-1 수평풍하중의 조합하중
<table><tr><th>조합조건</th><th>풍방향 조합하중</th><th>풍직각방향 조합하중</th><th>비틀림 조합하중</th></tr><tr><td>1</td><td>W_D</td><td>$0.4W_L$</td><td>$0.4W_T$</td></tr><tr><td>2</td><td>$W_D\left(0.4+\frac{0.6}{G_D}\right)$</td><td>$W_L$</td><td>$\kappa W_T$</td></tr><tr><td>3</td><td>$W_D\left(0.4+\frac{0.6}{G_D}\right)$</td><td>$\kappa W_L$</td><td>$W_T$</td></tr></table>주] W_D, W_L, W_T : 각각 풍방향풍하중, 풍직각방향풍하중, 비틀림풍하중
G_D : 풍방향가스트영향계수</td><td>5.13.2 고층건축구조물의 수평풍하중 조합
$H/\sqrt{BD} \geq 3$로 식(5.1-1)의 조건을 만족하는 고층건축구조물의 경우에는 표 5.13-1에 나타낸 3종류의 조합하중을 고려한다.

표 5.13-1 수평풍하중의 조합하중
<table><tr><th>조합조건</th><th>풍방향 조합하중</th><th>풍직각방향 조합하중</th><th>비틀림 조합하중</th></tr><tr><td>1</td><td>W_D</td><td>$0.4W_L$</td><td>$0.4W_T$</td></tr><tr><td>2</td><td>$W_D\left(0.4+\frac{0.6}{G_D}\right)$</td><td>$W_L$</td><td>$\kappa W_T$</td></tr><tr><td>3</td><td>$W_D\left(0.4+\frac{0.6}{G_D}\right)$</td><td>$\kappa W_L$</td><td>$W_T$</td></tr></table>주] W_D: 밀폐형건축물 풍방향풍하중으로 식(5.2.1), 식(5.2-2)에 따라 산정.
W_L: 밀폐형건축물 풍직각방향풍하중으로 식(5.9-1)에 따라 산정.
W_T: 밀폐형건축물 비틀림풍하중으로 식(5.10-1)에 따라 산정.
G_D : 풍방향가스트영향계수</td><td>[수정] 밀폐형건축구조물에 국한하여 풍하중을 조합하고, 풍방향, 풍직각방향, 비틀림풍하중을 구하는 산정식을 제시함</td></tr>
<tr><td>5.14</td><td>5.13 수평변위 및 응답가속도의 검토
5.13.1 적용범위
이 절은 다음 사항을 평가할 때 적용한다.
(1) 장방형평면 및 입면형상을 가진 일반적인 건축물의 풍방향최대수평변위와 최대응답가속도
(2) 5.9.1(적용범위)를 만족하는 건축물의 풍직각방향최대수평변위와 최대응답가속도
(3) 5.10.1(적용범위)를 만족하는 건축물의 비틀림최대각변위</td><td>5.14 사용성 검토
5.14.1 적용범위
(1) 이 절은 다음 사항을 평가할 때 적용한다.
① 직사각형평면 및 입면형상을 가진 일반적인 건축물의 풍방향최대수평변위와 최대응답가속도에 대한 사용성을 검토할 때
② 5.9.1(적용범위)를 만족하는 건축물의 풍직각방향최대수평변위와 최대응답가속도에 대한 사용성을 검토할 때</td><td>[수정] 강풍으로 인한 건축구조물의 진동에 대한 사용성 검토는 수평변위, 응답가속도 만이 대상임을 명확히 함

비틀림각변위 삭제함</td></tr>
<tr><td>5.14.2</td><td>5.13.2 수평변위 및 응답가속도의 평가기준
(1) 바람으로 발생하는 건축물의 풍방향·풍직각방향최대수평변위로 인하여 건축물골조 및 외장재가 손상을 입지 않도록 하여야 한다.
(2) 건축물의 풍방향 및 풍직각방향진동으로 인한 최대응답가속도에 대하여 거주자가 불안과 불쾌감을 느끼지 않으며 건축물이 피해를 입지 않도록 적절하게 설계하여야 한다.</td><td>5.14.2 사용성 평가기준
(1) 수평변위
① 건축구조물의 기능과 거주자의 사용성을 확보하기 위하여 재현기간 50년 풍속으로 발생하는 풍방향 및 풍직각방향최대수평변위로 인하여 건축구조물의 구조체 및 비구조체(비구조벽체, 칸막이벽, 외장재)가 손상을 입지 않도록 해야한다.</td><td>[수정 및 추가] 응답변위 검토 풍속레벨은 재현기간 50년 풍속으로 하고, 이 풍하중이 단독으로 작용하였을 때 구조요소의 저항 수준을 명시함</td></tr>
</table>

<table>
<tr><th>항목</th><th>KDS 41 10 15 : 2016</th><th>KDS 41 12 00 : 2022</th><th>근거 / 사유</th></tr>
<tr><td></td><td></td><td>② 사용성을 검토하기 위한 수평변위는 식(5.14-2)에 따라 산정하고, 풍직각방향수평변위는 식(5.14-3)에 따라 산정한다.
(2) 응답가속도
① 재현기간 1년 풍속이 작용하여 건축구조물의 최상층에서 발생하는 풍방향진동 및 풍직각방향진동 최대응답가속도로 인하여 거주자가 불쾌감을 느끼거나 집무나 행동하는데 지장을 초래하지 않도록 해야한다.
② 사용성을 검토하기 위한 풍방향응답가속도는 식(5.14-6)에 따라 산정하고, 풍직각방향응답가속도는 식(5.14-7)에 따라 산정한다.</td><td>수평변위 검토 시 적용할 산정식을 구체적으로 명시함
응답가속도 검토 풍속레벨은 재현기간 1년으로 하고, 이에 대한 사용성 검토 수준 명시함

응답가속도 검토 시 적용할 산정식을 구체적으로 명시함</td></tr>
<tr><td>5.14.3</td><td>5.13.3 풍방향변위 및 응답가속도의 산정

(1) 풍방향최대수평변위
밀폐형·일부개방형 건축물의 풍방향최대수평변위 $X_{D,\max}$ 는 다음 식으로 산정한다.
$$X_{D,\max}=\frac{C_D q_H BH}{(2\pi n_D)^2 M^*}\left(\frac{1}{2\alpha+2}+\frac{1.5 g_D I_z\sqrt{B_D+R_D}}{\alpha+2}\right)(\mathrm{m})$$ (5.13-1)</td><td>5.14.3 수평변위 및 응답가속도의 산정
(1) 수평변위
① 설계풍속
사용성 검토를 위한 수평변위를 산정할 경우에는 식(5.14-1)의 재현기간 50년 설계풍속 $V_H(50)$ 을 사용한다.
$V_H(50)=0.8V_0K_{zr}K_{zt}$ (5.14-1)
여기서, V_0 : 기본풍속(m/s) (5.5.2에 따른다)
K_{zr} : 풍속고도분포계수로 지붕면 평균높이 H에서의 값 (5.5.4에 따른다)
K_{zt} : 지형계수(5.5.5에 따른다)
② 풍방향수평변위
밀폐형·일부개방형 건축구조물의 최상층높이에서의 풍방향최대수평변위 $X_{D,\max}$ 및 임의높이 z에서의 수평변위 $X_D(z)$는 각각 식(5.14-2.a), (식(5.14-2.b)에 따라 산정한다.
$$X_{D,\max}=\frac{C_D q_H BH}{(2\pi n_D)^2 M^*}\left(\frac{1}{2\alpha+2}+\frac{1.5 g_D I_z\sqrt{B_D+\lambda^2 R_D}}{\alpha+2}\right)(\mathrm{m})$$ (5.14-2.a)
$X_D(z)=X_{D,\max}\,\mu(z)$ (m) (5.14-2.b)
단, $C_D=1.2\left(\frac{z}{H}\right)^{2\alpha}$</td><td>[수정] 풍방향, 풍직각방향으로 구분한 후 변위, 가속도를 평가하던 체계를 변위와 가속도로 구분한 후, 풍방향, 풍직각방향에 대해 평가하도록 변경
[신설] 사용성 평가를 위한 수평변위를 산정할 경우에는 재현기간 50년 풍속을 사용하고, 풍향계수 K_D 는 고려하지 않음

[수정 및 추가] 진동모드에 의한 보정계수 λ를 도입하여 β가 커지면 수평변위가 감소할 수 있도록 함

임의높이 z에서의 수평변위 방법 추가</td></tr>
</table>

항목	KDS 41 10 15 : 2016	KDS 41 12 00 : 2022	근거 / 사유
	단, $C_D = 1.2\left(\frac{z}{H}\right)^{2\alpha}$ $g_D = \sqrt{2\ln(600n_D)} + 1.2$ 여기서, C_D : 평균풍력계수 q_H : 속도압(N/m^2) (5.5에 따른다) B : 건축물의 풍방향대표폭(m) H : 건축물의 기준높이(m)(5.1.2.5)에 따름 n_D : 건축물의 풍방향진동 1차고유진동수(Hz) M^* : 풍방향1차진동 일반화질량(kg) α : 고도분포지수(5.5.3에 따른다) g_D : 풍방향피크펙터 I_z : 풍속의 난류강도(5.6.2에 따른다) B_D : 풍방향비공진계수(5.6.2에 따른다) R_D : 풍방향공진계수(5.6.2에 따른다) z : 지표면으로부터의 높이(m)	$g_D = \sqrt{2\ln(600n_D)} + 1.2$ 여기서, C_D : 평균풍력계수 q_H : 설계속도압(N/m^2) 으로 식(5.5-1)에 따라 산정한다. 단, 설계풍속 V_H는 식(5.14-1)을 사용한다. B : 건축구조물의 풍방향대표폭(m) H : 건축구조물의 기준높이(m) (5.1.2.(6)에 따른다.) n_D : 건축구조물의 풍방향진동의 1차고유진동수(Hz) M^* : 풍방향1차진동일반화질량(kg)으로 식(5.6-2.b)에 따라 산정한다. α : 고도분포지수 (5.5.3에 따른다) g_D : 풍방향피크펙터 I_z : 풍속의 난류강도로 식(5.5-3.a)에 따라 산정 B_D : 풍방향비공진계수 (5.6.2에 따른다) R_D : 풍방향공진계수 (5.6.2에 따른다) z : 지표면으로부터의 높이(m) λ : 일반화변동풍력의 진동모드 차이에 따른 보정계수로 식(5.6-1.i)에 따라 산정한다. $\mu(z)$: 건축구조물의 진동모드형상	
	5.13.4 풍직각방향변위 및 응답가속도의 산정 (1) 풍직각방향최대수평변위 5.9.1(적용범위)를 만족하는 장방형평면인 건축물의 풍직각방향최대수평변위 $Y_{L,\max}$는 다음 식으로 산정한다. $Y_{L,\max} = \frac{g_L C_{M,L}' q_H BH}{(2\pi n_L)^2 M_L^*}\sqrt{1+R_L}$ (5.13-3) 단, $g_L = \sqrt{2\ln(600n_L)} + 1.2$	③ 풍직각방향수평변위 5.9.1(적용범위)를 만족하는 직사각형 평면인 건축구조물의 최상층높이에서의 풍직각방향최대수평변위 $Y_{L,\max}$ 및 임의높이 z에서의 수평변위 $Y_L(z)$는 각각 식(5.14-3.a). 식(5.14-3.b)에 따라 산정한다. $Y_{L,\max} = \frac{g_L C_{M,L}' q_H BH}{(2\pi n_L)^2 M_L^*}\sqrt{1+\lambda^2 R_L}$ (5.14-3.a) $Y_L(z) = Y_{L,\max}\,\mu(z)$ (5.14-3.b) 단, $g_L = \sqrt{2\ln(600n_L)} + 1.2$	[수정 및 추가] 진동모드에 의한 보정계수 λ를 도입하여 β가 커지면 수평변위가 증가할 수 있도록 함 임의높이 z에서의 수평변위 산정방법 추가

항목	KDS 41 10 15 : 2016	KDS 41 12 00 : 2022	근거 / 사유
	여기서, g_L : 풍직각방향피크팩터 $C_{M,L}{}'$: 풍직각방향변동전도모멘트계수(식(5.9-2)에 따른다) q_H : 속도압(N/m^2) (5.5에 따른다) B : 건축물의 풍방향대표폭(m) H : 건축물의 기준높이(m)(5.1.2.5)에 따른다) n_L : 풍직각방향1차고유진동수(Hz) M_L^* : 풍직각방향1차진동일반화질량(kg) R_L : 풍직각방향공진계수(식(5.9-3)에 따른다	여기서, g_L : 풍직각방향피크팩터 $C_{M,L}{}'$: 풍직각방향변동전도모멘트계수로 식(5.9-1.a)에 따른다. q_H : 설계속도압(N/m^2)으로 식(5.5.1)에 따라 산정한다. 단, 설계풍속 V_H는 식(5.14-1)을 사용한다 B : 건축물의 풍방향대표폭(m) H : 건축물의 기준높이(m) (5.1.2.(6)에 따른다.) n_L : 풍직각방향1차고유진동수(Hz) M_L^* : 풍직각방향1차진동일반화질량(kg)으로 식(5.9-1.c)에 따른다. R_L : 풍직각방향공진계수로 식(5.9-1.d)에 따른다. λ : 일반화변동풍력의 진동모드 차이에 따른 보정계수로 식(5.6-1.i)에 따라산정한다. $\mu(z)$: 건축구조물의 진동모드형상	
	5.13.5 비틀림각변위 및 응답각가속도의 산정 (1) 비틀림최대각변위 5.10.1(적용범위)를 만족하는 장방형평면인 건축물의 비틀림에 의한 최대각변위$\theta_{\max}$는 다음 식으로 산정한다. $\theta_{\max} = \dfrac{0.6 g_T C_T{}' q_H B^2 H}{(2\pi n_T)^2 I^*}\sqrt{1+R_T}$ (rad) (5.13-5) 단, $g_T = \sqrt{2\ln(600 n_T)} + 1.2$ 여기서, g_T : 비틀림모멘트피크팩터 $C_T{}'$ 변동비틀림모멘트계수(식(5.10.2)에 따른다) q_H : 속도압(N/m^2) (5.5에 따른다)	④ 비틀림각변위 5.10.1(적용범위)를 만족하는 직사각형 평면인 건축구조물의 최상층높이에서의 비틀림에 의한 최대각변위$\theta_{\max}$ 및 임의높이 z에서의 각변위 $\theta(z)$는 각각 식(5.14-4.a), 식(5.14-4.b)에 따라 산정한다. $\theta_{\max} = \dfrac{0.6 g_T C_T{}' q_H B^2 H}{(2\pi n_T)^2 I^*}\sqrt{1+\lambda^2 R_T}$ (rad) (5.14-4.a) $\theta(z) = \theta_{\max}\,\mu(z)$ (5.14-4.b) 단, $g_T = \sqrt{2\ln(600 n_T)} + 1.2$ 여기서, g_T : 비틀림모멘트피크팩터 $C_T{}'$: 변동비틀림모멘트계수로 식(5.10-1.a)에 따른다. q_H : 설계속도압(N/m^2) 으로 식(5.5-1)에 따라 산정한다. 단, 설계풍속 V_H는 식(5.14-1)을 사용한다.	[수정 및 추가] 진동모드에 의한 보정계수 λ를 도입하여 β가 커지면 각변위가 증가할 수 있도록 함 임의높이 z에서의 수평변위 산정방법 추가

항목	KDS 41 10 15 : 2016	KDS 41 12 00 : 2022	근거 / 사유
	B : 건축물의 풍방향대표폭(m) H : 건축물의 기준높이(m)(5.1.2.5)에 따른다) I^* : 일반화관성모멘트(kg · m^2) R_L : 비틀림모멘트공진계수(식(5.10-3에) 따른다) n_T : 비틀림1차고유진동수(Hz)	B : 건축물의 풍방향대표폭(m) H : 건축물의 기준높이(m) (5.1.2.(6)에 따른다.) I_T^* : 일반화관성모멘트(kg · m^2)로 식(5.10-1.c)에 따라 산정한다. λ : 일반화변동풍력의 진동모드 차이에 따른 보정계수로 식(5.6-1.i)에 따른다. R_T : 비틀림모멘트공진계수로 식(5.10-1.e)에 따라 산정한다. n_T : 비틀림1차고유진동수(Hz) $\mu(z)$: 건축구조물의 진동모드형상	
		(2) 응답가속도 ① 설계풍속 사용성 검토를 위한 응답가속도를 산정할 경우에는 식(5.14-5)의 재현기간 1년 설계풍속 $V_H(1)$ 을 사용한다. $V_H(1) = V(1)\,K_{zr}\,K_{zt} = 0.5\,V_0\,K_{zr}\,K_{zt}$ (5.14-5) 여기서, $V(1)$: 재현기간 1년 풍속(m/s) V_0 : 기본풍속 (5.5.2에 따른다) K_{zr} : 풍속고도분포계수로 지붕면평균높이 H에서의 값(5.5.4에 따른다) K_{zt} : 지형계수 (5.5.5에 따른다) 단, 건설지점 부근의 풍관측자료에 의해 $V(1)$ 을 산정하고자 할 때에는 공인된 극치통계해석법을 사용하고, 자료의 길이, 측정오차, 평가시간, 풍속계높이, 풍속계 주변의 지표면상태 등을 고려해야하며, 풍속자료는 지표면조도구분 C인 지상 10m에서 10분간 평균풍속 값으로 균질화해야 한다.	[신설] 응답가속도를 평가할 때는 재현기간 1년 풍속 $V(1)$ 을 사용하도록 하고, 풍향계수 K_D 는 고려하지 않도록 함
	5.13.3 풍방향변위 및 응답가속도의 산정 (2) 풍방향최대응답가속도 건축물 최상층에서의 풍방향최대응답가속도 $a_{D,\max}$ 는 다음 식으로 산정한다.	② 풍방향응답가속도 건축구조물 최상층에서의 풍방향최대응답가속도 $a_{D,\max}$ 및 임의높이 z에서의 응답가속도$a_D(z)$는 각각 식(5.14-6.a), 식(5.14-6.b)에 따라 산정한다.	[수정 및 추가] 진동모드에 의한 보정계수 λ를 도입하여 β가 커지면 응답가속도가 감소할 수 있도록 함

항목	KDS 41 10 15 : 2016	KDS 41 12 00 : 2022	근거 / 사유
	$a_{D,\max} = \dfrac{1.5 g_D C_D q_H B H I_z \sqrt{R_D}}{M^*(\alpha+2)}$ (m/s²) (5.13-2) 단, $g_D = \sqrt{2\ln(600 n_D)} + 1.2$ $C_D = 1.2\left(\dfrac{z}{H}\right)^{2\alpha}$ 여기서, g_D : 풍방향피크펙터 C_D : 평균풍력계수 q_H : 속도압(N/m²) B : 건축물의 풍방향대표폭(m) H : 건축물의 기준높이(m)(5.1.2.5)에 따른다) I_z : 풍속의 난류강 R_D : 풍방향공진계수(5.6.2에 따른다) M^* : 풍방향1차진동일반화질량(kg) α : 고도분포지수	$a_{D,\max} = \dfrac{1.5 g_D C_D q_H B H I_z \lambda \sqrt{R_D}}{M^*(\alpha+2)}$ (m/s²) (5.14-6.a) $a_D(z) = a_{D,\max}\,\mu(z)$ (5.14-6.b) 단, $g_D = \sqrt{2\ln(600 n_D)} + 1.2$ $C_D = 1.2\left(\dfrac{z}{H}\right)^{2\alpha}$ 여기서, g_D : 풍방향피크펙터 C_D : 평균풍력계수 q_H : 설계속도압(N/m²)으로 식(5.5.1)에 따라 산정한다. 단, 설계풍속 V_H는 식(5.14-5)를 사용한다. B : 건축구조물의 풍방향대표폭(m) H : 건축구조물의 기준높이(m) (5.1.2.(6)에 따른다.) I_z : 풍속의 난류강도로 식(5.5-3.a)에 따라 산정한다 λ : 일반화변동풍력의 진동모드의 차이에 따른 보정계수로 식(5.6.-1.i)에 따른다. R_D : 풍방향공진계수 (5.6.2에 따른다) M^* : 풍방향1차진동일반화질량(kg)로 식(5.6-2.b)에 따라 산정한다. α : 고도분포지수로 표 5.5-3에 따른다 $\mu(z)$: 건축구조물의 진동모드형상	임의높이 z에서의 수평가속도 산정방법 추가
	5.13.4 풍직각방향변위 및 응답가속도의 산정 (2) 풍직각방향최대응답가속도 5.9.1(적용범위)를 만족하는 장방형평면인 건축물의 최상층에서 풍직각방향최대응답가속도 $a_{L,\max}$는 다음 식으로 산정한다.	③ 풍직각방향응답가속도 5.9.1(적용범위)를 만족하는 직사각형 평면인 건축구조물의 최상층에서 풍직각방향최대응답가속도 $a_{L,\max}$ 및 임의높이 z에서의 응답가속도$a_L(z)$는 각각 식(5.14-7.a), 식(5.14-7.b)에 따라 산정한다.	[수정 및 추가] 진동모드에 의한 보정계수λ를 도입하여 β가 커지면 응답가속도가 증가할 수 있도록 함

항목	KDS 41 10 15 : 2016	KDS 41 12 00 : 2022	근거 / 사유
	$a_{L,\max} = \dfrac{g_L\, C_{M,L}{}'\, q_H BH}{M_L^*}\sqrt{R_L}\ (\mathrm{m/s^2})$ (5.13-2)	$a_{L,\max} = \dfrac{g_L\, C_{M,L}{}'\, q_H BH\lambda}{M_L^*}\sqrt{R_L}\ (\mathrm{m/s^2})$ (5.14-7.a) $a_L(z) = a_{L,\max}\,\mu(z)$ (5.14-7.b)	임의높이 z에서의 수평가속도 산정방법 추가
	단, $g_L = \sqrt{2\ln(600n_L)} + 1.2$ 여기서, g_L : 풍직각방향피크펙터 q_H : 속도압(N/m^2) $C_{M,L}{}'$: 풍직각방향변동전도모멘트계수(식(5.9-2)에 따른다 H : 건축물의 기준높이(m)(5.1.2.5)에 따른다) B : 건축물의 대표폭(m) M_L^* : 풍직각방향1차진동일반화질량 R_L : 풍직각방향공진계수(식(5.9-3)에 따른다.) n_L : 풍직각방향진동의 1차고유진동수(Hz)	단, $g_L = \sqrt{2\ln(600n_L)} + 1.2$ 여기서, g_L : 풍직각방향피크펙터 q_H : 설계속도압(N/m^2)으로 식(5.5-1)에 따라 산정한다. 단, 설계풍속 V_H는 식(5.14-5)를 사용한다. $C_{M,L}{}'$: 풍직각방향변동전도모멘트계수로 식(5.9-1.a)에 따라 산정한다. H : 건축구조물의 기준높이(m) (5.1.2(6)에 따른다) B : 건축구조물의 대표폭(m) M_L^* : 풍직각방향1차진동일반화질량으로 (식(5.9-1.c)에 따라 산정한다.(kg) R_L : 풍직각방향공진계수로 식(5.9-1.d)에 따라 산정한다. λ : 일반화변동풍력의 진동모드의 차이에 따른 보정계수로 식(5.6-1.i)에 따른다. n_L : 풍직각방향진동의 1차고유진동수(Hz) $\mu(z)$: 건축구조물의 진동모드형상	
	5.13.5 비틀림각변위 및 응답각가속도의 산정 (2) 비틀림최대응답각가속도 5.10.1(적용범위)를 만족하는 장방형평면인 건축물의 최상층에서 비틀림에 의한 최대응답각가속도 $a_{T,\max}$는 다음 식으로 산정한다.' $a_{T,\max} = \dfrac{0.6\, g_T\, C_T{}'\, q_H B^2 H}{I^*}\sqrt{R_T}\quad (\mathrm{m/s^2})$ (5.13-6)	④ 비틀림응답각가속도 5.10.1(적용범위)를 만족하는 직사각형 평면인 건축물의 최상층에서 비틀림에 의한 최대응답각가속도 $a_{T,\max}$ 및 임의높이 z에서의 응답각가속도 $a_T(z)$는 각각 식(5.14-8.a), 식(5.14-8.b)에 따라 산정한다. $a_{T,\max} = \dfrac{0.6\, g_T\, C_T{}'\, q_H B^2 H\lambda}{I_T^*}\sqrt{R_T}$ (5.14.8-a)	[수정 및 추가] 진동모드에 의한 보정계수λ를 도입하여 β가 커지면 각가속도가 증가할 수 있도록 함
		$a_T(z) = a_{T,\max}\,\mu(z)$ (5.14-8.b) 단, $g_T = \sqrt{2\ln(600n_T)} + 1.2$	임의높이 z에서의 수평가속도 산정방법 추가

항목	KDS 41 10 15 : 2016	KDS 41 12 00 : 2022	근거 / 사유
	단, $g_T = \sqrt{2\ln(600 n_T)} + 1.2$ 여기서, g_T : 비틀림모멘트피크펙터 $C_T{}'$: 변동비틀림모멘트계수(식(5.10.2)에 따른다) q_H : 속도압(N/m²) B : 건축물의 대표폭(m) H : 건축물의 기준높이(m)(5.1.2.5)에 따른다) n_T : 비틀림1차고유진동수(Hz) I^* : 비틀림진동일반화관성모멘트(kgm²) R_T : 비틀림모멘트공진계수(식(5.10.3)에 따른다.)	여기서, g_T : 비틀림모멘트피크펙터 $C_T{}'$: 변동비틀림모멘트계수로 식(5.10-1.a)에 따른다. q_H : 설계속도압(N/m²)으로 식(5.5-1)에 따라 산정한다. 단, 설계풍속 V_H는 식(5.14-5)를 사용한다. B : 건축구조물의 대표폭(m) H : 건축구조물의 기준높이(m) (5.1.2.(6)에 따른다) n_T : 비틀림1차고유진동수(Hz) I_T^* : 비틀림진동 일반화관성모멘트(kgm²)로 식(5.10-1.c)에 따라 산정한다. λ : 일반화변동풍력의 진동모드의 차에 따른 보정계수로 식(5.6-1.i)에 따라 산정한다. R_T : 비틀림모멘트공진계수로 식(5.10-1.e)에 따라 산정한다. $\mu(z)$: 건축구조물의 진동모드형상	
5.15 5.15.1	5.14 간편법에 따른 풍하중 5.14.1 적용범위 이 절은 다음의 모든 조건을 만족하는 작은 규모의 건축물을 대상으로 간편한 풍하중을 산정할 때 적용한다. (1) $H \leq 20\text{m}$ (2) $H/\sqrt{BD} \leq 1.0$ 또는 $H/\sqrt{A_f} \leq 1.0$ (3) 형상이 정형적이고, 단면은 대칭에 가까워야한다. 여기서, H : 건축물의 기준높이(m) B : 건축물의 대표폭(m) D : 건축물의 깊이(m) A_f : 건축물의 기준층 바닥면적(m²)	5.15 간편법에 따른 풍하중 5.15.1 적용범위 (1) 이 절은 다음의 모든 조건을 만족하는 작은 규모의 건축구조물을 대상으로 간편한 풍하중을 산정할 때 적용한다. ① $H \leq 20\text{m}$ ② $H/\sqrt{BD} \leq 1.0$ 또는 $H/\sqrt{A_f} \leq 1.0$ ③ $0.5H \leq B \leq 30m$ ④ $\theta < 10^\circ$ ⑤ 형상이 정형적이고, 단면은 대칭에 가까워야한다. 여기서, H : 건축구조물의 기준높이(m) (5.1.2(6)에 따른다) B : 건축구조물의 대표폭(m) D : 건축구조물의 깊이(m) A_f : 건축구조물의 기준층 바닥면적(m²) θ : 지붕경사각(°)	[수정 및 추가] 건물높이 H〉건물폭 B 이면 풍상 및 풍하 벽면에 작용하는 풍압의 변화가 커짐. 이 점을 반영해 한 벽면 길이가 30m 이상이 되는 대규모 건축구조물에는 적용할 수 없도록 함. 지붕경사각 θ에 따라 지붕의 풍압이 달라짐. 이 점을 반영해 평지붕에 유사한 경우만 적용하도록 제한함

항목	KDS 41 10 15 : 2016	KDS 41 12 00 : 2022	근거 / 사유
	5.14.2 주골조설계용 풍하중 주골조설계용 수평풍하중 W_{SF}는 다음 식에 따라 산정한다. $W_{SF} = 0.25\,V_0^2\,H^{0.44}\,C_e\,C_f\,A$ (N) (5.14-1) 여기서, V_0 : 기본풍속(m/s) (5.5.2에 따른다) H : 건축물의 기준높이(m)(5.1.2(5)에 따른다) C_e : 건설지 주변의 지표면 상황에 따라 정하는 환경계수로 통상 1.0을 사용하고, 장애물이 없는 평탄지인 경우에는 1.5, 해안가인 경우에는 2.0으로 한다. $C_f = C_{pe1} - C_{pe2}$: 풍력계수(표 5.14-1에 따름) A : 유효수압면적(m^2)	5.15.2 주골조설계용 풍하중 (1) 주골조설계용 수평풍하중 W_{SF}는 다음 식에 따라 산정한다. $W_{SF} = 0.25\,V_0^2\,H^{0.44}\,C_e\,C_f\,A$ (N) (5.15-1) 여기서, V_0 : 기본풍속(m/s) (5.5.2에 따른다) H : 건축구조물의 기준높이(m) (5.1.2(6)에 따른다) C_e : 건설지 주변의 지표면 상황에 따라 정하는 환경계수로 통상 1.0을 사용하고, 장애물이 없는 평탄지인 경우에는 1.5, 해안가인 경우에는 2.0으로 하고, 지형에 의해 풍속이 증가할 우려가 있는 경우에는 식(5.5-3)에 따라 구한 지형계수 K_{zt}의 2승을 곱하여 풍하중을 할증한다. $C_f = C_{pe1} - C_{pe2}$: 풍력계수 (표 5.15-1에 따른다) A : 유효수압면적(m^2) 단, 주골조설계용 풍압(벽면에 수직으로 작용하는 외압)에 해당하는 W_{SF}/A는 675N/m^2보다 작지 않아야한다.	[수정 및 추가] 소규모건축구조물의 주골조설계 시에도 기본풍속은 구조골조와 동일하게 재현기간 500년으로함 지형 및 해안가인 경우에는 주변상황에 따라 할증정도를 조정할 수 있도록 삭제함 건물높이 H가 낮아 지표경계층 내에 있을 때는 난류가 커 변동풍압이 커짐. 이에 대한 구조안전의 확보를 위해 최소풍압의 하한값을 명시함. (기존의 하한값 500N/m^2을 한계상태에 맞도록 1.35배 증가시킴)
5.15.3	5.14.3 주골조설계용 지붕풍하중 주골조설계용 지붕풍하중 W_{SFR}은 다음 식에 따라 산정한다. $W_{SFR} = 0.25\,V_0^2\,H^{0.44}\,C_e\,C_R\,A_R$ (N) (5.14-2) 여기서, V_0 : 기본풍속(m/s) (5.5.2에 따른다) H : 건축물의 기준높이(m) (5.1.2(5) 따름) C_e : 건설지 주변의 지표면 상황에 따라 정하는 환경계수로 통상 1.0을 사용하고, 장애물이 없는 평탄지인 경우에는 1.5, 해안가인 경우에는 2.0으로 한다. $C_R = C_{per} - C_{pi}$: 풍력계수 C_{per} : 지붕면 외압계수(표 5.14-1에 따른다.)	5.15.3 주골조설계용 지붕풍하중 (1) 주골조설계용 지붕풍하중 W_{SFR}은 식(5.15-2)에 따라 산정한다. $W_{SFR} = 0.25\,V_0^2\,H^{0.44}\,C_e\,C_R\,A_R$ (N) (5.15-2) 여기서, V_0 : 기본풍속(m/s) (0305.5.2에 따른다) H : 건축물의 기준높이(m) (5.1.2(6)에 따른다) C_e : 건설지 주변의 지표면 상황에 따라 정하는 환경계수로 통상 1.0을 사용하고, 장애물이 없는 평탄지인 경우에는 1.5로 하며, 해안가인 경우에는 2.0으로 하고, 지형에 의해 풍속이 증가할 우려가 있는 경우에는 (5.5-3)식에 따라 구한 지형계수 K_{zt}의 2승을 곱하여 풍하중을 할증한다. $C_R = C_{per} - C_{pi}$: 풍력계수 C_{per} : 지붕면 외압계수 (표 5.15-1에 따른다.)	[수정 및 추가] 소규모건축구조물의 주골조설계 시에도 기본풍속은 구조골조와 동일하게 재현기간 500년으로함 지형 및 해안가인 경우에는 주변상황에 따라 할증정도를 조정할 수 있도록 삭제함

<table>
<tr><th>항목</th><th>KDS 41 10 15 : 2016</th><th>KDS 41 12 00 : 2022</th><th>근거 / 사유</th></tr>
<tr><td></td>
<td>
C_{pi} : 내압계수(5.7.2에 따른다)
A_R : 지붕보가 부담하는 부분의 유효수압면적(m^2)

표 5.14-1 저층건축물설계용 외압계수 C_{pe}
<table>
<tr><th>대상</th><th>구분</th><th>C_{pe}</th></tr>
<tr><td>풍상면 C_{pe1}</td><td>$B/H > 1$</td><td>0.6</td></tr>
<tr><td rowspan="2">풍하면 C_{pe2}</td><td>$D/B = 0 \sim 1$</td><td>−0.5</td></tr>
<tr><td>$D/B \geq 2$</td><td>−0.3</td></tr>
<tr><td rowspan="3">지붕면 C_{per}</td><td>R_1</td><td>−1.0</td></tr>
<tr><td>R_2</td><td>−0.7</td></tr>
<tr><td>R_3</td><td>−0.3</td></tr>
</table>
주] R_1 : 풍상측 지붕 끝단에서 풍하측으로 $0.5B$ 거리까지의 지붕
R_2 : 거리 $0.5B$에서 $1.5B$ 거리까지의 지붕
R_3 : 거리 $1.5B$부터 풍하측 끝단까지의 지붕
D/B 및 $R_1 \sim R_3$의 중간값은 직선보간하여 사용한다.
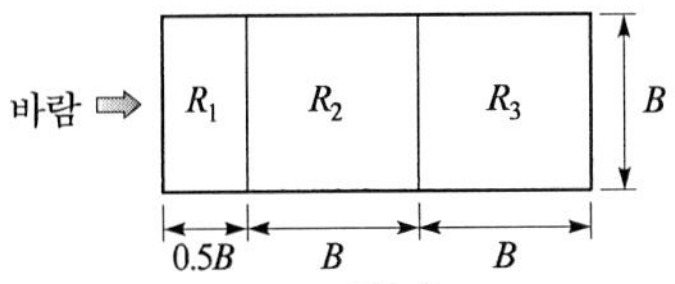

지붕면
</td>
<td>
C_{pi} : 내압계수 (5.7.2에 따른다)
A_R : 지붕보가 부담하는 부분의 유효수압면적(m^2)
단, 주골조설계용 지붕풍압(지붕면에 수직으로 작용하는 외압과 내압의 순압력)에 해당하는 W_{SRF}/A_R는 675N/m^2보다 작지 않아야 한다.

표 5.14-1 저층건축물설계용 외압계수 C_{pe}
<table>
<tr><th>대상</th><th>구분</th><th>풍상끝단으로부터 수평거리</th><th>C_{pe}</th></tr>
<tr><td>풍상면 C_{pe1}</td><td>$H/\sqrt{BD} < 1$</td><td>-</td><td>0.6</td></tr>
<tr><td rowspan="2">풍하면 C_{pe2}</td><td>D/B=0~1</td><td>-</td><td>−0.5</td></tr>
<tr><td>$D/B \geq 2$</td><td>-</td><td>−0.3</td></tr>
<tr><td rowspan="4">측벽 C_{pes}</td><td rowspan="4">$H/\sqrt{BD} < 1$</td><td>$0 \sim 0.5B$</td><td>−0.8</td></tr>
<tr><td>$0.5B \sim 1.5B$</td><td>−0.7</td></tr>
<tr><td>$1.5B \sim 2.5B$</td><td>−0.3</td></tr>
<tr><td>$2.5B$ 이상</td><td>−0.2</td></tr>
<tr><td rowspan="4">지붕면 C_{per}</td><td rowspan="4">$H/\sqrt{BD} < 1$</td><td>$0 \sim 0.5B$</td><td>−1.0</td></tr>
<tr><td>$0.5B \sim 1.5B$</td><td>−0.8</td></tr>
<tr><td>$1.5B \sim 2.5B$</td><td>−0.3</td></tr>
<tr><td>$2.5B$ 이상</td><td>−0.2</td></tr>
</table>
주] B : 건물의 폭, 풍직각방향수평길이(m)
D : 건물의 깊이, 풍방향수평길이(m)
H : 건축물의 기준높이(m)
D/B의 중간 값은 직선보간하여 사용한다.
</td>
<td>
건물높이 H가 낮아 지표경계층 내에 있을 때는 난류가 커 변동풍압이 커짐. 이에 대한 구조안전의 확보를 위해 최소풍압의 하한값을 규정함. (기존 허용응력설계의 하한값 500N/m^2을 한계상태에 맞도록 1.35배 증가시킴)

저층 대규모 창고건물에 적용할 수 있도록 측벽 및 지붕면의 외압계수 적용구간을 세분하여 제시함
</td></tr>
<tr><td>5.15.4</td>
<td>
5.14.4 외장재설계용 풍하중
외장재설계용 풍하중 W_{SC}는 다음 식에 따라 산정한다.
$W_{SC} = 0.12\, V_0^2 H^{0.44} C_e \hat{C}_f A_C$ (N) (5.14.3)
여기서, V_0 : 기본풍속(m/s) (5.5.2에 따른다.)
H : 건축물의 기준높이(m) (5.1.2(4)에 따른다.)
</td>
<td>
5.15.4 외장재설계용 풍하중
외장재설계용 풍하중 W_{SC}는 식(5.15-3)에 따라 산정한다.
$W_{SC} = 0.12\, V_0^2 H^{0.44} C_e \hat{C}_f A_C$ (N) (5.15.3)
여기서, V_0 : 기본풍속(m/s) (5.5.2에 따른다)
H : 건축구조물의 기준높이(m) (5.1.2(6)에 따른다)
</td>
<td>[수정 및 추가] 번호체계 수정</td></tr>
</table>

항목	KDS 41 10 15 : 2016	KDS 41 12 00 : 2022	근거 / 사유
	C_e : 건설지 주변의 지표면 상황에 따라 정하는 환경계수로 통상 1.0을 사용하고, 장애물이 없는 평탄지인 경우에는 1.7, 해안가인 경우에는 2.2로 한다. $\hat{C}_f = GC_{pe} - GC_{pi}$: 피크풍력계수 GC_{pe} : 외장재설계용 피크외압계수(5.8.1에 따름) GC_{pi} : 외장재설계용 피크내압계수(5.8.2에 따름) A_C : 외장재의 유효수압면적(m^2)	C_e : 건설지 주변의 지표면 상황에 따라 정하는 환경계수로 통상 1.0을 사용하고, 장애물이 없는 평탄지인 경우에는 1.7, 해안가인 경우에는 2.2로 하고, 지형에 의해 풍속이 증가할 우려가 있는 경우에는 (5.5-3)식에 따라 구한 지형계수 K_{zt}의 2승을 곱하여 풍하중을 할증한다. $\hat{C}_f = GC_{pe} - GC_i$: 피크풍력계수 GC_{pe} : 외장재설계용 피크외압계수 (5.8.1에 따른다) GC_{pi} : 외장재설계용 피크내압계수 (5.8.2에 따른다) A_C : 외장재의 유효수압면적(m^2) 단, 외장재설계용 풍압(외장재 표면에 수직으로 작용하는 외압과 내압의 합인 순압력)에 해당하는 W_{SC}/A_C는 500N/m^2보다 작지 않아야한다.	지형 및 해안가인 경우에는 주변상황에 따라 할증정도를 조정할 수 있도록 삭제함 건물높이 H가 낮아 지표경계층 내에 있을 때는 난류가 커 변동풍압이 커짐. 이로 인한 순간풍압으로 외장재의 파손이 우려되므로 최소풍압의 하한값을 둠(기존의 하한값 500N/m^2 그대로 함)
5.16	없음	5.16 빌딩풍에 대한 풍환경의 검토 (1) 아래의 조건에 해당하는 건축구조물을 신축할 경우에는 영향을 검토해야한다. 1) 50층 이상 또는 200 m 이상인 신축 건축구조물을 건설할 경우 2) 16층 이상이면서 연면적이 100,000 m^2 이상(하나의 대지에 둘 이상의 건축구조물을 건축하는 경우에는 각각 건축구조물의 연면적을 말함)인 신축 건축구조물을 건설할 경우 (2) 풍환경 평가는 5.17(풍동실험) 중 풍환경실험을 실시하여 수행하고, 신축 건축구조물 장변 폭의 3배 이내에 속하는 주변의 인도 및 사람이 이용하는 외부공간을 대상으로 한다.	[신설] 건축물안전영향평가 대상인 건축물과 고층의 집단 건축물에서 발생하는 빌딩풍에 대한 풍환경의 검토를 신설함

항목	KDS 41 10 15 : 2016	KDS 41 12 00 : 2022	근거 / 사유
		(3) 풍환경평가를 통해 주변 인도 및 외부공간 이용자의 안전과 관련하여 설계자 및 감리자 등 건축관계자와 협력하여야 한다.	풍환경 평가는 풍속증가가 1.1배 이상이 되는 신축 건축구조물 장변폭의 3배 주변 영역 가운데 사람이 이용하는 외부공간 및 인도를 대상으로 함
5.17 5.17.1	5.15 풍동실험 5.15.1 적용범위 (1) 이 절은 건축물이 5.1.3(특별풍하중)의 조건을 가질 때 적용한다. (2) 이 풍동실험법은 5.2(주골조설계용 수평풍하중), 5.3(주골조설계용 지붕풍하중), 5.4(외장재설계용 풍하중), 5.11(건축물 부속물 및 기타 구조물의 풍하중) 및 5.14(간편법에 따른 풍하중)을 대신하여 건축물에 대한 풍압, 풍하중 및 풍응답을 평가할 때 사용한다.	5.17 풍동실험 5.17.1 적용범위 (1) 이 절은 건축구조물이 5.1.4(특별풍하중)의 조건을 가질 때 적용한다. (2) 이 풍동실험법은 5.2(주골조설계용 수평풍하중), 05.3(주골조설계용 지붕풍하중), 5.4(외장재설계용 풍하중), 5.9 (구조골조용 풍직각방향풍하중), 5.10 (구조골조용 비틀림풍하중), 5.11(건축구조물 부속물 및 기타 구조물의 풍하중) 및 5.14(간편법에 따른 풍하중)을 대신하여 건축구조물에 대한 풍압, 풍하중 및 풍응답을 평가할 때 사용한다.	[추가] 구 기준에 없었던 풍직각방향풍하중, 비틀림풍하중도 기준의 산정식 대신 풍동실험으로 대체할 수 있도록 함
5.17.2	없음	5.17.2 일반사항 (1) 풍동실험에 따라 특별풍하중을 산정하여 건축구조물의 내풍설계를 할 경우에는 책임구조기술자의 책임아래 수행하되 다음 사항에 따른다. ① 풍동실험과 그 결과를 이용한 특별풍하중의 산정은 내풍공학전문가가 수행하여야한다. ② 풍동실험에 필요한 건축구조물의 동적특성 산정, 풍동실험결과의 분석, 풍동실험결과를 활용한 구조해석 및 부재설계를 통한 구조안전성의 확보를 위해 내풍공학전문가는 책임구조기술자에게 협력해야한다. ③ 대상건축구조물에 대한 풍동실험의 종류와 방법은 내풍공학전문가가 책임구조기술자와 협의하여 결정하여야한다.	[신설] 외력에 저항하도록 건축구조물의 구조안전성을 확보하는 것은 책임구조기술자의 책무이다. 따라서 내풍안전성의 확보도 책임구조기술자의 책임아래 수행하도록 명시함. 풍동실험을 수행하여 내풍설계를 하고자할 경우에는 내풍공학, 구조해석 및 구조설계에 대한 전문적인 지식이 요구된다. 따라서 내풍설계전문가 및 구조기술자의 상호협력 하에 이루어지도록 명시함.

항목	KDS 41 10 15 : 2016	KDS 41 12 00 : 2022	근거 / 사유
		력하중 또는 강풍으로 발생하는 건축구조물의 진동을 포함하는 동적하중효과에 대응하는 정적풍하중인 등가정적풍하중으로 평가해야 한다. (3) 응답해석 및 내풍설계 구조성능 단계별 목표성능수준 ① 풍동실험자료를 사용하여 스펙트럼모드해석법 또는 시간이력응답해석법을 통하여 건축구조물의 수평진동 가속도와 수평진동 변위에 대한 사용성과 풍하중에 대한 구조안전성을 평가한다. ② 각 방향의 풍하중은 동시에 작용하므로 풍방향, 풍직각방향, 비틀림방향에 대해 하중 상호간의 상관에 근거하여 하중조합방법을 제시해야한다. ③ 건축구조물의 평면 및 입면 비정형성이 커서 연성진동(coupled vibration) 또는 고차모드를 고려해야할 경우에는 1)의 사용성 및 구조안전성평가 및 2)의 하중조합을 위해 시간이력응답해석법을 적용하여야 한다. ④ 제한적인 비탄성거동을 허용하는 건축구조물의 설계에는 비탄성시간이력응답해석으로 건축구조물에 대한 해석과 검증을 수행해야 한다. 건축구조물의 연성진동 및 고차모드를 고려하지 않아도 되는 정형인 건축물의 경우와 시간이력풍하중 데이터를 이용하여 동적하중효과까지 반영된 등가정적풍하중을 구하였을 경우에는 비탄성정적해석을 사용할 수 있지만 저사이클 피로파괴(low cycle fatigue failure)에 대한 검토는 별도로 하여야 한다. ⑤ 성능기반 내풍설계의 각 성능항목별 목표성능수준은 표 5.19-1의 최소목표성능수준을 만족해야 한다. 표 5.19-1 성능항목별 최소목표성능수준 <table><tr><th>성능항목</th><th>수평진동 사용성</th><th>수평변위 사용성</th><th>구조 안전성</th></tr><tr><td>풍속 재현기간</td><td>1년</td><td>50년</td><td>500년, 900년</td></tr><tr><td>목표성능수준</td><td>• 탄성거동 • 거주자 불쾌감 방지</td><td>• 탄성거동 • 기능수행</td><td>• 제한적 비탄성 거동 • 지속거주 (제한적 기능장애)</td></tr></table>	

항목	KDS 41 10 15 : 2016	KDS 41 12 00 : 2022	근거 / 사유
		(4) 비탄성 거동을 고려한 풍하중 건축구조물의 제한적인 비탄성 거동의 허용을 위해 탄성 설계풍하중을 줄여서 설계할 경우, 준정적 하중인 풍하중의 평균성분과 비공진성분의 풍하중은 그대로 두고, 공진성분의 풍하중에 대해서만 반응수정계수를 적용하여 풍하중을 저감시킬 수 있다. 풍하중의 긴 작용시간과 저사이클 피로파괴 등을 고려하여 반응수정계수는 2.0 이하의 값을 적용하여야 한다.	제한적인 비탄성설계를 위해 탄성 풍하중을 저감시킬 수 있는 반응수정계수로는 많은 연구결과 중 가장 보수적인 것으로 판명된 풍하중의 공진성분에만 반응수정계수 2.0이하 값을 적용하도록 함.
		(5) 시간이력 풍하중 데이터 산정 시간이력해석은 구조축방향별 최대하중영향을 고려하여 최소 2개 풍향 이상에 대하여 풍동실험으로 구한 시간이력 풍하중 데이터를 사용하여 수행하여야 한다. 여기서 하중영향이란 유연건축물의 경우에는 전도모멘트, 기타 건축물은 밑면 전단력이다. 풍동실험에서 구한 풍향별 시간이력 풍하중 데이터는 구조축방향별 수평하중 성분과 비틀림 하중의 성분으로 구성되며, 시간이력 풍하중 데이터로 대상 건축물의 풍하중 영향을 적정하게 평가할 수 있어야 한다. 시간이력해석에 사용되는 시간이력 풍하중 데이터의 경우, 시간이력 풍하중 데이터를 사용하여 산정한 구조물의 탄성 풍하중의 값이 5.2(주골조설계용 수평풍하중), 5.9(주골조설계용 풍직각방향풍하중)의 절차에 따라 산정한 값의 80% 이상이 되도록 시간이력 풍하중 데이터의 하중의 크기를 조정하여야 한다. 단 추가적인 풍동실험을 통해 주변건물의 차폐효과가 아닌 건축구조물 자체의 공기역학적 특성(aerodynamic characteristics)에 의해 풍하중이 저감되는 것을 입증할 수 있을 경우에는 위의 80%의 제한을 50%까지 완화하여 적용할 수 있다. 시간이력 풍하중 데이터의 하중의 크기를 조정하는 경우에는 구조축방향별 수평하중 성분과 비틀림 하중 성분에 동일한 배율을 적용하여야 한다.	비탄성시간이력해석에 사용할 시간이력 풍하중 데이터의 산정방법을 제시하였고, 건물의 증축, 신축, 철거 등에 따른 풍하중의 변화를 고려하여 주변건물의 차폐효과에 의해 시간이력해석에 사용되는 풍하중이 극단적으로 저평가되는 것을 방지하기 위해 기준값의 80% 이상의 제한을 두었으며, 건물의 형상에 따른 공기역학적 특성에 의해 풍하중이 저감되는 경우에는 기준값의 50% 이상으로 제한값을 완화하였음. 80%와 50%의 제한값은 ASCE기준과 Prestandard for Performance-Based Wind Design(ASCE)에서도 동일한 제한값을 적용하고 있음.
		(6) 성능기반 내풍설계의 책임 및 검증 성능기반 내풍설계를 수행할 때는 그 절차와 근거를 명확히 제시해야 하며, 전반적인 설계과정 및 결과는 설계자를 제외한 성능기반내풍설계 결과를 검증할 수 있는 능력을 갖춘 2인 이상의 구조전문가에게 타당성을 검증받아야 한다.	

항목	KDS 41 10 15 : 2016	KDS 41 12 00 : 2022	근거 / 사유
			성능기반내풍설계는 고도의 전문성이 요구되므로 성능기반 내풍설계 결과를 검증할 수 있는 능력을 갖춘 2인 이상의 구조전문가의 동료심사를 받도록 함

주] 밑줄(underline) 친 부분이 신구조문 가운데 수정, 추가 또는 신설된 것이다.

찾아보기

ㅂ

ㅅ

ㅇ

ㅈ

ㅎ

1-9

A-Z

저자 소개

하영철(河瑛徹 : HA YOUNG CHEOL)

약력 1959년 경상남도 출생
1982년 울산공과대학 건축학과 졸업
1984년 연세대학교 대학원 건축공학과 수료 (공학석사)
1992년 나고야대학교 대학원 건축학과 수료 (공학박사)
건설교통부 제정 건축물 하중기준 및 해설 2000, 풍하중 작성위원
건설교통부 고시 건축구조설계기준 (KBC 2005) 풍하중 제정위원
국토교통부 고시 건축구조기준 (KBC 2009, 2016) 풍하중 대표위원
국토교통부 고시 건축구조기준 (KDS 41 10 15: 2016, 2019) 풍하중 대표위원
국토교통부 고시 건축구조기준 (KDS 41 12 00: 2022) 풍하중 대표위원
(사)한국풍공학회 회장 (2013–2015, 2015–2017)
세계풍공학회(IAWE) 이사 (2015–2018)

현재 금오공과대학교 건축학부 교수 (1992~현재)
금오공과대학교 경계층풍동 책임자 (1998~현재)

수상 (사)한국풍공학회 학술상, 2007
(사)대한건축학회 대구경북건축학회 학술상, 2008
(사)대한건축학회 학술상, 2020

저서 건축물 하중기준 및 해설, 태림문화사, 2000 (공저)
풍하중 해설 및 설계, 태림문화사, 2001 (공저)
건축구조설계기준, 기문당, 2005 (공저)
KBC 2005 강구조설계, 구미서관, 2006 (공저)
건축구조설계기준 및 해설, 기문당, 2006 (공저)
건축물의 풍하중 및 지진하중, 기문당, 2007 (공저)
KBC2009 강구조설계, 구미서관, 2009 (공저)
Design Loads for Buildings and Other Structures, KBC-2009, 기문당, 2009 (공저)
엔지니어를 위한 내풍공학, 기문당, 2010 (공저)
국토해양부 고시 건축구조기준 및 해설 2009, 기문당, 2010 (공저)
2010년 강구조용어사전, 구미서관, 2010 (공저)
한영 건축용어집, 태림문화사, 2011 (공저)
2016 개정판 강구조설계, 구미서관, 2016 (공저)
국토교통부 고시 건축구조기준 및 해설, 2016, 기문당 (공저)
2016 Korean Building Code Chapter 3 Design Loads, 대한건축학회, 2016 (공저)
건축물 내풍설계, 구미서관, 2021
제2판 건축물 내풍설계, 구미서관, 2023

풍하중 실무 가이드 정가 42,000원

저자 : 하영철

발행인 : 임해진
발행처 : 도서출판 구미서관

발행 : 2023년 4월 27일 초판

등록 : 1979년 6월 29일 No.9-6호
주소 : 서울시 마포구 신촌로 2길 5-15 구미빌딩
전화 : 02-333-1101
팩스 : 02-335-2201
http://www.goomibook.com

ISBN 979-11-6257-259-7 (93540)